有色金属工业科技成果概览

中国有色金属学会　编

北京
冶金工业出版社
2011

图书在版编目（CIP）数据

有色金属工业科技成果概览 / 中国有色金属学会编
. -- 北京 : 冶金工业出版社, 2011.11
ISBN 978-7-5024-5829-4

Ⅰ. ①有… Ⅱ. ①中… Ⅲ. ①有色金属冶金－冶金工业－科技成果－中国 Ⅳ. ①TF8-19

中国版本图书馆CIP数据核字(2011)第237565号

出 版 人 曹胜利
地 址 北京北河沿大街嵩祝院北项39号，邮编 100009
电 话 (010)64027926 电子邮箱 yjcbs@cnmip.com.cn
责任编辑 刘 源 美术编辑 王 虹 版式设计 陈 强
责任校对 李明燕 责任印制 张玉民
ISBN 978-7-5024-5829-4
廊坊市佰利德彩印制版有限公司印刷；冶金工业出版社发行；各地新华书店经销
2011年7月第一版，2011年7月第一次印刷
210mm×285mm 1/16 15.5印张；字数：560千字；489页
60.00元
冶金工业出版社投稿电话：（010）64027932 投稿信箱：tougao@cnmip.com.cn
冶金工业出版社发行部 电话：（010）64044283 传真：（010）64027893
冶金书店 地址：北京东四西大街46号（100010） 电话：（010）65289081（兼传真）

《有色金属工业科技成果概览》

目 录

获奖项目篇

■ 有色金属行业获国家自然科学奖、技术发明奖、科技进步奖，中国有色金属工业科学技术一、二等奖项目，中国专利金奖、优秀奖项目

创新人物篇（按行政区划排列）

■ 有色行业两院院士、全国设计大师和获奖单位科技带头人主要研究方向和取得的重大科技成果介绍

创新平台篇（按行政区划排列）

■ 国家工程（技术）研究中心、国家认定企业技术中心、国家重点（工程）实验室、国家分析测试中心、国家质量监督检验中心、国家技术转移中心等

获奖企业篇（按行政区划排列）

■ 获奖企业的总体介绍，特别是已获国家级创新型（试点）企业、国家高新技术企业称号的企业介绍

获奖项目篇（按行政区划排列）

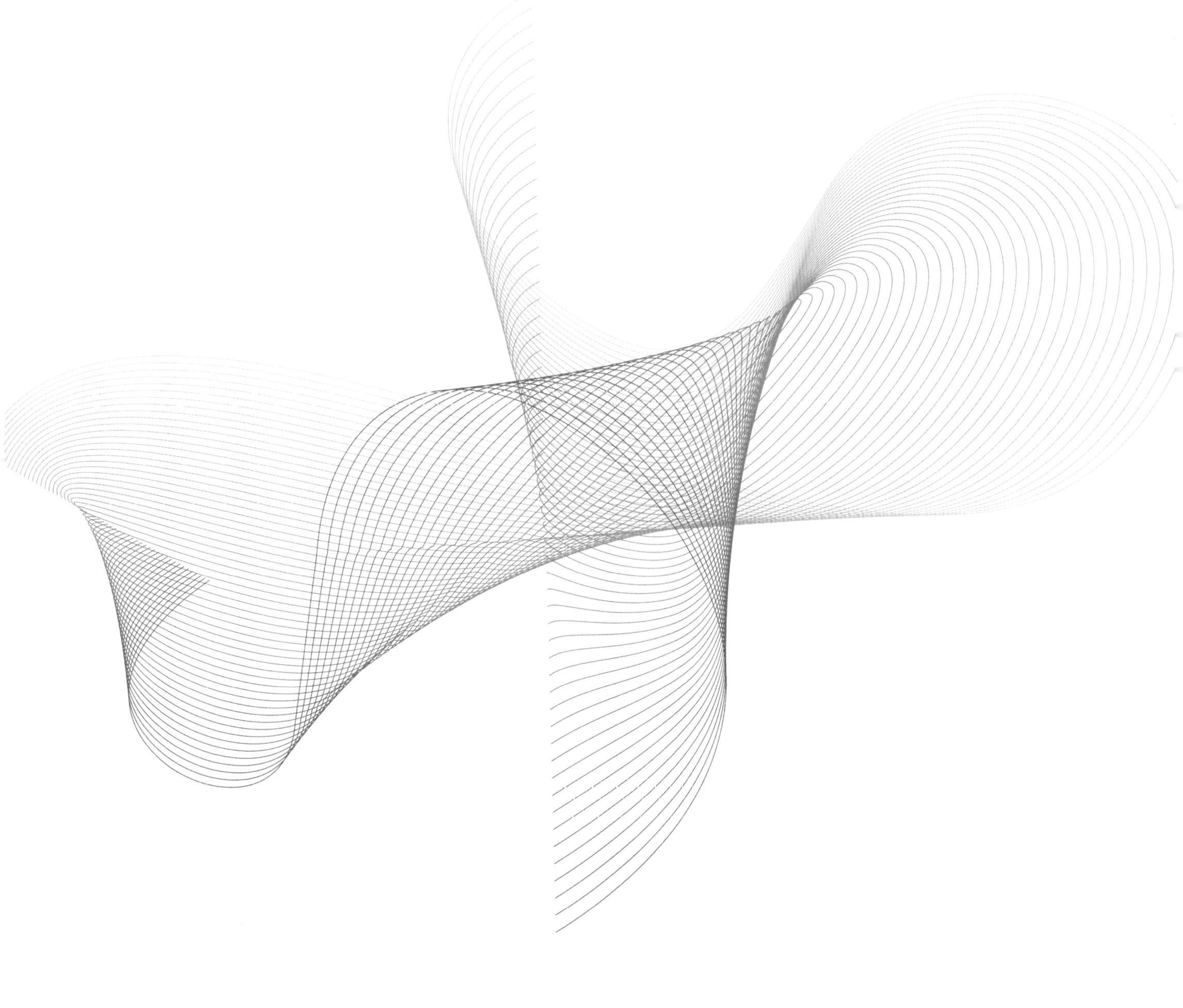

北京有色金属研究总院

中国有色金属工业科学技术一等奖（2001年度）

获奖项目名称

医用TC20和TC15钛合金研究与应用

参研单位

- 北京有色金属研究总院
- 宝鸡有色金属加工厂
- 河北医科大学
- 山东文登整骨医院
- 天津市医疗公司骨科医疗器械二厂
- 北京普鲁斯钢研外科植入物有限公司

主要完成人

■王桂生 ■魏寿庸 ■许国栋 ■李渭清
■董福生 ■张恩忠 ■何宝明 ■陈占乾
■白晓环 ■高　颀 ■王韦琪 ■祝建雯
■董亚军 ■王永兰 ■姚志修 ■叶文君

获奖项目介绍

本研究是为了满足外科植入物材料与国际接轨，由原中国有色金属工业总公司科技部和国家药品监督管理局计划司同意立项，开展Ti-6Al-7Nb和Ti-5Al-2.5Fe等新型医用钛合金研制。

本研究内容包括：

（1）材料研究：对合金熔炼、加工、热处理工艺以及热处理对组织、性能的影响等都进行了全面深入的研究。两个列入国际标准的外科植入物合金都经过了实验室和工业化生产两个阶段。熔炼铌元素以Al-Nb中间合金加入，经过2次或3次真空自耗电弧炉熔炼，得到成分均匀的铸锭，还在国内率先熔炼了5个3吨的Ti-6Al-7Nb工业合金铸锭，并研制成功合金棒材。合金化学成分、机械性能和显微组织均满足国际标准ISO5832-11（1994）和美国标准ASTMF-1295（1997）的要求，达到国际同类产品（瑞士Ti-6Al-7Nb Protasul-100）的先进水平。

（2）生物学性能试验：在河北医科大学完成。以新西兰大耳白兔和金色仓鼠为试验对象，采用组织学和扫描电镜等方法和手段进行口腔黏膜刺激、皮下埋藏和骨肉种植3种试验，结果表明，两合金均具有良好的生物相容性，并能和骨组织形成良好的骨结合。

（3）临床应用试验：在山东文登整骨医院进行的Ti-6Al-7Nb合金非骨水泥固定矩形直柄股骨假体、脊柱矫形固定系统和螺丝钉的初步临床应用表明，该合金具有良好的应用前景。

推广应用情况

Ti-6Al-7Nb合金 ϕ 100mm棒材，按照ASTMF-1295-1997标准出口美国市场10余吨，创汇26.5万美元。

北京有色金属研究总院

中国有色金属工业科学技术一等奖（2002年度）

获奖项目名称

锂离子电池及其电极材料技术的研究与产业化

参研单位

■ 北京有色金属研究总院

■ 潍坊青鸟华光电池有限公司

主要完成人

■卢世刚 ■吴国良 ■黄松涛 ■郑铁民

■阚素荣 ■金维华 ■刘人敏 ■李文忠

■盛宏琳 ■姚建明 ■石　瑛 ■韩　沧

■车小奎 ■贾玉兰 ■王向东 ■蔡振平

■颜广炅

获奖项目介绍

本项目开发了锂离子电池及其正极材料$LiCoO_2$、负极材料复合石墨的中试与产业化应用技术，主要包括：

1.锂离子电池中试技术研究：研究了锂离子电池中试生产技术，开发和选用了国内外先进设备，建成了年产10~15万只18650型锂离子电池中试生产线，中试产品18650型锂离子电池容量1400~1500mAh，循环寿命1000次以上，用户反映良好。研究了电池安全设计，开发了具有限流、过压断流及安全放气功能的安全帽，提高了电池安全性能。大量采用国产化材料和零配件，在降低电池成本上进行了卓有成效的工作。

2.锂离子电池正极材料$LiCoO_2$中试技术研究：完成了年产10吨锂离子电池正极材料$LiCoO_2$中试批量生产技术及相关设备的研究，中试产品$LiCoO_2$材料比容量≥140mAh/g，粒度分布集中，材料晶型结构稳定，循环性能优良，综合性能达到国际先进水平。研

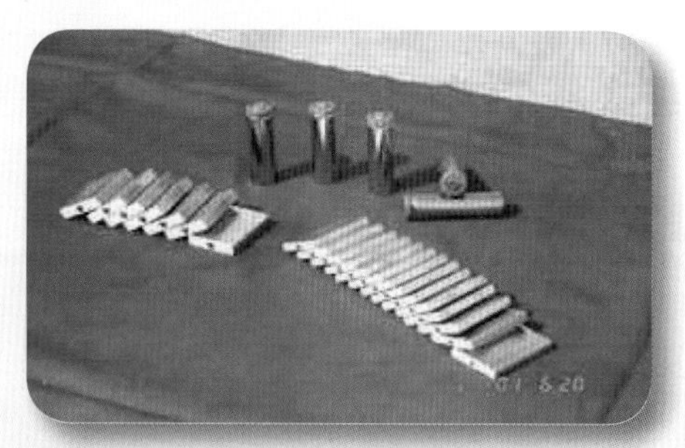

图1　高性能小型锂离子电池

究了连续热合成$LiCoO_2$的工艺及设备，采用先进的气流粉碎、旋风分离和电吸尘技术，有效控制材料粒度和粒度分布，保证产品的一致性和稳定性，提高了生产效率，降低了成本，该项技术及所达到的规模属国内首创。

3.锂离子电池复合石墨负极材料及中试技术研究：完成了年产10吨锂离子电池用新型复合石墨负极材料中试批量生产技术及相关设备的研究，中试产品复合石墨材料比容量≥350mAh/g，循环性能优良已在AA型和18650型等锂离子电池中得到应用，性能达到国际先进水平。中试线采用了高效节能型惰性气体保护连续碳化热处理与无污染气流粉碎制粉技术及设备，确保了产品质量一致性，提高了生产效率；采用了高容量低成本精选天然石墨包覆热解碳批量制备复合石墨负极材料，降低了设备投资和材料生产成本。

推广应用情况

以本项研究成果出资成立了潍坊青鸟华光电池有限公司，完成投资1.26亿元，建成了年产500万只方形电池和30吨电极材料的生产线。公司被山东省认定为高新技术企业，至2002年8月累计完成销售收入2500万元，新增利税一千多万元。项目中试技术形成无形资产2260万元，$LiCoO_2$材料、复合石墨负极材料被国家五部委评为国家重点新产品。

通过部级成果鉴定3项，申请国家专利4项，其中发明专利3项。

北京有色金属研究总院

中国有色金属工业科学技术一等奖（2002年度）

获奖项目名称

TB8钛合金研制

参研单位

■ 北京有色金属研究总院

■ 宝鸡有色金属加工厂

主要完成人

■叶文君 ■ 全桂彝 ■ 脱祥明 ■ 李渭清

■王宏武 ■ 高　颀 ■ 王韦琪 ■ 张笃怀

■路　纲 ■ 董亚军 ■ 张顺利 ■ 石明柱

■王小朝 ■ 文志刚 ■ 张明祥 ■ 高　博

■李献民

获奖项目介绍

TB8钛合金即美国的β21S钛合金。21S钛合金是美国Timet公司于1989年研制成功的新型亚稳定β钛合金。β21S钛合金具有许多独特的特点：（1）具有优良的冷热成形性能，可以冷轧成箔材，而且箔材的加工成本低于TC4钛合金。（2）具有优良的抗氧化性能，其高温下氧化增重只有纯钛的百分之一。（3）具有良好的蠕变性能，是目前高温蠕变性能优于TC4钛合金的唯一钛合金。（4）具有良好的强度和塑性的综合匹配，时效后强度可以高达超高强度的1250MPa，同时延伸率还可保证大于6%。由于具有许多独特的性能，β21S钛合金由研制到成功的商业应用只用了不到10年的时间，是获得成功商业应用最快的钛合金。

为了满足国产军机改进和改型的需求，航空应用部门希望国内材料供应单位对β21S钛合金进行研制。据此需求，北京有色金属研究总院和宝鸡有色金属加工厂在“八五”－“十五”期间联合对β21S钛合金进行了研制，研制成功后国产牌号为TB8钛合金。经过三个五年计划的研制，成功掌握了如下关键技术：（1）TB8钛合金大规格工业化铸锭的熔炼和成分均匀性控制技术。（2）保证TB8钛合金棒材（最大直径300mm）综合力学性能的热加工工艺技术。（3）保证TB8钛合金板材、箔材（最薄厚度0.3mm）冷成形工艺性能的加工工艺技术。项目完成后，TB8钛合金在宝钛集团可以实现批量供货，可提供的产品包括铸锭、棒材（最大直径300mm）、丝材、板材以及箔材等规格的成品。2001年，TB8钛合金通过了专家鉴定，专家一致认为TB8钛合金的研制填补了我国超高强度钛合金的空白，其性能指标达到国际先进水平。

推广应用情况

TB8钛合金研制成功后在航空应用部门获得了应用考核。TB8钛合金大规格棒材制作的某型号飞机承力框通过了综合应用的考核。TB8钛合金箔材和丝材制作的某型号飞机导风罩通过了多架次的试飞考核。另外，TB8钛合金丝材还成功制作了强度大于1250MPa的紧固件，通过了应用部门的考核，达到了装机状态。

北京有色金属研究总院

中国有色金属工业科学技术一等奖（2003年度）

获奖项目名称

铕的电解还原工艺及设备研究开发

参研单位

■ 北京有色金属研究总院

■ 甘肃稀土集团有限责任公司（现甘肃稀土新材料股份有限公司）

主要完成人

■张国成 ■龙志奇 ■黄文梅 ■黄小卫
■萧本华 ■李红卫 ■杨在玺 ■萧　昱
■张顺利 ■崔梅生 ■崔大立 ■顾保江
■彭新林

获奖项目介绍

任务来源于国家 973项目“稀土功能材料的基础研究”中子项目：“稀土新萃取流程及新分离方法的研究”

氧化铕主要作为荧光粉的激活剂，广泛应用于照明与显示领域。我国是世界上氧化铕储量及产量最大的国家，同时也是稀土荧光粉的生产大国和消费大国。早期业内广泛采用的“锌粉还原—碱度法”或“锌粉还原—萃取法”生产，由于引入重金属锌，非稀土杂质含量高，相对稀土纯度只有4N，不能适应显示领域向大屏幕、高清晰度、高分辨率方向的发展趋势；另外，重金属离子严重污染环境，工艺整体连续程度低、流程冗长，产品收率低、产品成本较高。

本项目利用铕的氧化还原电位较低的特性，通过电解在阴极上把三价铕离子还原为二价铕离子，实现与三价稀土高效分离，开发出电解还原铕工艺，研制成功铕的电解还原关键设备—串级式箱型离子膜电解槽，该设备结构简单、易于维护，保证实际生产过程中铕的还原效率达到95%以上；实现以电解还原代替锌粉还原，避免了重金属锌粉的使用，根治了含锌离子废水的环境污染。

2000年，该项目在甘肃稀土集团有限责任公司推广应用，建成当时世界最大的高纯氧化铕生产线，生产能力达到规模20吨/年，产品纯度从99.99%提高到99.999%。多年的运行实践证明，和锌粉还原工艺比较，电解还原工艺流程简单、连续易控制、产品质量好，回收率高，无重金属污染，制造成本降低450元/公斤左右，经济效益显著。

该项目的成功实施，提升了我国高纯氧化铕产品工业化生产技术水平，是我国稀土分离提纯技术的一大创新，并对我国稀土工业发展和装备水平的提高起到示范作用。

推广应用情况

该成果在甘肃稀土新材料股份有限公司实施，建成当时世界最大的高纯氧化铕生产线，年生产能力达到规模20吨/年，产品纯度从99.99%提高到99.999%，目前该生产线处于满负荷运行状态，从2001年到2008年初，共产高纯氧化铕132.6 吨，销售收入累计25738万元，新增利润4845万元，新增税收1668万元，节支总额为6169万元。

ZL02232964.1　　一种电解还原铕的设备

ZL02117300.1　　一种电解还原制备二价铕的工艺

北京有色金属研究总院

中国有色金属工业科学技术一等奖（2003年度）

获奖项目名称

高熔点高合金化材料快速凝固气雾化制备技术

参研单位

- 北京有色金属研究总院
- 北京科技大学
- 锦州市冶金技术研究所
- 北京市康普新材料公司

主要完成人

■石力开 ■ 熊柏青 ■ 张济山 ■ 张永安
■夏凌远 ■ 杨　滨 ■ 徐　骏 ■崔　华
■朱宝宏 ■ 刘红伟 ■ 江柏林

获奖项目介绍

在国家重点基础研究发展计划（973）项目——“材料先进制备、成形与加工的科学基础”中“高熔点、高合金化材料喷射成形制备的科学基础”课题的支持下，本项目通过理论分析、计算机数值模拟和工艺实验，研制开发成功了能够满足高熔点合金快速凝固气雾化制备、具有自主知识产权的雾化器系统，解决了新型导流管结构设计与材料选择、双层非限制式气雾化喷嘴的设计与制造、导流管与气雾化喷嘴之间的配合设计、熔炼炉和中间包双感应加热等关键技术问题；在国内外率先研制开发成功了高熔点合金快速凝固气雾化生产示范设备，填补了当前国内外在高熔点合金快速凝固气雾化制备技术方面的空白，成功地将快速凝固气雾化技术的适用温度范围从当前的1650℃推进到了2200℃，使我国在国际上率先拥有了各种高熔点、高合金化材料快速凝固气雾化粉末及喷射成形制品的生产能力；进行了相关系列产品的试制开发，包括Cu-Cr合金真空电触头材料粉末、以SiAl合金为代表的新一代电子封装材料、各种高熔点合金粉末触媒材料、其它有市场前景的高熔点合金粉末材料等；高熔点合金快速凝固气雾化生产示范设备已于2002年4月底正式投入生产运转。

本项目所开发的高熔点高合金化材料快速凝固气雾化技术是一项适用范围非常广的金属材料共性关键制备技术，在2002年4月～11月总计7个月时间内，已根据市场需求进行了多种相关产品的生产，直接获得产品产值和销售收入近700万元、成套技术/设备转让销售收入108万元，创造了显著的经济效益和社会效益。

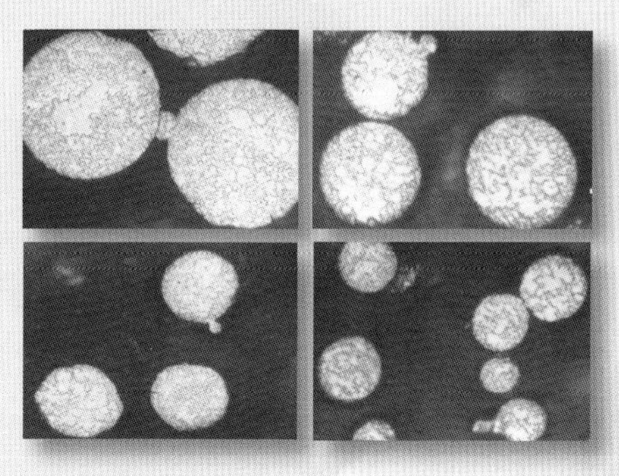

气雾化CuCr50合金粉末微观组织照片

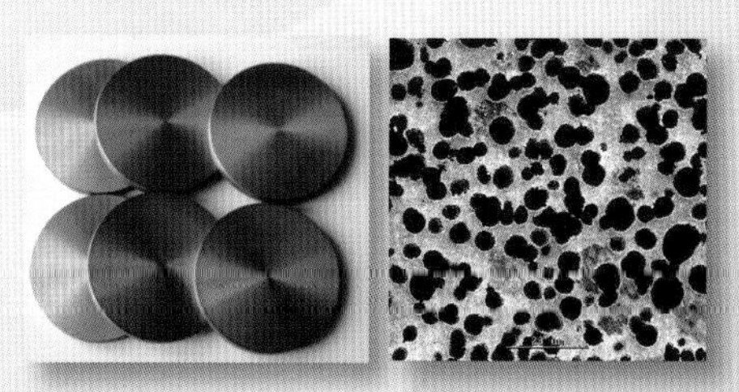

利用气雾化制粉/热压烧结材料加工成的CuCr触头片毛坯及显微组织

北京有色金属研究总院

中国有色金属工业科学技术一等奖（2004年度）

获奖项目名称

超高压电子显微镜改造

参研单位

■北京有色金属研究总院

主要完成人

■屠海令 ■刘安生 ■孙继光 ■邵贝羚
■张希顺 ■孙泽明 ■王瑞坤 ■马通达
■孙丽虹 ■王晓华 ■沈惠珠 ■胡广勇
■杨海涛 ■黄玉生

获奖项目介绍

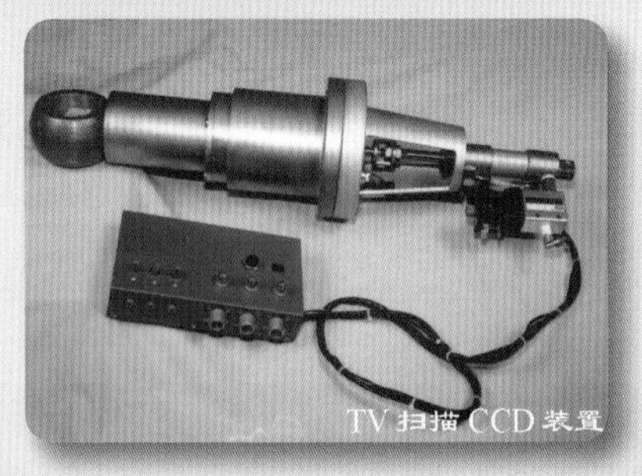
TV扫描CCD装置

“超高压电子显微镜改造”是国家科技部下达的大型科学仪器改造项目。项目主要包括电镜加速管、镜筒和照相室三套真空系统改造，图像接收系统改造，电镜功能扩展和镜体大修。

（1）按照提高排气系统极限真空度和减小排气管路的排气阻力的思路，对真空系统进行了改造。改造后，电镜加速管、镜筒和照相室真空度明显提高。镜筒真空度（不加液氮）从原5×10-6乇提高到1×10-7乇，超过本项目下达的计划指标1×10-6乇一个数量级；加速管真空度（加液氮）从原8×10-7乇提高到1.2×10-7乇，优于本项目下达的计划指标1.5×10-7乇。

（2）建立了积累式TV 扫描CCD和视频/慢扫描双模式CCD两套数字图像接收处理系统，编制了超高压电子显微镜数字图像接收处理系统控制和部分处理软件，

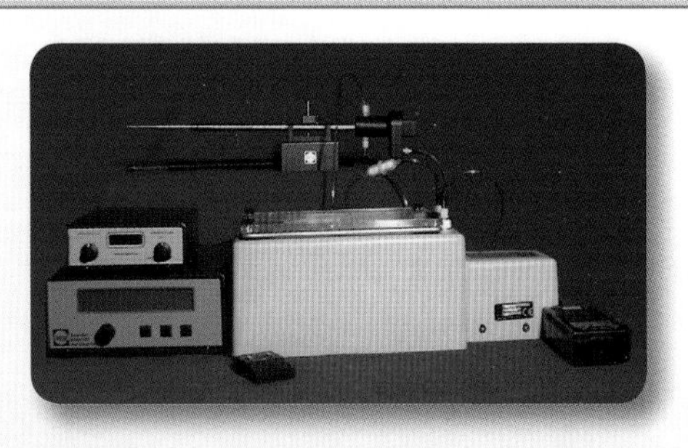

并研制和开发了相关的应用软件，实现了超高压电镜图像观察、记录、存贮、处理、传递的数字化。

（3）安装高温拉伸装置，扩展电镜的原位动态加热拉伸功能，达到了目前国际上超高压电子显微镜具备的原位动态加热拉伸功能水平。

（4）对超高压电子显微镜整体大修，使电镜恢复到原有的性能指标，达到高压稳定度5x10-6/分，电流稳定度2.5x10-6/分，电镜整体调整到最佳工作状态。自行设计、制造、安装的电镜相序保护、低真空故障（断带）保护等装置，不仅确保了超高压电子显微镜安全运行，还可广泛推广应用于其他精密仪器设备。

推广应用情况

改造后的超高压电子显微镜在性能和功能上具有的优势和实力使其在材料科学研究以及新材料的设计、研制和开发中做出了更大贡献，如利用改造后的高压电子显微镜，完成了北京师范大学物理学系“离子注入非晶化制备高品质SOI材料的研究”。完成了有研半导体材料股份有限公司“大直径SOI材料研究”。超高压电子显微镜改造中的设计思路、技术方案、创新内容均可用于普通透射电子显微镜的升级改造。目前数字图像接收处理系统已经在国内科研院所和高校得到了推广应用。

北京有色金属研究总院

中国有色金属工业科学技术一等奖（2005年度）

获奖项目名称

紫金山铜矿生物提铜技术研究与工业应用

参研单位

- 北京有色金属研究总院
- 紫金矿业集团股份有限公司

主要完成人

■陈景河 ■ 阮仁满 ■ 温建康 ■ 邹来昌
■宋永胜 ■ 巫銮东 ■ 吴健辉 ■ 路殿坤
■姚国成 ■ 杨丽梅 ■ 武名麟 ■ 董清海
■刘文彦 ■ 吴在玖 ■ 郑　其 ■ 孙　鹏

获奖项目介绍

紫金山铜矿是已探明铜储量172万吨的含砷低品位硫化铜矿，采用传统工艺开发无经济价值，并造成砷等对环境的污染。而采用生物提铜技术开发，由于矿石中硫铜比大、耗酸脉石少，地处多雨地区，浸出过程酸过剩、铁积累，水平衡较难，对该类型矿石，国内外均无成熟先例可借鉴。为此，针对紫金山铜矿的资源和环境特点，开展并完成了小试、扩试、300t•Cu/a和1000t•Cu/a级工业试验，开发了具有自主知识产权的高S/Cu比铜矿生物堆浸提铜技术：采用激光诱变和驯化技术对本土微生物进行选育和改良，获得适应pH范围宽、耐酸性和浸铜速度均得到提高的诱变浸矿混合菌，解决了低pH值下浸矿菌的选育与应用难题；开发了汽车筑堆、挖掘机松堆、边筑堆边喷洒含菌萃余液的预处理工艺，制定了合适堆高和喷淋休闲作业制度，为细菌提供了合适的堆内温度和氧浓度，提高了铜浸出率和缩短了浸出周期，形成了高效浸矿菌生物堆浸工程技术；组合了萃余液中和、负载有机相洗涤、电积贫液膜分离、气浮塔+沙滤脱除有机物等技术，解决了电积效率低、电铜质量波动的技术难题，形成了生物堆浸提铜过程酸、铁平衡与除杂技术；开发了水库季节性水平衡技术，将生物堆浸提铜系统中雨季中富余的水和系统中产生的废水收集到水库中，用于不同季节的水源补充，解决了多雨地区生物堆浸提铜水资源利用及环保的技术难题，实现了废水循环和水资源充分利用。

300t•Cu/a和1000t•Cu/a级工业试验平均指标：浸出7个月，铜浸出率80.65%，阴极铜生产成本1.14万元/吨，产品为A级电铜。技术及指标达到国际先进水平。目前已应用上述成果建成年产1.3万吨铜的生物堆浸提铜产业化矿山。

300吨级生物堆浸提铜厂

1000吨级生物堆浸提铜厂

推广应用情况

高S/Cu比硫化铜矿生物堆浸提铜工程技术；生物浸出过程酸铁平衡技术、除杂技术和水平衡与废水循环利用技术。

北京有色金属研究总院

中国有色金属工业科学技术一等奖（2005年度）

获奖项目名称

形状记忆合金应用研究与关键技术开发

参研单位

■北京有色金属研究总院

主要完成人

■米绪军 ■江　轩 ■朱　明 ■郭锦芳

■高宝东 ■缪卫东 ■刘克付 ■柳美荣

■王江波 ■冯昭伟 ■唐金标 ■陈　爽

■栗华矗 ■冯景苏 ■寇亚明 ■刘坤鹏

获奖项目介绍

北京有色金属研究总院通过在记忆合金材料制备加工技术、记忆合金应用基础研究与评价技术、记忆合金产品开发和综合配套技术等三个方面的关键技术创新和综合应用技术集成，在形状记忆合金应用技术研究上达到了世界先进水平。在材料制备加工技术方面，掌握了TiNi基记忆合金成分和杂质控制技术、丝棒材精细加工技术、记忆合金处理训练技术和表面抛光技术，合金元素控制、杂质元素含量控制、铸锭均匀化水平和材料表面质量达到国际先进水平。在记忆合金应用基础研究和评价技术方面，在国内最早进行了记忆合金植入体生物相容性评价研究，建立了系统的分析模型，使得医学应用基础研究成为我国记忆合金研究的一大特色，其系统研究成果达到国际先进水平；系统地进行了记忆合金紧固连接匹配关系研究，为多型号记忆合金紧固环的研制奠定了技术理论基础。在记忆合金系列产品开发和综合配套技术研究方面，系统研究了记忆合金介入产品设计技术、记忆环系列设计配套技术和解锁件设计应用技术，形成了记忆合金系列产品设计专利和专有技术。项目建设以来，已申请取得“一种记忆合金医用内支架”等十多项国家专利，整体技术处于国际先进水平。

图1 记忆合金材料车间一角

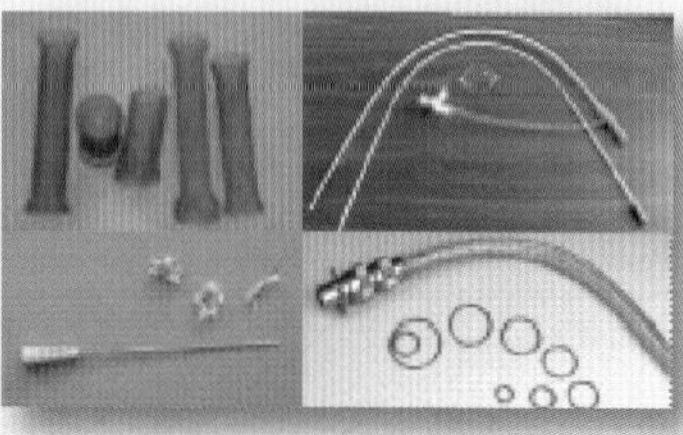

图2 部分记忆合金产品

推广应用情况

建设了国内第一条记忆合金材料、医用产品、民用产品和军工用记忆合金重要器件的综合生产线。记忆合金口腔正畸器材已被广泛用于全国各省市200多家医院并远销国外，累计提供矫形产品1000万副以上；记忆合金医用介入支架推广应用到全国100多家医院，累计用量超过10000副；记忆合金紧固环自研制以来，已向航天、兵器、船舶、电子等各军工领域累计提供产品13万余件，取得了明显的经济效益和巨大的社会效益；自行研制的记忆合金解锁驱动元件已成功应用于某试验卫星，标志着我国首次将形状记忆效应有效应用于航天飞行器的功能控制取得完满成功。该项目累计实现产品销售收入1亿元以上，总利润近2000万元，创汇110万美元，经济社会效益显著。

北京有色金属研究总院

国家科学进步奖二等奖（2005年度）

获奖项目名称

重掺砷硅单晶及抛光片

参研单位

■ 有研半导体材料股份有限公司

主要完成人

■屠海令 ■ 周旗钢 ■ 王　敬 ■ 方　峰
■万关良 ■ 张果虎 ■ 常　青 ■ 李铁柱
■刘　斌 ■戴小林

获奖项目介绍

重掺As硅单晶及抛光片的制备工艺复杂，技术难度高，操作人员安全防护及环保治理方面难度很大。为充分满足器件厂家足够低的单晶电阻率（≤0.0035Ωcm）要求，需要很大的砷掺入量，这便引起组分过冷而导致单晶生长困难。其次，砷在高温时具有很强的挥发性，掺入效率低，难以满足客户对低电阻率值单晶的要求。另外，砷具有一定毒性，特别是它的氧化物As2O3是一种毒性很强的物质，因此操作人员要有严格的安全防护措施，含砷尾气必须达标排放。

本项目通过自主研发，解决了一系列的关键技术和工艺难点，形成了诸多具有创新性的技术，包括：

（1）自主研究开发成功新的掺砷方法：可使As的逸出量降到最低，保证安全操作和减轻环保治理压力。

（2）设计并确定了适合重掺杂单晶生长的热场结构和工艺参数，保证了良好的成晶率和很高的掺杂效率。

（3）开发了安全防护和环保治理技术，对砷逸出物进行有效的防护和治理。

（4）完善线切片、双面磨片和碱腐蚀工艺，使其适应硅片几何参数要求高的要求。

（5）研究开发了硅片背封技术，保证了硅片外延时无自掺杂现象。

（6）开发了背面多晶硅生长技术和背损伤技术，达到对金属的吸除作用。

（7）完善了适应重掺As硅片特性的有蜡抛光工艺和超净清洗工艺，满足高平整度和洁净度要求。

已形成了具有自主知识产权的成套产业化技术，产品技术指标与国际一流公司Wacker、SUMCO等相当，填补了国内空白，达到了国际先进水平。本成果实现了产业化，产品供应美国GlobiTech等国际外延公司，并通过ON Semi、TI、FairChild等知名器件制造厂商的认证，获得很好评价，取得显著经济效益，成为新的经济增长点。生产运行证明，本成果的环保工艺安全有效，排放符合国家相关标准，并已得到北京市环保局的认定和批准。

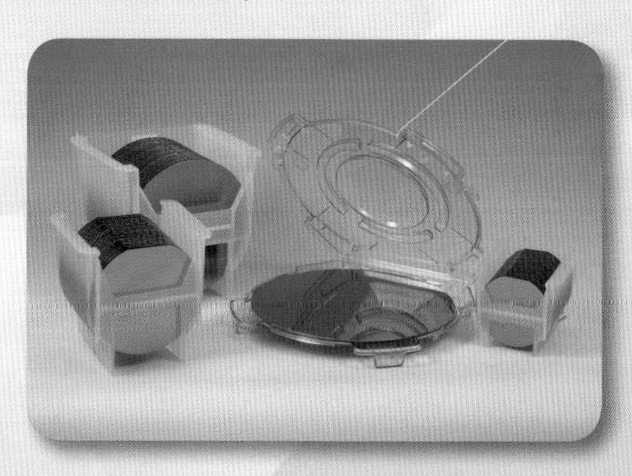

硅单晶抛光片

北京有色金属研究总院

中国有色金属工业科学技术一等奖（2006年度）

获奖项目名称

年产300吨高性能球形氢氧化镍技术开发

参研单位

■北京有色金属研究总院

主要完成人

■蒋文全 ■傅钟臻 ■余成洲 ■孙泽明
■于丽敏 ■尹正中 ■吴　江 ■杨新民
■陈自江 ■范桂芳 ■李　娟 ■施玉富

获奖项目介绍

国内外都采用“控制结晶法”制备球形$Ni(OH)_2$，本项目创造性采用“管道式合成”独特技术路线，仅用一套反应系统即完成造核、晶体生长和粒度控制三大过程，实现连续化。

本项目采用逐级经验和相似模拟放大方法，以流态剪切力和体系构造基本相似为准则。发明了“抑制胶体形成和增强工艺适应性技术”，提出用副反应系数和累积稳定常数来抑制胶体和调控平衡态偏离度的创新构思，控制缺陷数量和晶体生长速率，快速合成高密度、低结晶度球形$Ni(OH)_2$。巧妙设置导流筒，在体系液面营造适当离心力来延长$Ni(OH)_2$颗粒停留时间，实现300t／a规模“管道式合成”。独创周期性造核技术，调整搅拌器转速或ΔpH值，干预或打破$Ni(OH)_2$晶体生长固有平衡而造核，将“管道式合成”连续化。“体外”在线监测pH值，规避了温度、Na+和碱蚀效应的影响，保证“管道式合成”物料输、运的协调性。这是连续性闭环式工程化“洁净”生产新技术，在含胶性的过渡金属球形氢氧化物及氧化物晶态功能材料和微米级松散球形颗粒制备中起到关键指导作用。本成果综合性能达到国际先进水平，整体技术达到国际领先水平。

推广应用情况

本产品通过日本松下和三洋等公司质量认可，批量采购返销日本，充分展示我国在镍氢电池电极材料领域的竞争力和影响力，提高了我国在相关领域的国际地位。

本项目已许可6家企业，建成几十条300t／a生产线，产能达15000t／a。截止2007年底，产值超过38亿元，创汇超过2500万元，新增就业岗位近千个。本技术成功应用于特种镍氢电池和铁氧体吸波材料等国防保障和军品配套项目中，展示出更为广阔的应用前景。

专利等知识产权及获奖情况：

本项目已获6项发明专利，在国内外杂志发表相关论文18篇。2006年获中国有色金属工业科学技术奖一等奖（年产300吨高性能球形氢氧化镍技术开发）；2008年获中国材料研究学会科学技术二等奖（镍氢及镍氢动力电池用正极材料球形化合成及工程化技术）；2008年北京市发明专利二等奖（氢氧化镍的一种连续性制备方法）；2008年北京市科学技术奖三等奖（年产300吨高性能球形氢氧化镍技术开发）；“神华杯”第二届央企青年创新奖金奖（镍氢及镍氢动力电池用正极材料球形化合成及工程化技术）；第十一届国家发明专利优秀奖（氢氧化镍的一种连续性制备方法）。

北京有色金属研究总院

中国有色金属工业科学技术一等奖（2006年度）

获奖项目名称

钕铁硼快冷厚带产业化技术及关键装备国产化

参研单位

■ 北京有色金属研究总院

■ 有研稀土新材料股份有限公司

主要完成人

■李红卫 ■ 于敦波 ■ 李世鹏 ■ 袁永强

■李宗安 ■ 颜世宏 ■ 徐　静 ■ 黄小卫

■姚国庆 ■ 张世荣 ■ 应启明 ■ 李扩社

■杨红川 ■ 李　翠 ■ 赵　娜 ■ 周　岭

获奖项目介绍

钕铁硼（NdFeB）快冷厚带技术是制备高性能烧结钕铁硼磁体的关键核心技术，其技术和设备一直被日本所垄断。针对此情况，在国家“十五”科技攻关计划重大项目 “钕铁硼快冷厚带产业化技术及关键装备国产化” 重点攻关课题支持下，项目承担单位经过多年攻关，取得以下主要成果：

（1）自主开发成功国内第一台产能为300公斤/炉的钕铁硼快冷厚带炉，突破了高温熔合、熔体导出、速凝铸带、快速冷却等关键部件的结构设计难点，完成了各工作单元的联动集成计算机智能控制，设备的总成本仅为国外同类设备的1/8；

（2）研究成功具有我国自主知识产权的钕铁硼快冷厚带产业化关键技术，制备出几乎无-Fe、柱状晶生长良好、厚度和微结构一致性好的NdFeB快冷厚带，厚带质量达到国际先进水平；

（3）获得6项发明专利，打破了日本等西方国家在该领域的技术封锁，对提卂我国烧结钕铁硼磁体档次、促进永磁行业发展、提高我国稀土产品附加值和增强国际市场竞争力做出了突出贡献。

国内第一台300kg/炉NdFeB快冷厚带炉

NdFeB快冷厚带微观组织

推广应用情况

采用项目开发的技术及装备在稀土实现规模生产，工业化产品在日本TDK、NEOMAX、住金钼、三德金属、信越化学等公司广泛应用，其综合指标达到了日本企业同类产品的水平。目前，共销售及加工各种合金厚带1221吨，收入10589.76万元，利润1508.97万元，创汇1562.45万美元。

项目授权专利：钕铁硼合金快冷厚带及其制造方法（ZL 01141410.3）；合金快冷厚带设备和采用该设备的制备方法及其产品(ZL 02104122.9)；贮氢合金及其快冷厚带制备工艺（ZL 02153166.8）；NdFcB快冷厚带的低温氢破碎工艺（ZL 02157925.3）；一种稀土合金铸片及其制备方法(ZL 200710151801.8)；贮氢合金铸片及其制备方法（ZL 200710188175.X）。

北京有色金属研究总院

中国有色金属工业科学技术一等奖（2006年度）

获奖项目名称

1000KW真空c垂熔烧结炉及工艺

参研单位

■ 北京有色金属研究总院

■ 西部金属材料股份有限公司

主要完成人

■李全旺 ■ 巨建辉 ■ 冯宝奇 ■ 王 钺

■高亚杰 ■ 郭让民 ■ 王国栋 ■ 尹中荣

■李高林 ■ 郑 杰 ■ 朱 力 ■ 任英杰

■王 征 ■龚宝艳 ■ 张 睿 ■ 窦志良

获奖项目介绍

1000kW真空垂熔烧结炉是北京有色金属研究总院专为高温难熔金属的烧结而研制的，其工作原理是在压制成型的坯料两端加上一个低电压大电流，靠自身电阻产生高温实现烧结目的，烧结出的致密金属棒料可作为制造金属板、带、棒、管材的坯料。1000kW真空垂熔烧结炉的主要技术指标：烧结坯料尺寸：φ65×900mm；最高温度：2600℃；工作温度：2400℃；极限真空：4×10-4Pa；工作真空：4×10-3Pa；烧结功率：1000kW；全系统静态漏气压升率：≤0.5Pa/h。

1000kW真空垂熔烧结炉是目前国内烧结尺寸最大的炉子，是生产粉末冶金长钽带的关键设备，主要由炉体部分、加热电极、升降机构、真空系统、电控系统组成，它的主要特点是烧结尺寸大，耐用，操作方便。在以下几方面有创新：简便实用的大功率真空垂熔烧结电流和电压的选择方式，使难熔金属顺利烧结。电极卡头采用平开钳口式的结构，能夹持圆形和板形坯料，在钳口两侧都通水冷却，活动钳口通过螺杆弹簧间接压缩推动，卡头上还带有隔热板。石墨隔热屏带有开合装置，在降温过程中，可以打开石墨隔热屏，加快降温过程，缩短生产周期，提高工作效率。采用上电极固定，下电极浮动的电极结构，通过调整配重重量，平衡下电极及坯料重量，坯料在烧结中产生纵向收缩时，下电极能随着向上运动，补偿坯料的纵向收缩量。变压器采用10千伏供电，37伏输出，采用电抗器调压，变压器降压的结构，可以减少线路损失，减少变压器体积，提高变压器的工作性能。

西部金属材料股份有限公司进行粉末冶金长钽带工艺的研究，通过钽粉的压制和垂熔烧结制造钽棒坯，棒坯尺寸和单重为国内最大（φ65×1000mm，30-40kg/支），再通过锻造开坯、中间热处理、轧制和成品热处理制备出50m以上长带，性能高于美国ASTM 708-92标准。

推广应用情况

2004年底1000kW真空垂熔烧结炉在西部金属材料有限公司安装使用，通过实际生产考验，作真空度达到3×10^{-3}Pa，烧结温度达到2400℃，烧结出的钽条密度达到16.08g/cm^3，产品已经通过美国EVANS公司认证，完全满足了用户要求。西部金属材料股份有限公司目前生产的粉末冶金钽带已经小批量提供给世界钽电容器外壳的CABOT、KEMET、Vishay公司，产品质量已经得到各公司的认可。以上四个公司的电容器生产占世界80%以上的市场，按照给其1/4的供货计算年创造产值3000万元，实现利税500万元。除电容器类产品需求粉末冶金钽带外，许多开发中的民用和军工产品也需要使用这种带材，应用前景仍然广阔。1000kW真空垂熔烧结炉烧结的棒料尺寸适合用作轧制板、棒、管材的坯料，目前已有多家厂商对该设备有购买意愿，市场前景广阔。

北京有色金属研究总院

中国有色金属工业科学技术二等奖（2006年度）

获奖项目名称

S波段高性能微波电磁吸收材料研究

主要完成人

■ 敖　宏 ■ 毛昌辉 ■ 杨志民 ■ 杜　军
■ 杨　剑 ■ 刘志国 ■ 王　磊 ■ 苏兰英
■ 汪礼敏 ■ 唐　群

参研单位

■ 北京有色金属研究总院

获奖项目介绍

通过对纳米铁族合金和铁氮化物等微波吸收剂的研究，研制S波段高性能微波吸收材料。研制成功的材料在××厚度、S波段范围内，最小反射率和粘结强度等性能均满足用户使用要求，属国内领先，达到国际先进水平。

推广应用情况

本材料已在我国某重点武器雷达电子控制系统得到应用，解决了困扰该系统多年的电磁兼容问题。还可用于其他军民电子电气产品解决电磁干扰、电磁信息泄密、电磁环境污染等。

专利情况

01101173.4 一种铁钴合金粉末及其所制成的低频段微波吸收材料和制备方法。

北京有色金属研究总院

中国有色金属工业科学技术二等奖（2006年度）

获奖项目名称

高气密性无磁Mo–Cu–Ni瓷封合金的研究

参研单位

■北京有色金属研究总院

主要完成人

■甘长炎 ■郑　杰 ■余　明 ■马玉连
■夏志华 ■陶海明 ■刘晓芳 ■谢元锋
■林晨光 ■崔雪飞 ■张小勇 ■王林山

获奖项目介绍

本项目研制开发的Mo–Cu–Ni瓷封合金主要是应用于国防重点项目×××工程，是××行波管输出窗的关键结构材料。

本项目以粉末冶金制备工艺为基础，在“可控梯度温度场”下烧结成功高气密性（Q≤1×10–10Pa·m^3/s）的Mo–Cu–Ni瓷封合金。合金的相对密度达到99.5%以上，加上对Mo–Cu–Ni合金的成分优化，使瓷封合金具有与95%Al2O3瓷良好的匹配性、耐热冲击性、高热导率、无磁，同时合金具有机加工性能优良、钎焊性能好及使用寿命长等特点。该合金综合性能优于可伐、蒙乃尔合金，是新一代瓷封用高性能金属材料。

经查新证实：目前国内外还没有本项目材料制备技术和性能指标相当的报道，本技术成果具有创新性。

推广应用情况

高气密性无磁Mo–Cu–Ni瓷封合金作为××行波管的核心结构材料经用户方中国电子科技集团公司第十二研究所严格的应用工艺测评，性能先进，质量优异，一致性好，满足了行波管运行的全部技术条件要求，受到用户的欢迎与赞扬。经用户向国内几家主要的粉末冶金制品研究生产单位的多方采购比较表明，只有本项目提供的Mo–Cu–Ni瓷封合金全部满足该行波管瓷封合金的使用要求。××行波管型已正式通过了部级鉴定，并于2003~2004年开始小批量试制，装备国产新型雷达，并已用于国防军工重点工程。用户已批量定购本项目Mo–Cu–Ni合金棒材，用于制备××行波管，产生经济效益达5000万元以上。

Mo–Cu–Ni瓷封合金研制成功，为我国国防军工自主研发和生产××行波管奠定了材料基础，同时在新一代民用真空瓷封材料应用上具有很大的潜在市场和经济效益。

以本成果为基础后续研发出几种高性能瓷封合金产品，已批量交付使用。

北京有色金属研究总院

中国有色金属工业科学技术二等奖（2006年度）

获奖项目名称

我国分析测试体系的建立与完善－有色金属分析测试方法收集与筛选

参研单位

- 北京有色金属研究总院
- 中国有色金属工业标准计量质量研究所

主要完成人

■刘　英■臧慕文■童　坚■张英新
■刘鹏宇■王向红■亢锦文■杨　萍
■颜广炅■王爱慈■李　娜■刘　冰

获奖项目介绍

本项目共进行了4期工作，主要内容是：收集、筛选、翻译、整理有色金属、合金、重要化合物等材料的化学成分分析方法，为所有从事有色金属成分分析的实验室提供具有系统性、可靠性、可操作性、多元性、先进性及整体配套性的分析方法，以满足国内外实验室对有色金属分析测试方法的需要 。收集范围包括国际标准（ISO），中、美、日、俄、英、德、法等国家标准、行业标准，协会及有关机构的分析测试方法（GB、ANSI、ASTM、JIS、ГОСТ、BS等），国家有色金属及电子材料分析测试中心及其他研究单位，生产企业开发并已应用的方法。将所收集的分析方法进行筛选和整理，精选出准确、可靠、实用的分析方法，按照统一格式编写，使之成为具有可操作性的分析方法。同时，还将1998年～2003年通过科技部验收的新技术、新方法项目的研究成果，也按统一格式编写成为具有准确性、可操作性、前沿性的分析方法，使得我国在有色金属分析测试领域的最新研究成果，能够及时地为分析工作者所参考、借鉴和应用；也使得国家在有色金属分析测试领域的投入，能够迅速转化为生产力，服务于有色金属新材料的分析测试。

所收集的有色金属分析方法范围包括：项目第一期：铝及铝合金、铜及铜合金、钛及钛合金；项目第二期：稀土金属及其氧化物，碳酸稀土，氯化稀土，农用稀土，稀土合金和稀土矿石；铅及铅合金，锡及锡合金，锡铅焊料；1998年～2000年立项的，2002年验收的新技术新方法项目所建立的分析方法；项目第三期：重金属中钴、镍、锌、镉、锑、汞、铋等七种金属、合金及其重要化合物；2002年新技术新方法项目所建立的分析方法；2001～2002年立项的，2004年验收的新技术新方法项目，所建立的分析方法；项目第四期：轻金属中镁、钙、锶、钡、钾、钠；稀有轻金属中铍、锂、铷、铯等十种金属、合金及其化合物。2003年立项的，2005年验收的新技术新方法项目，所形建立的分析方法。

本项目的特点是：在世界范围内收集、筛选有色金属、合金及其重要化合物等材料的化学成分分析方法，经过翻译、整理后形成了具有系统性、可靠性、可操作性、多元性、先进性及整体配套性的我国有色金属分析测试体系，通过中国分析网，为全社会共享。本项目通过中国分析网的平台向全社会公示，因此引起了从事有色金属分析的企事业单位、个人的热切关注并得到了广泛的应用。

北京有色金属研究总院

中国有色金属工业科学技术二等奖（2006年度）

获奖项目名称

高纯稀土中微量稀土杂质分析方法研究

参研单位

■ 北京有色金属研究总院

主要完成人

■ 伍　星 ■ 李继东 ■ 郑永章 ■ 刘　英
■ 王长华 ■ 胡小蒙 ■ 刘鹏宇

获奖项目介绍

针对ICP-MS测定时部分待测稀土元素受稀土基体的多原子离子的谱干扰无法直接测定的问题，研究建立了Cyanex272负载树脂微柱分离体系。该体系与现有分离体系相比，淋洗酸度大幅度降低，洗脱液可以直接进行ICP-MS测定，大幅度缩短了分离时间，各基体的分离周期均小于40min。研究了微柱在线分离测定技术，实现了在线分离测定，进一步缩短了分析周期;开发研制了稀土微柱分离装置，实现了分离操作的自动化和在线分离-测定;建立了微柱分离-ICP-MS测定高纯Eu_2O_3、Tb_4O_7、Nd_2O_3、Sm_2O_3和Gd_2O_3中14个稀土杂质元素的分析方法，各基体分离周期均小于40min，方法可用于4N¯6N各高纯稀土的分析。当稀土杂质含量为2¯5μg/g时，RSD%在0.9¯8.5%水平上,加标回收率85¯116%范围内。方法简便、快速，准确度、精密度好。

推广应用情况

本课题的研究成果已经应用于7项国家标准分析方法的起草，于2006年正式发布实施，标准号为（GB/T18115.2¯8-2006）。开发的分离富集装置已经提供给包头稀土研究院，甘肃稀土集团有限责任公司，江阴加华新材料资源有限公司和包钢稀土高科股份有限公司四家单位应用。

专利等知识产权：获得发明专利两项，实用新型专利一项。

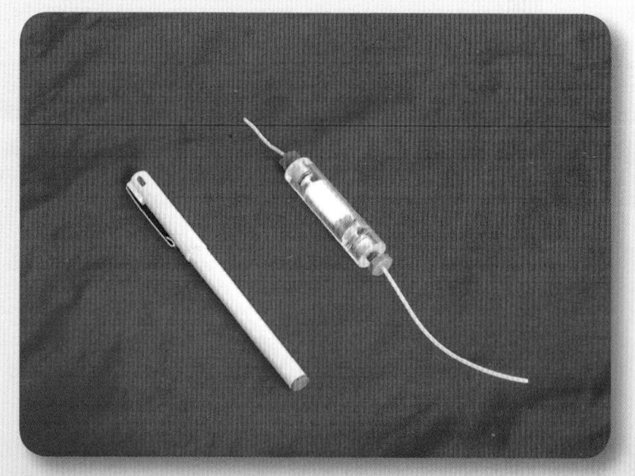

图1　微型分离柱

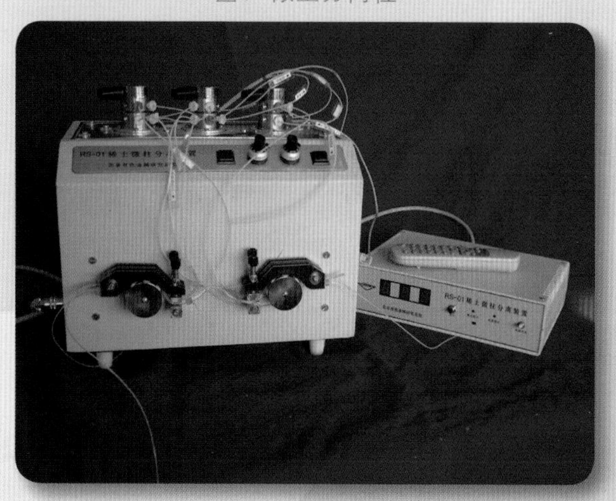

图2　RS-01稀土微柱分离装置

北京有色金属研究总院

中国有色金属工业科学技术一等奖（2007年度）

获奖项目名称

彩色等离子显示屏（PDP）用荧光体产业化关键技术

参研单位

- 北京有色金属研究总院
- 有研稀土新材料股份有限公司
- 中国科学院长春应用化学研究所
- 中国科学院长春光学精密机械与物理研究所

主要完成人

■庄卫东 ■黄小卫 ■洪广言 ■王晓君
■鱼志坚 ■李红卫 ■夏　天 ■尤洪鹏
■胡运生 ■何华强 ■刘行仁 ■赵春雷
■崔向中 ■刘荣辉 ■李玉海 ■张书生

获奖项目介绍

在众多的平板显示技术中，PDP被普遍认为是中大屏幕的首选，目前已经成为信息显示领域的主要发展方向，倍受世界各国的重视。PDP用荧光粉成为继阴极射线管彩电、节能荧光灯之后稀土在发光材料应用中的又一个新的高技术产业和增值点。

针对目前PDP用荧光粉核心技术主要由三菱（日本）、三星（韩国）等国外企业掌握的现状。本项目对PDP用荧光粉的组成、结构、制备工艺和性能进行了系统的研究，在此基础上研制出一系列具有自主知识产权的高性能PDP用红色、绿色和蓝色荧光粉新产品；已开发出了全套的制备PDP用荧光粉的工程化技术和设备，并建成了年产20吨荧光粉的中试基地。已申请相关专利15项，其中13项获得授权。

推广应用情况

在开发研究PDP新产品的同时还进行了有效的市场开发和拓展，先后与南京华显、彩虹、三星、松下等公司展开合作，将荧光粉新产品应用于新型PDP显示屏中，取得了良好的成效和收益。

专利等知识产权和获奖情况

（1）ZL01110746.4一种真空紫外线激发的铝酸盐绿色荧光粉及其制造方法；（2）ZL01141944.X一种彩色等离子体平板显示用硼铝酸盐蓝色荧光粉及其制造方法；（3）ZL01141945.8一种彩色等离子体平板显示用硼酸盐红色荧光粉及其制造方法；（4）申请号200710120747.0一种真空紫外线激发的高色域覆盖率的绿色荧光粉及其制造方法；（5）ZL200310100079.7一种超细荧光粉的制造方法及其设备；（6）ZL200510082841.2米粒状荧光粉及其制造方法以及利用该荧光粉制成的器件；（7）ZL200610058730.2一种超细荧光粉的制造方法；（8）ZL200920105795.7荧光粉的连续还原动态设备；（9）申请号200910079416.6荧光粉的连续动态还原方法及设备；（10）ZL 02235645.2荧光粉的还原设备；（11）ZL02121084.5荧光粉的还原方法及其设备；（12）ZL02116461.4真空紫外线激发的高色纯度磷钒酸钇荧光粉；（13）ZL 02155321.1真空紫外射线激活的蓝色铝酸盐荧光粉的制备方法；（14）ZL 02144731.4稀土氧化物红色荧光体及其制备方法；（15）ZL 02144732.2彩色等离子体平板显示器用三基色荧光体后处理包敷工艺。

北京有色金属研究总院

中国有色金属工业科学技术一等奖（2007年度）

获奖项目名称

军用大尺寸ZnS全波段光学窗口的研制

参研单位

■ 北京有色金属研究总院

主要完成人

■苏小平 ■杨　海 ■王铁艳 ■余怀之
■霍承松 ■付利刚 ■石红春 ■鲁泥藕
■张福昌 ■黎建明 ■魏乃光 ■赵永田
■黄万才 ■郑　冉 ■孙加滢

获奖项目介绍

军用大尺寸ZnS全波段光学窗口是用化学汽相沉积（CVD）工艺和热等静压工艺（HIP）制备的全波段（0.35¯13μm）红外窗口材料，又称多光谱ZnS材料。

多光谱ZnS的透射波段覆盖了可见光、近红外、中波红外和长波红外4个光电探测波段，并且全波段透射曲线平滑，无明显的吸收峰；多光谱ZnS的力学性能和可加工性能良好，可用作窗口、头罩和透镜等不同用途；多光谱ZnS耐温性能优异，高温下不分解、不软化，并可在600℃的高温下全波段保持较高的透过率。因而，多光谱ZnS是综合性能十分优异的光学窗口材料，在先进的军用红外热像系统中有重要用途。尤其对于未来更先进的多波段共口径探测系统，多光谱ZnS是不可或缺的光学材料。

多光谱ZnS材料制备的工艺过程是：首先采用化学气相沉积工艺制备CVDZnS，然后将CVDZnS进行热等静压处理，获得多光谱ZnS。对于带内冷通道的多光谱ZnS窗口，在沉积过程需采用独创的半预埋/二次沉积技术。

本项目为完全自主研发，项目研究的主要内容有五各方面：大尺寸CVDZnS材料沉积厚度均匀性的工艺研究；提高原生CVDZnS光学质量的工艺研究；消除大面积CVDZnS内应力的研究；内冷通孔工艺研究；多光谱ZnS热等静压处理工艺研究。

项目特点：用化学汽相沉积（CVD）方法制备的光学材料；全波段（0.35¯13μm）的窗口材料；大尺寸多光谱ZnS材料；ZnS材料内部开通孔，通冷却液体。

推广应用情况

本项目填补国内空白。项目完成后将打破国外的封锁和禁运，使多光谱ZnS材料实现国产化，满足国内高新武器型号科研和生产的急需，具有显著的社会价值。

本成果已应用于配套武器型号的研制和生产，同样可用于其它各类导弹光电制导系统的窗口和头罩，是军事武器装备现代化不可少的基础材料。随着我国军事装备现代化的发展，全波段ZnS窗口的用途会越来越广泛,用量也会越来越大。

北京有色金属研究总院

中国有色金属工业科学技术一等奖（2007年度）

获奖项目名称

EB250型电子束熔炼炉的研制

参研单位

■ 北京有色金属研究总院

主要完成人

■ 廖志秋 ■ 高建礼 ■ 马　元 ■ 李全旺
■ 尹中荣 ■ 刘志国 ■ 郜长安 ■ 谷洪刚
■ 康志君 ■ 郑　杰 ■ 史　青 ■ 冯　沛
■ 王　秦 ■ 林晨光 ■ 王　钺 ■ 孟志刚
■ 孙亚洲 ■ 王来福

获奖项目介绍

目前国内难熔金属行业发展迅速，而电子束熔炼炉是熔炼和提纯高熔点金属的必需设备，逐渐得到难熔金属生产厂家的青睐。电子束熔炼在高真空下进行，熔炼时过热温度高，维持液态时间长，材料的精炼提纯作用得以充分有效的进行。炉中的电子枪可将几十至数百千瓦的高能电子束聚焦在1cm^{2}左右的焦点上，产生3500℃以上的高温。当高能电子束聚焦在欲熔炼的钨、钼、钽、铌、锆等难熔金属原料上时，就能将这些金属熔化，达到提纯的目的。

主要技术指标：电子枪功率：0～250KW，加速电压为30KV,电子枪室极限真空：10-3～10-4Pa，阴极钨丝寿命大于400小时，电子枪阴极块寿命大于2000小时，熔钽锭尺寸：Φ110mm×1500mm，坩埚尺寸有Φ70mm，Φ90mm，Φ110mm，Φ130mm和Φ150mm。

技术难点与创新：1.电子枪：电子枪应用仿真技术，进行优化设计，解决了电子枪电极形状、尺寸及相对位置的关键技术问题；系统采用三套真空泵抽气，使电子发生室与熔炼室压差增大，从而电子束聚焦性好，熔炼效果好；电子束轨迹可定量观测和监控；电子枪流通率达到98%，提纯效率高，优于国外同类产品。2.高压电源与自动控制系统：电子枪主高压电源和轰击电源方面，解决了逐级升压、自动稳压、自动保护和自动恢复的关键技术，电压稳定度±0.5%，控制系统采用PLC和组态软件，提高了控制效率。本系统具有远程控制功能，改善了工作环境，提高了工作效率。3.进料机构能够水平向前移动的同时横向摆动，适用于形状不规则的原料，原料尺寸可以大于坩埚直径，多次熔炼不需要更换坩埚，提高了熔炼效率，降低了运行成本。4.拖锭系统：采用立柱式拖锭系统，刚性好，承载能力大，工作稳定，同时定位准确，可旋转，确保熔化过程顺利进行。5.高效水冷坩埚：对坩埚内水流通道做了合理有效的设计，采用一个铜质螺旋水套与坩埚体内表面接触，加大了坩埚体与冷却水的接触散热面积，熔铸不同直径铸锭时，使用同一个坩埚座，只需更换坩埚体、螺旋水套和密封座，就可熔铸不同直径的铸锭。EB250型电子束熔炼炉达到了工业生产化水平，填补了国内空白。电子枪关键技术和进料系统优于国际同类产品，整体技术水平达到国际先进水平。

推广应用情况

EB250型电子束熔炼炉的研制成功为我院电子束炉的进一步发展奠定了基础，创造了很好的经济效益。生产的产品质量达到国际标准，大量出口创造了显著的经济效益和社会效益。目前我院已接到五台电子束熔炼炉的生产合同，进一步扩大了电子束熔炼炉应用范围，从难熔金属到铜、钛、硅等非难熔金属提纯应用，同时提高了电子束熔炼炉的技术性能。

EB250型电子束熔炼炉的工业生产应用，促进了我国难熔金属的高纯金属产品的生产，提高了我国难熔金属和高纯金属产品的生产水平。

北京有色金属研究总院

中国有色金属工业科学技术二等奖（2007年度）

获奖项目名称

混合动力客车用镍氢动力电池组系统

参研单位

- 北京有色金属研究总院
- 天津和平海湾电源集团有限公司
- 北华大学
- 中国南车集团株洲电力机车研究所

主要完成人

■ 吴伯荣 ■ 宫维林 ■ 陈　晖 ■ 张俊英
■ 朱　磊 ■ 简旭宇 ■ 蒋利军 ■ 杜　军
■ 成　艳 ■ 姜　丰 ■ 唐广笛 ■ 康志君

获奖项目介绍

本项目的研究内容来源于国家863计划支持的电动汽车重大专项课题，项目于2001年12月启动，针对燃料电池城市客车实际应用，解决镍氢动力电池组系统的关键技术问题。

目前燃料电池技术发展不够成熟，需要动力电池配合使用，在启动、加速等状况下为整车提供功率支持，在燃料电池出现故障时提供能量。镍氢动力电池不仅需要提高功率和能量，使用温度范围也应进一步拓宽以满足整车需要，应用技术如一致性、可靠性、安全性、电池组系统热/电管理、动力混合优化也需要进一步研究。

本项目经三期滚动，已成功研制出可供混合动力客车用宽温度使用的兼备高功率和高能量的80Ah镍氢动力电池组，其主要技术特点和创新性如下：1.通过正极材料表面包覆稀土氧化物、负极材料快淬等自主创新技术，成功制备出高低温性能良好的正负极材料；2.成功开发出具有自主知识产权的单体电池分选技术，显著改善了电池组一致性；3.通过独特的流道设计，提高了电池组散热效果，保证了电池组的温度分布均匀。

整体项目于2005年12月通过了科技部专家组验收。据权威单位检测，电池组在高低温性能、功率密度和大电流充放电特性等方面均超过国家863计划指标，整体技术国内领先，其中高低温性能和功率密度达到国际同类产品的先进水平。

80Ah高性能镍氢动力电池模块（左图）及电池组系统（右图）

推广应用情况

1.提供北京清能华通科技发展有限公司80Ah/384V镍氢动力电池组系统，用于面向北京奥运的中美合作项目HCNG混合动力城市客车的研发和示范运行；

2.提供东风电动车辆股份有限公司8Ah/288V镍氢动力电池组系统、40Ah/288V镍氢动力电池组系统用于混合动力轿车、混合动力客车；

3.提供深圳五洲龙公司80Ah/384V车用镍氢动力电池组系统；

4.提供北京广源惠通科技有限公司100Ah/24V、40Ah/12V镍氢动力电池组，用作为2008年北京奥运会配备的警用车载通讯设备所用电源。

北京有色金属研究总院

中国有色金属工业科学技术二等奖（2007年度）

获奖项目名称

锂硅合金产业化生产工艺和设备研究

参研单位

- 北京有色金属研究总院

主要完成人

■ 孙泽明 ■ 李萍乡 ■ 李雅清 ■ 卓　军
■ 窦维喜 ■ 李建华 ■ 刘鸿迁

获奖项目介绍

锂硅合金是锂硅/二硫化铁热电池的阳极材料，该热电池具有功率密度高、脉冲放电性能好、激活速度快等特点，目前成为国内外大部分导弹以及核武器的优选电源。

锂硅合金化学性质活泼，因而对制备条件要求苛刻，大批量生产非常困难。参研单位是我国最早研制和生产锂硅合金的单位，曾为我国多项国防重点工程提供过锂硅合金。随着国防工业的发展，锂硅合金用量不断增加，原有的实验室生产条件已经不能满足需求，因此开始建设产业化生产工艺和设备。

根据锂硅合金产业化生产的要求，对材料的熔炼温度、浇注、运输等进行了深入的研究，解决了温度控制、浇注工艺条件、转运、包装等技术难题，自主研制了产业化生产的系列非标设备。产品成分均匀，一致性好，表面氧化程度低，电性能优良。本成果填补国内空白，达到国际先进水平。

推广应用情况

建成了国内唯一的锂硅合金生产线，产品满足用户要求，为我国武器定型和生产提供了有力保障。

北京有色金属研究总院

中国有色金属工业科学技术二等奖（2007年度）

获奖项目名称

多孔锆合金陶瓷复合技术研究

参研单位

■ 北京有色金属研究总院

主要完成人

■ 秦光荣 ■ 尉秀英 ■ 杜　军 ■ 蒋利军
■ 苑　鹏 ■ 毛昌辉 ■ 熊玉华 ■ 黄　倬
■ 朱　京 ■ 王　磊 ■ 常秀敏 ■ 张　艳

获奖项目介绍

采用特殊制备工艺，经高温高真空烧结而成，是一种新结构的吸气元件，材料是由吸气材料及金属间化合物、耐高温加热丝、绝缘层、陶瓷底座等组成。此吸气元件具有特殊的结构，外形尺寸小、重量轻、安装方便牢固且能实现自身加热激活，能满足特殊电真空器件在恶劣工作环境（振动、冲击、热循环、高电压等）下使用。本吸气元件在室温条件下瞬间吸收器件中的大量有害活性气体，如H_2、N_2、CO、CO_2、H_2O等，满足特殊电真空器件的真空要求，可提高器件可靠性及使用寿命。本成果属国内首创，达到国际先进水平。

吸气元件图片

推广应用情况

本吸气材料及元件已在多个国家重点型号中使用，各项性能指标优于国内外同类产品。此吸气元件不仅可以用在高可靠的特殊电真空器件中，在民用方面电真空器件中也有广阔的发展前景，如X光管、石油深井探测仪中的中子管等。

ZL02153443.8 加热丝用绝缘材料及其制备方法和应用

北京有色金属研究总院

中国有色金属工业科学技术二等奖（2007年度）

获奖项目名称

材料介观力学测试装置的开发研制

参研单位

■ 北京有色金属研究总院

主要完成人

■ 朱其芳 ■ 孙泽明 ■ 王福生 ■ 刘 英
■ 张金波 ■ 姚 伟 ■ 黄贵成 ■ 王晓华
■ 王永兰 ■ 张东辉

获奖项目介绍

材料介观力学观察装置是用于研究材料于介观尺度下变形行为的仪器。该装置可对材料在动态拉伸过程中的介观尺度动态形貌、应力应变行为、材料变形过程中的位移矢量场和应变场进行实时记录和观察。该装置在同轴对拉、压力材料试验系统基础上，附加了用于在介观尺度下（即大于微观尺度，小于宏观尺度）实时观察材料介观团块变形规律以及断裂行为的机构。该装置可观察和记录介于宏观与微观尺度之间的材料变形、塑性流变以及开裂的介观亚结构，同时记录材料实时的应力应变行为。经过数据处理，可对材料变形过程中试样的全场位移矢量场、形变旋量场和应变等值量场进行实时表征。该课题研制的材料介观力学观察仪在采用超小型、大量程夹式位移引伸计采集应变信号，有实时的应力、应变的情况跟随的介观动态行为的图像、跟踪动点位置的位移矢量分析得到全场面内各点的变形向量、形变旋量场参数分布等几方面有很强的综合介观力学分析能力，该项目总体指标已达到国际先进水平。该装置在大量程超小型应变仪的设计制造、全场形变旋量场分析方法上有创新性，在国内外处于领先地位。应用材料介观力学装置可给材料学研究提供介观尺度的变形及断裂规律的信息，该装置给材料物理提供了一个新的研究手段。材料介观力学测试仪的开发对我国材料科学科学的发展有重要意义，在学术意义上和应用领域有广阔的、久远的前景。该项研究工作为材料介观力学试验装置的开发提供了具体经验，材料介观力学测试装置的系统适用于国内的绝大部分材料研究机构，已推广使用国内部分大专院校和科研院所。

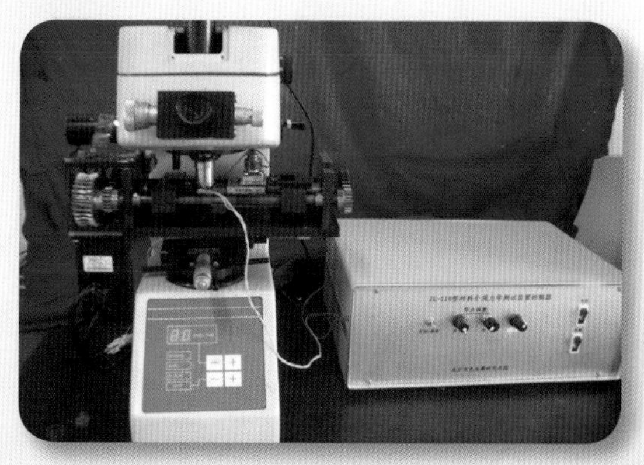

图（1）样品加载台、引伸计位置和物象接收部分

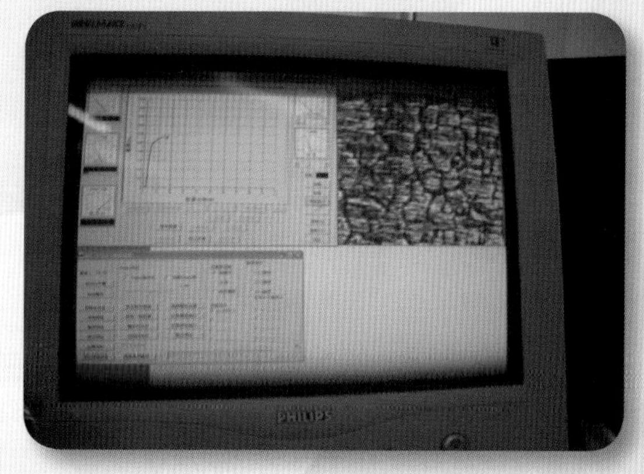

图（2）动态加载应力应变曲线和试验样品实时形变像记录

北京有色金属研究总院

中国专利金奖（2008年度）

获奖项目名称

专利《一种用于直拉硅单晶制备中的掺杂方法及其装置》

参研单位

- 北京有色金属研究总院
- 有研半导体材材料股份有限公司

主要完成人

■ 屠海令 ■ 秦　福 ■ 周旗钢 ■ 张国虎
■ 方　锋 ■ 吴志强 ■ 戴小林

获奖项目介绍

本发明涉及生产集成电路级直拉硅单晶棒的掺杂方法及装置，主要应用于生产重掺杂直拉硅单晶，掺杂元素可以是磷、砷和锑。它的应用过程是：待硅完全熔化以后，将掺杂元素放置于掺杂装置的内筒中，将带有盛放掺杂元素内筒的掺杂装置下降到多晶熔体的液面上，使被掺杂元素完全挥发并扩散进熔硅中，然后取出掺杂装置，换上籽晶，进行硅单晶体的生长。

传统的掺杂方法有共熔法和投入法，这两种方法的主要缺点是掺杂效率低、重复性差、不能得到低电阻率的单晶。而且，拉晶时的回熔次数也比较多。采用本技术，克服了以上缺点，经有研半导体材料股份有限公司及国泰半导体材料有限公司的应用，取得了良好的效果，经济效益也十分显著。本发明达到了国际先进水平。

大直径低电阻率重掺硅单晶棒的制备是高速集成电路制造过程中一项关键技术，西方发达国家对该技术领域实行严格的知识产权保护，对中国进行技术封锁。该专利开发出了具有自主知识产权的生产方法及装置。经两家公司的应用，已成功批量生产出大直径低电阻率重掺硅单晶，为我国的半导体材料及集成电路制造业的发展提供了技术保障。

推广应用情况

本技术应用在有研半导体材料股份有限公司（有研硅股）和国泰半导体材料有限公司（有研硅股子公司），用于生长直径4英寸、5英寸、6英寸、8英寸的重掺硅单晶（掺杂元素依客户要求，可以是磷、砷、锑），硅单晶棒产品经本公司切片、磨片、抛光、清洗等工序的深加工，大部分出口到美国和日本市场，用于制作集成电路。最终用户有德州仪器（TI）、英特尔（Intel）等，产品受到用户的好评。

北京有色金属研究总院

中国有色金属工业科学技术一等奖（2008年度）

获奖项目名称

C194电子引线框架铜带产业化生产的关键技术研究

参研单位

- 北京有色金属研究总院
- 宁波兴业电子铜带有限公司

主要完成人

■谢水生 ■胡长源 ■黄国杰 ■陈建华
■程镇康 ■马万军 ■米绪军 ■马吉苗
■王建立 ■郑国辉 ■李　雷 ■史久华
■柳瑞清 ■程　磊 ■吴朋越 ■和优锋

获奖项目介绍

项目研究和解决了需求量最大的铜铁磷系框架材料的生产关键技术，实现了引线框架用铜合金的国产化及产业化。批量生产的C194引线框架合金材料导电率≥60%IACS、强度≥420MPa、抗软化温度≥450℃；KFC引线框架合金材料导电率≥80%IACS、强度≥350MPa、抗软化温度≥400℃。同时，研究了高强、高导Cu-Cr-Zr系引线框架铜合金制备的关键技术，为进一步开发新一代高强高导引线框架铜合金材料奠定基础。项目取得的突破性进展和重大创新：（1）系统研究了Fe、P含量对材料性能的影响，确定了最佳的Fe、P重量比，解决了铸造时的偏析等问题；利用具有自主知识产权的水平连续铸造技术和装备，生产引线框架铜带坯，开发出一条国际领先的短流程、低成本，生产大卷重的引线框架铜带新工艺；将数值模拟技术应用于分析引线框架铜合金水平连续铸造和立式半连铸，解决了立式半连铸制备引线框架铜带坯的关键技术。（2）系统研究了引线框架用铜合金的强韧化热处理技术。提出了水平连续铸造+在

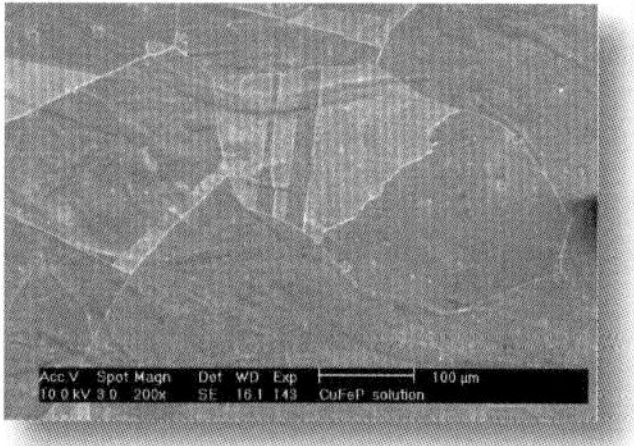

铸态

成品

图1 C194的微观组织

线固溶处理的工艺，采用该工艺进行处理的合金，固溶充分、性能均匀稳定；研究开发了适用于C194合金的双级时效工艺，提高了合金抗拉强度、导电率及软化温度。（3）通过采用拉弯矫及特殊的张力退火相结合的工艺，彻底地消除了带材的残余应力，使带材不产生扭曲、弯曲和翘曲；采用先进的喷淋脱脂、酸洗和特殊的脱脂剂、钝化剂、防锈剂等，提高了带材表面清洁度，防止了带材的氧化变色。（4）建立了产业化生产基地，结束了我国长期从国外进口引线框架材料的局面。（5）深入研究了Cu-Cr-Zr系新一代高强高导铜合金的制备及加工技术，获得了优化的加工工艺，制备出的Cu-Cr-Zr合金，抗拉强度>600MPa，电导率>80%IACS，延伸率>8%，软化温度>520℃。

图2 杭州湾新区厂房

本成果整体技术属国内领先、国际先进水平。本成果已实现产业化，每年可稳定生产引线框架材料1.2万吨，已新增产值约7.75亿元人民币，累计创外汇约500万美元，实现利税约1.25亿元人民币。获国家发明专利3项、实用新型5项，出版著作1部，发表论文33篇（其中SCI检索6篇；EI收录6篇；ISTP检索1篇），培养博士研究生3人，硕士研究生5人。

北京有色金属研究总院

中国有色金属工业科学技术二等奖（2008年度）

获奖项目名称

一步法制备稀土××材料的工艺及材料性能研究

参研单位

- 北京有色金属研究总院
- 有研稀土新材料股份有限公司

主要完成人

■ 张世荣 ■ 于敦波 ■ 张深根 ■ 李扩社 ■ 李红卫 ■ 杨红川 ■ 李勇胜 ■ 徐　静 ■ 袁永强

获奖项目介绍

“一步法”定向凝固工艺是将制备稀土超磁致伸缩材料的三个关键步骤合金熔炼、定向凝固和热处理结合起来，设计在一台炉子内连续完成。与传统工艺相比，“一步法”工艺缩短了工艺流程，降低了生产成本，提高了生产效率，适宜于工业化生产大直径、高性能稀土超磁致伸缩材料。在“一步法”工艺中，通过改变GL/V（GL为温度梯度，V为晶体生长速度）比制得了<110>或<112>轴向取向的多晶材料，其中<110>轴向取向材料具有优良的低场磁致伸缩性能，<112>轴向取向材料具有高磁致伸缩系数。研究了大直径稀土超磁致伸缩材料的晶体定向凝固设备与工艺参数、<110>和<112>轴向取向度的影响因素与控制技术、材料组织结构的均匀性和一致性及控制技术、动态性能及测试设备与技术、降低材料成本的技术途径等。研制出了直径达到40-80mm的稀土超磁致伸缩材料，该材料在低磁场下具有高磁致伸缩应变，500Oe磁场下，达到950～1000ppm，居国内外先进水平。

推广应用情况

该材料应用于中国船舶重工集团公司第七一五研究所研制的主被动拖曳线列阵声纳的发射换能器及航空吊放声纳换能器；为研制低频、大功率、宽带高优质因数的超磁致伸缩纵向换能器基元及平面阵列或共形阵列提供核心材料。同时，也为航天卫星的微位移控制系统，高精度机床致动器等器件的研制提供关键材料。

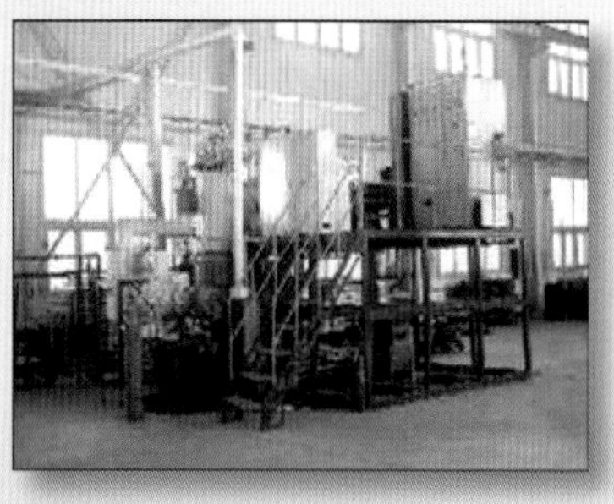

“一步法”工艺专用定向凝固炉

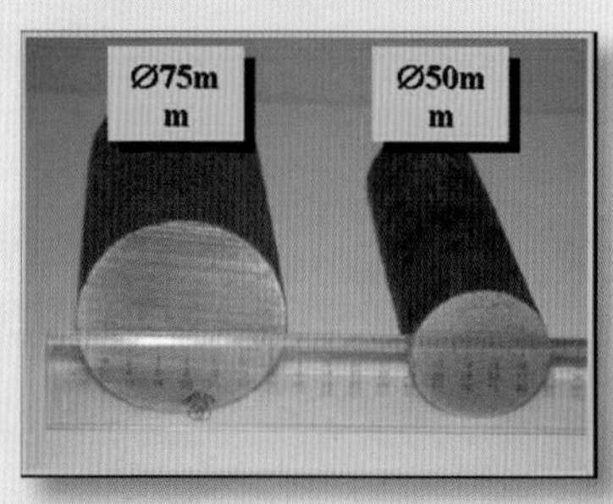

“一步法”工艺制备的大直径稀土超磁致伸缩材

采用稀土超磁致伸缩材料制备的高精度机床致动器

北京有色金属研究总院

中国有色金属工业科学技术二等奖（2008年度）

获奖项目名称

卫星用××屏蔽电缆的研制

参研单位

■ 北京有色金属研究总院

主要完成人

■杜　军 ■毛昌辉 ■杨志民 ■杨　剑
■唐　群 ■张　艳 ■黄　倬 ■罗　君
■王　磊

获奖项目介绍

主要创新点如下：（1）采用磁控溅射工艺，在电缆基体上沉积复合薄膜材料；（2）所制备的××屏蔽电缆实现了高电磁屏蔽性能、高红外反射率和高结合力的有机统一，且耐环境性能良好。本项目研制的卫星用××屏蔽电缆对特定频率的电磁波的屏蔽性能，以及对中红外与中远红外的反射率均达到合同指标要求，本卫星用××屏蔽电缆属国内首创，达到国外同类产品的先进水平。

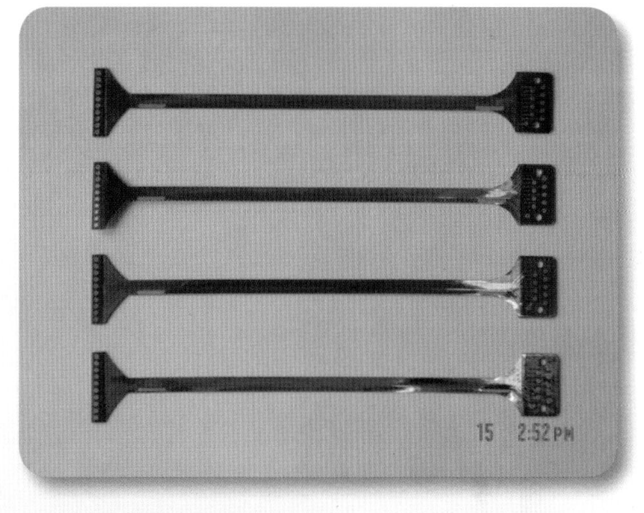

推广应用情况

已成功应用于××型号的红外相机上，亦可用于其他军民电子电气产品解决电磁、红外干扰的问题。

北京有色金属研究总院

中国有色金属工业科学技术二等奖（2008年度）

获奖项目名称

光纤用高纯四氯化锗产业化技术

参研单位

- 北京有色金属研究总院
- 北京国晶辉红外光学科技有限公司

主要完成人

■苏小平 ■王铁艳 ■袁　琴 ■杨　海
■刘福财 ■鲁　瑾 ■李清岩 ■韩国华
■关风华 ■耿宝利 ■武鑫萍 ■莫　杰

获奖项目介绍

本项目属于光电材料领域。在光纤用高纯四氯化锗的产业化生产过程中，首先是将四氯化锗粗品经过化学和物理相结合的初步提纯工艺，使之达到99.99%的纯度，并有效控制其中的水含量和小分子CH；然后通过管道输送到特殊的精馏设备中，采用气提和蒸汽压控制相结合的工艺对OH、CH、HCL和4000-1000cm-1波数范围内的红外杂质进行深度提纯；最后用传统的精馏工艺对金属杂质进行深度提纯；合格的光纤用四氯化锗直接流入专用的包装容器。该方法的特点是：（1）在初步提纯过程中，化学和物理提纯同时进行，提高效果和效率；（2）在深度提纯过程中没有其他试剂的加入，避免了外来污染；（3）气提和蒸汽压控制相结合的工艺可以使杂质按照设计的通道，持续的排出；（4）管道输送和在线罐装，有效避免了环境因素对产品质量的影响。（5）产品金属容器内壁经过专门处理，并配有特殊结构的阀门系统，集运输、储存、使用为一体，比玻璃容器安全，同时也避免了金属容器所带来的污染问题。

产品达到的性能指标为：10个金属杂质（Fe、Co、Ni、Cu、Cr、Mn、V、Pb、Zn、Al）总量≤3PPb,含氢杂质(OH、CH、HCl）总量≤1PPm以下，最好水平≤0.1PPm。产品100%达到PCVD光纤用要求，属国际同类产品的最好水平。

推广应用情况

本项目立足于国内锗资源的优势，采用项目技术，总投资4032万元，建成年产40吨光纤用高纯四氯化锗国家级示范工程生产线，改变光纤预制棒主要原材料依靠进口的局面，形成光纤生产完整的产业链，建立具有国际竞争力和可持续发展能力的光纤产业，其社会意义和经济效益重大。该生产线于2006年全面投入运行，产品质量达到国际领先水平，产品远销国内外。到2007年底已生产销售光纤用四氯化锗30吨以上，实现销售收入超过1亿元，取得良好的社会和经济效益，为我国光纤通信产业的发展做出贡献。

光纤用四氯化锗包装容器

北京有色金属研究总院

中国有色金属工业科学技术二等奖（2008年度）

获奖项目名称

稀土金属及其氧化物中稀土杂质化学分析方法GB/T 18115.1～12—2006

参研单位

- 北京有色金属研究总院
- 中国有色金属工业标准计量质量研究所
- 江阴加华新材料资源有限公司
- 内蒙古包钢稀土高科技股份有限公司
- 包头稀土研究院
- 上海跃龙新材料股份有限公司
- 山东淄博加华新材料资源有限公司
- 广东珠江稀土有限公司

主要完成人

杨　萍　李继东　王彩凤　谢建伟　张桂梅　郝　茜　亢锦文　王向红　伍　星　何凤娟　周晓东　杜　梅

获奖项目介绍

本套标准分析方法是在稀土氧化物化学分析方法GB/T 18115.1～10—2000基础上的的修订。目前国际上还没有相应的标准。稀土金属及其氧化物中稀土杂质化学分析方法GB/T 18115.1～12—2006包括12分项24个分析方法。这些方法包括了先进的电感耦合等离子体发射光谱法和电感耦合等离子体质谱法。这些方法解决了12个稀土基体中14个稀土杂质的测定问题。

各分项内容如下：GB/T 18115.1—2006镧中14个稀土杂质的测定 ICP-AES法 方法1 ICP-MS法 方法2；GB/T 18115.2—2006铈中14个稀土杂质的测定ICP-AES法 方法1 ICP-MS法 方法2；GB/T 18115.3—2006镨中14个稀土杂质的测定ICP-AES法 方法1 ICP-MS法 方法2；GB/T 18115.4—2006钕中14个稀土杂质的测定ICP-AES法 方法1 ICP-MS法 方法2；GB/T 18115.5—2006钐中14个稀土杂质的测定ICP-AES法 方法1 ICP-MS法 方法2；GB/T 18115.6—2006铕中14个稀土杂质的测定ICP-AES法 方法1 ICP-MS法 方法2；GB/T 18115.7—2006钆中14个稀土杂质的测定ICP-AES法 方法1 ICP-MS法 方法2；GB/T 18115.8—2006铽中14个稀土杂质的测定ICP-AES法 方法1 ICP-MS法 方法2；GB/T 18115.9—2006镝中14个稀土杂质的测定ICP-AES法 方法1 ICP-MS法 方法2；GB/T 18115.10—2006钬中14个稀土杂质的测定ICP-AES法 方法1 ICP-MS法方法2；GB/T 18115.11—2006铒中14个稀土杂质的测定ICP-AES法 方法1 ICP-MS法 方法2；GB/T 18115.12—2006钇中14个稀土杂质的测定ICP-AES法 方法1 ICP-MS法 方法2。

该套标准采用电感耦合等离子体质谱法测定质量分数小于0.001%以下的稀土杂质。但是在对铈，镨，钕，钐，铕，钆，铽7个基体测定某些稀土杂质元素时，基体对测定元素有非常严重的质谱干扰，必须分离基体后才能测定。因此在本标准中采用了北京有色金属研究总院的《一种利用分离稀土的分离柱》和《一种微柱分离富集装置》两项专利，一项《微柱分离-ICP-MS测定高纯稀土中微量稀土杂质分析方法研究》科技成果，使得该套标准每种基体的14个稀土杂质完全得以测定。大大地增加了该标准的科技含量。在用电感耦合等离子体发射光谱法测定稀土金属及其氧化物中14个稀土杂质时采用基体匹配法校正基体对测定的影响，使得方法的准确性和精密度大大的提高；在用电感耦合等离子体质谱法测定稀土金属及其氧化物中14个稀土杂质时除了在测定铈，镨，钕，钐，铕，钆，铽基体中的目些稀土杂质时采用了具有自主知识产权的微柱分离技术，分离基体以消除基体对测定的影响，同时还采用内标法校正测定中的干扰因素，从而大大地提高了方法的准确性,降低了检测下限。这两种方法的结合使每套分析方法都能完全、准确地测定14个稀土杂质，以及满足相应的测定范围。解决了以前不能完全准确测定较低含量的14稀土杂质问题，拓展了测定范围。使稀土的测定纯度可达到99.999%。使国家标准的水平和应用性得以大大的提高。通过本标准的颁布和实施，全国98%以上的稀土公司和稀土检测单位已经将该标准广泛应用到生产检测和相关贸易中。实践证明，该标准分析方法操作简便，分析精密度高，准确性好。解决了每个稀土基体中全部14个稀土杂质的分析，其结果不仅得到国内用户的认可，也得到了国外用户的肯定。该标准的颁布实施对全国稀土行业生产和应用高纯度稀土产品的单位提供了可靠的检测方法，对进出口产品提供了可靠数据保障。该标准目前已广泛地被各稀土生产、应用以及检验单位所采用，应用状况良好。使生产企业和检测单位能够快速，准确地进行数据分析，有效地控制了生产产品的质量。

北京有色金属研究总院

中国有色金属工业科学技术二等奖（2008年度）

获奖项目名称

高纯二氧化锗化学分析方法

参研单位

- 北京有色金属研究总院
- 中国有色金属工业标准计量质量研究所

主要完成人

■刘　红■刘　英■赵春华■邵荣珍
■贺东江■向　磊■郑华容

获奖项目介绍

本项目属于标准分析方法，共分为5个部分，分别为：YS/T 37.1-2007高纯二氧化锗化学分析方法 硫氰酸汞分光光度法测定氯量，YS/T 37.2-2007高纯二氧化锗化学分析方法钼蓝分光光度法测定硅量，YS/T 37.3-2007高纯二氧化锗化学分析方法 石墨炉原子吸收光谱法测定砷量，YS/T 37.4-2007高纯二氧化锗化学分析方法 电感耦合等离子体质谱法测定镁、铝、钴、镍、铜、锌、铟、铅、钙、铁和砷量，YS/T 37.5-2007高纯二氧化锗化学分析方法 石墨炉原子吸收光谱法测定铁量。

YS/T 37.1-2007 硫氰酸汞分光光度法测定氯量。

试料用氢氧化钠溶解，以硝酸中和至弱酸性，氯离子与硫氢酸汞反应定量置换出硫氰酸根离子，并与过量三价铁离子生成血红色硫氰酸铁化合物，于分光光度计波长460nm处测量其吸光度，间接测定氯的含量。适用范围：0.010%～0.10%。

YS/T 37.2-2007 钼蓝分光光度法测定硅量

试料用盐酸溶解。以四氯化锗形式挥发分离基体；用氢氟酸溶解聚合硅酸，以硼酸络合氟离子，用钼蓝法，于分光光度计波长810nm处测量其吸光度，适用范围：0.00001%～0.00010%。

YS/T 37.3-2007 石墨炉原子吸收光谱法测定砷量

试料溶于盐酸和硝酸中，以四氯化锗形式挥发分离基体。残渣用稀硝酸溶解，采用钴盐作基体改进剂，用石墨炉原子吸收光谱法于波长193.7nm处测量砷的吸光度。适用范围：0.000002%～0.00010%。

YS/T 37.4-2007 电感耦合等离子体质谱法测定镁、铝、钴、镍、铜、锌、铟、铅、钙、铁和砷量

YS/T 37.5-2007 石墨炉原子吸收光谱法测定铁量

试料用盐酸加热分解，基体呈四氯化锗蒸发除去，铁以溶液形式于波长248.3nm处进行石墨炉原子吸收光谱法测定。适用范围：0.000005%～0.0002%。

推广应用情况

本行业标准中的五个部分YS/T37.1-2007《高纯二氧化锗化学分析方法 硫氰酸汞分光光度法测定氯量》、YS/T37.2-2007《高纯二氧化锗化学分析方法 钼蓝分光光度法测定硅量》、YS/T37.3-2007《高纯二氧化锗化学分析方法 石墨炉原子吸收光谱法测定砷量》、YS/T.37.4-2007《高纯二氧化锗化学分析方法 电感耦合等离子体质谱法测定镁、铝、钴、镍、铜、锌、铟、铅、钙、铁和砷量》、YS/T37.5-2007《高纯二氧化锗化学分析方法石墨炉原子吸收光谱法测定铁量》已经在与二氧化锗相关的各企事业单位的分析检测中作中进行了应用。

北京有色金属研究总院

中国有色金属工业科学技术一等奖（2009年度）

获奖项目名称

大尺寸多光谱硫化锌头罩

参研单位

■ 北京有色金属研究总院

主要完成人

■ 苏小平 ■ 杨　海 ■ 余怀之 ■ 张福昌
■ 霍承松 ■ 王铁艳 ■ 石红春 ■ 付利刚
■ 魏乃光 ■ 黄万才 ■ 鲁泥藕 ■ 赵永田
■ 樊宇红 ■ 王学武 ■ 杨　柳 ■ 杨建纯

获奖项目介绍

大尺寸多光谱硫化锌头罩属于性能优异的宽波段光电窗口材料，在可见光（0.4 um）到远红外（12um）范围内都具有良好的透过率和较低的吸收系数，已经在国外先进战机的高性能光电雷达吊舱窗口和整流罩领域得到广泛应用。

本项目研究内容包括：采用化学气相沉积工艺制备硫化锌材料，生长头罩毛坯材料的设备研制，原料气体在材料生长区域内流行分布，控制原料稳定供应，保证材料生长速率稳定的研究，反应物在沉积室内浓度的控制，材料生长过程中粉料的存储和转移，材料热等静压处理提高头罩多波段红外透过性能等。

解决的主要的技术问题有：适合大尺寸ZnS头罩毛坯生长进气系统的开发和研制、头罩制备过程中的稳定生长技术、材料内部杂质的消除技术、头罩沉积厚度均匀性控制技术、光学质量均匀性的实现技术等。

本项目打破了西方发达国家对我国制备大尺寸多光谱ZnS头罩的核心技术封锁。同时建成了国内唯一生产大尺寸多光谱ZnS头罩的中型生产线，形成一定批量的生产能力，极大支持了国内先进红外光电探测先进武器的研制和生产。截止到2009年8月，向用户提供了多批量ZnS产品，创造了显著的经济和社会效益。

推广应用情况

大尺寸多光谱ZnS头罩属于机载高性能光电雷达的特种窗口关键组件，尤其在“双光合一”、“三光合一”的设计和选用上更是具有不可替代性，本项目具有非常广阔的市场前景。

专利等知识产权和获奖情况

获发明专利1项，实用新型专利5项，申请发明专利3项。明细如下：

制备大尺寸高均匀CVD ZnS材料的设备及其工艺，ZL2004 1 0102512.5

化学气相沉积硫化锌系统中的除尘过滤装置，ZL2005 2 0018057.0

化学气相沉积方法制备硒化锌系统中剧毒尾气的处理装置，ZL 2005 2 0018056.6

一种研磨托盘，实用新型，ZL 2005 2 0145337.8

制备高光学均匀性CVDZnS球罩的设备，ZL2006 2 0134265.1

热等静压设备供气系统，ZL 2007 2 0173835.2

“CVDZnS头罩和大尺寸CVDZnS窗口的研制”获得2005年国防科学技术奖二等奖”；

“军用大尺寸ZnS全波段光学窗口的研制”获得2007年度中国有色金属工业科学技术奖一等奖”。

北京有色金属研究总院

中国有色金属工业科学技术一等奖（2009年度）

获奖项目名称

UTA型大直径棒材在线自动化超声波探伤系统

参研单位

■ 北京有色金属研究总院

主要完成人

■ 唐海波 ■ 徐允谦 ■ 张伦兆 ■ 陈　泉
■ 郑　杰 ■ 朱　力 ■ 金雄英 ■ 钱建宏
■ 张继宏 ■ 李柏远 ■ 唐瑞刚 ■ 张国秀
■ 余文忠 ■ 高东林 ■ 吴洋林 ■ 钱春龙
■ 袁　琪

获奖项目介绍

伴随国内外市场对大直径轴用钢、轴承钢、齿轮钢需求量的增大，尤其是核电站和超临界发电厂使用的特种大直径无缝钢管的坯料都需要特殊钢棒作坯料为了提高这种特殊钢管的成品率，控制源头质量，对下游产品的成品率起到了至关重要的作用。根据国内外发展趋势和市场需要，我院自主研发了UTA型大直径棒材在线自动超声波探伤系统，适用于Φ150～Φ300mm金属棒材的在线自动超声波探伤。系统由输送辊道、液压升降机构、棒材旋转传动机构、探头升降机构、探头行走机构、探头跟踪装置、水靴式组合探头、水循环系统、多通道超声波探伤仪、自动控制系统、打标装置和分选装置等部分组成。通过连续过程控制，实现上料、传输、检测、报警、打标、分选、下料、记录等过程全部自动化。

本设备检测规格为Φ150～Φ300mm，长度：4～12m，端部盲区小于100mm，信噪比大于8dB（Φ1.2×15mm横通孔），探头频率：5MHz，弯曲度最大4mm/m，端部最大2mm/m，检测速度为3～5m/min，漏报率≤1%，误报率≤2%，信号稳定性：±2dB（每2小时检查），最大载重：12000Kg，检测范围：全截面，起始稳定时间≤4s，检测通道：9通道。由于大直径金属棒材超声波探伤过程中存在透镜效应、侧壁回波、水波干扰以及设备空间限制等关键性技术难题，因此大直径棒材自动化超声波探伤设备几十年来一直成为我国无损探伤检测领域的空白。本设备为我国第一套大直径棒材在线自动超声波探伤设备，在检测棒材直径范围、对棒材弯曲度、不圆度的适应性以及更换规格的操作简便性方面，超过进口产品，具有自主知识产权。系统采用组合式探头加上置水靴式水套弹性跟踪的方法，解决了大直径棒材在线超声波探伤时水层稳定性、一次性全截面检测和强电磁辐射干扰等关键技术难题，经现场长期使用，完全满足产品工业化生产要求，填补了国内大直径棒材在线自动化超声波探伤设备的空白，整体技术达到国际先进水平。

推广应用情况

大直径棒材在线自动超声波探伤系统研制成功，满足了市场对特殊钢棒检测的要求。目前国内已有江阴兴澄特种钢铁有限公司、西宁特钢、中航泰和燃气轮机公司、首钢特钢、衡阳华菱钢管有限公司、无锡德新钢管有限公司、中兴能源装备股份有限公司等购置10套，销售额近1600万元。贵阳钢厂、太原钢厂、大冶特钢、东北轻合金公司等多个厂家向我院提出了购买意向。随着国内外汽车、轮船轴用钢、轴承钢、齿轮钢的需求增加，以及核电站超超临界发电厂对钢管坯料检测要求的提高，各特殊钢企业为占领高端产品市场，对大直径棒材自动化超声波探伤设备的需求将大幅提高。例如，江阴兴澄特钢公司是我国特殊钢行业的龙头老大，生产的直径150mm–300mm钢棒作为汽车用轴用钢、齿轮钢的原材料出口日本，使用该设备为其创造了显著的。今后，除在冶金行业特殊钢厂推广以外，还要在有色金属行业铝棒、铜棒、钛棒等在线自动超声波检测领域推广应用。

北京有色金属研究总院

中国有色金属工业科学技术二等奖（2009年度）

获奖项目名称

超大功率车辆发动机用高性能轴瓦

参研单位

- 北京有色金属研究总院
- 清华大学

主要完成人

■ 熊柏青 ■ 曾　飞 ■ 张永安 ■ 潘　峰
■ 朱宝宏 ■ 刘红伟 ■ 王　锋 ■ 李志辉
■ 李锡武

获奖项目介绍

超大功率发动机是先进战车、大型船舶、大型载重车辆等的核心部件，高比压、高耐磨性、高承载能力的轴瓦是其中的关键零部件之一。传统工艺生产的轴瓦已不能满足更高比压、更高耐磨性和更高承载能力的要求，因此需要在轴瓦结构、材料和制备技术方面进行革新，才能达到超大功率发动机对轴瓦提出的苛刻性能要求。目前国际上只有奥地利、美国少数先进国家已开展了相关研究，开发了新产品，但对我国进行出口限制；我国超大功率车辆发动机用高性能轴瓦的研制工作属于空白，导致我国超大功率车辆发动机用轴瓦只能依赖进口、长期面临受制于人的局面，严重地影响了国家安全、车辆发动机及其关键零部件制造业的发展。

针对以上情况，项目承担单位在××项目的支持下，从轴瓦结构设计、材料、制备技术等方面开展了系统的研究。创新性地提出并确定了快速凝固技术制备溅射靶材等三项关键技术为核心的工艺路线。通过多项关键技术的集成创新，成功研制出了具有自主知识产权的超大功率发动机用高性能轴瓦,轴瓦的实体、表面形貌、组织结构、结合强度等方面都达到甚至超过了进口轴瓦的实物水平。所研制的轴瓦满足实际使用要求，达到了XXX项目用轴瓦的技术条件，整体水平达到国际先进水平。

该项目的成功开发在技术上冲破了国外的封锁，填补了国内在超大功率车辆发动机用高性能轴瓦制备技术方面的空白，形成一套完整的超大功率车辆发动机用高性能轴瓦的生产制造技术以及小批量生产能力，实现了超大功率发动机用高性能轴瓦国内自主保障。

北京有色金属研究总院

中国有色金属工业科学技术二等奖（2009年度）

获奖项目名称

核纯级铝合金研制与××容器筒体旋压工艺

参研单位

■ 北京有色金属研究总院

主要完成人

■ 沈　健 ■ 王振生 ■ 毛柏平 ■ 李德富
■ 徐远超 ■ 黄玉才 ■ 于隆祥 ■ 赵永增
■ 胡　捷 ■ 王志英 ■ 崔德财 ■ 邹成桥

获奖项目介绍

本项目研制的××容器，是中国先进研究堆核心部件之一。中国先进研究堆是目前国内性能参数最为先进的高通量低温反应堆，总体性能参数属亚洲第一，世界第三，采用轻水冷却、重水慢化的先进设计技术。××容器属高精度超长筒体，大直径、两端带有内外法兰，制造加工难度大。××容器属于核Ⅰ级部件之一，对材料性能和制造工艺有严格的要求，它的质量直接关系到中国先进研究堆的总体性能和安全运行。

采用高纯原料、多次洗炉、在线除气等方式，严格控制微量元素含量，确保Cd≤0.003%，B≤0.001%，Co≤0.001%，Li≤0.008%（质量百分比），熔炼出核纯级6061铝合金铸锭，锻造成坯料，采用特种旋压工艺旋压成形制备出带有内、外法兰的整体无焊缝容器筒体，经过探伤检验达到AA级。热处理后精密加工成××容器，经检测，其尺寸和性能完全满足设计要求。

研制的××容器，消除了焊缝，避免服役过程中可能发生的严重事故，可以使××容器寿命延长至与反应堆同寿，从而避免因××容器更换带来的不可预测的高风险，因此对于保障核反应堆安全运行和预防环境严重污染具有重要的社会效益；因为无焊缝，简化了××容器的在役检查程序，节省了昂贵的在役检查及××容器制作与更换费用，因此其潜在的经济效益很高。

中国先进研究堆××容器

推广应用情况

本项目研制的核纯级××容器是专为中国先进研究堆研制。

研制的整体无焊缝××容器2007年10月已安装在中国先进研究堆中，通过在反应堆内的役前检验、水压试验、密封试验和水利试验，效果良好，能够正常、安全地应用。

本项目的研制成果已形成了小批量生产能力，生产的整体无焊缝××容器可以应用于同类核反应堆容器的制造以及具有高质量要求的高端容器产品的生产。

专利等知识产权和获奖情况

获2项专利：

一种旋压变截面模具（授权号：ZL 200520144975.8）；

一种带内外法兰的大直径超长筒形件旋压加工方法（授权号：ZL 2005210132000.8）

北京有色金属研究总院

中国有色金属工业科学技术二等奖（2009年度）

获奖项目名称

4英寸低位错锗单晶

参研单位

■ 北京有色金属研究总院

主要完成人

■ 苏小平 ■ 杨　海 ■ 冯德伸 ■ 黎建明

■ 李　楠 ■ 闵振东 ■ 樊宇红 ■ 王学武

■ 王思爱 ■ 刘　伟 ■ 左建龙 ■ 曹远征

获奖项目介绍

本项目属先进空间能源材料领域。4英寸低位错锗单晶主要用于制备超薄抛光片，用作空间高效GaAs/Ge太阳电池的衬底片，作为空间飞行器的主要电源。以前，国内研制和生产的GaAs/Ge空间太阳电池采用的锗衬底片完全依靠进口，产品价格十分昂贵，而且受制于人，严重制约我国空间用GaAs/Ge太阳电池的研制和批量生产。因此，急需开展GaAs/Ge空间太阳电池用锗单晶的研制。

4英寸低位错锗单晶主要技术指标：单晶直径>103mm、长度≥100mm。晶向〈100〉、导电型号：N型、电阻率：<0.4Ωcm、电阻率不均匀性：<15%、少子寿命：≥60μs、位错密度：<3000/cm2。采用直拉法生长锗单晶，开展了小温度梯度热场、单晶生长工艺（包括缩颈对单晶位错的影响、固液界面形状对单晶位错密度的影响、收尾情况对位错密度的影响、降温过程对晶体位错密度的影响的研究）、单晶电阻率

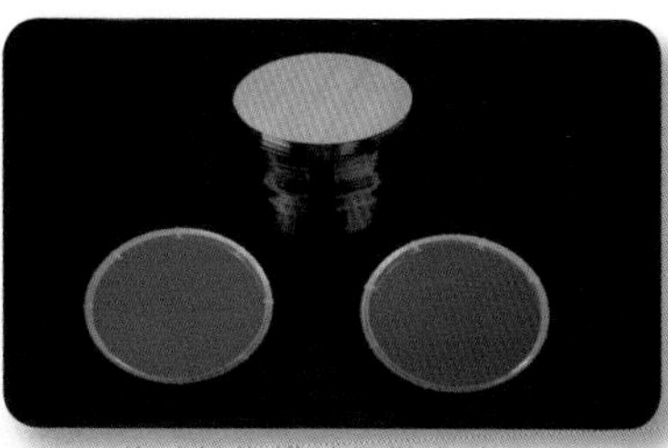

4英寸低位错单晶抛光片产品

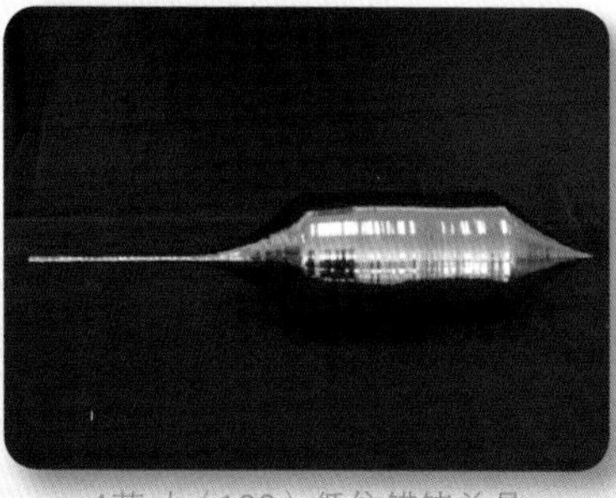

4英寸〈100〉低位错锗单晶

均匀性控制技术、单晶退火工艺（包括退火对单晶导电型号和电阻率影响、退火对单晶位错密度的影响、退火对单晶机械性能影响）等研究工作，其中一种新的工艺—降埚直拉法在降低单晶位错指标中起到关键作用。

解决的主要技术问题有：小温度梯度热场的设计、低位错单晶生长技术、单晶残余应力测量技术等三项。

推广应用情况

本项目完成后，建成了国内唯一的4英寸低位错锗单晶生产线，形成小批量生产能力，开始扭转我国GaAs/Ge空间太阳电池采用的锗衬底片完全依靠进口的不利局面。截止到2009年6月，累计给用户提供4英寸锗单晶560多公斤，产值1000多万元。GaAs/Ge太阳电池是新一代空间太阳电池，它具有转化效率高、耐辐照性能好等优点，逐步取代Si太阳电池成为主要的空间电池。目前，中电、航天等单位开展GaAs/Ge太阳电池的研制工作，并形成年产几十千瓦太阳电池的生产能力，以及多项工程的空间电源都要采用GaAs/Ge太阳电池，本项目具有非常广阔的市场前景。

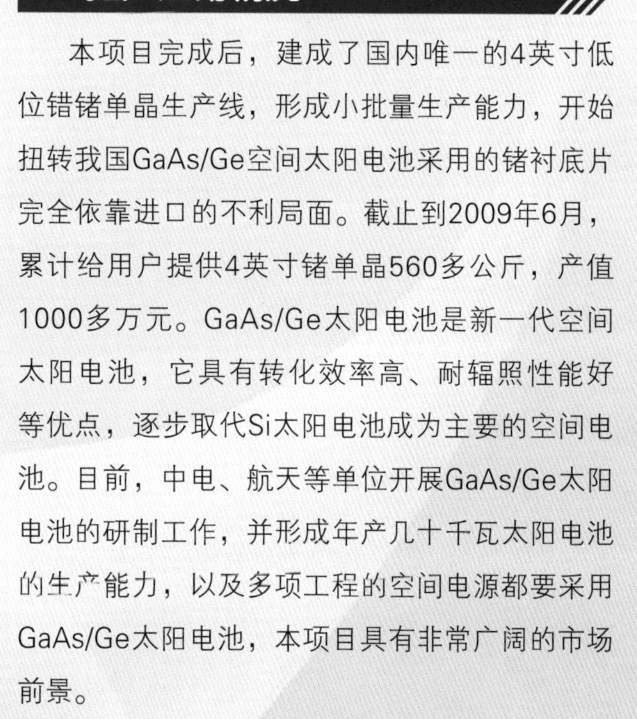

北京有色金属研究总院

中国有色金属工业科学技术二等奖（2009年度）

获奖项目名称

锂化学分析方法GB/T20931-2007

参研单位

- 北京有色金属研究总院
- 中国有色金属工业标准计量质量研究所
- 中核建中核燃料元件有限公司

主要完成人

■ 刘 英 ■ 张江峰 ■ 何 平 ■ 童 坚
■ 汪文红 ■ 王克刚 ■ 卓 军 ■ 李贵友
■ 李满芝 ■ 颜广炅 ■ 佟 伶 ■ 周雅琦

获奖项目介绍

本套标准分析方法在我国是首次制定并发布。目前国际上只有前苏联制定了ΓOCΓ 8775.0/.04-1987锂分析方法，各元素测定方法及范围：锂-容量法（≤99.8%）、钾-原子吸收光谱法（0.001%~0.02%）、钠-原子吸收光谱法（0.003%~0.01%）、钙-原子吸收光谱法（0.005%~0.5%）、镁-原子吸收光谱法（0.002%~0.05%）、锰-原子吸收光谱法（0.0003%~0.2%）、铁-原子发射光谱法（0.002%~0.04%）、铝-原子发射光谱法（0.001%~0.04%）、硅-原子发射光谱法（0.003%~0.01%）、钡-原子发射光谱法（0.003%~0.04%）、氮-凯氏蒸馏-奈氏试剂分光光度法（0.003%~0.2%）。

ΓOCΓ 8775.0/.04-1987不能满足我国产品标准对各杂质元素检测的需求，因而本标准是为满足我国金属锂产品对杂质成分的检测需求而建立。与ΓOCΓ 8775.0/.04-1987标准相比，元素测定下限有所降低，并增加了ΓOCΓ 8775.0/.04-1987标准中没有而我国产品标准需要检测的Ni、Cl、Cu三个元素，同时为避免原子发射光谱法对锂标准样品依赖性强，并满足我国目前各个锂生产和使用相关单位的分析能力和仪器状况，摒弃了原ΓOCΓ 8775.0/.04-1987标准中对固体标样依赖性强的原子发射光谱法，主要以容易实现的分光光度法和对碱金属和碱土金属检测更加擅长的原子吸收光谱法进行检测，结果表明该套标准所制定的系列分析方法完全能够满足我国金属锂产品中各元素检测的需求，同时仪器仪器相对简便、方法易于实现。本套标准与其相比测定下限有所降低，而且镁采用原子吸收光谱法、硅采用硅钼蓝分光光度法，铝采用铬天青S-溴化十六烷基吡啶分光光度法使操作更为简便，准确度和精密度均有所提高。另外本套标准还包含了ΓOCΓ 8775-87中没有的元素镍、氯、铜。

本套标准分析方法自发布实施以来得到了全社会与金属锂生产、使用、贸易相关单位的广泛应用，为我国锂电池材料、锂硅合金粉及锂其他材料的产品质量保障创造了条件。北京有色金属研究总院还利用该套标准为该锂相关单位进行了分析测试人员培训，派专家赴武汉昊诚能源科技有限公司进行现场分析检测人员培训，为梅岭化工厂、北大先行科技产业有限公司培训了金属锂及相关产品分析检测人员。同时本项目的合作单位：建中化工总公司也为其产品的相关用户培训了若干检测人员。这些推广和应用表明，本套分析方法准确、可靠、使用，得到了全社会使用该标准单位的应用，在生产、使用和贸易中起到了控制质量的作用。

北京有色金属研究总院

中国专利优秀奖（2009年度）

获奖项目名称

氢氧化镍的一种连续性制备方法

参研单位

■ 北京有色金属研究总院

主要完成人

■ 蒋文全 ■ 傅钟臻 ■ 于丽敏

获奖项目介绍

氢氧化镍作为镍氢电池及镍氢动力电池正极活性材料。本专利发明的是一种氢氧化镍连续性生产方法，采用了流程独特的“管道式合成”化学湿法工艺技术。发明了抑制反应体系胶体的形成、成核与晶体生长两阶段分开及可控结晶生长和周期性造核技术等方法。设计反应体系的结构以营造层状结构晶体稳定构成所需的反应流态和实现依靠离心力与向心力大小来调控颗粒停留时间，引入副反应用副反应系数及金属配合物配合度来实现氢氧化镍晶体按堆垛方式生长和调控其生长速率，构建氢氧化镍晶体的微结构缺陷和颗粒形态。周期性微调pH与NH3配比值及其变动时间，以调整反应体系的平衡态和局部过饱和度，控制成核数量、晶粒尺寸及晶核形态和晶体生长状态，将氢氧化镍晶体的复杂生长过程控制“简单化”，实现工艺连续性和批次产品一致性。所获材料在粒子界面及晶粒内部都同时具有电化学作用，电极效率高。

国内多采用一次粒子团聚再机械密实成球的化学沉积技术，是间歇或半连续式工艺流程，工艺可控性、产品性能及批次一致性能都较差。国外都采用“控制结晶法”制备球形$Ni(OH)_2$，以两套反应系统来实现连续化，本专利创造性采用“管道式合成”独特技术路线，在同一反应系统中即完成造核、晶体生长和粒度控制三大过程，实现连续化。经专家鉴定，本技术已达国际领先水平。

利用本专利技术，专利权人建立了60t／a中试线和500t／a能源材料工程化研发基地，完成了社会公益基金、科研院所专项基金、军品配套等多个国家项目，现正进行氢氧化镍国标研究（200810742）工作。本专利技术已成功拓展应用于 锂离子电池镍钴锰三元材料及磷酸铁锂球形化前躯体的合成和特种镍氢电池、铁氧体吸波材料等“973”、“863”、国防保障及军品配套等项目中，与金川集团合作建成了3000t／a镍钴锰三元材料前躯体生产线，在含胶性的过渡金属球形氢氧化物及氧化物晶态功能材料和微米级松散球形颗粒制备中起到关键指导作用，展示出本专利技术更为广阔的应用前景。

推广应用情况

本专利技术已授权许可河南科隆等7家企业使用，建成几十条300t／a生产线，产能达15000t／a，到2008年底，累计生产约4.42万吨，销售额超过52 亿元，新增利润约8亿元，国内市场占有率约60%；同时，全面替代进口产品，为国家节省了大量外汇，已批量出口，返销日本市场，创汇超过545万美元，为镍氢电池材料“中华”品牌创建做出重大贡献。新增就业岗位近千个，已产生十分显著的社会、经济效益。

北京有色金属研究总院

国家技术发明奖二等奖（2009年度）

获奖项目名称

稀土功能材料用高品质金属及合金快冷厚带产业化技术及装备

参研单位

- 北京有色金属研究总院
- 有研稀土新材料股份有限公司

主要完成人

■ 李红卫 ■ 于敦波 ■ 李宗安 ■ 颜世宏
■ 赵　斌 ■ 李世鹏

获奖项目介绍

稀土功能材料是现代电子信息、家用电器、汽车、航空航天及国防军工等领域发展不可缺少的关键材料。为了进一步提高稀土功能材料性能，必须提高稀土金属纯度，稳定控制稀土合金成分、微观组织。本项目对高纯稀土金属及其合金快冷厚带产业化技术和装备进行了重点研究开发：（1）发明了稀土合金快冷厚带用高纯优质稀土金属及其合金产业化制备技术，制备的高纯稀土金属纯度≥99.99%，收率>93%，自主开发的吨级真空蒸馏炉、连续氟化炉等能耗降低60%左右，解决了生产装备大型化中的关键技术难题；（2）发明了稀土功能材料用合金快冷厚带产业化关键制备技术，实现合金厚带微观组织与性能的有效控制，主相柱状晶比例占95%以上，短轴方向晶粒尺寸为1.0～3.0μm，几乎无α-Fe相，采用快冷厚带制备的磁体磁能积与矫顽力之和大于65，形成了具有我国自主知识产权的稀土合金快冷厚带成套产业化技术；（3）自主设计开发出国内第一台大型稀土合金快冷厚带甩带炉，关键装备实现国产化。

推广应用情况

本项目开发的技术、产品和设备已实现了产业化。产品在国内中科三环、宁波韵升、天津天和、中北通磁以及日本的TDK、信越、日立金属等国内外大型稀土材料生产企业得到了广泛应用。廊坊关西磁性材料有限公司使用该项目自主研发的专利技术－钕铁硼快冷厚带产业化技术建立了一条年产2000吨的快冷厚带生产线。目前，本项目累计实现销售收入196406万元，利税25015万元，创汇14295万美元，经济效益显著。

项目授权专利

（1）钕铁硼合金快冷厚带及其制造方法（ZL 01141410.3）；（2）合金快冷厚带设备和采用该设备的制备方法及其产品(ZL 02104122.9)；（3）贮氢合金及其快冷厚带制备工艺（ZL 02153166.8）；（4）NdFeB快冷厚带的低温氢破碎工艺（ZL 02157925.3）；（5）一种稀土合金铸片及其制备方法(ZL 200710151801.8)；（6）贮氢合金铸片及其制备方法（ZL 200710188175.X）；（7）一种钕铁硼永磁材料用辅助合金及其制备方法（ZL 200510137233.7）；（8））一种稀土合金、制备工艺及其应用（ZL 200710063648.3）；（9）一种高稀土含量镁中间合金的制备方法（ZL 200610075921.X）；（10）一种熔盐电解制备钆铁合金的方法（ZL 200610165134.4）；（11）一种熔盐电解用耐氟盐腐蚀和抗氧化的绝缘密封装置（ZL 200720190415.5）；（12）一种稀土氧化物连续氟化装置（ZL 200620134241.6）。

北京有色金属研究总院

中国专利优秀奖（2010年度）

获奖项目名称

铜矿石的联合堆浸工艺

参研单位

■ 北京有色金属研究总院

主要完成人

■ 阮仁满 ■ 温建康 ■ 宋永胜 ■ 姚国成
■ 郑　其 ■ 李宏煦

获奖项目介绍

本专利技术利用含高效浸矿菌的高铁稀硫酸溶液浸出硫化铜矿石，利用硫化铜矿石细菌浸出产生的稀硫酸溶液（萃取贫液）喷淋或滴淋氧化铜矿堆，含铜浸出液进行沉淀法净化除杂后进行萃取、反萃、电积，获得高纯阴极铜产品。本专利技术与传统火法冶炼相比，处理同类矿石：节约能耗55%～60%，降低生产成本60%，建厂投资降低1/3；同国外技术相比，在铜浸出率相同的情况下，浸出周期缩短近1/3；与国外矿石相比，在铜品位低2/3、S/Cu比高3倍的情况下，现金成本相近；生产的阴极铜达到高纯阴极铜质量标准，铜含量大于99.99%。本专利技术达到了国际先进水平。本专利的主要创新点如下：（1）集成并采用实时荧光定量PCR与基因克隆文库技术，分析不同条件下浸矿微生物种群结构特征，获得并调控菌群优势生长的工艺参数（如温度、pH、氧等），确保优势菌群在堆内高效繁殖；（2）硫化铜矿生物浸出过程产生的富余酸用于浸出氧化铜矿，变废为宝，节省酸耗，实现绿色冶金；（3）采用预接种、合理矿石粒度、叠置式连续筑堆、合理喷淋制度等工艺技术，满足了硫化铜矿生物浸出与氧化铜矿酸浸对pH值、温度、电位等基本工艺参数的要求，在工程上实现了铜的高效浸出与废酸利用。

该专利技术已成功应用于福建紫金山铜矿、四川会东铜矿，取得了显著的经济效益。可推广应用于江西德兴、西藏玉龙、吉林白山等低品位铜矿资源的开发。

万吨级生物堆浸提铜厂

高纯阴极铜产品

推广应用情况

铜矿石联合堆浸技术；低品位硫化铜矿选择性浸出技术；堆浸过程微生物种群调控技术。

获得专利1项：铜矿石的联合堆浸工艺；外围保护专利2项：适用于生物堆浸提取金属的造粒工艺、硫化矿浸矿菌生长的高效电化学培养方法及装置。

北京有色金属研究总院

中国有色金属工业科学技术一等奖（2010年度）

获奖项目名称

非皂化萃取分离稀土新工艺

参研单位

- 北京有色金属研究总院
- 有研稀土新材料股份有限公司

主要完成人

■ 黄小卫 ■ 龙志奇 ■ 彭新林 ■ 李红卫
■ 崔大立 ■ 杨桂林 ■ 赵　娜 ■ 刘　营
■ 张永奇 ■ 张顺利 ■ 李建宁 ■ 王春梅

获奖项目介绍

随着稀土应用量的快速增长，稀土生产过程中的环境污染问题日益凸显。我国有稀土冶炼分离企业近百家，萃取分离能力超过15万吨（REO），由于有机萃取剂采用氨水皂化，每年要消耗液氨10多万吨，产生含氨氮废水1500多万吨。江苏和广州等地的稀土分离企业，由于环保要求非常严格，采用液碱代替氨水进行有机相皂化，但皂化成本增加近1倍，同时，还要排放大量氯化钠废水，又带来高盐废水污染问题。为控制成本，大部分稀土分离企业仍使用氨皂化，氨氮基本未回收利用，江西、包头、江苏等地的部分稀土企业曾因此而停产改造或关闭。氨氮废水污染已成为制约我国稀土工业发展的瓶颈问题。

本项目提出了非皂化萃取分离稀土新思路，重点突破了有机萃取稀土过程酸平衡技术、稀土浓度梯度及平衡酸度调控技术，开发成功具有原创性的非皂化萃取分离稀土新工艺，打破了规模化萃取分离稀土过程有机萃取剂必须皂化的传统，从源头消除了有机相皂化导致的氨氮废水的污染，大幅度减少了高盐度废水排放，并降低了生产成本。该项目适用于包头混合型稀土矿和南方离子型稀土矿在内的不同资源，以及硫酸稀土、氯化稀土、硝酸稀土体系或其混合体系的萃取分离，具有广泛的适用性。目前，国家已颁布《稀土工业污染物排放标准》和《稀土行业准入标准》，对稀土分离废水的排放提出了更为严格的要求，其中《稀土行业准入标准》明确要求“稀土冶炼企业必须使用无氨萃取分离技术”，本项目技术为达到国家即将颁布的《稀土工业污染物排放标准》和《稀土行业准入标准》提供了技术保障。

甘肃稀土集团非皂化萃取分离项目实施实景

推广应用情况

目前共与10家单位签订了技术转让协议，技术转让合同额达到1552万元，其中有7家大中型稀土企业已经实现规模生产，实施企业共实现销售收入42亿元，新增利税5.8亿元，节约材料消耗7675万元，减排氨氮和含钠盐废水175万吨，并节省了大量废水处理费用。

本成果申请发明专利9项（PCT专利1项），其中授权专利5项。

北京有色金属研究总院

中国有色金属工业科学技术一等奖（2010年度）

获奖项目名称

锂离子动力电池及其材料的研发与产业化

参研单位

- 北京有色金属研究总院
- 深圳市比克电池有限公司
- 潍坊威能环保电源有限公司
- 湖南瑞翔新材料股份有限公司

主要完成人

■ 卢世刚 ■ 吴国良 ■ 庞　静 ■ 骆兆军
■ 阚素荣 ■ 熊俊威 ■ 张向军 ■ 金维华
■ 刘智敏 ■ 刘　莎 ■ 李景敏 ■ 方万里
■ 杨娟玉 ■ 李文成 ■ 靳尉仁 ■ 王昌胤

获奖项目介绍

本项目的研究内容主要来源于国家863计划支持的锂离子动力电池及其材料研发课题，主要内容包括：

1.双复合尖晶石锰酸锂技术：开发了尖晶石锰酸锂材料新型制备技术，合成了结构稳定、循环性能优良的低成本双复合锰酸锂正极材料，材料容量115-120mAh/g，常温循环达到500次，50℃高温循环达到了300次；建成了年产150吨锂离子电池用双复合锰酸锂中试线，批量制备的材料性能稳定，综合性能达到国际先进水平。

2.锂离子动力电池技术：研究了锂离子动力电池化学体系、结构和性能设计，以及长寿命、高安全性、寿命与性能评价等关键技术，开发了锂离子动力电池工程化制造技术，研制了高功率型和高能量型系列产品。开发了多层极片叠层卷绕和极片与极耳一体化结构，提高了电池功率特性；研制了温度-压力安全阀，提高了电池安全性；研究了极片均匀性与性能的关系，建立了高均匀性电极的制作方法；研究了锂离子动力电池工程化技术和装备，建立了电池短路、气密性等质量检测方法，建立了产品检测规范，提高了电池一致性；利用国内装备和国产原材料，大幅度降低电池成本，开发的以锰酸锂为正极、中间相碳微球为负极的高功率型产品，比能量>70Wh/kg，比功率>1500W/kg，循环寿命超过1000次，通过了针刺、挤压、过充电等安全性检测；开发的以磷酸铁锂为正极、人造石墨为负极的高比能产品，比能量>110Wh/kg，循环寿命超过2000次，整体技术达到国际先进水平。

3.锂离子动力电池及其材料的产业化技术：锂离子动力电池及其材料技术成果实现了产业化，产品在电动汽车、电动自行车等领域得到了广泛应用，经济效益和社会效益显著。

推广应用情况

“低成本双复合锰酸锂研究与中试”和“锂离子动力电池及其工程化技术的研究”通过了中国有色金属工业协会组织的科技成果鉴定,整体技术达到国际先进水平。截止2010年6月，项目通过技术合作、技术转让等方式建成了年产超过1.5亿安时的锂离子动力电池生产能力，约占国内目前产能的10%。

申请专利12项，其中授权发明专利6项，授权实用新型4项，2项发明专利已受理。

北京有色金属研究总院

中国有色金属工业科学技术一等奖（2010年度）

获奖项目名称

大型钛材真空退火设备的研制

参研单位

- 北京有色金属研究总院
- 西安石油大学
- 宁夏东方钽业股份有限公司
- 西部超导材料科技有限公司
- 西部金属材料股份有限公司
- 西部钛业有限责任公司

主要完成人

■ 尹中荣 ■ 张乃禄 ■ 彭常户 ■ 李全旺
■ 杨建朝 ■ 陈　林 ■ 高文柱 ■ 赵洪章
■ 吕利强 ■ 吴孟海 ■ 李　辉 ■ 郑　杰
■ 孙照富 ■ 张延宾 ■ 王　轩 ■ 戴天舒

获奖项目介绍

本设备为冷却水套式卧式真空退火炉，单室内加热。由炉体、真空系统、送料系统、冷却系统、加热系统和电控系统等组成。主要技术指标为：均温区：Φ850×16000mm，最高温度：900℃，工作温度：500~850℃，温度均匀性：±3℃，控温精度：±1℃，极限真空度：1.0×10E-3Pa，工作真空度：1.0 ×10E-2Pa，压升率：≤0.67Pa/h。

创新点及技术难点：1.加热室采用筒型隔热反射屏结构，以及分段独立控温加热器，温度均匀性好；2.料架采用新型框架式组合结构，使物料和料架受热均匀、变形小、运行可靠；3.采用IPC+PLC+智能仪表结构控制系统及基于Fuzzy-PID的多温区加热控制策略，实现退火生产过程中各工艺参数的自动监测与全过程控制，温度控制精度高。

该项目有明显创新，技术难度大，设备均温性好，控温精度高，工艺流程稳定，满足了生产要求，保证了产品质量，经济和社会效益十分显著，综合技术经济指标达到国际先进水平。

图：16米大型钛材真空退火炉

推广应用情况

本设备是国内长度和容量最大的真空钛材退火炉，实现了大型钛、锆等稀有金属真空退火温度高精确度、多温区高均温性的控制和生产过程中各工艺参数的自动检测与全过程优化控制，对国内稀有金属及钛生产装备行业发展具有十分重要的现实意义；同时，可满足市场多层次需求，为钛材向更广泛的领域开拓发展创造了良好的条件，具有广泛的应用推广前景。本设备已分别于2005年、2006年和2010年在西部钛业有限责任公司、西部超导材料科技有限公司、宁夏东方钽业股份有限公司投入使用，取得了显著的经济效益和良好的社会效益，自投产以来，累计创造产值超过5亿元。另外，我院生产3-10M 的中小型真空退火炉，同样广泛应用于多家公司，创造了良好的经济效益。

北京有色金属研究总院

中国有色金属工业科学技术一等奖（2010年度）

获奖项目名称

铝及铝合金表面处理系列标准的研究

参研单位

- 北京有色金属研究总院
- 中国有色金属工业标准计量质量研究所
- 广东坚美铝型材厂有限公司
- 福建省南平铝业有限公司
- 广东兴发铝业有限公司
- 福建省闽发铝业有限公司
- 中国有色金属工业华南产品质量监督检验中心

主要完成人

朱祖芳 葛立新 姚　伟 卢继延 何耀祖 纪　红 何则济 张　鸣 陈文泗 李永丰 戴悦星 朱耀辉 颜广炅 孙凤仙 黄冈旭

获奖项目介绍

铝及铝合金表面处理系列标准包括以GB/T8013-2007《铝及铝合金阳极氧化膜和有机聚合物膜》为主导基础性和规范性国家标准和18项铝合金表面处理的检测试验方法标准，这些标准基本上涵盖了铝合金表面处理的质量技术试验规范。GB/T8013的制定不仅在我国是首创，而且在国际上也是第一次全面、系统、集中地规定了所有铝表面处理膜层的性能要求、试验方法、检验规则等。连同配套制修订的18项铝合金表面处理的检测方法标准，构成了完整的铝及铝合金表面处理系列标准。这一系列标准,既在性能要求/测试方法和评定指标与国际和国外先进标准接轨,又符合我国生产技术现状的产品质量水平,其发布和应用不仅促进了我国铝型材行业产品质量的全面提升,并有助于突破铝及铝合金型材出口过程中的贸易壁垒,也为制定或修改产品标准(如铝合金建筑型材的GB5237)和相关试验方法标准的研究与制定提供了具体范围和明确方向,如起草制定的”抗热裂性试验方法和丝状腐蚀试验方法”等标准。同时也是铝型材生产企业在日常成品检测与质量评价以及生产过程中质量控制评定所必不可少的方法标准,今天已被广泛地应用于铝型材生产企业。

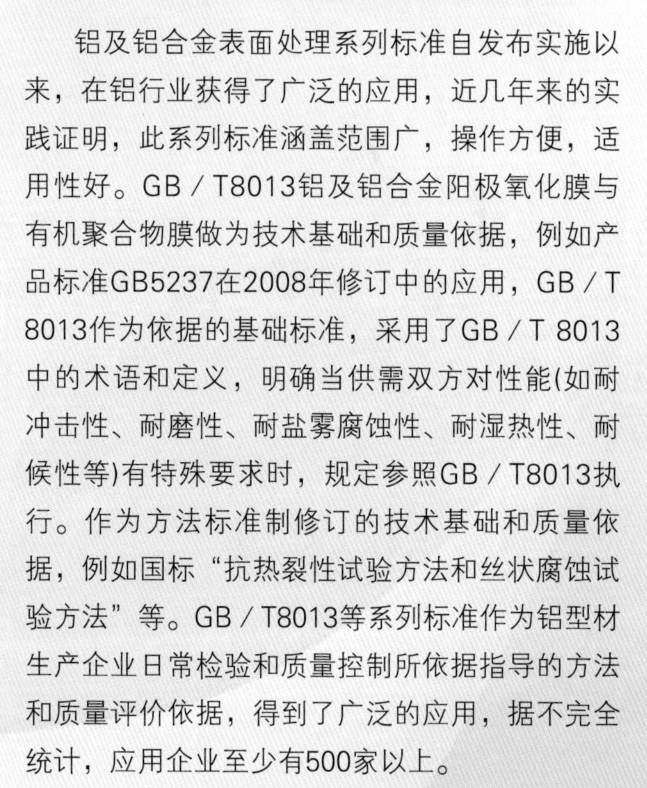

推广应用情况

铝及铝合金表面处理系列标准自发布实施以来，在铝行业获得了广泛的应用，近几年来的实践证明，此系列标准涵盖范围广，操作方便，适用性好。GB／T8013铝及铝合金阳极氧化膜与有机聚合物膜做为技术基础和质量依据，例如产品标准GB5237在2008年修订中的应用，GB／T 8013作为依据的基础标准，采用了GB／T 8013中的术语和定义，明确当供需双方对性能(如耐冲击性、耐磨性、耐盐雾腐蚀性、耐湿热性、耐候性等)有特殊要求时，规定参照GB／T8013执行。作为方法标准制修订的技术基础和质量依据，例如国标“抗热裂性试验方法和丝状腐蚀试验方法”等。GB／T8013等系列标准作为铝型材生产企业日常检验和质量控制所依据指导的方法和质量评价依据，得到了广泛的应用，据不完全统计，应用企业至少有500家以上。

此系列标准的推广应用，不仅促进了我国铝型材行业产品质量的全面提升，并有助于突破铝及铝合金型材出口过程中的贸易壁垒，也为今后产品标准和方法标准的研究与制修订提供了具体范围和明确方向。

北京有色金属研究总院

中国有色金属工业科学技术二等奖（2010年度）

获奖项目名称

钛铝复合板的研制

参研单位

■ 北京有色金属研究总院

主要完成人

■ 李德富 ■ 胡　捷 ■ 马志新 ■ 高文柱
■ 王　俭 ■ 汪　洋 ■ 李彦利 ■ 李　慧
■ 杨宏伟 ■ 梁　勇 ■ 沈　健 ■ 王　磊

获奖项目介绍

钛铝复合板作为一种功能性蒙皮材料，钛层具有耐高温、耐蚀性好的优点，铝层具有比重轻、刚度好、易于成型、与飞机本体蒙皮材料兼容的优点，应用在国产先进战机上，即达到飞行器减重的目的，又起到防止导弹发射尾焰烧蚀和腐蚀作用。耐烧蚀轻质钛铝双金属复合薄板是为军工重点工程配套的军用飞机关键部位用蒙皮材料。采用轧制、热处理、矫平等加工技术，形成了完整的制备工艺，生产的钛铝复合板，主要技术指标达到或超过国外同类产品水平。先后为用户提供了数吨复合板产品，建立一套比较完善的钛铝复合板生产质量管理体系，工艺技术国内领先，产品质量达到国际先进水平。

图：钛铝复合板

专利等知识产权和获奖情况

取得发明专利1项：一种层状钛铝复合板及其制备技术，200710178258.0。

2010年度中国有色金属工业科学技术奖二等奖。

北京有色金属研究总院

中国有色金属工业科学技术二等奖（2010年度）

获奖项目名称

应变异质材料的X射线表征技术

参研单位

■ 北京有色金属研究总院

主要完成人

■ 马通达 ■ 屠海令 ■ 胡广勇 ■ 邵贝羚
■ 刘安生 ■ 肖清华

获奖项目介绍

应变异质材料能够很好地满足当前半导体产业发展的迫切需求，已被广泛应用于大规模集成电路和光电子器件中。

应变异质材料中的应变能够改变异质材料及器件的电学和光学特性，而应变弛豫引入的位错则可能进入器件功能区，导致器件光电性能的下降。可见，应变、位错等应变异质材料中所普遍存在的微结构特征是影响异质结器件最终性能的关键因素。然而，在应变异质材料及器件的研发和评价工作中，经常会受到诸如低维尺寸效应、复杂叠层结构等因素的困扰，致使针对应变、位错等微结构的评价表征工作进展缓慢甚至停滞不前。

高分辨率X射线衍射术及同步辐射X射线双晶形貌术，不仅可能克服以上在研发和评价工作中遇到的困难而且可以直接应用于工业化生产的质量控制和产品失效分析，成为应变异质材料表征技术的重点研究方向：①高分辨X射线衍射术，由于采用晶体单色器使获得更加精细的结构信息成为可能；②同步辐射X射线双晶形貌术，因满足高准直性的需求，可以获得高分辨形貌像。

本项目以具有代表性的应变异质材料——绝缘体上应变硅异质结（Si/SiGe/SOI）为研究对象，首次利用高分辨三轴晶X射线衍射术分别绘制了Si层和SiGe层的（004）和（113）衍射倒易空间图谱，获得了应变弛豫等信息；首次观察到具有双峰结构的Si层衍射峰，确定了Si层衍射双峰与Si层衍射结构的对应关系，获得了应变等信息；首次利用同步辐射X射线双晶形貌术对应变Si/SiGe/SOI异质结中缺陷的分布进行研究，发明了一种绝缘体上应变硅异质结的无损检测方法，揭示了衍射结构与衍射峰之间的对应关系和取向关系，分别获得了各纳米级叠层结构的同步辐射X射线双晶形貌像，并观察到由位错引起的十字交叉线状衬度和凸起状衬度。

本项目获国家发明专利授权1项，在国内外重要学术期刊上发表文章6篇，获欧洲材料研究会最佳论文奖1项。本项目相关研究成果已在清华大学微电子所等单位得到推广应用。

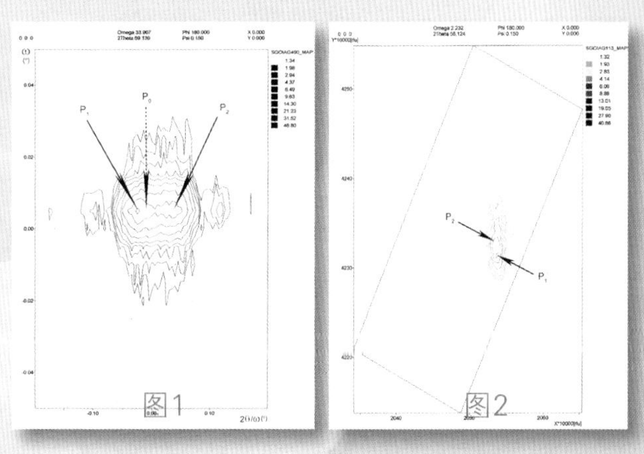

图1 应变Si层（004）倒易空间图谱
图2 应变Si层（113）倒易空间图谱

北京有色金属研究总院

中国有色金属工业科学技术二等奖（2010年度）

获奖项目名称

GB/T 14635-2008稀土金属及其化合物化学分析方法 稀土总量的测定

参研单位

- 北京有色金属研究总院
- 中国有色金属工业标准计量质量研究所
- 赣州有色冶金研究所
- 江阴加华新材料资源有限公司
- 赣州虔东稀土集团股份有限公司
- 包钢稀土高科技股份有限公司
- 包头稀土研究院
- 宜兴新威利成稀土有限公司

主要完成人

■ 刘鹏宇 ■ 杨　萍 ■ 亢锦文 ■ 王向红
■ 王仁芳 ■ 钟道国 ■ 姚京璧 ■ 姚南红
■ 刘　兵 ■ 张桂梅 ■ 张淑杰 ■ 顾国军

获奖项目介绍

对于稀土分析而言，稀土总量的分析是核心。但在本标准发布之前，测定稀土化合物中稀土总量的原国家标准化学分析方法，分散在五项标准中。这些标准方法原理相同，而操作步骤中关键细节又有差别，使得在实际应用中屡有分歧产生；以上标准较为分散，且制定时间较早，缺乏精密度条款，有必要进行整合修订。经过稀标委会议讨论，并上报国家标准委批准，对上述标准进行修订整合。

通过起草、复验、预审和终审讨论，最终对多年来稀土总量分析操作过程中的细节差异进行了科学的统一。

目前，本项标准是稀土总量分析标准中涵盖基体种类最多（包括：稀土金属、稀土氧化物、氢氧化稀土、氟化稀土、氯化稀土、碳酸稀土、硝酸稀土、离子型稀土矿混合稀土氧化物，共八种），参与单位最多（两家单位起草，六家单位验证）的标准，且在国际上尚无相关标准。在其审定会上该项标准被一致评价为国际先进标准。

推广应用情况

对于稀土分析而言，稀土总量的分析是核心。无论是生产原料，还是最终产品，稀土总量都是一项衡量其品质，决定其价格的重要指标。因此，在稀土生产加工环节和稀土贸易环节上，稀土总量都是重要的必检项目，对其分析方法标准的准确性、可操作性、可比性的要求更是很高。本项标准自实施以来，由于其准确性高、可操作性强、可比性强，就被国内稀土企业及科研院所广泛采用，为生产和科研提供了科学准确、精密度好、可比性强的分析数据。

北京矿冶研究总院

中国有色金属工业科学技术一等奖（2001年度）

获奖项目名称

放粗铝土矿选矿精矿粒度工艺与设备的研究及工业试验

参研单位

- 北京矿冶研究总院
- 中南大学
- 沈阳铝镁设计研究院
- 中国长城铝业公司
- 郑州轻金属研究院

主要完成人

■ 黄国智 ■ 刘桂芝 ■ 欧乐明 ■ 王毓华
■ 李旺兴 ■ 于传敏 ■ 梁端平 ■ 李晓萍
■ 石　伟 ■ 陈　勇 ■ 李　玲 ■ 李庚有
■ 张鸿甲 ■ 蒋述民 ■ 慕俊杰 ■ 高文杰
■ 郭　键 ■ 段秀梅 ■ 刘　林

获奖项目介绍

本成果来源于国家“九五”重点科技项目（攻关）计划课题“选矿－拜耳法生产氧化铝新技术研究”的专题“选矿脱硅生产氧化铝工艺及工艺矿物学研究”（编号96－122－01－01）。

该项技术属于氧化铝生产领域技术。

铝土矿浮选脱硅技术是最有发展前途的预脱硅技术之一，但是由于我国一水硬铝石型铝土矿自然嵌布粒度微细，通常细磨入选，造成浮选精矿粒度偏细，存在如下缺点：（1）磨矿能耗较高；（2）精矿脱水过滤困难；（3）精矿滤饼含水率较高；（4）拜耳法溶出后的赤泥压缩液固比偏大。这种精矿难于在氧化铝生产中应用，造成选矿脱硅与拜耳法生产氧化铝相矛盾，制约了“选矿－拜耳法”生产氧化铝新技术的应用，因此放粗精矿粒度工艺技术的研究，获得了如下突破和进步。

A.通过铝土矿矿石工艺矿物学特性和选矿工艺的要求，提出了以一水硬铝石富集合体为解离目标，以一水硬铝石富连生体为捕集和回收对象的技术思路，突破了一水硬铝石嵌布粒度细应该细磨入选的技术禁锢，使放粗细粒嵌布的一水硬铝石型铝土矿选精矿粒度成为可能；B.研究开发了“阶段磨矿一次选别”新工艺，解决了放粗精矿粒度与回收率之间的矛盾；C.优化了浮选设备参数，采用低转速、低吸气量，促进了粗粒的上浮；D.采用高效分散剂和捕收剂，强化粗粒的上浮。

工业试验获得了精矿A/S11.39，粒度74.44%－0.075，Al2O3回收率86.45%的良好指标，精矿脱水过滤性能良好，选精矿拜耳法溶出赤泥压缩液固比小于2.2，解决了分选指标与脱水过滤之间以及选矿脱硅与拜耳法生产氧化铝之间的矛盾，为选矿－拜耳法生产氧化铝新工艺走向成熟做出了重要贡献。

本技术成果的应用可使间过丰富廉价的中低铝硅比铝土矿资源得到合理利用，为氧化铝生产提供了一条新型技术路线，对山东铝业公司、中国长城铝业公司、山西铝厂和贵州铝厂的技术改造、在建工程的扩建以及新建氧化铝厂均具有普遍推广应用前景。

北京矿冶研究总院

中国有色金属工业科学技术一等奖（2001年度）

获奖项目名称

大型永磁中场强磁选机的研制

参研单位

■ 北京矿冶研究总院

主要完成人

■ 陈　雷 ■ 刘永振 ■ 谭　达 ■ 罗万林
■ 谢　强 ■ 黄耀群 ■ 冯桂婷 ■ 王克定

获奖项目介绍

大型永磁中场强磁选机的设计项目属于选矿技术领域中大型磁选设备研究，适用于湿式强磁机作业前清除强磁性矿物，以解决强磁选机作业经常发生的磁性堵塞难题，也用于中等磁性矿物的分选，包括非金属矿、建材等矿物的除铁作业，重介质选煤工艺中回收磁性重介质。

主要研究内容是所研制的中磁机必须满足低浓度（>10%）矿浆，矿浆大体积通过量（250－300m^3/h）时，保证中磁机尾矿中强磁性矿物的金属铁占总铁比例不得>3%。

针对低浓度，大体积流量和高的磁性铁清除率，解决的主要技术问题是确保磁选机分选区具有足够的磁场力，磁场深度和矿浆通过时间。经过反复优化设计找到了磁系最佳排列方式，创新了复合磁系，同时，避免了常规磁选机产生过大的周向磁场梯度和两侧严重漏磁问题。随着设备结构的增大，研究成功新型密闭结构和形式，完成了薄壁圆筒的刚度、圆度、传动系统方式及承载能力的研究。最终提供鞍钢调军台选厂30台该磁选机。该设备是同期国内外最大规格中磁机，其磁场特性和机械结构合理，应用于低浓度、大矿浆量的恶劣条件下，依然获得良好工艺指标，解决了长期困扰国内外强磁选工艺磁堵塞难题，产生了良好经济效益。

CTB－1230永磁中场强磁选机被国家经贸委列入“2000年度国家级重点新产品试产计划”（产品编号20001100p052），为该类中磁机的推广应用创造了有力条件。

北京矿冶研究总院

中国有色金属工业科学技术二等奖（2001年度）

获奖项目名称

云南元阳复杂金矿选冶新工艺

参研单位

- 北京矿冶研究总院

主要完成人

- 刘耀青 ■ 魏明安 ■ 王成彦 ■ 陈永强
- 邱定蕃 ■ 江培海 ■ 尹　飞

获奖项目介绍

云南元阳复杂金矿属于难处理多金属复杂金矿，含金、银、铜、铅、硫等元素，由于成分复杂，原选矿厂产出的精矿无法采用氰化法和常规冶炼工艺处理。1992年投产以来，产出的精矿难以销售，造成资金积压，1996年两个选矿厂中的大选厂开始停产，企业濒临倒闭。

北京矿冶研究总院在大量物质组成研究的基础上，经过深入的小型试验、扩大试验和工业试验，提出选冶联合新思路。该选冶新工艺采用粗细颗粒金分选，锯齿波跳汰机选粗粒金，细粒金采用浮选工艺回收，矿浆电解分离有价金属的工艺，有效地分离并回收了有价金属，为处理元阳难处理金矿提供了一条有效的途径，在国内外首次实现了矿浆电解处理含铅、铜复杂金精矿和新的电解液体系（CaCl2）的工业化。专家鉴定认为，其工艺技术处于世界领先水平。工业试验结果表明，该技术具有工艺流程短、适应性强、能处理成分波动较大的矿石、各有价金属回收率高、环境保护好、成本低和经济效益显著等优点。

元阳复杂金矿新工艺最大的特点是选矿与冶金的有机结合。它充分利用了重选、浮选和矿浆电解各自的优势。该工艺大大地提高了有价金属的回收率，产出合格的铜精矿、铅精矿和金锭。新工艺一投产，产出的产品供不应求，企业年增经济效益达1300万元以上，使一个面临倒闭的企业成为当地财政的主要支柱。该项技术的成功可推广到云南省及全国大量此类复杂金矿和类似有色金属矿山中去，为国内外处理同类矿石开辟了一条新路。

该项目获得2001年度有色行业科技二等奖，2002年度与云南冶金集团总公司等单位共同获得了国家科技进步二等奖。

北京矿冶研究总院

中国有色金属工业科学技术一等奖（2002年度）

获奖项目名称

石油压裂基液高效快速混配车

参研单位

■ 北京矿冶研究总院

主要完成人

■ 潘英民 ■ 王世贵 ■ 苏江彬 ■ 崔福林
■ 孟繁志 ■ 卢亚平 ■ 刘　艳 ■ 敦维平
■ 刘翔宇 ■ 王世山 ■ 仇　宏 ■ 曾　红
■ 单其梅 ■ 付玉英 ■ 罗彤彤 ■ 赵　敏

获奖项目介绍

油井压裂是现代石油工业中重要的石油增产技术，保证石油压裂作业一次成功率的主要因素之一是石油压裂基液的配制质量。北京矿冶研究总院自行研制的石油压裂基液高效快速混配车充分考虑到了影响压裂液质量的各种因素，能够以流量为每分钟1.5立方米的配制速度生产出完全达到要求的高质量的压裂基液。车内还配有配制交联剂专用装置并携带各种添加剂来配合压裂基液完成油井的压裂作业。

车内核心设备包括高压射流喷头，静态分散装置，高速增粘装置。辅助设备有多级螺旋上料装置，精密给料螺旋装置，可伸缩发液管等。包括如下技术创新点：射流技术的崭新应用；新型静态混合器的研制；高速增粘机的全新结构设计；上料系统的多级螺旋设计；发液系统的可伸缩结构及独特的线密封方式；独立开发整套专用计算机控制系统；添加剂系统的高精度自动控制以及独特的工艺流程设计等。

整套设备采用计算机统一进行流程控制，工作人员在控制室内用计算机输入配制速度，成分配方的参数，计算机即自动启动动力设备，控制各个阀门的动作姿态，调整变频给料的速度等，开始整套设备的工作。同时通过流量计，物位计采集数据，反映到界面上，让操作人员了解目前的系统状态，系统能提示需要续加原料，设备故障等，并能随时中止配液。

这种自动化程度高，配制效果好（胶液粘度释放能在5分钟以内达到90%以上，最终粘度值比实验室配制同浓度胶液粘度高10%左右）的压基液混配特种车辆在国内外均属首创，填补了国内外石油工业的空白。在大庆油田的实际使用中，年节支金额达到1550万元，创造了巨大的经济效益和社会效益，具有良好的推广前景。

该项目共获授权专利5项：其中2项发明专利，3项实用新型专利。2002年度获有色行业科技一等奖。

北京矿冶研究总院

中国有色金属工业科学技术一等奖（2002年度）

获奖项目名称

PEWA90120新型外动颚低矮破碎机研究

参研单位

- 北京矿冶研究总院
- 安徽铜都铜业股份有限公司安庆铜矿

主要完成人

■ 饶绮麟 ■ 刘道昆 ■ 陈　伟 ■ 张振权
■ 张方成 ■ 刘仁继 ■ 华海林 ■ 杨文魁
■ 周文元 ■ 耿秋常 ■ 谢钟声 ■ 王超政
■ 王东言 ■ 黄正茂 ■ 胡飞宇 ■ 张建华

获奖项目介绍

传统的粗碎破碎机及其机组由于高度高，所需硐室空间大，特别是在某些地质构造复杂、断层纵横交错、难以开凿较大硐室以及井下空间受到严格限制的场合，低矮的破碎设备就显得尤为重要。

安徽铜都铜业股份有限公司安庆铜矿出于对-580米以下已探明矿石开采的需要，为减少井下破碎硐室的开凿量，特委托北京矿冶研究总院研制首台最大型号的PEWA900×1200新型外动颚低矮破碎机。

北京矿冶研究总院利用“PE系列机构设计”专用软件，从改变机构设计入手，通过样机研制，获得了最理想的动颚运动轨迹。PEWA900×1200新型外动颚低矮破碎机经一年的生产考验，系统运转正常，设备性能优良，取得明显的经济效益。它具有以下特点：1.设计新颖、结构独特。新机型的动颚与静颚的位置与传统复摆颚式破碎机正好相反，动颚和偏心轴分别位于破碎腔及静颚两侧。2.整机高度低矮、适合井下应用。与同规格的传统破碎机相比，其高度降低了20%以上，同时新机型由于破碎腔的倾斜布置，大大降低了喂料的高度。3.颚板磨损小、使用寿命长。传统复摆颚式破碎机2个月更换一次衬板，而新机型半年才更换一次，寿命延长三倍。4.处理量大。单机产量比同型号的传统颚破提高25%以上。5.外动颚匀摆颚式破碎机以较小的偏心距，可获得传统颚式破碎机相同的动颚破碎行程。因此设备运行平稳，转速提高。能耗低：单机比传统设备节能15%－30%，系统节能一倍以上。

PEWA900×1200外动颚破碎机的成功研制，符合当前地下矿山采选融合化的技术发展趋势，是降低矿石的提升及运输费用、实现效益提升的重要途径。其所需硐室空间小，缩短硐室的开凿工期，是节省投资的新型破碎设备，其产生的经济效益和社会效益是非常显著的。

北京矿冶研究总院

中国有色金属工业科学技术一等奖（2005年度）

获奖项目名称

高温复杂矿体区域整体崩落采矿技术试验研究

参研单位

- 北京矿冶研究总院
- 华锡集团铜坑矿

主要完成人

■ 张友宝 ■ 孙忠铭 ■ 苏家红 ■ 陈 何
■ 潘家旭 ■ 刘建东 ■ 韦方景 ■ 杨伟忠
■ 余 斌 ■ 曾伦生 ■ 莫荣世 ■ 王湖鑫
■ 刘孟宏 ■ 韦可利 ■ 吴增强

获奖项目介绍

华锡集团公司铜坑矿细脉带矿体自1976年发生自燃，形成了一直无法根治的火区，造成后续回采顺序的紊乱，留下了相当数量的不规则分布的空区。1997年被广西列为特大事故隐患区，2002年列为国家重点安全隐患整治项目。尽快和彻底消除事故隐患，必须选用高效、高强度集中作业，常规技术工艺参数已很难实现。细脉带剩余矿石量达362万t，所以在处理事故的隐患同时，应尽可能兼顾资源的回收。

经过华锡集团与北京矿冶研究总院合作进行科技攻关，提出了区域整体崩落采矿法处理空区方案。

该技术方案选择工程岩体相对稳固的水平进行集中凿岩，保证了作业的安全。根据矿体的现状和爆破的不同条件，选择合理的爆破参数，合理的装填结构设计，采用预裂降震、柔性阻波墙、实时监测等技术手段，有效控制了爆破有害效应，保护敏感设施。

方案总装药量达150t，区域爆破崩落面积6500m^2,崩落矿量77万t，是我国地下矿目前为止最大规模的爆破。爆破后，经地表和井下检查，爆破效果理想，未对相关设施造成破坏。

整体崩落，爆区密闭，块体隔离，斜面均匀放矿，线状与束状深孔，辅以小硐室和中深孔分段微差爆破，爆破成功后，基本消除了铜坑矿细脉带的空区。后续出矿能力强，有效回收宝贵矿石资源。采区生产能力达到2500–3000t/d。矿石回收率68%，贫化率20%，年效益可达1.75亿元。该方案的成功实施，为回收细脉带矿体剩余矿石资源和从根本上消除地压灾害隐患创造了条件，为该矿持续健康发展提供了有力的技术支撑和保障，能为我国其他类似矿山提供很好的技术示范。

北京矿冶研究总院

中国有色金属工业科学技术一等奖（2005年度）

获奖项目名称

超低品位铁矿开发综合利用技术研究

参研单位

■ 北京矿冶研究总院

主要完成人

■ 饶绮麟 ■ 杨　菊 ■ 谭春华 ■ 张士海
■ 陈　伟 ■ 郎平振 ■ 刘国富 ■ 陈金中
■ 张　峰 ■ 董书革 ■ 谭玉莲 ■ 徐尚成
■ 石建国 ■ 赵国杰 ■ 刘景江 ■ 王建军
■ 尚建刚

获奖项目介绍

我国铁矿石资源状况不理想，多为贫杂矿和复合矿，铁矿平均品位仅32.67%。大型矿床仅占5%，可采储量较低，且随着多年开采，品位也在逐步降低。目前低品位、超低品位铁矿资源尚未得到大规模开发利用，但随着我国铁矿石需求量的日益剧增和科学技术不断的发展，超低品位铁矿已具有开采和经济利用价值。

"强化预先筛分－大破碎比粗碎－多次干选抛废－阶段磨矿阶段磁选"新工艺综合利用技术具有预抛废多，选别效率高，节能降耗等显著特点，特别适用于大处理量、低品位、粉矿多、磁性铁矿石的破磨分选。(a)强化预筛分，研制ZSG1642高效节能振动筛分给料机，将－100mm矿石筛出直接进入中碎，提高生产能力20%以上。与传统的重型板式给料机相比，设备

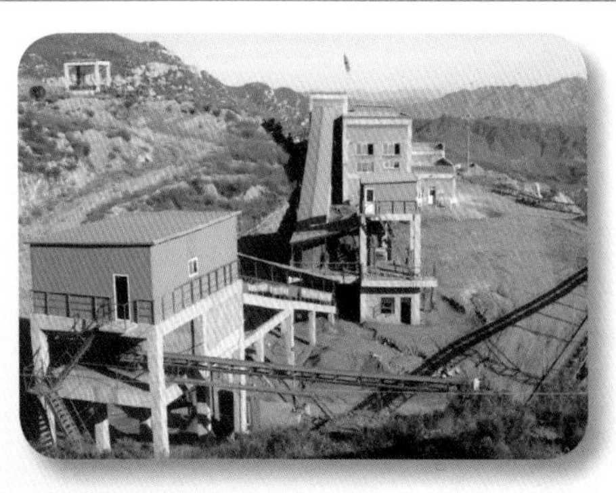

投资低，节能效果好。(b)合理配置破碎流程，增大粗碎破碎比。降低了中细碎的入碎粒级，采用较小型号的中细碎设备，大大降低了设备投资费用、基建费用和运转费用。(c)粗破采用研制的专利产品新型外动颚大破碎比低矮式破碎机，获得良好效果。(d)干选效果显著，采用三次抛废，第一、二次选用磁滑轮，对细粒级采用新型旋转磁场的CCXGY－814细粒级干式预选机。预抛率达68%，原矿品位从13%提高到25.8%，磁性铁的回收率达到94.90%。(e)阶段磨矿阶段选别，在粗磨的情况下抛掉60%以上的尾矿，为再磨作业创造了良好的条件。

项目在涞源鑫鑫矿业有限公司一期工程一年多生产实践表明，经济和社会效益十分显著。铁矿品位从原矿13%（磁性铁约6%）提高到铁精粉品位66%以上，磁性铁回收率为93.93%；在选矿比高达10以上的条件下，全部采用国产新型设备，实现吨精矿生产成本194.6元，企业年获经济效益7151.3万元。该项综合技术属国内外首例，其技术经济指标居世界领先水平。该技术已在涞源鑫鑫矿业有限公司二期工程得到应用，巴克什营超低品位铁矿、赤诚县赤鑫铁矿选矿厂、苏尼特右旗铁矿厂和北大庙铁矿等项目均采用该项技术，应用前景十分广阔。

北京矿冶研究总院

中国有色金属工业科学技术一等奖（2005年度）

获奖项目名称

BPSM-Ⅰ型在线粒度分析仪的研制

参研单位

■ 北京矿冶研究总院

主要完成人

■ 周俊武 ■ 宋晓明 ■ 徐　宁 ■ 周煜年
■ 李　伟 ■ 王俊鹏 ■ 卢　晓 ■ 范红卫
■ 朱腊梅 ■ 曾任京 ■ 王瑞英 ■ 兰师明
■ 黄小荣

获奖项目介绍

“BPSM-Ⅰ型在线粒度分析仪的研制”是国家科技部批准的十五攻关项目“选矿过程监测技术与自动控制系统研究”课题的子项。

选矿生厂过程中，磨矿产品粒度是影响选矿技术经济指标的重要参数之一。尤其在我国这种复杂、多变的矿石性质和硬度的磨矿条件下，在线矿浆粒度检测仪的应用，不但可以在保证磨矿产品粒度的前提下，减少磨机过磨或欠磨，提高磨机处理量和磨机效率；同时控制了产品质量，对提高选矿厂的经济效益有极大的帮助。

采用接触式直接测量矿浆粒度原理和数理统计方法开发的“BPSM-Ⅰ型在线粒度分析仪”突破了传统的测量理念，其清水零校正技术，自动排除了仪器的漂移和测量触头的磨损的影响；矿浆黏度、温度、浓度的变化对仪器的正常测量均无影响；气泡和片状矿物对仪器的测量不会造成任何干扰；并且，无需除气、脱磁或稀释；完全克服了测量环境和外界因素给测量带来的误差。整机结构设计合理、运行可靠、稳定性好，而且抗腐、防锈性能强，适合现场恶劣的生产环境；粒度测量头结构创新性强、技术含量高，并取得了实用新型专利。

◆ 仪器指标：

①绝对精度（精度1—2%）；

②粒度范围　600μm～31μm（30～500目）；

③测量粒级　在粒度测量范围内用户任选标定2个作为显示和输出的测量粒级。

“BPSM-Ⅰ型在线粒度分析仪”软件功能丰富，测量范围广，总体精度高，达到同类仪器国际先进水平，填补了国内空白。根据永平铜矿应用中的不完全统计，每年提高磨矿处理量6%，扣除生产成本后，取得的年经济效益可达800万元，推广应用前景良好。

该项目研究过程中获国家实用新型专利1项，ZL 03208683.0载流接触式矿浆粒度检测仪，并于2005年度获得有色行业科技一等奖。

北京矿冶研究总院

中国有色金属工业科学技术一等奖（2006年度）

获奖项目名称

四川攀西地区低品位钴资源综合利用技术研究及工业化

参研单位

- 北京矿冶研究总院
- 四川省拉拉铜矿
- 攀枝花德铭化工有限公司

主要完成人

■ 刘大星 ■ 张凤志 ■ 汤　铁 ■ 罗清华
■ 启应华 ■ 许胜凡 ■ 杨保祥 ■ 蒋开喜
■ 陈　洪 ■ 宋佳平 ■ 龙志军 ■ 陈利剑
■ 旷永宁 ■ 彭　毅 ■ 李　岚 ■ 付丽霞

获奖项目介绍

四川攀枝花–西昌地区矿产资源非常丰富，在已探明的100亿t钒钛磁铁矿中还伴生有90万t钴、70万t镍及其它有价金属，由于钴在矿石中的含量低（含Co 0.02%）且与铜、铁、硫共生，用选矿和冶金的方法提取和回收很困难，所以长期以来一直没有回收利用。

本技术针对低品位钴资源含钴低、含杂质高且与铜、铁、硫共生的特点，采用集成创新技术使攀西地区低品位钴资源的综合利用得以突破，并且实现了资源的循环利用和清洁生产，其主要的特点及创新点是：

（1）采用两段焙烧提高床能率；（2）在氧化焙烧过程中加绿矾的创新技术，提高渣含铁品位；（3）酸化焙烧加硫酸钠提高金属的转化率；（4）采用超声气浮技术除去铜电解液中微量有机物以保证阴极铜质量；（5）铜萃余液采用低温、快速除铁技术改善铁渣的过滤性能；（6）除铁后液沉碳酸钴提高了钴的富集倍数，减少了后续工序的设备投资；（7）采用P204、P507萃取技术达到钴溶液深度净化的目的。

在四川攀枝花市采用该工艺已建成年处理4.5万t钴硫精矿和6万t硫精矿，年产10万t硫酸并综合回收240t阴极铜、500t氯化钴的生产线，2005年10月投产。经过近一年生产实践的检验有显著的经济效益和社会效益，企业年销售收入1亿元，税后利润2900万元。工艺中的废渣可返回炼铁，废水和废气得到有效治理达到国家规定的排放标准。

本项目的工业化使该地区复杂低品位的钴资源综合利用得以突破，为攀西地区资源综合利用开辟了新的途径，扩大了我国钴的资源量，同时对于处理国内外低品位钴硫精矿具有普遍适用价值。

北京矿冶研究总院

中国有色金属工业科学技术一等奖（2006年度）

获奖项目名称

新型外动颚破碎机的理论研究及在PA100120新机型上的应用实践

参研单位

■ 北京矿冶研究总院

主要完成人

■ 饶绮麟 ■ 郎平振 ■ 张　峰 ■ 陈　伟
■ 董书革 ■ 王宗葳 ■ 谭春华 ■ 杨　菊
■ 张宝成 ■ 刘国富 ■ 王同生 ■ 张广贤
■ 傅彩明 ■ 于静远 ■ 陈书成 ■ 陈书祥

获奖项目介绍

该项目的研究改变了已经沿用100多年的以四连杆机构的连杆作为动颚的传统设计，通过外动颚技术、负悬挂机构、大偏心距、串级倾斜破碎腔结构，实现了破碎机的低矮、大破碎比、高生产能力。通过理论与试验研究，缩短了产品设计开发周期，提高了产品的性能，适应了用户个性化的产品需求，改变了破碎机开发模式，提高了技术创新能力，推动了矿产资源行业工艺流程的变革。该成果在颚式破碎机的理论和试验研究方面已跨入国际领先水平。

本课题在以下方面实现了创新：

（1）通过运动学仿真，创建了线接触高副四杆变长杆破碎机简化模型，准确地揭示了复摆颚式破碎机变长连杆的特点；

（2）建立了实用的大型破碎机虚拟样机，并开发了相应设计软件；

（3）基于模糊随机理论进行了新型颚式破碎机破碎力的影响因素和破碎腔内载荷的分布规律的研究，得出了破碎力概率分布函数的分布规律；

（4）应用传递矩阵法对偏心轴组进行了振动理论研究，应用修正自由界面模态综合法对整机进行了振动理论研究，建立了偏心轴组和整机的动力学模型；

（5）利用摆动力最优动力平衡方法，编制了适用于新型颚式破碎机配重计算的专用程序。

新型外动颚匀摆颚式破碎机与同型号传统颚式破碎机相比，动颚运动轨迹理想，生产能力提高10%、功耗降低10-20%、外形高度降低20%、衬板寿命至少延长3倍以上、破碎比大2~3.5倍，产品的技术性能居国内外领先水平。

应用本课题研究成果，完成了PA100120 等10个型号产品的设计开发工作。新产品开发周期由4个月缩短为3周。产品的质量和性能得到提升，这些型号外动颚破碎机累计销售66台，实现经济效益960万元。

北京矿冶研究总院

中国有色金属工业科学技术一等奖（2006年度）

获奖项目名称

冶炼炉渣选别专用系列浮选设备研究

参研单位

■ 北京矿冶研究总院

■ 江西铜业集团公司

主要完成人

■沈政昌 ■ 卢世杰 ■ 肖　珲 ■ 周俊武

■ 黄明琪 ■ 刘振春 ■ 何国勇 ■ 刘惠林

■ 景　宇 ■ 史帅星 ■ 苏　军 ■ 何庆浪

■ 陈　东 ■ 王永祥 ■ 杨丽君 ■ 王国红

获奖项目介绍

冶炼炉渣选别专用系列浮选设备是针对冶炼炉渣比重大、入选浓度高、易沉槽等技术难题研制成功的一种高效节能的冶炼炉渣浮选设备，填补了国内冶炼炉渣浮选设备的空白，性能达到了国际同类浮选机的先进水平。具有中比转速高梯度叶轮和下盘封闭式定子系统，可在槽内形成强力定向循环流，循环量大，浮选机充气量大，矿粒悬浮能力强；具有多循环通道和阻流栅板的创新性槽体结构设计使浮选机中上部形成了大比重矿物悬浮层，增加了大比重矿物向气泡有效附着的机会，泡沫层稳定，无翻花和沉槽现象；具有可根据物料性质调节的短路循环孔，增强了适用性。

试验结果表明：在各个充气量和浓度水平下，所测得的浮选机功耗差别不大，均低于额定功耗，最大充气量可达到1.8m^3/m^2.min，空气分散度高。生产试验累计指标比预期指标：在原矿品位高0.28%，所得的精矿高2.31%，尾矿品位略有提高，所得的回收率高0.79%。

冶炼炉渣选别专用系列浮选设备的研制成功受到了国内各大有色冶炼厂的关注。江西铜业集团公司在其贵溪冶炼厂新建的渣选车间中采用了24台该设备，设备运转平稳可靠，分选性能和选别指标达到了设计要求，每年产生的经济效益为1840.12万元。该系列设备及其关键技术还应用到山东阳谷祥光铜业有限公司、铜陵有色金属公司金口岭炉渣浮选厂、承德双滦建龙矿业有限公司等单位。

冶炼炉渣选别专用系列浮选设备主要应用于冶炼厂炉渣的浮选作业，此外还可运用到与冶炼炉渣矿物性质相似的矿物的选别，如石英砂提纯、铁精矿提纯降杂等，具有广阔的推广应用前景。

该项目的研究成功将极大地促进我国选矿科技进步，有助于解决我国有色金属固体废弃物的回收再利用，既缓解了生态压力，又有利于提高我国资源利用率。

北京矿冶研究总院

中国有色金属工业科学技术二等奖（2006年度）

获奖项目名称

大型矿业节水治污技术综合集成研究与工程示范

参研单位

- 北京矿冶研究总院
- 江西铜业集团公司

主要完成人

■ 杨晓松 ■ 朱国山 ■ 黄羽飞 ■ 张春生
■ 吴义千 ■ 兰秋平 ■ 宋文涛 ■ 占幼鸿
■ 汪　靖 ■ 管勇敏 ■ 刘峰彪 ■ 梅　云

获奖项目介绍

该课题《大型矿业节水治污技术综合集成研究与工程示范》是 国家“十五”科技攻关计划《水安全保障技术研究》项目的课题之一（编号2004BA610A-11）。

课题通过节水优化管理技术、复杂矿山酸性废水处理技术和回用技术全过程的综合研究，开发出大型企业节水治污综合集成技术，并在江西铜业集团公司德兴铜矿实施了示范工程，为解决行业用水短缺和环境污染提供先进的集成技术。主要创新点在于：（1）自主开发出“节水优化管理—复杂矿山酸性废水处理—废水回用”全过程的有色大型矿山节水治污优化集成技术；（2）根据系统工程理论和清洁生产原理，提出了矿山废水优化调控技术路线和工作程序，建立了矿山废水优化管理方法体系；（3）根据废水物化处理原理和沉淀污泥粗颗粒化、晶体化的机理，在国内首次进行了“高浓度泥浆法（HDS）”处理酸性废水的研究和工程示范，开发出了适合国情的金属废水处理新工艺和配套设备。

德兴铜矿示范工程运行后结果表明，减少酸性废水产生量695.6万m^3/a，增加可利用水资源654.8万m^3/a，为德兴铜矿的发展提供了水资源安全保障，增加酸性废水196.4万m^3/a用于喷淋提铜，增加电铜产量240.6t/a，年增加收入达914.3万元，矿区环境得到根本改善；在达到同样的环境效果的情况下，节省了工程投资4300万元，每年节省环保运行费用4065万元。

项目研究出的集成技术，是有效解决行业的水污染问题的关键技术，具有创新性，总体达到了国外先进水平，有较高的技术含量和实用价值，可以促进相关工业和环保产业的发展，推动我国工业水处理方式的改变和技术进步，形成新的经济增长点，促进循环经济发展、形成高新技术产业，带动相关产业的发展。该集成技术在江西铜业集团公司德兴铜矿已经应用，取得了显著的经济效益和社会效益。目前正在深圳中金岭南有限公司韶关冶炼厂、云南会泽铅锌矿等单位推广应用。

北京矿冶研究总院

中国有色金属工业科学技术一等奖（2007年度）

获奖项目名称

急倾薄脉金矿床深部高应力条件采矿综合技术研究

参研单位

- 北京矿冶研究总院
- 山东金洲矿业集团有限公司

主要完成人

■ 董卫军 ■ 李振江 ■ 许新启 ■ 李　涛
■ 陈国平 ■ 张银平 ■ 宋文志 ■ 谢　源
■ 刘卫东 ■ 于　虎 ■ 王建军 ■ 汪仁建
■ 余　斌 ■ 王吉青 ■ 孙树提

获奖项目介绍

项目在国内外充分调研的基础上，以我国典型的山东金洲矿业集团金青顶矿区急倾斜薄矿脉深部高应力矿床为研究对象，研究提出了矿山深部工程岩体分区和岩体质量分级的多元理论集成分析方法、建立了采矿方法智能选择模型、进行了采场结构优化并提出了远程动态监测新技术、开展了充填料配比优化与强度试验以及高压头低倍线管道输送技术等一系列研究，研究成果基本形成了适用于急倾斜薄矿脉不同资源矿床深部高应力安全高效采矿的成套工艺

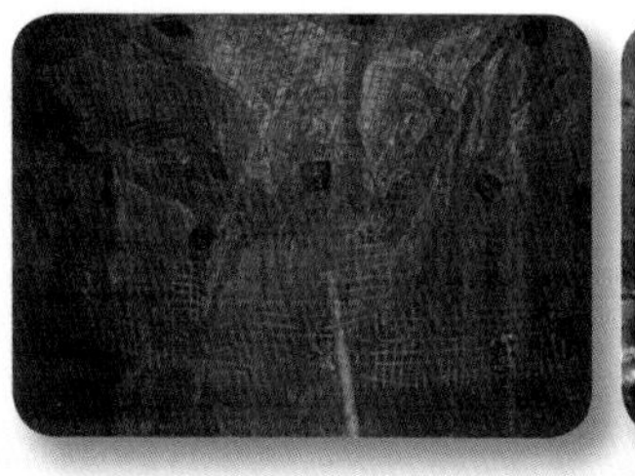

技术，有望从根本上改变我国急倾斜薄矿脉矿床开采贫化损失大、资源浪费严重和地压灾害频发的被动局面。

项目提出的深部工程岩体多元理论集成耦合评价分析技术、采矿方法智能选择技术、多单元连续出矿全尾砂非胶结充填采矿技术、采场动态实时监测技术、高压头低倍线充填管道输送技术等在矿山进行了成功应用并建立了示范工程。工业应用表明：采场能力较普通充填法的43.8t/d提高到78.9t/d；采矿损失率由原来的10.60%降到目前的1.4%；采矿贫化率由原来的32.8%降到6.5%；使企业年增产值6860万元，年增经济效益1830万元。取得了良好的经济效益和明显的社会效益。

有关深井开采的关键技术仍然是国内外矿业领域正在探索和努力解决的问题。本项目研究成果实现了我国急倾斜、薄矿脉矿山深井开采控制贫化损失和地压灾害等关键技术的重大突破。该项目的完成，将作为示范工程形成我国急倾斜薄矿脉矿山深部安全高效开采的完整技术基础，项目科学技术成果与技术经济指标达到国际先进水平。该项目的成功对国内外同类矿山具有较高的指导意义，技术成果具有广阔的推广应用前景。

北京矿冶研究总院

中国有色金属工业科学技术一等奖（2007年度）

获奖项目名称

提高铅锌硫化矿伴生银回收率的新技术研究及工业应用

参研单位

- 北京矿冶研究总院
- 南京银茂铅锌矿业有限公司

主要完成人

■ 魏明安 ■ 王方汉 ■ 贺　政 ■ 缪建成
■ 王荣生 ■ 曹维勤 ■ 申士富 ■ 汤成龙
■ 高新章 ■ 胡继华 ■ 罗科华 ■ 马　斌
■ 赵明林 ■ 芮　凯 ■ 顾元章 ■ 朱　俊

获奖项目介绍

南京银茂铅锌矿业有限公司所属南京栖霞山铅锌矿选矿厂年处理矿石能力为35万吨；选矿厂产出铅、锌、硫、锰四种精矿；目前选矿厂处理矿石品位:铅4%、锌7%、硫26%、金1.2g/t、银180g/t、锰4%左右。随着井下开采深度的延伸，原矿中有价元素银的含量逐年增加。随着近几年生产工艺的不断改进，虽然铅锌硫的生产指标有所提高，但银的回收率却仍然较低，一直徘徊在53～55%左右。

针对该矿过去一直以来存在的银回收率低、矿石性质多变及100%快速回水（2小时）对铅锌分离和银的回收的不利影响的特点，在深入研究了该矿矿石性质和回水特点的基础上，采用了低碱度–电化学在线检测–多项离子调控–选择性强化捕收高效浮选新技术并强化磨矿工艺，在保证铅锌浮选指标不降低的基础上，使银回收率大幅提高，较好地解决了多年来困扰企业的难题，也完善了在回水条件下进一步提高浮选指标的技术体系。

工业试验达到的主要技术指标为：铅精矿中铅品位达58.24%，铅回收率89.53%，铅精矿中银品位为1962.96g/t，银回收率71.29%；锌精矿锌品位53.39%,锌回收率90.97%。与技改前指标（铅精矿主品位58%、锌精矿主品位53%、铅回收率89.5%、锌回收率90%、铅中银回收率54%）相比，银回收率提高了17.29个百分点，锌回收率提高了0.97个百分点，金回收率提高了4个百分点，企业年新增经济效益3422.8万元。

该项目生产过程，实现废渣、废水、废矿石零排放，并在此基础上实现了工艺过程的最优化，大幅提高了回收率，对提高我国矿山企业的环保水平，具有很好的借鉴和推广价值。

北京矿冶研究总院

中国有色金属工业科学技术二等奖（2007年度）

获奖项目名称

多金属结核自催化还原氨浸工艺研究

参研单位

■ 北京矿冶研究总院

主要完成人

■ 蒋开喜 ■ 蒋训雄 ■ 汪胜东 ■ 范艳青
■ 王海北 ■ 赵　磊 ■ 李　岚 ■ 张邦胜
■ 刘　颖 ■ 蒋　伟 ■ 张利华 ■ 王　晔

获奖项目介绍

该项目是由中国大洋矿产资源研究开发协会正式下达，采用自催化还原氨浸工艺开展日处理多金属结核100kg级的中间试验，课题合同编号为DY105-04-01-2，该项目属有色冶金科学技术领域。

本项目以低温水溶液还原替代传统氨浸工艺的焙烧还原工序，实现常压直接浸出多金属结核，工艺简单，能耗低；利用浸出释放的铜为催化剂，无外加铜，实现自催化还原氨浸；突破氨浸液离子浓度低和钴浓度严重制约钴浸出的瓶颈，解决了氨浸工艺普遍存在的钴回收率低难题，钴浸出率达90%以上，浸出液浓度（g/L）：铜10-12、镍13-15、钴2-3、有价金属总浓度25-30；利用一种萃取剂同时分离镍、铜、钴，并实现萃取剂国产化，其主要性能达到进口药剂水平；用多金属结核吸附处理工艺废水，符合循环经济和清洁生产要求。成果适应性强，对不同区域、不同类型的多金属结核适应，且可用于富钴结壳矿处理。可回收镍、钴、铜、钼、锰等，全流程回收率(%)：Ni 95、Cu 95、Co 91、Mn 89、Mo 85、Zn 62，优于国外同类技术（美国肯尼柯特工艺）的先进水平（Co70%、Ni 90%、Cu90%、Mn未回收）。该成果为我国在国际海底区域获得7.5万平方公里的多金属结核合同区及其资源评价提供了重要依据。

从长远看，由于该工艺具有能耗低、成本低、环境污染小、可同时回收镍钴铜锰四种金属，金属回收率高、经济效益显著的优点，是大洋多金属结核冶炼的先进工艺，在大洋多金属结核资源开发中具有很好的应用前景。此外，该成果可推广应用于处理陆地红土矿和大洋富钴结壳等资源方面。其中一些先进的单元技术如浸出技术和设备、溶剂萃取技术和设备、产品制取技术，将努力向陆地矿处理、尤其是有色金属矿处理中推广、辐射与延伸。

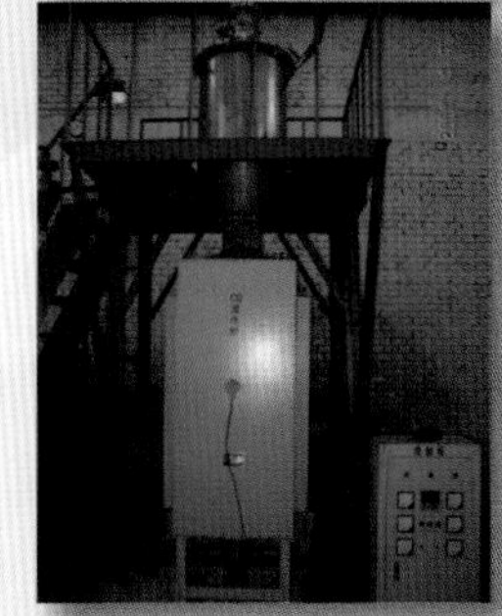

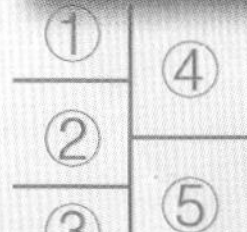

① 连续浸出反应釜　② 萃取设备
③ 浓密机　④ 自吸式配料槽
⑤ 一氧化碳发生炉

北京矿冶研究总院

中国有色金属工业科学技术一等奖（2007年度）

获奖项目名称

高产能全自动多功能石油压裂液配制技术及装备研究

参研单位

■ 北京矿冶研究总院

主要完成人

■ 潘英民 ■ 张永春 ■ 卢亚平 ■ 王小宝
■ 潘社卫 ■ 方志刚 ■ 王宏伟 ■ 敦维平
■ 杨立先 ■ 王世山 ■ 佟文全 ■ 徐　颖
■ 宋　艳 ■ 方纯昌 ■ 贾庆斌 ■ 李　霞

获奖项目介绍

压裂采油是原油保产增产的最主要方法。目前国内油田的压裂配液均采用简易固定站型式，设备简陋，普遍存在着生产能力低、耗胶率高，配液质量差等问题。

北京矿冶研究总院研制的高产能全自动多功能石油压裂液配制技术及装备，充分考虑到了影响压裂液质量的各种因素，能够以流量为每分钟2-4立方米的配制速度生产出完全达到要求的高质量的压裂液，站内配有压裂液基液配制、固体添加剂精确供给、高低温交联剂配制和柴油乳化等多种功能，可适应不同压裂作业的工艺要求。该生产线自动化程度高，各工艺参数可实时显示和控制。压裂液配制速度快，两分钟内完成基液配制，年生产能力达到100万吨和200万吨；基液粘度释放完全，最终粘度超过实验室粘度的10%。

研制出水粉混合技术、静态分散技术、高速搅拌技术，彻底消除水包粉现象，基液粘度释放快，均获得国家专利，分别为ZL200320103172.9一种水、粉混合装置，ZL200320103170.X一种静态混合装置，ZL200320103171.4高速搅拌机；开发出纯碱小苏打配制技术，解决了固体纯碱小苏打与高粘度基液充分混合的难题；配制过程全部采用计算机控制和监控，具有配比准确、节省原料、生产效率高的特点。

2005至2007年建成的年产100万m^3压裂液的大庆海拉尔配制产线、年产200万m^3压裂液的大庆高平生产线、年产100万m^3压裂液的辽河生产线，均已投入生产应用，创造产值近亿元。这些生产线全部采用了计算机控制和监控，具有配比准确、节省原料、生产效率高的特点。以辽河油田为例，将原手工体力劳动彻低改变为自动控制操作，生产能力提高150%。

该项目的研制填补了国内空白，提高石油压裂液配制技术装备的水平，同时大幅提高了作业工人劳动生产率，改善工人劳动环境，有着广阔的推广应用前景。

北京矿冶研究总院

中国有色金属工业科学技术一等奖（2008年度）

获奖项目名称

大规模冒落带中高价值残留矿石开采技术试验研究

参研单位

- 北京矿冶研究总院
- 广西高峰矿业有限责任公司

主要完成人

■陈　何 ■邓金灿 ■孙忠铭 ■陈光武
■王湖鑫 ■邓建明 ■刘建东 ■陶申少
■唐桂弟 ■陆从贵 ■苏家红 ■黎　全
■张绍国 ■李业辉 ■陆　锋 ■黄应盟

获奖项目介绍

项目针对大规模冒落体中残矿的赋存状态，对残矿开采条件进行了分类，制定了安全、高效的残矿回采方案。提出了大规模冒落带中残矿回采条件人工再造、多点充填注浆等创新技术和方法。形成了分段隔离控制区域性地压、局部充填处理空区、散体胶结提高残矿回收率、进路式分层回采、人工假巷、小步距崩落及开采过程数值模拟等技术为特征的大规模冒落带中高价值残留矿石开采技术。

本项目核心技术创新点

a.大规模冒落带中残矿回采条件人工再造技术：形成分段隔离控制区域性地压、局部充填处理空区、散体胶结方法等技术为特征的残矿回采环境再造技术，保证残矿回采安全性，提高残矿回收率。

b.大规模冒落带中残矿高效采矿技术：形成进路式分层回采、人工假巷、小步距崩落及开采过程数值模拟等技术为特征的大规模冒落带中高价值残留矿石高效开采技术，提高残矿回收率。

c.大规模冒落体中多点充填注浆技术：根据冒落体的形态、空区分布特点，进行不同浓度、灰砂比的多点、多次注浆，固结冒落松散体。

该项目是在100号矿体空区综合治理过程中，进行残矿的回收。采场生产能力达到100～250t/d，残矿回收率达到70%。治理投资1985.48万元。年产值3.84亿元，年新增利税3.22亿元。

我国矿产资源整体赋存状况差，大多数有色矿山均存在大量复杂难采残留矿体无法进行正常回收。大规模冒落带中高价值残留矿石综合开采技术的应用，提高了矿产资源利用水平，其关键技术具有开拓性和创新性，对残矿开采具有普遍意义。具有广泛的市场应用前景和极大的推广价值。

北京矿冶研究总院

中国有色金属工业科学技术一等奖（2008年度）

获奖项目名称

复杂铅锌铁硫化矿和谐矿物加工新技术

参研单位

■ 北京矿冶研究总院

■ 深圳市中金岭南有色金属股份有限公司凡口铅锌矿

主要完成人

■ 宣道中 ■ 戴晶平 ■ 刘贞德 ■ 孙肇淑
■ 张木毅 ■ 王　瑜 ■ 李国球 ■ 李风楼
■ 伍敬峰 ■ 方振鹏 ■ 罗开贤 ■ 蔡江松
■ 罗　升 ■ 杨钊雄 ■ 张康生

获奖项目介绍

开发并工业化应用复杂铅锌铁硫化矿高效选矿技术是当前国际性难题。国外多采用超细磨、多段磨矿浮选、矿浆加温、二氧化硫反浮选等技术，流程复杂、能耗高。凡口铅锌矿是国内最大的复杂难选铅锌铁硫化矿，选厂年处理165万吨矿石，原矿含铅4.4%、锌8.5%，年产铅、锌金属18万吨以上。在本项新技术成功应用之前，过磨、欠磨严重，铅、锌矿物粗中粒级单体分别为60%、70%，细粒（及微细粒）和连生体合计分别高达40%、30%，形成易浮、难浮两部分铅和锌矿物现象，两者浮选速率相差9-10倍，从而形成循环量高达200-300%的铅、锌浮选回路的难选中矿，导致浮选效率低。

本项目于1997年开始研究铅锌快速优先--中矿细磨强化混选新技术，取得三项技术突破（快速浮选获得高质量铅精矿技术、铅锌中矿强化细磨混选技术、快速浮选获得高质量锌精矿技术），和谐地利用矿物浮游差，将大量粗粒易浮的铅、锌矿物分别快速优先浮选获得高质量铅、锌精矿；少量细粒难浮的铅、锌中矿合并细磨强化混合浮选产出铅锌混合精矿，实现了易选快速铅锌矿物的快速分选，难选慢浮铅锌矿物的集中处理，从而根本上解决了复杂铅锌铁硫化矿难处理中矿的技术问题，大大提高了选矿效率，达到了简化流程、节能降耗、增加水循环率的目的，对我国复杂硫化铅锌矿浮选技术发展具有重大意义。

2005年起在凡口铅锌矿应用，2007年与1999年对比，处理量提高17.5%，铅精矿品位由58.3%提高到60.2%，锌精矿品位由53.09%提高到55.5%，铅、锌回收率分别由83.46%、93.91%提高到85.65%、95.37%；浮选机容积减少33.5%、磨浮电耗下降20%、选矿药剂用量下降5%、污水回用率由20%提高到70%；其技术水平和指标大大超过同类德国梅根等选厂。

该技术推广应用前景十分广阔，其核心技术已应用于德兴铜矿等选厂，在凡口铅锌矿应用四年，累计新增经济效益3.5亿元，是一项高效低耗、节能环保，产品质量高的和谐矿物加工新技术。

北京矿冶研究总院

中国有色金属工业科学技术一等奖（2008年度）

获奖项目名称

无熔剂铝合金添加剂研制及产业化

参研单位

■ 北京矿冶研究总院

主要完成人

■ 曾克里 ■ 许根国 ■ 张淑婷 ■ 陈舒予
■ 杨晓华 ■ 孙建刚 ■ 解　峰 ■ 陈美英
■ 魏　伟 ■ 王　磊 ■ 肖　宁 ■ 冀国娟
■ 谢建刚 ■ 国俊丰 ■ 占　佳 ■ 方淑媛

获奖项目介绍

铝合金添加剂主要由金属粉末和助熔剂组成，用于铝合金生产过程中的合金元素添加。助熔剂为卤化物盐类的传统添加剂，含有大量的钠、氯、氟等元素，不仅给环境带来污染，还严重影响人体健康。随着可持续发展战略的提出和环保问题的日益突出，适应铝合金市场发展的要求，新型无熔剂铝合金添加剂的研制势在必行。

通过新型无熔剂铝合金添加剂研制及产业化的研究，达到下列目标：

（1）在国内首次研究开发出无熔剂小块型铝合金添加剂产品，通过原料的氧含量、粒度以及压块密度的控制，研制的添加剂在740±10℃条件下熔解时间为8－10分钟，吸收率高达90–92%。

（2）通过配方设计，原料选择与配分，压制工艺、性能等大量研究工作，确定了无熔剂小块型铝合金添加剂的生产工艺制备技术，实现了Mn、Cr、Ti、Fe等系列产品的生产。

（3）无熔剂小块型铝合金添加剂产品在国内外获得批量应用，产品溶解速度、吸收率等性

能优越，在国外的Novelis公司、国内的青铜峡铝业股份有限公司等企业获得成功应用，反应良好，目前已向市场供货约10余家，累计达到1300吨。

（4）建成国内第一条无熔剂小块型铝合金添加剂批量化生产线，设计能力达到6150吨/年。

2007年世界铝合金产量约2700万吨，铝合金添加剂的需求量约为50万吨，国内约为20万吨，但目前国内尚无生产无熔剂添加剂的厂家，其余厂家生产中仍然采用含熔剂或其它铝合金添加剂。无熔剂小块型铝合金添加剂节能降耗，环境友好，具有显著的社会和经济效益，市场前景广阔。

北京矿冶研究总院

中国有色金属工业科学技术一等奖（2008年度）

获奖项目名称

CTB1245新型超大永磁筒式磁选机

参研单位

■ 北京矿冶研究总院

主要完成人

■ 刘永振 ■ 史佩伟 ■ 陈　洪 ■ 陈　雷
■ 代清华 ■ 罗秀建 ■ 申荣海 ■ 谭　达
■ 王晓明 ■ 谢淑兰 ■ 卢　刚 ■ 高中华
■ 赵瑞敏 ■ 董恩海 ■ 冉红想 ■ 尚红亮

获奖项目介绍

近年来，随着我国大规模铁矿山的投资建设，新型选矿厂普遍要求自动化程度高、流程设备配置简单、实用、大型高效的磁选设备。

针对磁选设备大型化后出现的重量增大、卸矿不彻底、给矿不均匀等问题，在研制CTB1245磁选机过程中，利用磁系优化组合技术优化磁场形式，利用阶梯式磁轭结构，降低磁极组重量，研制了超大型磁系；利用矿浆流体特性设计了高液位、提前排粗的槽体；利用管道式给矿二次布矿特性，保证给矿的轴向均匀性，研制了新型给矿装置。

重点对超大型磁选机的磁系和分选筒进行了创新性研究：（1）对于磁路设计采用全钕铁硼稀土磁钢材料，优化磁极组合；（2）对于分选筒的研究主要是针对大直径、薄壁、长轴分选筒制造工艺的研究；（3）同时针对给矿装置、精矿冲洗装置、槽体结构进行了关键性研究。

CTB1245磁选机干矿处理能力150～200t/h，矿浆通过量550～600m³/h；与Φ1200×3000mm磁选机相比，处理功耗降低了大约10%。

研究的样机于2006年12月应用在凉山矿业股份公司的选厂中取代原有的两台CTB1224磁选机，使铁精矿产率由4.18%提高到6.5%，提高了2.32%，年新增铁精矿量约35264吨，每年新增效益约1500万元。

永磁筒式磁选机作为铁矿石分选的最主要的分选设备之一，可以使我国大部分的贫铁矿资源得到利用，设备的大型化是节能降耗的有效途径。筒式磁选机的大型化和选厂其他设备的大型化一样，将有助于进一步提高选厂的劳动生产率，降低选矿生产并改善选矿生产的经济技术指标，是节能降耗的高效选别设备。

北京矿冶研究总院

中国有色金属工业科学技术一等奖（2008年度）

获奖项目名称

GYP-900惯性圆锥破碎机的研制

参研单位

■ 北京矿冶研究总院

主要完成人

■ 夏晓鸥 ■ 王 健 ■ 陈 帮 ■ 罗秀建
■ 刘方明 ■ 唐 威 ■ 潘 鑫 ■ 王亚昆
■ 张建一 ■ 田华伟 ■ 刘承帅 ■ 王志国

获奖项目介绍

为优化破碎工艺流程和实现“多碎少磨”破磨工艺入磨粒度<12mm的要求；“高效节能”地处理其他中细碎破碎机难以处理的高硬矿物、结构特殊的钢渣等物料；以及一些工业生产对破碎产品粒度分布、粒型的要求，北京矿冶研究总院特别研制了GYP-900惯性圆锥破碎机。

该设备的结构和工作原理不同于其他破碎机，它的机体安装在隔振弹簧上，破碎部分由相对机体固定的定锥和可动的动锥组成。动锥轴和激振器轴承柔性连接，激振器高速旋转产生离心力，带动动锥高频振动、冲击物料来完成破碎工作。设备的传动部分和动力部分都是柔性连接，

动锥运动轨迹不固定，因此能最好地实现“层压选择性破碎”。单台GYP-900惯性圆锥破碎机在矿山上能开路工作完成传统破碎工艺中的中细碎任务，每小时处理量24～40吨，产品P90粒度小于8mm，能很好满足现代破磨工艺的入磨粒度要求，提高磨机产量35%以上。

GYP-900惯性圆锥破碎机自2005年开始在辽宁鞍山某钢铁集团某选矿厂应用，代替原有两台中细碎设备，开路完成该选厂超硬赤铁矿的中细碎。使用后将入磨粒度从-25mm降低到-8mm，选厂的年处理量从原来的15万吨提高到了21万吨，降低了选厂的选矿成本和增加了收益。

GYP-900惯性圆锥破碎机已在金属及非金属、冶金渣处理、耐火材料等行业取得了较为广泛的应用，其中在有色金属方面，已经在云南某铜业集团、辽宁某钢铁集团、甘肃某有色金属集团、云南某钼矿、江西某铅锌矿和中核北方铀业河北某铀矿等公司应用，取得了良好的经济和社会效益。本项目的研制成功填补了国内外钢渣、铁合金等特殊物料中细碎设备的空白，整体技术达到国际先进水平。提高了我国矿山技术和装备的水平。

北京矿冶研究总院

中国有色金属工业科学技术一等奖（2009年度）

获奖项目名称

复杂高硫铅锌矿石中有价元素的高效整体综合利用新技术

参研单位

- 北京矿冶研究总院
- 南京银茂铅锌矿业有限公司
- 中钢集团马鞍山矿山研究院有限公司

主要完成人

■ 魏明安 ■ 王方汉 ■ 贺　政 ■ 缪建成
■ 罗科华 ■ 孙炳泉 ■ 杨任新 ■ 马　斌
■ 赵志强 ■ 汤成龙 ■ 胡继华 ■ 周长银
■ 芮　凯 ■ 刘亚龙 ■ 陈如凤 ■ 曹维勤

获奖项目介绍

复杂铅锌矿石中的有价元素回收是国际选矿技术难题。我国铅锌硫化矿中大多伴生有金、银、铜、锰等多种有价元素，但因其品位低、嵌布关系复杂等因素而难以回收；硫铁矿中铁因焙烧制酸后烧渣中的铁品位低、含硫高等原因也难以回收。

南京银茂铅锌矿业有限公司所属选厂年处理35万吨高硫复杂铅锌矿石，其有价元素含量约为铜0.3%、铅4%、锌7%、硫27%、铁24%、金1.2g/t、银170g/t、锰5%。

在充分研究该矿中各有价元素的赋存特性后，北京矿冶研究总院提出了在提高主元素铅、锌回收率的基础上，全面综合回收有价元素银、铜、铁、锰、金、硫的清洁生产新技术。其主要特征为：1.开发应用低碱度–电化学在线检测–多项离子调控–选择性强化捕收高效浮选新技术，提高含铜铅精矿中铜银铅回收率；2.开发应用铅尾浓缩自循环回水选铅、高浓度选锌工艺，进一步提高铅锌回收率，降低硫精矿中杂质铅锌含量；3.开发应用含铜铅精矿浓缩–缓冲脱药调浆–强化抑制–选择性捕收高效浮选技术进行铜铅分离，实现低品位伴生铜资源的高效综合回收；4.开发应用新型药剂和锌尾浓缩工艺在高碱度条件下实现硫铁矿的高效回收和提纯；5.开发应用混合自循环焙烧新工艺实现高品质硫精矿在焙烧制酸的过程中产出合格铁精矿；6.通过焙砂氰化法综合回收金银；7.开发应用预先脱渣–脉动高梯度磁选锰–永磁除铁的碳酸锰回收新工艺。实现了浮选尾矿中锰的综合回收。通过以上新技术的集成，各工艺环节环环相扣、紧密衔接，在实现清洁生产的同时全面综合回收了矿石中的有价元素。

该技术应用生产后，铜、锰、铁分别从零回收达到50%、60%和88%的回收率，硫、铅、锌、金、银的回收率分别提高了9%、1%、1.5%、53%和14%。并同时实现了尾渣、尾水零排放。年新增利税合计1.63亿元。

该技术创造性地将铜铅锌分选技术、高品质硫精矿生产和焙烧技术、金银浸出技术、浮选尾矿碳酸锰回收技术有机结合、相互匹配，在实现清洁生产的同时全面综合回收了矿石中的有价元素。对提高矿山资源综合利用水平、环保水平、科学发展水平，发展矿山循环经济，具有很好的借鉴和推广价值。

北京矿冶研究总院

中国有色金属工业科学技术一等奖（2010年度）

获奖项目名称

200m³充气机械搅拌式浮选机研究

参研单位

- 北京矿冶研究总院
- 江西铜业股份有限公司

主要完成人

■ 沈政昌 ■ 刘方云 ■ 卢世杰 ■ 张冬松
■ 刘惠林 ■ 洪建华 ■ 梁殿印 ■ 余　玮
■ 周俊武 ■ 史帅星 ■ 陈　东 ■ 杨丽君
■ 李映根 ■ 汪中伟 ■ 姚明钊 ■ 董干国

获奖项目介绍

大型浮选设备具有显著提高选矿处理能力和技术指标，降低消耗等优点，浮选设备大型化已成为市场的迫切需求。随着矿产资源日趋贫乏，选矿厂规模日益扩大，国内浮选设备大型化方面，与国外存在较大差距，不能满足我国矿山现代化、大型化的需求。本项目是国家“十一五”科技攻关计划的重点课题，重点解决日益增长的选矿厂规模与浮选设备不匹配的矛盾。

本项目关键技术及创新点：（1）以浮选动力学理论研究为基础，对超大型浮选机内矿物与气泡碰撞、粘附、脱落过程及影响上述过程的原因进行了深入研究，确定了超大型浮选机的设计原则；（2）完善了基于趋势外推和逐步回归法的超大型浮选机相似放大理论和关键技术；（3）借助计算流体力学（CFD），首次建立了浮选机流体动力学仿真模型；（4）形成了超大型浮选机研制路线；（5）开发了新型空气分配器、叶轮–定子系统和泡沫回收装置，解决了超大型浮选机槽体截面积大、气泡难以均匀弥散，泡沫难以及时回收的问题；（6）液面自动控制系统首次采用自整定模糊控制策略，建立了双执行机构的协同工作机制，解决了超大型浮选机给矿量大、矿浆波动量大且频繁的控制难题。

本项目的研制成功受到了国内各大有色矿山的关注，江铜秘鲁等国内外项目在设计中纷纷选用了该设备。江西铜业集团德兴铜矿大山选矿厂90000t/d扩能技改项目采用18台该设备，从2009年11月投产至今，设备运行良好，自动控制精确可靠，选别效果良好，节能效果明显，每年产生的经济效益6838.03万元。中冶长天国际工程有限公司昆钢大红山铁矿扩产项目中采用了10台200m³浮选机，预计今年内投产。

200m³充气机械搅拌式浮选机具有自主知识产权，选别性能与综合技术经济指标达到了国际同类设备的先进水平，填补了国内在超大型浮选设备方面的空白，使我国成为国际上少数几个完全掌握大型浮选设备关键技术的国家之一，可显著提升我国矿山选厂装备水平，满足国内外市场需求，提高我国大型浮选设备国际竞争力，具有广阔的推广应用前景，经济效益和社会效益可观。

北京矿冶研究总院

中国有色金属工业科学技术一等奖（2010年度）

获奖项目名称

江铜集团铜矿石选矿过程控制系统研究与应用

参研单位

- 北京矿冶研究总院
- 江西铜业集团公司
- 中国矿业大学（北京）
- 清华大学

主要完成人

■徐　宁 ■张国英 ■王焕钢 ■詹　健
■张冬松 ■尚海洋 ■缪天宇 ■赵建军
■徐文立 ■赵　宇 ■徐晓东 ■李　杰
■李建国 ■梁栋华 ■杨树亮 ■鄂建新

获奖项目介绍

工业过程自动化是提高矿产资源综合开发利用水平，提升企业核心竞争力最经济有效的手段。本项目基于选矿过程工艺和设备特点，进行机理建模、控制方法和检测技术研究，研发了铜矿石选矿全流程综合自动化系统，解决了铜矿石选矿全流程自动控制的若干关键难题，并成功应用于多个矿山企业。主要内容包括：

（1）针对旋流器溢流粒度难于直接检测、检测成本高和检测仪器寿命短等问题，提出了基于支持向量机的旋流器溢流矿浆粒度软测量方法，实现了旋流器溢流矿浆浓度粒度的快速、准确测量，为磨矿控制和工艺调节提供可靠依据。（2）开发基于磨矿循环负荷的磨矿分级优化控制系统，针对磨矿设备和工艺流程特点，采用专家智能推理技术和大间隔采样技术，实现磨矿智能化控制。（3）将浮选泡沫图像处理系统和pH计等产品同大型浮选设备研究、工艺研究与自动控制、计算机应用技术研究有机融合，成功开发浮选过程优化控制系统。该系统在浮选过程液位和pH控制中，采用具有自主知识产权的检测设备、专用执行机构和先进控制算法，实现复杂工艺环境下的参数稳定优化控制，达到国际领先水平。

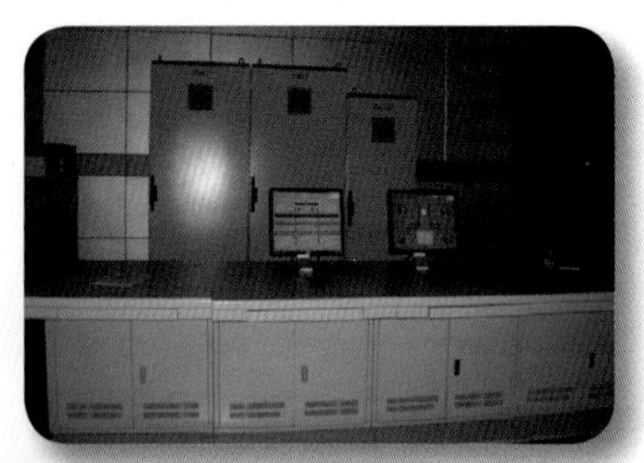

该项目在研究过程中获得国家发明专利4项、软件著作权1项。本项目已成功应用于江西铜业集团公司永平铜矿万吨级选矿厂，自2008年实现工业应用以来一直稳定运行，已使企业累计新增利润共17,352.17万元；有效提高企业的矿产资源利用率，降低能源消耗。

该项目的研究成果对促进我国选矿检测分析与控制技术的发展，带动选矿自动化装备国产化，进而推动我国矿业自动化整体水平迈上新的台阶有着重要作用。

北京矿冶研究总院

中国有色金属工业科学技术二等奖（2010年度）

获奖项目名称

高应力条件下矿柱群安全开采技术

参研单位

- 北京矿冶研究总院
- 广西华锡集团股份有限公司铜坑矿

主要完成人

- 陈　何 ■余阳先 ■孙忠铭 ■苏家红
- 韦方景 ■王湖鑫 ■罗先伟 ■杨伟忠
- 刘建东 ■周炳任 ■黄道钦 ■梁耀东
- 吴桂才 ■玉子庆 ■潘家旭 ■莫荣世

获奖项目介绍

大规模矿柱群开采和采空区处理，一直是采矿界的一大难题。结合我国矿山生产实际，研发矿柱群与采空区安全高效处理技术具有重要意义。该项目研究被列为“十一五”国家科技支撑计划课题。

针对华锡集团铜坑矿复杂矿岩条件下矿柱群开采的关键技术问题，研发了以人造临空面向心爆破、抛掷覆盖挤压爆破、束状大直径深孔变抵抗线侧向崩落技术、上向密集群孔放顶等创新技术为核心的单步骤阶段连续采矿方法。通过矿柱群支撑体系的受力分析、失稳条件及顶板崩落规律研究，进行顶板崩落、爆破诱发冲击地压及放矿控制等综合技术研发，形成分区大步距矿柱群连续回采综合技术。该技术在保证矿柱回采安全性、降低资源的消耗率和占用率的条件下，提高矿柱回采强度与资源回收率，实现矿床开采效益的最大化。

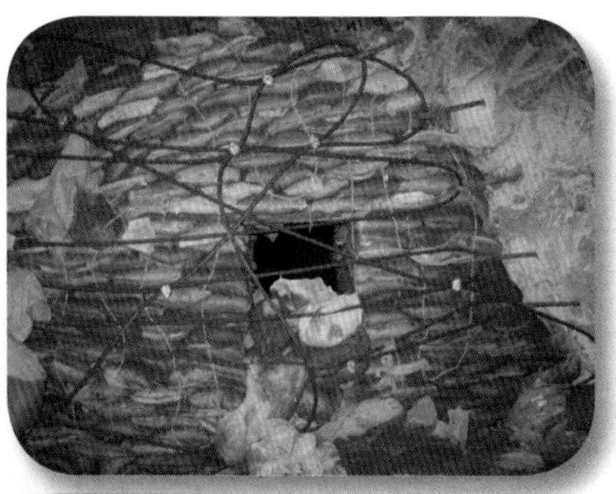

在铜坑盘区矿柱资源回采过程中，采区生产能力达到1200t/d。矿石回收率78%，贫化率18.5%，年经济效益7128万元。作业安全、降低资源的消耗率和占用率，经济效益显著。

采用的的人造临空面向心爆破及抛掷覆盖挤压爆破技术、束状大直径深孔变抵抗线侧向崩落技术，上向密集群孔放顶技术及分区大步距连续矿柱群回采技术等创新技术为国内首创，高应力条件下矿柱群安全开采综合技术总体达到国际先进水平。

矿柱群安全开采技术为我国地下矿山提供了新的技术和手段，实现了我国地下矿山矿柱大规模开采技术和高大采空区安全治理技术的突破，极大地推动我国采矿技术的进步。

北京矿冶研究总院

国家科学技术进步奖二等奖（2005年度）

获奖项目名称

纳米铝粉包覆的复合型涂层材料

参研单位

■ 北京矿冶研究总院

主要完成人

■ 于月光 ■ 曾克里 ■ 任先京 ■ 许跟国 ■ 陈舒予 ■ 宋希剑 ■ 周传让 ■ 李振铎 ■ 尹春雷 ■ 刘海飞

获奖项目介绍

复合型涂层材料作为一类重要的热喷涂材料，其应用已随着热喷涂技术的发展渗透到国民经济的各个工业领域。本项目在突破纳米铝粉薄层均匀钝化表面处理、三元混合粘结剂及双组元多层均匀团聚包覆、三元组合粘结剂及多组元多层均匀团聚包覆等关键技术基础上，成功研制出了纳米铝粉包覆的系列复合型涂层材料，铝包镍（牌号KF-6）、镍铬铝（KF-110）适用于不同的条件下的粘结底层或工作面层，镍铬铝钴氧化钇（KF-113）用于高温热障涂层底层，铁铬镍铝碳化钨（KF-91）作自粘结耐磨工作涂层使用。

纳米铝粉包覆的复合型粉末具有复合颗粒包覆形态均匀、完整，无散落的铝粉，粉末均匀性、流动性、松装密度、燃烧特性优越的特点。制备涂层喷涂工艺性能优越，粉末在喷涂过程中放热强度更合适，烟雾较少、焰流放热集中，粉末沉积率高，涂层喷涂工艺性好，组织均匀、致密，涂层内颗粒之间、涂层与基材间结合紧密。

项目成功研制适应了高性能、复合化、超微化的趋势，首次将纳米铝粉用于复合涂层处理，采用独创的多层均匀团聚包覆技术研制出我国特色的高性能复合涂层处理系列产品，大力推进了我国涂层材料的技术水平提升，实现了纳米铝粉在保持高活性下的安全使用，并将其大量用于生产，对高活性纳米金属粉表面处理技术发展、促进纳米金属粉实用化意义重要。

纳米铝粉包覆的复合型涂层材料产品已在航空、航天、兵器、石化等军工和民用部门的多种部件喷涂加工上获得批量应用，研究开发期间已使用近20吨，使用效果好，并为满足神舟五号等多种国防主要型号的需求做出了贡献。

该项目获得2004年度有色行业科技一等奖，2005年度国家科学技术进步二等奖。

北京矿冶研究总院

中国专利优秀奖（2009年度）

获奖项目名称

一种大型浮选机

参研单位

■ 北京矿冶研究总院

主要完成人

■ 沈政昌 ■ 卢世杰 ■ 刘振春 ■ 梁殿印

■ 史帅星 ■ 陈　东 ■ 杨丽君

获奖项目介绍

随着矿产资源需求的不断增长，大型浮选设备以其高效率低能耗已成为国际潮流。本实用新型专利的技术内容为：针对浮选设备大型化产生的一系列问题，发明了一种大型浮选机。与现有技术相比的主要优点为：具有双推泡锥双泡沫槽结构，把浮选槽内的泡沫一分为二，靠近槽体边缘的泡沫从外泡沫槽溢流排出，靠近中间的泡沫通过内泡沫槽溢流排出，缩短了泡沫输送距离，保证浮选泡沫及时顺利排出，有利于提高浮选指标；连接管上的放气管有效防止了液面“翻花”，影响浮选指标。溢流堰的高度可方便的调节，有利于浮选机安装调试和使用过程中及时调整，满足工艺需要；直悬式定子结构，结构简单，表面积小，耐磨损，寿命长，用材少；立式电机张紧装置稳定，效果好。本实用新型专利实现了我国大型浮选设备零的突破，彻底打破了国外的垄断地位，大大降低了我国大型选矿厂的基建成本，提高了我国矿山设备的装备水平。

本专利产品的实施单位为北京矿冶研究总院，主要用于选别有色金属、黑色金属和非金属矿物的大型浮选设备。浮选是最常用的选矿方法之一，全球约有90%的有色金属和50%的黑色金属是通过浮选的方法进行加工处理。近年来，随着矿产资源需求的不断增长和资源的日趋贫杂，选矿厂规模越来越大，大型浮选设备以其节能降耗、基建投资费用少、综合经济效益高等突出优点，大大降低了选矿厂生产和管理成本，提高了产品竞争力，已成为国内外各大矿山的必需设备。

本专利产品一经推出，就得到了国内大中型骨干矿山的关注，并迅速在国内外获得成功应用。在江西铜业公司大山选矿厂、中国黄金集团乌努格吐山金矿36000t/d选矿厂、贵州锦丰矿业公司锦丰金矿、包钢集团公司选矿厂三、六系列改造等有色及化工等行业几十个矿山的应用，并出口到沙特等国家，均取得了明显的经济效益和社会效益。目前，本专利产品已销售438台套，销售收入共计23082万元。

北京矿冶研究总院

中国专利优秀奖（2010年度）

获奖项目名称

多元复合稀土-钨电极材料的制备方法

参研单位

- 北京矿冶研究总院
- 北京工业大学

主要完成人

- 胡福成 ■ 聂祚仁 ■ 李炳山 ■ 杨建参
- 彭　鹰 ■ 孙宝成 ■ 赵广利

获奖项目介绍

随着各国对环境的重视，替代有放射性危害的钍钨电极成为世界范围内的迫切需要。本专利发明了APT直接掺杂、大温度梯度还原的高效工业生产新工艺技术，制得一定配比的三种稀土氧化物总含量为2.0－2.2%的钨基电极材料，粉末平均粒度1.2－1.4μm。再经低电流垂熔烧结、旋锻、拉丝塑性加工制成所需规格的电极。

主要技术优点为通过复合稀土协同效应，创造出性能优越的环保新材料，经国家焊接材料质检中心及用户验证综合性能优于钍钨。与之相比，不含放射性元素，逸出功低10%，引弧性能优良，相同条件下烧损量低75%，承载电压低10%以上。新技术简化了工艺，经济节能，并突破了稀土添加后加工敏感性复杂等技术难关，工业成品率提高5%以上。此外，自主创新研制出生产线关键设备。

钨电极广泛用于氩弧焊、等离子焊、切割、热喷涂和冶金工业，是目前尚无法替代的消耗性热源材料，全球年消耗达 2000 吨并持续增长，此前70–80%使用有放射性污染的钍钨电极。

本专利产品是钍钨电极的替代产品，已广泛应用于国防、民用多种工业领域。如北京卫星制造厂等航天科工集团的系列航天产品、电力建设、飞机厂、汽车厂、自行车厂、原子能与核电站、船舶舰艇、电站锅炉、压力容器制造等重点行业。用户使用及权威部门检测均表明：这是一种性能好的无污染“绿色”电极，是一种换代型产品。

本专利在第一专利权人北京矿冶研究总院下属单位北京钨钼材料厂实施。产品具有明显的技术经济优势，逐步得到全球用户认可。出口主要销往对环境要求高的欧洲、日本等地区。自投产以来，市场销量逐年增长，累计销售792吨，其中民用焊接、切割领域约占80%，航空航天领

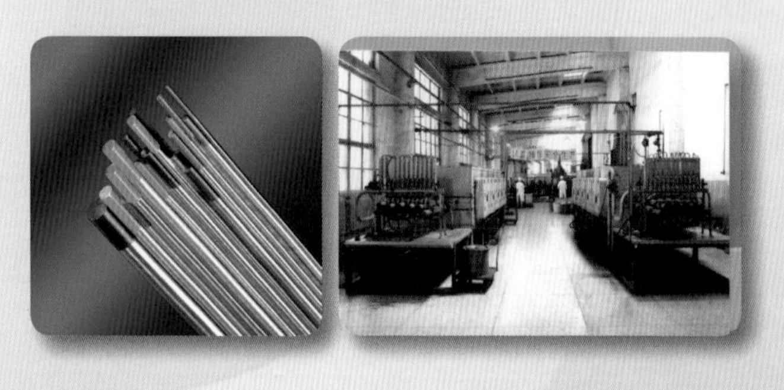

域5%，电力领域10%。累计实现销售收入3.3亿元，其中出口56%。具有优良的市场竞争力并已创造了显著的经济效益。该专利获得第十二届中国专利优秀奖。

北京矿冶研究总院

中国专利优秀奖（2010年度）

获奖项目名称

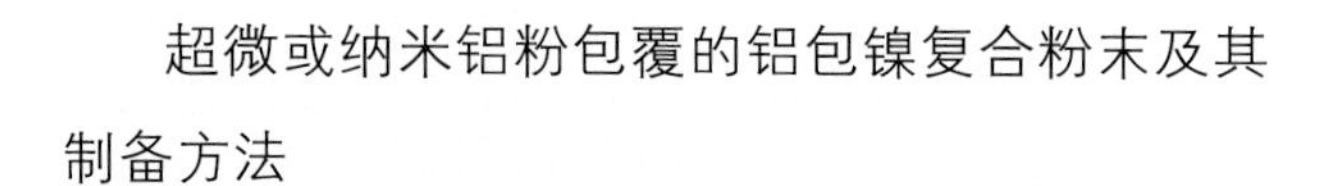

超微或纳米铝粉包覆的铝包镍复合粉末及其制备方法

参研单位

■ 北京矿冶研究总院

主要完成人

■ 于月光 ■ 曾克里 ■ 宋希剑 ■ 许根国
■ 陈舒予 ■ 谢建刚

获奖项目介绍

本专利主要发明了一种超微或纳米铝粉包覆的铝包镍复合粉末，是以镍粉颗粒为核心，铝粉在镍粉颗粒外表面形成包覆层，所述铝粉的平均粒径为30～800nm。

目前采用的铝粉平均粒径通常在3～5μm左右，由于铝粉粒径较大，包覆的效果仍不理想，镍颗粒表面存在未包覆区，粉末中存在自由散落或自身团聚的铝粉，因此普通的铝包镍复合粉末成分不均匀，流动性差，用于热喷涂会导致放热程度不适，涂层组织不均匀，缺陷较多等综合使用性能差。本发明的专利采用经表面钝化处理的纳米铝粉为原材料，通过混合粘结剂及新的团聚包覆技术，有效的解决了以上问题。本专利具有以下突出特点：（1）复合颗粒包覆形态均匀、完整，无散落的铝粉，因而复合粉末均匀性好；（2）复合粉末流动性好，典型流动性为19s/50g；（3）复合粉末燃烧特性优越，因而在喷涂操作过程中发热强度合适。

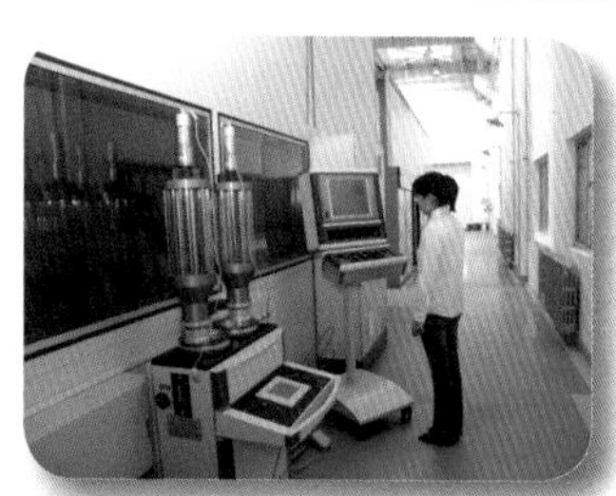

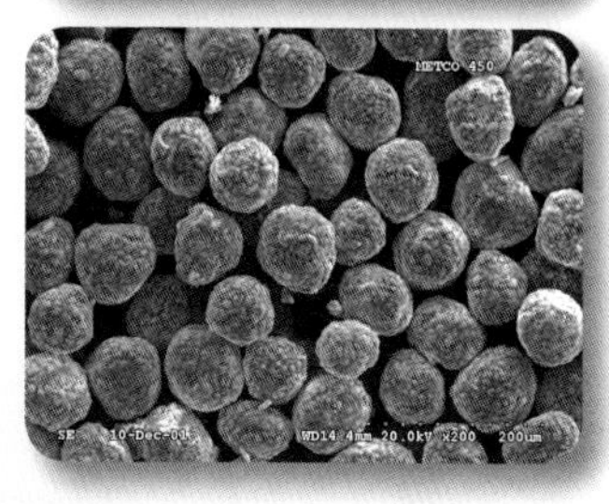

该专利在国内外首次将纳米铝粉用于新型复合涂层材料的制备并成功应用，专利产品综合技术指标与性能优于国内外采用微米铝粉包覆的铝包镍复合粉末，其特点在于直接以纳米铝粉作为包覆组元制备有我国特色的高性能复合涂层材料，满足国防重点新型号、大型工业设备的强化或修复等对高性能复合涂层之急需，提高部件使用性能或延长服役寿命。

超微或纳米铝粉包覆的铝包镍复合粉末年生产能力达到了4吨，应用后为厂家带来近千万的经济效益。航天一院用于火箭有关部件的等离子喷涂加工，喷涂工艺性适应性良好，满足了使用的高性能要求，为我国航天事业做出了贡献。大庆石油总厂机械厂采用超微或纳米铝粉包覆的铝包镍（KF-6）喷涂大型石化设备的换热管，使换热管效率提高2倍，共产生经济效益约873万元，经济、社会效益显著。该专利获得第十二届中国专利优秀奖。

中国恩菲工程技术有限公司

中国有色金属工业科学技术一等奖（2001年度）

获奖项目名称

热酸浸出—低污染铁矾除铁湿法炼锌新工艺的应用研究

参研单位

- 北京有色冶金设计研究总院
- 赤峰红烨锌冶炼有限责任公司

主要完成人

■ 赵玉福 ■ 王凤朝 ■ 陆业大 ■ 李　龙
■ 徐庆新 ■ 张孝曾 ■ 崔瑞芸 ■ 刘金山
■ 张春明 ■ 侯祥群 ■ 赵爱君 ■ 冯国军
■ 杨宗武 ■ 刘　诚

获奖项目介绍

赤峰红烨锌冶炼有限责任公司（原赤峰冶炼厂）为国内首家采用低污染铁矾除铁工艺的湿法炼锌厂，该厂于1995年8月投产，通过生产实践的不断改进完善，取得了较好的技术经济指标，锌锭产量设计值22%，锌金属总回收率为93～96%。

其工艺特点是：控制较低的预中和温度、酸度及适中的铁浓度，在沉矾过程中不加锌焙砂作中和剂，得到沉降过滤性能好、含有价金属低的铁矾渣。

通过调整预中和操作条件，将中浸底流由进高浸改成进预中和，提高了热酸浸出的终酸，有利于提高锌的浸出率。

通过用少部分的碳酸氢钠代替碳酸氢铵，有效地防止了湿法系统中铵离子的积累，解决了锌铵络合物与钙镁联合共结晶的难题，属国内首创。

在不影响正常生产的情况下，成功地将间断沉矾改成连续沉矾，提高了设备利用率及劳动生产率，工艺参数稳定，铁矾渣量较常规铁矾法减少20～25%，铁矾渣含锌4～6%，有利于铁矾渣的堆存和进一步处理，减少对环境低污染。

中国恩菲工程技术有限公司

中国有色金属工业科学技术二等奖（2001年度）

获奖项目名称

应用高效浓密机处理高浓度矿山

参研单位

■ 北京有色冶金设计研究总院

主要完成人

■ 刘荣仁 ■ 孔　荟 ■ 熊报国 ■ 管勇敏
■ 潘志平 ■ 占幼鸿 ■ 刘　成 ■ 吕金兰
■ 林基明 ■ 詹雨来 ■ 陈俊文 ■ 平东海

获奖项目介绍

德兴铜矿原工业水处理站由于石灰中和沉速过慢等原因，处理水量只能达到设计规模的三分之一，且不稳定，难于正常连续运转。被列为江西省环保限期治理项目，要求改造工业水处理站，使其达到原设计水量，水质达到国家排放标准。

通过试验，确定将原分段中和的工艺改为利用选矿厂的碱性废水与矿山的酸性废水混合，以废治废，同时补加适量石灰的大中和处理方案。为了提高沉速，将原浓密池用高效浓密机技术进行改造，并采用小型计算机，提高系统自控水平，以保证该工艺连续稳定运转。

高效浓密机是近年引进的先进技术，用于精矿、尾矿浓密脱水。本项目首次应用于废水处理，解决了沉速慢、固液分离困难、又不允许增加沉淀设施的难题。经半年生产证明，高效浓密机与改造前的浓密池相比，效率提高了一倍以上，生产指标稳定，一直达产达标，改造十分成功。

应用高效浓密机技术，减少新建浓密池的基建投资217万元；每年可向选厂提供700万吨回用水，年节约取水费用140万元；处理的酸性废水量达到6500m^3/d，每年减少排污费及污染赔偿费285万元。取得了很好的经济、社会效益。

中国恩菲工程技术有限公司

中国有色金属工业科学技术二等奖（2003年度）

获奖项目名称

新型矿井提升机安全控制技术的创新与开发应用

参研单位

■ 中国恩菲工程技术有限公司

主要完成人

■ 吴豪泰 ■ 史更生 ■ 白光辉 ■ 何湘峰
■ 邵晓钢 ■ 杨　力 ■ 刘晓宇 ■ 许小满

获奖项目介绍

安全第一反映了提升机运行的本质要求，也是对提升机电控系统提出的首要要求。中国恩菲工程从1995年开始从事提升机电控系统集成，在提升机安全控制技术的创新与应用方面实现了5项创新。

（1）挽救制动闸失效的控制技术：它是针对国内多台提升机出现过制动闸失效，造成机毁人亡恶性事故，创新开发的安全保护，是原始创新。

（2）防止提升机超重运行控制技术：超重运行是提升机重大安全事故诱因之一，在吸收国外经验的基础上，结合国内实际情况，创新开发了全面防止超重运行安全控制技术。

（3）防止提升容器关闭不到位的控制技术：它保障箕斗在可靠关闭状态下运行安全控制技术，属于原始创新。

（4）防止操作台误操作控制技术：这是一项提升机安全操作保障技术，是消化吸收再创新的技术。

（5）按选定减速度安全制动技术：它是利用电气制动实现可选恒减速度的提升机安全制动，是原始创新技术。

推广应用情况

此五项创新技术是结合实际工程应用需求而开发的，不但在中国恩菲工程承包的项目中得到了推广应用，而且也为国产提升机的安全性能的提高，起到了促进作用。此技术也应用到中国恩菲在国外承包的有关项目中。

中国恩菲工程技术有限公司

国家科学技术进步奖二等奖（2004年度）

获奖项目名称

氧气底吹熔炼—鼓风炉还原炼铅新工艺工业化成套装置

参研单位

- 中国恩菲工程技术有限公司
- 水口山有色金属有限责任公司

主要完成人

- 李东波 ■ 蒋继穆 ■ 王忠实 ■ 王建铭

获奖项目介绍

铅的用途广泛，最主要的是制造铅蓄电池，应用于国民经济的各个方面。此外，由于其特殊的物理和化学性质，在医药、国防、军工等领域亦发挥了巨大作用。

长久以来，国内铅冶炼行业总体工艺技术和装备水平落后，大量使用烧结–鼓风炉还原熔炼工艺，SO_2和铅烟尘污染严重，劳动强度高，工作环境差，生产综合能耗居高不下。上世纪八九十年代，国内大型冶炼企业开始引进国外先进的炼铅工艺，但或者是由于经验不足，导致无法正常生产，或者是由于投资过大，无法在行业内普及，始终无法改变国内铅冶炼行业传统工艺占据主导地位的格局。

本项目由原国家科委立项，原国家计委和原国家经贸委将其列为“八五”、“九五”重点科技攻关项目，旨在形成具有自主知识产权的粗铅冶炼工艺，提升我国铅冶炼行业的总体工艺技术和装备水平，彻底改变我国铅冶炼行业高污染、高耗能的现状。

2002年8月18日，国内第一家使用底吹炼铅工艺的工厂在河南豫光金铅集团公司正式投产运行。其后，数十家企业建设了底吹炼铅工厂。该技术与其他技术相比具有如下优点：

环保效果优良生产综合能耗大幅降低原料适应性强有价金属回收率高作业率高，易实现连续生产工艺成熟稳定，操控简单，自动化水平高单系列处理能力大投资省，见效快。本项目的实施意义重大，它形成了具有自主知识产权的符合中国国情的先进的粗铅冶炼工艺，带动了国内铅冶炼行业工艺技术和装备水平的整体提升，彻底改变了国内铅冶炼行业的格局，为全行业清洁化生产和节能减排以及污染综合防治指明了方向。

近些年，国家对环境保护的力度和对于节能减排的决心进一步增强，中国恩菲秉承中央企业的社会责任感，凭借自身技术优势，加大科研力量投入，成功发展出了第二代、第三代底吹熔炼技术：

第二代技术：氧气底吹熔炼—熔融侧吹还原法

采用侧吹炉进行高铅熔融渣直接还原熔炼，充分利用了熔融渣的热焓，且使用廉价还原剂替代价格昂贵的焦炭，生产综合能耗和生产成本较之第一代技术又有了大幅下降。侧吹炉还有效解决了鼓风炉操作从加料到烟气治理全过程所存在的无组织烟气和烟尘排放难题，环保效果大大改进。

第三代技术：氧气底吹熔炼—熔融电热底吹还原法。

与第二代技术不同，第三代技术使用电能提供热量，还原剂的加入量更少、更准确，还原熔炼的效果更突出，技术经济指标更优。此外，熔融电热底吹还原炉可与底吹熔炼炉匹配，实现单系列25万t/a甚至更高的产能。

国家知识产权局已经受理了中国恩菲第二代和第三代底吹熔炼技术的发明专利申请，第二代和第三代技术正逐步取代第一代技术开始在国内大量推广。

中国恩菲工程技术有限公司

中国有色金属工业科学技术二等奖（2007年度）

获奖项目名称

矿山提升机后备保护设备—电子监控器

参研单位

■ 中国恩菲工程技术有限公司

主要完成人

■ 白光辉 ■ 邵晓钢 ■ 马 平 ■ 吴豪泰

■ 史更生 ■ 王文辉 ■ 马文利 ■ 施士虎

获奖项目介绍

矿山提升机后备保护设备（简称电子监控器），型号为ENFI-SM-2000。满足提升机安全规范要求。采用旋转编码器来检测提升机位置和速度运行情况，通过PLC控制器计算，从而判断提升机的运行状态是否正常。该设备性能国内领先、国际先进。

ENFI-SM-2000电子监控器主要技术性能特点：

1.电子监控器自身保护：CPU、输入、输出奇偶校验；CPU自诊断故障；

2.提供提升机全行程保护：速度与位置全程监控；

3.三种工作方式：工作方式、学习方式、实验方式；

（1）工作方式：在工作方式时，监控器提供以下保护。

超速5%声音报警；超速10%急停保护；超速15%急停保护。

监控器和提升机主控制系统之间位置和速度比较保护。和实际物理开关进行位置比较保护；其它保护功能略。

（2）学习方式：采用智能学习方法（创新技术），自动记录提升机实际运行速度曲线，并以记录速度曲线为基准，计算提升机保护速度包络线。在保护精度上得到了很大的提高，详见附图。

（3）实验方式：用于检测速度保护包络线的保护特性，并自动记忆实验数据。

实现参数化：电子监控器仅通过人机接口设定参数方式就可以完成所有性能的调试。

此设备在中国恩菲工程承包的项目中广泛使用。

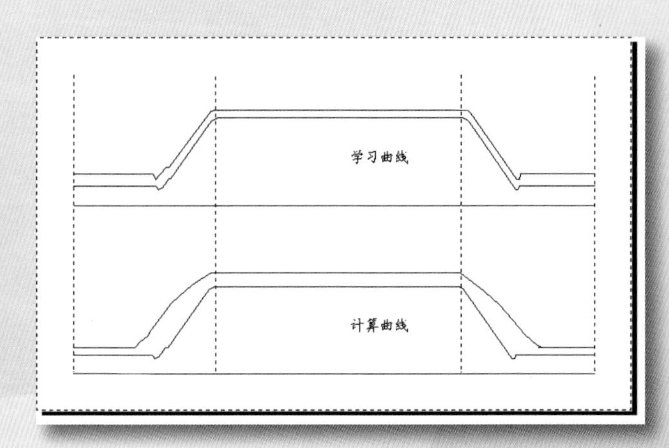

附图一：学习速度包络线与计算速度包络线比较

中国恩菲工程技术有限公司

中国专利优秀奖（2009年度）

获奖项目名称

采用氧气底吹熔炼—鼓风炉还原的炼铅法及其实施它的系统

参研单位

■ 中国有色工程有限公司

■ 水口山有色金属有限责任公司

主要完成人

■ 康南京 ■ 刘振国 ■ 蒋继穆 ■ 陈汉荣

■ 王忠实 ■ 高长春 ■ 王建铭 ■ 何德明

■ 李东波 ■ 李初立 ■ 朱让贤 ■ 贺善持

获奖项目介绍

1.技术内容

本专利技术是以氧气底吹熔炼取代烧结过程。技术内容包括工艺流程、操作技术条件和装置。主要工艺过程为：铅精矿、二次铅原料、铅烟尘和熔剂配料制粒后送入氧气底吹熔炼炉中进行熔炼，产出一次粗铅、铅氧化渣和高浓度SO_2烟气，铅氧化渣经铸渣机铸渣后送鼓风炉还原，产出二次粗铅；SO_2烟气经余热锅炉回收余热、电收尘器收尘后送两转两吸制酸；过程中产出的铅烟尘全部密封返回熔炼配料。

2.本专利技术优点

与现有烧结炼铅工艺相比，本专利技术主要优点是彻底解决了长期困扰铅冶炼行业的SO_2烟气和铅烟尘的污染问题。传统的炼铅工艺，污染问题集中在烧结，本专利技术采用氧气底吹熔炼取代烧结过程，解决了环保问题。由于富铅渣含硫（≤0.3%），远低于烧结块（含硫≥1.5%），鼓风炉还原富铅渣块，不仅烟尘率低且烟气SO_2含量远低于烧结块熔炼，因此烟气仅通过除尘后就达标直接排放。综合能耗低，生产成本比传统工艺低。粗铅生产能耗大幅下降：吨铅焦耗下降50%左右。贵金属回收率高，贵金属回收率提高2个百分点。可直接处理各种品味的铅精矿，又可同时处理各种二次铅原料，如废蓄电池等，对原料的粒度和水份要求不严格。用本专利改造传统铅冶炼产业，能充分利用原有设施，投资省。

3.本专利创新高度的评价

本专利技术在短短几年内，在国内炼铅行业得到迅速推广，在我国有色冶炼技术进步史上创造了一个奇迹，被认为是近二十年来有色行业最有影响的突破性技术。本技术被专家评定为：“国内外首创”，“整套装置配置合理，工艺畅通，设备可靠，生产稳定，作业率高，劳动条件好。工艺技术水平达到国际先进”。

推广应用情况

至2010年底，本专利技术在31家炼铅厂得到应用，其中水口山、河南豫光、安徽池州、灵宝新凌、祥云飞龙、济源金利、内蒙古兴安银铅、河南济源万洋等8家炼铅厂已投产，各厂铅产能均超过了设计指标，和传统烧结工艺相比，吨铅焦耗下降50%左右，贵金属回收率提高2个百分点，经济效益显著提高。另外，还有内蒙古白音诺尔、内蒙古双源、郴州宇腾、桂阳银星、弋阳江冶、灵宝智慎、广西苍梧、洛阳坤宇等11家炼铅厂在设计建设中。

中国恩菲工程技术有限公司

中国有色金属工业科学技术一等奖（2010年度）

获奖项目名称

液态高铅渣侧吹直接还原技术

参研单位

- 中国恩菲工程技术有限公司
- 河南省济源市金利冶炼有限责任公司

主要完成人

- 陆志方 ■ 成全明 ■ 王忠实 ■ 杨华锋
- 黄祥华 ■ 翁永生 ■ 李东波 ■ 张义民
- 姚 霞 ■ 邹 彬 ■ 索云峰 ■ 李 栋
- 周远翔 ■ 刘家楣 ■ 朱让贤 ■ 张振民

获奖项目介绍

氧气底吹熔炼—鼓风炉还原炼铅工艺技术立足于改善传统烧结炼铅工艺的环境治理，氧气底吹熔炼脱硫率高，烟气SO_2浓度高，适于双转双吸制酸，尾气达到国家排放标准，同时取消了烧结工艺及返料破碎筛分系统，显著减少了污染源，改善了生产操作环境。

但底吹炉产出的高铅渣需要用铸渣机冷却铸块，再送入鼓风炉中用焦炭还原。这样，一方面损失了高铅渣的物理热(约占鼓风炉能耗的15%)，另外鼓风炉送风要白白燃烧掉部分焦炭，致使鼓风炉焦率达13%～17%。且铸渣机和鼓风炉备料系统及两侧加料炉门，均存在粉尘的逸散源，需要完备的卫生除尘系统；鼓风炉炉结严重，作业率降低；捅风眼作业，工人劳动强度大；工艺流程长，占地面积大，备料及上料系统较为复杂。基于国家对有色金属冶炼行业技术创新、环境保护、节能减排等方面的政策要求，为此需要进行持续技术开发工作。

2007年液态高铅渣直接还原技术开发被确定为国家“十二五”重大产业技术开发项目，国家拨付专项资金予以支持。

液态高铅渣侧吹直接还原技术以我国铅冶炼工艺为研究对象，以节能降耗、实现清洁化生产为目标，在氧气底吹熔炼—鼓风炉还原炼铅（SKS）新工艺及工业化装置开发研究的基础上，对铅冶炼工艺进行深入研究和进一步开发，解决行业节能和环保二项重大关键技术问题，从整体上提高我国铅冶炼技术装备水平和生产技术水平，进一步消除环境污染，大力节能降耗，为我国铅工业可持续发展、工艺及技术装备全面达到国际领先水平提供技术支撑。

液态高铅渣侧吹直接还原技术不使用昂贵的冶金焦，可实现无焦冶炼，粗铅单位生产成本大幅度下降，经济效益明显。

液态高铅渣侧吹直接还原技术达到了节能减排、低碳创新、资源高效利用的目标，符合国家产业政策，具有充分的技术经济和社会效益，对我国铅冶炼行业可持续发展具有重要意义。

液态高铅渣侧吹直接还原技术的成功应用，标志着我国自主研发的铅冶炼技术已具备国际领先的技术水平，必将在世界范围内产生巨大影响。

液态高铅渣侧吹直接还原技术可广泛应用于国内铅冶炼新建和技改项目，包括已采用氧气底吹熔炼—鼓风炉还原炼铅法铅冶炼厂进一步的技术革新和采用传统工艺铅冶炼厂的技术改造，项目市场潜力大。依靠新技术可以开拓国外铅冶炼技术市场。

推广应用情况

2009年9月1日正式投料运行后，目前推广两家，湖南华信有色金属有限公司和云南驰宏锌锗股份有限公司。

中国恩菲工程技术有限公司

中国有色金属工业科学技术一等奖（2010年度）

获奖项目名称

金川富氧顶吹镍熔炼工程顶吹熔炼炉余热锅炉

参研单位

- 中国恩菲工程技术有限公司
- 金川集团有限公司

主要完成人

■徐建炎 ■王　岗 ■陈逢胜 ■徐　伟
■封吉龙 ■赵　奕 ■陈希勇 ■杨光勇

获奖项目介绍

金川富氧顶吹镍熔炼项目是由金川集团公司筹建，采用由金川集团公司、澳大利亚澳斯麦特公司和中国恩菲工程技术有限公司联合开发的JAE富氧顶吹浸没喷枪熔池熔炼技术。项目设计年处理镍精矿100万吨，每年新增镍冶炼能力高镍锍6万吨。项目总投资22亿元，于2006年9月30日开工建设。作为该项目中关键设备的富氧顶吹镍熔炼余热锅炉由ENFI总承包，余热锅炉的本体设计完全由ENFI独立完成。

该余热锅炉的最大设计蒸发量为105t/h，运行实际蒸发量为120t/h，最大145t/h，蒸汽温度为260℃，工作压力为4.6MPa，在国内外，是同类型余热锅炉中蒸发量最大的，节约能源合标准煤9万吨/年。该项目针对JAE富氧顶吹浸没喷枪熔池熔炼技术首次应用于大规模工业化生产的工艺要求，研究开发成功了世界上首台富氧顶吹镍熔炼炉余热锅炉，该余热锅炉是目前世界上蒸发量最大的有色冶金炉余热锅炉，在本余热锅炉设计中，ENFI公司进行了大量创新，保证了整个项目按期顺利投产并达产，创造了很好的经济效益。其主要技术特点和创新点如下：

（1）余热锅炉入炉烟气量大，烟气温度高，运行工况变化频繁，热负荷波动大。（2）成功解决了余热锅炉大面积受热面的热膨胀及结构稳定性问题，在烟气量和炉膛负压剧烈波动的工况下，余热锅炉炉体结构没有明显的振动或摇摆。（3）改进了熔炼炉炉盖的设计，方便了炉盖的制作，同时使炉盖具有更好的刚性，更好的抗侵蚀能力和抗热冲击能力。（4）改进了余热锅炉防爆门装置的设计，大大降低了防爆门被结焦封死的风险，提高了运行的安全性。（5）通过优化余热锅炉结构，同时采用先进可靠的清灰装置，及时在线清理余热锅炉各受热面的积灰和结焦，成功地解决了余热锅炉普遍存在的烟尘粘结问题，提高了受热面的换热效率。（6）针对富氧顶吹镍熔炼炉快速投料和停料的特点，余热锅炉采用强制循环，在负荷剧烈波动的工况下余热锅炉仍具有良好的水循环特性，提高了余热锅炉的可靠性。（7）改进了供电电源的配置，确保了供电的可靠性，设置了蒸汽驱动泵，既节约了能源，又起到了保安的作用。（8）改进了锅炉参数检测和控制系统。锅炉控制除了与本身的检测系统融合在一起，同时与冶炼的工艺控制系统进行连锁，使两个系统紧密地结合到一起，大大地提高了整个生产系统的控制水平和安全性。

项目于2008年10月20日正式投产运行，富氧顶吹镍熔炼余热锅炉经历了大负荷、澳斯麦特炉系统反复调整的复杂工况的考验，以其良好的工况适应性，满足了富氧顶吹炉生产工艺要求。同时为后续烟气收尘和制酸创造了较好的条件，并回收了大量的冶炼烟气余热，降低冶炼能耗，提高了整个冶炼生产的经济性。取得了良好的经济效益、环境效益和社会效益，极大地支持了西部建设。

该项目的研究内容处于余热回收技术发展的前沿，其成果达到国际先进水平，在我国有色冶炼余热回收领域具有很好的市场前景和极大的推广价值。

中国恩菲工程技术有限公司

中国有色金属工业科学技术一等奖（2010年度）

获奖项目名称

谦比希铜冶炼厂综合自动化控制系统

参研单位

■ 中国恩菲工程技术有限公司

■ 谦比希铜冶炼有限公司

主要完成人

■颜　杰 ■赵　奕 ■刘立峰 ■于　淼

■叶　晨 ■李　刚 ■李　明 ■杨新国

■范　巍 ■李亚非 ■刘红斌 ■陆宏志

■朱世薇 ■王　森

获奖项目介绍

赞比亚谦比希铜冶炼项目由中国恩菲工程技术有限公司负责设计、中国有色集团和中铝云南铜业公司投资建设。采用顶吹炉熔炼－沉降电炉分离－转炉吹炼－粗铜浇铸工艺流程，年产粗铜15万吨，硫酸26万吨。2009 年 2 月竣工投产，同年5月达产，3个月内实现达产达标。2010年，年产粗铜达到18万吨、硫酸31万吨。

谦比希铜冶炼厂综合自动化控制系统以DCS为主开发平台，根据工艺流程划分为五套子系统，分别为：顶吹炉系统、沉降电炉系统、转炉系统、余热电站系统、硫酸系统，各系统之间通过通讯网相联，实现数据共享。

该项目投资方只购买国外顶吹熔炼工艺许可证，顶吹熔炼控制等核心技术设计全部由恩菲自主研发完成。恩菲控制系统项目组在吸取业主积累的顶吹熔炼生产经验的基础上，查阅了大量相关资料，完成了全部自控系统设计、软件编程，直至现场调试投产。系统达到了以下技术、经济指标：1.首次将顶吹炉工段与辅助工段整合成一个控制系统，实现了整体控制；实现了我国首次对顶吹熔炼控制技术从独立设计、硬件集成、软件编程到调试投运。系统整体性能达到国外同类顶吹炉系统控制水平，并节约集成进口费、组态费、调试费约合人民币1000万元。2.通过顶吹熔炼一系列控制算法，使炉况平稳、炉温稳定，经实践检验已达到国外同类顶吹炉系统控制先进水平。3.通过顶吹炉喷枪精确定位控制实现了对喷枪位置的精确测量、定位和复杂的联锁控制。4.基于专家系统的电炉控制系统，在稳定炉况，减少对电网干扰及节能方面效果明显，据现场测算节电约100kWH/h。5.转炉炉体准确定位控制，摇炉与供风/氧的联锁控制，事故自动倾转控制及两台风机同时向三台转炉连续供风自动切换控制等，降低了操作工人劳动强度，且有效避免了转炉喷炉、灌死风眼等事故的发生。6.余热锅炉系统在采用汽包水位三冲量控制的同时，加入对汽包压力的多模式控制。7.通过生产信息一体化实现生产实时调度和信息化管理，提高了劳动效率，减少了劳动力。以2009年3月份为例，该冶炼厂一个班次中方员工为30人，外方员工为100人左右。

顶吹熔炼自控系统的自主开发填补了该技术的国内空白，大大提升了恩菲公司在该领域的国际竞争力。2010年12月，谦比希铜冶炼厂综合自动化控制系统荣获“2010年度中国有色工程金属工业科学技术奖一等奖”，同时申请受理发明专利三十多项，实用新型专利十多项。

目前，这些技术创新成果已经在会理10万吨阳极铜项目、福安镍铁项目中得到推广。今后，该技术将会得到更广泛的应用，产生更大的经济、社会效益。

中国恩菲工程技术有限公司

中国有色金属工业科学技术一等奖（2010年度）

获奖项目名称

离子液循环吸收法脱除和回收烟气中的二氧化硫技术

参研单位

- 中国恩菲工程技术有限公司
- 成都华西化工研究所
- 巴彦淖尔紫金有色金属有限公司

主要完成人

■谢　谦 ■魏甲明 ■王　姣 ■李建舟 ■刘　君 ■岳焕玲 ■赵　凯 ■肖九高 ■汪志和 ■沙　涛 ■林泓富 ■吴健辉 ■杨志峰

获奖项目介绍

“离子液循环吸收法脱除和回收烟气中的二氧化硫技术”，是一种将先进的离子液体技术与可靠的“吸收——再生”气体净化工艺相结合的新技术，在高效率净化烟气的同时使烟气中的二氧化硫得以富集并被回收利用，使二氧化硫“变废为宝”，符合“循环经济”发展理念。

成都华西化工研究所进行了“离子液循环吸收脱硫工艺”的基础试验研究，中国恩菲工程技术有限公司在基础研究的基础上，对该工艺进行了改进和优化，并有针对性的设计开发了高效的吸收塔和再生塔设备，形成了“离子液循环吸收法脱除和回收烟气中的二氧化硫技术”，并最终在巴彦淖尔紫金有色金属有限公司的鼎力支持下，将该技术成功应用到了内蒙古紫金矿业制酸尾气及工业锅炉烟气脱硫项目中，首次成功实现了该技术的工业化应用。该技术具有自主知识产权，所有设备均可实现国产化。

巴彦淖尔紫金有色金属有限公司采用该技术建成的硫酸尾气脱硫装置自2009年7月投入运行以来，脱硫效果优异，净化后烟气中的SO_2浓度<50mg/Nm^3，各项技术指标均达到或优于设计指标。

工程实践证明，该技术具有如下主要技术优点和创新点：

该技术的脱硫效率可在90%¯99.5%之间灵活调节；在烟气含硫量从0.02%到1%的范围内运行成本稳定。当烟气中硫含量较高时，本技术的运行成本更具优势。

该技术是清洁生产技术，符合循环经济发展要求，无二次污染，——场地无粉尘，无强噪声，无新生固体、气体和液体排放物；可利用工厂的低位废热作为再生用热源；副产的高浓度SO^2可作为硫酸及其它含硫产品的生产原料。

采用经典的化工工艺流程，系统运行可靠

该技术流程较短，设备较简单，开停车方便，调试和维修费用低，占地面积较小。

节约运力：无需常规的大量运输吸收剂或脱硫副产物，无需规划运输/堆仓用地。

与传统的石灰（石）—石膏脱硫技术相比，综合经济指标具有明显优势。

中国恩菲工程技术有限公司

中国有色金属工业科学技术二等奖（2010年度）

获奖项目名称

高应力破碎矿岩井巷工程支护技术研究

参研单位

- 中国恩菲工程技术有限公司
- 金川集团有限公司

主要完成人

■ 刘育明 ■ 把多恒 ■ 乔富贵 ■ 杨凌云
■ 张周平 ■ 王进学 ■ 夏长念 ■ 靳学奇
■ 安建英 ■ 肖卫国 ■ 葛启发 ■ 朱子腾
■ 马俊生 ■ 王玉山 ■ 顾秀华 ■ 商益明

获奖项目介绍

随着地下矿山向深部开采和巷道的延伸开挖，多种地质诱因（地下水、断层等地质构造）相互影响，岩体原有应力平衡改变，引起地应力重新分布。岩体结构的非均匀性以及构造的多期多次性，使采空区岩体均不同程度地产生变形。通常，巷道变形破坏经历调整变形、稳定变形和围岩裂化等过程。这种过程是在地压作用下，从深部围岩开始，逐渐到工程围岩表面，具有一定的阶段性，当岩体强度比较小，构造复杂时，就会引起巷道围岩变形、位移、破坏以至坍塌。为了防止围岩产生大的变形和位移，保证巷道在施工过程中有足够的稳定性和安全性，需要及时、准确地采取一些工程措施，以补偿围岩抵抗外力的能力，以便有效的控制围岩变形或支承已松动的岩体。

金川Ⅲ矿区水平应力明显大于垂直应力。围岩中构造发育，岩体破碎，软弱结构面和断层破碎带中充填有膨胀性岩泥，巷道围岩具有流变特性。根据巷道围岩的上述特征和围岩与支护相互作用原理，为使围岩产生所需的位移，我们采用“积极的”的巷道稳定性维护方法，即尽量增强岩体自身的稳定性和抵抗能力。根据金川岩石节理裂隙发育，松散的范围大的特点，在设计时以喷锚网支护为主结合中长锚索支护，提高喷射混凝土的强度，加长锚杆，从而在较大范围内使松动圈得到加固，达到抵抗地压和变形的目的。

本项目的主要研究内容为：总结金川历年来所做的、特别是Ⅲ矿区的地质与岩石物理力学性质及参数研究（分析整理矿区现有资料）；巷道围岩松动圈测定，了解岩石松动规律和围岩松动情况；巷道围岩的变形破坏与锚固强化机理的理论研究；适合高应力破碎矿岩的新型巷道支护技术研究；复杂矿岩条件下深井和大型硐室的组合支护加固技术。

采用湿喷钢纤维混凝土支护后效果照片

原有部分巷道破坏情况

推广应用情况

本课题的成果已在金川Ⅲ矿区1554m水平推广应用，主要包括钢纤维湿喷混凝土支护技术、波浪型支护锚杆、深井井筒和大硐室的组合支护技术等。

中国恩菲工程技术有限公司

中国有色金属工业科学技术二等奖（2010年度）

获奖项目名称

创新碎矿工艺及高效重选回收金技术研究与实践

参研单位

- 中国恩菲工程技术有限公司
- 招金矿业股份有限公司大尹格庄金矿

主要完成人

邓朝安　穆太升　刘　俊　李进友　唐广群　王少青　常亮亮　蔡德良　何荣权　许　洁　单庆生　黄　莺

获奖项目介绍

创新碎矿工艺及高效重选回收金技术研究与实践项目采用创新三段二闭路碎矿工艺，中、细碎均为闭路生产，为单系统，单设备（各作业）设计。结合中、细碎缓冲矿仓与粉矿仓三为一体的创新配置设计，使筛分作业采用单台圆振动筛即可满足两段破碎作业的预先筛分与检查筛分的双重功能。并且通过调整双层筛筛孔尺寸，可有效地调节中、细碎的处理能力，保证产品粒度，是我国黄金选矿厂实现“多碎少磨”的成功范例，可使磨矿生产能力可提高13%～18%。

该项目首次引进了尼尔森离心选矿机，用于磨矿回路重选回收单体金，有效地解决了0.1mm以下颗粒金回收问题，使重选作业金回收率由12%~13%提高到16%~18%。尼尔森离心机的采用不但减少了黄金流入尾矿的损失，而且降低了后续生产成本，取得了显著的经济效益。

碎磨系统均采用露天配置，钢结构型式；将筛分设备配置在粉矿仓上面，筛下产品直接进入粉矿仓，筛上产品通过筛上漏斗分别进入中、细碎缓冲矿仓（利用粉矿仓的死角）；采用变频调速振动给矿机控制两台HP300破碎机挤满给矿。设备配置紧凑，台套数少，具有流程简洁，占地面积小，投资和生产成本低等优点。其中国内首例中、细碎缓冲矿仓与粉矿仓三为一体的创新设计，为先进的配置设计奠定了坚实的基础。

该项目的研究成果，已经在招金矿业股份有限公司大尹格庄金矿成功实现了工业化生产，为企业节能降耗、保证可持续发展打下了良好的基础，经济和社会效益显著。项目成果使我国黄金矿山设计水平上了一个新的台阶，整体达到国际先进水平。

图1 磨矿系统配置

图2 大尹格庄金矿

北京工业大学

中国有色金属工业科学技术二等奖（2008年度）

获奖项目名称

多元复合稀土钨电极及其制备技术

参研单位

- 北京工业大学
- 北京矿冶研究总院

主要完成人

- 聂祚仁 ■ 胡福成 ■ 周美玲 ■ 李炳山
- 杨建参 ■ 彭　鹰

获奖项目介绍

钨电极是一类广泛应用于氩弧焊、等离子体焊接、喷涂、切割技术和冶金工业的关键热源材料，全球年消耗达1600吨（最高熔点钨金属的燃弧挥发量）并不断增长。目前70%仍使用有放射性污染的钍钨电极，危害环境和人类健康。欧盟已限制钍钨生产，各国努力研发替代材料，此前未见可全面替代的工业产品。

本项目通过承担973、863等课题，产学研合作，自主创新研制出原创性的多元复合稀土钨电极系列新产品、制备技术体系、以及生产和检测装备等全套产业化技术，所研制产品经国家焊接材料质量监督检测中心检测和用户使用证明，比现行钍钨和单元稀土钨电极性能优越，满足工业标准和使用要求，并能成功替代钍钨电极。项目研究在材料成分设计、制备工艺及设备核心技术、产品性能和环境影响方面均有突出的实质性特点和显著进步，形成15项专利技术（13项发明、1项实用新型和1项外观设计）和产品技术标准体系。

中国有色金属工业协会组织鉴定认为"整体技术达到了国际领先水平"，项目主要特点和创新点：发明了综合焊接性能优于现行钍钨电极的多元复合稀土钨电极；开发出制备多元稀土钨电极的APT直接掺杂、大温度梯度还原、低电流垂熔烧结等工业技术，形成了稀土钨电极的工业生产技术规程；集成创新研制出生产线关键装备，实现了高效生产和过程质量控制，工业生产成品率比现行钍钨电极等高5%以上，为该类材料加工的领先水平；建立了世界上首条年生产能力200吨的多元复合稀土钨电极工业生产线。

该成果被列为北京市高新技术成果转化项目，在北京矿冶研究总院北京钨钼材料厂实现了工业化大规模生产和全球市场销售，应用到工业、农业、国防等领域，自2004年工业投产后已实现销售收入三亿多元，获得了明显的经济效益和显著的社会效益。实现了该领域的绿色生产和使用，解决了北京和我国相关材料产业的一大技术难题，提升了我国钨制品深加工行业的产业竞争力，对促进行业技术进步和产业结构优化升级具有重大作用。

北京理工大学

中国有色金属工业科学技术二等奖（2005年度）

获奖项目名称

镍氢电池、电池组及相关材料产业化关键技术的研究与系统集成

参研单位

- 北京理工大学
- 国家高技术新型储能材料工程开发中心
- 南开大学

主要完成人

■吴　锋 ■单忠强 ■方世璧 ■陈　实
■石力开 ■高学平 ■毛立彩 ■曲金秋
■王国庆 ■宋德瑛

获奖项目介绍

本项目在镍氢电池的新型结构设计、储氢合金开发、电池直封化成、电极表面修饰、电池添加剂、电池内压与反应热控制、正负极制备工艺及设备、电池隔膜与电极粘结剂、集流体材料、电池化成测试能量回收、电池非破坏性再生技术、方型电池配组技术、电池自动检测分选等关键技术研究和系统集成方面，取得了具有创新性的重大技术突破和一批具有自主知识产权、适用于产业化的科技成果，23项专利获得了授权。研究开发成功8个系列、32个规格的镍氢电池产品和系列动力电池组，经国家权威检测机构检测及装车运行，与国外同类产品相比，主要性能指标达到国际先进水平，其中一些性能指标达到国际领先水平（如AA型电池容量达到2400mAh，AAA型电池容量达到1000mAh，D型电池峰值功率密度达到1010W/kg）。创建了我国第一条圆柱型镍氢电池连续自动化示范生产线，建立了一批镍氢电池与相关材料的产业化基地;编写了多项相关的标准与检测方法，两项已成为国标，为促进我国镍氢电池产业化进程和产品的标准化做出了重要贡献。

自行研制出我国第一条电池自动装配线

自行设计出我国第一条自动连续负极生产线

本项目的实施，在我国带动并促进形成了一个年产值超过百亿元的从原材料、电池、设备、检测仪器到应用产品的高技术产业群，推动了相关行业的技术进步，确立了我国作为世界镍氢电池生产基地的战略地位；为我国镍氢电池及相关材料行业培养出一批高水平的新型科技、管理人才；为开发利用我国丰富的稀土资源、减少传统电池对环境的污染、优化我国电池产业结构和实现电池行业的技术跨越做出了重要贡献，取得了显著的经济效益、社会效益和环境效益。随着混合动力汽车产业化的需求，高功率镍氢动力电池将面临一个新的巨大市场。本项目在此领域研发方面取得的科技成果，将对我国汽车工业的更新换代和镍氢电池产业的新一轮腾飞起到重要的推动作用。

北京理工大学

中国有色金属工业科学技术一等奖（2008年度）

获奖项目名称

锂离子电池新型安全保护材料与技术

参研单位

- 北京理工大学
- 武汉大学
- 国家高技术绿色材料发展中心

主要完成人

■吴　锋 ■杨汉西 ■艾新平 ■陈人杰
■栾和林 ■白　莹 ■吴伯荣 ■曹余良
■陈　实 ■李　丽 ■苏岳锋 ■谢　嫚
■吴　川 ■包丽颖 ■王国庆

获奖项目介绍

锂离子电池具有能量密度高、工作电压高、循环寿命长等优点，在大量占据便携式电子产品电源市场的同时，正逐步向大型动力电源应用领域发展。本项目为解决锂离子电池在宽温度工作范围内安全可靠性和功率特性等问题，在相关材料、安全控制机理、技术和方法等方面进行了较为系统的研究，属于新能源材料领域。

本项目在锂离子电池新型安全保护材料与技术方面取得了一批具有自主知识产权的科研成果，在过充保护添加剂、阻燃添加剂、离子液体基电解质、高强度聚合物复合隔膜等方面，取得了一系列关键技术突破，获多项国家发明专利授权。

通过对安全保护材料研究成果与相关技术的应用，有效改善了锂离子电池的安全可靠性、功率特性和温度适宜性；研究成果从2004年开始已先后在相关电池企业应用和规模化生产，取得了显著的经济和社会效益。

本项目研发的安全保护材料及装配的锂离子电池经国家相关检测机构检测，与国外同类产品相比，在安全性、热稳定性、功率特性等方面有了显著改善和提高。本项目在锂离子电池安全保护材料与技术研发方面取得的科技成果，将对促进我国锂离子电池应用领域的拓展和锂离子电池产业的新一轮腾飞具有重要意义。

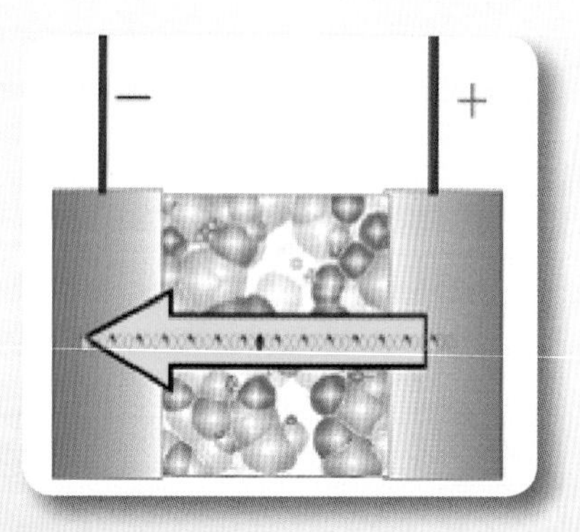

可聚合型过充保护添加剂的工作原理

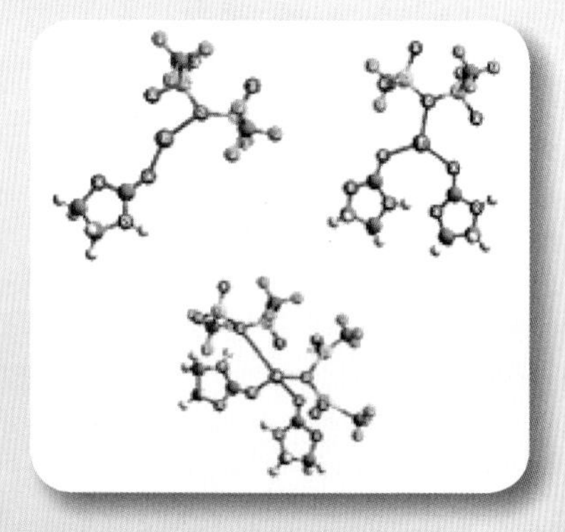

离子液体的微结构模型

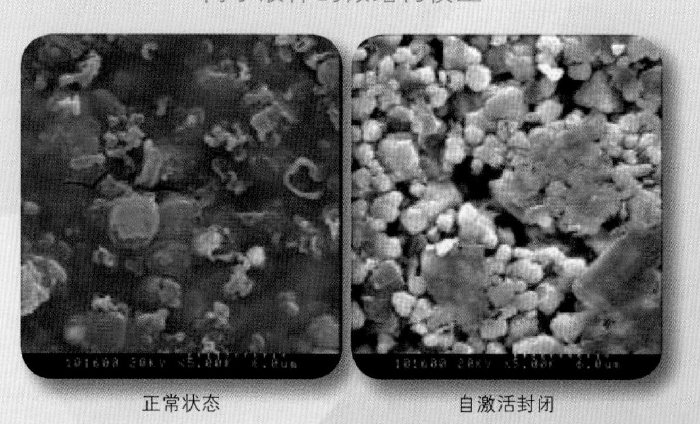

正常状态　　自激活封闭

具有自激活封闭功能的高强度隔膜

清华大学

中国有色金属工业科学技术二等奖（2010年度）

获奖项目名称

镍钴二次资源清洁冶金及低成本制备电池材料的产业化关键技术

参研单位

- 清华大学
- 北京矿冶研究总院
- 佛山市邦普镍钴技术有限公司

主要完成人

■ 徐盛明 ■ 李长东 ■ 王成彦 ■ 王革华
■ 徐　刚 ■ 李林艳 ■ 王学军 ■ 黄国勇
■ 王　皓 ■ 尹　飞 ■ 唐红辉 ■ 吴　芳

获奖项目介绍

我国是全球钴消费最大而钴资源极为匮乏的国家。2009年的钴消费量约1.55万吨（其中电池行业的钴用量为9145吨，约占我国的钴总消费量的59%），但我国自产矿石中综合利用的钴为1350吨，故90%以上的钴资源系从刚果（金）等局势动荡的地区进口，其平稳供给与否直接影响国民经济运行安全。然而，我国是电池消费大国，每年将产生数万吨的废旧电池及其生产废料，其钴/镍含量高达15%左右。故钴、镍二次资源的清洁循环与高价值利用，不仅是消除重金属污染的必然选择，而且是缓解我国钴、镍资源短缺的有效途径。本项目的主要成果有：① 废旧锂离子电池的清洁预处理技术：即“大型手套箱中半机械化拆解及人工分解电芯、短窑欠氧热解、尾气二次燃烧及碱液洗涤净化工艺”，解决了锂离子电池拆解过程中的环境污染问题。② 锂离子电池正极材料的再生制备技术：即“选择性浸出与分离、化学组分设计、前驱体可控制备、固相法材料合成的短流程技术”。提出了对钴酸锂、钴镍酸锂、镍钴锰酸锂或锰酸锂等为活性物质的废旧锂离子电池及其生产废料进行分类处理之依据，并将有价金属的提取过程与电池材料制备过程有机结合，摒弃了传统镍钴湿法冶金工艺中金属元素逐一分离的工序，低成本地制备了高性能的镍钴锰酸锂前驱体及镍钴锰酸锂等高价值正极材料等产品。本项目的相关技术尚未见报道，所申请的发明专利已公开。③ 镍钴锰酸锂前驱体及镍钴锰酸锂的性能优良，已通过了广东省经济与信息委员会组织的新产品鉴定。如NCM523型前驱体的振实密度为2.44g/cm^3，pH值为11.32，扣式电池的首次放电容量为168mAh/g，5C放电容量为141.8 mAh/g；镍钴锰酸锂也具有优良的电化学及加工性能，可望在动力电池领域推广应用。目前已达到1000吨/年的生产能力，并全部供给给东莞新能源科技有限公司、湖南杉杉材料有限公司等知名企业。④ 萃取法除镁技术已成功地应用于锂离子电池和镍氢电池回收生产线，从而为现有镍钴分离过程中的氟化钠除镁技术的升级提供了一条新途径，解决了氟化钠除镁过程带来的设备腐蚀、高试剂消耗及含氟废水难处理等难题。用P507进行镍、钴分离并同时萃取除镁，可获得符合国标(HG/T2824-1997)的硫酸镍和硫酸钴产品，并开发出球形氢氧化镍、超细镍粉等高附加值产品。⑤ 发明了一种从高镍低估溶液中分离镍钴的新型萃取剂，其镍钴分离系数比P507高一个数量级。将上述技术有机组合并应用于工业生产，建成了年处理失效二次电池5000吨以上的三条生产线。

本项目已申请国家发明专利19项（已授权3项、均已公开）、获实用新型专利权2项，部分技术成果已应用于佛山市邦普镍钴技术有限公司（现更名为佛山市邦普循环科技有限公司）的子公司——湖南邦普科技有限公司。自2009年4月生产线试运行至2010年8月，已新增产值22500万元，新增利润6063万元，新增税收2186.23万元。该新技术的应用每年回收金属钴（700吨）、镍（500吨）及锰（300吨），相当于少开采平均品位为0.15%~0.20%的钴土矿40万吨以上、0.5%的硫化镍矿10万吨，并减少大量的废水、废渣排放。

中色地科矿产勘查股份有限公司

中国有色金属工业科学技术二等奖（2009年度）

获奖项目名称

内蒙古大井锡铜矿床找矿预测研究

参研单位

- 中色地科矿产勘查股份有限公司
- 北京矿产地质研究院
- 有色金属矿产地质调查中心

主要完成人

■王玉往 ■王京彬 ■龙灵利 ■张会琼

■廖　震 ■袁继明 ■蒋　炜 ■王莉娟

■黄　浩 ■林龙军 ■唐萍芝 ■邹　冀

获奖项目介绍

项目通过系统总结历年来大井矿床的科研和生产资料，结合矿床地表、坑道、钻孔等野外地质调查，在室内开展分析测试的基础上，厘定岩浆作用、断裂构造、成矿阶段、矿化分带之间的关系，确定矿床的物质来源和矿床类型，最终建立矿床的成矿模型，总结主要的控矿因素，合理预测找矿靶区，为正在进行的大井危机矿山接替资源找矿勘查工作指明找矿方向。主要包括：（1）建立了大井式多金属脉状矿床“浆－裂－期－带”四位一体的成矿模式，较好的解释了这类锡多金属矿床的时空结构特征，从而丰富和发展了热液脉状矿床的成矿理论。（2）在大井矿区西北部识别出存在斑岩型矿化迹象，初步确定该区的铜多金属矿化可能属于斑岩型矿化的外部带，即青磐岩化带，在多年来大井矿床研究方面，取得了突破性进展，同时也为在热液脉状锡多金属矿床中寻找新类型矿床提供了依据。（3）系统研究了岩浆作用和成矿物质来源的关系，首次提出矿区存在两套不同的岩浆体系，大井多元素矿床的形成正是这2套含矿岩浆体系在矿区叠加的结果。（4）系统地论述了矿脉系统与断裂构造体系的耦合关系，总结出大井矿床矿脉的形成主要受“左旋拉分体制”的控制，为找矿预测提供了科学依据。（5）详细阐述了岩浆活动－矿化中心和矿田构造的关系，科学预测了找矿远景靶区。

推广应用情况

大井矿床研究思路、研究方法和四位一体成矿模式的提出对同类矿床的研究具有重要的理论指导意义。依据本成果预测了找矿靶区，在矿区范围内预测了5个，矿区外围预测了4个。对矿区内四个预测靶区施工验证，见矿情况良好，总计探获（122b+333）金属量Sn 8484.67吨，Cu 66185.72吨，Pb+Zn 112360.59吨，Ag 385.55吨，直接经济价值在52亿元以上。据初步估计，至少可延续矿山20年以上的服务年限，可维护矿山企业1000多职工的工作稳定，为地方经济发展作出重要贡献。

中国安全生产科学研究院

中国有色金属工业科学技术二等奖（2006年度）

获奖项目名称

高风险金属矿山风险评价和灾害控制技术研究

参研单位

- 中国安全生产科学研究院
- 广西高峰矿业有限责任公司
- 柳州华锡集团股份有限责任公司
- 山东莱钢集团谷家台铁矿

主要完成人

■刘铁民 ■张兴凯 ■黎　全 ■王云海
■亓俊峰 ■邓金灿 ■何治亭 ■赵祥明
■周建新 ■刘功智 ■陆　峰 ■钟茂华
■苏亚汝 ■胡家国 ■张绍国 ■廖国礼
■邓建明 ■王　浩 ■王银生 ■李业辉
■张乃宝 ■刘明廉

获奖项目介绍

项目所属科学技术领域为矿山安全科学技术，研究对象为存在重大事故隐患，不能继续组织正常生产，处于整顿、停产整顿或停产关闭状态，但由于资源或社会的需求，有必要通过重新进行矿山风险评价、矿山安全规划和风险控制而恢复生产的金属矿山。

主要研究内容包括：

（1）高风险金属矿山危险源辨识技术。

（2）高风险金属矿山开采风险评价技术。

（3）高风险矿区灾害控制及生产恢复程序。

（4）高风险金属矿山的安全开采技术。

（5）技术成果应用。

主要技术特点有：

（1）采用高密度电法等先进勘测手段辨识高风险矿区内的采空区分布及其参数，提出了采空区覆岩移动对地表影响的定性和定量风险评价方法。（2）提出了高风险金属矿山现状调查过程合理性、生产系统的可靠性及管理系统的适应性等风险评价指标，采用层次分析法计算了指标的权重，设计了安全检查表。（3）提出基于数值模拟技术的矿山地压灾害定量风险评价方法，验证了采矿方法结构参数的合理性，预测了地压灾害的可能发生部位。（4）建立了高风险矿区安全规划指标体系、安全规划程序、恢复生产程序与方法。（5）提出了残余矿石无空区分条完全充填采矿方法，安全充填隔离矿柱设计方法，以及声发射监测、应力测量和变形位移测量相结合的矿山地压综合监测控制技术方法。

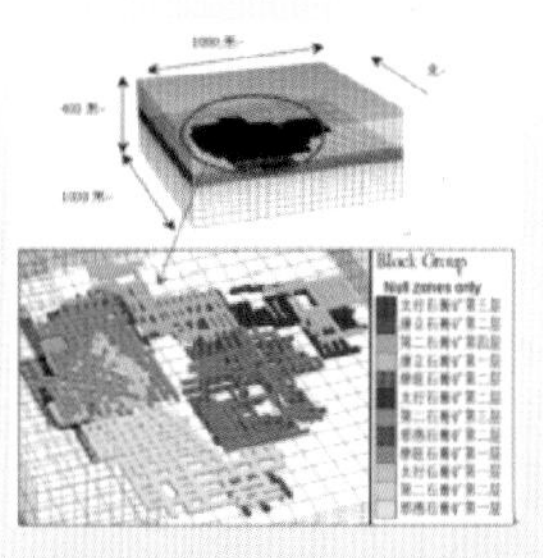

采空区地表变形分析的三维模拟模型

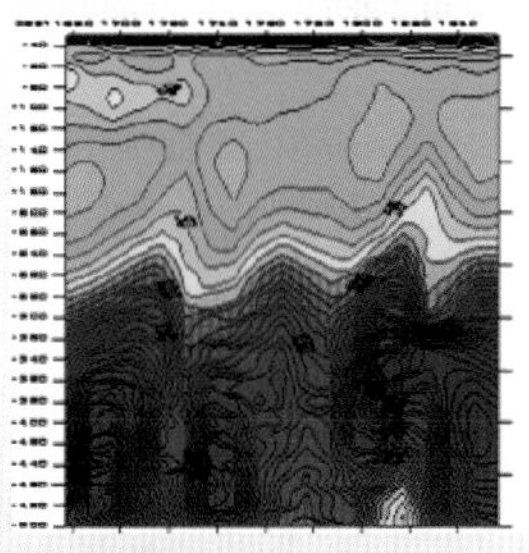

瞬变电磁仪探测采空区剖面

推广应用情况

1.广西高峰矿业有限责任公司

通过对高风险金属矿山灾害辨识技术的研究，高峰公司对100号主矿体开采区域采空区、地表塌陷区隐患和突水事故隐患进行了有效的治理，对100号主矿体采空区处理后实施封闭，保持了充填体结构的稳定性，基本消除了重大事故隐患。

2.河北武安下团城村村北铁矿区

采用高密度电法等多种勘查手段基本上查明了矿区的主要地质构造和矿体分布状况、现有采空区和矿区内现有巷道的现状及分布。同时探明了矿体分布状况，扩大探明储量200万吨；企业新增产值8000万元，实现利润4000万元。

3.山东莱钢集团谷家台铁矿和鲁中冶金矿业集团

对谷家台铁矿的大水防治进行了有效的研究和治理，降低了矿床开采过程中的水害威胁，达到开采防治水的目的。对鲁中冶金集团的危害进行了辨识和认定，对其生产和资源的开采恢复起到重要作用。

北京西玛通科技有限公司

中国有色金属工业科学技术二等奖（2005年度）

获奖项目名称

阳极焙烧鲁棒多变量预估优化控制系统

参研单位

■北京西玛通科技有限公司

主要完成人

■马学增 ■李全在 ■孙海滨 ■董英路 ■兰建新 ■张永利 ■贾永义 ■杨　星 ■李　杰 ■高晓煜 ■张建伟 ■凌云杰

获奖项目介绍

《碳素焙烧鲁棒性多变量预估优化控制系统》系北京西玛通科技有限公司的马学增、孙海滨、李全在、张建伟等人，在南山铝业股份有限公司及技术人员的大力支持、配合下，汲取了国外碳素焙烧自动控制系统的软、硬件优点、摈弃其采用古典控制PID理论,针对碳素焙烧系统实质是多变量参数的控制对象，采用了先进的鲁棒、预估、优化、自适应(自学习)等原理，经过多年的努力成功开发一套新型碳素（阳极、阴极、炭电极和特炭)焙烧鲁棒多变量预估优化自动控制系统。

推广应用情况

系统对焙烧炉预热区和焙烧区各炉箱、火道（火井）的温度和负压进行了有效的协同控制，使其在工艺要求的升温曲线和负压范围内对料箱中的碳块进行预热、焙烧、冷却。焙烧炉燃气自动化控制的研制，全系统运行正常，该技术先进可靠，达国际领先水平。目前，该系统近年来在:

南山铝业二期36炉室（原系瑞士R＆D控制系统）改造、三期1台36炉室、1台54炉室阳极焙烧

山东魏桥铝电公司2台36炉室阳极焙烧

包头东方希望稀土铝业公司2台54炉室阳极焙烧

山东前昊碳素公司38炉室阳极焙烧

淄博联兴碳素有限公司3台38炉室阳极焙烧

德州东方希望碳素有限公司2台36炉室改造（原系国内某公司控制系统）阳极焙烧改造

福建和顺碳素2台18炉室（原系国内某公司控制系统）阳极焙烧改造

重庆涪陵东发碳素有限公司（原系国内某公司控制系统）阳极焙烧改造

兖矿集团科澳铝业公司40炉室（原系德国伊诺瓦控制系统）阳极焙烧改造

河南沁阳市碳素有限公司3台20炉室、1台38炉室、1台36炉室阳极焙烧

河南沁阳黄河碳素公司1台38炉室、2台18炉室、1台20炉室阳极焙烧

河南林州裕通碳素有限公司26炉室石墨电极焙烧

山西三晋碳素有限公司18炉室阴极焙烧

山西峰岩碳素有限公司18炉室阴极焙烧

山西三元碳素有限公司18炉室、22炉室特炭焙烧

四川广汉士达碳素有限公司32石墨电极焙烧

方大集团成都碳素36炉室特炭焙烧

方大集团合肥碳素2台18炉室石墨电极焙烧

方大集团方大碳素公司2台36炉室石墨电极焙烧

河北冀州长安电极有限公司18炉室、20炉室、2台30炉室碳电极焙烧

辽宁抚顺大化国瑞新材料有限公司20炉室特炭焙烧

吉林炭素有限公司32炉室特炭焙烧

江西宁新碳素有限公司8台倒焰窑特炭焙烧

新疆天龙矿业有限公司34炉室阳极焙烧

等等项目中，《碳素焙烧鲁棒性多变量预估优化控制系统》得到应用、实施和推广，采用该系统生产的炭石墨（阳极、阴极、炭电极和特炭)产品质量稳定，理化指标合格，完全满足用户的要求，为企业创造了显著的经济效益，符合国家节能减排政策，有着非常好的推广价值。

索通发展有限公司

中国有色金属工业科学技术二等奖（2009年度）

获奖项目名称

高电流密度预焙阳极的研究及开发

参研单位

- 索通发展有限公司
- 山东省铝用炭素工程技术研究中心

主要完成人

■ 郎光辉 ■ 刘　瑞 ■ 荆升阳 ■ 林日福
■ 黎文湘 ■ 王　博 ■ 王长虹 ■ 高守磊
■ 王永明 ■ 张海庭 ■ 刘　涛 ■ 王素生
■ 邢召路 ■ 卢彦维 ■ 杨延辉

获奖项目介绍

近年来，随着世界铝工业的迅猛发展，加快了国内预焙阳极（亦称炭阳极或阳极）进军国际市场的步伐，阳极产量和出口量不断扩大。目前，索通发展有限公司已经成为我国重要的电解铝用炭素产品生产和出口企业，同时也是国内最大的预焙阳极出口企业。产品出口至欧美、中东、远东地区共几十个国家，产品质量获得了国外用户的好评。

虽然我国阳极产品出口量居世界第一，但这并不代表我国已进入世界铝用炭素技术最领先的行列。在铝用炭素基础研究和生产技术等方面我国与西方发达国家相比还有差距。目前我国电解铝生产过程中，阳极使用电流密度较小，一般在0.75A/cm^2～0.83A/cm^{2}之间，而国外大型电解铝厂阳极电流已经达到0.85A/cm^{2}以上，如美国铝业已经达到0.90A/cm^{2}以上，正在向超过1.0A/cm^{2}发展。国内阳极在电解槽电流密度较低的条件下使用效果良好，但是电解槽强化电流后易发生掉渣、开裂等许多质量问题。

提高电解槽电流密度可以提高铝产量，增加铝厂经济效益，但目前国内预焙阳极产品质量普遍达不到铝电解槽大电流密度工作下的要求。如何不断提高阳极质量，满足铝电解槽不断增大的电流密度苛刻工作条件的要求，是国内预焙阳极生产厂家所面临的新的重大考验和挑战。

为了开发国际市场，研制铝电解槽大电流密度条件下适用的预焙阳极产品，索通发展有限公司投入了大量的人力物力开展了这方面的研究工作。通过大量的生产试验和技术创新工作，探索出了一整套高电流密度预焙阳极的先进生产技术，主要有以下六方面的内容：

1.研究确定了高电流密度预焙阳极的技术标准；2.研制科学生产配方，对配方稳定及沥青含量控制做严格要求；3.确定了生产高电流预焙阳极原料配方和微量元素控制范围；4.确定了各关键工序工艺技术条件；5.提出了新的生产控制理念及方法，如稳定原料配方，控制微量元素含量，控制粉子布朗值，控制粉子纯度等；6.对开发高电流密度预焙阳极的理论基础进行了研讨。

在高电流密度预焙阳极产品的研制与生产过程中，企业生产全系统运行正常，研制开发的产品质量完全满足了出口标准要求，并达到国际先进水平。项目填补了国内高电流密度预焙阳极生产技术的空白，对提高国内预焙阳极产品质量和推动本行业企业技术进步具有重要的实际意义。

推广应用技术

高电流密度预焙阳极的研究及开发技术在索通发展有限公司研制成功，并在公司预焙阳极生产过程中实施应用，满足了国外市场对大电流密度阳极的需求，每年该项技术不但可以在同行业推广，所产生的直接经济效益、间接经济效益及社会效益是显著的，具有数十亿元的市场和良好的推广和应用前景。而且可以提高国内炭素技术水平，推动我国铝用炭阳极技术的发展，具有广阔的市场和良好的应用前景。

索通发展有限公司

中国有色金属工业科学技术二等奖（2010年度）

获奖项目名称

煅前石油焦掺配精准配料技术

参研单位

- 索通发展有限公司
- 山东省铝用炭素工程技术研究中心

主要完成人

■ 郎光辉 ■ 张新海 ■ 王　扬 ■ 刘　瑞
■ 包崇爱 ■ 荆升阳 ■ 林日福 ■ 李增俊
■ 高守磊 ■ 黎文湘 ■ 张海庭 ■ 王素生
■ 刘　涛 ■ 杨延辉 ■ 顾晓明 ■ 王志国

获奖项目介绍

索通发展有限公司是一家现代化铝用炭阳极的生产基地。一、二期工程设计年产为15万吨铝用碳素阳极已经投产， 三期工程的竣工投产，使公司预焙阳极生产能力达到了年产30万吨，在国内阳极同行业中名列前茅。同时，索通发展有限公司不断采用国内外先进的阳极生产技术，实现了生产过程的自动控制。

国内煅烧炉用原料石油焦掺配传统上操作过程为：操作人员用带有抓斗的天车，将不同产地品种原料从各自料仓搬运至混合料仓内用抓斗进行混合，待原料在混合库内均匀混合后，再用天车抓斗将混合好的物料搬运到煅烧物料输送平台上，然后通过输送机破碎后运送到煅烧炉进行煅烧。

由于天车抓斗系统上无法安装精确的计量系统，在按照不同原料配比配料过程中，抓斗每次抓取石油焦重量仅凭经验，不能准确获得添加到混合库内原料时的不同品种原料的精确重量，而这可能会影响生产和产品质量：（1）抓斗抓起的物料未经计量，只能靠人工按斗进行估算，不能准确控制物料的配比，原料石油焦掺配不能精确地按照配方比例要求进行配制；（2）物料在混匀仓内通过抓斗进行混匀时，随意性比较大，混合不彻底，更受到料仓边、角、底部物料的影响；（3）物料粒度大小差别很大，对于大块物料，直接进入混合料仓进行破碎时，对配比精度也存在一定影响。（4）现场配料过程存在问题影响了物料配比和混合稳定性，掺配后煅烧出的煅后焦质量难以达到要求，从而直接影响了产品质量。（5）不同品种石油焦使用量核算存在难度；（6）原料石油焦掺配生产效率低。

为此，索通发展有限公司针对现有煅烧炉煅前原料石油焦库和配料设备进行了技术攻关，以达到精确控制预焙阳极微量元素含量，合理搭配，从而满足不同多品种优质预焙阳极质量的要求。

索通发展有限煅前石油焦掺配精准配料技术研究工作和成果主要有以下几个方面的内容：（1）率先在国内采用自动配料系统对煅前焦进行搭配，达到准确控制预焙阳极各种微量元素含量的目的；（2）利用皮带称来控制不同品质的石油焦输出速率，将皮带称的数据发送给计算机，便于对各种石油焦使用量进行统计核算成本；（3）配料过程中皮带称可以连续计量，提高生产效率。

由于索通发展有限公司阳极产品主要供给美国铝业公司和世界各大铝业公司，这些铝业公司冶炼的原铝有的要用来生产特种铝合金，对微量元素的控制十分严格。目前中国铝合金技术较落后，在世界三百多个铝合金牌号中，中国的铝合金牌号还不到一半。煅前石油焦掺配精准配料技术改造是索通公司致力于铝用炭素技术创新与产品质量持续改进做出的决策，通过对煅前石油焦掺配技术进一步探索，精确控制和合理搭配生产用各种来源石油焦的量，对预焙阳极的微量元素进行精确控制，可以满足多数特种铝合金原铝冶炼过程微量元素的特殊要求。同时也为中国发展铝合金品种奠定一定的技术基础。

推广应用技术

煅前石油焦掺配精准配料技术的研究及开发研制的成功及其在索通发展有限公司的成功应用，满足了公司炭阳极生产对原料石油焦配制和性能指标的需求，提高了产品质量，所产生的直接经济效益、间接经济效益及社会效益是显著的，在国内同行业内具有良好的推广和应用前景。

天津华北地质勘查局

中国有色金属工业科学技术二等奖（2009年度）

获奖项目名称

天津市静海县综合地质调查研究

参研单位

■ 天津华北地质勘查局

主要完成人

■ 段焕春 ■ 张宝华 ■ 宋小军 ■ 石文学
■ 詹华明 ■ 刘景兰 ■ 秦　磊 ■ 肖　飞
■ 王志刚 ■ 刘禧超 ■ 韩　芳 ■ 付方建

获奖项目介绍

天津市静海县综合地质调查研究项目，为天津市国土资源和房屋管理局矿产资源补偿费项目，任务书编号：津国土房任[2008]08号，项目起止时间：2006年1月10日–2007年12月19日。

1、主要技术内容

（1）基岩地质：查明了静海县范围内主要断裂构造格局，对工作区的地层进行了重新梳理和确认。

（2）第四纪地质、第四纪古环境：较准确地确定了全新世天津组的分段深度和年龄；对本区古河道的分布提出新认识。

（3）水文地质：阐明了工作区第四系第Ⅰ—Ⅳ含水组的水文地质条件；对地下水资源量、开采潜力进行了评价和计算；对由于不合理开采地下水造成的地面沉降问题，提出了相应对策建议。

（4）工程地质：进行了工程地质环境质量评价，可为本县的规划建设提供依据。

（5）土壤地球化学：首次开展了土壤环境质量评价和类型划分。上述研究成果对本县农作物种植及农业产业结构调整具有十分明显的指导意义。

（6）环境地质：指出工作区地面沉降地质灾害的现状、分布、危害、形成机理、发展趋势和防治措施，为城市建设布局提供了重要资料。

推广应用情况

为天津市国土资源和房屋管理局、静海县分局及静海政府从国土资源的优化配置与合理开发、地质灾害防治、环境保护、农业产业结构调整和促进地区经济建设等方面提供了基础地质资料，并为其规划管理工作提供科学依据。

此外，为铁路、高速公路和城镇建设的整体规划、地质灾害危险性评估、环境监测等工作提供了基础地质资料。

该成果获得中国有色金属工业科学技术二等奖、天津市国土资源房屋管理局优秀报告及天津华北地质勘查局科技二等奖。

天津华北地质勘查总院

中国有色金属工业科学技术二等奖（2010年度）

获奖项目名称

内蒙古扎鲁特旗毛西嘎达坂–乌尔塔乌拉银铅锌多金属矿控矿因素及找矿方向研究

参研单位

■ 天津华北地质勘查总院

主要完成人

■ 赵英福 ■ 杨　伦 ■ 郭鹏志 ■ 李孝红
■ 张　晓 ■ 李博秦 ■ 蒋　浩 ■ 尹国庆
■ 宋雷鹰 ■ 樊秉鸿 ■ 李小永 ■ 卢　贺

获奖项目介绍

该项目是2008年由华北地质勘查局批准立项，由天津华北地质勘查总院负责实施，自2008年8月开始至2009年6月结束。

该项目是以天津华北地质勘查总院2006—2008年普查的毛西嘎达坂–乌尔塔乌拉银铅锌多金属矿床为研究对象。通过对有关毛西嘎达坂–乌尔塔乌拉矿床、国内外铅锌银多金属矿床等相关地质资料进行系统综合整理和研究，搞清控矿因素，总结成矿规律，建立成矿模式，为找矿提供思路、为工程布设提供依据，以期实现研究区找矿突破。

本项目将区域地质、区域物探及区域化探成果相结合，全面系统地分析研究本区区域构造及其演化，研究区域成矿背景；通过对矿体、矿化体的特征以及控矿构造特征、控矿构造形成机制的分析，并结合该区地球物理异常特征，认为断裂构造是本区最直接、最重要的控矿因素，运用先进的地质地球化学方法特别是氧、氢、硫同位素地质、稀土地球化学、包裹体测温等先进手段，着重研究银铅锌多金属矿床的物质来源、成矿作用过程和机制。运用构造地质学结合钻探、槽探、分析测试等工作方法和手段，研究矿化蚀变特征、蚀变与矿化的关系、矿化分期，确定找矿标志，在充分研究地球物理资料基础上，提出该研究区多金属矿床地质—地球物理异常综合找矿模型，进行了成矿预测，为该区进一步勘查指出了方向，并预测该研究区铅锌多金属资源量在20万吨以上。

推广应用情况

本项目研究成果自2009年6月提交后，天津华北地质勘查总院随即应用了该成果，到目前为止已达一年以上。按照本项目研究指出的找矿方向和找矿靶区布置深部探矿工程后，在找矿效果上取得了突破性进展。不仅新施工的钻孔孔孔见矿，而且在乌尔塔乌拉、毛西嘎达坂及矿区北东部三个矿段均见到了铅锌富矿体， 将一个普通铅锌矿点提升为拥有332+333类别铅锌金属资源/储量10万吨以上的中到大型铅锌矿床。

同时将对该区相邻的我局的鲁根浑迪—陶庭达坂、黄合吐西等探矿权区的找矿起到指导和带动作用，从而进一步推动大兴安岭地区的找矿工作，其潜在的经济与社会效益巨大。

西南铝业（集团）有限责任公司

国家科学进步奖二等奖（2003年度）

获奖项目名称

强化高压阳极电容器铝箔立方织构的机理、关键技术及产业化

参研单位

- 西南铝业(集团)有限责任公司
- 中南大学

主要完成人

■张新明 ■肖亚庆 ■卢敬华 ■游江海 ■唐建国 ■邓运来 ■林　林 ■李成利 ■陈　文 ■黎　勇

获奖项目介绍

本项目是为满足信息产业所需要的耐高压、高比电容、高稳定性和小体积电容器的严格要求而研发的一种强立方织构、高蚀坑密度的电子铝箔材料，属有色金属及其合金学科领域，涉及材料的塑性变形晶体学、回复与再结晶、织构的形成与演变等科学问题和织构控制的技术与工艺。主要内容：研究了铝的形变、再结晶织构形成机理，探明了立方织构的形成规律及形变织构、微观组织结构与立方织构的相关性；揭示了杂质Fe及其存在状态影响立方织构形成的机理，建立了工业生产联动在线精炼技术及铸锭中铁杂质溶析热处理强化立方织构的技术；揭示了不均匀剪切变形强化立方织构的机理，建立了工业生产强制润滑、高温热轧，强摩擦大变形冷轧强化立方织构的技术；系统研究了立方取向"遗传"作用，建立了取向"遗传"强化立方织构的技术；研究了立方取向晶核形核激活能及其晶粒长大机制与温度的相关性，建立了加热－轧制变形分级热处理强化立方织构的技术；结合企业现场条件，建立了立方织构体积分数≥95%铝箔的工业化生产工艺规程。项目特点：本项目针对国家急需解决的重大项目的技术难题，敢于突破传统纯铝加工技术，基础研究紧密与工厂实际相结合，所建立的一系列新技术与工艺具有自主知识产权。厂校之间密切配合使科研成果直接转化为生产力，打破了国外产品的垄断，促进了电容铝箔国家标准的修订。项目难度大，技术含量高，技术辐射面广，经济社会效益显著，带动了电解铝、铝加工及电容器等多个行业的大力发展，促进了企业技术提升及高技术产品结构调整。推广应用情况：本项目已在我国最大的铝加工企业－西南铝业（集团）有限责任公司稳定批量生产，质量达到并超过日本箔水平，化成箔已销往全国300多家电容器厂，并出口国外。项目取得“制取电解电容器用铝箔方法”、“电解电容器用强立方织构高纯铝箔的冷轧方法”等4件专利。

西南铝业（集团）有限责任公司

中国有色金属工业科学技术一等奖（2004年度）

获奖项目名称

车辆大型铝合金型材工艺研究与开发

参研单位

■ 西南铝业（集团）有限责任公司

主要完成人

■ 杨文敏 ■ 刘静安 ■ 肖亚庆 ■ 朱鸣峰 ■ 邓小三 ■ 饶　茂 ■ 唐　剑 ■ 杨纯梅 ■ 冯云祥 ■ 黄　平 ■ 陈　伟 ■ 王正安 ■ 沈　健 ■ 黄　凯

获奖项目介绍

该项目系统研究了大型铝型材合金主成分、微成分及其与组织和性能的定量关系，确立了我国车辆用大型铝型材合金体系。开发了双级除气熔体净化技术和组合式矮结晶器铸造技术，在国内首次铸造出了优质大规格圆、扁铸锭。应用热模拟技术系统研究了型材挤压、热处理工艺与组织性能的定量关系，优化了生产工艺，有效解决了大型扁宽薄壁高精度型材的组织性能、淬火变形，矫直精整等关键技术。

在西南铝首次研制成功的我国第一批合格的车辆用大型铝合金型材，用于铁道部长春客车厂、浦镇车辆厂批量制造出高速列车和地铁、轻轨车辆，产品质量达到了国外同类产品的水平，替代进口，填补了国内空白。并且利用开发的技术推广到其它军工、民用工业型材的开发中，促进我国航天、航空、汽车以及船舶、电子、机械制造和能源、动力等工业部门的现代化发展。本项目的研发成功，为大型铝型材国产化提供了关键技术，并已成功的应用于工业化生产，对推动我国高速列车、地铁列车、轻轨列车、干线列车的轻量化、高速化进程和提升铝加工业水平均具有重大意义。

西南铝业（集团）有限责任公司

中国有色金属工业科学技术一等奖（2005年度）

获奖项目名称

铝合金及镁合金系列标准样品的研制及应用

参研单位

- 西南铝业（集团）有限责任公司
- 中国有色金属工业标准计量质量研究所
- 抚顺铝厂

主要完成人

■ 朱学纯 ■ 黄　平 ■ 范顺科 ■ 尹晓辉
■ 韦志宏 ■ 吴洪军 ■ 吴玉春 ■ 胡永利
■ 陈　瑜 ■ 范云强 ■ 彭速中 ■ 易传江
■ 刘功达 ■ 钟　玲 ■ 王向红 ■ 蒋　萍

获奖项目介绍

本项目包括Al-Li、纯铝、LY12、DL-18、FYD、高硅铸造铝合金、镁合金标样等十三个子项，50个系列，326种标准样品，其中国家级标准样品24个系列161种。项目研究历时20年，经过了1000多次（炉）实验，三十多道工序（熔炼、铸造、挤压、定值分析、数据处理等），采用了先进的水冷式半连续铸造、熔剂和硫磺粉保护、Ar气精炼及表面氧化上色四项新工艺，创造出了“特殊元素加入法”、“异基体加入法”、“高硅铝合金的扩散熔炼技术”、“变质技术”和“标样数据处理软件（StndMtrl系统）”等七项新技术，解决了多元素均匀分布难、炉前化学成分调整难、加工和制备工艺差异大、微量元素分析定值难、数据处理难等关键性的技术难题。由于采用了上述了先进的新工艺新方法，研制出的标准样品化学成分均匀、定值准确可靠、工作曲线啮合系数高，其中铝中最高含量Cu=20.52%、Si=26.26%、Fe=15%、Mn=19%的标准样品，突破了国内外铝中的最高含量记录。

本标准样品主要技术指标已达到或超过国际同类标样先进水平，填补国内空白33项，满足了国内市场急需，可替代同类进口标样，实现了铝、镁标准样品国产化，为国标、军标、行标的顺利实施及航空航天新材料的研发提供了必须的实物标准，经济效益和社会效益十分显著：

（1）在二十年的研制过程当中，该项目先后获得过多项部级以上科技进步奖，其中重庆市科技进步二等奖一项，有色金属工业科技一等奖一项。

（2）全国34个省、市、自治区有2000多家单位3000多台光谱仪使用本标准样品，它为国标分析方法的制定以及国家实验室能力验证委员会提供了必需的实物标准，国外先进的光谱仪厂家（如美国的贝尔德公司、英国的阿郎公司）也把本标准样品作为安装调试仪器的首选。

（3）本标准样品规格齐、种类多、复盖合金成分范围广，将光谱法分析铝及铝合金向高含量领域极大扩展，其理论研究结果也受到广泛关注，有多项科研学术成果刊登在国家一级刊物上。

（4）20年来累计销售标样15000余套，共为国家节约外汇5800多万美元以上（约4.8亿元人民币）。

（5）创造出具有我国独立知识产权的50个系列铝、镁合金标准样品的制备技术，《Al-Li合金光谱标准样品及其制备方法》、《高硅铸铝光谱标准样品及制备方法》获得国家专利。

西南铝业（集团）有限责任公司

中国有色金属工业科学技术二等奖（2005年度）

获奖项目名称

车辆大型铝合金型材用扁挤压筒和特种模具研制开发

参研单位

- 西南铝业（集团）有限责任公司
- 北京有色金属研究总院

主要完成人

■ 刘静安 ■ 杨文敏 ■ 朱鸣峰 ■ 谢水生

■ 饶　茂 ■ 邓小三 ■ 王　勇 ■ 谢　滨

■ 庄水源 ■ 黄　凯 ■ 陈蜀玲 ■ 陈树辉

获奖项目介绍

大型优质扁挤压筒和大型特种型材模具的设计与制造是挤压大型扁宽、薄壁、高精复杂型材的关键核心技术。本项目的主要研究内容和研发特点是：

1.对大型特种模具的结构形式、设计参数、材料选择与热处理及表面处理工艺等进行了系统的研究、开发和创新，设计制造了上百种车辆用大型复杂的特种模具，模具一次上机合格率达70%，达到了国际先进水平，填补了国内空白，设计理念和修模技术为国内首创。

2.应用自主开发的扁挤压筒受力分析有限元专用软件和光弹实验，系统研究了大型扁挤压筒的应力应变场、温度场的分布以及扁挤压筒的结构参数与失效的相关关系。优化了内孔形状和尺寸，首次在我国设计制造成功大型、高比压、高寿命的优质扁挤压筒，质量和使用寿命均达到世界先进水平，解决了大型挤压工模具设计和制造关键技术。

3.在国内首次研制开发出三部件动结胀口式扁挤压固定垫片，大大提高了可靠性和生产效率，达到了国际先进水平。

由我公司自行设计制造的大型车辆用铝合金型材挤压模具105套，挤压出了合格的车辆用型材1000余吨。完全替代了进口。

扁挤压筒研制生产后，一直用于生产扁宽型大型铝合金车辆型材，在使用中温度控制较好，其金属通过量达到了5000余吨。

固定挤压垫的运用，减少了挤压过程中更换垫片的时间，既提高了生产效率，又降低了工人的劳动强度。

应用本研究成果研制开发的挤压工模具，累计生产大型铝合金型材100多个品种，产量5000余吨，创产值约2亿元。产品质量稳定，满足了我国铝合金轨道车辆制造的要求，达到了国际同类产品的先进水平，填补了国内空白，取得了良好的经济效益和社会效益。

我国轨道交通业正处在快速发展时期，大型铝合金型材和大型特种模具的需求将会快速增长，预计未来10年内，大型铝合金型材国内需求量将达到10万吨/年左右，产值约50亿元/年；大型特种模具的需求将达到2000套，年产值逾10亿元。

西南铝业（集团）有限责任公司

中国有色金属工业科学技术二等奖（2005年度）

获奖项目名称

高强铝合金复合超高韧强化新技术的开发和应用

参研单位

■ 西南铝业（集团）有限责任公司

主要完成人

■ 曾苏民 ■ 潘复生 ■ 黎文献 ■ 陈　华
■ 彭速中 ■ 唐　剑 ■ 杜恒安 ■ 黄　平
■ 王正安 ■ 方清万 ■ 李　平 ■ 杨海虹

获奖项目介绍

随着超高强度铝合金应用领域的扩大，用户对性能要求越来越高。一方面，原来的高强度低韧性已远远不能满足航空航天及军事工业的需要，必须由高强度低韧性逐渐向高强度高韧性（双高）方向发展。另一方面，用户对产品尺寸也提出了更高的要求，大规格和特大规格的产品的需求量开始大幅度升高，但目前的工艺技术根本不能满足大规格产品的生产要求。此外，国防工业用材料在大多数情况下又不允许改变材料的主体合金成分，这对性能的提高加上了非常苛刻的限制条件。最典型的用户需求之一是用于国家XX号国防工程的7B04大型铝合金结构件制造材料。该材料在要求高强度的同时，对高塑性、高断裂韧性等性能有非常高的要求，并且产品超厚、超宽。本项目成果开发成功前，某一生产企业在生产过程中因K1c不合格已报废了200多件产品，造成了重大损失。

本项目针对上述问题，开发出多项创新技术。重要创新为：

（1）复合纯净化技术。成功开发了熔体净化新技术和基体纯化新工艺，并且把熔体的整体净化和材料的基体纯化工艺有机结合在一起，获得了非常明显的效果。熔体中氢含量和基体中的铁硅含量明显降低。

（2）低温变速铸造技术和集优变形工艺。该技术突破性解决了特大规格高强高纯铝合金产品铸造裂纹倾向严重和成型难的问题，减少了产品的各向异性、强化金属流线，内部缺陷明显减少。

（3）优晶固溶工艺和双峰值时效工艺。通过控制固溶工艺使材料形成一定尺寸的均匀优晶，在生产中成功实现了双峰值时效工艺，使强度和韧性几乎同步达到峰值，工艺和性能上实现了突破性进展。

本项目成果已在多种产品的生产中获得成功的工业化应用，创造了显著的经济效益和社会效益。其中，对7B04合金而言，δ由5%提高到12%以上，KIC值由28.6 MPa $m^{1/2}$提高到36 MPa $m^{1/2}$，抗拉强度由490 MPa提高到650MPa，屈服强度由410 MPa提高到600MPa，综合性能超过俄罗斯苏27用в95пчT1实物产品和美国波音777–400用7055T77实物水平，打破了国际超级大国的技术垄断。

西南铝业（集团）有限责任公司

中国有色金属工业科学技术一等奖（2007年度）

获奖项目名称

高分辨率、高速线用PS版铝基材

参研单位

■ 西南铝业（集团）有限责任公司

主要完成人

■ 赵世庆 ■ 陈昌云 ■ 尹晓辉 ■ 游江海
■ 明文良 ■ 卢永红 ■ 温庆红 ■ 何　峰
■ 唐　剑 ■ 林　林 ■ 周仁良 ■ 罗庆伟
■ 黄　平 ■ 郭金龙 ■ 彭　宏 ■ 刘　钺

获奖项目介绍

高速线、高分辨率用PS版用铝基材在国内铝加工企业中还是一个空白，西南铝经过几十年的发展，创造了得天独厚的研发高速线、高分辨率用PS版用铝基材的条件，也是占领铝加工制高点，摆脱低质、低价竞争劣势的唯一道路，因此西南铝根据PS版用铝基材的市场需求越来越大、印刷技术装备的提高等特点，加快了技术创新研究步伐。

本项目研究过程中解决的关键技术难题如下：（1）开展了化学成分、轧制工艺、热处理等对材料组织、使用性能影响的基础研究，为制定高分辨率PS铝基材生产工艺，控制产品质量创造了有利条件。（2）通过一系列工艺开发，解决了一直不能满足高分辨率、高速线使用要求的电解条纹问题，（3）根据基础研究成果，结合西南铝生产线实际，进行了大量的生产工艺验证试验，制定了新的《PS板生产专用规程》，有效减少了长期以来影响PS板表面质量提高的压过划痕、印痕、粘伤等缺陷，使用PS板实物质量大大提高。（4）新的模拟电解试验方法能较好地判定铝基材的电解性能，结束了不能进行电解性能检查的历史，降低了市场风险，提高了工艺改进针对性。

项目研究的创新点如下：（1）开发了低温大压下量热轧技术，获得了有利电解的化合物形态和分布。（2）开发了中间热处理PS版基材冷轧新工艺，有效消除了PS板高速生产线电解后的条纹组织，满足高速生产线使用要求。（3）研究制定了小张力和成品道次小压下量冷轧技术，大大提高了铝基材的表面质量。（4）模拟电解装置的设计使用和电解效果评价方法的建立在PS版铝基材生产企业是首创。（5）通过化学成分对铝基材电解性能的研究，形成了新合金牌号雏形，再进行部分验证试验，有望形成电解性能优良的新合金牌号。

成果的转化应用和推广情况如下：（1）高分辨率PS版开发过程中所开展的一系列基础研究，对后续进行热敏CTP用铝基材开发有较好的借鉴作用。（2）开发高分辨率PS版中形成的提高表面质量的一系列措施，对其他高精产品生产有较好的推广价值，现在部分措施已用到了供上海加铝、上海和厦门亨特等高档装饰料生产中。（3）由于项目组按时完成了研究工作，制定了全套生产工艺，实现了批量生产。2006年中铝西南铝板带公司PS板产量3.7338万吨，中铝西南铝业（集团）有限责任公司PS板产量2.3万吨。同时为进一步扩大该产品市场占有率打下了坚实基础。

西南铝业（集团）有限责任公司

中国有色金属工业科学技术一等奖（2008年度）

获奖项目名称

优质1235铝箔毛料生产技术开发

参研单位

- 西南铝业（集团）有限责任公司
- 重庆大学
- 中铝西南铝板带公司

主要完成人

■ 尹晓辉 ■ 李　翔 ■ 潘复生 ■ 林　林
■ 高晓玲 ■ 温庆红 ■ 张　静 ■ 李　响
■ 陈代伦 ■ 石华敏 ■ 陈建华 ■ 陈昌云
■ 唐　剑 ■ 杜桓安 ■ 郭金龙 ■ 何　峰

获奖项目介绍

针对国内高档双零箔生产厂家所用1235铝箔坯料长期依赖进口，为实现铝箔坯料国产化而开展的工艺研发及产业化工作。

主要研究内容：（1）进口坯料和国产坯料比较研究；（2）通过对化学成份的准确控制、先进熔体在线处理技术的运用，形成了优质板锭生产技术；（3）研究了铸锭均匀化退火及冷轧时的中间退火对化合物尺寸、分布和晶粒、亚晶粒尺寸等影响；（4）铝箔毛料组织参数的表征和优化控制；（5）铝箔毛料的外观质量保障技术。

取得的主要成果：（1）通过铸锭组织控制和化合物遗传规律的研究，开发出了优质铸锭质量控制技术；（2）应用溶质最佳贫化处理技术和化合物相变细化技术，优化了均匀化工艺和中间退火工艺，减小了第二相尺寸，大幅度降低了铝箔的针孔率，提高了成品率；（3）研发成功铝合金热连轧特种润滑冷却液，并通过辊间滑动自锁技术、轧辊高效控粘技术以及减少冷轧层间损伤等方面的研究，有效控制了轧制过程形成的表面缺陷。

按照所设定的技术路线，把基础研究结果转变为工业化生产的工艺规范，通过近三年工业化生产的考核，所生产的双零铝箔坯料，产品质量国内领先、达到国外同类产品质量水平，完全能替代进口。获得一项专利《多元素铝光谱标准样品及其制备方法》ZL02133858.2，形成了一套生产优质1235双零箔毛料的专用工艺技术。

项目实施后，2007—2008年9月，共产出1235双零箔坯料 58609 吨，实现销售利润4231万元，税收1278万元。生产的1235铝箔坯料在国内双零箔生产的高端厂家受到好评，用户反映，用西南铝生产的1235双零箔坯料生产的双零箔在成品率及针孔数上与进口坯料生产产品基本相当。目前1235铝箔坯料已成为了西南铝的主导品种之一，取得了良好的社会效益及经济效益。

西南铝业（集团）有限责任公司

中国有色金属工业科学技术一等奖（2008年度）

获奖项目名称

薄型化高深冲性能铝合金罐料板生产的关键技术与工艺

参研单位

- 西南铝业（集团）有限责任公司
- 中铝西南铝板带有限公司
- 中铝青海分公司
- 中南大学

主要完成人

■赵世庆 ■尹晓辉 ■卢敬华 ■唐建国
■林　林 ■李　响 ■王　彬 ■朱永松
■温庆红 ■张新明 ■何　峰 ■唐　剑
■陈无限 ■郭金龙 ■李成利 ■游江海

获奖项目介绍

在保证罐体足够强度和罐体制造过程高速、稳定运行的基础上，铝板材的持续减薄是铝制易拉罐与其他包装材料竞争和节能减排的必然要求，也是铝加工技术发展水平的具体标志。

西南铝的罐体料研究已持续了20余年，一直跟踪国际先进水平，实现了厚度的同步减薄(从0.325mm减薄到0.295mm)。但是与先进易拉罐板材制耳率小（<2%）、针孔罐率(<2ppm)和断罐率(<30ppm)低的要求仍有较大距离。而且随着板厚的不断减薄，对罐料板的质量提出了越来越高的要求,生产的技术难度越来越大。因此，与国际质量要求一致的国内罐料市场基本被进口产品垄断。

本项目通过对国内铝加工先进装备、技术与研究队伍的整合，自主开发高深冲性能铝合金罐料生产的关键技术与工艺，实现了0.275mm罐体料的稳定化批量生产，结束了我国罐料板基本依赖进口的局面。该产品的成功开发标志着我国铝板带加工技术已经跨入了世界先进行列。

本项目以不断减少板厚、降低针孔罐率和断罐率、降低制耳率、提高尺寸精度为主要目标，突破了调控合金及杂质元素含量及其均匀分布状态、立方织构和形变织构“平衡”以及高精度产品的高效生产的技术难关，自主研发了罐料板强韧化技术、组织均匀的组合结晶器低液位铸造技术、非平衡结晶相溶析热处理技术、引入神经网络技术的厚度和板形高精度控轧技术、高速强应变冷轧技术、织构“平衡”塑性加工技术、卷取自退火的高速大压下热连轧技术，已申请专利7项，授权2项。

通过这些关键技术的相继突破，形成了高深冲性能罐料板低针孔罐率和低断罐率的强韧化技术、低制耳率加工技术及高精度板厚和板形控轧技术三大技术体系；罐料板的厚度由0.325mm减薄到0.275mm，针孔罐率由30－60ppm下降到2ppm，断罐率由100－200ppm下降到30ppm，优于澳大利亚制罐料；罐料深冲制耳率由4–6%下降并稳定在1.5–2%，优于日本制罐料；厚差由±8μm下降至±3μm以内，板形波浪控制在3I以内，达到或超过进口料的水平。生产的罐料已替代进口产品，部分产品出口国外。西南铝是国内唯一的罐料板供货商，近三年来生产罐料65948吨，实现收入147848万元，利润7824万元，税金196万元。

铝合金罐料板的成功开发与生产跃升了我国铝板带加工水平，使我国跻身为世界上高质量铝板带加工的国家，加速了我国由铝加工大国向铝加工强国的转变，并且大大促进了我国包装行业的发展和人们生活水平的提高。

西南铝业（集团）有限责任公司

中国有色金属工业科学技术二等奖（2009年度）

获奖项目名称

罐盖涂层产品的开发

参研单位

- 中铝西南铝业（集团）有限责任公司
- 中铝西南铝板带有限公司

主要完成人

■ 明文良 ■ 袁礼军 ■ 陈代伦 ■ 邓志玲

■ 何　峰 ■ 陈建华 ■ 高晓玲 ■ 王　松

获奖项目介绍

本项目以提高5182铝合金基材耐烘烤性能、降低电导率，提高涂膜附着力为主要目标，开展了以下工作：

（1）利用微合金化技术，通过添加微量元素提高了材料的再结晶温度，在此基础上首创了冷轧5182基材的半退火工艺，根本上解决了材料的耐烘烤性，从而提高了成品盖耐压强度。

（2）开发了卷取自退火的高速大压下热连轧技术，生产出了厚度达2.3–2.7mm的5182热连轧坯料，填补了国内空白，达到国际先进水平。

（3）针对5182合金热连轧坯料开发了与之相适应的冷轧工艺。包括：退火厚度的减薄、压下量的优化分配、各道次轧制参数的优化、CVC窜移量的优化、拉矫工艺的完善等。

（4）优化预处理的氟离子浓度，使基材表面粗化更加均匀，增大了比表面积，同时优化了转化工艺和涂层工艺，并首创了转化膜均匀性检测方法--水煮法，提高了涂膜的附着力，增强了涂膜的耐化学性能，成品盖在高温蒸煮下内涂膜不出现发白、脱落现象。

（5）开发了辊涂涂蜡工艺，使蜡更加均匀，解决了材料冲盖中由于润滑不好涂膜脱落或破裂，导致成品盖电导率超标的问题。

以上技术获得3件授权发明专利：1.铝卷材涂层酸性清洗剂（专利号：200610081380.1）；2.无铬化学转化剂（专利号：200610103829.X）；3.双面 涂层板材膜重量测定方法（专利号：200710000979.2）

通过这些关键技术的相继突破，使5182H19涂层后的力学性能大大提高：屈服强度由265–270N/mm2提高到310–315N/mm2；成品盖的电导率由20–30mA下降到≤10mA；

成品盖在121℃下蒸煮30min后，内涂膜无脱落、发白现象，达到了进口料的水平，生产的罐盖料已替代进口产品。

2008年西南铝生产罐盖料12573.878吨，利润756万元；税金635万元，取得了可观的经济效益，2009年产量预计将达到24500吨以上。

铝合金罐盖料的成功开发与生产跃升了我国铝板带加工水平，使我国跻身为世界上高质量铝板带加工的国家，加速了我国由铝加工大国向铝加工强国的转变，并且大大促进了我国包装行业的发展和人们生活水平的提高。

西南铝业(集团)有限责任公司

中国有色金属工业科学技术一等奖(2010年度)

获奖项目名称

特大型铝合金环件制备技术及装备研制

参研单位

- 西南铝业(集团)有限责任公司
- 中国重型机械研究院
- 陕西安中机械有限责任公司

主要完成人

■蒋太富 ■钟诚道 ■张淑莲 ■吴先谋
■曹贤跃 ■杨大祥 ■刘晓庆 ■朱鸣峰
■赵 伟 ■陈雪梅 ■杨清海 ■周继能
■何 静 ■李俊明 ■徐 红 ■卢云霞
■王 华 ■王献文 ■林海涛

获奖项目介绍

大型铝合金环件是运载火箭的关键连接件。随着我国航天事业的飞速发展,大推力运载火箭急需5米级的巨型铝合金环件,它是制约大推力运载火箭能否成功实现的重要环节。5米级巨型铝合金环件的研制难度极大,对设备条件、技术方案和生产组织要求极高。特别是为满足后续加工大尺寸、高精度的薄壁异型结构件,对环件的综合力学性能和残余应力控制提出了近乎苛刻的要求。

国内没有任何单位具备生产5米级的巨型铝合金环件的条件,为满足国家重大型号的急需,在国家大推力运载火箭尚未正式立项的情况下,中铝公司自筹资金,全力支持西南铝启动了5米超大规格铝合金环件生产线的建设,通过西南铝与西安重型机械研究所、陕西汉中机械有限责任公司多次技术交流,反复论证,建成了国内第一台5m径轴向数控轧环机、第一台5700×5700×1000大型铝合金固溶热处理炉,为5米级环件的生产创造了必要条件。并在公司科技基金中单独立项,支持开展5米级巨型环的研制工作。西南铝克服了诸多困难,独创了具有自主知识产权的加工工艺,成功研发出了低残余应力、高综合性能的5米超大规格铝合金环件,为后续加工新一代大型运载火箭储箱结构零件奠定了基础,为大推力运载火箭研制项目的顺利推进做出了重要贡献。

2006年8月4日,中国铝业公司所属的西南铝业(集团)有限责任公司研制出5米级巨型铝合金环,成功制造出新一代大型运载火箭储箱结构框零件,彻底结束了我国不能生产超大规格铝合金巨型环件的历史,对发展我国航天科技工业具有重要意义。

华北有色工程勘察院有限公司

中国有色金属工业科学技术二等奖（2007年度）

获奖项目名称

蒙古国图木尔廷--敖包锌矿南部水源地找水方法研究

参研单位

■ 华北有色工程勘察院有限公司

主要完成人

■ 刘新社 ■ 王建军 ■ 李志学 ■ 尚金淼
■ 杨圣安 ■ 畅秀俊 ■ 折书群 ■ 叶和良

获奖项目介绍

蒙古国图木尔廷敖包锌矿南部水源地勘探项目，工程产值320万元。

图木尔廷敖包锌矿位于蒙古国苏赫巴托省西乌尔特市南20km。前苏联、德国、波兴、匈牙利、蒙古等国及国内几个勘探单位曾在此范围内没有找到满足水量要求的供水水源地。由于供水问题未能解决，致使矿山几十年不能得到开发利用。

该区水文地质特点：本区属蒙古高原，地处苏赫巴托洼地中段南缘，以构造剥蚀地貌为主，主要分布地层为花岗岩和变质岩；典型的大陆性草原气候，气候干旱，降水量少，蒸发量大，地下水资源量有限；地下水从洼地两侧低山丘陵向洼地汇流，天然条件地下水通过浅埋区潜水蒸发消耗排泄。

根据水文地质特点，确定合理的勘探思路，一是采用多种勘探手段，寻找含水层厚度较大的、透水性较强的对区域地下水具有可控的有利地段；二是确定合理的地下水资源多种评价方法，尤其是采用数值法模拟地下水开采过程中洼地浅埋区地下水位下降减少潜水、蒸发的时空变化规律，最后地下水流场趋于稳定，此时袭夺地下水蒸发量即是地下水开采量；三是确定最优地下水位开采深度，确保不产生环境地质问题，如保持湿地分布面积及不影响其他水源地正常供水。

通过勘探，找到了满足矿山开发需水量3000m3/d的水源地，近10年开采地下水动态稳定。矿山投产后，年利润达5～6亿元。该项目投产，取得良好的经济效益和社会效益，成为中蒙合作典范项目。

华北有色工程勘察院有限公司

中国有色金属工业科学技术二等奖（2008年度）

获奖项目名称

河北省邯邢铁矿田岩溶充水铁矿床开采与地下水环境保护研究

参研单位

■ 华北有色工程勘察院有限公司

主要完成人

■ 宋　峰 ■ 李志学 ■ 刘新社 ■ 蒋乾周
■ 于孔志 ■ 叶和良 ■ 张永交

获奖项目介绍

本研究项目是针对百泉岩溶地下水大水铁矿开采与地下水环境保护之间出现的矛盾与问题，从全局出发，从战略性高度提出合理的科学的开采铁矿资源方案，以遏制地下水环境恶化，达到保护地下水环境的目的，确保社会、经济可持续发展和地下水资源持续利用。

本项目由华北有色工程勘察院有限公司独立完成。参加项目的有教授级高工5人，高工3人，工程师4人，助理工程师4人

过去的矿区水文地质勘探工作，多局限于某一矿山，矿坑涌水量的计算和对区域地下水环境的影响预测也仅限于本矿，开采防治水方案的选择自然就只考虑一个矿山。这样做存在严重的不足：首先，矿山所处的地下水系统是一个完整的单元，其含水层是相互联系，相互影响的；其次，地下水开采对地下水环境的影响是各排水点综合作用的结果，不是某一个矿山单一的作用；矿山防治水方案的选择应考虑区域地下水环境的现状，还要考虑矿山开采对地下水环境的影响，以及方案的技术经济合理性。

本项目的主要技术创新点如下：

1.首次以大区域百泉泉域地下水系统，运用长系列（35年）地下水动态资料，研究区域地下水环境与区域矿山的关系，提出区域地下水环境保护与矿山开发方案。

2.运用地下水系统的理论，把全区作为一个完整的水文地质单元来研究，借助先进的、功能强大的计算机数值模拟技术，对矿山开采排水对区域水环境的影响进行多种方案预测，为政府有关部门

3.从地下水环境保护的角度出发，提出了本区大水矿山采用帷幕注浆堵水方案的必要性；提出了在埋深大（平均深度550，最大深度800m）、富水性强（矿坑涌水量大于15万m^3/d）的岩溶大水矿山进行帷幕注浆堵水是可行的，其堵水率可达80%以上。

本项目是我院根据该区形势向河北省国土资源厅提出的，目的是查清条件，为政府有关部门和矿山管理决策提供依据。项目达到了预期目的，本项目成果已为几个矿山所应用其中中关铁矿利用本项目成果，选择帷幕注浆堵水方案，每天减少地下水12万立方米，极大地缓解了该系统地下水资源亏损状况。，取得了明显的社会、环境效益和可观的经济效益。

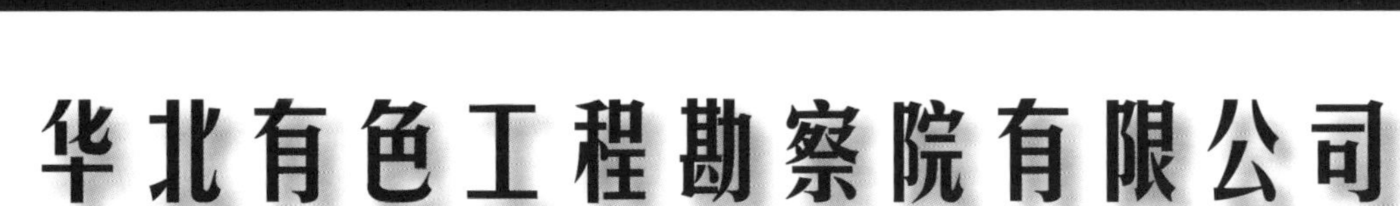

中国有色金属工业科学技术二等奖（2008年度）

获奖项目名称

河北省沙河市中关铁矿帷幕注浆试验研究

参研单位

■ 华北有色工程勘察院有限公司

主要完成人

■ 宋　峰 ■ 刘新社 ■ 刘殿凤 ■ 于同超

■ 蒋鹏飞 ■ 贾伟杰 ■ 韩贵雷 ■ 唐英杰

■ 王　云 ■ 赵小明 ■ 毕海涛

获奖项目介绍

河北钢铁集团矿业公司中关铁矿位于河北省沙河市白塔镇中关村附近，北距邢台30km，南距邯郸53km，南北长2000m，宽800m左右，矿床平均厚度38.0m，最大厚度193.06m，埋深300m-700m，总储量9345万吨。

为了有效保护环境水资源，实现矿产资源的合理开采，矿山治水方法上常常采用帷幕注浆等手段，即利用围岩裂隙充填高强水泥形成止水帷幕，封闭矿体内外水循环，从而达到既能开采矿山，又保护水资源的目的。

注浆帷幕设计厚度T=10.0 m，浆液扩散半径R=8.0 m，设计孔距D=12.0 m,注浆段平均长度L=30.0m。注浆段钻孔直径采用ϕ110 mm、ϕ91 mm、ϕ75 mm。注浆帷幕完工后的帷幕防渗性能指标Q≤2Lu，帷幕形成后堵水率达80%，透水系数小于K=0.08m/d，质量要求高。

帷幕注浆工程由华北有色工程勘察院承担，注浆帷幕线设计南北长1140m；东西最大宽度890m，平面上形成环形全封闭的帷幕，全长3397m，由270个注浆孔，30个观测孔，34个检查孔，36个加密孔，共370个钻孔构成，其中最深孔810m,总进尺201906延米。在试验实施过程中，请国家专利5项。

华北有色工程勘察院有限公司

中国专利奖（2009年度）

获奖项目名称

垂直钻孔陀螺偏心纠斜装置新型专利

参研单位

■ 华北有色工程勘察院有限公司

主要完成人

■ 宋　峰 ■ 刘殿凤 ■ 于同超 ■ 蒋鹏飞

■ 唐英杰 ■ 贾伟杰 ■ 韩贵雷

获奖项目介绍

目前地质钻孔纠偏技术主要采用螺杆钻具进行纠斜，螺杆钻具是一种以钻井液为动力，把井液的压力转变为井下钻具的动力，从而实现钻井作业。这种方法对钻井液的压力和流量有很高的要求，如果钻孔孔径小的话井液压力所产生的动力就达不到钻进所需的动力。目前常用的螺杆钻具直径大多在100mm以上，对于钻进直径小于100mm的钻孔纠偏难以控制。

由于小口径钻探的钻探精度低，对于探矿钻孔难以准确地圈定出矿的位置、规模及提供精确的矿产储量。对于帷幕注浆孔，不能准确地计算出注浆孔的浆液扩散半径，故帷幕注浆效果较差。

中关铁矿帷幕注浆工程要求钻孔偏斜小于0.6%，鉴于目前纠斜设备及技术无法满足等现状，华北有色工程勘察院有限公司，精心组织进行科技攻关，成功发明了垂直钻孔陀螺偏心纠斜装置。该装置主要由，JDT-6测斜仪、定位器、偏斜楔子等设备构成。按以下程序进行操作：1.纠斜位置的选择；2.偏心楔的制作；3.定位器的制作和安装；4.偏心楔的下放；5.纠斜方位的选取；6.偏心楔定向；7.纠斜钻具的钻进。

中关铁矿帷幕注浆工程设计钻孔360个，在项目实施过程中成功应用该装置及技术1000余次，成功的保证了钻孔偏斜小于0.6%的预定目标，有力的保证了中关铁矿帷幕注浆工程的实施。

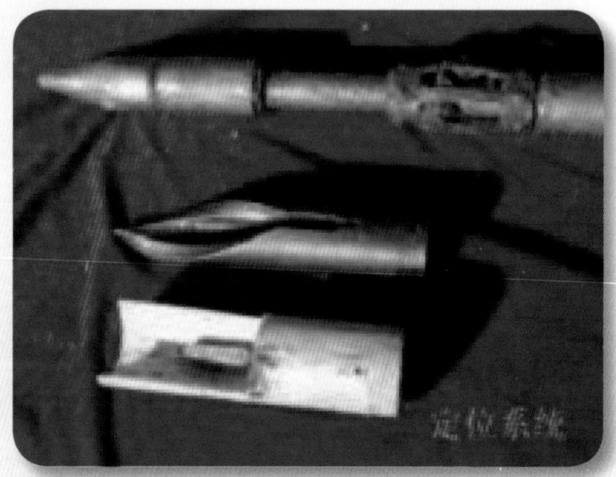

知识产权

根据该项目的实施发表论文《陀螺偏心纠斜法的应用》一篇，申报国家专利两项：实用新型专利“垂直钻孔陀螺偏心纠斜装置”，专利号：200920254204.2；发明专利“垂直钻孔陀螺偏心纠斜法”目前正处于公示阶段。

华北有色工程勘察院有限公司

中国专利奖（2010年度）

获奖项目名称

无线远程水位自动监测装置新型专利

参研单位

■ 华北有色工程勘察院有限公司

主要完成人

■ 宋　锋 ■ 刘新社 ■ 刘殿凤 ■ 于同超

■ 蒋鹏飞 ■ 唐英杰 ■ 贾伟杰 ■ 韩贵雷

■ 唐英杰

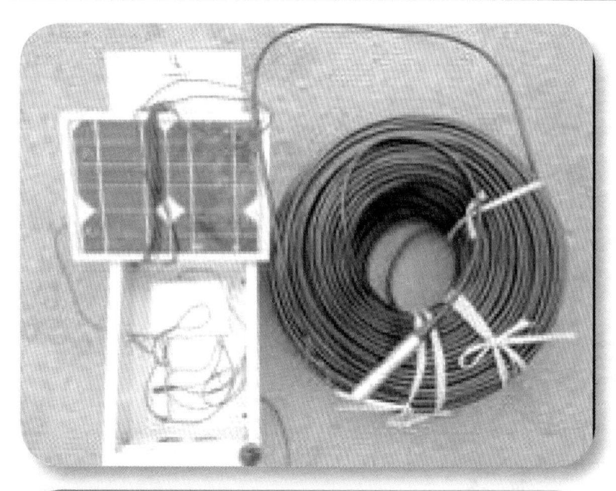

获奖项目介绍

水位监测是保证水库、江、河、湖泊、灌渠和矿山生产安全的重要手段，而这些水位数据原来全为人工进行监测，很显然上述工作如果是人工完成的话无论从时间和资金上都将造成很大的浪费，给测量和控制带来了一定的麻烦和不便，同时也容易出差错，所以近年来人们普遍采用自动水位计来进行水位的监测。

现有的自动水位计有手持式、固定式等几种形式，但其仍存在很多不便之处。目前河流、湖泊和灌渠、矿山等均处在偏远山区、荒地，路程较远且路途艰险，水位数据的采集仍需人工到达现场进行，且自动水位计的保养和维护较难，这就在无形中增加了不必要的成本，造成浪费。

该实用新型具有如下积极效果：（1）水位全面实现自动观测，长期连续自记和固态存储，为资料整编计算机化创造了条件，准确、及时、快速、减轻职工劳动强度，减少了成本，提高了资料整编质量；（2）水位监测手段更加科学、可靠，水情信息量有较大增加，传输时间明显缩短，抗干扰能力提高，信息差错率降低。（3）采用无线的通信手段后，实时水位信息将有明显增加，实时水位更加准确及时，并得到快速处理，实现作业预报计算机化，克服了现有技术之不足。即使在远离观测现场的异地，也能方便地对水情要素如水位、水温、流量等环境数据的采集读取，真正实现了远程监测和数据共享的功能。

知识产权

结合该项目的实施成功申报了国家专利，新型专利“无线远程水位自动监测装置”，专利号：201020609067.2；发明专利“无线远程水位自动监测法”目前处于公示阶段

涿神有色金属加工专用设备有限公司

中国有色金属工业科学技术二等奖（2009年度）

获奖项目名称

国产首台高速宽幅铝箔轧机

参研单位

■ 涿神有色金属加工专用设备有限公司

主要完成人

■ 程　杰 ■ 宋建民 ■ 郝根平 ■ 孙书亭
■ 杨德松 ■ 刘志岚 ■ 王爱民 ■ 王丽萍
■ 赵长清 ■ 李维秋 ■ 郝　滨 ■ 赵春立

获奖项目介绍

涿神有色金属加工专用设备有限公司（简称：涿神公司）是国内铝箔轧机生产技术的领先企业。早期技术基础来自日本神户制钢所，九十年代初，由于神户制钢彻底退出了铝加工设备制造行业，公司开始借鉴以德国制造商阿申巴赫为首的世界先进铝箔轧机制造技术，进行自主研发和改进。公司充分了利用投资方华北铝业的完善工艺控制技术和生产现场的实验，设计、加工制造出了大量先进的国产铝箔轧机。

国产首台宽幅（2000mm以上）铝箔轧机是涿神公司为适应铝箔市场向高精度、宽幅、超薄方向发展的需求，在以往铝箔轧机制造的基础上，自主研发出具有世界先进水平的铝箔轧机。在我公司宽幅铝箔轧机研制之前，中国国内大型宽幅铝箔轧机主要依赖进口，总计已经进口了26台，其中20多台来自德国阿申巴赫。为了打破这种局面，公司2006年立项开发，2007结合江苏中基公司合同开始了设计研制。在研制中，我们集中了公司大批的设计、生产和工艺人员进行公关，经过几个月的研究论证和在华铝现场的反复实验，解决了宽幅铝箔轧制力的控制以及铝箔板型质量控制等关键问题，最终设备在浙江中基现场一次性试车成功，经现场检验，各项性能参数均达到了同类型进口铝箔轧机的技术指标。

经过几年不断的改进和提高，到2009年时，公司生产的宽幅铝箔轧机各项技术指标已经达到了国际先进水平。主要的技术点有：轧制速度高，轧制速度比国产其他轧机提高25%以上，达到了1500m/min，稳定生产在1400m/min；辊面宽度大，工作辊辊面宽度超过了2000mm、成品宽度超过1750mm，成品厚度最薄达到了0.005mm，卷重18吨；轧机机架强度高、刚性大；使用了轧辊位置校正系统；轧辊辊系首次采用操作侧与驱动侧轴承箱同时锁紧；工作辊轴承润滑采用油池润滑、支承辊轴承采用稀油循环润滑、导辊轴承润滑采用轧制油润滑；工作辊轴承检测首次采用非接触式红外线测温；首次采用高低压灭火结合使用的方式；首次采用全油回收装置，突出了环保意识等。

目前，公司已经生产了16台高速宽幅（2000mm以上）铝箔轧机，在制的有10台。主要客户有江苏中基复合材料有限公司、杭州鼎胜铝业公司、华北铝业有限公司、河南永顺铝业有限公司、河南明泰铝业有限公司、山东鲁丰铝箔有限公司等等。由于公司生产的宽幅铝箔轧机价格只为进口铝箔轧机的1/3左右，并完全可以替代同类型进口轧机，自我公司宽幅铝箔轧机投入市场后，国内很少再有2000～2300mm规格的宽幅铝箔轧机进口。

专利知识产权情况：本项目共获得国家专利六项（ZL200920351208.2，ZL200920351207.8，ZL200920351204.4，ZL200920351205.9，ZL201020142041.1，ZL201020142061.9）

涿神有色金属加工专用设备有限公司

中国有色金属工业科学技术一等奖（2010年度）

获奖项目名称

新型1850mm宽幅铝箔精整（含合卷、分切）设备

参研单位

■ 涿神有色金属加工专用设备有限公司

主要完成人

■ 孙书亭 ■ 杨德松 ■ 刘志岚 ■ 宋建民
■ 马镇甲 ■ 郝根平 ■ 王爱民 ■ 龚跃龙
■ 王丽萍 ■ 赵长清 ■ 李维秋 ■ 郝　滨
■ 刘银亮 ■ 阴立强 ■ 冯素霞 ■ 陈福利

获奖项目介绍

涿神有色金属加工专用设备有限公司（简称：涿神公司）国内最早的铝箔精整设备的权威制造厂家。公司生产的精整设备类型很多，有铝箔剪切机、铝箔立式分切机、卧式分切机、铝箔合卷机、铝板带横切机、铝板带纵切机、铝板带拉弯矫直机等。其中：新型1850mm宽幅铝箔合卷机和立式分切机是近年来大力开发的主要新产品之一，其整体设备性能国内领先。后经权威鉴定，合卷机的综合技术指标更是达到了国际先进水平。公司开发新型合卷机的主要技术特点为：①运转速度快且稳定：来料厚度在0.012mm～0.08mm内，合卷速度达到了1250m/min，成品宽度1750mm，，经合卷后的成品宽度偏差≤1mm，长度偏差≤0.2%，错层偏差≤0.5mm，塔形偏差≤1mm②自动性能高：自动穿带的应用：降低了人员的工作强度、大大的节省了人工穿带的时间，提高了生产效率。③研发了合理的双合油系统，可以根据设备的运行速度和来料宽度，自动调整喷嘴的喷油量和喷射宽度；④切边质量高：通过特殊设计制造的刀组，保证了切边质量精度高、无毛刺。⑤运用了合理套筒输送车，改进了运行方式。

宽幅铝箔立式分切机是在旧式分切机基础上发展起来的，涿神公司进行了大量的创新改进，主要创新点有：①卷取夹紧锥头采用新式结构，提高卷轴的定位精度；②卷取采用压平辊和支承辊结构方式，解决了卷轴变形和卷取大卷径的问题；③采用多气囊卷取涨缩轴结构，克服了卷取时卷材跳动的问题，使卷取均匀，保证了质量；④设计合理凸度辊系和不同硬度的压平辊，提高了运行速度和卷取质量，⑤解决了铝箔起皱及错层问题；⑥采用新型自动穿带装置，减轻了劳动强度，提高了生产效率。通过以上创新，新型1850mm铝箔立式分卷机运行速度最高可达到1200m/min，来料宽度最大1750mm，来料厚度2×(0.006～0.05)mm，来料卷径2200mm；产品的宽度偏差

≤0.5mm，长度偏差≤0.2%，错层偏差≤0.1mm，塔形偏差≤0.5mm，成品卷径1000mm。

目前，我公司已经生产了宽幅（1850mm以上）铝箔合卷机和立式分切机共计20多台，在制超过10台，由于价格只为进口机型的1/4左右，技术性能指标达到了进口机型水平，市场前景非常广阔。

专利等知识产权情况：本项目获国家专利二项（ZL201020193534.8、ZL200920351206.3）

河北优利科电气有限公司

中国有色金属工业科学技术二等奖（2007年度）

获奖项目名称

铝熔炉用电磁搅拌装置

参研单位

■ 河北优利科电气有限公司

主要完成人

■ 安东 ■ 程藏印 ■ 李文涛 ■ 韩钰

获奖项目介绍

电磁搅拌装置是利用电磁力对铝熔液实施搅拌的工艺装置。电磁搅拌器主要由变频电源及感应器组成。变频电源将50Hz的工频电源转换成低频（一般为3Hz以下）电源供给感应器工作，安置在铝熔炉底部的感应器产生一低频行波磁场作用于铝熔液，使铝熔液运动，从而达到搅拌目的。通过调整低频电源的输出频率、电压及相位便可方便的调整搅拌力的大小及方向。

使用电磁搅拌器实施搅拌方便、充分，可使合金成分均匀；

电磁搅拌为非接触搅拌，搅拌过程不接触铝熔液，不存在对铝熔液的污染，这在生产高纯铝及须对熔体中的铁含量严格控制时有重要意义；

实施电磁搅拌，可加速熔液流动，大大提高热传导效率，显著缩短铝锭融化时间，节约能源消耗。一般情况下，电磁搅拌可缩短的熔炼时间大约为20%左右，可以减少15%左右的燃料消耗；

应用电磁搅拌可减小熔体上下部的温差，降低熔体的表面温度，从而可减少烧损0.3%-0.5%，仅此一项即可使企业在一年内收回设备投资；

由于应用电磁搅拌技术可使炉渣定向流动，便于扒渣，减少了炉渣附着在炉壁的现象，减少了清炉次数，延长了炉子的使用寿命；

应用电磁搅拌技术可使工人彻底甩掉笨重的大铁耙，大大减轻了工人的劳动强度，改善了工人的劳动条件，因而可以适当减少每班工人的人数。

获奖情况

石家庄市科技局组织并邀请有关专家组成鉴定委员会，于2007年4月28日在石家庄市主持召开了由河北优利科电气有限公司研制的“大吨位铝熔炉用电磁搅拌装置”鉴定会，鉴定委员会认真听取了课题组的研制工作报告、技术报告、经济效益分析报告、性能测试报告、用户使用报告和查新报告，对鉴定会资料进行了审查，考察了生产制造现场，经质询和讨论，形成如下鉴定意见：

一、提供的技术资料完整、详实、正确，符合鉴定要求。

二、该装置设计合理，技术先进，各项技术指标均达到了石家庄市科学技术研究与发展计划项目任务合同书中的要求，可满足科研和生产的需要。

三、该装置具有以下特点及创新点：① 感应器采用了自行设计的六凸极结构及水平集中式绕组，具有较高的磁场效率，搅拌效果及吨铝能耗指标达到了国际同类产品水平。② 台车具有炉底行走及升降功能，结构牢固可靠，定位准确。③ 大功率电源采用变频控制和过零检测，工作频率调整范围宽，具有谐波抑制及功率因数补偿功能，工作稳定可靠。

四、该装置的生产条件和检测设备及质量管理体系完备，可满足批量生产的要求。

五、该装置性价比高，可替代进口，具有显著的经济效益和社会效益，国内、外市场应用前景广阔。该装置技术先进，填补了国内空白，其技术水平达到了同类产品的国际先进水平。

承德华通自动化工程有限公司

中国有色金属工业科学技术二等奖（2009年度）

获奖项目名称

积放式滚轮链输送机及移载设备系统研究与开发

参研单位

■ 承德华通自动化工程有限公司

主要完成人

■ 周　荣 ■ 杨银青 ■ 修德荣 ■ 林永学
■ 齐力宁 ■ 董加旺 ■ 赵建民 ■ 孙晓明

获奖项目介绍

项目主要产品为积放式滚轮链、移载设备及总控制系统积放式滚轮链输送机及移载设备系统为自动化机械装备制造技术领域，可广泛应用于汽车零部件企业、家电企业、食品企业的装配生产线、工件储存和物流输送系统中。

1.作为辊子输送机和差速链输送机的换代产品，积放式滚轮链输送机针对二者的缺陷，以核心部件——输送链条入手，设计出了全新结构的加宽顶置滚轮输送链条，该链条获得了国家实用新型专利（专利授权号：ZL 2007 2 0100601.5）。以此输送链条为基础，根据用户的不同生产工艺要求，设计出不同宽度（100-1000mm）、不同长度（0.5-50M）、单层或双层的滚轮链输送机。滚轮链输送机是一种自由节拍式流水线。其特点是：①结构紧凑，布线灵活多样；②自由节拍式输送，可积存工件；③输送速度较高，可达到25m/min左右。

2.作为积放式滚轮链输送机的辅助移载设备，本项目开发出的配套产品有：两种不同用途的停止器（杆式和导板式）、升降机、升降移行机、旋转移载机、工位交换旋转台等。辅助移载设备能在两条输送线间或输送线与操作台间，将工件移出或接入，以完成不同的工艺操作。用于这些辅助移载设备的输送链条——双排顶罩板式链条，获得了国家实用新型专利（专利授权号：ZL 2007 2 0100602.X）。

3.积放式滚轮链输送机和辅助移载设备均采用模块集成式结构，可根据用户的不同生产工艺要求，由一条或多条主输送线（积放式滚轮链输送机）、多台辅助移载设备拚装组合，形成单层环形水平循环流水生产线或双层垂直循环流水生产线，并能在工艺需要的位置将工件移出线体进行操作，操作完成后再接入线体中。整套流水线采用一套PLC（可编程序控制器系统）自动控制，并预留通讯接口，实现与其它设备或生产管理系统的联网交互，有效地达到了生产自动化、规模化、准时化的目标。

推广应用情况

项目中的二项核心技术已获得国家实用新型专利：①顶置滚轮输送链；②双排顶罩板式链。项目中的成套设备虽然是组合模块式的结构，但要根据不同用户的不同生产工艺要求进行，对设计人员的专业技术水平要求也较高。同时由于其核心零部件的生产制造工艺要求较高，因此项目的整体技术含量高，附加值大。

该项目产品已多次成功推广应用于汽车变速器生产企业的变速器装配和试验生产线中，取得了很好的经济和社会效益。2006年—2007年，先后完成唐山爱信齿轮有限公司、长城汽车股份有限公司、北京太工天成试验设备有限公司共计54套生产线，累计合同额2950.8万元，利润率均在20%以上，基本上占有了国内汽车变速器生产厂家同类产品约40%的市场份额。目前，产品正在大力向其它汽车零部件企业、家电企业、食品企业等更广泛的领域推广。为技术储备，本产品的成功，丰富了公司的产品类型，形成了企业的无形资产，为进一步扩大市场打下了良好的技术基础，其潜在效益将会十分巨大。通过这次研发，技术小组发展出了高效率进行技术交流的协同工作模式，在研发过程中，大大提高了团队合作效率，同时也促进了研发小组成员的个人技术水平，为以后的更大规模项目的研发打下了坚实的基础。

中国铝业股份有限公司山西分公司

中国有色金属工业科学技术二等奖（2001年度）

获奖项目名称

格子磨—旋流器原矿浆制备新工艺技术开发

参研单位

■ 山西铝厂

主要完成人

■ 张程忠 ■ 吴金湘 ■ 郝向东 ■ 李　明 ■ 丁安平 ■ 马达卡 ■ 杨文清 ■ 梁春来 ■ 王剑峰 ■ 王天庆 ■ 裴唐荣 ■ 马文选

获奖项目介绍

原山西铝厂现有的拜尔法原矿浆制备是格子磨—螺旋分级机一段磨矿流程。采用该流程产出的原矿浆，其粒度严重超标，导致大量氧化铝不能在高压溶出过程中溶出，并由于磨损严重，大大缩短了高压设备的使用寿命。此外，由于格子磨和螺旋分级机不匹配，限制了磨机产能的发挥。为解决这一问题，原有色总公司决定将格子磨—旋流器新工艺研究开发列入一九九六年有色总公司重大技术发展项目，由山西铝厂负责实施。

项目于1996年底初步完成，并通过原有色金属工业总公司组织的鉴定。根据专家鉴定提出的“建议抓紧时间进一步试生产，发现问题，及时解决尽快完善工艺并加快耐磨材质的研制工作进度”的意见，“耐磨旋流器及新型矿浆槽开发”列入1997年技术开发项目，“渣浆泵应用”列入于1999年技术开发项目，项目分别为1999年3月和2001年7月完成。

新工艺特点：新工艺采用水力旋流器取代螺旋分机机作为格子磨排矿的分级分离设备，采用气动插板阀作为旋流器的进料阀。采用无搅拌楔形耐磨槽做为旋流器的饲料槽，开发应用耐磨饲料泵。

关键技术：设计一种专用旋流器，使它适合一段磨矿流程的给料情况，产出的溢流能满足拜尔法高压溶出对原矿浆技术指标要求。成功地设计出这样的旋流器，是实现新工艺的第一关键环节。第二关键环节是设计一种无搅拌楔形耐磨槽做为旋流器的饲料槽以保证新工艺连续稳定运行。

主要技术指标：

（1）原矿浆固含：300—400g/l；

（2）原矿浆细度：+60#≤1%　细度合格率≥85%，+160#≤22%；

（3）格子磨产能：≥85T/台时。

中国铝业股份有限公司山西分公司

中国有色金属工业科学技术二等奖（2002年度）

获奖项目名称

氢氧化铝浮游物回收新工艺

参研单位

■ 中国铝业股份有限公司山西分公司

主要完成人

■ 丁安平 ■ 马达卡 ■ 李光柱 ■ 江基旺
■ 周胜利 ■ 董保才 ■ 王义岗 ■ 吴金柱
■ 陈明太 ■ 任巨金 ■ 谢文俊 ■ 于 斌

获奖项目介绍

在混联法的拜耳法种分过程中，种分末槽浆液经立盘过滤机过滤后，溢流直接进受液槽、板式交换器到四蒸发。经立盘过滤机过滤后的母液浮游物一直偏高，平均约12g/l。大量氢氧化铝回头，造成巨大浪费；AH进入蒸发器内产生结疤，使蒸发器的蒸水量下降。为此，山西铝厂组织技术人员进行了氢氧化铝浮游物回收方面进行了研究试验，并取得了可喜的成果。

氢氧化铝浮游物回收新工艺将立盘过滤机过滤后的种分母液采用袋式过滤机（简称袋滤机）进行再过滤，使其中氢氧化铝浮游物浓度由3--50g/l降到0.05—1g/l，再返回系统循环。其溢流作为循环母液经板式换热器去蒸发工序，底流去种分槽回收。

采用袋滤机设备和技术回收种分母液中氢氧化铝浮游物属国际首创。在处理高固含浮游物进料母液工况下，属国内领先水平。该成果经推广后，山西铝厂可有效地回收氢氧化铝浮游物，具有明显的经济效益。

中国铝业股份有限公司山西分公司

中国有色金属工业科学技术二等奖（2002年度）

获奖项目名称

铝酸钠溶液蒸发用外流自由降膜板式蒸发器组开发应用及控制系

参研单位

- 中国铝业股份有限公司山西分公司
- 沈阳铝镁设计研究院

主要完成人

■ 田兴久 ■ 张程忠 ■ 马达卡 ■ 韩清怀
■ 李锦莲 ■ 陈庆玲 ■ 皮剑清 ■ 杨志勇
■ 李光柱 ■ 高运奇 ■ 张　强 ■ 李传淮
■ 江基旺 ■ 张文兰

获奖项目介绍

山西铝厂为实现全面达标达产，《山西铝厂达产达标规划和措施》中认定拜耳法种分母液蒸发能力不足，是制约全厂达标达产的瓶颈环节之一，因而确定了建设山西铝厂第五蒸发站项目。

外流自由降膜板式蒸发器的特点：

（1）传热系数高；

（2）汽耗低且回水比大；

（3）二次汽冷凝水质量高；

（4）单位换热面积的设备重量轻；

（5）结疤可以自行脱落；

（6）换热面上的结疤不影响传热面积；

（7）不存在管式蒸发器堵死管的问题；

（8）设备安装容易且土建费用低。

为保证五蒸发正常工作，控制系统选用了FOXBORO I/A-S 集散系统，完成了各效蒸发器液位，压力，温度，各槽罐液位，各种流体流量，温度检测，各效液位，蒸汽压力，流量，原液流量自动控制。实现了整个工艺流程设备的自动开停。由于蒸发液体具有高温，高腐，易结巴特点，为仪表选型，控制方案制定造成了困难。经反复论证， 确定了最终方案，保证了五蒸发顺利投产。

该技术有明显的经济效益，在国内同行业和相关产业中有较高的推广价值。

中国铝业股份有限公司山西分公司

中国有色金属工业科学技术二等奖（2002年度）

获奖项目名称

山西铝厂赤泥灰渣坝加高试验研究

参研单位

- 中国铝业股份有限公司山西分公司
- 西安勘察设计研究院
- 沈阳铝镁设计研究院

主要完成人

■ 谭昌奉 ■ 景英仁 ■ 李昌会 ■ 马光锁
■ 叶　飞 ■ 饶栓民 ■ 田根宏 ■ 贾瑞学
■ 杨春浒 ■ 黄有荣 ■ 何　建 ■ 江基旺

获奖项目介绍

山西铝厂赤泥灰渣坝Ⅰ---Ⅳ格坝堆高已接近25m的设计最终标高，而Ⅴ--Ⅵ格坝尚未建成，再者，Ⅰ---Ⅳ格满库后，将有近1平方公里的平台废弃，因距地面25m高很难它用，有必要考虑合理利用。鉴于此况，Ⅰ---Ⅳ格坝是否可加高使用势在必行，2001年6月20日，由山西铝厂邀请西安勘察设计研究院、沈阳铝镁设计研究院和山西铝厂设计院，共同审查了中国有色工业西安勘察设计研究院编制的“山西铝厂赤泥灰渣坝加高技术及可行性研究大纲”，并由三个单位共同完成该项目的研究工作。

经现场勘察，查明了赤泥、灰渣、赤泥灰渣混合物排放堆积规律和脱水固化程度分布规律，以及坝体浸润线埋藏情况，并找出了赤泥、灰渣、赤泥灰渣混合物脱水固化程度与排放速度的密切关系，经野外原位测试和室内动、静力试验分析，弄清了赤泥、灰渣、赤泥灰渣混合物的物理力学性质，特别是脱水固化程度与其物理力学性质差异性变化。同时在国内首次使用了共振柱试验和动三轴试验，对赤泥、灰渣、赤泥灰渣混合物不同干密度、不同围压和不同固结比条件下的动力特性进行了试验研究工作。

该项目在国内首次利用二维和三维有效元有效应力法同时分析计算平地建赤泥、赤泥灰渣坝的地震液化与稳定性评价。在计算中考虑了坝材的静力非线性和动力非线性，坝体内有浸润线和全饱和水条件，在7度地震作用下，坝体孔隙水压力增长与消散，应力、应变和残余变形的发展过程等。经分析计算结果，原设计坝高由25M加高至50M是可行的。

中国铝业股份有限公司山西分公司

中国有色金属工业科学技术一等奖（2004年度）

获奖项目名称

一水硬铝石生产砂状氧化铝工艺技术研究

参研单位

- 中国铝业股份有限公司山西分公司
- 中国铝业股份有限公司郑州研究院

主要完成人

郭声琨 熊维平 顾松青 孙兆学 丁安平 马达卡 李少康 李旺兴 张吉龙 梁春来 李光柱 杨志民 赵清杰 赵培生 孟 杰 景卫兵

获奖项目介绍

该项目是国家“十五”重点科技攻关项目，主要包括两部分内容，即“连续碳分生产砂状氧化铝分解技术”和“拜尔法种分生产砂状氧化铝分解技术”。项目先后完成了实验室研究、半工业试验和工业应用试验研究，成功开发了一水硬铝石生产砂状氧化铝的工艺技术。满足了我国电解铝工业的迫切需求，使我国氧化铝产品质量登上一个新的台阶，提升了中国氧化铝企业的竞争能力，同时为我国目前及今后氧化铝生产工艺改造和氧化铝扩建、新建提供技术支撑。

（1）“连续碳分生产砂状氧化铝新技术”采用烧结法精液降温；控制适宜的分解梯度和分解时间，碳分出料经旋流器分级，添加晶种的连续分解新工艺。首次成功开发连续碳分生产砂状氧化铝关键工艺技术，该新技术工艺简单、流程稳定、分解过程易于控制，可稳定得到合格的砂状氧化铝产品。该技术成果具有国际领先水平。

（2）“拜耳法种分生产砂状氧化铝分解技术”利用我国特有的一水硬铝石高浓度高苛性比值精液，通过实验室、扩大试验和半工业试验，经过深入系统的研究，开发出“高温附聚、中间降温、低温长大、中等固含”的拜耳法种分生产砂状氧化铝分解新工艺；开发产品粒度和强度调控技术；开发出宽流道板式料浆中间降温工艺技术和旋流分级晶种调配技术。该课题的研究成果和形成的粒度、强度调控技术已成功应用于工业生产系统。

中国铝业股份有限公司山西分公司

中国有色金属工业科学技术一等奖（2004年度）

获奖项目名称

多媒体及智能控制技术在氧化铝熟料烧成回转窑过程的应用

参研单位

- 中国铝业股份有限公司山西分公司
- 沈阳东大自动化有限公司

主要完成人

■ 郭声琨 ■ 孙兆学 ■ 柴天佑 ■ 丁安平 ■ 周晓杰 ■ 李少康 ■ 李光柱 ■ 郑秀萍 ■ 赵仕君 ■ 原桂生 ■ 温艳芬 ■ 江基旺 ■ 樊建华 ■ 午新威 ■ 张　莉 ■ 候创民

获奖项目介绍

熟料烧结回转窑是联合法生产氧化铝过程的主要设备之一，因其体积庞大，内部烧结过程特性复杂，关键工艺参数如烧成带温度难于准确测量，生产过程长期以来依赖于人工看火手工操作，难以实现自动控制。

本项目采用多媒体监控技术和智能解耦、智能协调变结构技术、智能预测控制技术、自适应模糊控制技术、智能纠错控制技术等先进控制技术，汲取回转窑生产理论知识和最优秀的操作人员操作经验知识，研制开发了回转窑智能专家控制系统；在回转窑过程控制系统和多媒体监控系统实施的基础上，从回转窑过程的总体控制目标出发，按照将智能建模技术与智能控制技术相集成的

研发路线，采用管理决策、优化设定、智能协调和人机交互操作指导功能的回转窑过程智能优化控制技术开发了基于DCS的回转窑智能优化系统。

项目投用后，监控系统将熟料烧成过程主要工艺参数以数据形式直观、全面地显示在主流程设备模拟图上，主流程画面形象直观，系统参数一目了然，便于看火人员及时调整窑操作条件；工艺参数历史记录和运行统计功能，利于查阅历史资料、分析生产状况，避免在交接班等情况下由人为因素造成的生产波动。

运行情况表明，智能优化系统在生产边界条件不太稳定的情况下，对窑内状况判断较为准确，调节及时、可靠，实现了熟料窑全自动化控制；专家系统投用率达到80–90%，主要生产指标得到了明显提高，改变看火工操作环境恶劣的历史，提高了熟料烧成生产的科学性，取得了显著的经济效益和社会效益。

中国铝业股份有限公司山西分公司

中国有色金属工业科学技术二等奖（2004年度）

获奖项目名称

铝酸钠溶液苛性碱、氧化铝在线检测装置开发及应用

参研单位

- 中国铝业股份有限公司山西分公司
- 东北大学

主要完成人

■ 毕诗文 ■ 丁安平 ■ 张　石 ■ 李少康
■ 路铁桩 ■ 李光柱 ■ 梁春来 ■ 王凤玲
■ 杨毅宏 ■ 谢雁丽 ■ 王剑峰 ■ 李新光

获奖项目介绍

铝酸钠溶液几乎贯穿整个氧化铝生产过程，许多过程的工艺指标或工艺条件都是通过考察和控制铝酸钠溶液的浓度来实现的。因此，分析铝酸钠溶液的化学成分浓度是氧化铝生产过程中一项极其重要的工作。目前铝酸钠溶液成分分析主要靠人工定时取样，化验室分析的方法，这种方法滞后大，对及时指导生产十分不利。因此，解决铝酸钠溶液成分（即苛性钠、氧化铝、碳酸钠等）的在线实时测量问题，对氧化铝生产各过程至关重要，对于提高氧化铝质量和产量，降低消耗，减轻工人劳动强度和提高管理水平具有重要意义。

本项目依据铝酸钠溶液的物理化学性质随着其化学成分变化的规律，主要是苛性钠的浓度、氧化铝的浓度和溶液温度的变化对铝酸钠溶液的电导率的影响规律，即铝酸钠溶液的电导率是其化学成分浓度的函数，通过测量铝酸钠溶液的电导率来间接确定铝酸钠溶液组分浓度。本项目采用双温、双电导法实现在线实时测量铝酸钠溶液中苛性钠、氧化铝浓度，测量精度满足生产控制需求。

中国铝业股份有限公司山西分公司

中国有色金属工业科学技术二等奖（2005年度）

获奖项目名称

工业应用正压闪速焙烧炉焦炉煤气替代重油新技术

参研单位

■ 中国铝业股份有限公司山西分公司

主要完成人

■ 马达卡 ■ 薛亮民 ■ 裴卫东 ■ 张占明
■ 张立强 ■ 王天庆 ■ 姜集进 ■ 李少康
■ 郭汉刚 ■ 马　强 ■ 姬学良 ■ 原桂生

获奖项目介绍

山西分公司1#氢氧化铝闪速焙烧炉为美铝技术，德国KHD公司制造，以稀相闪速焙烧，浓相流化床保温，系统正压操作，燃料为200#重油。随着近几年石油提炼技术的提高，重油货源组织非常困难，而且质量逐年变差，生产过程中结焦严重，炉子产能降低，消耗升高，已严重影响到1#焙烧炉的正常的安全生产。而山西分公司周围地区焦炉煤气资源较为发达，焦炉煤气利用较低，不但造成能源浪费，还造成严重的环境污染，为此山西分公司研究开发采用焦炉煤气替代重油作燃料。项目研究工作从2003年开始进行，工业应用于2004年3月13日开工建设，同年4月投入生产运行。

正压闪速焙烧炉采用焦炉煤气，在国内外还没有此项技术，为此山西分公司做了大量的研究工作，通过进行多项新技术的工业开发和应用，项目最终取得成功。开发应用了三项新技术：（1）采用T11预热燃烧站不完全配风技术；（2）开发出了新型“切小火”的技术；（3）采用了新型烘炉技术。同时开发采用了正压操作下的安全保护技术设施。闪速炉改烧焦炉煤气最大的难点在于正压操作的安全性，为此采取了以下措施：①每支烧嘴设置两道阀门；②采用V19环形管设置防爆膜，并引入水封的防回火设施；③煤气环形管上设计安装了波纹管防爆膨胀节。

改造后大大提高了焙烧炉的安全性，减少了环境污染，简化了操作，同时经济效益显著，年仅燃料成本降低效益可达2500万元以上。正压闪速焙烧炉采用焦炉煤气替代重油新技术是国内首创，对国内相关行业采用燃油或燃气作燃料的正压焙烧炉燃烧技术改进具有重要借鉴价值。

中国铝业股份有限公司山西分公司

中国有色金属工业科学技术二等奖（2006年度）

获奖项目名称

烧结法种分生产砂状氧化铝工艺技术研究

参研单位

- 中国铝业股份有限公司山西分公司
- 中国铝业股份有限公司郑州研究院

主要完成人

顾松青 孙兆学 张吉龙 张占明 张立强 孟 杰 杨志民 李光柱 吕鲜翠 杨伟立 尹中林 景卫兵

获奖项目介绍

“烧结法种分生产砂状氧化铝分解技术”为国家“十五”科技攻关课题“砂状氧化铝生产工艺优化及工业示范”中的子课题。其研发工作自2004年3月至2005年12月，先后完成了实验室试验、半工业试验和工业应用试验，形成了成套的烧结法种分生产砂状氧化铝技术，形成的新工艺具有较强的工业实施可行性，该成果能稳定得到指标达到国际先进水平的砂状氧化铝。

针对我国难以处理的一水硬铝石型铝土矿资源，带来的烧结法种分产品质量指标较差，给电解铝生产造成环境差、成本高的技术难题，本项目在深入系统研究各影响因素作用规律的基础上，重点开发了铝酸钠溶液烧结法种分过程粒度与强度的控制技术以及最佳工艺制度等关键技术，创造性地提出“一级旋流分级、中间降温、二段加晶种”烧结法种分生产砂状氧化铝新工艺；成功开发了粒度预报和调控技术；系统研究了分解产物粒度和强度的关系，形成了产品强度预测和调控技术；同时优化了工业焙烧炉主要工艺参数，形成了砂状氧化铝生产控制焙烧技术，成功实现了砂状氧化铝的产业化生产。该技术成果工艺先进，具有自主知识产权，在以一水硬铝石为原料生产砂状氧化铝工艺方面达到了国际领先技术水平。该技术成果应用于产业化生产，使烧结法种分产品氧化铝质量显著提高，得到的氧化铝产品指标全面达到了项目攻关所确定的砂状氧化铝技术指标。

中国铝业股份有限公司山西分公司

中国有色金属工业科学技朮二等奖（2006年度）

获奖项目名称

煤气旋转沸腾烘干炉烘干拟薄水铝石新工艺的开发与工业应用

参研单位

■ 中国铝业公司山西铝厂科技化工公司

主要完成人

■ 郭万里 ■ 尉世鹏 ■ 卫海森 ■ 李　教
■ 薛文忠 ■ 朱小龙 ■ 贺誉清 ■ 彭益云

获奖项目介绍

传统的拟薄水铝石生产，烘干采用直径为ф800mm以内的强制沸腾烘干器，热源采用蒸汽加热器将空气预热，经过电加热器加热到一定温度后，送入烘干器中。这种烘干方式，存在投资高，产能低，能耗高，生产成本高。因此，山西铝厂在新建13000吨拟薄水铝石项目时，为了节约投资，利用废弃的食堂作场地，为了提高产能、降低能耗、降低成本、解决电力负荷紧张形势、用廉价的煤气替代昂贵的电能，采用直径为ф1600mm的煤气旋转沸腾烘干炉烘干拟薄水铝石。

本项目用焦炉煤气燃烧代替电和蒸汽加热烘干拟薄水铝石，减少了焦炉煤气的排放，变废为宝，减少了环境污染，节约了能源，极大地缓解了用电负荷的紧张局面，符合循环经济生产。而且单体设备产能高，占地面积小，节约了土地资源，提升了烘干工艺的技术水平。

工艺流程说明：

用煤气燃烧产生的热风直接烘干拟薄水铝石的流程为：煤气用管道送入燃烧器中在热风炉中直接燃烧，产生的热风，通过炉侧与炉体相切的风道，在炉体底部内侧间隙送入直径为ф1600mm的旋转沸腾炉中。这样进入沸腾炉中的热风是旋转风，便于物料在炉内沸腾烘干。拟薄水铝石滤饼通过安装在沸腾炉侧面的喂料螺旋送入旋转沸腾炉中，滤饼在炉内下降过程中通过安装在沸腾炉底部高速旋转的搅拌叶轮破碎，然后通过引风机在旋转沸腾炉内产生的负压条件下沸腾烘干，烘干的物料通过旋风收尘和布袋收尘进入成品仓再进行包装。

中国铝业股份有限公司山西分公司

中国有色金属工业科学技术二等奖（2007年度）

获奖项目名称

烧结法碳分母液深度碳分技术研究

参研单位

- 中国铝业股份有限公司山西分公司
- 中国铝业股份有限公司郑州研究院

主要完成人

- 顾松青 ■ 张占明 ■ 张吉龙 ■ 张立强
- 李光柱 ■ 赵志英 ■ 杨志民 ■ 孟　杰
- 董保才 ■ 赵培生 ■ 尹中林 ■ 饶拴民

获奖项目介绍

“烧结法碳分母液深度碳分工艺技术研究”是国家“十五”重点科技攻关课题“砂状氧化铝生产工艺优化及工业示范”子课题“降低拜耳法精液αk的技术研究”的主要研究内容之一。该项目通过对深度碳分技术的攻关研究，解决了长期以来在碳分分解后期易产生丝钠铝石的难题，为碳分母液进一步深度分解提供了技术支撑，为降低拜耳法精液αk，且不带入碳碱提供了技术保障。

由于烧结法碳分系统要保证氧化铝产品的质量，必须严格控制分解率。这样不可避免地使部分氧化铝残留在碳分母液中。据统计，碳分母液中通常残留10g/L左右的氧化铝,这些残留氧化铝在生产流程中无限循环，严重制约着氧化铝生产能力的提高。为此提出烧结法碳分母液深度碳分工艺技术研究。其目的是通过深度碳分技术回收残留氧化铝，并生产出不含丝钠铝石的易溶性三水铝石。

该研究首次开发成功烧结法碳分母液连续深度碳分新工艺技术；开发了添加循环晶种、控制适宜的晶种比与CO_2通气速度来抑制生成丝钠铝石的关键技术；开发了添加适宜絮凝剂改善深度碳分后料浆的沉降性能等关键技术；得到了不含丝钠铝石的易溶性三水铝石产品；深度碳分后碳分总分解率可提高到97~98%，碳分母液残留氧化铝浓度降至3g/l以下。该成果技术经中国有色金属工业协会鉴定，具有自主知识产权，达到国际领先水平。

深度碳分槽

深度碳分产品过滤机

烧结法碳分母液深度碳分工艺，具有技术先进、流程简单、实用性强的特点，适用于烧结法和联合法氧化铝厂，可提高氧化铝回收率和循环效率，具有广泛的推广应用价值。

中国铝业股份有限公司山西分公司

中国有色金属工业科学技术二等奖（2007年度）

获奖项目名称

降低拜耳法种分精液αk技术研究

参研单位

- 中国铝业股份有限公司山西分公司
- 中国铝业股份有限公司郑州研究院

主要完成人

■顾松青 ■张占明 ■张吉龙 ■张立强
■吕鲜翠 ■乔　军 ■李鑫金 ■杨志民
■孟　杰 ■李光柱 ■尹中林 ■于　斌

获奖项目介绍

“降低拜耳法种分精液αk技术研究”为国家“十五”科技攻关课题“砂状氧化铝生产工艺优化及工业示范”的子课题。其研发工作自2004年5月至2006年3月，先后完成了实验室试验和工业试验，并全面达到了攻关指标要求αk＜1.50，硅量指数>230的目标，形成了成套的降低拜耳法种分精液αk技术。形成的新工艺具有较强的工业实施可行性，为优化砂状氧化铝生产条件、实施砂状氧化铝产业化提供了重要的技术支撑。

“降低拜耳法种分精液αk技术研究”是针对我国难以处理的一水硬铝石型铝土矿

资源为原料，经拜耳溶出后得到的种分精液αk较高，致使种分过饱和度低，难于生成结晶形貌好、强度高的砂状氧化铝的技术难题，对联合法生产系统全流程进行了综合研究，利用拜耳法与烧结法工艺和流程的特点，重点开发了“烧结法粗液与拜耳法溶出浆液合流”以及“烧结法碳分母液深度碳分产物后加增浓溶出”降低拜耳法种分精液αk技术，同时对工业生产条件进行了系统优化，包括混联法补碱方式的优化、拜耳法精液A/S的合理控制以及拜耳法系统强化排盐措施等，形成了一套“合流＋后增浓”降低拜耳法种分精液αk的新工艺和新流程。工艺成熟可靠、实用性强，具有自主知识产权，解决了砂状氧化铝生产技术优化和产业化过程中的关键技术，确保了拜耳法种分生产砂状氧化铝技术条件的实现和产品质量的稳定，形成的关键技术达到了国际领先水平。

中国铝业股份有限公司山西分公司

中国有色金属工业科学技术二等奖（2008年度）

获奖项目名称

孝义铝矿伴生铁矿、粘土矿强化开采技术研究

参研单位

- 中国铝业股份有限公司山西分公司
- 北京科技大学

主要完成人

姜立春 富崇彦 杜彦龙 强小平
党建印 侯 斌 辛利民 韩 斌
吴安福 景卫兵 孟晋华 张立昌

获奖项目介绍

本项目主要解决孝义铝矿在开采铝土矿的同时，强化开采伴生粘土矿、铁矿的技术难题，包括伴生资源开采理论与工艺技术、采空区安全控制、动态边际品位控制、综合利用等方面内容。

（1）针对山西沉积型铝土矿伴生粘土矿和铁矿复杂边界特征，建立了孝义铝矿三大矿区粘土矿和铁矿地质资源数据库，分析计算了矿区的粘土矿和铁矿储量，为后续开采奠定了坚实的基础。

（2）根据沉积型铝土矿伴生资源复杂的赋存特点，在分析影响矿石贫化率、损失率及围岩混入率高的原因基础上，结合现有主要设备工况参数和工艺流程，有针对性进行加密补充勘探设计，提出了孝义铝矿“铲运机－反铲－中深穿孔微差爆破”采矿新工艺，为后续持续高效生产行奠定了坚实基础。

（3）在模拟开采的基础上，首次进行了试验区的伴生粘土矿和铁矿的开采。试验区实际粘土矿和铁矿的回采率分别为86.1%和86.0%，相关试验数据为后续强化开采和和大规模工业化开采奠定了基础。

（4）针对孝义铝矿民采遗留的大面积采空区的安全隐患，在现场节理裂隙调查的基础上，基于Reissner厚板理论，分析了i）矿岩自重条件下；ii）地面超载条件下；iii）等效移动荷载条件下；iv）自重和超载等情况下的采空区顶板的临界安全厚度，确定了不同跨度条件下采空区顶板的最小安全顶板厚度。建立了采空区顶板分析数值模型，分析采空区的稳定性，提出了确保安全的工程措施，指导安全生产。

（5）利用试验区开采技术参数，进行了一期克俄试验区的伴生粘土矿和铁矿的大规模强化开采，取得了伴生矿强化开采技术参数。

（6）利用边际效应理论，创新性建立了沉积型伴生粘土矿、铁矿开采短期和中长期动态边界品位评估控制模型，为孝义铝矿伴生资源的开采提供理论支持。

①一期克俄强化开采试验区回采铁矿工作面
②一期克俄强化试验区大面积揭露的铁矿层

中国铝业股份有限公司山西分公司

中国有色金属工业科学技术二等奖（2008年度）

获奖项目名称

气态悬浮焙烧炉控制系统开发与应用

参研单位

■ 中国铝业股份有限公司山西分公司

主要完成人

■ 王寿和 ■ 原桂生 ■ 李世杰 ■ 王晏斌
■ 李　睿 ■ 樊红吉 ■ 张　广 ■ 姬学良
■ 侯兵耀 ■ 杨红里 ■ 兰海云 ■ 文占娥

获奖项目介绍

山西分公司的两台气态悬浮炉（2#、3#焙烧炉）的过程控制系统故障率高，运行高风险，灭火原因分析困难，造成停车事故频繁、消耗增加、缩短了炉子内衬寿命，产量、指标难以保证，自控维护工作也非常被动。为了解决这一难题，分公司组织技术力量，对气态悬浮炉控制系统进行自主开发研究，项目从启动研究开发到实施完成，工程历时三年。

项目选用2套全冗余高性能过程管理站HPM和UCN网络取代原有的多台、多种落后的监控设备，另外在HPM中增加DISOE卡用于第一故障快速辨别判断。

软件无缝切换方案由后台支持子系统和人机操作界面子系统构成，主要包括点组态及操作组、实时趋势与历史、报警等所有操作环境功能的再现性设计。改变了原控制器下装程序必须复位和停车的历史，减少了PLC与LCN主网络之间的通讯环节，改变了通讯问题带来的系统瘫痪问题。采用POSPROP模块实现风门直接控制，减少了硬件控制环节，提高了可靠性，保证了机械安全，改善了控制质量。第一故障源辨别技术方案开发：燃烧站灭火或故障时，会引起一系列的报警产生，维护和操作人员无法通过DCS系统对故障报警和灭火原因作出及时和精确判断。通过修改燃烧站PLC控制程序和DCS组态，将可能引起燃烧站灭火的内部联锁实现ms级快速采集和数据传输，从而判断故障报警信息产生的先后顺序，提高现场故障处理速度、减少恢复正常生产的工作时间，减少了炉子内衬破坏。动态逻辑指示为操作维护提供了一种直观的设备状态和事故分析界面，可以实现设备在线连锁动态显示。

运行结果表明，项目的实施使系统运行的可靠性提高、控制功能得到优化，特别是ms级的第一故障源报警技术的研究和应用，填补了国际氧化铝行业在控制技术领域的一项空白。该项目的成功实施，为同类企业通过提高DCS（或PLC）控制水平，提高设备操控性和运转率、减少能源消耗、提升整个氧化铝行业焙烧炉生产效率提供了宝贵的经验，具有重大的推广和应用价值。

中国铝业股份有限公司山西分公司

中国有色金属工业科学技术二等奖（2009年度）

获奖项目名称

氧化铝供风系统节能优化新技术开发与应用

参研单位

■ 中国铝业股份有限公司山西分公司

主要完成人

■杨马云 ■ 安婧红 ■ 豆党性 ■ 张祝喜
■李国政 ■ 马文选 ■ 赵子龙 ■ 王素刚
■薛俊峰 ■ 高　茜 ■ 赵树功 ■ 梁清玉

获奖项目介绍

山西分公司空压站车间担负着风能的集中生产供应任务，主要为料浆槽、种分槽等主要岗位提供搅拌提料用风及全厂其它动力用风，素有氧化铝生产“心脏”之称。其供风设备包括六台功率为2500kw的高压离心压缩机，及三台功率为1800kw的低压离心压缩机，是山西分公司的能源消耗大户。由于供风管网原设计为主管与专管并行的单一压力供风模式，在长期使用过程中，发现这一模式在运行中主要表现为系统所需风压高，调节浪费大，供风成本偏高；同时供风管网经过20多年的使用，磨损严重，存在严重生产安全隐患。因此，为降低供风系统能源消耗，确保生产安全，山西分公司决定将本项目作为降本增效项目之一进行立项实施。

该项目研究开发成功了高效节能的氧化铝分级供风系统，其主要技术特点和创新点如下：

（1）首次在氧化铝厂建立了分级供风模式，形成了在不同供需下的节能风量调节体系，降低了供风成本，提高了系统运行的安全性，便于管理和操作；

（2）制定了分级供风模式下供风系统运行调节新标准，优化了工艺条件和技术参数；

（3）采用了冷却效果好的新型冷却器，提高了压缩机的运行效率。

主要技术经济指标：

（1）高压风一级管网压力≥0.45MPa；

（2）高压风二级管网压力≥0.40MPa；

（3）高压风三级管网压力≥0.35Mpa；

（4）高压机排气温度≤140℃。

同国内外同类项目先进水平的对比表明，在国内外氧化铝生产供风系统中使用分级供风技术对风能进行合理调节的尚属首次，该项目整体技术达到国际先进水平。该项目在我分公司氧化铝供风系统应用后，整个供风系统调节方便，实现了风能的合理利用，又增强了供风管网的安全性，且经济效益显著。项目实施后，一年之内有6个月时间可以少开一台压缩机，按高、低压机各占一半的时间计算，每年可节约的费用为431.25万元。同时，增强了高压风管网使用的安全性及管理的科学性，可使整个高压风系统调节方便，实现节能运行，显著节约了能源，大幅降低了企业的生产成本，提高了企业的综合竞争力。

中国铝业股份有限公司山西分公司

中国有色金属工业科学技术二等奖（2009年度）

获奖项目名称

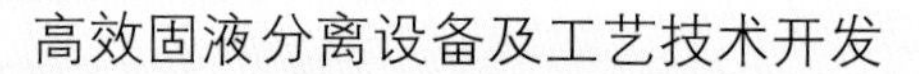

高效固液分离设备及工艺技术开发

参研单位

- 中国铝业股份有限公司山西分公司
- 中铝国际沈阳铝镁设计研究院

主要完成人

- 张占明 ■ 马达卡 ■ 张立强 ■ 郭庆山
- 李智民 ■ 郝向东 ■ 郝起生 ■ 赵培生
- 景卫兵 ■ 郭晋梅 ■ 赵志英 ■ 李光柱

获奖项目介绍

氧化铝生产过程中赤泥的分离、洗涤是极其重要的环节，目前国内外氧化铝厂大都是采用大型沉降槽进行赤泥分离和洗涤，由于拜耳法赤泥粒度非常细，当固含偏高时很易造成跑浑，分离洗涤过程时间长，水解损失严重，需要大量昂贵的絮凝剂，且底流附液量大，外排赤泥附液量大、附损高，赤泥储坝负荷较重等。针对现行工艺所存在的问题，山西分公司在多年研究的基础上开发了具有自主知识产权的立式高效精滤机。该设备采用新型金属过滤元件，耐高温、高碱，是一种新型加压过滤装置，可应用于拜耳法溶出赤泥和洗涤赤泥的分离。

本项目首次将多层金属烧结网过滤元件用于氧化铝生产的固液分离，自主研发、设计、制造出一种新型高效固液分离设备——立式高效精滤机，可代替沉降槽，实现稀释矿浆的快速分离；开发出适宜于赤泥分离、洗涤高效固液分离工艺设备的自动控制技术，操作方便，确保设备自动稳定运行；开发出金属过滤介质的酸洗和碱洗再生技术。该项目已成功应用于拜耳法赤泥的液固分离，开发出拜耳法赤泥分离洗涤新工艺，简化了流程，提高了底流固含和洗涤效率，降低了外排赤泥附水、附损。该设备及工艺应用于分离稀释矿浆时进料固含最高95g/l，平均63.2g/l，远高于其它同类过滤设备；浮游物指标在0.020～0.050g/l的范围内波动，最低0.010 g/l；底流固含达到700g/L。

该设备及工艺技术的开发将大力推动我国氧化铝生产过程装备水平和工艺技术的创新，有效解决传统沉降分离和叶滤对提高铝酸钠溶液浓度的制约，为实现拜耳法高效循环提供技术支撑。社会经济效益显著。可用于新建、扩建、改建的氧化铝厂的赤泥分离，也可用作其它行业的类似固液相分离设备，具有十分广阔的推广应用前景。

中国铝业股份有限公司山西分公司

中国有色金属工业科学技术二等奖（2009年度）

获奖项目名称

热电锅炉用焦炉煤气代替柴油点火及与动力煤掺烧技术

参研单位

■ 中国铝业股份有限公司山西分公司

主要完成人

■ 马达卡 ■ 张占明 ■ 闫　科 ■ 王继永
■ 姬敬山 ■ 任建设 ■ 高运奇 ■ 赵建斌
■ 屈瑞红 ■ 赵子龙

获奖项目介绍

1.技术背景和目的：中国铝业山西分公司热电分厂锅炉点火采用的轻柴油价格急剧上涨，使用的动力煤供应紧张，且价格急剧上涨，使蒸汽成本升高。同时山西分公司周边有多余的焦炉煤气可以利用，且有意向供山西分公司使用。如能将周边焦炉煤气用于锅炉替代柴油进行点火和调峰，多余的焦炉煤气与动力煤掺烧，既有利于降低生产成本，又能减少焦炉煤气外排和锅炉灰渣外排量，减轻对环境的污染，达到节能减排的目的，具有良好的经济效益和社会效益。

2.关键技术及创新点：

（1）实现了铝工业自备电厂锅炉用焦炉煤气代替柴油点火技术，降低了锅炉点火成本。

（2）在不改变原煤粉锅炉燃烧工况的前提下，实现了锅炉用焦炉煤气与动力煤掺烧技术，降低了运行成本，此掺烧技术及运行方式属国内首创，填补了国内空白。

（3）开发了独特的四角、双层、下倾斜布置煤气喷嘴方式，实现了与原动力场和温度场相吻合，抑制了排烟温度的升高，稳定锅炉的燃烧工况，解决了锅炉纯煤粉燃烧时因煤质、煤量波动造成锅炉灭火影响生产的问题。

（4）自主开发了煤气点火及掺烧工况下的全炉膛灭火控制软件（FSSS），确保了锅炉的运行安全。

3.达到的效果：

（1） 锅炉点火系统实现了焦炉煤气代替柴油点火的目标，且能按原升温曲线启动锅炉，解决了原柴油点火时冒黑烟污染环境的问题；

（2） 锅炉掺烧焦炉煤气运行时燃烧工况稳定，锅炉各项指标达到了目标要求；

（3） 锅炉掺烧焦炉煤气运行期间，未出现局部高温和结焦现象，且动力场和温度场未发生明显改变；

（4） PLC控制系统运行正常，保证了锅炉安全稳定运行。

4.经济和社会效益：在2#锅炉开发实施后，每年可节约用电572400 kwh（度）；替代柴油36吨；替代动力煤19080吨，每年可降低成本616.3万元，经济效益明显。同时每年可减少二氧化硫排放量572.4吨，减少炉渣排放量4770吨，同时解决了柴油点火冒黑烟污染环境问题，社会效益显著。

中国铝业股份有限公司山西分公司

中国有色金属工业科学技术二等奖（2010年度）

获奖项目名称

创新联合法生产氧化铝技术研究及工业应用

参研单位

- 中国铝业股份有限公司山西分公司
- 中铝国际沈阳铝镁设计研究院

主要完成人

■ 张占明 ■ 马达卡 ■ 李光柱 ■ 王天庆
■ 郭庆山 ■ 廖新勤 ■ 张立强 ■ 邹若飞
■ 李文化 ■ 王素刚 ■ 侯炳毅 ■ 杨建武

获奖项目介绍

在我国铝土矿品位迅速降低、燃料价格快速上涨、氧化铝产能过剩、产品售价大幅度降低、企业效益急剧下滑的情况下，中国铝业山西分公司结合赤泥堆场库容不足的实际情况，在多种生产组织方式的技术经济比较和工业试验的基础上，首创了串联、并联相结合的创新联合法工艺——老系统采用串联工艺，拜耳法赤泥全部去烧结配料；新系统采用并联工艺，拜耳法赤泥全部外排；烧结法粗液100%合流到两个拜耳法系统的稀释槽，与拜耳法液量联合处理。

创新联合法生产工艺的主要技术特点是：烧结法采用低铝硅比烧成，尽可能多的配吃拜耳

法赤泥；烧结法粗液100%与拜耳法系统联合处理，利用拜耳法稀释矿浆的余热和活性赤泥种子脱硅后与拜耳法系统液量并流处理；烧结法取消了高能耗的脱硅、碳分等9个工序，简化了烧结法流程，实现了高效低耗生产；拜耳法系统以粗液补碱替代了价格相对较高的液碱补碱；确保赤泥堆存安全实施。

该技术经一年多的生产实践证明，氧化铝生产运行稳定，与原混联法工艺相比：工艺能耗降低约20%，矿耗低、生产成本低，经济社会效益显著。一年来为山西分公司减亏增效达1.6亿元以上，对分公司控亏增赢和氧化铝技术进步意义重大。该成果共5项发明专利获得受理。

创新联合法技术是中铝公司三年结构调整的关键技术之一，作为低品位铝土矿的高效低耗处理技术，可在原采用联合法生产工艺的氧化铝生产厂家进行推广，实现了低品位铝土矿的低成本生产，具有非常大的推广应用空间。

中条山有色金属集团有限公司

国家科学技术进步奖二等奖（2002年度）

获奖项目名称

难采难选低品位铜矿地下溶浸工艺研究设计及工程化实践

参研单位

- 中条山有色金属集团有限公司
- 北京矿冶研究总院
- 长沙矿山研究院

主要完成人

■ 赵　波 ■ 余　斌 ■ 周罗中 ■ 陶星虎
■ 王　春 ■ 苏国强 ■ 陈　何 ■ 王树琪
■ 常晋元 ■ 彭　钢 ■ 吉兆宁 ■ 蒋开喜

获奖项目介绍

该项目为国家“九五”重点科技攻关项目，技术内容涉及矿石溶浸化学、浸出动力学、计算机渗流模拟、布液参数优化、集液工程设计、原地爆破技术、井下防渗注浆、矿山环境监测及全流程成本控制等领域。在技术上着重研究矿石的破碎技术、溶浸布液与收集技术、矿石溶浸技术、浸出液中金属提取技术以及地下溶浸过程的模拟及经济评价方法等。该技术利用室内浸出模拟技术、地质工艺技术和计算机模拟技术等，并将其与原地爆破技术、矿物学研究技术及井下集液工程合理配置相结合，在确保矿山环境的前题下，开发出了适用于难采、难选氧化铜矿资源综合回收利用的成套原地破碎浸出技术，形成了“孔网布液、静态渗透、注浆封底、综合收液、萃取电积”技术特色的成套地下浸出提铜技术。整套技术居国际先进水平。实现了国内第一家铜矿资源3.5万吨级原地破碎工业化浸出，首开了国内铜矿资源原地浸出采矿的先河。该成果于2003年1月获国家科技进步二等奖。

应用该技术建成了中条山有色金属集团有限公司湿法炼铜厂。目前，该厂已经成为我国湿法冶金领域的标准示范工厂，主持编写的《湿法冶炼工》列为国家标准。

中条山有色金属集团有限公司

中国有色金属工业科学技术一等奖（2007年度）

获奖项目名称

铜顶吹熔炼与吹炼新工艺

参研单位

- 中条山有色金属集团有限公司
- 中国恩菲工程技术有限公司

主要完成人

王树琪 赵　波 裴明杰 林晓芳 刘广耀 何小青 许　海 贾建华 温燕铭 尉克俭 李　鹏 陈知若 林荣跃 杨建新 黄祥华 周新成

获奖项目介绍

该技术应用于铜熔炼与吹炼领域，技术内容包括提升粗铜产能、降低弃渣含铜、延长炉寿命、余热利用节能减排和工艺控制等五大方面，在国际上首家实现了浸没式富氧顶吹双炉炼铜技术的工业化生产；研发成功并投入使用的浸没式富氧顶吹吹炼技术是一种新的铜吹炼技术，具有能耗低，硫的捕集率和回收率高，环保好等优点；开发出吹炼炉炉渣泡沫化控制技术、特殊排渣操作技术、烟道粘结处理技术及一步吹炼法，完善和丰富了顶吹炼铜技术，提高了吹炼炉的作业率，解决了顶吹吹炼炉产能低的问题；对顶吹炉耐火材料应用技术进行研究，延长了炉寿命，降低了耐火材料消耗。该工艺对原料适应性强，能充分利用各种杂料，提高了资源综合利用率；新工艺的计算机自动化控制系统提高了系统的可靠性、灵活性，扩展了系统的功能。

该技术所取得的技术创新成果已经在侯马北铜铜业有限公司成功实现了工业化生产，并且取得了很好的经济和社会效益，推广应用前景广阔。2007年荣获中国有色金属工业科技进步一等奖。

包头铝业有限公司

中国有色金属工业科学技术二等奖（2006年度）

获奖项目名称

大型工业铝电解槽直接生产铝钛合金

参研单位

- 包头铝业有限公司

主要完成人

- 王云利 ■ 赵洪生 ■ 孙喜喜 ■ 赵亚平
- 翟宝辰 ■ 降　虹 ■ 何建丽 ■ 李生元
- 侯景星

获奖项目介绍

大型工业铝电解槽直接生产铝钛合金项目,是在铝电解行业高速发展、电解铝市场竞争不断加剧、对产品质量要求更加严格、价格竞争日趋激烈、利润空间逐渐缩小的情况下产生的。企业为了进一步提高产品质量、降低生产成本、增强市场竞争能力，于2004年由公司产品研发技术检测中心（现质量技术中心）成立试验小组，对二氧化钛在铝电解体系中形成铝钛合金的机理进行分析和可行性论证，制定了试验方案，进行为期6个月的工业试验，最终使电解法生产铝钛合金技术试验取得成功。

电解生产的铝钛合金原铝液配制A356系列铸造铝合金具有良好的晶粒细化作用。因为在电解共析法生产铝钛合金的过程中，钛离子在阴极获得电子后以原子的形式（析出）进入阴极铝液，并迅速溶入铝液，使铝液中钛成份分布均匀。且由于钛的含量较低，同时在电解的过程中，电解质和铝液中溶入少量的碳原子。在电解温度的条件下生成TiC，TiC粒子是液体铝的形核相，使晶粒细化，获得晶粒细小而均匀的铸锭组织。

生产铝钛合金的电解槽

在电解槽上直接添加TiO_2的方法来生产含钛量0.5%～2.5%（wt）的铝钛合金原铝液，其生产成本比熔配钛添加剂低许多，具有非常大的工业应用价值。2006年，对电解直接生产低钛铝合金项目进行产业化推广，铝钛合金年产量达到10kt/a（Ti：0.5%～2.5%），匹配生产A356系列铸造铝合金、6063铝合金圆棒100kt/a。由于应用电解法生产的铝钛合金液，每吨A356合金产品降低成本300～400元。包头铝业根据各系列电解槽不同的槽型结构，在电解生产工艺技术操作上形成了一套完整的电解生产低钛铝合金技术，做到槽内钛含量可根据合金产量及生产情况即时调整，达到资源合理配置，使低钛槽工艺得到很好应用。

用大型电解槽生产低钛铝合金技术属国内首创，该项目通过厂内专家组验收和自治区组织的成果鉴定，并获得国家发明专利专利授权一项（专利号：ZL200510086115.8）。

包头铝业有限公司

中国有色金属工业科学技术二等奖（2008年度）

获奖项目名称

电解原铝熔配合金熔体净化技术研究与应用

参研单位

- 包头铝业有限公司
- 上海交通大学

主要完成人

■ 王云利 ■ 赵洪生 ■ 王　俊 ■ 栗争光
■ 龚献忠 ■ 张　军 ■ 疏　达 ■ 贾佼成
■ 赵亚平 ■ 郭有军 ■ 张兴元 ■ 柴茂林

获奖项目介绍

近年来，随着我国电解铝产业布局和结构的调整，利用电解原铝液直接熔配生产高附加值的合金产品的比重日趋增加。利用电解原铝液熔配合金，由于减少了铝锭的再次重熔，在节能、降耗、减排方面具有明显的优势，是符合材料生态加工发展趋势的短流程工艺。但由于电解原铝液存在杂质含量多、气体含量高、化学成分不稳定等特点，在利用电解原铝液熔配合金的生产过程中产品合格率较低，如A356合金通透率低，电工铝杆的抗拉强度、伸长率、电阻率不能同时达标等。实践证明，合金液的化学成分控制和熔体净化精炼是影响成品率的最主要因素。常见的熔体净化方法分为炉内净化和炉外在线净化两大类。二十世纪八十年代发展起来的喷射熔剂法，以气体为介质将粉状熔剂喷射入铝液内部，大大增加了熔剂和铝液的接触面积，是目前广泛应用的炉内处理技术。但针对电解原铝熔配生产合金的净化设备与工艺的开发，还远远不能满足工业生产的需要。

本项目针对电解原铝熔配合金熔体净化这一关键技术难题，开发了透气砖底吹除气装置和大流量连续电磁净化装备，开展了氮氯混合除气工艺和电磁净化除杂工艺的优化试验，并成功应用于包头铝业有限公司电工铝杆连铸连轧生产线。所开发的透气砖底吹除气装置及氮氯混合除气工艺，以氮气混合少量氯气为

净化气体，通过透气砖吹入铝液，在铝液中产生大量弥散分布的细小气泡，利用化学反应除气机制和气泡浮游除氢机理共同作用，实现铝液内氢的高效去除。大流量电磁净化装备采用大尺寸的多通道陶瓷管分离器和整体式的净化流槽，通过电磁参数的优化匹配，首次在工业生产中实现铝液流量约5T/H的条件下铝液中10m以上夹杂的去除。项目主要完成技术指标：

1.在铝液流量为85kg/min时，使用N2和5% Cl2的混合气体，可将除气后铝液中的氢含量可由除气前的0.20ml/100g左右降低至0.12ml/100g，除气效率不低于40%；通过氮氯混合除气处理后，铝杆在塑性基本保持不变的基础上抗拉强度平均提高了5%，电工圆铝杆性能的稳定性得到了改善。

2.电磁净化装置针对5吨/小时的铝液流量，采用整体式的电磁净化流槽和大尺寸多通道陶瓷管分离器，通过电磁参数的优化匹配，基本去除了铝液中10um以上的夹杂，对10m以下夹杂的去除效率可以达到30%　80%。

该项目获得国家实用新型专利授权一项，专利号：ZL20072000 45056.X。

沈阳铝镁设计研究院有限公司

中国有色金属工业科学技术一等奖（2005年度）

获奖项目名称

350kA特大型预焙阳极铝电解槽研制

参研单位

- 沈阳铝镁设计研究院有限公司
- 河南神火集团有限公司

主要完成人

■ 杨晓东 ■ 李孟臻 ■ 王汝良 ■ 贾新武
■ 王桂芝 ■ 李志勤 ■ 邱 阳 ■ 王洪涛
■ 邹智勇 ■ 孙廷瑞 ■ 张万福 ■ 程 祥
■ 霍岱明 ■ 陈忠德 ■ 沈山鸣 ■ 邓廷振

获奖项目介绍

沈阳铝镁设计研究院有限公司于2002年研制开发的SY350型预焙阳极电解槽，应用了先进成熟的数学模型和工程软件，并且结合SY300型槽设计技术平台和设计思路，充分总结了其它槽型的设计、制作、安装、生产全过程中正反两个方面的经验，集成了各种先进的技术和成果，代表着我国当时铝电解槽的最先进技术，属国内首创。

本技术采用非对称六端进电，进行了磁场优化设计，使电解槽运行平稳。应用电解槽本体热平衡仿真与厂房通风模拟相结合的“系统热平衡”设计新方法，获得良好的电解槽热平衡和厂房通风设计效果。采用窄加工面、槽壳增设散热片、大间距摇篮架结构，获得了电解槽材料用量省、结构紧凑、槽壳变形小、热工况稳定的良好效果。开发出三段式抽风技术，有利于提高集气效果和改善环境。

河南神火集团首期启动的78台电解槽在2005年3¯5月份的电流效率94.15%，直流电耗13474kW/t-Al，在当时国内大型预焙阳极电解槽中综合技术为国际先进水平。

推广应用技术

河南神火铝电集团140kt/a电解铝系列应用350kA铝电解槽，2002年设计、施工，于2004年8月16日焙烧启动全部顺利投产，SY350型铝电解槽运行平稳，技术实用可靠，运行技术经济指标先进，为在中国铝工业推广大容量预焙阳极电解槽建设，以及我国的电解铝技术走向国际市场提供了宝贵的设计和生产经验。350kA铝电解槽技术已应用于中铝兰州分公司、抚顺铝厂、内蒙古霍煤鸿骏铝业、青海黄河鑫业公司、云南东源铝业等工程项目中，该项技术在国内广泛应用，获得巨大的市场份额。

获奖情况

申请专利11项

2005年获得中国有色金属工业协会科学技术一等奖，2006年国家科技进步奖二等奖

沈阳铝镁设计研究院有限公司

中国有色金属工业科学技术二等奖（2005年度）

获奖项目名称

220KV GIS组合电器及220KV整流变压器第三绕组调压在铝电解厂中的应用

参研单位

- 沈阳铝镁设计研究院有限公司
- 中国铝业连城分公司

主要完成人

■ 陈春明 ■ 李佰福 ■ 黄卫平 ■ 赵 韧
■ 高国富 ■ 袁进禹 ■ 李 巍 ■ 王同砚
■ 刘万祥 ■ 郑 权 ■ 孟轶英 ■ 吴耀东

获奖项目介绍

该项目包含两部分技术，一部分为220kVGIS组合电器在电解铝厂供电整流所中的应用，另一部分为220kV整流变压器第三绕组调压在电解铝厂供电整流所中的应用。

电解铝厂供电整流所的220kV配电装置应用SF6全密封气体绝缘组合电器，配电装置的主接线为双母线带母联系统，两个进线、一个母联、两个母线PT、四台整流机组馈线及两台220/6.3kV动力变压器馈线。该技术成功应用于电解铝厂的供电整流所中，不仅满足电解铝厂对供电整流所可靠性的要求，而且充分发挥GIS组合电器占地小，布置紧凑的特点，解决了老厂改造工程场地狭小的难题。

220kV整流变压器第三绕组调压充分利用了第三线圈与供电主回路没有直接电的连接，只是通过磁耦合，利用串变加极性、减极性和细调抽头来达到改变阀侧电压的目的（见图 1），U=U2U3的特点。

采用该种调压方式，有载开关可以使用比较低的电压等级（如35kV、60kV），不受一次网侧供电电压等级的限制。采用双8字线圈制造技术，解决了有载调压开关在单机组12脉波整流机组中应用的技术难题，填补了国内空白。该种调压整流变压器整流效率相当于端部自耦调压整流变压器，可靠性和投资优于端部自耦调压整流变压器，而且在220kV电压等级中由于受有载调压开关的限制至今不能实现端部自耦调压整流变压器。该技术的应用可以将变压器补偿绕组和粗调绕组合二为一，降低了变压器损耗，提高运行效率，实现了功率因数补偿和谐波治理。

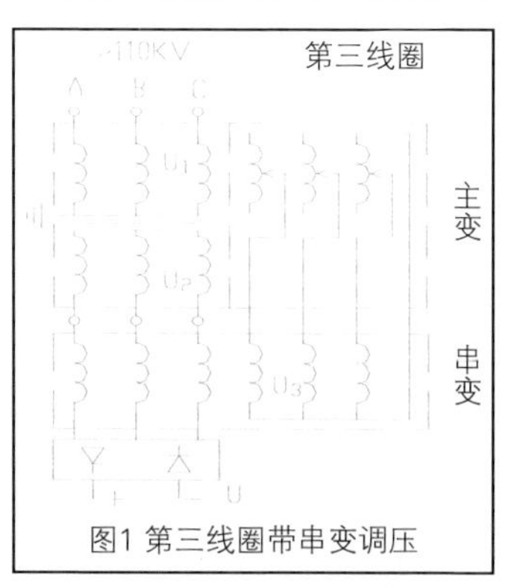

图1 第三线圈带串变调压

该项目成果可靠性高、投资省、节能效果显著，可以为电解铝厂带来较好的经济效益，为我国大型铝电解厂供电整流节能设备提供了范例。具有良好的推广和使用价值。

推广应用技术

该项成果在中国铝业连城分公司投运以来，运行平稳，各项技术指标均达到设计要求，220kV直降式调压整流机组综合运行效率为98.361%，达到了国内领先水平。该项成果已应用于中铝兰州分公司、内蒙古霍煤鸿骏铝业、包头铝厂、东方希望包头稀土铝业有限责任公司、伊川铝厂四期等工程项目中。

获奖情况

发明专利1项

2005年中国有色金属工业协会科学技术二等奖

沈阳铝镁设计研究院有限公司

中国有色金属工业科学技术一等奖（2008年度）

获奖项目名称

400kA大型预焙阳极铝电解槽及湿法焙烧启动技术研制开发

参研单位

- 中国铝业股份有限公司兰州分公司
- 沈阳铝镁设计研究院有限公司

主要完成人

■ 杨晓东 ■ 李　宁 ■ 李金鹏 ■ 王　洪
■ 刘雅锋 ■ 肖伟峰 ■ 朱佳明 ■ 陈　军
■ 孙康建 ■ 张　君 ■ 周东方 ■ 肇玉卿
■ 杨昕东 ■ 邱金山 ■ 邱　阳 ■ 马志成
■ 班　辉 ■ 郭兰江 ■ 孙建国 ■ 谷文明

获奖项目介绍

本项目在总结原有大型电解槽设计、测试、生产方面的经验，通过优化的设计模型，优化电解槽模结构，采用各种新的材料，严格控制操作条件，解决了开发大型SY400电解槽热平衡、磁流体稳定性、生产管理控制等难题开发出大电流强度，高电流密度的SY400电解槽。SY400电解技术指标先进，同比350kA，300kA电解槽具备投资省，经济效益高的特点，能够满足建设技术起点高、装备先进、大规模的铝电解系列，为中国铝工业的国际化奠定坚实的基础。SY400电解技术具备世界领先水平，属国内首创，电流效率94.6%，直流电耗13263 kWh/t-Al，为我国参与国际竞争提供了容量更大、更先进的电解槽技术。

电解槽焙烧启动技术的优劣直接影响电解槽的槽寿命。针对我国的大型预焙阳极电解槽的自身特点，开发了新型湿法无效应焙烧启动技术。该技术，以国际上最先进的控制理念为指导，以电解槽阴极和电解质温度为控制中心，采用合理的装炉工艺制度和焙烧升温曲线控制，由此电解槽焙烧时间大大缩短，由原来的72～96小时缩短到48小时左右。在电解槽焙烧过程中，阴极升温更均匀、平稳，阳极、阴极电流分布均匀，启动后以电解槽稳定性为判定标准，兼顾控制电解质的温度变化，合理控制极距，大大减小了炉底和槽壳变形，电解槽工作电压由原来的3～4周转入正常，缩短到现在的1周左右，使电解槽得以快速转入正常期，节省了大量的能量和人力成本，同时，由于电解槽控制合理，高温期短，温室气体排放也大大减少，提高了电解槽槽寿命和其它技术指标。

推广应用技术

该项成果在中国铝业兰州分公司投产后，生产稳定，技术指标先进,经济效益和社会效益显著，在国内外影响巨大。SY400电解槽为国内同级别电解槽中最大的高电流密度槽型。中国铝业兰州分公司16台SY400电解槽为国际首个SY400工业电解槽。 该槽型在国内的铝电解项目得到了广泛应用，目前已有20多个系列得到应用。新型湿法焙烧启动技术研制开发在中国铝业公司得到了推广应用，并在全国其它地方铝厂得到了广泛推广应用。

二十多项专利。

沈阳铝镁设计研究院有限公司

中国有色金属工业科学技术一等奖（2008年度）

获奖项目名称

雾化烘干循环烧结（SDCC）新技术、新装备研究开发

参研单位

- 中国铝业股份有限公司中州分公司
- 沈阳铝镁设计研究院有限公司

主要完成人

■ 刘祥民 ■ 娄东民 ■ 张吉龙 ■ 廖新秦
■ 厉衡隆 ■ 王永红 ■ 刘　伟 ■ 刘亚平
■ 王二星 ■ 赵东峰 ■ 李太昌 ■ 曲　正
■ 张际强 ■ 程　旭 ■ 常淑霞 ■ 孙建峰

获奖项目介绍

本项目所发明的雾化烘干循环烧成（SDCC）工艺和技术装备，通过对矿浆在压力雾化、机械雾化、介质雾化下的比选研究，确定了空气雾化方式；通过控制动力场实现物料在干燥炉内的循环，增加烘干炉—旋风收尘器—烘干炉外循环，两个循环强化料幕形成，控制未烘干颗粒在器壁上的结疤，实现烘干炉长期稳定运行。通过改变煅烧炉热风管截面积的方式，强化了煅烧炉的温度动力场强度，向上形成了中间强度大、四周强度小的环形均布流场，延长了物料的烧成时间，实现了物料在煅烧炉的循环烧成。烘干炉炉型设计和动力场设计科学合理，形成特有的料幕层，防止了未烘干颗粒在炉壁上的黏结；科学的组合温度场解决了挥发气相组分和液相组分在低温器壁上的易结疤难题；烧成炉独特的循环动力场和出料方式，保证了熟料质量；系统研究了硅渣直接烧成过程中的反应机理和最佳技术条件，首创了硅渣浆烘干、烧成、颗粒搅拌溶出工艺技术，解决了烧结法工艺中硅的循环难题等。

单独回收硅渣中氧化铝和碱，减少了硅在生产流程中的循环，熟料氧化铝含量和铝硅比达到较大幅度的提高，优化了烧结法配料，扩大了可用铝土矿资源的范围，提高了产能，降低了消耗，使强化烧结法的技术经济优势进一步得到了充分发挥，具有广泛的推广应用前景。

该项目已属国际首创，工艺技术达到国际领先水平。工艺技术可应用于氧化铝行业及相关行业的各种含碱易结疤浆液的烘干、烧成，如烧结法工艺中的硅渣浆液、生料浆、拜耳法工艺中的赤泥浆液等的烘干、烧成。也可广泛应用于陶瓷行业、化工行业、粉体加工行业等产品的烘干、焙烧。

推广应用技术

2007年7月，中州分公司建成了一套30m^3/h雾化烘干循环烧结（SDCC）工业运行试验装置，成功进行了烧结法硅渣烧成回收氧化铝和碱的工业试验和生产应用。结果证明，同比熟料窑等传统热工设备具有热效率高、表面散热低的技术优势。工业试验运行中，硅渣浆下料量28~30m^3/h，最高到34.5 m^3/h，烧成硅渣氧化铝溶出率76.6%，氧化钠溶出率84.5%，实现了达产达标，经济效益显著。

专利等知识产权

发明及实用新型专利共4项

沈阳铝镁设计研究院有限公司

中国有色金属工业科学技术一等奖（2009年度）

获奖项目名称

中铝兰州分公司350kA槽铝电解车间厂房自然通风技术

参研单位

- 中国铝业股份有限公司兰州分公司
- 沈阳铝镁设计研究院有限公司

主要完成人

■ 佘海波 ■ 李　宁 ■ 杨晓东 ■ 王江敏
■ 王印夫 ■ 肖伟峰 ■ 赵加宁 ■ 邱金山
■ 万　沐 ■ 杨延鹏 ■ 陈　军 ■ 刘　宏
■ 陆惠国 ■ 谷现良 ■ 魏慧民 ■ 刘海男

获奖项目介绍

传统铝电解厂房通常采用天窗自然通风方式，随着铝电解槽容量和运行电流密度的提高，传统的自然通风形式难以满足电解槽热平衡的要求，同时造成电解槽操作区间工作温度高，电解槽不易形成炉帮等缺点，从而影响电解槽的经济技术指标。

我国在当时使用的设计方法是套用单层结构形式的方法，尚没有针对铝电解厂房二层结构形式通风的计算方法。这样，在解决电解厂房的通风问题时会有较大的误差，且没有将电解槽的热平衡与电解车间的热平衡结合起来，造成原有的计算模型不能满足高电流密度大型电解槽的生产需要。

我公司2003年开始着力对铝电解车间厂房自然通风技术进行研究。以国际上最先进的自然通风理念为指导，综合考虑影响电解车间的自然通风的所有因素，采用CFD技术设计出新的电解厂房结构形式。其技术原理是：室外空气通过外墙下部的进风口进入后，大部分通过电解槽周围的固定格栅篦子进入厂房，带走槽体散发的余热和污染物并通过天窗排到室外，另一部分空气通过楼板开口上升，通过内隔墙进入工作区，为操作工提供新鲜空气。

这种带有内隔墙式的电解厂房形式已应用于中国铝业兰州分公司等大槽型电解车间，取得了良好的通风效果。由国家空调设备质量监督检验中心对兰州分公司电解厂房通风效果的测定表明：当室外计算干球温度为32.3℃时，车间大端操作区平均温度31.4℃；小端42.2℃；车间槽间操作区平均温度45.5℃；厂房两侧进风量的不均衡率约1.2%，而旧式约71%；厂房槽间格栅篦进风量占总进风量62.2%，而旧式厂房这一比率仅36.6%，这就使电解槽散热良好，也是新型厂房一个突出的优势；厂房总的进风量比旧式厂房大约增加22.1%，通风效果优于旧式厂房。

推广应用技术

新的电解厂房自然通风技术应用于中铝兰州分公司电解一厂350kA电解槽系列后，改善了生产环境，特别是新型厂房下部进风窗会进入更多的室外低温空气，使电解槽散热良好，电解厂房内环境温度明显得到了改善。该技术已经成功应用于抚顺350kA系列，包头400kA系列，农六师400kA系列，连城500kA系列等工程项目。

专利等知识产权

授权实用新型专利1项

沈阳铝镁设计研究院有限公司

中国有色金属工业科学技术二等奖（2009年度）

获奖项目名称

大型铝电解槽“全息”操作及控制技术研制开发与应用

参研单位

- 沈阳铝镁设计研究院有限公司
- 中国铝业股份有限公司兰州分公司

主要完成人

■李　宁■杨晓东■肖伟峰■朱佳明
■陆惠国■孙康建■陈　刚■汤新中
■唐锋天■赵文冬■赵志兴■刘雅锋

获奖项目介绍

在过去的十年里，我国电解铝工业发展迅速，160～400kA大型预焙槽技术得到了普遍应用，从而提高了我国铝工业的装备和技术水平。大型电解槽高技术指标的保证是与生产操作和自动控制密不可分的。国外先进技术对大型槽的管理是综合考虑影响电解槽技术指标的所有因素，以严格控制生产操作为基础，以自动控制为核心,以监督管理软件为平台,做到人机结合,实时全方位控制电解槽。

沈阳铝镁设计研究院有限公司和中国铝业兰州分公司合作，应用国际上最先进的电解槽控制理念，综合考虑影响电解槽技术指标的所有因素，研发了电解槽“全息”操作及控制技术，即对电解槽在时间上和空间上进行全方位的控制。它贯穿电解槽从焙烧启动到停槽的整个生命周期，规范了电解槽管理者对电解槽进行的每一个操作，标准量化了计算机对电解槽的智能自动控制。主要包括：铝电解槽标准化操作手册；铝电解槽智能自动控制技术；铝电解槽标准化监督、管理技术。具体结构如下：

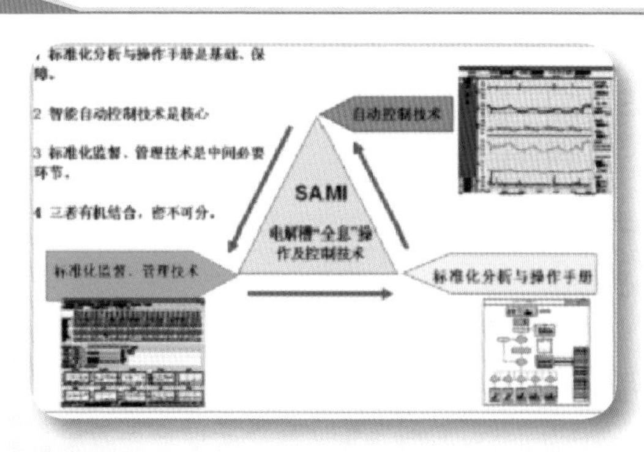

通过应用该技术电解槽的指标稳步上升,在使用国产氧化铝的条件下，电流强度计算应用表计电流，经加铜回归法实测，试验区电解槽的电流效率达到94.5%,吨铝直流电耗小于13100kWh,阳极效应系数达到0.03。

大型铝电解槽“全息”操作及控制技术具有广泛的推广价值，将有效提升我国电解铝企业对大型槽的操作、控制和管理水平，给企业带来良好的经济、环境和社会效益。

推广应用技术

“全息”操作及控制技术，已经应用于中国铝业兰州分公司SY350系列（当时系列电流378kA），取得了良好的节能降耗效果，电流效率由原有的93.9%提高至94.5%，直流电耗由13350kWh/t-Al降低至13097kWh/t-Al，吨铝节电250kWh，在提高电解槽技术指标的同时，也显著提高了环保控制水平，减少了污染物排放。近期，该技术已经提供给了抚顺铝厂350kA系列、包头铝厂400kA系列，推广工作正逐步展开。

沈阳铝镁设计研究院有限公司

中国有色金属工业科学技术二等奖（2010年度）

获奖项目名称

电解槽集中大修转运系统设备研发与应用

参研单位

- 沈阳铝镁设计研究院有限公司
- 东方希望包头稀土铝业有限责任公司
- 株洲天桥起重机股份有限公司

主要完成人

■ 刘雅锋 ■ 王　富 ■ 李春贵 ■ 方明勋
■ 胡铁柱 ■ 崔银河 ■ 王书宝 ■ 刘德春
■ 金忠新 ■ 王　春 ■ 李大博 ■ 孙　毅

获奖项目介绍

电解槽集中大修转运系统用于铝电解车间电解槽阴极装置或铝电解多功能机组维修时的转运，综合运用了机、电、气等现代技术，具有很高的技术含量。该项目的开发填补了国内空白，对打造中国品牌、振兴民族重大技术装备具有较大的意义。

电解槽集中大修转运系统的应用，大大缩短电解铝厂关键设备大修时间，增加电解铝产量。电解槽采用集中大修比在线大修节省时间38天，铝电解多功能机组集中大修比在线大修节省时间37天左右，从而增加铝产量约为1.5～4%，给企业带来巨大的经济效益。电解槽集中大修转运系统的应用，使得电解槽和多功能机组的大修工作移至大修车间内进行，提高了电解槽修理和内衬砌筑的质量,延长了槽子的寿命，改善了工人的劳动环境，大大提高了电解槽维修的机械自动化程度，降低了工人的劳动强度，使得关键设备大修工作环保、快捷、安全、可靠成为可能。

采用集中大修技术在环保、安全、劳动条件、生产效率等诸方面的优势非常明显，其经济性得到充分地体现。电解槽集中大修技术体现了科学发展观，与国家相关产业政策完全符合，系统开发研制的成功，使得我国具有完整的电解槽集中大修转运技术，可以成套地为国内外电解铝企业提供本套系统，具有广阔的应用前景。

推广应用技术

电解槽集中大修转运系统在东方希望包头稀土铝业有限责任公司投入运行以来,设备基本达到正常使用的各项技术条件,运行平稳，各项指标良好，工作机构和操作机构运转正常，系统设备主要受力结构件完好，没有明显变形情况，没有损坏现象，连接没有松动，焊缝没有裂纹；电解槽集中大修转运系统电气元件全部运转正常，电控柜没有异常情况。同时遥控控制和手动控制运行良好。起重量限制、起升高度限制、缓冲装置、限位开关和超速保护等一切运转正常。润滑装置运转正常。所有绝缘部分运转正常。此项目整体达到国际先进水平，达到了预期的目标，为公司的节能降耗、改善维修工人的作业环境、维修更加安全可靠发挥了重要作用。该技术正在应用于陕西有色榆林铝镁合金项目中。

专利等知识产权

授权发明专利6项

东北大学

中国有色金属工业科学技术一等奖（2010年度）

获奖项目名称

高效节能新型阴极结构电解槽铝电解技术（四项合并）

参研单位

- 东北大学
- 浙江华东铝业股份有限公司
- 重庆天泰铝业有限公司
- 广西百色银海铝业有限责任公司

主要完成人

■ 冯乃祥 ■ 田应甫 ■ 李根旺 ■ 冯少峰 ■ 张春林 ■ 吴大奎 ■ 彭建平 ■ 汪　航
■ 肖以华 ■ 周建军 ■ 熊　斌 ■ 王耀武 ■ 王永祥 ■ 李寿平 ■ 李炜明 ■ 吴秀华
■ 狄跃忠

获奖项目介绍

高效节能新型阴极结构电解槽铝电解技术基于一种新型阴极结构电解槽进行冰晶石－氧化铝熔盐电解生产铝，该新型阴极结构电解槽显著特点：

①在阴极碳块上有与电解槽碳块纵向方向平行的凸起；

②在纵向方向凸起上有间断。这种电解槽可使槽内阴极铝液流速场被分隔，流速大大降低，削弱了其对重力波的强化，减小了铝液波动的波幅，可降低极距实现槽电压降低。

高效节能新型阴极结构电解槽铝电解技术包括一系列配套技术：与新型阴极结构电解槽低槽电压相适应的内衬结构设计技术，建立了电解槽热电平衡新理念；与新型阴极结构槽相适应的铝电解工艺技术和控制技术，使阴极表凸起消耗小于1cm/年；与新型阴极结构电解槽相适应的焙烧质量高、能耗低、工人劳动强度小的火焰－铝液二段焙烧方法与技术；可监测铝电解槽阴极铝液面的稳定性及动态变化的方法和仪器；能提高槽阴极寿命，减少从阴极碳块中缝和边缝渗铝、漏铝的方法。

高效节能新型阴极结构电解槽铝电解技术在重庆天泰铝业168kA、浙江华东铝业200kA、广西百色银海铝业240kA等系列电解槽上成功实施，使得铝电解直流电耗降低1000kWh/t-Al左右。本项目技术的经济效益和社会效益显著，节能减排效果明显，整体技术达到国际领先水平。

推广应用技术

高效节能新型阴极结构电解槽铝电解技术首先在重庆天泰铝业3台168kA电解槽上成功实施，2008年9月通过中国有色金属工业协会组织专家鉴定后，迅速推广应用至浙江华东铝业、广西百色银海铝业、湖南晟通集团创元铝业、东方希望包头稀土、河南神火集团、中电投青铜峡铝业、中电投霍煤铝业、四川启明星、青海百河、河南淅川铝业、湖北汉江丹江口铝业、河南中孚实业、山东南山铝业、山东魏桥铝业以及中铝公司的一些铝厂等。目前全国80%以上的铝厂正在使用新型阴极结构铝电解槽技术，取得大幅度节能降耗效果，部分新型阴极结构电解槽直流电耗已达11800kWh/t-Al。

新型阴极结构电解槽的首创和开发与试验的成功，标志着世界铝电解技术结束了长期徘徊在直流电耗13000kWh/t-Al的状况，实现了铝电解电能消耗的大幅度降低，在铝电解节能降耗理论和技术研究方面取得了革命性的突破，从而引领了当代铝电解技术的一次重大革命。

专利等知识产权和获奖情况

高效节能新型阴极结构电解槽铝电解技术获得包括“一种异形阴极碳块铝电解槽（CN100478500C）”、“一种异形阴极碳块铝电解槽的阴极碳块（CN201049966Y）”“铝电解槽火焰-铝液二段焙烧方法（CN 101353805B）”、“一种防止铝电解槽阴极凸起破损的预热方法（CN101724862A）”等知识产权技术。该技术获得2010年中国有色金属工业科学技术奖一等奖。

该理论和技术研究成果在美国Minerals, Metals and Materials Society (TMS) 2010年年会上发表后，获得国际铝工业界的高度评价，2011年获得美国TMS轻金属部的科学技术奖，这是我国在铝冶金科学领域第一次获得美国TMS的奖励，这也表明新型阴极结构电解槽得到国际社会的承认。目前该技术已被欧盟海德鲁（Hydro）与印度和美国等铝厂所用。

东北大学设计研究院

中国有色金属工业科学技术二等奖（2010年度）

获奖项目名称

超大型铝电解系列平式拓扑整流供电系统

参研单位

- 东北大学设计研究院
- 河南中孚实业股份有限公司
- 西安中电变压整流器厂
- 东北大学

主要完成人

■ 张金平 ■ 吴月森 ■ 贾继业 ■ 张海忠
■ 郭广磊 ■ 王兆文

获奖项目介绍

1.整流供电在电解铝中的重要性

铝电解用整流供电系统要提供大的直流电流，并且系统一旦投入运行就必须连续供电，长时间停电会造成严重的后果，使整个系列崩溃。因此整流供电系统需具备以下特点：① 可靠性高，不允许发生故障停电；② 电流稳定，控制反应灵敏；③ 直流输出功率留有余量；④ 操作维护安全。

2.传统整流器存在的主要问题

自上世纪90年代以来，随着电解系列规模及槽容量的增大，系列电流和电压也越来越大，国内铝电解普遍采用的同相逆并联整流供电系统，连续出现爆炸事故，造成巨大损失。其主要原因是结构上固有缺陷所致，现分析如下：① 设计缺陷导致起弧爆炸；② 起弧后无灭弧距离；③ 短路故障电流大；④ 平式拓扑结构的安全设计。

在系统总结传统整流器存在问题的基础上，平式拓扑整流供电系统从本质上解决同相逆并联整流装置存在的安全问题，同时解决整流装置与整流变阀侧不能直排连接问题。我们对平式拓扑整流供电系统作料如下的详细分析计算：① 整流系统内外部短路电流计算；② 短路电动力比较；③ 短路电流3S热稳定计算；④ 灭弧绝缘距离；⑤ 整流器内电场和磁场计算；⑥ 整流器母线材质特性比较；⑦ 电腐蚀；⑧噪声；⑨ 平式拓扑结构整流器电气元件选择；⑩ 阀侧回路电感比较；⑪ 整流器损耗对比。

通过以上详细分析和计算，平式拓扑整流供电系统解决了传统整流供电系统存在的缺陷和问题。

专利名称：阀侧直排联接双桥轴式压装整流装置

专利证号：ZL2008 2 0029569.0

证书号：中色协科字[2010]271-2010202-D01

推广应用情况

超大型铝电解系列平式拓扑整流供电系统已经在国内的九个电解系列得到应用，中孚400kA电解系列已运行两年多的时间，整流供电系统运行高度安全可靠平稳，没有发生任何故障，运行损耗小，噪音低、效率高，目前电解系列的生产状况十分理想，取得了优异的技术经济指标，节电效果非常显著。（1）平式拓扑整流供电系统结构采用正负母线分开布置，通过合理的灭弧距离保证了整流器的安全可靠性。（2）大元件的使用使得整个装置的防爆炸能力大大提高，整流装置承受电动力仅仅是传统同相逆并联整流柜结构的几十分之一。（3）整流柜与变压器阀侧直排连接，使整个系统的损耗大大减少，同时由于各支路电感和电阻大小相同，各支路完全对称，减少了非特征谐波，功率因数高，整流效率达到98.2%～98.5%。（4）元件压接方式解决了母线变形及母线应力等引起的一系列问题，电场和磁场分布均匀，并且噪音比同相逆并联结构大大减少。（5）平式拓扑结构采用双快速熔断器，分段能力比单体提高　倍，使装置的可靠性大大提高。（6）超大型铝电解系列平式拓扑整流供电技术属世界首创，系统安全可靠，值得大力推广。

中国有色集团抚顺红透山矿业有限公司

中国有色金属工业科学技术一等奖（2007年度）

获奖项目名称

红透山块状硫化物矿床深部边部地质找矿

参研单位

■ 中国有色集团抚顺红透山矿业有限公司

主要完成人

■ 黄明然 ■ 石长岩 ■ 祁成林 ■ 田泽满
■ 谭立勇 ■ 范红允 ■ 曲金红

获奖项目介绍

截至1983年12月，红透山矿床仅保有储量576万吨，预计服务年限十年。矿山企业面临减员、减产，各项工作及社会生活出现萧条。

为了更深入地了解红透山矿床的深部、边部，增加储量，延长矿山的服务年限，抚顺红透山矿业公司于当年成立了地质综合研究组，建立了自己的勘探队队伍，从技术、设备力量予以配备，开始了历时13年的“二轮地质找矿”工作。通过此项工作对红透山矿床的成因、控矿构造、矿体变化规律研究取得了突破性进展，矿石储量也逐年递增。

（1）对矿床成因有了新认识。经研究表明，红透山属太古代的块状硫化物矿床，通过两期大的变质变形，矿体发生了大规模的转移和重新就位，其本身就构成了一个地层层位。因此，我们把研究矿体的变形构造、变形应力场作为指导深部找矿的主要理论依据。（2）对矿柱的旋转侧伏规律研究有了新进展

红透山矿床矿体平面形态上部为 “音叉”状，下部逐渐变为“工字形”。无论是“音叉”状或“工字形”，矿体的平面形态均表现为一褶皱构造形态，褶皱的枢纽上部倾向南西，倾角75－80°，这是矿体的一级变形构造，它的发展控制着矿体基本形态。

通过对“矿柱的有规律旋转”的地质综合研究发现：由于“矿柱”长轴的方向由北东转为北西，“工字形”矿体的左上角和右下角正处于钝角位置，预测深部的3号脉储量将代替上部的1号脉，是组成储量的主要部分。

（3）对次级或更次级的褶皱研究指导了找矿工作

通过1号脉矿体上盘的背斜褶皱和3号或7号矿脉的上盘支脉出现的向形褶皱的研究表明，它们都是同一应力场的产物，它们与控制矿体形态的一级构造，也应有同样的发展过程。据此预测矿体的一级变形构造往深部必然是一个向形褶皱，1号脉、3号脉到深部将合为一体。随后施工的探矿钻孔，充分的验证了主控矿构造深部果然是一个“向形”构造。

随着对红透山矿床矿体形态和控矿构造研究的不断深入和探、采工程的揭露验证，充分证实了矿体的侧伏与矿柱的旋转有关。矿体的一级变形构造同控制其分枝脉的次级和再次级变形构造的惊人一致性。通过矿体次级变形构造的研究成功地预测了矿床矿体的一级变形构造的发展趋势，从而改变了红透山矿床的深部找矿方向，使深部地质储量不断增加，打破了红透山矿床深部无矿的结论。

1983年至2006年间抚顺红透山矿业公司投入坑探：8918米；钻探：76000（含水平钻）；采样：18220个；化验：37546；勘探资金：1018万元；新增储量1316万吨；创潜在价值：36.8亿元。同时还使红透山铜矿正确地选择了开拓系统，把生产能力从铜5500吨/年增到2000年的8800吨/年，锌6000吨/年增加到10000吨/年。延长矿山服务年限30年，稳定了地方经济社会的发展。经济和社会效益效果巨大。

大连交通大学

中国有色金属工业科学技术二等奖（2008年度）

获奖项目名称

铜材连续挤压技术及设备

参研单位

- 大连交通大学
- 大连康丰科技有限公司

主要完成人

宋宝韫 樊志新 刘元文 高　飞 徐振越 贾春博 王延辉 于　欣 运新兵 陈吉光

获奖项目介绍

大连交通大学连续挤压教育部工程研究中心，是我国唯一从事连续挤压技术研发的专门机构，在该领域的研究水平处于国内领先，达到国际先进水平。大连康丰科技有限公司以大连交通大学的科研成果为依托，将这项技术进行产业化，掌握了连续挤压成套装备设计制造的关键技术，成为国际上产品规格最全、产量最大、技术领先的高科技企业。以产学研相结合的形式，大连交通大学和大连康丰科技有限公司合作研发，在铜材连续挤压技术及设备方面取得了国际一流的研究成果，在2008年，“铜材连续挤压技术及设备”获得国家科技进步二等奖。

铜材连续挤压技术彻底改变了传统铜加工业能耗大、材料损耗大、劳动环境差、效率低的局面，每年为铜加工业节省电耗3亿度，减少铜烧损1万吨，减少酸水排放120万吨，降低劳动力成本4千万元。这项新技术已规模化应用在电磁线、接触线、铜排、铜母线、铜型材、铜带材、铜线材等制造领域，年产值超过300亿元。新技术已将国外技术拒之门外，为国家节省外汇3亿美元。

项目历经9年的刻苦攻关，实现了铜材连续挤压技术理论、工艺和设备的创新。该研究突破了扩展成形、模具材料等关键技术，获发明专利4项。

在理论方面，揭示了铜材连续挤压的流动规律，构建了变形区模型，确定了变形驱动力、模具强度、流动阻力和型腔结构间的相互关系，发表论文30余篇。

在工艺方面，确定了电磁线、接触线、铜排、铜母线、铜型材、铜带材、铜线材的挤压工艺参数，针对不同的产品，确定了生产线各工序如放线、校直、送料、挤压、冷却、收线相互间的速度、张力等关系式，建立了挤压产品尺寸、挤压负荷、挤压温度、挤压速度的关系式，。这些工艺技术和方法已对上百家企业的技术人员和操作工人进行了培训，推动了新技术的应用和普及。

在设备方面，针对不同的产品，研发了四种型号的连续挤压生产线，实现了从原料供给到产品卷取的全自动化生产过程。全套生产线的设计计算、机构设计、工装模具均体现创新成就，如发明了端驱动前铰式锁靴系统，提高了大型连续挤压设备的刚度，解决了挤压模式和包覆模式的相互转换问题，实现了挤压锁靴的自动化操作；独创了大扩展比的成型腔体结构，使扩展比达到8.5，突破了国外技术为6.5的最高极限。

项目研发的铜材连续挤压技术在设备种类、铜合金挤压、产品最大规格、生产能耗和市场规模等方面均处于国际领先水平，成套设备实现了规模化生产，生产线遍布国内20个省、市、自治区，并出口到美国、德国、日本等42个国家和地区，使我国成为国际上连续挤压技术最大应用国和技术输出国。

沈阳有色金属研究院

中国有色金属工业科学技术二等奖（2007年度）

获奖项目名称

新型选矿药剂—烷基黄原酸甲酸酯的研制

参研单位

■ 沈阳有色金属研究院

主要完成人

■ 刘 健 ■ 李文堂 ■ 陈 宏 ■ 任慧珍

■ 刘 颖 ■ 王彦军 ■ 韩树山 ■ 张向军

■ 代淑娟 ■ 于 雪 ■ 陈新林 ■ 姜炳南

获奖项目介绍

烷基黄原酸甲酸酯是沈阳有色金属研究院1998年开始立项的企业自选科研课题，2003年被确定为国家科技部院所技术开发专项资金项目（国科发财字[2003]170号），2005年被列为辽宁省中小企业科技创新项目（辽财指企[2006]281号）。

烷基黄原酸甲酸酯是重要的有机高分子有色金属选矿药剂，广泛应用于部分氧化的硫化矿物中铜、钼及其它有色金属的富集，是富泥性铜矿石及LPF联合流程的特效浮选药剂。烷基黄原酸甲酸酯和黄药、黑药相比，具有药剂毒性弱、环境危害小、用药制度简单、浮选效果显著的优点。本项目主要运用有机高分子材料合成技术，以烷基黄原酸钠为中间体，通过多种复杂反应得到烷基黄原酸甲酸酯等高活性物质，其基本原理是：用烷基黄原酸钠与氯甲酸酯在水介质中进行合成反应。这种过程十分复杂，首先生成烷基黄原酸甲酸酯，烷基黄原酸甲酸酯还可与黄原酸盐继续反应生成二烷基黄原酸酐及硫代碳酸烷基酯盐，硫代碳酸烷基酯盐与氯甲酸甲酯或氯甲酸乙酯反应生成二烷氧基羰基硫化物，另外氯甲酸甲酯还可与硫代碳酸烷基酯盐分解析出的“醇”、氯甲酸甲酯水解生成的“醇”反应生成碳酸二烷基酯等多种复杂的反应，反应产物多达6-10种之多。（1）我院是最早开展烷基黄原酸甲酸酯的研制，填补了国内该类产品的技术和产品空白，在国内最早实现工业化生产；（2）通过严格控制反应过程，尽量减少副反应，使烷基黄原酸甲酸酯（主含量）一项的含量就超过了94%，全部活性物质的含量达到97%以上，比国外产品高3%；产品产率达到98%；（3）采用气相色谱法解决了产品中的有效成分、惰性物质含量的分析检测问题；（4）利用萃取技术提高了产品活性物质的含量。

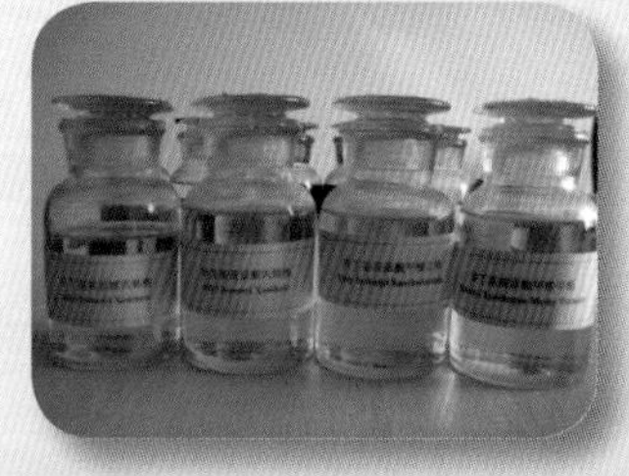

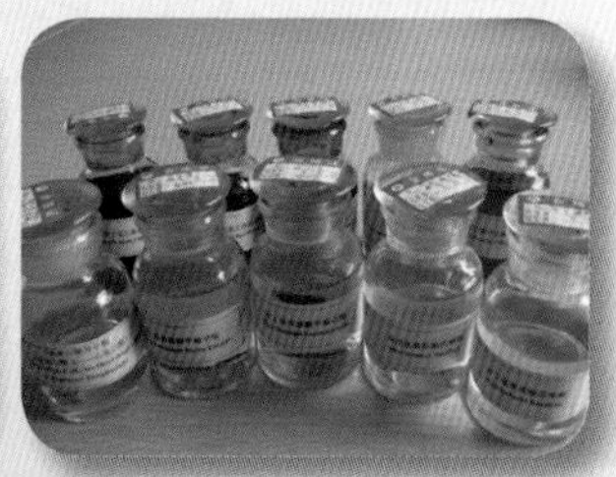

推广应用情况

从2004年开始实现批量间断式生产，2006年开始正常连续生产，现已形成年产500吨的生产规模，实现年销售收入1100万元，每年出口创汇145万美元。产品自投放市场以来，取得了良好的经济效益，两年来，共生产各类烷基黄原酸甲酸酯近500 吨，实现销售收入1403万元，实现利润246万元，出口创汇184万美元。而且社会效益显著，项目的投产新增就业岗位140多个，促进了本地区经济发展，实现了资源的综合利用，防止了环境污染。

沈阳有色金属研究院

中国有色金属工业科学技术二等奖（2009年度）

获奖项目名称

SK9011浮选药剂研制及在金、铜等硫化矿选矿中的应用

参研单位

■ 沈阳有色金属研究院

主要完成人

■ 韩树山 ■ 于　雪 ■ 陈　宏 ■ 陈新林
■ 吴东国 ■ 刘学胜 ■ 杨长颖 ■ 马忠臣
■ 高起鹏 ■ 孟宪瑜 ■ 秦贵杰 ■ 单连军
■ 尹文新 ■ 张向军

获奖项目介绍

1996年沈阳有色金属研究院立项开发贵金属和有色金属硫化矿浮选药剂SK9011。本项目选用Ⅰ，Ⅱ，Ⅲ，Ⅳ，Ⅴ等5种原料，通过控制原料用量、温度及时间关键技术制备了新型浮选药剂，代号为SK9011。SK9011研制项目在完成小型合成条件试验、合成扩大试验、工业试验及浮选应用效果试验基础上，同年在朝阳县金矿和枪马金矿进行选矿工业试验，1998年进行通用性能的选矿试验研究工作，同年进行工业化生产。

通过国内多个矿山的选矿实验室小型试验、工业试验及应用表明,新型浮选药剂SK9011较之常规药剂对金、铜等矿物选择性好,浮选泡沫稳定,易于操作；在浮选过程中,矿物浮游速度快,有利于目的矿物与其它矿物分选,这对提高矿石精矿品位非常有益。在选别指标相似的情况下,SK9011用量可节省1/3～1/2,大大地降低了药剂费用和药剂品种。SK9011通用性好，不仅对金矿石适用,而且对有色金属铜、铅等硫化矿石都有广阔应用前景。

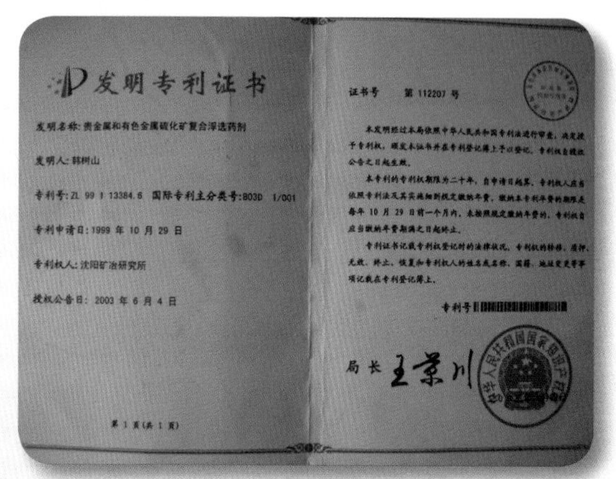

发明专利证书

发明名称：贵金属和有色金属硫化矿复合浮选药剂

发明人：韩树山

专利号：ZL 99 1 13384.6　国际专利主分类号：B03D 1/001

专利申请日：1999 年 10 月 29 日

专利权人：沈阳矿冶研究所

授权公告日：2003 年 6 月 4 日

第 1 页（共 1 页）

证书号　第 112207 号

本发明经过本局依照中华人民共和国专利法进行审查，决定授予专利权，颁发本证书并在专利登记簿上予以登记。专利权自授权公告之日起生效。

本专利的专利权期限为二十年，自申请日起算。专利权人应当依照专利法及其实施细则规定缴纳年费。缴纳本专利年费的期限是每年 10 月 29 日前一个月内。未按照规定缴纳年费的，专利权自应当缴纳年费期满之日起终止。

专利证书记载专利权登记时的法律状况。专利权的转移、质押、无效、终止、恢复和专利权人的姓名或名称、国籍、地址变更等事项记载在专利登记簿上。

专利号

局长 王景川

推广应用情况

经过十几年的技术研究，目前合成SK9011的工艺成熟、产品质量稳定，至今已生产和销售456吨，实现销售收入1100多万元，利润420万多元。该药剂在7个金、铜等硫化矿企业应用，金回收率提高4.5%–9.6%，金品位提高3.45g/t–5.46g/t；铜回收率提高1.15%，铜品位提高6.45%，每年为用户增加经济效益2900多万元。

我院已为SK9011浮选药剂申请专利，专利号为：ZL 99 1 13384.6，国际专利主分类号：B03D 1/001。

东营方圆有色金属有限公司

中国有色金属工业科学技术一等奖（2010年度）

获奖项目名称

富氧底吹高效铜熔炼工艺产业化开发

参研单位

- 东营方圆有色金属有限公司
- 中国恩菲工程技术有限公司

主要完成人

■ 崔志祥 ■ 蒋继穆 ■ 尉克俭 ■ 申殿邦 ■ 李维群 ■ 张振民 ■ 林晓芳 ■ 刘恒心 ■ 肖玉文 ■ 胡立琼 ■ 李　峰 ■ 郝小红 ■ 李　栋 ■ 王　智 ■ 边瑞民 ■ 汪延珠 ■ 张新岭 ■ 王新民 ■ 袁俊智 ■ 吕　东 ■ 乔保东

获奖项目介绍

“富氧底吹高效铜熔炼工艺产业化开发”项目，由东营方圆有色金属有限公司与中国恩菲工程技术有限公司共同开发。该项目所采用的富氧底吹工艺具有我国自主知识产权，工艺先进、技术领先、设备安全可靠、节能环保、资源综合回收率高、原料适应性强、作业环境优良、投资省，打破了国外技术垄断格局，填补了中国有色冶金领域空白，贡献了世界一流的多金属综合提取工艺和装备，作为“世界第四代铜冶炼新技术”被载入史册。为有色冶炼行业找到了高效利用低品位的多金属矿产资源的新技术，也为尽快淘汰落后产能找到升级改造的新方法，更为我国金属冶炼行业发展循环经济探索了一条新路子。国务院【2009】9号文件《关于发挥科技支撑作用，促进经济平稳较快发展的意见》将该技术列入“十一五”国家科技支撑计划，是国务院督导的十七项重大科技项目之一；国家《有色金属产业调整和振兴规划》将该技术作为“促进有色金属产业升级和振兴的重点关键技术”，进行重点推广。

方圆氧气底吹熔炼炉现场

富氧底吹高效铜熔炼工艺配套脱硫制酸工艺

该项目经过两年多的生产实践，各项工艺指标均达到世界领先水平，标志着我公司开发出了世界上最先进的铜、金、银等多金属综合提取的成套设备和工艺。2010年该工艺先后荣获国家科技部民营科技促进发展贡献奖、山东省科技进步一等奖和中国有色金属工业科学技术一等奖等荣誉。

承担项目期间，在国内外相关刊物上发表学术论文15篇，编译了《铜的连续吹炼》专业文集一部，申请了国家专利23项，其中发明专利5项，实用新型专利18项，并参与了山东省冶金产品能耗限额标准的制订。

目前，山东恒邦冶炼股份有限公司、包头华鼎铜业发展有限公司等十几家企业已经采用该工艺技术，并取得了良好的经济和社会效益；山西中条山有色集团有限公司、云南易门铜业、湖南水口山矿务局有色集团以及方圆公司二期工程正在设计建设使用该技术；内蒙古乌兰浩特市金同铜业有限公司以及抚顺红透山铜矿都计划采用该技术，并达成了合作意向。智利、加拿大、澳大利亚、非洲的矿山及冶炼厂已经采用或准备采用该技术进行技术改造和升级换代。该技术的产业化实施，打破了我国长期依赖引进国外技术的局面，创造了世界领先的炼铜新工艺，是世界炼铜史上一次革命性创新。

烟台鹏晖铜业有限公司

中国有色金属工业科学技术二等奖（2009年度）

获奖项目名称

富氧侧吹熔池熔炼工艺

参研单位

■ 烟台鹏晖铜业有限公司

主要完成人

■ 孙林权 ■ 黄文杰 ■ 姜浩民 ■ 姜元顺
■ 张洪常 ■ 都立珍 ■ 刘世武 ■ 尤廷晏
■ 柳庆康 ■ 王举良

获奖项目介绍

富氧侧吹熔池熔炼工艺是由烟台鹏晖铜业有限公司独立研发、拥有完全自主知识产权的一种现代铜熔炼技术。其单台熔炼炉的粗铜产能可达15万吨/年。

其基本原理是：矿粉在侧吹熔池熔炼炉内通过与富氧空气作用产生的冰铜与渣的共熔体，在沉降电炉内完成澄清分离后，冰铜进入连续吹炼炉完成吹炼过程生成粗铜，高温烟气经余热锅炉回收余热制蒸汽后进入制酸系统，熔炼渣水淬外销，吹炼渣浮选返回熔炼炉。三台炉独立作业，通过溜槽联接。

该工艺属于富氧强化炼铜工艺，这就使得熔炼炉烟气量大大减少，提高了熔炼炉的热效率。由于可以充分利用熔炼的反应热，大大减少了燃料消耗，吨粗铜的综合能耗为213kg标准煤，低于550kg标准煤的行业准入条件要求。烟气二氧化硫浓度8%－14%，硫的总捕集率达到98.45%，总转化率达到99.6%以上，硫的有效利用率达到96.34%。尾气二氧化硫浓度800mg/m^{3}以下，达标排放。处理后的制酸污水全部循环利用，实现了严格意义上的污水零排放。

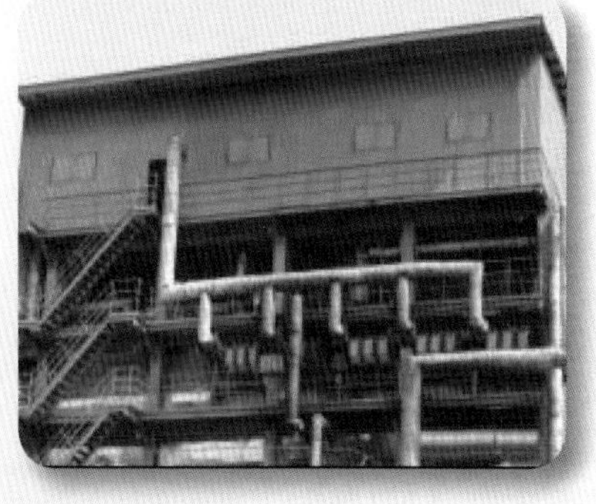

该成果的先进性为

1.逸散烟气少，环保效果非常好；

2.炉子结构简单配置紧凑，投资少；

3.原料适应性强，操作易于控制；

4.渣含铜低，铜回收率高；

5.烟气SO_2浓度高，硫的捕集率高；

6.料率低，综合能耗低。

富氧侧吹熔池熔炼工艺整个工艺烟气泄露点少，有利烟气回收，硫的捕集率较高，操作环境得到彻底改善，尾气达标排放，环保效果非常好；硫酸污水全部回用，实现零排放。其整体技术达到国内先进水平，为淘汰落后工艺技术起到了示范作用。

中色奥博特铜铝业有限公司

中国有色金属工业科学技术二等奖（2009年度）

获奖项目名称

高精铜板带节能环保工艺及产业化

参研单位

■ 中色奥博特铜铝业有限公司

主要完成人

■ 刘占海 ■ 王士杰 ■ 姜业欣 ■ 梁俊基 ■ 付连岳 ■ 刘维民 ■ 荆　岩 ■ 吕文波 ■ 周　晶 ■ 许丙军

获奖项目介绍

中色奥博特铜铝业有限公司成立于2001年，现已发展为占地面积1167亩，员工2030人，资产总额56亿元，是目前山东省最大的、国内重要的高精度空调制冷铜管生产企业和高性能、高精度铜合金板带生产基地。公司隶属于中国有色集团，是中国有色金属加工协会常务理事单位和国家级高新技术企业，并致力于成为全球最具竞争力的大型有色金属加工企业。

项目根据国内外市场需求，建设高精铜板带现代化生产线，采用先进、成熟的生产工艺，装备水平达到国内领先水平，在生产过程中采用国内最先进成熟的生产工艺并配套各项新技术、新工艺，使产品平均能耗降低21%，废杂气排放量降低30%，成品率相比同行业最高水平都高6%。产品无论在表面质量、板型公差还是内部性能方面都超过国内同行业水平，产品质量符合国标、日本和德国标准。本项目的建设可以充分发挥企业的资源优势，优化产品和技术结构，增加高附加值产品的比重，满足国内市场对高精度产品的需求，替代进口和出口创汇，促进我国铜加工行业的技术进步，符合国家重点技术改造‘双高一优’项目的要求。项目所研究的技术代表了当今高性能铜合金技术发展的方向，对促进我国铜合金产品向薄型化、高性能发展具有重要的推动作用；形成的研究成果对推动我国铜加工技术进步、提高企业技术开发水平、改善企业经济效益、带动相关产业发展具有重要的社会意义。

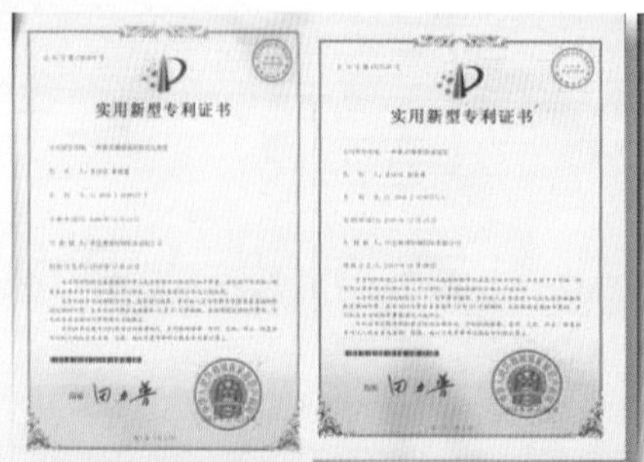

推广应用情况

本项目以‘铜合金熔炼与铸造、压力加工’理论为基础，将节能环保新技术运用其中，通过实验室、中规模试制完成项目的产品研发任务，最终推向产业化生产。项目以先进的‘熔铸+高精冷轧+高端精整处理’铜合金板带材连续化短流程生产技术为主线，应用了自主研发的耦连式快冷结晶器、微稀土元素熔炼、轧机在线雾化除油、低温张力连续退火等高新技术，实现高精度铜合金板带材的节能环保及产业化生产。

获奖情况：通过产品创新，在铜板带技术方面形成了“一种新型气垫连续退火张力自动控制装置”、“一种铜带除油装油装置”、“一种新式铜带表面防氧化装置”等3项专利技术。

江西理工大学

中国有色金属工业科学技术一等奖（2007年度）

获奖项目名称

高效铜硫分离新工艺及伴生组分综合利用研究

参研单位

- 江西理工大学
- 江西铜业股份有限公司武山铜矿

主要完成人

■ 黄万抚 ■ 徐建芳 ■ 徐从武 ■ 李新冬
■ 艾永进 ■ 罗晓华 ■ 何桂春 ■ 黄金华
■ 罗　凯 ■ 罗小娟 ■ 胡建国 ■ 阮华东
■ 安占涛 ■ 吴卫东

获奖项目介绍

铜硫矿山多为伴生多金属矿，综合回收价值大。在目前通用现行的铜硫分离工艺中均采用大量石灰，在高PH值下抑硫浮铜，再加活化剂浮硫，以达到铜硫分离的目的。在这一分离工艺中，伴生金银矿物受到严重抑制，影响回收，而且浮硫中加大量活化剂，增加生产成本，引起管道结钙和设备腐蚀，另外高PH值废水带来严重的环境污染。

本项目针对铜硫分离工艺存在的问题，通过对铜矿的工艺矿物学研究，查明伴生金银的工艺矿物学特性，确定细磨可提高金银的单体解离度，提高金银回收率；开发了新型高效HT类调整剂，在减少石灰用量条件下，实现低PH值条件下铜硫分离和伴生组分的综合回收；研究制定了低PH值下铜硫分离的最佳新工艺，采用选择性细磨，实现了铜、硫、金、银的综合回收。

研究成果在铜硫矿山得到实际应用，工业应用表明，在原矿铜、金、银品位分别下降0.061%、0.033g/t、1.38g/t的情况下，铜精矿中铜、金、银的品位分别提高0.97%、0.23g/t、20.60g/t，铜、金、银的实回收率分别提高2.70%、1.58%、2.27%；原矿S品位提高0.39%，S精矿品位提高3.0%，回收率提高7.30%。在2004¯2006年获直接经济效益新增利润15072.75万元。

本项目研究成果与国内外同类技术相比，有利于提高铜、硫、金、银的品位和回收率，提高矿产资源的综合利用率，能降低外排废水的碱度，减轻环境污染，具有显著的经济效益和社会效益，整体工艺技术达到国际先进水平。研究成果有广阔的应用前景，可直接应用于铜硫矿山、锡矿伴生硫化矿、钨矿伴生硫化矿的综合回收。

江西理工大学

国家科学进步奖二等奖（2008年度）

获奖项目名称

白（黑）钨矿洁净高效制取钨粉体成套技术及产业化

参研单位

■ 江西理工大学
■ 崇义章源钨业股份有限公司
■ 湖南辰州矿业股份有限公司
■ 赣州华兴钨制品有限公司

主要完成人

■ 万林生 ■ 肖学有 ■ 杨幼明 ■ 聂华平
■ 徐志峰 ■ 羊建高 ■ 陈邦明 ■ 石泽华
■ 孙忍安 ■ 郭永忠

获奖项目介绍

项目对我国钨冶金工艺进行了全面技术创新。自主研发出高压低碱过饱和-活化分解黑钨白钨混合矿、模糊交换-超解吸、APT结晶母液和氨尾气高效回收等关键技术四大核心技术。并对钨冶金进行了设备创新，研制出独特的"双逆流旋涡冷凝氨回收装置"。技术使分解过剩碱用量下降82.7%；离子交换单柱钨产能提高37.7%；金属回收率由94%提高到98.5%；氨回收率提高1倍。各项指标处于世界领先水平。实现了闭路循环冶炼，环保全面达标。成果已在国内4家大型骨干企业推广应用，近三年实现销售34.84亿元，新增利润2.81亿元，新增税收4783.39万元，创汇3632.34万美元，取得了重大的经济和社会效益。项目在国内外率先实现了钨的工业化“绿色冶炼”，有效地解决了我国钨冶炼产业持续发展问题，使我国白钨冶炼总体技术处于世界领先地位，促进了我国钨及其相关产业的技术进步。

技术适用于APT冶炼厂技术改造、特种APT粉体生产、APT冶炼厂投资新办。本技术实行到位后，可使APT生产成本显著降低，各项指标大大优化，节能降耗十分明显。

本技术自主设计建成的我国首座、国内外最大、年产1.5万吨APT生产厂。实现了钨的绿色循环冶炼。

在国内外首次实现了低碱体系中白钨矿的彻底分解。技术同时适用白黑钨混合矿。与高碱工艺相比，分解过剩碱用量降低了82%，渣含钨降低了60%。图为白钨低碱高效分解装置。

模糊交换-超解吸技术，使钨交换容量提高了37%，解吸液钨浓度提高了40%，解吸剂消耗降低了29%。图为钨冶炼离子交换装置。

高效闭路循环冶炼，实现了氨氮的高效回收和废水废气的达标排放。图为高效闭路氨回收装置。

江西理工大学

中国有色金属工业科学技术二等奖（2008年度）

获奖项目名称

大型深井矿山可靠通风及清洁生产关键技术与装备

参研单位

- 江西理工大学
- 金川集团有限公司

主要完成人

■ 王海宁 ■ 姚维信 ■ 沈　澐 ■ 苏远新
■ 陈得信 ■ 张建中 ■ 林乔辉 ■ 陈新根
■ 王　晖 ■ 李兴千 ■ 王永松 ■ 陈晓东

获奖项目介绍

项目所属科学技术领域

本项目是有关矿山安全与通风工程技术领域。

开展了三个方面、二十八项相关专题的研究：

1.矿井通风系统三维仿真软件开发与应用

研究开发适用于各类地采矿山的矿井通风系统三维仿真与优化软件，包括通风系统三维仿、矿井自然风压适时计算、矿井通风网络解算、系统设置与维护、通风网络解算报表输出、用户管理与使用帮助等模块，并开展现场应用研究。

2.矿井硐室型风流调控理论技术与应用研究

开展硐室型风流调控理论与技术研究：建立柔性风门、硐室型辅扇或硐室型风机机站及柔性风窗的理论模型，并分析其影响因素；应用Matlab模拟分析其有效压力、引射风量等特性；应用三维有限元试验研究与分析其风流流场特性，确定最佳设计参数和供风器结构；开展现场应用研究，有效解决矿井风流调控中的技术难题。

3. 高效湿式旋流除尘装备开发与应用研究

开展矿井破碎硐室及卸矿粉尘污染控制技术及设备研究：开发高效湿式除尘器，并进行大量除尘性能试验研究；开发移动产尘点密闭装置；开展矿井破碎硐室及长皮带移动卸矿除尘系统自动控制技术研究。

技术经济指标及水平

引射风量：20～40m^3/s；风流隔断率：85%～90%；对风流的增阻范围：30%～75%；除尘效率：98～99.5%。研究成果在矿井通风与防尘技术方面达到国际先进水平。

促进行业科技进步作用

1.“矿井通风系统三维仿真与优化软件”有效解决复杂矿山通风系统方案最优化问题，避免传统方法的经验性和不准确性，有利于推动矿山通风系统优化技术的发展。2.“硐室型风流调控理论及技术”改传统的硬性风流控制方式为软性调控，解决矿井大断面大风压差运输巷道上硬性风流控制技术而无法解决的风流调控难题，促进了矿井风流调控技术的发展。3.专利技术“矿用空气幕引射风流装置”实现了运输巷道内硐室型风机机站的建立，增强了多机机站通风方式的适应性。4.在审专利技术“高效湿式除尘器”（发明专利申请号：200810091426.7）成为矿山有效解决破碎硐室及移动卸矿粉尘危害的切实可行的实用技术。5.《矿井风流流动与控制》专著为从事矿山采矿及安全技术研究和工作的人员提供了新的理论和技术指导。

推广应用及效益

已在10多个金属矿山推广应用，能加速矿井污浊空气的排出，减少污染物的排放量，改善作业面的环境条件，保护工人的身体健康，减少安全隐患，具有显著社会效益；已创造经济效益6796.45万元。

江西理工大学

中国有色金属工业科学技术二等奖（2009年度）

获奖项目名称

高硫金属矿井矿尘爆炸防治关键技术及工程应用

参研单位

- 江西理工大学
- 江西铜业集团公司

主要完成人

■ 饶运章 ■ 黄苏锦 ■ 许永健 ■ 段小华
■ 肖广哲 ■ 张　虹 ■ 王辉镜 ■ 潘建平
■ 吴　红 ■ 刘平红 ■ 徐水太 ■ 张建明

获奖项目介绍

主要技术内容：矿尘爆炸需满足三个条件：充足的氧气（空气）、合适浓度的自燃性矿尘云（尘源）、足够能量的点火能（火源）。矿井中氧气条件必然满足；采矿必然产尘，防治尘源只能是控制矿尘浓度；井下的人工火种和电气火花等可以杜绝，唯一可能的火源是高硫矿石自燃（氧化）。为了有效地控制矿尘浓度，需要研究矿尘的沉降扩散规律和矿尘爆炸的最低下限浓度；为了消除高硫矿石自燃点火源，首先需要鉴别矿石是否具有氧化自燃性（氧化性鉴别指标），然后再研究矿石的氧化自燃机理（化学热力学机理）和氧化自燃规律（发火初期识别方法）。据此研究思路，对防治矿尘爆炸进行了大量的现场取样、实验验证、现场测试和理论研究，提出了如下技术创新，并进行了工程应用。

1.通过研究矿石氧化自燃的化学热力学机理、发火初期识别方法（着火点温度和发火期升温率）、矿石氧化性鉴别指标，并通过矿石自热着火温升实验和现场爆堆自热着火温升验证，提出了矿石氧化自燃是硫化矿尘爆炸的主要点火源；2.通过研究硫化矿尘物化特性、矿尘沉降扩散规律、矿尘爆炸下限浓度，并通过装矿巷道矿尘浓度测定统计和矿尘浓度变化规律分析，揭示了高硫矿尘爆炸的多发点，首次提出分段法回采时硫化矿尘爆炸主要发生在楣线（出矿口）；3.通过研究矿尘爆炸条件和爆炸机理，提出了防止矿石氧化自燃点火源和控制矿尘浓度小于最低下限浓度是防治硫化矿尘爆炸的关键技术；4.工程中实施了简便实用的熟石灰中和或黄泥浆覆盖矿石、通风降温降尘、喷雾晒水降尘等防治矿尘爆炸的有效技术措施。

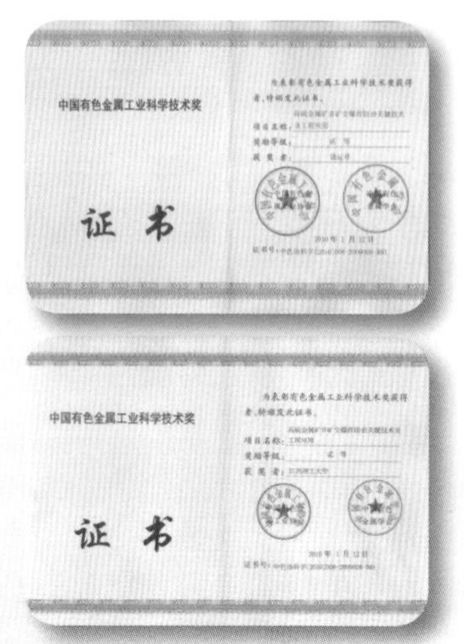

技术经济指标：揭示了矿石氧化自燃是硫化矿尘爆炸的主要点火源、分段法回采时矿尘爆炸主要发生在楣线（出矿口），提出了防止矿石氧化自燃点火源和控制矿尘最低下限浓度是防治硫化矿尘爆炸的关键技术。

促进行业科技作用：成果在高硫金属矿井矿尘爆炸防治技术方面取得了重大成果，为矿山的安全生产提供了可靠技术保证。研究成果在国内地下金属矿山具有开创性，在金属矿山矿尘爆炸防治技术方面处于国际领先水平。

应用推广及效益情况：成果已在江西东乡铜矿等推广应用，取得直接效益46362.08万元，预期推广效益304368.4万元；同时，避免高硫矿石氧化自燃和硫化矿尘爆炸恶性事故，确保矿山生产安全和职工生命安全。成果也可在其它高硫金属矿山推广应用。

江西理工大学

中国有色金属工业科学技术二等奖（2010年度）

获奖项目名称

高性能多元稀土复合硬质合金涂层刀具制备关键技术及应用

参研单位

- 江西理工大学
- 崇义章源钨业股份有限公司

主要完成人

■ 陈　颢 ■ 羊建高 ■ 陈一胜 ■ 赵永红
■ 刘　政 ■ 米　宋 ■ 周才英 ■ 沈敦盛
■ 李金辉 ■ 李　勇 ■ 郭圣达 ■ 黄生竣

获奖项目介绍

针对现代机械加工工业朝着高精度、高速切削、干式切削技术的发展，传统刀具已无法满足现代制造业对提高效率和降低成本的要求，开展了高效长寿命多元稀土复合硬质合金涂层刀具制备关键技术及应用研究。采用物理气相沉积技术在梯度硬质合金基体制备含稀土涂层，解决传统硬质合金韧性和耐磨性不能兼得的矛盾。攻克硬质合金表面韧性区的形成机理、涂层超硬机制及高温稳定行为及稀土元素作用机理和对涂层/基体结合强度、高温抗氧化性能和减磨性能的影响，完成硬质合金涂层刀具生产的关键工艺的优化与集成。开展了刀具磨损失效机理研究，分析了金属切削过程中刀–屑与刀–工接触界面间的摩擦特性，建立了切削摩擦学分析模型及评价刀具磨损失效的方法，自主开发了具有良好断屑性能的刀片槽型。开发了具有自主知识产权的二阶段烧结法制备功能梯度硬质合金涂层基体技术。利用稀土元素的独特作用，提高了靶材的冶金质量，减少了涂层表面液滴和针孔，显著提高了涂层致密性能和显微硬度。通过稀土和Al、Ti、N等元素的协同作用，提高了涂层的抗剥落性和抗氧化能力，解决了物理复合涂层工艺中的主要关键技术，获国家专利5项。

项目成果通过了中国有色金属工业协会组织的技术鉴定。鉴定结论认为：项目整体技术达到国际先进水平。本项目在章源钨业股份有限公司和章源新材料公司获得工业应用。项目成果满足数控加工快速发展的需要，对迅速改变我国中低档硬质合金产品产能过剩、高档产品依赖进口的局面。经涂层加工后的工具可提高切削效率30%–100%，寿命延长3–10倍。

江西理工大学

中国有色金属工业科学技术二等奖（2010年度）

获奖项目名称

2YAC2460超重型振动筛研制

参研单位

- 江西理工大学
- 江西铜业集团（德兴）铸造有限公司

主要完成人

■ 郭年琴 ■ 张建中 ■ 金建国 ■ 蔡启林 ■ 邓世萍 ■ 黄明富 ■ 朱贤银 ■ 郭　晟 ■ 方志坚 ■ 熊小强 ■ 罗乐平

获奖项目介绍

振动筛分机械已广泛运用于采矿、冶金、煤炭、石油化工、水利电力、轻工、建筑、交通运输和铁道等工业部门中，用以完成各种不同的工艺过程。2YAC2460超重型振动筛是研发的新产品，具有创新设计，获批了4项专利，经德兴铜矿大山选厂生产运行证明，产品运行稳定可靠，达到生产要求，解决了筛框焊接裂纹问题和防共振电机座，减少了故障，提高了效率，取得了大的经济和社会效益。项目于2010年5月11通过江西省科技厅技术鉴定，评价为达到国际先进水平。

产品应用现代设计方法进行设计研制。应用Pro/E对振动筛进行三维零件及装配建模，进行了虚拟装配样机设计、干涉检验等，进行了工程图设计；应用ANSYS进行振动筛框架的有限元计算与分析，准确地揭示了结构内部应力分布和动态响应状况，保证了产品结构的设计合理性。对振动筛参数进行优化设计以及运动学分析，提高了设计效率和设计质量。对振动筛进行了机械加工工艺设计、工装夹具设计、焊接工艺设计，提高了制造质量。

多年来国内外研究人员一直在对振动筛进行研究，尤其是大型振动筛设备存在着故障较多、寿命较短的问题,课题对此进行了大量的研究分析，用有限元计算分析筛架的应力分布规律，找出薄弱环节，创新设计了一种振动筛筛架型材联接方法，用法兰盘连接下筛框与侧板，较好地解决了原焊接应力大，下筛框易产生裂纹的问题，获批了专利ZL200920189114.x。创新研制了可摆动电机座，解决了振动筛在启动和停机发生共振时大幅度的摆动损坏电机座的问题，获批了发明专利和实用新型专利200910115867.0，ZL200920185562.2。创新设计了一种振动筛激振器安装孔钻孔模，保证了激振器与侧板连接孔的加工要求，提高了振动筛的质量，获批了专利ZL200920189113.5。

2YAC2460超重型振动筛现场安装照片

课题研究与国内外同类产品比较，生产率与国外美卓产品相同；产品价格为美卓同类产品的一半；筛框用法兰盘连接下筛框与侧板，减少了焊接，筛框寿命延长了2倍；创新研制了可摆动电机座，延长了皮带和电机座的寿命2倍，经现场应用获得了2300万元的经济效益。

江西有色地质矿产勘查开发院

中国有色金属工业科学技术一等奖（2007年度）

获奖项目名称

江西省横峰县葛源矿区铌钽矿详查

参研单位

■ 江西有色地质矿产勘查开发院

主要完成人

■ 程群喜 ■ 韦星林 ■ 曾晓建 ■ 陈正钱
■ 郭制庸 ■ 张汉彪 ■ 舒顺平 ■ 吴忠如
■ 任建国 ■ 邓国萍 ■ 张云蛟 ■ 张　涛
■ 梁湘辉 ■ 谢春华 ■ 黄　贺 ■ 钟建昇

获奖项目介绍

葛源铌钽矿床是目前我国探明资源储量规模最大的特大型铌钽矿床。江西有色地质矿产勘查开发院在2001年11月至2005年12月，完成矿床详查地质工作并提交详查报告。详查报告通过国土资源部矿产资源储量评审中心评审（国土资储备字［2006］95号）。详查成果获2007年度中国有色金属工业科学技术一等奖（中色协科字［2007］246—2007011—D01）。

葛源矿床定位于赣东北深大断裂的南东侧灵山花岗岩基西外缘。矿床成因属与岩浆作用有关的碱质交代—气成—高、中温热液矿床，矿床工业类型为钠长石化花岗岩型铌钽（铷）矿。葛源铌钽（铷）矿床属隐伏矿床，隐伏矿化花岗岩体即为铌钽（铷）矿体，矿体规模巨大，已控制矿体东西长1320米，南北宽640米，控制最大厚度652.25米，单工程控制最大厚度450米，勘探类型Ⅰ类。矿石类型主要为钠长石化花岗岩型，矿石矿物成份简单，铌钽矿石属易选矿石，占全区控制资源储量的89%。

葛源铌钽矿区按Ta_2O_5最低工业品位≥0.012%圈定矿体，用MineSight(2.5版)矿业软件估算资源储量，（333）类别以上矿石量21387.2万吨，Ta_2O_5、Nb_2O_5、Rb_2O氧化物量分别为29942、46196、428599吨，平均品位分别为0.0140%、0.0216%、0.2004%。

矿床综合利用研究程度高。矿床中共伴生有

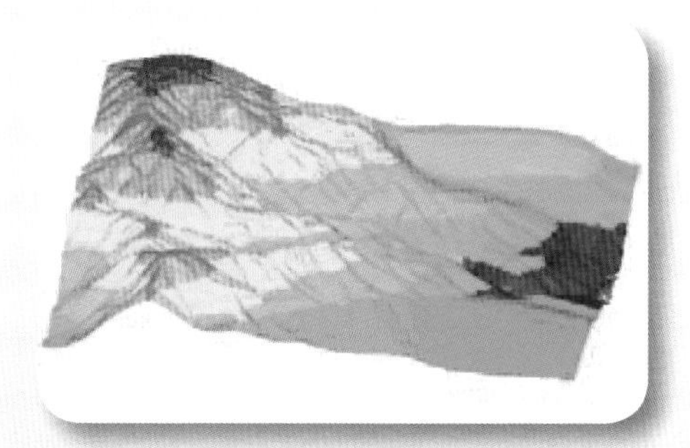

图1　葛源铌钽矿区全貌

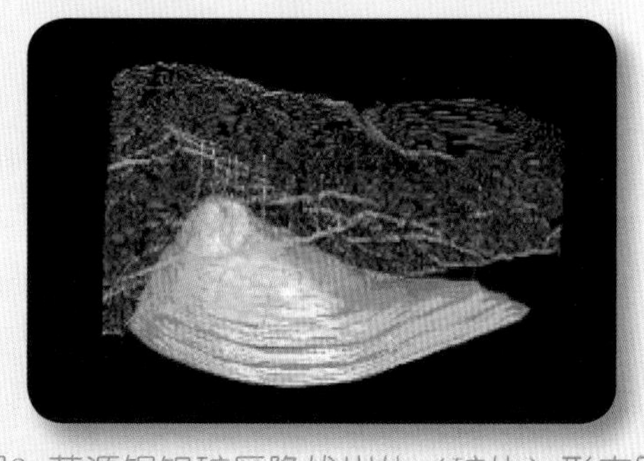

图2　葛源铌钽矿区隐伏岩体（矿体）形态图

用组份，基本查明其种类、含量、赋存状态及空间分布规律。选矿试验对尾砂经选别分离可得到优质的陶瓷、玻璃原料，进一步提升了矿床工业利用价值。为矿山企业走环保、绿色生态可持续发展之路提供了详细的资料依据。

主矿产（钽）、共伴生矿产（锂、铌、铷）资源储量巨大，矿床开发技术经济条件优越，长石、石英、黄玉等非金属矿产可综合利用，矿床潜在价值500亿元。详查成果的提交为国家提供了一处可供开发建设的特大型稀有金属（非金属）资源基地。矿山筹建工作正在进行中，拟建成国内生产规模最大无尾矿稀有金属（非金属）环保型矿山。

赣州有色冶金研究所

中国有色金属工业科学技术二等奖（2001年度）

获奖项目名称

离子型稀土冶炼技术及设备

参研单位

■ 赣州有色冶金研究所

主要完成人

■ 武立群 ■ 王林生 ■ 温惠忠 ■ 张小联
■ 游宏亮 ■ 钟永林 ■ 袁源明 ■ 肖方春
■ 姚文锋 ■ 李建中 ■ 卢能迪 ■ 周长生
■ 李雨法 ■ 蔡志双 ■ 刘南昌

获奖项目介绍

本项目是多学科、跨专业的高新技术产业化项目，属稀有稀土冶金科学技术领域。本项目以离子交换和迁移、串级萃取、熔盐结构、电化学和冶金物理化学等原理为指导，以实现离子型稀土新兴产业、确保相关高技术产业持续稳步发展为目标，综合运用化学、冶金、计算机、材料、机械、自动化等跨学科的原理和技术，以自创为主，经多年研究开发，解决了离子型稀土从原料生产到分离、冶炼、深加工过程中的一系列理论、实用技术和装备问题，获得了多项自主知识产权的技术发明和专利，实现了离子型稀土从原料生产到深加工技术成果的产业化。成果总体水平达国际先进，关键技术和指标达国际领先。其主要特征为：

1.创建了离子型稀土原地浸矿理论，发明了不破坏生态环境的绿色开采工艺——“原地浸矿新工艺”，使资源利用率从30～50%提高到＞70%，生产成本降低3000元/吨REO，“原地浸矿”技术推广后，年产量逐步增加到13000吨、产值达4.6亿元、节支3900万元。2.在国际上率先将萃取分离及净化除杂工艺融为一体，解决了稀土矿山浸取液直接分离过程中乳化等关键技术，达到了萃捞稀土除杂的同时进行稀土粗分离的目的，改变了传统的生产工艺，减少了工艺环节。率先将“串级萃取”理论应用于离子型稀土分离实践中，将“分馏萃取”二出口及多出口计算机模拟结果直接放大到工业试验，并一次性投产成功，免除了任意组合的稀土分组分离实验过程，该技术已在离子型稀土企业全面推广应用。3.研究开发了独有的“共电积——真空蒸馏”技术为高熔点稀土金属生产提供了一套全新的工艺流程，与传统工艺相比，工艺过程连续性强、产品中关键杂质元素氧含量低。4.经长期研究，完善了稀土氧化物电解机理，所研究的稀土金属以及相配套的原料制备新技术，在国内外率先实现产业化，年生产规模达1200吨，其产品质量国际领先，其中，金属钕已作为阿尔法磁谱仪首选应用的金属材料，钕和镝被全国磁性材料协会评为“优秀产品”。同时，注重科技成果的转化，通过直接转让和间接采用我所的冶炼新工艺，已形成全国单一稀土金属总产量70%～80%的生产规模，其中70%以上出口。5.自主完成了万安电解槽、自动加料装置、虹吸出炉装置、微机稳流控制系统等设备的设计与加工，提高了离子型稀土冶炼的机械化和自动化水平，实现了设备大型化的突破，缩短了与发达国家在装备方面的差距。6.通过实施国家重大科技功关、“863”计划、国家火炬计划及国家首批型中小企业技术创新项目，完成了电池级稀土金属制备、稀土火法冶炼中万安级电解槽研制、多阳极技术、氟化物体系电解生产镨钕金属、氟化镝制取新工艺、微机稳流控制技术及废气治理技术等多项技术创新，申请中国专利8项，其中4项已授权。7.项目技术的应用近五年已实现产值29.47亿元、创汇1.45亿美元，今年，我所又与美国、德国签订了1.27亿美元的稀土金属供货合同。

项目所取得的从离子型稀土矿山开采到冶炼深加工一系列具有自有和自主知识产权的技术已得到广泛应用，形成了我国新兴的独特的离子型稀土产业，支撑了稀土永磁材料、贮氢材料等与稀土相关的高新技术产业的发展，产生了巨大的经济效益和社会效益。

赣州有色冶金研究所

中国有色金属工业科学技术一等奖（2008年度）

获奖项目名称

弱磁性矿石高效强磁选关键技术与装备

参研单位

- 赣州有色冶金研究所
- 鞍钢集团鞍山矿业有限公司
- 江西理工大学
- 上海梅山矿业有限公司
- 马钢集团姑山矿业有限公司
- 攀枝花钢铁有限责任公司钛业公司

主要完成人

- 熊大和 ■ 黄万抚 ■ 杨庆林 ■ 陈　平
- 尤六亿 ■ 孟长春 ■ 曾文清 ■ 贺政权
- 刘向民 ■ 叶和江 ■ 李建中 ■ 叶雪均
- 李建设 ■ 曾晓燕 ■ 罗仙平 ■ 杨文龙

获奖项目介绍

1.我国拥有丰富的氧化铁矿、钛铁矿、锰矿、黑钨矿等弱磁性矿石资源，但多数矿床的原矿品位低、嵌布粒度细。而原有的选矿设备和工艺不能满足选矿工业的要求，细粒选矿的回收率低和磁性精矿品位低是一个普遍存在的问题，大量的有用矿物流失到尾矿中，每年对我国矿产资源造成数百亿元的浪费。本项目就是根据这一问题进行的，旨在研究开发新一代的强磁选设备和技术，以提高我国弱磁性矿石的选矿技术水平。

2.本项目首次在磁选工程中提出脉动流体力的概念，并在大量试验研究的基础上，提出了脉动高梯度磁选理论。实践表明：脉动高梯度磁选可大幅度地提高磁性精矿的品位，并保持对细粒磁性矿物回收率高的优点，此外，脉动还具有防止磁介质堵塞的作用。

3.研发了具有自主知识产权的，同时利用磁力、重力、恒速流体力和脉动流体力四种力场的综合效应分选矿物的SLon立环脉动高梯度磁选机。开发了分选环立式旋转，反冲精矿；配置脉动机构松散矿粒群及减少非磁性矿粒的机械夹杂；还研究了船形分选区和导流方式实现矿浆动态密封等新技术。该机从根本上解决了平环强磁选机磁介质容易堵塞这一世界性技术难题，与常规强磁选机或高梯度磁选机比较，不仅精矿品位高，而且选矿回收率也大幅度提高，使大量低品位弱磁性矿物得到了利用，为国家创造了巨大的经济、社会效益，并有效保护了资源和环境，被专家评价其整体达到了世界领先水平。

4.形成了SLon立环脉动高梯度磁选机系列化产品，完成了SLon-750、SLon-1000、SLon-1250、SLon-1500、SLon-1750、SLon-2000、SLon-2500等机型的设计，设备处理能力覆盖0.1～180吨/台时。该机已在我国鞍钢、马钢、宝钢、攀钢、昆钢、重钢等重大钢铁基地应用，能适用于氧化铁矿、钛铁矿及非金属矿和稀土矿等多种类型的贫细弱磁性难选矿石的选别，对提升国内贫细弱磁性矿石选矿技术水平起到关键作用。此外，SLon立环脉动高梯度磁选机已拓展到黑色、有色、建材、化工、陶瓷等应用领域，在国内占有了90%以上的市场份额，成为我国冶金矿山弱磁性矿石和非金属矿山除铁提纯的主力选矿设备，部分设备已出口国外，使我国选矿工业的整体水平跨入了世界先进行列。

中国矿业大学

中国有色金属工业科学技术一等奖（2008年度）

获奖项目名称

钨（粗选）、萤石柱式全流程分选技术

参研单位

- 中国矿业大学
- 湖南柿竹园有色金属有限责任公司

主要完成人

- 刘炯天 ■ 曹亦俊 ■ 李晓东 ■ 李小兵
- 张海军 ■ 王永田 ■ 李延锋 ■ 冉进财
- 马子龙 ■ 高湘海 ■ 吕清纯 ■ 翟爱峰
- 陈文胜 ■ 石志中 ■ 刘　杰 ■ 吕向前

获奖项目介绍

我国矿产资源贫、细、杂的特点使大量矿石在常规浮选条件下，因流程复杂、分选效率低及选矿成本高而无法实现工业生产。传统浮选机在细粒和微细粒矿物回收方面，因缺乏强有力的回收机制，导致分选工艺复杂，流程长，电耗高；传统浮选柱矿化效率低，回收能力差，只能用于精选作业，不能用于粗、扫选和整个分选过程。因此，需要优化传统浮选工艺，开发先进高效的分离方法、分选设备及简洁、高效浮选新工艺。

经过“十五”攻关，我们提出了适合于金属矿分选的高效微泡柱分选方法，研制了系列矿用微泡柱分选设备及配套装置，开发了钨（粗选）、萤石等多种矿石柱式全流程分选工艺。关键技术及创新点包括：

（1）形成了梯级优化高效微泡柱分选方法，提出了柱分选过程耦合与强化模式。

（2）研制了适合于柱式全流程分选工艺要求的系列柱分选设备，发明了适合阳离子反浮选泡沫输送“吸浆器”，配套开发了浮选柱监测与控制系统。

中国有色金属工业科学技术奖

证　书

（3）开发了钨（粗选）、萤石柱式全流程分选工艺，并成功拓展到磁铁精矿阳离子反浮选，高氧化率铜矿、硫化铜矿及钼矿等的柱式全流程分选工艺开发，构建了1600吨/日钨粗选、500吨/日低品位伴生萤石回收和65吨/小时磁铁精矿阳离子反浮选等柱式全流程分选工业系统。

柱式全流程分选技术已形成了包括方法、设备和工艺在内的技术体系。已申报发明专利3项，获实用新型专利1项。工业应用结果表明，该技术具有缩短工艺、简化流程，分选效率高、指标优异，节能降耗等特点。钨粗选浮选柱工艺与浮选机工艺相比，在回收率相当条件下，精矿品位提高了近4个百分点；低品位伴生萤石回收浮选柱工艺，精矿品位在96%以上，实际回收率大于36%；磁铁精矿反浮选浮选柱工艺同浮选机工艺相比，铁金属回收率提高1.27个百分点，尾矿品位降低4.00个百分点。浮选柱占地面积小，能耗较浮选机降低了30%以上，节能效果显著。

该技术已在湖南柿竹园及鞍钢弓长岭矿业公司等多家矿山成功应用，对柿竹园和夜长坪钼矿两家统计的年新增效益3700多万元。

①钨粗选浮选柱系统

②低品位萤石回收浮选柱系统

南京银茂铅锌矿业有限公司

中国有色金属工业科学技术一等奖（2005年度）

获奖项目名称

铅锌硫化矿浮选过程清洁生产技术的研究与应用

参研单位

- 南京银茂铅锌矿业有限公司
- 广东工业大学

主要完成人

- 王方汉 ■ 孙水裕 ■ 缪建成 ■ 刘如意
- 曹维勤 ■ 汤成龙 ■ 谢光炎 ■ 胡继华
- 肖斌云 ■ 戴文灿 ■ 马　斌 ■ 吕宏芝
- 宁寻安

获奖项目介绍

（1）应用领域和技术原理

应用领域为矿物加工工程与环境工程,主要应用于有色金属硫化矿矿山的清洁生产。技术原理为采用电位调控浮选清洁生产利用新技术来提高硫化矿资源的综合利用率和减少选矿过程的能耗,采用水污染治理技术实现浮选废水适度净化后全部回用和零排放,采用固体废物处理技术实现选矿尾矿综合利用和就地回填,实现尾矿零排放。

（2）性能指标

①浮选过程资源清洁利用程度明显提高。采用电位调控浮选清洁利用新工艺后,产品中铅、锌、硫、银回收率分别提高了4.1%、4.9%、9.1%、6.6%，铅、锌、硫精矿主品位分别提高了10.7%、0.7%、0.8%，资源综合利用率提高，处理每吨矿石的耗电量减少了8KWh/t,磨浮厂房单位面积的矿石处理量增加了50%。②实现了浮选废水的零排放。浮选废水经适当净化处理后全部回用，彻底消除了废水对环境的污染，废水回用还减少了浮选过程中药剂的用量。③电位调控浮选清洁生产利用新工艺与废水净化回用工艺的相互匹配。硫化矿电位调控浮选清洁利用新工艺对矿石性质变化和回水使用的适应性明显增强，使浮选过程生产操作更加稳定，为浮选废水全部回用创造了极为有利条件。通过清洁利用新工艺的捕收剂种类和浮选pH值的优化,降低了浮选废水污染程度,有利于废水净化,减轻了废水回用对选矿过程技术指标的影响。④尾矿渣的零排放。目前每天产出约400吨尾矿，经过分级处理后粗砂用于采场打坝，细粒部分用于充填，部分全尾矿外销做水泥原料，彻底避免了尾矿渣对环境的污染。全面完成了合同书要求的研究内容与技术指标。

（3）与国内外同类技术比较

据对国内外文献查新与我们的了解,未发现国内外有与本成果在技术特色与技术创新上相同的报道,南京栖霞山铅锌矿业有限公司还是第一家,本成果具有国际领先水平。

（4）成果的创造性、先进性

本成果具有如下创新性：硫化矿资源电位调控浮选清洁利用技术与浮选废水净化回用工艺相互匹配，提高了铅锌浮选技术指标和资源综合利用率，降低了能耗，实现了浮选废水与尾矿废渣的零排放，彻底消除了废水废渣对环境污染。

（5）作用意义

硫化铅锌矿浮选过程清洁生产技术水平明显提高，实现了废水与尾矿零排放，产生了显著的环境与社会效益。由于清洁生产过程中资源综合利用率提高与处理成本降低，年增经济效益1318万元/年，节省了投资368万元，产生了显著的经济效益。

江苏兴荣高新科技股份有限公司

中国有色金属工业科学技术一等奖（2006年度）

获奖项目名称

精密铜管连铸连轧工艺及成套设备

参研单位

■ 江苏兴荣高新科技股份有限公司

主要完成人

■ 肖克建 ■ 祁 威 ■ 田福生 ■ 高继全
■ 丁振卿 ■ 杨炜达 ■ 王坚强 ■ 朱建军
■ 朱建平 ■ 朱国定

①行星轧机
②铜管盘拉机
③铜管在线退火机组

获奖项目介绍

精密铜管是制造现代工业产品的重要材料，特别是作为空调制冷产品的热交换材料，国内消费量很大。2000年前，国内精密铜管的生产基本采用挤压法，铸轧法刚刚出现，尚未解决工业化生产的工艺技术问题，我国精密铜管制造的技术和装备完全受制于发达国家。

兴荣高科经过多年的攻关，于2001年自主研发成功精密铜管连铸连轧工艺及成套装备，即“铸轧——连拉——盘拉法”。该工艺的特点是：将阴极铜熔化后铸造成厚壁的空心铜管坯，经旋风铣面后，在室温状态下送入三辊行星轧管机，轧制成薄壁管坯，再经过通用的拉伸、退火、成型等工序，制造高精度内螺纹铜管。其成套生产线装备包括：水平连铸炉、铣面机、三辊行星轧机、连续直拉机、高速盘拉机、在线退火机组、内螺纹成型机、精整复绕机、井式退火炉、楼式退火炉等。与挤压法相比，连铸连轧工艺具有流程短、投资少、效率高、成本低、无污染等优势，成材率提高20%，吨产品能耗降低30%，设备投资降低60-80%。2005年，经省级科技成果鉴定，本项目创新点突出，技术先进，处于世界领先水平。

推广应用情况

至2010年底，本公司已推广精密铜管连铸连轧生产线55条，其中出口5条。国内50条生产线每年的铜管生产能力50万吨，年实际产量约40万吨，约占国内空调制冷换热管消费量的2/3，为中国精密铜管行业生产技术由“挤压法”向“铸轧法”升级换代作出了积极贡献。

随着精密铜管连铸连轧技术的推广，中国精密铜管的国际竞争力迅速增强，2003年起，我国的精密铜管产业实现了由净进口到净出口的转变，也是铜加工行业唯一实现净出口的品种。目前中国成为世界上产量最大、成本最低、质量最好的精密铜管生产国，总产量约占世界精密铜管消费量的50%。

精密铜管连铸连轧技术装备的产业化推广使我国铜管行业制造技术及装备水平得到了整体的提高，实现了由“中国制造”到“中国创造”的转变。

兴荣高科在精密铜管的生产工艺、成套装备方面先后获得13项专利，其中发明5项，实用新型8项，拥有完整的自主知识产权。本公司的精密铜管连铸连轧工艺被国际同行业誉为精密铜管生产的“中国方法”。

浙江海亮股份有限公司

中国有色金属工业科学技术二等奖（2005年度）

获奖项目名称

新型高耐蚀、高效换热、超长铜合金冷凝管的开发及产业化

参研单位

■ 浙江海亮股份有限公

主要完成人

■ 曹建国 ■ 赵学龙 ■ 杨继德 ■ 陈玉良
■ 刘 琥 ■ 魏连运

获奖项目介绍

冷凝管是热交换凝汽器关键材料之一。铜及铜合金冷凝管因具有良好的耐蚀性、足够的强度、良好的工艺性能和较低的成本，而被广泛应用于火电、舰船、核电、制糖、海水淡化、石油精炼及化工等领域。火电站用冷凝管是所有热交换铜合金管的代表，

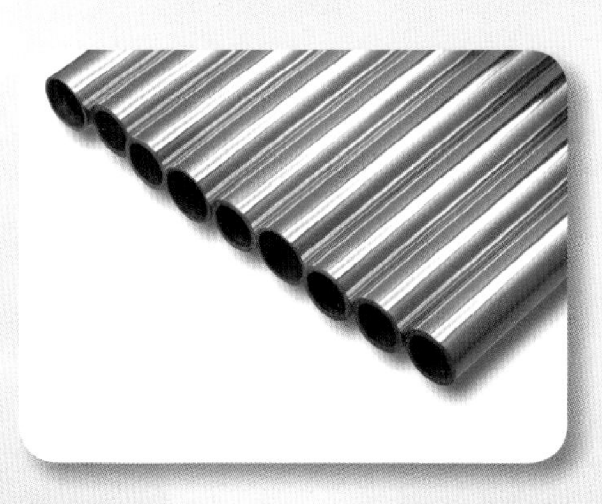

工作原理是管内通过冷却介质（水），管外为待冷凝的蒸汽，为降低发电成本，不同地域要适应不同水质的要求，冷凝管必须要承受江、河、湖、海等各种不同水质的腐蚀，尤其能承受各种污染水质的腐蚀。同时为减少汽轮机背压，提高发电效率，对冷凝管的热交换效率亦提出了更高的要求。

项目主要研究内容：

1.合金成份的优化配比，多种元素合金化技术与合金组元均匀化技术，以及独特的熔炼工艺，使得铜管综合耐蚀能力得到提高，延长了铜管使用寿命。

2.改变铜管表面物理形状，将铜管表面加工成内螺旋外翅片复合齿形，强化冷凝换热的效果，从而提高热交换效率。

3.完善工艺装备，采用先进的铜管加工、精整工艺，使铜管长度达到14米以上。

本项目通过自主研发和采用国际先进技术，在公司现有公共设施的基础上购置先进的工艺、检测装备；完善生产、环保设施，研制开发的与产业化配套的铜管加工新技术。所开发的冷凝管产品具有高耐蚀性能、高换热效率、大长度等特性，能够更好地满足大功率火力发电、核电机组以及海水淡化工程、船舶工业等发展的需要，同时可增强我国铜加工产品在国际上的竞争能力，并大量出口。

在项目实施过程中共形成国家发明专利2项，实用新型专利1项，分别是：一种耐蚀铝黄铜合金（ZL 200310109159.9）、一种耐蚀锡黄铜合金（200310109160.1）、单螺旋波浪形黄铜冷凝管（ZL 200420020740.3）。

目前项目已获得中国有色金属工业科学技术奖二等奖(2005)。

浙江海亮股份有限公司

中国有色金属工业科学技术二等奖（2008年度）

获奖项目名称

海水淡化装置用铜合金无缝管

参研单位

■ 浙江海亮股份有限公司

主要完成人

■ 赵学龙 ■ 狄大江 ■ 王 斌 ■ 傅海东 ■ 陈玉良 ■ 黄路稠 ■ 杨继德 ■ 刘 琥 ■ 徐彩英

获奖项目介绍

当今世界淡水资源日趋匮乏，加速水资源的开发，解决淡水危机是世界各国研究的主要课题。海水淡化是实现新水源生产，缓解淡水危机的重要途径之一。海水淡化装置用铜合金无缝管是海水淡化的关键材料，该类产品需要长期在恶劣的流动海水和砂的冲刷腐蚀环境中工作，铜合金管原始表面碳膜、氧化膜、油腐蚀斑、酸腐蚀斑对点蚀、冲蚀的影响特别敏感，严重的点蚀、冲蚀引起海水淡化工厂中热交换器过早发生早期泄漏事故，故海水淡化用铜合金热交换器管材比电站用铜合金热交换器管具有更优良的耐蚀性。另一方面，海水淡化装置用管材长度要求较长，这也给传统的海水淡化装置用铜合金管的生产带来了很多难题。

本项目主要研究内容：

1.对合金成分进行优化设计，研制新型耐腐蚀铝黄铜和锡黄铜合金。

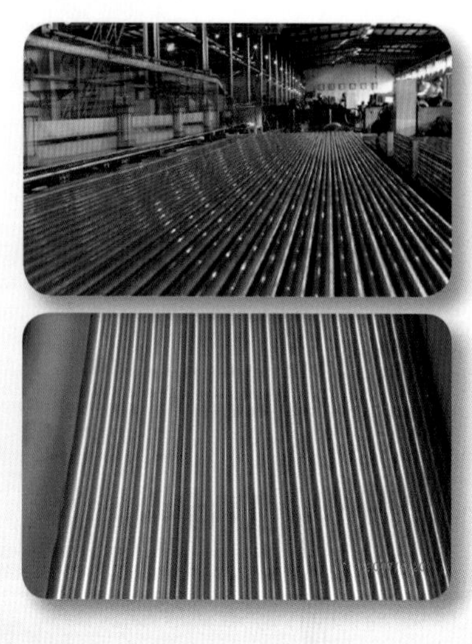

2.对铜合金原始表面膜影响耐蚀性能的机理进行分析研究。

3.对15～30m长度管材的生产技术进行研究。

4.在保证管材机械性能的同时实现管材的薄壁化的研究。

公司针对传统热交换器管耐蚀性差、管材长度短的问题展开研究，通过合金化方式的重新研制，对消除管材表面皮膜及加长管材生产工艺的重新设计，使用拥有自主知识产权的高耐蚀新型铝黄铜合金，采用新型环保洗涤剂，配合新型外喷淋内冲刷在线脱脂清洗，国内首次使用游动芯头联拉在线连续拉伸，成功研制出适合海水淡化装置用的高耐蚀超长铜合金管材。目前该产品国际市场占有率可达60%以上。

在项目实施过程中共形成国家发明专利2项，分别是：一种耐蚀铝黄铜合金（ZL 200310109159.9）、含稀土锡黄铜合金（200710156653.9）。

目前项目已获得中国有色金属工业科学技术奖二等奖(2008)和浙江省科学技术奖二等奖(2008)，并荣获国家重点新产品称号。在本项目基础上由本公司负责起草的国家标准GB/T 23609-2009《海水淡化装置用铜合金无缝管》获得了中国有色金属工业科学技术奖二等奖(2010)和全国有色金属标准化技术委员会技术标准优秀二等奖（2008）。

浙江海亮股份有限公司

中国有色金属工业科学技术一等奖（2009年度）

获奖项目名称

铜合金管材高效、低耗连续制造技术开发及产业化

参研单位

■ 浙江海亮股份有限公司

主要完成人

■ 曹建国 ■ 赵学龙 ■ 傅林中 ■ 陈玉良
■ 王　斌 ■ 宋长荣 ■ 彭立强 ■ 狄大江
■ 傅海东 ■ 俞国强 ■ 魏连运 ■ 褚夺生
■ 蒋永坚 ■ 王建东 ■ 王剑龙 ■ 薛高民

获奖项目介绍

我国是铜低储量高消费的国家，迫切需要改善铜加工制造与使用过程中的过高消耗，其基本出路就是不断提高加工成材率，减少金属消耗。本项目通过对铜合金管材连续制造技术的开发和应用，在国内首次实现铜合金管材加工制造高效、低耗的连续制造与生产，在创造良好经济效益的同时，率先带动我国传统的铜合金管加工制造业向低能耗、低污染、高效连续化的现代铜合金管材加工业的转型。

项目主要研究内容包括：

1.铜合金管连续制造技术研究，包括铜合金大容量熔炼–连续铸造技术、大规格铜合金锭挤压–轧管–在线连续退火–连续拉伸的连续加工技术、在线精整–在线检测的辅助连续制造技术。2.铜合金管连续制造过程中的节能技术研究，包括铜合金熔炼–保温炉炉组温度场的模拟辅助设计技术、暗流转液的封闭熔炼技术、“W”型熔沟熔炼技术、熔炼炉组变频调功、多机共联的节能技术、直燃式自保护连续退火技术、铜合金管的串联联合拉拔技术。3.铜合金管连续制造过程中的减排技术研究，包括无氧化挤压技术、燃气直燃式自保护无氧化退火技术，取消相关工序的酸洗工艺，减少金属消耗和废酸水的排放。4.能源智能化管理技术研究，包括数据采集技术、数据分析技术、远程控制技术。利用局域互联网实现加工制造过程中实时数据传递和耗能设备动能即时计量，即时监控。

本项目技术和工艺不仅适用于铜合金管的生产，也可在其他铜加工产品中使用，甚至推广应用到有色金属行业其他品种的生产中，可带动有色金属行业的技术升级。

在项目实施过程中共申报国家专利12项，其中发明专利5项，实用新型专利7项。5项发明专利分别是：直燃式金属管材光亮热处理方法（200810061559.X）、直燃式金属管材光亮热处理炉（200810061558.5）、立式连续铸造机（200710156652.4）、一种三线拉伸机（200710156657.7）、铜管液压连续拉伸机（200710156658.1）。

目前项目已获得中国有色金属工业科学技术奖一等奖(2009)和浙江省科学技术奖二等奖(2010)，在本项目基础上由本公司负责起草的国家标准GB 21350–2008《铜及铜合金管材单位产品能源消耗限额》获得了中国有色金属工业科学技术奖二等奖(2009)和全国有色金属标准化技术委员会技术标准优秀一等奖（2007）。

浙江海亮股份有限公司

中国有色金属工业科学技术二等奖（2009年度）

获奖项目名称

铜及铜合金管材单位产品能源消耗限额

参研单位

- 浙江海亮股份有限公司
- 中国有色金属工业标准计量质量研究所

主要完成人

■ 曹建国 ■ 杨丽娟 ■ 魏连运 ■ 刘爱奎
■ 郭慧稳 ■ 俞国强 ■ 赵学龙 ■ 马俊环
■ 杨胜泉 ■ 王　丽 ■ 洪燮平 ■ 陈玉良
■ 王　虎

获奖项目介绍

我国是世界最大的铜加工生产基地、铜加工产品进出口国家，也是世界铜产品消费大国，因生产而消耗掉的各种能源巨大。地球资源日趋匮乏，为了拯救地球资源，为我们的子孙后代储备必需能源，节能降耗势在必行。“铜及铜合金管材单位产品能源消耗限额”，是政府急需的标准，由有色金属标准化协会提出，我公司负责起草。

如何使各铜加工企业的能耗计算结果具有可比性是本标准编制的关键所在。根据当前国内铜加工企业的现状，项目主要研究内容如下：

1.规模相差较大(悬殊)，统一能耗水平对比的研究。2.生产工艺方法不统一，能耗水平行对比的研究。3.产品制造过程中，有完整型企业(包括从原料到最终产品建立有完整的生产系统)和非完整型企业(仅有部分生产系统)，能源消耗对比的研究。4.从产品品种分析，有综合型企业(除生产铜及铜合金管材外，还生产铜及铜合金板材、带材、棒材等)和非综合型企业(单一产品种类)。某一类产品的能源消耗对比的研究。5.企业产品品种多，有紫铜管、黄铜管、青铜管、白铜管等；规格分散，外径范围非常大；要求不一致，有挤制产品、中间产品和终端产品等。某一合金牌号能源消耗对比的研究。

ICS 27.010
F 01

GB

中华人民共和国国家标准

GB 21350—2008

铜及铜合金管材单位产品能源消耗限额

The norm of energy consumption per unit product of copper and copper-alloy tube

2008-01-09 发布　　2008-06-01 实施

中华人民共和国国家质量监督检验检疫总局
中国国家标准化管理委员会　发布

为了使该项目具有较强的操作性，并符合未来国家对能源消耗的规划和管理，标准中按“现有铜及铜合金管材加工企业单位产品能耗限额限定值”、“新建铜及铜合金管材加工企业单位产品能耗限额准入值”、“铜及铜合金管材加工企业单位产品能耗限额先进值”三个级别分别进行了规定。

该项目的制定，使各种铜加工企业的能耗具有了可比性，使国家对铜加工行业能耗的管理有了规范的执行标准，将规范铜加工行业的有序竞争，为我国铜加工行业节能降耗及国家建设资源节约型国家目标的实现做出了重大贡献。该项目标准已于2008年6月1日实施，经全国相关政府管理部门正在积极宣传贯彻，全国各知名铜管材加工企业积极响应，经中铝洛铜、中铝沈铜、浙江金田等使用单位反馈，节能效果明显，对单位节能降耗工艺、设备及管理研发直到了促进作用。

本项目获得中国有色金属工业科学技术奖二等奖(2009)，同时获得全国有色金属标准化技术委员会技术标准优秀奖一等奖（2007）。

宁波金田铜业（集团）股份有限公司

中国有色金属工业科学技术一等奖（2006年度）

获奖项目名称

大吨位电炉熔炼–潜液转流–多流多头水平连铸棒技术和设备

参研单位

■ 宁波金田铜业（集团）股份有限公司

主要完成人

■ 方友良 ■ 王永如 ■ 张学士 ■ 洪燮平 ■ 李红卫 ■ 张建华 ■ 邵高科 ■ 丁国安 ■ 李　峰 ■ 楼春章 ■ 叶国海 ■ 张荣华 ■ 朱云海

获奖项目介绍

本项目旨在解决铜合金尤其是利用废杂铜熔铸时环境污染严重、锌挥发大、能耗高、效率低等困扰国内外铜加工行业的关键技术难题，并在利用废杂铜再生优质铜合金连铸成套技术与装备上取得突破。

针对废杂铜再生熔炼时的污染难题，研发了可控的铜合金潜液转流技术和装置以及橱式密闭集尘罩–旋风和布袋综合除尘环保系统。即满足了黄铜合金的要求又避免了锌金属的蒸发氧化。排放口粉尘浓度13.0～21.7mg/m³（国家二级排放标准100mg/m³），实现了废杂铜再生铜合金的清洁环保生产；针对连铸铜合金多规格、小批量、能耗高、效率低下等难题，研发了多面多流多头连铸铜合金生产技术，已达到5000kg炉、八面十六流、每流2～4头的高度，在一台炉子上可生产多种规格，更换模具或规格不用停炉停机，具有生产效率和能源利用率较高的优点，产能达60～80吨/天；针对原料成分复杂，合金元素利用不充分的现状，研发了废杂铜再生专用精炼剂、覆盖剂，开发了计算机配料及合金成分调整软件，实现直接利用废杂铜熔炼精炼优质铜合金成分的控制，废杂铜直接利用比例超过95%。

目前该技术已从铜合金棒逐步推广到了铜合金带坯及线坯的生产，连铸产品综合成材率达92%（比原来提高27%），生产黄铜合金时锌的挥发损失平均减少0.34%，单位成品电耗降低25.7kwh/t，生产成本下降265元/吨。

项目获专利授权5项，其中发明专利2项。

生产现场

牵引装置

宁波金田铜业（集团）股份有限公司

中国有色金属工业科学技术二等奖（2009年度）

获奖项目名称

废黄杂铜水平连铸直接生产空心异型材研究及产业化

参研单位

■ 宁波金田铜业（集团）股份有限公司
■ 宁波大学

主要完成人

■ 王永如 ■ 张学士 ■ 刘新材 ■ 楼春章
■ 洪燮平 ■ 张荣华 ■ 华家明 ■ 叶国海
■ 潘　晶 ■ 张建华

获奖项目介绍

随着汽车、房地产等领域快速发展，近终形的异型铜材需求迫切。现有异型材普遍采用“半连铸-轧制”或“半连铸-加热-挤压”技术路线，工序长，模具损耗大，对原料要求严格。因此研发以废杂铜综合利用为基础的异型铜材水平连铸关键技术是符合循环经济国策的必由之路。

本项目主要研究内容及结果：

（1）以废杂铜做原料的熔体洁净技术。包括：通过潜液转流大幅减少熔体裹渣及氧化；研发新型保温覆盖剂以减少熔体的氧化夹杂；熔体过滤；使用新型炉体材料等。上述技术的共同作用使废杂铜比例高达95%的原料在连铸时，熔体也能达到洁净、成分合格的要求；

（2）等轴晶顺序凝固技术。通过控制石墨结晶器冷却区端面温度比合金液相线温度高8～30℃，使等轴晶占60～100%的连铸组织沿牵引反方向顺序凝固，达到铸件无裂纹。

（3）电磁铸造技术。将电磁场作用于石墨模具内的铜液中，以获得细小的等轴晶组织，减少缩孔、气孔等缺陷。

（4）结晶器气氛保护技术。通过在结晶器外模上开孔和沟槽，形成一个密闭回路。保护气体进入结晶区域，起到了隔离外界空气和水汽的作用，使结晶器不受侵蚀，耐磨效果充分发挥，寿命成倍延长。

本项目已实现了工业化生产，规格达110余种，产品最小孔径6mm、最薄壁厚3mm。对于用户来说，1吨异型铜管相当于以前2～3吨铜合金棒使用，而且取消了原来机械掏孔的工序和成本，深受用户欢迎。

项目获专利授权4项，其中发明专利3项。

异型铜材产品照片

宁波金田铜业（集团）股份有限公司

中国有色金属工业科学技术二等奖（2010年度）

获奖项目名称

"铸-轧-拉"短流程紫铜直管生产技术

参研单位

- 宁波金田铜业（集团）股份有限公司
- 宁波大学

主要完成人

■ 王永如 ■ 方友良 ■ 黄绍辉 ■ 郑冰芳
■ 王　磊 ■ 赵惠芬 ■ 王立新 ■ 代文钢
■ 冯　卫 ■ 李国华 ■ 陈国其

获奖项目介绍

铸轧法因其高效节能节材的特点而成为生产小规格紫铜盘管的主流，但由于受到三辊行星轧机轧制规格的限制，大规格紫铜直管仍沿用传统的"挤轧法"，因此需要对紫铜直管的生产工艺技术和装备进行创新。

本项目主要研究内容及结果：

（1）首次采用"水平连铸-三辊行星轧制-在线联合拉拔、定尺锯切、精整、在线检测"技术生产紫铜直管，建立了产品不落地连续自动化生产的短流程工艺，成功地替代了"挤-轧-拉"生产工艺。单根连续铸轧拉铜管重达1.2吨，产品组织均匀、致密，性能指标与"挤-轧-拉"管材相当，满足国家标准和用户要求。

（2）自主研发了一种具有稳流净化腔和石墨过滤除氧装置的水平连铸炉，连续生产高品质铜液，管坯氧含量低于5ppm。

（3）研发了强化冷却、切向进液的短结晶器，

生产的紫铜直管

采用高频拉铸技术，实现拉铸速度400mm/min，铸坯的晶粒细小、组织均匀。

（4）设计了一种新型的三辊行星轧辊，保证坯料顺利咬入和连续、稳定、高效率的轧制，提高了管坯表面质量，同时轧辊使用寿命提高近2倍。

（5）研发了一种在线高速锯切的新型飞锯，保证了连续化生产，达到定尺长度误差控制在2~8mm。

通过该项成果的推广应用，使生产紫铜直管的加工工序减少4-5个，单位能耗节约300-350kwh/t，综合成材率达到92-95%，生产成本降低400-500RMB/t。

项目申请发明专利5项，获实用新型专利授权6项。

连续拉伸、在线切割生产现场

宁波长振铜业有限公司

中国有色金属工业科学技术二等奖（2010年度）

获奖项目名称

废黄杂铜直接回收循环再制造的关键技术研究及开发

参研单位

- 宁波长振铜业有限公司
- 浙江大学

主要完成人

王　硕　涂江平　刘　剑　邬震泰　王本策　黄　腾　沈守稳　符志祥　聂志军　张荣华　李海龙　肖新茂

获奖项目介绍

宁波长振铜业有限公司是一家以回收国内外废旧黄杂铜为主要原料，利用先进的生产装备和工艺，生产铅黄铜、环保型铜棒、线材的民营企业。年产能5万吨，该公司的恩项目对废旧黄杂铜直接回收循环再制造中的关键技术进行了研究和开发，即项目在系统研究了废旧黄杂铜预处理技术、熔炼技术及后续加工工艺技术的基础上，研究开发了直接回收废旧黄杂铜技术，实现了废旧黄杂铜的机械自动化预处理后，循环再制造过程，大大节约了能源。

项目在分析废旧黄杂铜的成分组成的基础上，建立了包括分选、破碎、筛选三大环节的废旧黄杂铜预处理技术；通过分选解决了原材料成分差异性大的问题，分选的各类材料元素成分及含量达到相对稳定；然后对各类原料进行机械化破碎，大大降低原材料体积大小的差异，及分离分选困难的问题。从而，可以获得各种成分相对稳定的不同粒度的废旧黄杂铜原材料。

在废旧黄杂铜熔炼中，优化配料比例，根据原材料的不同种类及粒度，确定有序的投料顺序，解决了杂铜回收中的成分稳定性问题；采用先进的熔体处理技术，严格控制熔炼工艺，有效的除杂工艺，保证了熔体质量；同时缩短熔炼时间10%。

本项目的实施，已获得授权国家实用新型专利3项，制定相关的企业标准一项，项目在废旧黄杂铜回收加工的关键生产技术上取得了一定的突破，该生产工艺先进，具有环保、经济、节能减排等特点。

经过试验，利用该项工艺每吨可缩短熔铸时间15分钟，节电137.87度、折合人民币93.75元，通过分拣、破碎，每吨废黄杂铜为企业直接增加经济效益570元/吨。两项合计每吨废黄杂铜可为企业创造经济效益663.75元，如全国每年消费的废杂铜有1/3利用该项技术，可为行业创造直接经济效益46462.5万元。

本项目的研发，改变了我国传统废旧黄杂铜再生加工企业资源综合回收利用率低、能耗高、环境污染大、综合效益较差的粗放型生产模式。成功打造出一条有色金属行业资源循环再生、科学合理利用的产业链，使社会有限的资源能够得到充分、有效的利用。大大促进了我国废旧黄杂铜再生产业的整体实力，使金属回收领域的企业得到了很好的可持续性发展。

通过客户的使用和意见反馈，利用废旧黄杂铜生产的铜棒、铜线及异型材完全可以替代用电解铜、锌锭生产的铜合金材料，达到国家标准的指标要求，且生产成本较低。因此，此项目的研发成果具有良好的应用和推广前景。

紫金矿业集团股份有限公司

中国有色金属工业科学技术二等奖（2008年度）

获奖项目名称

高粘度微细粒氰化浸金渣选矿综合利用和产业化示范研究

参研单位

- 紫金矿业集团股份有限公司
- 昆明理工大学
- 贵州紫金矿业股份有限公司

主要完成人

■ 陈景河 ■ 邓一明 ■ 刘全军 ■ 曾繁欧
■ 邱 林 ■ 陈增民 ■ 郭强华 ■ 熊燕琴
■ 王灿荣 ■ 甘永刚 ■ 王立岩 ■ 王奉刚

获奖项目介绍

贵州省黔西南州是著名的黄金生产地，处理矿种主要是原生金矿，采用各种方法对矿石进行预处理，如：中高温化学预氧化——全泥氰化浸取黄金，选矿——生物预氧化——全泥氰化等，获得了较好的浸出指标。但是，一般而言，在氰化浸渣中尚还含有金2~3g/t，有的甚至更高，这无疑是一笔宝贵的资源；同时，浸渣出现了四高三难现象：高粘稠度高碱性（pH=10）；高细度（-325目93%），高水密度（回水密度1.15~1.2）；该浸渣难脱水，难降水密度，难回收有用金属。并且，浸渣中含砷较高，长期堆存对环境造成一定的污染。因此，对该浸渣进行选矿综合利用研究，并产业化示范，不仅具有极高的学术价值，同时具有明显的经济效益和社会效益。项目利用浮选的方法，以生产金精矿为前提，回收金，综合利用氰化浸出尾矿。

项目针对浸渣的特点，在浮选工艺中，采用组合活化剂ZL，将尾渣中被强烈抑制的硫化物重新活化，该活化剂可以清洗含金黄铁矿表面的臭葱石。使其不仅能恢复黄铁矿本身的可浮性，还能使其进一步活化。其次，该尾渣的选矿采用了分支浮选流程，根据可浮性质的差异，得到高品位的金精矿，大大降低了药剂成本，选矿指标明显提高。

由于该尾渣粒度极细（-325目的93%以上），微细级的浮选非常困难。该项目采用“夹聚”浮选的方法，在保证金矿品位的前提下，尽量提高回收率，在“夹聚”浮选中，利用极细粒含金矿物受药剂作用后的团聚性，采用高体积矿物浓度浮选参数，适宜增加分散剂，造成极细粒含金矿物的夹带伴生上浮。从而大大提高了选别回收率。通过以上技术操作，在尾渣含Au2~3g/t左右的时候,可以获得金精矿品位40g/t以上，回收率大于90%的选别指标。

该项目的创新点主要表现在以下几个方面：

1.新型ZL活化剂对高碱、氰化物等强烈抑制下的含金硫化物的有效活化作用。2.氰化浸渣尾矿分支浮选流程。3.微细粒含金硫化物的“夹聚”浮选工艺。4.氰化浸渣尾矿浮选指标的先进性：精矿品位大于40克/吨、回收率大于90%。

为表彰福建省科学技术奖获得者，
特颁发此证书。
获奖项目：高粘度微细粒氰化浸金渣选矿综合利用和产业化示范研究
奖励等级：二等奖
奖励日期：2010年2月26日

该项目已申请国家发明专利，并获授权。获福建省科学技术二等奖。本项目学术价值高，且投资少，见效快，属废弃物综合利用，具有广阔的推广应用前景，社会效益显著。目前在贵州已经产业化。

同时，我国是第二矿业大国，每年的矿山低品位尾矿约50亿吨。该项目的产业化示范，对于同类型矿山具有积极借鉴意义和指导作用。为贯彻我国可持续发展和循环经济，加强资源综合利用，具有重要的战略意义。

厦门金鹭特种合金有限公司

国家科学技术进步奖二等奖（2008年度）

获奖项目名称

“紫钨原位还原法”超细硬质合金工业化制造技术

获奖项目介绍

超细晶硬质合金刀具是汽车、飞机、船舶、电力等国民经济重要领域的支撑性工具产品，它的质量与技术水平直接影响着一个国家的制造业发展，而我国的刀具制造技术还相对落后，高精密硬质合金刀具基本依赖进口。在此背景下，厦门金鹭特种合金有限公司以发展我国自主知识产权的超细晶硬质合金工业化制造技术为己任，勇攀科技高峰，与国家钨材料工程技术研究中心和北京科技大学合作，完成了“紫钨还位原法”超细硬质合金工业化制造（以下简称“紫钨法”）项目，并获得了国家科技进步二等奖的殊荣。

国家科学技术进步奖

证　书

为表彰国家科学技术进步奖获得者，特颁发此证书。

项目名称：“紫钨原位还原法”超细硬质合金工业化制造技术

奖励等级：二等

获 奖 者：国家钨材料工程技术研究中心

中华人民共和国国务院

2008年12月

证书号：2008-J-215-2-01-D02

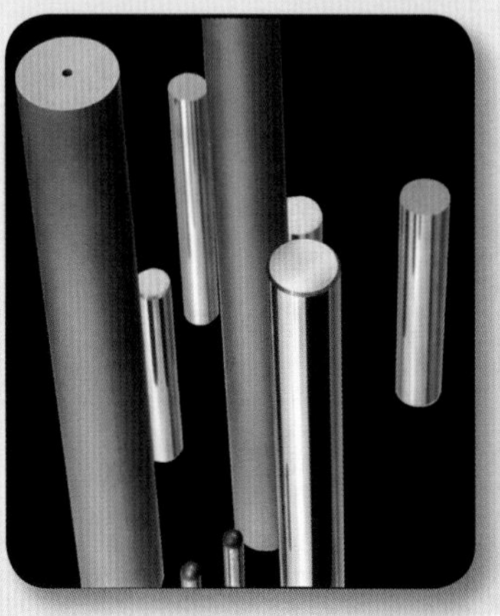

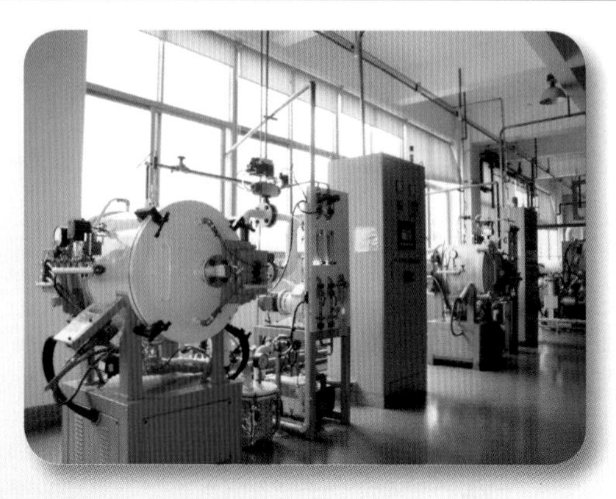

“紫钨法”是一种全新的超细晶硬质合金工业化制造技术，它以仲钨酸铵为原料，分解、自还原成纳米级针状紫钨；然后原位还原为纳米或超细钨粉，碳化后获得超细碳化钨；再以超细钴粉作粘结相，成型、烧结，获得超细晶硬质合金（晶粒尺寸0.3～0.5微米）。它实现了优质、高产、低能耗的生产要求，取代了此前世界上通用的二种日本和美国的制造方法，成为当今超细晶硬质合金工业化制造技术的首选。可以说，“紫钨法”开创了既有中国特色、又有国际先进水平的超细硬质合金工业化生产技术，以简单、优质、低成本的特点享誉全世界，成为一个自立于世界民族之林的重大技术突破，确立了金鹭公司在中国乃至世界超细硬质合金领域的领先地位，促进了我国硬质合金行业的产品结构升级，提高了我国硬质合金产品的出口竞争力，标志着我国由钨资源大国向钨强国迈进。

“紫钨法”项目实施以来，已累计生产超细粉末和超细合金4683吨，为我国快速发展的飞机、汽车、船舶等行业提供了优质的精密刀具和材料，打破了国外的技术垄断和市场垄断，并产生了巨大的经济效益，2005-2007年累计销售收入6.6亿元，净利润1亿元，上缴国家税金2300万元。

路达（厦门）工业有限公司

中国有色金属工业科学技术二等奖（2009年度）

获奖项目名称

环保型无铅易切削黄铜及其制品

参研单位

■ 路达（厦门）工业有限公司

主要完成人

■ 许传凯 ■ 胡振青 ■ 章四琪 ■ 夏春发
■ 孙立根 ■ 达贵平 ■ 张卫星 ■ 黄盛京
■ 王　涛 ■ 何玉辉 ■ 张小剑 ■ 周年润
■ 廖荣华 ■ 何国武 ■ 孙洪钧

获奖项目介绍

本项目包含了无铅高锌磷硅黄铜和无铅铝铋黄铜两种合金， 高锌磷硅黄铜以多元、低含量的合金元素之间的相互作用，形成多种类的多元金属间化合物颗粒，来改善合金的切削性能，同时使合金具有优异的铸造性能、热冲压性能、焊接性能和优良的力学性能、抗脱锌腐蚀性能和表面处理性能。无铅铝铋黄铜通过合金元素的选择和成分设计，保证合金的塑性，降低合金的热脆性，克服了铝黄铜切削力的不足，所研发的铝铋黄铜具有优异的铸造性能和切削性能，优良的力学性能、热冲压性能、耐蚀性能。合金材料及其制品符合RoHS、AB1953、NSF372和NSF61要求，符合国家“十一五”科技支撑项目计划、“环境友好材料”产业化政策。

本项目合金材料及其制品性能符合客户要求，生产工艺合理，产品质量稳定，可直接使用现有的生产设备生产各种铸造、热冲压零配件。合金可应用于水龙头、阀门、管道接头、汽车零部件（如气门芯）、五金配件和水表壳体等行业。目前两种合金已大批量产业化生产，所制成的卫浴、阀门产品及其零部件已大批量出口至美国、欧洲等发达国家或地区。为了给国内外提供无铅环保合金材料，已在厦门建立无铅铜材生产基地，生产无铅黄铜锭和黄铜棒、各种异型棒材，同时与中铝洛阳铜业有限公司合资成立厦门中铝洛铜百路达高新材料有限公司，专门从事高新技术材料的研发、生产和销售。

两种合金已申请了中国、美国、欧洲、日本、加拿大发明专利，其中高锌磷硅黄铜申请的中国和加拿大专利已获得授权（中国专利号：ZL200810180201.9、加拿大专利号：2662814），无铅铝铋黄铜申请的中国和美国专利已获得授权（中国专利号：ZL200810188263.4、美国专利号：12/643,513）。2009年1月6日，中国有色金属协会对本项目进行了科技成果鉴定，入会专家一致确认研发的两种合金，及用该合金生产的高档卫浴产品和制造技术都达到国际先进水平，在国内处于领先地位，具有成本竞争力，可在完全同等成本前提下，替代铅黄铜；所制备的卫浴产品达到了欧盟《Rohs》指令、《WEEE》指令和美国《NSF》标准、AB1953法令要求。同时本项目已获得福建省优秀新产品一等奖、厦门市科技进步二等奖、福建省专利奖三等奖、厦门市优秀新产品二等奖等荣誉。

大冶有色金属股份有限公司

中国有色金属工业科学技术一等奖（2001年度）

获奖项目名称

大规模露天与地下联合开发技术

参研单位

■ 大冶有色金属股份有限公司

主要完成人

■ 王保生 ■ 谢本贤 ■ 阮琼平 ■ 肖其仁

获奖项目介绍

一、铜绿山矿为我国大型铜矿。该项目的立项是基于铜绿山矿复杂的开采条件，如古矿遗址距露天坑30米，周边村庄距露天坑50米，附近小清河与矿床有水力联系，矿床矿体与围岩岩性十分复杂等周边环境和地质条件因素，严重制约矿山的正常开采。该项研究成果成功解决了铜绿山铜矿复杂条件下大规模露天地下联合开采的一系列技术难题，实现了在垂直面上长时间地进行大规模同时开采，获得大型金属矿床露天地下联合开采配套技术，减少露天剥离量、提高露天边坡稳定性、避免露天爆破对古矿遗址和周边居民建筑物的影响，使矿山在成功地实现古铜矿遗址永久性保护的前提下，实现正常的露天地下联合生产秩序，顺利达到二期工程的设计规模；建成大型金属矿床露天地下联合开采示范矿山，在我国金属矿开采技术领域开创大规模露天地下联合开采新工艺。

二、铜绿山矿通过科技攻关，已将成果应用于矿山生产和二期工程建设中，使矿山在复杂条件下进行大规模露天地下联合开采取得成功。因此，矿山生产逐步进入正常化，矿山效益逐年增加。

大规模露天地下联合开采工艺与技术研究中的残矿柱回采工艺和多点声发射定位预报采场冒顶技术、防治水技术、阶段深孔充填采矿方法等成果推广应用于会东铅锌矿、三山岛金矿、安庆铜矿、啊希勒金矿等矿山。

三、该成果所创造的效益巨大，其中在铜绿山矿创效益共计4.2亿元。其中：1.矿山增产所产生的新增得利税19840万元；2.节约的排水费及其因塌陷须支出的费用达4600万元；3.节省搬迁200户居民房舍的征地与搬迁费930万元；4.由于免建尾砂库而节省二期工程投资7300万元；5.采用挤压输送工艺而节省充填系统改造投资900万元；6.减少剥离量1600万m^3,节省成本33600万元。

①铜绿山矿新主副井
②铜绿山露天采场

本项目成果有效地保护了古矿冶遗址和两个大村庄的民房不受破坏，有效地保护了矿山周围的水质不受污染，农田不受破坏或被推迟占用时间，充分地回收了矿产资源，实现了对古铜矿遗址的永久性保护，该成果推广应用后取得了很大的经济效益和的社会效益。

大冶有色金属股份有限公司

中国有色金属工业科学技术一等奖（2010年度）

获奖项目名称

含铜炉渣晶相调控清洁浮选新技术及应用

参研单位

- 大冶有色金属股份有限公司
- 中南大学
- 北京矿冶研究总院

主要完成人

■ 张　麟 ■ 孙　伟 ■ 王　勇 ■ 黄红军
■ 曾祥龙 ■ 曹学锋 ■ 甘宏才 ■ 刘润清
■ 沈政昌 ■ 龙仲胜 ■ 吴礼杰 ■ 李代康
■ 廖广东 ■ 张亨峰 ■ 丁　辉 ■ 王成国

获奖项目介绍

《含铜炉渣晶相调控清洁浮选新技术及应用》集成了大冶有色金属股份有限公司、中南大学和北京矿冶研究总院等单位十多年的现场经验和技术结晶。该项目一是通过含铜炉渣晶相调控新技术，针对炉渣清洁浮选要求，优化入选炉渣有用金属的晶化程度和粒度嵌布及其它晶体性质，使之与浮选对含铜炉渣的要求相匹配，为高效回收炉渣中铜资源提供可靠工艺矿物学基础；二是针对炉渣特殊性质，采用选择性碎解，结合多段磨矿、多段选别、中矿再磨再选等技术措施，用于铜冶炼渣中铜和贵金属的有效富集和回收，实现清洁浮选和清洁矿山。该成果主要技术特点和创新点如下：

（1）在对炉渣缓冷结晶过程充分研究基础上，采用自主创新的“渣包”缓冷方式，优化入选炉渣有用金属的晶化程度和粒度嵌布及其它晶体性质，实现了晶相调控，使浮选过程优化；

（2）充分利用含铜炉渣原料的粒度分布特征，通过阶段磨矿、阶段选别、中矿再磨再选，实现铜渣有价金属充分回收；

（3）研究并采用适合铜渣浮选专用的浅槽粗粒浮选机，强化充气、控制槽体内矿浆循环和粗颗粒浮选，提高了铜渣浮选效率；

（4）采用合理的高效铜渣浮选药剂制度，提高了选别指标；

（5）浮选废水零排放及废渣资源化利用，实现了清洁化生产。

①铜炉渣清洁浮选生产现场
②选矿废水回用
③铜炉渣晶相调控生产现场

多年的生产实践证明，含铜炉渣晶相调控浮选新技术具有良好的稳定性，在原炉渣品位（Cu、Au、Ag）5.05%，1.24 g/t、27.34g/t时，铜精矿品位（Cu、Au、Ag）30.5%，5.92g/t、120.43g/t，选矿回收率（Cu、Au、Ag）94.15%、74.67%、68.66%。年产铜精矿6.3万吨，铜金属量1.9016万吨，副产品含铁尾渣33.7万吨，经济效益和社会效益显著。

该项成果综合技术达到国际先进水平，为冶炼铜渣的综合利用提供了一条有效途径，并在国内同类企业含铜炉渣回收利用中得到广泛的应用。

中国铝业股份有限公司河南分公司

中国有色金属工业科学技术二等奖（2002年度）

获奖项目名称

烧结法粗液常压脱硅技术

参研单位

- 中国铝业股份有限公司河南分公司
- 中南工业大学

主要完成人

■ 李旺兴 ■ 李小斌 ■ 吕子剑 ■ 彭志宏
■ 江新民 ■ 刘桂华 ■ 张剑辉 ■ 李　豹
■ 安振通 ■ 马善理 ■ 张伦和 ■ 霍　亮
■ 翟建刚

获奖项目介绍

烧结法粗液常压脱硅技术是自然科学领域的一项新技术，针对烧结法生产氧化铝系统采用的一段加压脱硅工艺，存在铝酸钠溶液预脱硅量指数低、加热器表面结疤严重、汽耗高等疑难问题，1999年，中国铝业股份有限公司河南分公司与中南大学合作，就有关提高粗液常压预脱硅率和粗液两段常压脱硅技术进行了小型试验研究，2000年进行了粗液两段常压脱硅新工艺扩大试验研究，2001年进行了粗液两段常压脱硅新工艺工业化试验，摸索掌握了工业生产条件下的操作控制方法。烧结法粗液两段常压脱硅新工艺，工艺流程简单、操作控制条件宽松，易于组织生产，可代替目前生产上采用的直接加热或间接加热等加压脱硅技术。

烧结法粗液常压脱硅新工艺包括基于形成水合铝硅酸钠的第一段常压脱硅和基于形成水化石榴石的第二段常压脱硅。粗液第一段常压脱硅适宜的工艺条件是：采用强化搅拌方式，结合晶种改性处理，常压条件下脱硅2～4小时，能使一次脱硅指数大于200。在脱硅浆液中加入絮凝剂，浆液的沉降性能良好，沉降后溶液清亮；在分离钠硅渣后的一次脱硅液中加入高活性含钙添加剂进行第二段常压脱硅，在90℃脱硅1小时左右，能使精液的硅量指数大于600，脱硅浆液的沉降性能好。

其技术创新点为：

①理论研究发现了复杂无机化合物组成与热力学数据存在线性关系，在此基础上对脱硅过程进行了热力学分析，首次提出了烧结法粗液可以在常压下进行脱硅；②对烧结法粗液晶种进行了改性，使第一段常压脱硅效果接近加压脱硅效果；③开发了高活性含钙添加剂的合成技术，进行第二段常压脱硅，脱硅指数可达到600以上。

推广应用情况

中国铝业河南分公司根据新技术的特点和要求，结合公司自身的工艺流程和设备配置，对新技术进行产业化，2004年投入生产运行，蒸汽消耗降至65kg/m^3精液，间接加热盘管运行周期延长到6个月，直接经济效益1000余万元。解决的关键技术难题：（1）在国内首次提出烧结法粗液常压脱硅工艺流程；（2）通过采用多槽串联来达到延长脱硅时间和避免溶液返混的目的，提高脱硅指数；（3）直接采用拜尔法溶出赤泥代替经过改性的钠硅渣作晶种，简化工艺流程、缩减设备配置，并通过采取适当提高脱硅温度、延长脱硅时间、提高晶种含量等措施，达到良好的脱硅效果；（4）采用大型预脱硅槽技术，避免了槽内结疤速度快对预脱硅槽运行周期的影响；并充分利用槽内空间，增大加热面积，使加热装置运行周期延长，降低运行能耗。

中国铝业股份有限公司河南分公司

中国有色金属工业科学技术二等奖（2003年度）

获奖项目名称

高纯镓产业化的研制与开发

参研单位

- 中国铝业股份有限公司河南分公司

主要完成人

- 吴　钢 ■ 张学英 ■ 刘彩玫 ■ 管　督
- 刘菊梅 ■ 梁　倩 ■ 刘静丽 ■ 张　成
- 王　钧 ■ 蔡胜利 ■ 王成英 ■ 赵凿元

获奖项目介绍

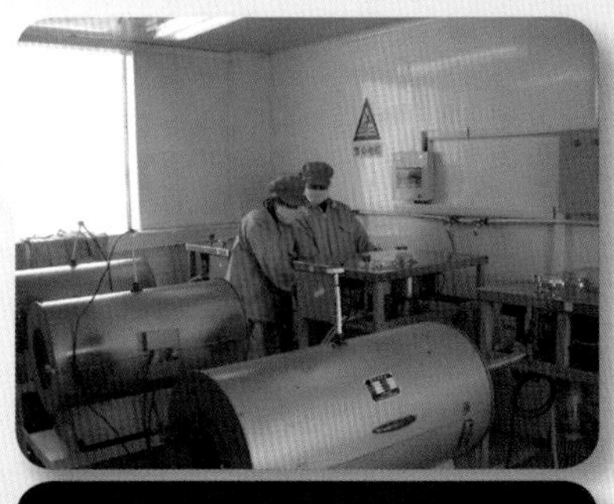

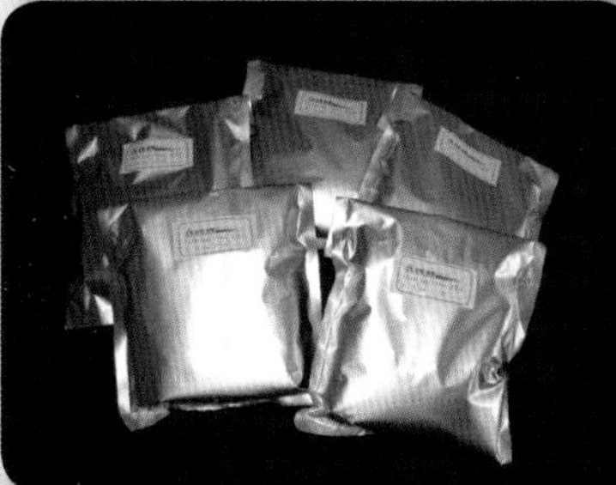

高纯镓产业化的研制与开发是针对中国铝业河南分公司原料镓的特点，应用最新精炼技术，自主研开发的一套生产周期短、产品质量优的高纯镓生产工艺及经济、环保的废液处理工艺，建成了生产能力及各项技术指标均达国内同行业领先水平的高纯镓生产线。主要特点：

（1）工艺流程合理，技术先进可靠，易于工业实施。

（2）生产规模大。建成了年产能达5吨的高纯镓生产线。

（3）设备装备水平高。研制、开发出高纯镓产业化的环境净化、高纯水制备、原料处理、电解控制、真空蒸馏及冷却系统，为规模化生产提供了先进的自动化操作监控手段，工业化生产运行平稳可靠。

（4）产品质量优。规模化生产的高纯镓纯度达99.9999%及以上，产品质量符合化合物半导体及高纯合金制备要求，并经日本住友、昭和等会社检测验证，满足其产品性能需求。

（5）环保效益显著。废液处理工艺既可充分回收废液中的有用成分，副产荧光材料用的氧化镓，又可使外排废液满足环保要求。

推广应用情况

中铝河南分公司以科技成果为基础，加大科技成果转换力度，建成了一套年产5吨高纯镓的生产线，并在高纯镓生产的基础上，研制开发新的高纯镓系列产品，延伸高纯镓产业链，形成了6N～7N高纯镓、4N～5N氢氧化镓、4N～5N α－氧化镓、4N～5N β－氧化镓、4N～5N硝酸镓等各种产品的生产技术及生产线，产品远销美国、日本、台湾等地，产品质量得到国内外客户的广泛认可。通过对超纯镓生产工艺技术研究，进一步完善了提纯工艺，实现了产品质量升级，从而保障高纯镓产品质量的可靠性及稳定性，实现高纯镓产品的稳定生产。另一方面，在高纯镓生产的基础上，成功嫁接氢氧化镓、氧化镓、硝酸镓等产品生产，多种产品共用部分生产流程，低成本地实现多种产品并行生产，提升产品的技术含量，有效形成高纯镓系列产品的品种优势及价格优势，为中铝公司镓产品走向国际市场奠定了必要的基础。

中国铝业股份有限公司中州分公司

中国有色金属工业科学技术二等奖（2004年度）

获奖项目名称

超细氢氧化铝生产研制和产业化

参研单位

■ 中国铝业股份有限公司中州分公司

获奖项目介绍

超细氢氧化铝，是指平均粒径小于1μm的超细氢氧化铝，在高级树脂材料、高级纸张的填料和表面颜料、绝缘材料的填充料、涂料等工业领域有着广泛的应用。

该成果通过细白氢氧化铝晶种的优选试验研究，找到了较优的晶种类型，确定了低温、低浓度、快速碳酸化制备活性晶种的方法；通过对分解方式的研究，确定了两段分解工艺；通过对分解制度的试验室研究，确定了分解温度制度，找到了分解原液苛性比值与晶种添加量的关系，探索出了在一定的分解原液苛性比值条件下，最佳的一段分解晶种比和二段分解晶种比；进行了铝酸钠溶液的纯度对细白氢氧化铝质量的影响研究；研制开发出了超细氢氧化铝的制备技术和工艺以及适用于超细氢氧化铝生产的带式过滤、喷雾烘干等技术和设备，并形成了具有自主知识产权的种分法制备超细氢氧化铝工艺技术。2002年成功实现产业化，生产出的新产品填补了国内无此类产品的空白，整套生产线的工艺技术和产品性能指标均达到了国际先进水平。

2004年获中国有色金属工业科学技术二等奖；

2005年被河南省列为高新技术产品；

2006年被国家列为火炬计划项目。

中国铝业股份有限公司中州分公司

中国有色金属工业科学技术一等奖（2006年度）

获奖项目名称

选精矿“双流法”溶出新工艺产业化技术研究及应用

参研单位

- 中国铝业股份有限公司中州分公司
- 中铝国际沈阳铝镁设计研究院

获奖项目介绍

选精矿"双流法"溶出新工艺是建立在选矿——拜耳法生产氧化铝基础上，是溶出选精矿的一种新技术。

该技术通过对选精矿物化性质的研究，充分考虑选矿工序加入选矿药剂的影响。以高浓度、高固含循环碱液化灰为基础，一段配钙，二段配碱的前期原料准备。采用"双流法"两股流罐外混合的手段，有效解决了高温碱液流与矿浆流混合问题。通过试验发现了石灰添加方式对溶出效果的影响规律，制定合理的石灰添加制度。首次将 ϕ2800×16000 mm无搅拌高压溶出器应用于拜耳法工业生产。该工艺技术及装备组合在氧化铝行业首次应用，具有创新性，经专家鉴定：属国际首创。

该技术自2006年投用以来，生产运行平稳，生产指标达到国内先进水平。实际溶出率84.56%；赤泥N/S0.29；化学损失50.75kg/t-AO。为选矿--拜尔法生产线的平稳运行奠定了坚实的基础。针对我国铝土矿的特点，需要高温高压，同时具有复杂的杂质矿物时，能有效地降低换热表面结疤的速度，从而达到提高运转率和降低各项消耗，为我国铝工业高压溶出技术的发展提供了一种新的模式，具有较强的推广价值。

中国铝业股份有限公司中州分公司

中国有色金属工业科学技术一等奖（2007年度）

获奖项目名称

一水硬铝石型铝土矿高压溶出后加矿增浓溶出技术研究及产业化

参研单位

- 中国铝业股份有限公司中州分公司
- 中国铝业股份有限公司郑州研究院

获奖项目介绍

该项目采用了中国铝业股份有限公司发明专利--一水硬铝石型铝土矿溶出后加矿增浓生产氧化铝的方法，即在一水硬铝石型铝土矿溶出后加入三水铝石型铝土矿增浓生产氧化铝，其温度为130℃～230℃、重量固含为200～1200g/L；加入增浓的三水铝石型铝土矿浆在自蒸发器中的停留时间为5～10分钟。溶出液经稀释后溶液硅量指数大于200。为了使该技术实现产业化，2006年，中国铝业中州分公司、郑州研究院利用中州分公司选矿拜耳法现有生产设备，对该技术产业化进行了联合攻关。经过科研人员不断努力，成功开发了一整套适合一水硬铝石型、选矿拜尔法工艺的后加矿溶出工艺流程。通过试验研究，结合一水硬铝石型铝土矿的拜耳法工艺条件，确定了三水铝石矿浆经预脱硅后直接加入到现有溶出系统的第八级闪蒸器中，形成了后加矿工艺流程，优化了工艺配置；研究确定了磨矿固含、循环碱液、溶出温度、溶出时间等最佳工艺技术条件；通过研究，对两种不同类型铝土矿在不同溶出条件下产生的混合赤泥，成功探索出了适宜的絮凝剂及其应用技术，解决了赤泥沉降分离过程浮游物高和底流压缩液固比大的问题，整体技术达到国际先进水平。该技术成果已用于生产，获得良好的溶出指标：溶出赤泥A/S、N/S与单独处理三水铝石矿相当，溶出Rp大幅度地提高，能使种分分解率和产出率的得到大幅度的提高，在现有拜耳法只需增加少量的设备，就能提高产量20%以上，对拜耳法系统运行质量的提高发挥了相当关键的作用。该成果在中州分公司的成功应用，开创了“一条生产线上用两种矿石资源生产氧化铝”的全新模式，使机组产能明显提高，消耗大幅降低，余热充分利用，新增产能15万吨以上。为中州分公司梯级利用能源，拓宽资源保障渠道找到了一条新路，具有广阔的推广应用前景。

中国铝业股份有限公司郑州研究院

中国有色金属工业科学技术一等奖（2002年度）

获奖项目名称

石灰拜尔法生产氧化铝新工艺研究

参研单位

- 中国铝业股份有限公司郑州研究院
- 沈阳铝镁设计研究院
- 中国铝业股份有限公司山西分公司

主要完成人

■ 马朝建 ■ 尹中林 ■ 顾松青 ■ 丁安平
■ 王克国 ■ 成海生 ■ 樊大林 ■ 赵　岗
■ 夏　忠 ■ 陆钦芳 ■ 李余才 ■ 韩中岭
■ 闫晓军 ■ 马达卡 ■ 张永敏 ■ 李新华
■ 李少康 ■ 李光柱 ■ 郭庆山 ■ 皮溅清

获奖项目介绍

该项目针对我国铝土矿资源特点而开展的氧化铝生产新技术新工艺研究。

该项目针对占我国铝土矿资源中绝大部分的中低品位一水硬铝石型铝土矿不得不采用混联联合法或烧结法工艺生产氧化铝的现状，通过大量的基础研究及工业规模的全流程试验研究，提出了石灰拜尔法新工艺。采用石灰拜尔法新工艺，可使拜尔法溶出过程的脱硅产物主要为水合铝硅酸钙，而不是常规拜尔法的的水合铝硅酸钠，以大幅度降低生产碱耗，使得占我国铝土矿资源中绝大部分的中低品位一水硬铝石型铝土矿适宜于纯拜尔法生产。

该研究成果适合我国的铝土矿资源和生产特点，成果水平达到了国际领先水平，采用该石灰拜尔法新工艺处理占我国绝大多数的中低品位一水硬铝石型铝土矿，和目前普遍采用的混联法工艺相比，基建投资费用可节省20%以上，工艺生产能耗可降低50%左右，生产成本降低10%以上，同时采用石灰拜尔法新工艺，可在一定程度上减缓矿浆预热过程中间接加热面的结疤速度，有利于整体溶出速度的提高，强化溶出过程。因此，在我国推广应用石灰拜尔法新工艺，对降低生产成本、迅速提高我国氧化铝工业在国际市场上的竞争能力，进一步满足国民经济的发展对氧化铝工业的要求有着重要意义。

石灰拜尔法新工艺同样可应用于我国高品位一水硬铝石型铝土矿资源。

石灰拜尔法新工艺为合理利用中国丰富而廉价的铝土矿资源开辟了一条新路。该成果对现有氧化铝厂的技术改造，降低生产成本、在建工程的扩建工程及新建氧化铝工程均具有指导意义。

该成果已用于中国铝业股份公司山西分公司三期80万吨工程和中国铝业股份公司中州分公司30万吨选矿拜尔法示范工程中。

中国铝业股份有限公司郑州研究院

中国有色金属工业科学技术一等奖（2005年度）

获奖项目名称

铝土矿反浮选脱硅生产氧化铝新工艺工业试验

参研单位

- 中国铝业股份有限公司郑州研究院
- 中南大学
- 中国铝业股份有限公司中州分公司
- 中国铝业股份有限公司矿业分公司

主要完成人

■ 熊维平 ■ 胡岳华 ■ 李旺兴 ■ 王毓华
■ 杨巧芳 ■ 顾帼华 ■ 狄杰宾 ■ 何平波
■ 白万全 ■ 邓海波 ■ 刘焦萍 ■ 樊大林
■ 赵清杰 ■ 陈湘清 ■ 黄海波 ■ 张　芹
■ 冯发运 ■ 张拥军 ■ 蒋　昊 ■ 李余才

获奖项目介绍

我国的铝土矿80%以上为A/S5～8的中低品位一水硬铝石型铝土矿，不能简单地采用能耗较低的拜耳法工艺来生产氧化铝。

铝土矿反浮选脱硅生产氧化铝新工艺试验是根据矿石中主要矿物的含量特点，将含量较少的含硅脉石矿物浮出，精矿留在浮选槽内。与正浮选脱硅技术相比优点在于：浮少抑多，技术原理更合理；浮选含硅矿物，可避免捕收剂等进入精矿，从而减轻或避免有机物在拜耳法过程中的积累；易于脱除叶蜡石等含硅矿物，减小在预热管道上的结疤速度；精矿脱水性能好，水分含量低。

工业试验开发了控制矿浆分散及脱泥技术；建立了强化捕收铝硅酸盐矿物和选择性抑制一水硬铝石的浮选剂结构与性能关系；揭示了主要铝硅酸盐矿物与阳离子捕收剂在矿物界面相互作用和浮选行为的机制；开发了具有用量少、对硅矿物选择性好的脱硅高效捕收剂、抑制剂与起泡剂，建立了系统反浮选药剂制度和脱硅工艺流程；实现了控制分散选择性脱泥；形成了具有我国自主知识产权的“铝土矿选择性脱泥—阳离子反浮选脱硅”技术，首创了铝土矿反浮选脱硅－管道化预加热停留溶出生产氧化铝新工艺。

试验结果表明，原矿铝硅比5.88的铝土矿，经反浮选后，精矿铝硅比为10.12，氧化铝回收率为82.40%。精矿用拜耳法处理，预脱硅率达到43%，精矿的溶出、赤泥沉降压缩性能好，管道结疤速度低，氧化铝产品质量好。

该项新技术的开发成功，丰富了我国低品位一水硬铝石型铝土矿资源利用的理论和技术体系，建立了新的氧化铝生产方法，达到国际领先水平。采用该项成果扩大了可利用的铝土矿资源量，有利于确保我国铝工业的可持续发展。

中国铝业股份有限公司郑州研究院

中国有色金属工业科学技术一等奖（2005年度）

获奖项目名称

影响铝电解槽寿命关键技术研究

参研单位

- 中国铝业股份有限公司郑州研究院
- 中国铝业股份有限公司青海分公司
- 中国铝业股份有限公司贵州分公司

主要完成人

■ 李旺兴 ■ 刘风琴 ■ 冷正旭 ■ 刘　钢
■ 黎　云 ■ 谢青松 ■ 王　煊 ■ 王　玉
■ 郭　刚 ■ 龚春雷 ■ 邱仕麟 ■ 王　平
■ 刘　钢 ■ 姜治安 ■ 毛继红 ■ 张生凯

获奖项目介绍

铝电解槽寿命是受多种因素影响的一项综合指标，是铝电解生产技术水平的重要标志。现在我国电解铝技术属国际中上等水平，但与国外先进水平相比，电解槽寿命相差500～1000天，如何延长铝电解槽寿命已成为我国铝工业发展亟待研究和解决的大问题。

该项目在全面研究我国电解槽寿命现状及主要影响因素的基础上，提出了杜绝早期破损、保持中期运行稳定、晚期加强监护的三大系统关键技术的研究方向及相应的技术措施。

该项目技术创新点如下：

1.一次成型大规格硼钛复合层可湿润阴极、石墨含量大于30%的高石墨质阴极、氮化硅结合碳化硅—炭复合侧块系列产品的配套使用，明显提高了电解槽运行的稳定性，降低了炉底压降。

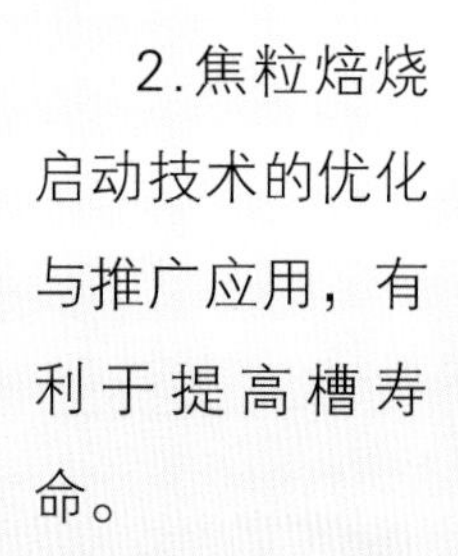

电解电解槽修补前
（阴极钢棒补焊）

2.焦粒焙烧启动技术的优化与推广应用，有利于提高槽寿命。

电解槽修补后

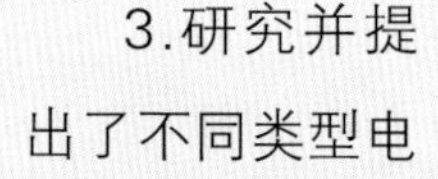

3.研究并提出了不同类型电解槽内衬材料体系，为优化电解槽结构设计提供了依据。

该项目将研究的新技术、新工艺、新材料进行系统研究集成，整体技术水平高，其中所开发的一次成型大规格硼化钛复合层可湿润阴极生产技术达到国际领先水平，申请专利26项。整体在中国铝业股份有限公司的部分不同类型的大型预焙槽上进行了工业试验和推广应用。通过该项目的实施，使中铝公司电解槽的平均寿命提高了300天，创造的效益为5607万元。

目前我国电解铝工业正处在产业结构调整时期，本项目为我国铝工业提高铝电解槽寿命提供了不可或缺的技术，推动了我国电解铝工业的整体技术水平进入世界先进行列，产生了显著的经济效益和社会效益。

中国铝业股份有限公司郑州研究院

中国有色金属工业科学技术一等奖（2007年度）

获奖项目名称

大型铝电解槽低阳极效应技术研究开发及工业应用

参研单位

- 中国铝业股份有限公司郑州研究院
- 山东铝业股份有限公司
- 河南分公司 ■ 贵州分公司
- 广西分公司 ■ 青海分公司

主要完成人

■ 李旺兴 ■ 冷正旭 ■ 赵庆云 ■ 谢青松
■ 邱世麟 ■ 王　煊 ■ 唐　骞 ■ 林玉胜
■ 吴　举 ■ 史志荣 ■ 王鑫健 ■ 张保伟
■ 戴小平 ■ 吕子剑 ■ 柳健康 ■ 刘　彤

获奖项目介绍

当今世界，降低单位GDP能耗，减少二氧化碳排放量成为各个国家的共识。在电解铝行业生产中，铝电解阳极效应增加额外电耗50–120kW•h/t(Al)，并产生大量比二氧化碳温室效应作用高6000–9200倍的氟碳化合物，即耗能又严重影响环境。

本项目通过对我国大型预焙电解槽阳极效应产生的机理和原因进行系统研究工作，开发出了一套与大型预焙电解槽相适应的电解铝低效应控制生产技术，降低了能耗，减少了温室气体排放。开发的低窄氧化铝浓度电解工艺技术，突破了阳极质量和氧化铝质量对我国实行低效应生产上的技术障碍；研发了偏抛物线二次回归控制策略，增加了电解槽控制模型的时效性、准确性，提高了控制模型对氧化铝浓度变化对槽电阻影响的判断准确性，满足低效应生产技术的要求；突破了必须依靠阳极效应了判断氧化铝浓度传统理念，首创了氧化铝浓度软测量技术，为低效应生产控制氧化铝浓度的判断提供保障。

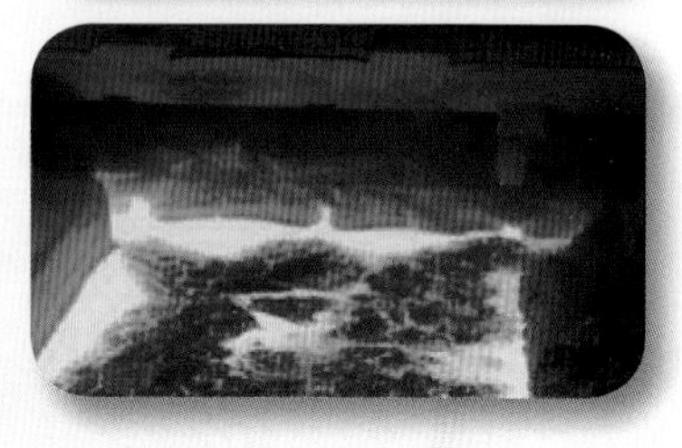

低效应生产运行效果

本项目技术具有适用于中间状氧化铝和对阳极质量要求不高的特点，已在我国大型铝电解工业试验基地150KA电解槽和300KA电解槽获得应用。工业应用表明，电解槽阳极效应系数从0.25次/槽•日降低到0.03次/槽•日，吨铝节电60kW•h，减少当量二氧化碳排放量1.5吨，经济效益和社会效益显著，技术水平达到国际领先水平。

2005年3月，中国铝业公司率先在公司内部350万吨原铝生产企业推广本项目研究成果，效益显著。平均效应系数从0.3次/槽•日降低到0.13次/槽•日，吨铝节电约50kW•h，减少温室气体排放量1吨以上。公司每年可节电1.75亿kW•h，直接经济效益5000万元，减少温室气体排放量350万吨，每年间接经济效益2亿元。

中国铝业股份有限公司郑州研究院

中国有色金属工业科学技术一等奖（2007年度）

获奖项目名称

优质阳极生产技术的开发及工业试验

参研单位

- 中国铝业股份有限公司郑州研究院
- 中国铝业股份有限公司贵州分公司
- 山东铝业股份有限公司
- 中国铝业股份有限公司河南分公司
- 中国铝业股份有限公司青海分公司
- 中国铝业股份有限公司广西分公司

主要完成人

刘风琴　路增进　张　衡　吴树国　王金合　周新林　蒙建德　杨宏杰　林玉胜　常先恩　赵伟荣　张国林　李德坤　陈开斌　王振才　吴安静

获奖项目介绍

本项目针对我国电解铝行业吨铝炭耗过高的生产现状，在充分利用现有炭阳极生产技术装备的前提下，通过全面研究我国石油焦的特性以及对阳极质量的综合影响，创新提出了多种生石油焦的混配原理及均化应用技术；定量研究了钠对阳极性能的影响，煅后焦球磨粉的Blaine值对糊料配方和混捏工艺的影响；系统研究了混捏、成型、焙烧等工艺参数对阳极质量的影响；研究获得了球磨粉粒级分布控制技术、洁净残极及应用技术，制定了提高混捏温度，控制成型温度、均匀焙烧温度的关键技术；系统研究了炭阳极各生产工艺过程控制参数与阳极质量的关联性，提出了各生产过程的优化工艺。

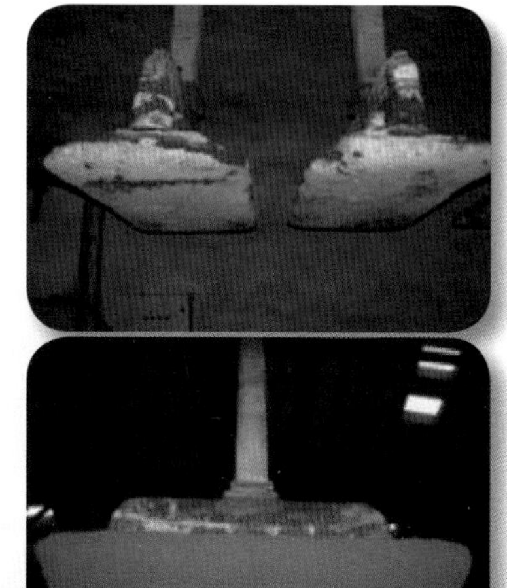

残极清理前后的对比

该项目为2005年中国铝业股份有限公司十大重大科技专项之一，研究成果已在中国铝业公司各个分公司推广应用，申报专利8项。工业应用表明，通过实施多种生石油焦的混配、均化技术、新型阳极配方技术、残极清理技术以及阳极生产工艺参数的全面优化等技术，大幅度提高了炭阳极质量和稳定性，降低了炭阳极空气反应性和二氧化碳反应性，2006年吨铝炭阳极净消耗比2004年平均降低了10 kg/t-Al。本项目具有原创性，对工业生产具有很强的指导意见，整体技术处于国际先进水平。

通过本项目的推广，中国铝业公司每年降低采购成本约为5000万元，减少炭阳极使用量20000吨，节省炭阳极费用5600万元，每年减少二氧化碳气体排放量约为7.33万吨，出口炭阳极约10万吨，创汇3400万美元，经济效益和社会效益显著。阳极质量的提高，有利于电解槽强化电流，达到了节能减排、降耗提产的效果。

中国铝业股份有限公司郑州研究院

中国有色金属工业科学技术一等奖（2008年度）

获奖项目名称

铝电解生产过程低电压关键节能技术开发与工业应用

参研单位

- 中国铝业股份有限公司郑州研究院
- 山东铝业股份有限公司
- 河南分公司 ■贵州分公司
- 广西分公司 ■青海分公司

主要完成人

■ 李旺兴 ■ 冷正旭 ■ 蒋英刚 ■ 赵庆云
■ 邱仕麟 ■ 谢青松 ■ 王克岳 ■ 唐 骞
■ 史志荣 ■ 王锡慧 ■ 张忠玉 ■ 柴登鹏
■ 柳健康 ■ 曹新乐 ■ 黄涌波 ■ 王鑫健
■ 曹继明 ■ 胡清韬 ■ 朱宏斌 ■ 林玉胜
■ 蒋科进 ■ 焦庆国 ■ 成 庚 ■张保伟
■ 唐新平 ■ 张延利 ■ 王俊青 ■ 刘 彤
■ 李 强 ■曹永峰 ■顾 华

获奖项目介绍

2003底，我国电解铝行业基本淘汰了污染大、能耗高的自焙槽炼铝技术，依靠装备升级换代实现节能降耗的任务基本完成。降低大型预焙电解槽能耗的工作已成为铝电解工业科技发展，进一步降低能量消耗，降低物料消耗的首要任务。

低电压节能关键技术的研究开发就是大幅降低铝电解能耗为目的。针对我国电解铝原料质量和电解工艺技术特点，有效地解决了降低槽电压后出现的电压摆、针振，电解槽稳定性明显下降，电解槽炉底沉淀增加、伸腿过长、炉底结壳，电解质水平、电解温度波动加大，电流效率降低，效应系数增大等一系列技术难题。项目的主要特点和创新点：

(1)首次成功研发了气体在线连续测试电流效率的新方法，解决了电解槽降低极距压降没有科学判断依据这一技术难题；

(2)采用均匀电流分布技术，减少了电解槽低电压条件下局部电流效率损失，保证了均流稳产；

(3)通过氧化铝浓度软测量技术的开发，以及分子比精确控制和热损失分布变化研究，形成了低电压条件下大型预焙电解槽能量平衡调控技术。

该技术成功应用于国家大型铝电解工业试验基地150KA电解槽和300KA电解槽，形成了可供推广的具有国际领先水平的低电压节能关键原型技术，槽电压从4.236V,降低到4.083V，吨铝节电613.6 kW.h。

该技术已在中铝公司全面推广应用，节电效果显著，极大地促进了铝行业节能减排工作的进展，具有巨大的经济效益和广泛的社会效益。2008年中国有色金属工业科技进步一等奖，中国铝业公司科技进步二等奖，申请专利5项（一种铝电解槽能量平衡的控制方法；一种控制电解槽物料平衡的方法；一种观测电解状态下阳极底掌气泡行为的试验装置；一种工业现场测量电解质单位极距压降的方法；一种测试铝电解槽阳极压降的方法）。

中国铝业股份有限公司郑州研究院

中国有色金属工业科学技术一等奖（2008年度）

获奖项目名称

完善铝用炭素材料标准体系的研究

参研单位

- 中国铝业股份有限公司郑州研究院
- 中国有色金属工业标准计量质量研究所
- 中国铝业股份有限公司贵州分公司
- 山东晨阳炭素股份有限公司
- 兰州连城铝业有限责任公司

主要完成人

李旺兴 赵庆云 张树朝 马存真 郭永恒 曾　萍 张元克 黄　华 王向红 赵春芳 褚丙武 仓向辉 李跃平 童春秋 王鑫建

获奖项目介绍

项目属于行业新标准的制修订、炭素检测设备研发和标准样品研制，主要研究的内容分四个方面：

1.新标准的制定，主要是针对无国家标准或行业标准的产品，或有行业标准但检测方法但不全面的。如《铝用炭素的取样方法》、《铝用炭素检测方法》、《铝电解用高石墨质阴极炭块》等。

2.一些产品标准的修订，就是针对不太符合市场产品质量形式。如《铝电解用半石墨质阴极炭块》、《电解用铝电解用阴极糊》等。

3.围绕这些检测方法，开发出适合我国国情的铝用炭素检测设备。

4.为了使现在自动化程度高的检测设备实现校准比对，使检测结果减少误差，需要研制相应的标准样品。

该项目完成了相关标准体系的制修订、设备研发、标样研制，构建了与国际接轨又符合中国实际的、科学的、合理的铝用炭素材料标准体系，成功的研发了急需的炭素检测设备、研制了相应的国家标准样品。

制修订了达到国际先进水平的系列标准共计41项，研发检测设备9套，研制国家标准样品5套。在标准设定、仪器鉴定和标样鉴定会，与会专家确认标准、设备、标样都达到了国际先进水平。

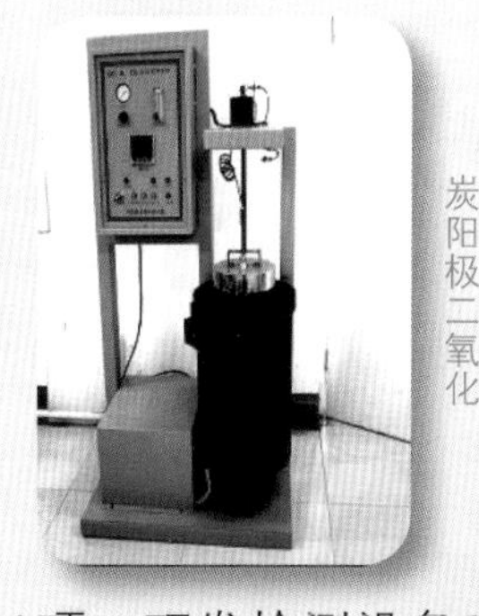
炭阳极二氧化

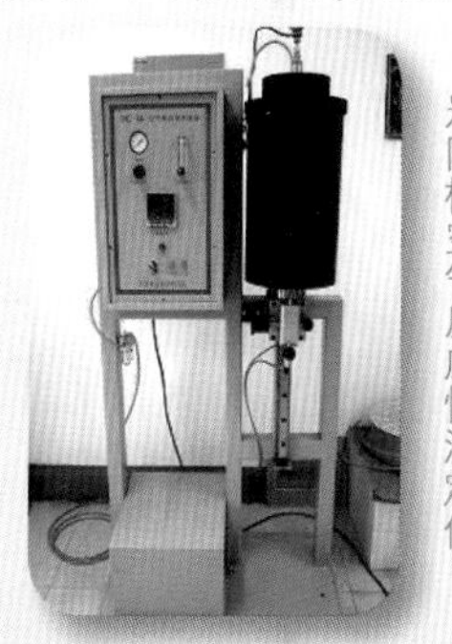
炭阳极空气反应性测定仪

通过该课题的研究，制定了市场急需的标准、研发了检测设备、研制了相应的标准样品。同时，也带动了铝用炭素相关产业的发展，规范和引导了新型铝用炭素材料的开发应用，满足了现阶段我国铝用炭素行业的生产和国内外贸易的需求。

本项日制修订了系列标准41项，开发出9套检测设备，研制了5套国家级标准样品，填补了国内空白。

中国铝业股份有限公司郑州研究院

中国有色金属工业科学技术一等奖（2010年度）

获奖项目名称

新型结构铝电解槽技术的开发及产业化应用

参研单位

- 中国铝业股份有限公司
- 中铝国际工程有限责任公司

主要完成人

■ 顾松青 ■ 刘风琴 ■ 席灿明 ■ 李　宁
■ 王江敏 ■ 王　玉 ■ 刘永刚 ■ 陈开斌
■ 王绍鹏 ■ 杨宏杰 ■ 吴智明 ■ 史志荣
■ 黄涌波 ■ 杨国忠 ■ 朱永松 ■ 闫太网
■ 陈　柱 ■ 杨晓东 ■ 焦庆国 ■ 杨文杰
■ 马松堂 ■ 侯光辉 ■ 周东方 ■ 肖伟峰
■ 郭兰江

获奖项目介绍

本项目属轻有色金属冶炼技术领域。电耗高、电能利用率低是当前世界铝电解工业的重大技术难题，同时由于我国能源紧缺，电价高，导致我国电解铝生产成本缺乏竞争力。开发新一代大幅度节能的铝电解槽技术，已成为我国铝工业摆脱困境、提高核心竞争力、实现可持续发展的必有之路。

中国铝业公司于2003－2010年相继开展了4kA级新型导流结构电解槽试验、160kA新型结构电解槽工业试验、在不同槽型电解槽上的扩大工业试验以及大规模产业化应用，至今已形成了新型结构电解槽产业化成套核心技术和操作规范。

新型结构电解槽技术突破了传统大型铝电解槽的设计和运行模式，创新开发出了如下拥有我国自主知识产权的关键技术：（1）首创了炭块间有导流沟、中间有汇流沟、端部有蓄铝池的新型水平网络状结构的导流电解槽技术；（2）首次开发了导流结构阴极的生产技术；（3）创新开发了低铝液层稳定生产节能技术，包括均匀低温启动技术、启动后快速降低槽电压技术以及槽控技术的优化等；（4）首次开发了保温型电解槽内衬结构设计技术；（5）首创了非对应阴阳极的沟槽绝缘焦粒焙烧技术。中国有色金属工业协会组织的专家鉴定认为：新型结构电解槽整体技术达到国际领先水平。

新型结构电解槽技术通过新颖的电解槽阴极与内衬结构设计、先进的工艺操作与控制，大幅度降低了极距，，成功实现了五低二高（低铝液层、低极距、低电压、低能耗、低效应系数、高阳极电流密度、高电能利用率）的铝电解高效率稳定运行，形成保温节能型铝电解槽。新型结构电解槽平均工作电压3.70－3.75伏，电能利用率提高5～7%，吨铝节电1200kWh以上，同时由于节能和降低效应系数而实现减排，因此具有显著的经济效益和社会效益。

新型结构电解槽技术已在中国铝业公司不同容量大修电解槽上进行了大规模产业化应用，2010年推广362台电解槽，年节电6377万kWh，经济效益约2870万元。预计到2012年中铝公司将有1600多台铝电解槽应用该技术。

中国铝业股份有限公司郑州研究院

中国有色金属工业科学技术二等奖（2010年度）

获奖项目名称

精细抛光用α－氧化铝超细粉体的技术开发

参研单位

■ 中国铝业股份有限公司郑州研究院

主要完成人

■ 陈　玮 ■ 简本成 ■ 姚长江 ■ 刘　静
■ 李晋峰 ■ 段光福 ■ 孟德安 ■ 郭建平
■ 李建忠 ■ 况成钱 ■ 雷树喜 ■ 李素敬
■ 刘　丽 ■ 全　琪 ■ 李广思

获奖项目介绍

该项目为国家科技部科研院所专项资金项目，主要进行了以下几个方面的研究：

（1）实验室研究，主要进行了原料的选择、烧结添加剂的选择、烧结温度的选择等研究，找到了以氢氧化铝为起始原料的烧结添加剂和最佳的烧结温度制度。

（2）扩大试验研究，在隧道窑中烧结，进行了实验室与工业烧方式的比较，两者之间的差异主要表现在烧结温度的准确性及可控性方面，由于工业烧结时温度制度不如实验室电炉精确以及温度场的不均匀性，导致隧道窑烧结出来的α－氧化铝存性能不均匀，为保证物料的均匀性，必须进行均化处理。

（3）通过对烧结后的原料进行预处理及优化生产工艺的方法，阻止了粉体的二次团聚，制备了分散性良好的精细抛光用α－氧化铝超细粉体；并通过粉体表面改性处理工艺，有效的降低了粉体的吸油值。

本项目经过一系列的研究，在国内首次成功地开发了精细抛光用α－氧化铝制备工艺技术，形成了大颗粒控制技术、吸油值控制、超细粉体分散技术等关键技术，由该技术制备的α－氧化铝，在不锈钢表面抛光后，完全达到超精光效果，其主要性能指标上完全达到国外进口样品的水平，部分指标优于国外同类产品。

通过本项目的实施，可增加α－氧化铝的附加值，促进我国特种氧化铝行业的发展，提升我国在抛光研磨行业的国际地位。本项目实施后，可在一定程度上改变我国高档抛光氧化铝产品长期依赖进口的状况，使我国高档消费品的表面精细抛光处理不再受制于人，有利于提升我国精细加工等行业在国际上的核心竞争力。

扫描电子显微镜图片

中国铝业股份有限公司郑州研究院

中国有色金属工业科学技术二等奖（2010年度）

获奖项目名称

拜耳法溶出料浆高温脱硅及赤泥分离技术研究

参研单位

■ 中国铝业股份有限公司郑州研究院

主要完成人

■顾松青 ■杨志民 ■尹中林 ■樊大林
■余峰涛 ■武国宝 ■刘亚山 ■韩中岭
■晏唯真 ■车洪生 ■周凤江 ■路培乾
■张永敏 ■秦　正 ■和新中 ■周跃华

获奖项目介绍

提高循环效率、减少蒸发，是氧化铝生产节能的主要方向。进一步提高分解原液浓度，提高分解产出率，是提高系统的循环效率最有效途径；要实现超高浓度分解技术，必须解决溶出料浆高温高浓度脱硅和高温、高浓度、高固含赤泥分离的关键技术难题。

该成果成功进行了500～700L/h规模的高温、高浓度、高固含的溶出料浆脱硅和沉降的半工业试验。在料浆浓度Nk190～215g/l、脱硅温度140～160℃的条件下，脱硅20～30min，即可达到较高的脱硅效果，硅量指数A/S≥300。采用本项目开发的压力沉降器，在沉降温度140～145℃的条件下，絮凝剂有效成分添加量0.0887‰，高固含溶出料浆沉降约20分钟，即可得到底流平均固含566.2g/l、溢流浮游物平均含量0.184g/l的良好沉降效果。选择的高温絮凝剂在试验条件下效果显著。

该技术成果只需进行局部的技术改造，即可在所有拜耳法氧化铝生产系统推广应用。应用该技术可得到显著的社会经济效益。拜耳法溶出料浆高温脱硅及压力沉降效率高，可节省拜耳法生产液固分离系统设备投资约30%。拜耳法溶出料浆高温脱硅及压力沉降分离可以得到高浓度粗液，可使分解产出率提高15-20g/L,拜耳法氧化铝循环效率提高10-15%。由于该技术使分解母液的碱浓度提高30-40g/L，母液蒸发量减少约50%，拜耳法能耗降低15-20%。

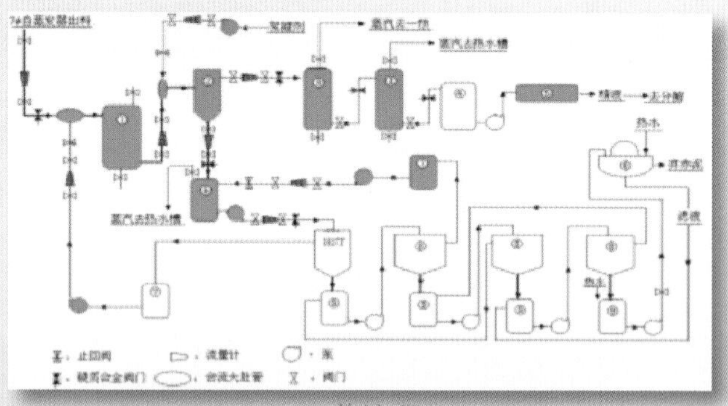

工艺流程

20m3/h工业试验现场

中国铝业股份有限公司郑州研究院

中国有色金属工业科学技术二等奖（2010年度）

获奖项目名称

微晶耐磨氧化铝陶瓷的制备

参研单位

■ 中国铝业股份有限公司郑州研究院

主要完成人

■ 简本成 ■ 陈　玮 ■ 孟德安 ■ 赵云龙
■ 段光福 ■ 刘　静 ■ 郭建平 ■ 全　琪
■ 李素静 ■ 刘　丽 ■ 李广思 ■ 刘新红
■ 李建忠 ■ 李晋峰 ■ 陈仲雄

获奖项目介绍

针对我国氧化铝陶瓷耐磨性差、烧结温度高、高品质的氧化铝陶瓷产品均依赖进口等技术现状，开发了一种高纯度的微晶耐磨氧化铝陶瓷，这种陶瓷能够在相对较低的温度下烧结，在使用过程中可以显著降低磨耗，减少材料的磨损，从而可实现材料的长寿命、低消耗的使用要求，是一种具有良好发展前景的先进陶瓷材料。

本技术通过采用添加特定的矿化剂和烧成制度，研究了微米级α-Al_2O_3的制备技术，制备的α-Al_2O_3粉体一次晶粒小于1μm；成功开发了α-Al_2O_3粉体超细粉碎和精确分级技术，实现了对α-Al_2O_3粉体粒度分布的精确控制，制备的α-Al_2O_3粉体D_{50}为1.1-1.3μm，D_{90}为4-7μm，D_{99}小于7μm；用以上方法制备的微米级α-Al_2O_3粉体为主要原料，采用特定的烧成制度，开发微晶、高纯度、低温烧结氧化铝陶瓷制备技术。制备的微晶耐磨氧化铝陶瓷在1620℃即可烧结，烧结后体积密度大于3.92g/cm3，晶粒尺寸在1-3μm之间。

该技术生产工艺先进，产品性能优于国内同类产品，且成品率高，生产成本低，具有显著的经济效益和广泛的推广应用前景，利用该技术成果已在郑州研究院建成了年产200t的微晶耐磨氧化铝陶瓷生产线，生产的产品质量稳定，可在国内耐磨陶瓷应用行业推广，以提高行业生产技术水平，降低生产成本，提高产品的市场竞争力。

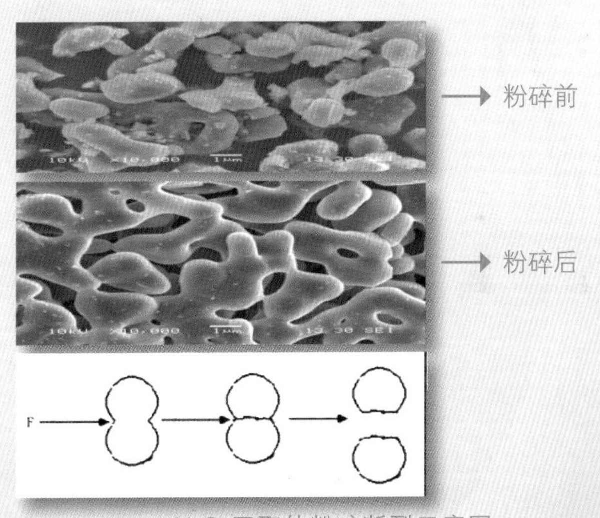

α-Al_2O_3团聚体粉碎断裂示意图

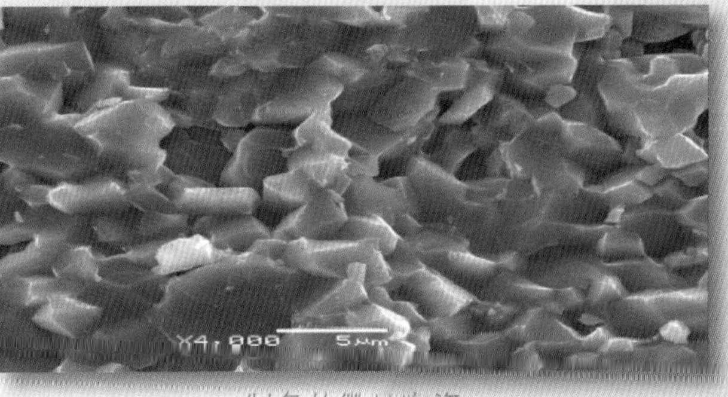

制备的微晶陶瓷

中国铝业股份有限公司郑州研究院

中国有色金属工业科学技术二等奖（2010年度）

获奖项目名称

高稳定低排放铝电解生产技术的开发

参研单位

- 中国铝业股份有限公司郑州研究院

主要完成人

■ 邱仕麟 ■ 张保伟 ■ 张艳芳 ■ 侯光辉
■ 胡清韬 ■ 秦庆东 ■ 刘　彤 ■ 杨文杰
■ 王跃勇 ■ 魏　青 ■ 焦庆国 ■ 曹永峰
■ 王俊青 ■ 张延利 ■ 黄海波

获奖项目介绍

低碳经济、节能减排是国际经济活动的中心工作，作为高耗能产业的电解铝，节能减排工作尤为重要。实现铝电解生产过程节能减排的前提就是实现电解槽的稳定运行。同时，铝电解槽的高寿命、高产出、低耗能的均益于铝电解生产过程稳定性的提高。本项目就是在无效应低电压技术的基础上，针对当前主流槽控技术的欠量过量的控制模式所带来的弊端，开发出了以稳定氧化铝浓度和缩短阳极效应持续时间为目标的氧化铝定值控制技术和阳极效应自动熄灭技术，形成了高稳定低排放铝电解生产技术体系。首次提出铝电解槽氧化铝浓度定值运行概念，并开发了氧化铝浓度定值控制技术，完善了铝电解生产高稳定运行的工艺条件，实现了电解槽高稳定运行；首次在国内实现了低极距下的阳极效应自动快速熄灭，进一步降低了PFCs的排放。

通过浓度预估算法的改进，大大提高计算结果的准确性；实现了低窄的浓度变化范围，除了浓度校验区间之外基本恒定；实现了NB间隔的自我调整，正常加料运行时间大大提高；优化了电压控制减少了许多升降调整。通过定值氧化铝的控制的实现，大大提高了浓度控制的线性度，减少浓度变化引起的槽电压波动，使摆幅降低，日均电压标准差减少，提高了电解槽的稳定性。通过槽控系统的开发，实现了阳极效应自动研判，效应分类，安全判定，效应加工，阳级动作，执行保护及异常报警，电压恢复；通过效应发生时的状态判断，实现效应自动熄灭。效应系数0.03的情况下，效应持续时间由平均144秒降低到52秒。在稳定生产的条件下，降低槽电压27mV，电流效率提高了0.68%。

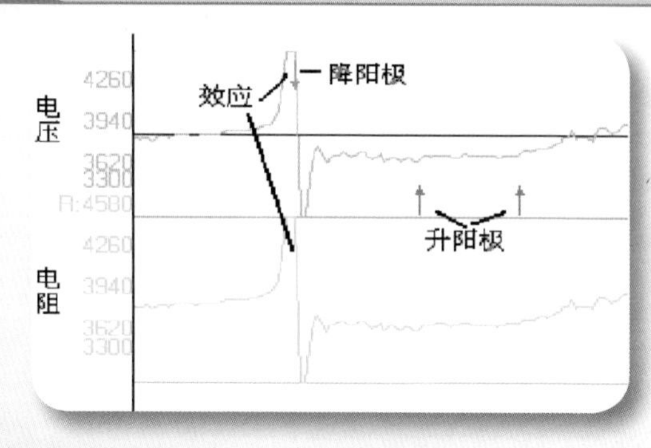

自动熄灭技术极大缩短了阳极效应持续时间

该技术在沁阳铝电解试验厂应用后，在效应系数0.03的情况下，效应持续时间由平均144秒降低到52秒。在稳定生产的条件下，降低槽电压27mV，电流效率提高了0.68%。取得了显著的经济效益和社会效应。在全国推广应用后，电解铝产量按1500万吨，吨铝节电150 kW.h/t，电价以0.4元计，年创造经济效益7.5亿元，具有巨大的环境效益和经济社会效益。

中国铝业股份有限公司郑州研究院

中国有色金属工业科学技术二等奖（2010年度）

获奖项目名称

镁及镁合金原子发射光谱分析方法

参研单位

- 中国铝业股份有限公司郑州研究院
- 中国有色金属工业标准计量质量研究所
- 西南铝业（集团）有限责任公司
- 东北轻合金有限责任公司
- 维恩克镁基材料有限公司
- 宁夏华源冶金实业有限公司
- 中国铝业洛阳铜业有限公司
- 抚顺铝业有限公司

主要完成人

■ 李跃平 ■ 张树朝 ■ 席　欢 ■ 石　磊
■ 陈　喻 ■ 刘双庆 ■ 房中学 ■ 王秀荣
■ 王　平 ■ 岳好峰 ■ 张　洁 ■ 薛　宁
■ 金正哲 ■ 吴豫强

获奖项目介绍

该项目属于国家标准分析方法的制订，GB/T 13748.20-2009适用于镁及镁合金中铁、铜、锰、钛、锌等15个元素的分析，分析范围0.0002%~10.0%，GB/T13748.21-2009适用于镁及镁合金中铁、硅、锰、锌、铝等15个元素的分析，分析范围 0.0001%~10.0%。制订该标准时，充分考虑和结合了我国镁及镁合金产品的特点、生产工艺状况、质量控制的要求等，同时积极采用国外先进技术，收集了国外一些企业先进的分析方法做参考，基本涵盖了目前镁及镁合金的产品牌号中所有的元素，通过大量的试验对样品的溶解、取样的均匀性的要求、干扰的影响、基体和酸度的影响都做了试验，克服了多元素化学性能不同、含量范围宽所造成的不利影响，采用了目前国内外最新的方法和设备，确定出了最佳的仪器操作条件，通过精密度和准确度试验证明该方法灵敏度高、准确度好。

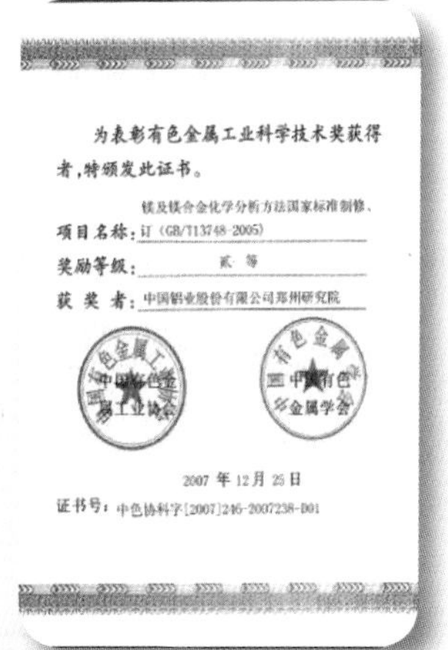
为表彰有色金属工业科学技术奖获得者，特颁发此证书。

项目名称：镁及镁合金化学分析方法国家标准制修订（GB/T13748-2005）

奖励等级：贰等

获奖者：中国铝业股份有限公司郑州研究院

2007年12月25日

证书号：中色协科字[2007]246-2007238-D01

本项目所涉及的两个国家标准于2008年7月通过会议审定，由国家质量监督检验检疫总局和国家标准化管理委员会于2009年4月15日发布，从2010年2月1日起开始实施。

该标准现已广泛在镁及镁合金相关行业推广应用，为我国镁及镁合金产品的生产、需求、研发单位的工作提供了分析技术的保障，同时也为了解国际同行业的产品质量水平、为我国镁工业的良性发展提供了技术保障，使我国镁及镁合金的分析水平站到了世界的前沿，通过近两年的推广应用取得了很好的社会效益和经济效益。

镁及镁合金原子发射光谱分析方法（GB/T 13748.20-2009，GB/T13748.21-2009）达到国际先进水平。

中色科技股份有限公司

中国有色金属工业科学技术二等奖（2005年度）

获奖项目名称

铝带箔拉弯矫直机组

参研单位

■ 中色科技股份有限公司

主要完成人

■ 余铭皋 ■ 张京诚 ■ 刘 越 ■ 安 宁
■ 张 杰 ■ 张鹏翼 ■ 牛庆军 ■ 杨溪伟
■ 戴有涛 ■ 张俊杰 ■ 王 燕

获奖项目介绍

拉弯矫直生产技术是金属板带箔轧制生产过程中，为获得良好板型的关键设备之一，是从二十世纪六十年代发展起来的一项矫直新技术，在国外已得到迅速发展和推广应用。在钢铁行业应用广泛，改革开放以来，国内几家国有大型铝加工企业先后从不同国家引进了几套铝带拉弯矫直机组。中色科技股份有限公司（以下简称中色科技）的科技人员在参与企业引进设备的安装、调试和调研分析国外先进技术过程中，研制开发出了国产首台套1450mm连续拉弯矫直机组，安装在常熟铝箔厂，于2000年8月调试成功，顺利投产，效果良好，得到厂方好评。

该拉弯矫直机组是将0.1～1.5mm厚的铝带卷，以成卷的方式进行连续拉弯矫直。机组身背组成如下：卷料存放台、上卷小车、开卷机、开卷对中装置、入口夹送剪切装置，圆盘卷、缝合机、重压清洗机、刷辊装置、低压清洗机、挤干辊、烘干炉、入口力辊组、矫直单元、出口张力辊组、出口夹送剪切装置，检测平台，出口导向送料装置，卷取机、皮带助卷器，卸卷小车、料卷存放台。

该机组采用的主要关键技术和创新特点为：1.出入口八根张力辊由八台点击单独驱动，带材延伸率采用辊组间的速差控制模式，延伸率控制精度高。2.矫直单位弯曲段采用四元六重矫直辊系。3.清洗采用高压射流技术与低压热水冲洗、刷辊辅助刷洗相组合的清洗技术。4.烘干单元采用多组不同形式的气刀依次分布，并利用热风循环加热方式保证了高速下的烘干效果。5.机组电机驱动全部采用全数字自动控制系统，操作简单，控制精度高。

该项目于2002年由河南省科学技术厅组织了科技成果鉴定，获得了专家们的好评，并获得2005年度中国有色金属科学技术奖励二等奖。

铝带箔拉弯矫直机组成功研制后，中色科技又对机组进行多项攻关，使其功能继续完善，所适用的产品范围继续扩大，到2010年底，相续建成和在建五十余台套机组设备，该机组与引进的国外生产线相比，价格仅为国外设备的四分之一。这使得国内企业大力采用国产拉弯矫直设备的同时，不仅解决了困扰产品质量的难题，也为国家节省了大量的外汇，有较大的推广使用价值和广阔的发展前景。

中色科技股份有限公司

中国有色金属工业科学技术一等奖（2006年度）

获奖项目名称

全数字智能化2050mm六辊宽幅铝带冷轧机

参研单位

■中色科技股份有限公司

主要完成人

■ 刘劲波 ■ 宋德周 ■ 李献国 ■ 李宏海
■ 张海伟 ■ 杨双成 ■ 王海霞 ■ 张俊杰
■ 窦保杰 ■ 刘　越 ■ 刘克承 ■ 黄　赞
■ 刘艳萍 ■ 李　迪

获奖项目介绍

中色科技股份有限公司（以下简称中色科技）近三十年来已开发研制了百余台四辊铝带箔冷轧机，积累了许多成功经验，在此技术依托基础上，中色科技成功研制了全数字智能化2050mm六辊宽幅铝带冷轧机组。首台于2005年在中色万基铝加工厂成功投产使用，效果良好。

该轧机轧制材料为铝及铝合金，设计来料最大厚度纯铝为12mm，铝合金最大厚度为7mm，来料宽度为1260～1920mm，成品厚度最小为0.2mm。轧机设计最高轧制速度为1000m/min。冷轧机组主要由上卸卷车、上卷高度对中装置、卷径及带宽测量装置、上卸卷筒装置、开卷机、带材纠偏检测装置、机前装置、冷轧机本体、偏导辊装置、卷取机、卷材储运装置等线上机械设备、卷材预处理站和工艺润滑冷却系统、辅助液压系统、气动系统、CO_2 自动灭火系统、电气传动及控制系统等。

该项目成果具有多项创新和领先技术：1.采用垂直六辊辊系配置的轧制技术，国内研制应用于铝带冷轧机属首创。2.六辊轧机轧辊辊身轧辊宽度2050mm，为国内首创；3.机组轧制速度达到1000m/min为国内领先水平；4.采用全数字智能化系统，完备的轧制工艺控制模型和轧制过程自动控制系统，采用模糊控制技术开发的AGC厚度控制系统，大大提高了预设定精度和产品精度、成品率，属国内领先水平。

该项目的成功研制，对提高我国有色金属加工装备的整体水平，缩短与世界先进轧机的差距具有深刻意义

该项目申报国家发明专利二项、实用新型专利五项。获2005年度中国有色金属科学技术二等奖。

中色万基铝加工厂首台2050mm六辊铝带冷轧机的顺利投产，又在中铝河南铝业洛阳冷轧厂和郑州冷轧厂又投产了两台套。在此基础上，中色科技又进一步研制了更宽的两种辊系直径的2300mm六辊铝带冷轧机组，机组轧制速度最高达1500 m/min,从宽度和速度都接近国际先进水平，也为企业带来了良好的经济效益和社会效益。

中色科技股份有限公司

中国有色金属工业科学技术一等奖（2007年度）

获奖项目名称

三辊“Y”型大卷重钼线卷连轧技术及其装备

参研单位

- 中色科技股份有限公司
- 洛阳高科钼钨材料有限公司

主要完成人

■ 刘劲波 ■ 王 斌 ■ 吴维治 ■ 郭顺兴
■ 张二召 ■ 杜志科 ■ 许明臣 ■ 黄占法
■ 别锋均 ■ 郭均平 ■ 袁 蔚 ■ 韩巧荣
■ 马志强 ■ 相明亮 ■ 张体阳

获奖项目介绍

中色科技股份有限公司(以下简称中色科技)研制的《三辊“Y”型大卷重钼线卷连轧技术及其装备》是我国自行设计、自行制造的第一台能将Φ50mm的大锭坯一次直接轧成Φ5.8－6mm成盘优质钼线的设备，该设备选用了独特的三角……三角—弧三角—圆孔型系统，确保了轧件均匀变形以及与后续工序的衔接，轧机机架设计紧凑，便于拆卸、维修和轧辊在自开发的磨床上整体磨削，结构合理，安全可靠。它填补了国内不能一次直接轧成盘重达25公斤以上钼线的空白，其连轧技术和装备水平均达到国际先进水平，是我国钼线生产的一个带有标志性的成果。

2005年初，洛阳高科钼钨材料有限公司根据企业自身发展的需要，委托中色科技承担该公司钼丝车间粗丝工段技改项目的工程设计，并要求为其提供一套具有国际先进水平的、由烧结钼棒坯一次直接轧制成成盘钼线的生产设备。中色科技在分析国内外钼线杆生产技术的基础上，结合多年设计钼线生产线以及近四十年设计、试制三辊Y型线材连轧机的成功经验，集中解决了多个关键的生产技术和制造加工专题；于2005年7月21日双方签订供货合同；经制造、安装、调试，并于2006年元月顺利地通过了无负荷和有负荷试车。在试生产期间，共轧制出符合GB／T4182－2003和ASTM B387－90（2001年重新认定）质量标准的直径为5.8毫米、单重达25公斤的成卷钼线2.05吨，并申请专利六项。由中色科技自行设计、制造的大卷重三辊Y型钼线连轧机列和生产工艺，目前尚未找到国外同类设备。该机列已于2006年4月26日被正式验收；2007年前半年平均月产80～90吨各种规格线坯和杆坯，仅收尘一项，每月可回收400～500公斤氧化钼粉，治理污染的同时，每月可增加利润16～20万元。粗略计算，设备价格与进口国外同类设备相比降低了80%以上，采用该机列线及在线加热和连轧技术仅工艺的先进性就可提高工序成品率2～3%。与二火轧制相比，单重增加一倍，单位能耗降低1/2。自动化程度高，无环境污染。工人劳动条件远高于其他生产工艺。

应用该机列，采用在线加热和轧制工艺将ϕ50×1300mm、单重25kg的烧结钼棒直接轧制成目前国内最大的ϕ5.8mm钼线卷盘，并继续加工成钼丝。生产的钼丝组织性能均匀，质量符合国家和ASTM标准，喷涂钼丝完全可以取代进口产品。该大卷重钼线卷连轧技术及其装备轧机设备性能优异、操作方便、安全可靠，有显著的经济效益。通过对国内外文献检索与鉴定会专家们的仔细研究后认定，该机列的研制成功填补了国内空白，该设备及连轧技术的成果已达到国际先进水平，更重要的是该成果可使我国的钨钼加工和整体水平有重大的突破，跻身于世界先进行列，大大推动了该行业技术进步，该项目推广应用可为国家节约大量资金及外汇，在我国钨钼钛加工历史上有着重大意义。

中色科技股份有限公司

中国有色金属工业科学技术一等奖（2009年度）

获奖项目名称

1450mm高速铝带拉弯矫直机组

参研单位

■ 中色科技股份有限公司

■ 萨帕铝热传输（上海）有限公司

主要完成人

■ 娄建亭 ■ 张京诚 ■ 任　涛 ■ 殷东升

■ 孔德刚 ■ 安　宁 ■ 张风琴 ■ 杨烟波

■ 程建国 ■ 罗　超 ■ 张　虎 ■ 龙达海

■ 刘　亮 ■ 杨小斐 ■ 唐　琥 ■ 邓志宏

获奖项目介绍

中色科技股份有限公司（以下简称中色科技）是国内最先参与引进并消化吸收张力拉伸矫直机的国际先进技术，并经过公司一大批有色金属加工行业科技专家艰苦攻关，自主创新研制出了多种合金品种、不同规格的拉弯矫直设备，精度高、造价低，技术水平达到国外同期水平。

2005年，萨帕铝热传输（上海）有限公司（以下简称上海萨帕）急需兴建一条高精度、高速度铝带拉弯矫直机组，并对产品矫直效果提出严格要求。经过详细的市场调研，上海萨帕最终委托中色科技完成铝带拉弯矫直机研制任务。

中色科技针对用户的高速等严格要求，在原有成功研制的多台拉弯矫直机组的基础上，进行多项创新和改进完善，该项目于2006年5月在上海萨帕投产使用，设备运行可靠，并于2009年7月由中国有色金属工业协会组织进行成果鉴定。鉴定专家肯定了该机组的主要技术特点和创新点：

1.矫直单元采用曲率可调、辊系优化的五元六重式弯曲辊组；配备流量可控的喷油系统，避免弯曲辊辊面污染；支承辊独特的密封结构，实现了高速运转条件下润滑脂不外泄。

2.圆盘剪刀轴采用无间隙的轴承配置，保证了侧隙调整的精确度和稳定性；通过优化设计提高刀轴部件的加工和装配精度，高速剪切时的边部质量好。

3.张力辊组各张力辊表面在国内首次采用高摩擦系数的复合材料，在改善拉伸效果的同时避免了带面擦伤。

4.自动化程度高，正常工作时实现了一键操作，明显提高工作效率；配置测厚仪及表面自动检测装置，实现了成品质量的自动记录。

该项目的研制成功，填补了我国高速、高精度、高度自动化铝带拉弯矫直装备的技术空白，首次在国内实现了350m/min稳定生产运行速度，整体技术指标达到国际先进水平。该机型国产造价仅有进口造价约30%，为国家和用户节省了大量设备投资。

该项目投产后，中色科技相继又研制开发了1850、2050、2300系列拉弯矫直机组十几台套，为国家和建设单位节约了大量外汇，取得了较大的经济效益和社会效益。

河南豫光金铅集团有限责任公司

中国有色金属工业科学技术二等奖（2009年度）

获奖项目名称

废旧铅酸蓄电池自动分离–底吹熔炼再生铅新工艺

参研单位

- 河南豫光金铅股份有限公司
- 河南豫光金铅集团有限责任公司
- 中南大学

主要完成人

■ 张小国 ■ 李卫锋 ■ 郭学益 ■ 李　贵
■ 赵振波 ■ 田庆华 ■ 孔祥征 ■ 李新战
■ 王拥军 ■ 赵传和 ■ 蔡　亮 ■ 夏胜文
■ 王亚军 ■ 李　迁 ■ 牛秀林 ■ 卢　笛

获奖项目介绍

本项目以我国铅物质流分析结果为根据，以生态设计、3R原则、清洁生产及环境友好材料等原则作为指导，以重力分选理论与熔炼基本理论为理论依据，设计建设了年处理15万吨废旧铅酸蓄电池的自动分离–底吹熔炼再生铅工程项目。项目采用废旧铅酸蓄电池自动分离、铅膏底吹熔炼和板栅直接熔炼再生铅合金工艺处理废铅酸蓄电池，每年可回收硫酸8万吨、电铅10万吨、合金铅3.6万吨及塑料8400吨。实现了废旧电池的大规模集约化、自动化、清洁生产，塑料、聚丙烯的无铅化分离，铅膏采用底吹熔炼技术直接深加工电铅，硫的直接硫酸化利用，板栅铅的直接合金化，具有过程环境友好，生产过程节能、减排、降耗，原料适应性强，自动化水平高、投资少等特点。本项目的实施大大降低了公司对铅一次资源的依赖，降低了铅的生产成本，减少了能源的消耗，建立了示范性的生产线，为回收电池行业树立了典范，为中小废铅酸电池回收利用生产企业的发展指明了方向，具有很好的推广应用前景和示范意义，有力的推动了我国再生铅行业的发展。

推广应用情况

本项目已在豫光金铅股份有限公司进行全面推广应用，所生产的电铅产品应用范围广，目前已经销往国内、国外，年产值万，年销售额12亿元，推广应用前景广阔。

专利等知识产权和获奖情况

集成创新过程中取得了系列原创性成果。2009年获有色行业科技奖二等奖，成果涉及废旧铅酸蓄电池的预处理、成分分离、板栅处理、膏泥处理、合金化、底吹熔炼等核心关键技术，目前已在相关领域申请国家发明专利、实用新型专利11项，其中有6项已获得国家授权。

铅底吹炉烟气五段触媒两转两吸制硫酸的方法，专利号：ZL03126174.4

废旧铅蓄电池破碎分离系统中的水循环利用装置，专利号：ZL200720187658.3

废旧铅蓄电池粉碎后的分离分选装置，专利号：ZL200720187655.X

用于废旧蓄电池预处理及成分分离的装置，专利号：ZL200720187660.0

废旧蓄电池中的电解液的倒出、收集及回收利用装置，专利号：ZL200720187659.8

河南豫光金铅集团有限责任公司

中国有色金属工业科学技术二等奖（2009年度）

获奖项目名称

贵冶火法系统新工艺的研究和应用

参研单位

■ 河南豫光金铅集团有限责任公司

主要完成人

■ 赵传合 ■ 李卫锋 ■ 刘素红 ■ 夏胜文

■ 王光忠 ■ 赵红浩 ■ 徐诗艳 ■ 夏会林

■ 张素霞 ■ 许　轲 ■ 李菲丽 ■ 张和平

■ 任国军 ■ 郑福庆 ■ 田海龙 ■ 邢永慧

获奖项目介绍

贵冶火法系统新工艺在阳极泥熔炼及精炼过程中均采用氧气底吹熔池熔炼技术，并在阳极泥熔炼过程中以阳极泥中的铅氧化为氧化铅替代了传统工艺中的纯碱和萤石的造渣技术，把传统的精炼分成两个阶段，在前面阶段利用氧气底吹熔池熔炼技术，在后阶段用氧气替代了传统的压缩空气。贵冶火法系统新工艺的研究和应用实现了阳极泥的连续化生产，替代了传统工艺的升温、降温、再升温的反复过程，一方面增加了阳极泥处理量，另一方面降低了生产成本，同时延长了炉龄、节约了能源；氧气底吹贵铅炉熔炼过程利用阳极泥自身的铅氧化成氧化铅替代纯碱和萤石进行造渣，实现了贵贱金属的分离；高锑铅渣型替代了传统工艺的高碱渣型，降低了对耐火材料的浸蚀，延长了氧气底吹贵铅炉的炉龄；氧气底吹贵铅炉熔炼工艺的运用，稳定了炉况，强化了贵贱金属的分离，使锑砷大部分富集到烟灰中，提高了有价金属的回收率，同时提高了贵铅品位；氧气底吹分银炉和氧气顶吹精炼炉的运用，缩短了精炼周期，降低了生产成本，延长了炉龄；渣贵铅炉的应用提高了金银直收率；氧气底吹贵铅炉和氧气底吹分银炉，正常生产时炉子不动，避免了烟尘的逸散，保护了环境。

贵冶火法系统新工艺的成功运用，促进了我国贵金属冶炼产业的发展，提升了我国贵金属冶炼行业水平，实现了节能减排、保护环境，发展循环经济的发展理念，符合国家长远发展战略，具有巨大的经济效益和社会效益。

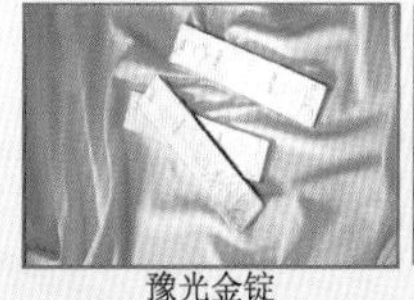
豫光金锭

豫光银锭

推广应用情况

本项目已在豫光金铅股份有限公司进行全面推广应用，形成了5000吨/年铅阳极泥的处理能力，生产实践表明，技术先进、产品质量稳定、设备运行安全可靠，经济效益、社会效益和环境效益显著，具有广阔的应用前景。

专利等知识产权和获奖情况

2009年获有色行业科技奖二等奖，阳极泥熔池熔炼工艺的研究和应用，共申报专利5项，其中发明专利4项，实用新型专利1项，分别如下：

发明专利：铅阳极泥火法处理新工艺，申请号：200510119576.0；

发明专利：火法分离阳极泥中有价金属的冶炼方法及其装置，申请号：200810049459.5；

发明专利：用于阳极泥熔炼工艺的高铅锑渣型及其使用方法，申请号：200810230969.2；

发明专利：一种采用熔池熔炼连续处理铅阳极泥的工艺及其装置；

实用新型专利：采用底吹熔池熔炼的贵铅炉，申请号：200820189906.2。

河南豫光金铅集团有限责任公司

中国有色金属工业科学技术一等奖（2010年度）

获奖项目名称

液态高铅渣直接还原技术研究及产业化应用

参研单位

- 河南豫光金铅股份有限公司
- 长沙有色冶金设计研究院

主要完成人

- 杨安国 ■ 张小国 ■ 王拥军 ■ 李卫锋
- 赵传和 ■ 余　刚 ■ 陈会成 ■ 夏胜文
- 李　贵 ■ 陈智和 ■ 章吉贤 ■ 张和平
- 汤　伟 ■ 赵体茂 ■ 赵振波 ■ 张素霞

获奖项目介绍

铅是一种重要的有色金属，在国民经济中发挥着重要的作用，广泛应用于汽车、通讯等行业。我国铅的生产主要采用传统烧结—鼓风炉还原工艺和富氧底吹–鼓风炉还原工艺，面临着资源、能源、环境等三方面的制约瓶颈，开发液态渣直接还原技术成为行业可持续发展的必然选择。河南豫光金铅股份有限公司在首家成功开发应用富氧底吹氧化–鼓风炉还原熔炼工艺的基础上，从2003年开始液态渣直接炼铅还原技术的研究，通过河南省科技厅组织的科技成果鉴定，并利用该技术分别实现了2万吨、5万吨和8万吨三个级别规模的工业化应用，于2010年通过中国有色工业协会组织的产业化成果鉴定。目前5万吨和8万吨系统仍在正常运行。

该技术路线是：铅精矿同辅料加入氧气底吹进行氧化熔炼，产出烟气、粗铅和高铅渣，烟气经余热锅炉降温后采用双转双吸制酸，液态高铅渣直接流入卧式底吹还原炉，与顶部加入的煤粒和底部喷入的氧气、天然气进行反应，产出高温烟气，炉渣和粗铅，高温烟气经余热锅炉降温，进布袋收尘器进行收尘然后经尾气处理后排空，氧化段和还原段所产粗铅送电解产电解铅。

推广应用情况

本项目已在豫光金铅股份有限公司进行全面推广应用，并利用该技术分别实现了2万吨、5万吨和8万吨三个级别规模的工业化应用，三年多的工业运行表明：该技术综合能耗为230标煤/吨粗铅以下，成本降低170元/吨粗铅,铅总回收率98.5%，金、银入粗铅率分别为97.06%、97.61%,总硫利用率96.8%，单位产品新水用量2.69T/吨粗铅，单位产品二氧化硫产生量0.08Kg/吨粗铅，单位产品颗粒物产生量0.12Kg/吨粗铅，替代鼓风炉工艺，取消冶金焦，减少了煤的用量，减排CO_2 70%,SO_2 90%,是一种符合循环经济、生态经济理念的环保低碳清洁生产技术。

专利等知识产权和获奖情况

获专利如下：

底吹炉高铅渣液态直接还原炼铅的方法 专利号：03126234.1

用于液态高铅渣还原的底吹熔池还原炉，专利号：200720152994.4

熔池熔炼直接炼铅的方法及其装置，专利号：200710127659.3

还原炉出渣口装置，专利号：200820189904.3

还原炉的还原喷枪，专利号：200920088362.5

河南中孚实业股份有限公司

中国有色金属工业科学技术一等奖（2007年度）

获奖项目名称

大型铝电解系列不停电全（电流）技术及成套装置研制

参研单位

- 河南中孚实业股份有限公司
- 华中科技大学
- 郑州中实赛尔科技有限公司

主要完成人

■ 梁学民 ■ 张洪恩 ■ 何俊佳 ■ 王有山
■ 胡长平 ■ 辛朋辉 ■ 李国兴 ■ 刘 静
■ 王殿永 ■ 王立新 ■ 尹小根 ■ 马路平
■ 孙立锦 ■ 曹志成 ■ 刘立斌 ■ 牛林平
■ 张松江 ■ 冯 冰 ■ 尚郑平 ■ 岳世豹
■ 何永刚 ■ 曲新亮 ■ 赵继安

获奖项目介绍

该项目是自主创新的先进技术，装置构思独特，操作简单，有效地减少了谐波对整流装置及电网的冲击，可以大幅度提高自备发电机组的安全运行率，改善了电解系列的运行稳定性，有利于提高电解机槽寿命和能源利用率，减少了阳极效应和电解铝生产对环境的影响，整体技术达到国际领先水平。先后攻克了强磁场环境超大电流转移动态过程检测与控制技术、回路电阻控制等关键技术，取得了不停电停槽、不停电开槽和电解槽大修不停电焊接等三项重大技术成果，

该项目技术改变了铝电解行业沿100多年停电停、开电解槽的操作方式，为当今铝电解技术大型化、规模化发展，实现产业技术升级提供可靠的保障。

本项目技术应用于铝电解生产，具有巨大的节能、环保效果，具有重要的意义。

就本项目产品赛尔开关而言，其整体技术达到世界领先水平，是2007年国家发改委推荐的铝电解行业唯一的节能产品，填补了铝电解行业的技术空白，同时填补了低压、直流超大电流（500KA）有载开关的空白，本项目产业化对开关行业及开关应用领域的技术进步同样具有十分重要的意义。

推广应用情况

2007年，赛尔开关在河南中孚实业320kA铝电解槽系列上成功应用，并采用该技术在全电流状态下完成了142台电解槽的系列启动，并在使用过程中不断改进，使技术日趋成熟。

2008年以来，郑州中实赛尔科技有限公司在国内外二十多家铝厂进行了工业应用，并对赛尔开关及不停电停开槽技术进行持续改进，完成了企业标准的制定（标准号Q/ZSJD001—2008），通过欧盟CE认证，技术及产品（赛尔开关）的成熟度得到了充分的验证，具备了全面推广应用的条件，为产业化打下了良好而坚实的基础。

目前，该技术已推广到国内、外23家铝厂，按其大修计划正常使用，每年可节电近4亿度，增加铝产量7万吨，增加产值19亿元，增加经济效益5亿元。

河南中孚实业股份有限公司

中国有色金属工业科学技术一等奖（2010年度）

获奖项目名称

400kA级高能效铝电解槽技术开发及产业化

参研单位

- 河南中孚实业股份有限公司
- 东北大学设计研究院（有限公司）
- 郑州中实赛尔科技有限公司
- 东北大学

主要完成人

■ 梁学民 ■ 吕定雄 ■ 张松江 ■ 戚喜全
■ 王有山 ■ 涂赣峰 ■ 岳世豹 ■ 杨青辰
■ 覃海棠 ■ 毛继红 ■ 辛朋辉 ■ 毛　宇
■ 曹志成 ■ 董　慧 ■ 赵继安

获奖项目介绍

400kA高能效铝电解槽系列自2008年8月顺利投产以来，已经平稳运行了两年的时间，电解槽启动后，通过对电解槽各工艺技术参数的不断优化调整，目前已取得了槽平均工作电压3.85V，直流电耗13238kw·h/tAl，阳极效应系数≦0.015次/槽·日等一系列优异技术经济指标。

该项目主要技术特点和创新点有：（1）采用数字仿真技术和大型铝电解槽开发经验相结合的方式，首次开发了400kA级高能效铝电解槽系列和生产技术，实现了产业化。（2）采用铝电解槽电磁耦合模拟软件和MHD-NEUI铝电解槽磁流体模拟分析软件包研发的400kA级铝电解槽母线装置，取得了显著的磁流体高稳定效果，确保电解槽在低电压下高效稳定运行。（3）针对大型电解槽特点研发的“低温差焙烧、快速降电压启动技术”和“低电压稳定生产工艺技术”，保证了优异技术经济指标的实现。（4）首创的“管桁架式上部结构”、“弹性槽壳结构”和“烟气分区捕集技术”，优化了电解槽整体钢结构，大幅减少了电解槽投资，有利于延长槽寿命，提高了电解槽集气效率。

推广应用情况

400kA级高能效铝电解槽应用在年产23万吨电解系列，每年可实现节能1.771亿kw·h，折合标准煤5.9万吨；减少氟化物排放460t；减少CO_2气体排放19.5万吨；减少SO_2气体排放39.6t，减少PFCs排放23t，实现直接经济效益9361万元。

将此技术推广应用于全国铝厂（按2000万吨产能计算），每年可实现节能154亿kw·h，折合标准煤513万吨；减少氟化物排放4万吨；减少CO_2气体排放1692.9万吨；减少SO_2气体排放0.34万吨，减少PFC排放0.2万吨，实现直接经济效益81.4亿元。

本项目开发所取得的成果，将成为国内高薪技术开发应用并迅速转化为生产力的典范，并获得显著的经济效益和社会效益。在国内电解铝行业具有广阔的推广应用前景，并将推动我国电解铝工业的发展，增强我国电解铝行业参与国际市场的竞争力。

洛阳栾川钼业集团股份有限公司

中国有色金属工业科学技术二等奖（2009年度）

获奖项目名称

钼精矿焙烧及其尾气处理新工艺

参研单位

■ 洛阳栾川钼业集团股份有限公司

主要完成人

■ 张　斌 ■ 崔延遂 ■ 琚成新 ■ 吴文君

■ 宫玉川 ■ 王宏雷 ■ 阎建伟 ■ 徐文松

■ 原冠杰 ■ 段永峰 ■ 马炳钊 ■ 周松泉

获奖项目介绍

钼精矿焙烧是将含硫的钼精矿高温氧化成氧化钼，同时生成二氧化硫，是钼冶炼过程最关键的一道工序。目前国内钼冶炼行业中所采用的焙烧技术大多是落后的单膛反射炉、外加热型和简单的内加热型回转管窑技术，存在着能耗高、效率低、氧化钼收率低和污染严重等问题，已成为钼冶炼行业发展的瓶颈，钼焙烧尾气二氧化硫回收，焙烧尾气大多直接排放，污染严重，焙烧尾气的处理是制约钼冶炼行业发展的关键。浓度在6%以上时可采用常规两转两吸方法制酸，在3%左右可采用非稳态制酸工艺制酸；当二氧化硫浓度低于2%时可采用燃烧硫磺配气，或电热法进行常规制酸，但投资规模大，能耗高，实际应用较少；二氧化硫浓度在1%以下一般都是直接排放。钼精矿焙烧及尾气处理技术亟待革新升级。针对上述情况，洛钼集团设计并实验成功了钼精矿焙烧新技术和低浓度二氧化硫制硫酸新工艺，建立了国内第一条绿色化的氧化钼生产线。

该工艺技术首次将旋转闪蒸干燥装置引入钼精矿焙烧系统。结合新型密封技术、尾气除尘与干燥技术，可使氧化钼的收率由原来的97%提高到99%以上，产品含硫量0.06%左右，低于国标含硫量0.1%的标准，年可多收回氧化钼450吨，新增效益1.1亿元。尾气中二氧化硫的浓度由以前的0.9～1.5%提高到1～3%之间，满足了低浓度二氧化硫制硫酸工艺的要求。产能也由原来的0.8万吨提高到现在的2.2万吨；

工艺技术首次采用固体燃料高温热风炉作为钼精矿焙烧系统的热源，大幅度降低能耗，可使吨产品煤耗从0.7吨降低到0.35吨，年节约用煤0.77万吨，节约成本500万元。新工艺去除布袋收尘器前的风机，可使吨产品电耗从120kwh降低到54kwh,年节电136万kwh，节约成本79万元，节能效果明显；

同时对低浓度二氧化硫制酸工艺进行了改造，设计出了一种新型的转化器，开发出了一套适应于钼焙烧低浓度二氧化硫制硫酸的新工艺，该工艺可使烟气中二氧化硫的含量由原来的1%左右提高到2%，可实现与低浓度二氧化硫烟气制酸工艺相配套，解决了工艺尾气对大气的污染问题。项目运转至今累计少向大气中排放4.2万吨二氧化硫，转化为副产物硫酸等，创效益3280万元。

该工艺与旋转闪蒸直燃供热式回转窑配套，每年减排二氧化硫16000吨，生产出98%的硫酸2.4万吨，亚硫酸钠0.15万吨，环境与社会效益显著。综上所述，该工艺技术在钼冶炼行业中属国内首创，整体工艺技术居国际先进水平。

河南省有色金属地质矿产局

中国有色金属工业科学技术二等奖（2004年度）

获奖项目名称

河南省内乡—南召地区银铅锌矿评价

参研单位

■ 河南省有色金属地质矿产局

主要完成人

■王志光 ■向世红 ■刘新东 ■张振邦
■赵金洲 ■仇建军 ■杨仁祥 ■陈炳武
■刘成忠 ■张瑜麟 ■张侍威 ■张智慧

获奖项目介绍

"河南内乡—南召地区银铜锌矿资源评价"是中国地质调查局根据新一轮国土资源大调查地质调查规划和工作部署，于2000年3月下达的区域矿产资源潜力评价项目。报告于2003年8月经中国地质调查局委托华北项目管理办公室组织专家进行了最终评审，评审为优秀级。

评价区位于秦岭褶皱系北秦岭褶皱带二郎坪地体东段。出露地层主体二郎坪群（Pz1er），为早古生代形成于华北地台南缘裂陷槽内的一套厚度巨大的海相火山沉积岩系，历经多期运动强烈改造，使得其中构造型式十分复杂，并发育多期岩浆侵入活动，为一重要的有色金属及贵金属成矿单元。评价区大致可分为内乡北部与酸性侵入岩有关的银多金属成矿区及南召西部与海相火山喷流沉积活动有关的铜锌成矿区。成矿区内分散流异常明显，且与矿床（点）的分布对应。

内乡北部银洞沟银金多金属矿床受环绕松垛隐伏岩体呈放射状及环带状分布的断裂控制，共发现矿（化）脉53条，已编号的有39条。赋矿围岩主要为下古生界二郎坪群小寨组细碎屑岩系、火神庙组海相基性火山熔岩系及海西期花岗岩体。矿体规模一般较大，通常长度为1000m–1700m；呈厚度十分稳定的薄脉状，平均厚度0.73 m，延深超过400 m；矿石品位较富，平均Ag 333.02×10–6，Au 3.82×10–6，Pb 2.78%，Zn 1.90%。南召西部曾家庄铜锌矿床位于洞街—青山复式向斜南东转折端附近古火山活动中心边缘，出露地层为下古生界二郎坪群火神庙组中酸性海相火山熔岩系，受层间断裂控制。主矿体长1670m，厚0.81–5.71m，平均1.53m，平均品位Cu 0.78%,Pb 0.21%，Zn 8.05%。

区内主要矿脉累计获得资源量（332+333+3341）Ag 1675.81吨，Au 12036.61千克，Cu 1.92万吨，Pb 14.10万吨，Zn 27.11万吨。可行性概略研究认为，银洞沟银金多金属矿床综合利用效益显著，投资收益率77.9%，可供进一步勘查开发。

推广应用情况

该项目成果的开发，将能够缓解资源紧张的矛盾，推动当地经济的发展。

河南省有色金属地质矿产局

中国有色金属工业科学技术一等奖（2010年度）

获奖项目名称

豫西地区中生带钼银铅锌金矿成矿规律与找矿勘查

参研单位

- 河南省有色金属地质矿产局
- 中国地质科学院矿产资源研究所
- 河南有色地质矿产有限公司
- 河南省有色金属矿产探测工程技术研究中心

主要完成人

■ 毛景文 ■ 郭保健 ■ 李永峰 ■ 谢桂青
■ 叶会寿 ■ 杨群周 ■ 王义天 ■ 朱东晖
■ 贺建委 ■ 王金亮 ■ 向世红 ■ 张银启
■ 刘灵恩 ■ 仇建军 ■ 李俊平 ■ 高建京

获奖项目介绍

1. 查明豫西在内的东秦岭–大别山造山带中生代钼铅锌银金矿时空分布规律，首次提出三期成矿作用的新认识，厘定出不同期次典型矿床的控矿因素和预测准则，作为找矿的理论依据。

该项目通过对该区钼铅锌银矿床进行了高精度同位素年龄填图，首次提出三期钼多金属成矿作用的新认识：分别为三叠纪（230–205Ma）碳酸岩脉型和石英脉型钼矿床，晚侏罗世–早白垩世（155–138Ma）斑岩型钼（钨铜）矿床和脉状银铅锌矿床，中白垩世（132–115Ma)斑岩型钼（钨铜）矿床、脉状银铅锌矿床、脉状金矿和隐爆角砾型金矿床。

选择三期成矿作用的典型矿床，开展解剖研究，厘定出不同期次典型矿床的控矿因素和预测准测。结合勘查项目，在已知矿床深部和外围以及空白区开展找矿评价。根据三期成矿作用的特点，结合地质、地球化学和地球物理资料，优选出17个找矿远景区，为进一步找矿工作部署提供了科学依据。

2. 通过对豫西地区栾川和付店矿集区的斑岩钼矿和脉状银铅锌矿床进行典型矿床以及不同类型矿床之间的关系的系统研究，创新地提出斑岩–矽卡岩型钼（钨铜）矿床—脉状银铅锌金矿床的组合矿床模型，该矿床模型核心思想为矿化中心为斑岩钼矿，外围为脉状铅锌银矿及金矿，二者互为找矿标志，具有重要的找矿指示意义，指导已知矿床深部和空白区开展找矿评价。

3. 集成矿床模型、有效技术方法组合和勘查工程的有效结合，实现钼铅锌银金矿找矿勘查的重大突破。

已有研究表明：豫西地区中生代矿床以斑岩型钼矿和脉状铅锌银金矿床为主。根据三期成矿作用的特点，以钼铅锌银矿床组合模型为指导，针对斑岩型钼矿和脉状铅锌银金矿，同时按照具体地质特点和岩矿石的物性特征，提出了两套有效的找矿方法组合。提出斑岩型钼矿床采用水系沉积物测量+大比例尺土壤化探+大比例尺电法+蚀变填图+的方法组合。根据此有效技术方法组合和成矿模型，本项目发现4处大中型斑岩钼矿床。提出脉状铅锌银矿采用大比例尺沟系沉积物或土壤测量+激电+构造蚀变填图+坑（钻）探的方法组合。根据此有效技术方法组合和成矿模型，本项目发现2处大型银铅锌多金属矿床和1处中型金矿床。

在找矿勘查过程中，坚持成矿理论、有效技术方法组合和勘查工程的有效结合，从认识到实践，再由实践到认识，几个反复提高过程，获得找矿的重大突破。

推广应用情况

该项目的研究成果实现了实现豫西地区钼铅锌银金矿找矿勘查的重大突破，先后探明7处大中型矿床，包括南泥湖深部、鱼池岭和对角沟大型斑岩钼矿、沙沟和银洞沟大型脉状铅锌矿床、安沟中型斑岩钼矿和青岗坪中型脉状金矿床。获得钼金属资源/储量63.4万吨、铅锌115万吨、银4424吨，金17.6吨，铜19.3万吨，钨831吨，潜在价值2448亿元。矿产的开发，强力地支撑了中原经济区建设。

洛阳市洛华粉体工程特种耐火材料有限公司

中国有色金属工业科学技术一等奖（2002年度）

获奖项目名称

熔锌工频感应电炉（有芯、无芯两项）用新型干式料和耐火浇注料

参研单位

- 洛阳市洛华粉体工程特种耐火材料有限公司
- 湖南株冶火炬股份有限公司
- 白银有色金属公司西北铅锌冶炼厂
- 河南科技大学、葫芦岛锌业股份有限公司
- 西部矿业股份有限公司
- 株洲工业炉制造公司

主要完成人

■ 李朝侠 ■ 周敬元 ■ 黄兴远 ■ 黄　河
■ 蔡广博 ■ 罗尧谦 ■ 党世谊 ■ 吴永昌
■ 阳永安 ■ 侯　峰 ■ 杨志安 ■ 杜宝红
■ 付林林 ■ 马　进 ■ 田宏彬 ■ 张鸿烈
■ 康明红 ■ 张宇光 ■ 李秀菊 ■ 单忠伟
■ 胡海玉 ■ 张秉青 ■ 李玉宏 ■ 戎虎群

获奖项目介绍

本项目研发推广的新型有芯炉LH-403感应器专用干式料，具有低温烧结、功能梯度、刚度渐变、耐锌液浸润的特性。还有LH-401有芯炉膛用耐火浇注料，LH-402喉口料和感应器专用封口料、接头料等，再辅之以新开发的不停炉更换感应器对接技术，使有芯炉实现了节能、降耗，不停炉更换感应器和长寿的目标。该系列产品还推向了铝行业、“整浇”铝混合炉。洛华LH-405为低导热系数、大功率铝电解槽防渗料。研制的无芯炉LH-404耐火浇注料，具有合理的粒度级配，采用超细微粉分散技术，用水和加凝聚结合方式，以特有的抗锌合金化学浸润组分，实施现场带内模整体浇注施工。制成的坩埚组织结构致密均匀，抗锌合金熔液侵蚀性好，强度高，抗热震性极好，其使用寿命均达4000炉次以上。部级鉴定结论为，该成果“促进了熔锌行业的技术进步，达到国内外领先水平”。

本成果的创新点在于：

1.研发并推广应用了具有低温烧结、功能梯度渐变、耐锌液浸润的洛华LH-403新型干式料。干式料从290℃开始烧结，（是目前最低烧结温度的耐火材料）形成的烧结锌环强度高，致密性好，无贯穿裂纹。烧结锌环熔沟外的干式料随着温度梯度的渐变由工作层至冷面形成烧结层、半烧结层、干式料的层带功能结构，并呈“柔性”状态。特别是耐锌液浸润的材料粒级化学组分的匹配，使得干式料能耐同温下比耐材高十几倍的高膨胀系数，低浸润角，渗透性极强、高温下极易汽化锌液的化学浸润和冲刷。能以“柔性”状态消解与吸收锌环附近各种机械应力和热应力，从根本上解决了有芯电炉漏锌的全国难题。辅之以不停炉更换感应器对接技术及配套材料的开发，促进了熔锌工频有芯电炉的技术进步。

2.研发并推广应用了一种新型大容量、大功率无芯炉用洛华LH-404坩埚浇注料。此料具有合理的粒度级配，采用超细微粉分散技术，采用水和加凝聚结合技术及添加特有的抗锌液化学浸润组分的耐火浇注料和浇注成型直接烘炉先进施工技术，封闭堵塞了合金锌液的渗透。该浇注料施工工艺简单易行，烘炉方便，无污染环境，坩埚使用寿命极长，可满足精锌、热镀锌、配制铝镁中间合金及铸造锌合金，稀土锌合金及锌灰，锌浮渣熔炼回收等多种锌产品的冶炼要求。

洛华公司工程技术人员检查白银公司采用LH-400整体浇注6吨工频无芯炉炉衬情况

上图　白银公司西北铅锌冶炼厂锌品车间捣打感应器（有芯炉）
下图　LH-401 402 整体浇注工频有芯炉炉膛不挂渣，整体性好

推广应用情况

该项目2002年6 月在中国郑州由科技部、河南省政府联合举办的先进适用技术交易会上荣获两项金奖，2002年8月被河南省科技厅评为高新技术产品， 由国家知识产权局授权两项国家发明专利。本成果在国内外锌冶炼企业推广，占有全国70％的市场，并出口伊朗等国家。取得了数十亿元显著的经济效益、社会效益和环境效益。

洛阳市洛华粉体工程特种耐火材料有限公司

中国有色金属工业科学技术三等奖（2002年度）

获奖项目名称

流态化焙烧炉新型炉体结构及采用不定形耐火材料全整浇技术

参研单位

- 洛阳市洛华粉体工程特种耐火材料有限公司
- 河南科技大学（原洛阳工学院）
- 开封开化（集团）有限公司
- 葫芦岛锌业股份有限公司
- 洛阳市富兴集团公司
- 云南驰宏锌锗股份有限公司
- 云南个旧鸡街冶炼厂
- 柳州锌品股份有限公司

主要完成人

■ 李朝侠 ■ 黄兴远 ■ 汤　勇 ■ 钟吉祥

■ 吴明观 ■ 何超坤 ■ 陈　聪 ■ 符基河

获奖项目介绍

本项目用现代化的筑（修）炉工艺理念和筑炉材料取代传统炉衬及材料，用新型环保型流态化焙烧炉结构及材料取代传统的砖砌炉衬和砌筑工艺，将焙烧炉寿命提高到20年以上。焙烧炉在正常寿命期限内根治了高温SO_2烟气无组织泄漏，增强稳定运行的可靠性、降低使用维护成本。以达到环保、节能、长寿的目标。炉体各参数相互干扰因素减少，可平稳连续进行采集，建立可操作平台，使整个工艺系统方便进入计算机网络控制中，提高了整个流态化焙烧炉的控制水平。部级鉴定意见为："该项目所完成的工作具有明显的创新性，整体技术达到国际先进水平"。

本项目的创新点在于：

1.将现代建筑理念和新型炉衬材料、新型筑炉方法共同揉合在一起，引进到流态化焙烧炉炉衬设计中，炉子整体热容增大，可进行多品种原料的流态化焙烧，生产产量连续平稳可调，生产操作条件改善，设备利用率提高。焙烧炉可长期环保运行，炉体寿命提高到20年以上，在炉体正常运行状态下基本取消炉衬大修。

2.通过力学计算和有限元分析，将传统的连体复合多层砖砌炉衬改为框架现场浇注高强耐热砼结构，将一个连续性重力负荷体系改变为分段重力负荷体系。炉衬重量以下部材料承重与炉壁吊挂承重相结合的方式受力，大大提高了炉体在非平衡热力系统中长期运行的抗热震力、抗剪切力、抗扭曲力和抗高温SO_2烟气流冲刷的能力，将炉体的整体强度提高几个数量级。

3.改变传统筑炉工艺，用机械化的混凝土施工取代人工不可控的砌筑工艺，使筑炉机械化和连续不间断滑模施工成为现实。提高了炉顶强度和稳定性，增强了炉体的整体结构。炉体的气密性好，有效地防止了隔离层的破坏，从根本上抑制了高温SO_2等有害烟气的逸出，据统计：$60M^2$流态化焙烧炉年减排SO_2 800吨，$109M^2$流态化焙烧炉年减排SO_2 1400T，成为真正的环保型炉窑。

4.根据炉体荷重和损毁特点，可对不同的炉体方便地使用不同的材料和方法筑炉，炉子整体寿命趋于一致。炉子热容增大，温度波动范围减小，SO_2浓度增加，焙砂产量、硫酸质量和产量双提高。同时，稳定、可靠的炉衬平台，使整个工艺系统方便地进入计算机网络控制中，提高了整个流态化焙烧炉的控制水平。

（图一）白银公司$109m^2$流态化焙烧炉采用洛华整体窑炉新技术，2010年投产创12.5万吨的锌产量，SO_2烟气零排放。

推广应用情况

该技术在国内多台18–$109m^2$流态化焙烧炉上应用，在"株冶"、"陕西锌业商洛冶炼厂"、"白银西北铅锌冶炼厂"、"铜陵池州冶炼厂"、"南方有色公司"、"云南驰宏锌锗公司会泽冶炼厂"、"内蒙古赤峰红烨"、国内最大风口区面积"109–$119m^2$流态化焙烧暨"葫芦岛锌厂"、"开化集团"、"柳州锌品"、黄金系统"贵州金兴公司"16–$75m^2$流态化焙烧炉都取得了高产、高温SO_2烟气零排放，焙砂、硫酸质量产量双增，经济、环境效益突出的优势。该项目已有6项国家发明（实用新型）专利授权、两项部级成果和高新技术产品，2010年列入国家重点节能技术推广项目。已在国内锌冶炼企业全面推广应用，取得了显著的经济效益和社会效益，特别是环境效益，具有广阔的应用前景。

洛阳市洛华粉体工程特种耐火材料有限公司

中国有色金属工业科学技术一等奖（2008年度）

获奖项目名称

中国有色重、贵金属冶金高效节能炉窑关键技术（两项合并）

参研单位

- 洛阳市洛华粉体工程特种耐火材料有限公司
- 河南科技大学
- 中国有色工程设计研究总院
- 株洲冶炼集团股份有限公司
- 金川集团有限公司
- 白银有色集团有限公司
- 长春黄金研究院
- 云南云铜锌业股份有限公司
- 中条山有色金属集团有限公司
- 中国有色金属工业技术开发交流中心
- 葫芦岛锌业股份有限公司
- 安徽铜都铜业股份有限公司
- 河池市南方有色冶炼有限责任公司
- 陕西锌业有限公司商洛炼锌厂
- 洛阳洛华窑业有限公司

主要完成人

李朝侠　黄兴远　黄　河　周远翔　康明红　袁永发　张鸿烈　张清波　金　锐　裴明杰　伏东才　戴兴征　潘恒礼　周　民　马　进　孙永进　李　瑛　贾建华　何学斌　唐明成　汪和僧　鲁玉春　王芳镇　牛　皓　赵长富　张得秀　柳兴龙　邬传谷　周新成　谭　晔　汪　丹　杨美彦　潘庆洋　朱　威　郭万书　彭　明　梁成厚　钟　谦　王　智　舒　云　牙运列　林荣跃　刘文德　李世录　王正民

获奖项目介绍

针对我国电炉冶金(引进镍铜冶炼闪速炉的贫化区，Ausmelt炉、“艾萨”炉配套贫化电炉,SKS法炼铅鼓风炉电热前床、锌冶炼矿热电炉、锌精炼及合金熔锌工频有芯、无芯电炉……)、进口窑炉耐火材料配置、鲁奇式大面积风口区流态化焙烧炉新型炉衬结构暨大型工业窑炉的耐高温不定形耐火材料基础等冶金窑炉存在的共性问题，在保证进口窑炉和苛刻的电炉冶金各项工艺参数条件下，该系列成果以掌握冶金工艺、热能窑炉对象为前提，开发研制应用了“洛华”系列“LH-400”熔锌电炉专用干式料、浇注料，“LH-900”系列高强低水泥耐火浇注料，LH-1100系列钢玉、高铝质钢纤维增强耐火浇注料及配套定型制品，不定形材料预制烧成件暨保温材料。针对不同窑炉和材料优化炉衬力学骨架设计、实施工程化施工、烘炉，炉投运及炉衬维护修理技术，全方位的“整体窑炉”理念做炉衬，从根本上解决了我国有色重、贵金属冶金、进口窑炉、电炉冶金、大面积风口区流态化焙烧炉根治高温SO2烟气无组织泄露及不定形耐火材料整体浇注大型炉窑耐热基础耐火材料应用技术，省（部）级鉴定意见为“经国内外查新，未见与本课题所用耐火材料材质、 结构设计、施工烘炉、工程化技术相同的文献报道，该技术为国内外首创，使用效果达到国际先进水平”，交付给有色重贵金属冶金企业一个长寿，节能、降耗、减排、高产窑炉炉衬，创造了巨大的经济、社会、环保效益。

本成果的创新点在于:

①研究推广应用的洛华系列不定形耐火材料暨配套制品、保温耐火材料，广泛应用于全国重、贵金属有色冶金窑炉，其专用性、特殊性、高的理化指标，新的标准体系建立属国际先进水平。

②对重、贵金属冶金窑炉衬结构进行了优化设计，解决了“耐材”骨架的力学最优分布，不同材质区别，膨胀吻合等一系列炉窑炉衬结构难题，并开发了相应的工程化筑炉技术、烘炉及维护炉衬技术，实施了有色重、贵金属冶金，“整体窑炉”理念，添补了国内“新型炉衬学理论”的空白。

③项目依托《进口闪速炉、Ausmelt冶金炉用耐火烧注料》八项国家发明专利中国有色金属工业科学技术奖一等奖并列两项三等奖两项和《电炉冶金新型耐火炉衬应用》五项省（部）级鉴定重、贵有色冶金耐火材料应用技术成果，高新技术产品技术优势，这些专利、成果的产业化、市场化实施带动了中国有色重、贵金属冶金行业的技术进步。“在研”的省部级五项攻关、产业化项目更给进一步推广应用成果奠定了良好的技术储备。

该系列成果从98年开始广泛应用于金川、白银、株冶、葫芦岛、云铜、中条山、云锡、中国黄金科技总公司等中国有色重、贵金属冶金企业，仅以金川公司为例，98年采用“洛华”技术根治了引进镍闪速炉贫化区炉衬的结构和材料先天不足，至今运行12年，仅闪速炉作业率提高20%一项，年增产钴30t、镍1923.8吨、铜929.1吨，连同铂族金属计算，年增产值近10亿元。

洛阳市洛华粉体工程特种耐火材料有限公司

中国有色金属工业科学技术二等奖（2008年度）

获奖项目名称

氢氧化铝稀相流态化焙烧新型节能炉衬技术

参研单位

- 洛阳市洛华粉体工程特种耐火材料有限公司
- 河南科技大学
- 洛阳香江万基铝业公司
- 中国铝业股份有限公司中州分公司
- 中国铝业股份有限公司河南分公司
- 中国铝业股份有限公司广西分公司
- 河南华慧有色工程设计有限公司
- 洛阳洛华窑业有限公司

主要完成人

黄　河　李朝侠　黄兴远　王　江　张元坤　吕子剑　胡玉波　戢兆丰　赵化智　张际强　潘首道　赵东亮　娄战荒　王军龙　潘加峪　郝红杰　莫进超　吴海文

获奖项目介绍

氢氧化铝焙烧是氧化铝生产的最后一道关键工序。焙烧过程就是烘干氢氧化铝的附着水，脱除其结晶水的过程。近年来，我国引进国外先进的焙烧炉及焙烧技术，这给企业降低成本，减少资源消耗，增加产量，促进环保，提高效益带来了巨大的促进作用。目前，引进的氧化铝焙烧炉大都已运行10年以上，在进行的数次大修中暴露出大量炉衬损毁的问题，而生产中造成的突发性停产和氧化铝质量降低，产品杂质增加，也和炉衬的损毁有关。

本成果针对大型氢氧化铝稀相流态化焙烧炉中存在系统表面温度高，热损失大，产品质量低，炉衬寿命短，易剥落等问题，对其炉衬的结构进行了整体优化设计，并开发了国产新型耐磨耐火浇注料用以取代进口耐火材料，同时开发了与之配套的筑炉、烘烤和维护等技术，全方位解决了炉衬国产化问题。部级鉴定为：“该技术在延长炉衬寿命、改善作业环境、降低能耗、降低生产成本等方面成绩显著，项目应用技术为国内外首创，应用效果达到国际先进水平”。

本成果的创新点在于：

1.研发成功并推广应用了LH-1500系列抗酸（碱）腐蚀耐磨耐火浇注料，其技术性能优于引进的GSC炉衬材料、进口点火器材料，特别是在耐磨性、抗热震性、耐冲刷侵蚀方面更加突出。不仅提高了炉衬的寿命，缩短了施工周期，而且降低了炉壳表面温度，减薄了炉衬厚度，使炉衬结构变轻，节能、降耗效果显著。

2.开发创新了GSC炉炉衬结构的优化设计，圆满解决了不定形耐火材料骨架结构的力学最优分布，不同材质和不同种类耐火材料之间的膨胀率吻合等一系列行业难题；并开发了相应的筑炉、烘炉及GSC炉衬检修维护技术暨标准化技术，提高了炉衬的寿命。

3.根据炉衬材料性能和炉型特点，研制成功了一整套GSC炉炉衬工程化技术。对耐火浇注料局部破损严重部位寻找可行的修补施工工艺路径和材料；对局部裂缝过大部份和伸缩缝过大部份对内衬表面磨损冲刷严重者，寻找可行的修补施工工艺路径和材料；通过涂抹刚玉质涂抹料来增加表面耐磨性。

香江万基采用“洛华整体窑炉技术”1400T/D GSC炉烘炉、投运后PO3-PO4连接处理想的炉衬效果

推广应用情况

本成果获中国有色金属工业科学技术二等奖1项、三等奖1项，国家发明专利7项，被列为2006年国家火炬计划项目，河南省科技厅授予“河南省高新技术产品”。在中国铝业公司、洛阳香江万基铝业公司等十余家企业的大型稀相流态化焙烧炉上推广应用，取得了$Al(OH)_3$焙烧环节T·A_0节能1000-1400MJ的结果，与氧化铝焙烧能耗世界先进水平相比，节能25-30%，创造了巨大的经济效益和节能、减排、环保等社会效益，具有广阔的应用前景。

铜陵有色金属（集团）公司

中国有色金属工业科学技术二等奖（2001年度）

获奖项目名称

千米深井300万吨级矿山开采技术条件研究（采矿类）

参研单位

- 铜陵有色金属（集团）公司狮子山铜矿
- 北京有色冶金设计研究总院
- 中南工业大学
- 长沙矿山研究院
- 北京矿冶研究总院

主要完成人

■ 马学增 ■ 李全在 ■ 孙海滨 ■ 董英路
■ 兰建新 ■ 张永利 ■ 贾永义 ■ 杨　星
■ 李　杰 ■ 高晓煜 ■ 张建伟 ■ 凌云杰

获奖项目进行时间

1996年1月～1999年12月

获奖项目介绍

采用国内外同类先进的技术手段，首次系统地完成了千米深井矿山开采技术的研究工作。进行了矿山岩体构造的调查、区域地质概况及矿区地质条件的调查，完成了矿区工程地质岩组的划分、岩体结构的分类、岩体稳定性的评价及岩体的综合分类。测定了冬瓜山矿床6种主要岩石的物理力学性质，根据冬瓜山各类岩石的应力应变关系曲线，确定了岩石的本构参数，岩体稳定性的评价及岩体的综合分类。进行了不同水平标高的地应力测量工作，给出了矿区的地应力场的分布特征，分析了影响矿区地应力分布状态的地质因素及矿区高地应力可能存在的地质工程问题和可采取的主要工程技术措施。结合采矿设计，对9种采场结构参数以及盘区间开采的影响进行了有限元数值模拟计算，为矿山开采设计提供了合理的回采顺序和采场结构参数。

该项研究工作试验方法先进、可靠，为开采技术系统设计及工艺参数选择提供了理论依据，是矿床开采前期技术条件系统研究的良好范例，达到了国内领先水平。研究成果在深井开采中具有推广应用价值。

铜陵有色金属（集团）公司

中国有色金属工业科学技术二等奖（2001年度）

获奖项目名称

特大空区下矿柱回采综合技术研究（采矿类）

参研单位

- 铜陵有色金属（集团）公司狮子山铜矿
- 马鞍山矿山研究院

获奖项目介绍

狮子山铜矿西山矿段由于历史原因，形成了长约300米、高达230米、总容积达230多万立方米的特大采空区，并预留了一条长50米左右、宽25～28米、高150余米的矿柱。为了延长该矿段开采的服务年限，保持矿山生产的平稳过渡，更多地回收利用宝贵的国家矿产资源，狮子山铜矿与马鞍山矿山研究院共同开展特大空区下矿柱回采综合技术的研究。

自1997年7月以来，经过理论分析研究、实验室物理模型试验、计算机三维数值模拟、现场日常监测与分析、采准工程施工和矿柱回采，并在矿柱回采过程中成功地采用了预裂爆破技术、分段微差爆破技术和钢筋砼剪力硐加固技术，至1999年底圆满地完成了合同所规定的各项研究内容。

在双方的共同努力下，截止到1999年底，狮子山铜矿在17＃矿柱回采中共回收矿石34.4万吨，达到了预期的各项技术经济指标，获得了较好的经济效益和社会效益，累计新增产值4382.71万元，新增利税3076.39万元。

本项研究开创了未充填采空区回采矿柱的先例。在保证特大空区稳定的前提下，实现了可采矿柱的安全回采，研究成果达到了国际先进水平，其中，理论分析和系统监测技术的应用达到了国际领先水平。所采用的矿柱安全回采综合技术可以在国内外类似条件矿山推广应用。

铜陵有色金属（集团）公司

中国有色金属工业科学技术二等奖（2003年度）

获奖项目名称

超负荷大波动高效清洁烟气处理技术（冶炼类）

参研单位

■ 金隆铜业公司

获奖项目介绍

本项目通过采用新技术对冶炼烟气处理系统进行改造和完善，使该系统在铜冶炼系统能力提高50%的情况下，环保指标远优于国标，实现了清洁生产的目标。主要内容有：

开发驻沫洗涤技术及脉冲管道阻垢技术，研制成功钙、镁、钠法通用的尾气脱硫系统，脱硫效率达到98%，废水零排放。

开发恒温稳流和液膜加厚FRP保护技术，解决了动力波FRP逆喷管安全性能差的国际难题。

增设超标废水返回系统，外排废水达标率稳定在100%，Cu、As、Cd等主要污染物含量只有国家排放标准的1/l0。

开发晶体长大技术，使中和渣含水量降低15%，并开发成为建材配料，公司固废利用率达到100%。

开发应用环境监理信息系统，实现环境监理办公自动化和国家、省、市、企业的四级体系监理、监测、监控。

优化催化剂和分层转化率，在50～155KNm3/h烟气量、7～13%SO_2浓度条件下，总转化率达到99.85%。

通过创新再开发，使“全系统管道阳极保护”和“缩放管空心环高效换热器”两项专利技术在大型系统首次得到应用。

铜陵有色金属（集团）公司

中国专利技术博览会金奖（2004年度）

获奖项目名称

TT型特种陶瓷过滤机（机械制造类）

参研单位

■ 安徽铜都特种环保设备股份有限公司

获奖项目介绍

TT型特种陶瓷过滤机是基于“毛细效应”原理，采用微孔陶瓷为过滤介质，利用微孔陶瓷大量狭小具有毛细作用的微孔产生的通水不透气的特性设计的固液分离设备，集气液分配、联合搅拌、自动排液、超声波清洗、全自动控制等多项自主专利技术为一身。国家经贸委委托安徽省经贸委对TT型特种陶瓷过滤机进行了技术鉴定，鉴定结论是：TT型特种陶瓷过滤机填补了国内空白，其整机性能已达到国际先进水平，完全可以替代进口，实现国产化。

陶瓷过滤机过滤效果显著，滤饼水份低，经其处理过的铜精矿可以直接进行冶炼，不但节约能源，而且也易于运输处理，减少路途损耗，且其滤饼水分可以根据实际生产需要进行调节；采用超声波与酸液混合清洗，使用一台小型真空泵便可以达到0.095Mpa的高真空，比传统真空过滤机节省电能90%；清澈透明，固体含量只有ppm级，不仅减少微细颗粒流失，而且滤液可在系统中循环使用，环保效果好；自动化程度高，由于采用自动控制系统，可实现连续运行；处理能力大，一般为圆盘式真空过滤机的3倍以上，通过PLC系统可以实现微机远程监控、远程控制和自动报警功能等；没有滤布损耗，减少维修费用，设备结构紧凑，安装费用低，生产成本更低。

该产品可大大提高应用单位的生产效率和脱水效果，降低生产能耗和生产成本，同时可避免运输过程中因产品含水率高对沿途环境造成的污染，并实现工业水的循环综合利用，有效利用水资源，符合国家环保、节能和循环经济等产业政策，社会、经济、生态效益显著。

铜陵有色金属（集团）公司

中国有色金属工业科学技术二等奖（2006年度）

获奖项目名称

束状孔当量球形药包大量落矿采矿技术（采矿类）

参研单位

- 铜陵有色金属（集团）公司
- 安徽铜都铜业冬瓜山铜矿
- 北京矿冶研究总院

获奖项目介绍

结合埋深千米、日产万吨的特大型金属矿床冬瓜山铜矿的开采实际，进行束状孔大量落矿采矿技术工程应用研究，束状孔当量球形药包爆破试验表明，冬瓜山矿岩属难爆矿岩，等效束状孔爆破效果明显好于大孔爆破，多束孔同时起爆，其爆破作用效果比单束孔的好；双密集孔间能有效贯穿，爆破后边壁平整；从爆破比能看，多孔粒状铵油炸药比乳化硝铵炸药爆破效果好。以束状孔球形药包爆破基础理论为基础，形成了束状孔当量球形药包大量落矿采矿技术方案，应用束状孔进行组合漏斗爆破，实现高分层大量爆破落矿。

该成果获得了良好的技术经济指标：每米崩矿量30.87t/m；炸药单耗0.32kg/t；二次爆破炸药单耗0.032kg/t；大块率3.21%。束状孔当量球形药包大量落矿采矿技术取得成功，为冬瓜山铜矿持续健康发展提供了有力的技术支撑和保障，为我国其他类似矿山提供了技术示范。该项技术具有开拓性、独创性,为国际领先水平。

束状孔当量球形药包大量落矿采矿技术安全、高效、成本低、适用性强，是地下大直径深孔采矿领域最具有竞争力的一个新技术，可广泛适用于地下硬岩矿山的高效大规模开采，因而，具有广阔的推广应用前景。

铜陵有色金属（集团）公司

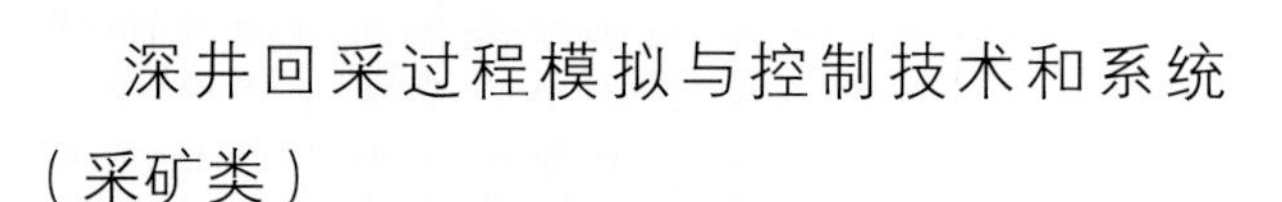

中国有色金属工业科学技术二等奖（2006年度）

获奖项目名称

深井回采过程模拟与控制技术和系统（采矿类）

参研单位

- 铜陵有色金属（集团）公司
- 安徽铜都铜业股份有限公司冬瓜山铜矿
- 中国有色工程设计研究总院
- 中南大学

获奖项目介绍

针对冬瓜山矿床“深埋、缓倾斜、高应力、高温、高硫、品位较低、存在岩爆倾向”等复杂开采技术条件及“年产300万吨矿石”的“阶段空场嗣后充填采矿方法”的工艺特征，提出构建冬瓜山铜矿综合时空数据库，通过回采顺序优化、回采过程模拟等对冬瓜山铜矿产能保障技术进行研究的总体思路。围绕此研究目标，首先基于DATAMINE矿业软件，对矿床开采技术条件进行了研究，建立了冬瓜山铜矿地质与工程模型；其次，开发了冬瓜山铜矿回采过程模拟与控制软件系统MPlan，并通过相关接口的开发，实现了与DATAMINE软件、FLAC3D软件的集成，设计并建立了包括冬瓜山铜矿开采条件与开采过程在内的综合时空数据库；然后，利用MPlan系统从产量稳定性方面对不同回采方案的回采过程进行模拟分析和优化，借助于MPlan与FLAC3D系统的接口，采用FLAC3D系统对各方案回采过程中的结构稳定性进行进一步的分析和优化；再次，基于MINE2-4D系统对优化方案2006～2007年的生产计划进行了编制，并开发了生产过程虚拟现实系统DVRS。

本项研究采用计算机动态模拟技术，实现了工程预演，增强了工作的超前性、主动性，实现了矿山的管理和决策模式科学化。该项成果达到了国际先进水平。

在矿业行业中具有广阔的应用前景，特别对我国刚刚起步的金属矿床的深井开采的产能保障技术具有重要的指导意义。

铜陵有色金属（集团）公司

第九届中国专利优秀奖（2006年度）

获奖项目名称

粗铜无氧化掺氮还原火法精炼工艺

专利申请号

02120509.4

专利公开号

1390962

专利申请日

2002年5月22日

专利公开日

2003年1月15日

专利公开日

2005年1月12日

专利申请单位

金隆铜业有限公司

获奖项目介绍

一种粗铜无氧化掺氮还原火法精炼工艺。在转炉吹炼时合理控制出铜终点的[S]、[O]，使部分脱硫任务由还原过程附带完成，从而取消了传统的阳极炉氧化作业过程，并用氮气来代替空气进行排渣，还原作业时还原剂中掺入一定比例氮气进行还原。本工艺操作简单，作业周期短，生产效率高，能源消耗低，生产的阳极板质量高，并且消除了黑烟污染，适宜于实现大工业生产。

铜陵有色金属（集团）公司

中国有色金属工业科学技术二等奖（2007年度）

获奖项目名称

深井开采通风降温与节能控制技术研究（采矿类）

参研单位

- 铜陵有色金属（集团）公司
- 铜陵有色金属集团股份有限公司冬瓜山铜矿
- 中钢集团马鞍山矿山研究院
- 中南大学
- 江西理工大学

获奖项目介绍

为解决深部金属矿床开采过程中存在的高温及控制技术难题，在冬瓜山开展了深井开采地热防治与通风降温技术研究，系统研究了复杂难采深部铜矿床多级机站通风系统降温及远程计算机集中监控节能技术。

紧密结合通风理论技术和冬瓜山铜矿深部开采的实际情况，成功地建立起满足冬瓜山铜矿深井开采通风降温要求的多级机站通风系统；解决了深井高温矿床开采的通风降温难题，节省了大量通风工程，降低了装机容量。在国内首次将计算机网络与通讯技术、风机变频调速控制技术结合在一起，对矿井各级机站风机进行远程集中监控，对主要进、回风巷道风流参数进行自动监测，解决了深热矿井多级机站存在的风机节能和管理的难题。建立了冬瓜山盘区复杂角联通风网络数字模型，实现了盘区复杂角联通风网络的数字化。

该项目成果经专家鉴定为国内领先水平，且已在冬瓜山铜矿成功应用。通风降温和风量的实时调控使得井下的温度由38℃降低到28℃，显著改善了矿山生产高温环境和空气品质，提高了劳动生产率，经济效益和社会效益显著。研究成果在金属矿山深井开采中具有广泛的推广应用前景。

铜陵有色金属（集团）公司

中国有色金属工业科学技术一等奖（2007年度）

获奖项目名称

深井岩爆与地压监测及控制技术研究（采矿类）

参研单位

■铜陵有色金属（集团）公司

■铜陵有色金属集团股份有限公司冬瓜山铜矿

■中南大学

■中国有色工程设计研究总院

■中钢集团马鞍山矿山研究院

获奖项目介绍

针对冬瓜山矿床高应力有岩爆倾向的深井开采复杂技术条件，为保证日产1万吨、年产330万吨安全高效地开采，设计并构建了深井开采岩爆与地压监测系统。引进了具有国际领先水平的南非ISS微震监测系统，建立了冬瓜山铜矿微震监测系统，成功实现了冬瓜山矿日常开采的微震活动监测的自动化、连续化和实时化。创造性开展了矿山地震活动与开采响应研究。提出了矿山地震活动定量分析方法，得到了地震活动与开采响应的初步规律。开展了地震危险性与岩爆评价与预测研究。对地震危险及岩爆的统计地震学预测方法、地震刚度预测方法和地震参数时间序列预测方法进行了创造性研究；对监测工作人员和安全管理人员及时掌握全采区地震活动状况和判断重点区域的岩层稳定性具有指导意义。

本项目的研究是保障冬瓜山铜矿持续高效安全开采的重要基础，研究成果鉴定为国际先进水平，具有重要的理论和实际应用价值，成功应用于冬瓜山深井金属矿床开采，对于保障我国金属深井矿山开采的安全具有重要技术经济意义和示范作用。

铜陵有色金属（集团）公司

中国有色金属工业科学技术二等奖（2008年度）

获奖项目名称

深井高浓度全尾砂充填无废开采技术（采矿类）

参研单位

- 铜陵有色金属（集团）公司
- 安徽铜都铜业股份有限公司冬瓜山铜矿
- 北京有色冶金设计研究总院
- 北京矿冶研究总院

获奖项目介绍

所属科学技术领域。

该项技术为矿山开采的矿山充填和尾矿处理领域，属于深井开采的关键技术难题攻关。

主要内容：通过特殊的立式砂仓脱水技术，将极细粒级的全尾砂（－20μm全尾砂约占40%）直接制备成高浓度（74%以上）砂浆，然后采用深井管道自流输送降压系统以及采场泄水技术，突破了极细粒级高浓度全尾砂浆的立式砂仓制备技术和深井开采全尾砂高浓度充填料浆自流管输降压的关键技术，形成了立式砂仓流态化全尾砂高浓度连续充填技术，解决了深部高大采场嗣后充填问题，已成功地在千米深井冬瓜山铜矿进行了工业应用。

创新点：采用高浓度全尾砂料浆充填采空区，不仅解决冬瓜山极细粒级全尾砂直接制备成高浓度砂浆，通过深井料浆自流管输充填采空区，保证回采区域开采的安全；而且还可解决矿山开采尾矿排放问题，提高矿山的资源利用率、保护远景资源、减少固体废料向地表排放，也是充分利用尾矿资源发展节地、节能、节材、环保利废的直接有效的途径

授权专利情况：已获专利的有“具有浓密脱水装置的立式砂仓”，专利号：ZL 2007 2 0103448.1。

经济技术指标：立式砂仓尾砂连续制浆流量100~120m^3/h，新型脱水装置全尾砂脱水放砂浓度可达到80%，底流料浆浓度可达到76%的先进水平，实际充填输送浓度为74–76%，充填能力能够达到3800m^3/d。

推广应用前景：全尾砂高浓度或膏体充填技术可广泛应用于充填采矿或嗣后充填采矿技术的金属矿山，对于金属矿山开采工艺和采矿方法具有巨大的促进和变革作用，必将产生深远的影响和重大的意义，在我国金属矿山充填领域具有很好的市场前景和极大的推广价值。同时，对部分非金属矿山的充填技术也具有借鉴意义。。

经济效益和社会效益：该项研究成果已成功运用于冬瓜山深井大规模充填，采用高浓度全尾砂料浆充填采空区，可解决矿山开采尾矿排放问题，提高矿山的资源利用率，节约地表尾矿堆放土地资源，减少对环境的污染。为建设无废排放矿山奠定基础，为国内外矿山充填技术的发展作出了贡献。

铜陵有色金属（集团）公司

中国有色金属工业科学技术二等奖（2008年度）

获奖项目名称

阶段空场嗣后充填采矿方法及采准系统优化研究（采矿类）

参研单位

- 铜陵有色金属（集团）公司
- 安徽铜都铜业冬瓜山铜矿
- 中南大学
- 中钢集团马鞍山矿山研究院

获奖项目介绍

针对冬瓜山矿床深井开采技术条件及年产330万吨矿石的“阶段空场嗣后充填采矿方法”的工艺特征，以采矿方法为中心，试验采场即生产采场的原则展开研究。对初步设计推荐的冬瓜山阶段空场嗣后充填采矿方法存在的技术问题，为更好地适应冬瓜山矿床特有的开采技术条件，满足大规模开采的要求，对推荐的采矿方法进行了优化，采用先进的排产优化理论和数值模拟技术,优化了采矿方法和采准系统，提出了以暂留隔离矿柱阶段空场嗣后充填采矿方法为核心的大盘区、大采场、大产能的回采工艺技术，实现冬瓜山矿床安全高效大规模开采。

工业试验主要技术经济指标：采切比610m^3/万t，矿石损失率8%，贫化率6%，采场出矿能力大于或等于2400t/d。

深井大盘区大采场的回采工艺技术为国内首创，整体达到国内领先水平。通过本项目的实施，不仅可为冬瓜山大规模深井矿山提供技术支撑，而且对我国即将进入深井开采的矿山具有推广应用价值。

铜陵有色金属（集团）公司

中国有色金属工业科学技术二等奖（2008年度）

获奖项目名称

无铅易切削黄铜棒材开发

参研单位

- 铜陵铜都黄铜棒材有限公司
- 江西理工大学
- 安徽工业大学

获奖项目介绍

铜陵铜都黄铜棒材有限公司“无铅易切削黄铜棒材开发”项目作为安徽省重点科技开发项目，安徽省科技厅2007年3月29日下发文件——《关于下达安徽省二〇〇七年度科技攻关计划的通知》（科计(2007) 035号），批准该项目立项。由铜陵铜都黄铜棒材有限公司、江西理工大学、安徽工业大学共同承担，在2008年年底完成。

创新点

1.根据安徽省科学技术情报所科技项目查新报告的查证，开发成功的“稀土—铋易切削黄铜”和“砷—铋易切削黄铜”两个牌号的新产品其成分范围及精度等级在国内未见相同的报导，为国内首创。

2.经国家有色金属质量监督检验中心法定机构检测，铅含量<0.05%，其它有害元素都在国家标准范围之内，远低于同类型产品的环保要求；

3.与国内同类企业的无铅铋黄铜比较，新产品成分组员少，易于控制，且大大降低了成本费用，具有很强的推广价值；

4.利用压力铸造等专有工艺技术，实现大容量熔炼和超大规格的水平连铸，不但保证成分的均匀，铸锭质量也远优于同行水平；

5.通过添加稀土等改性元素，不但解决了含铋黄铜热挤压开裂问题，而且使挤压力明显低于同规格铅黄铜，只为同规格铅黄铜挤压力的0.8倍；

6.铜–铋（α + β）两相黄铜中加入稀土后，使得晶体组织细小、致密，导致单质铋以球状或近似球状的形式均匀的分布于晶体α内或分布于晶界附近，提高了其切削性能，最高时的切削性可达150%，完全可替代铅黄铜用于切削加工。

7.由于稀土的净化变质作用以及与合金可以形成致密的金属化合物，以细小质点弥散分布于黄铜中，减少表面的凸点接触，从而减轻粘着磨损，最终使硬度提高。开发的新产品硬度约为铅黄铜的121～201%，耐磨性能远远大于HPb59–1，其磨损量约为铅黄铜的9～40%。

经济效益、社会效益：

该成果自2008年投放市场以来，至今未能形成销量，但公司仍努力开发用户。届期能形成200～300吨/年的销量，可创效140～210万元。

无铅易切削黄铜为添加了绿色环保型元素代替铅元素的铜合金，它的应用与推广将极大程度降低铅黄铜中铅对人体及环境一定程度的危害。因此，开发成功的无铅易切削黄铜棒材产品既具有现实性，又具有前瞻性，有着深远而巨大的社会效益。

铜陵有色金属（集团）公司

中国有色金属工业科学技术二等奖（2009年度）

获奖项目名称

多通道喷枪铜熔炼工艺（冶炼类）

参研单位

■ 铜陵有色金属（集团）公司

■ 铜陵有色金属集团股份有限公司金昌冶炼厂

■ 中国恩菲工程技术有限公司

获奖项目介绍

铜陵有色金属集团股份有限公司金昌冶炼厂针对原有密闭鼓风炉熔炼工艺存在的环境污染严重、能耗高、鼓风炉熔炼处理能力低，冰铜品位低、劳动强度大等问题，通过引进国外先进的澳斯麦特熔炼技术并进行工艺改造技术再创新，解决了环境污染问题，大幅度实现产能的提升和技术经济指标的优化。

其创新成果：研发了多通道喷枪，改进喷枪头部、喷嘴角度、喷枪风和套筒风混氧，提高了喷枪使用寿命，解决了单体硫问题，产能大幅提升；开发了内置铜水套，采用国产新型耐火材料，提高炉寿命1倍；优化了喷枪熔炼工艺控制技术、改进了渣型，降低渣含铜，优化了生产技术指标；产能由原6.5万吨/年提高到16万吨/年，粗铜综合能耗由413公斤标煤/吨降到233公斤标煤/吨，粗铜冶炼回收率达到97.42%，全硫捕集率提升至97.08%，尾气SO_2排放浓度低于500毫克/立方米。

该成果在引进、消化与吸收的同时对成套装备开展自主创新和技术攻关，形成了具有多项优特点的多通道喷枪熔炼工艺，并大幅度提高产能和降低能耗，使企业原有污染状况得到彻底改善，硫捕集率已达到98.07%，废水和废气已满足国家二级排放标准，二氧化硫削减量超过17000吨，各项技术经济指标和环境指标已达到国内先进水平，为铜熔炼企业的技术进步提供了可靠的技术支撑，对促进行业发展起到很好的示范推广作用。

铜陵有色金属（集团）公司

中国有色金属工业科学技术二等奖（2010年度）

获奖项目名称

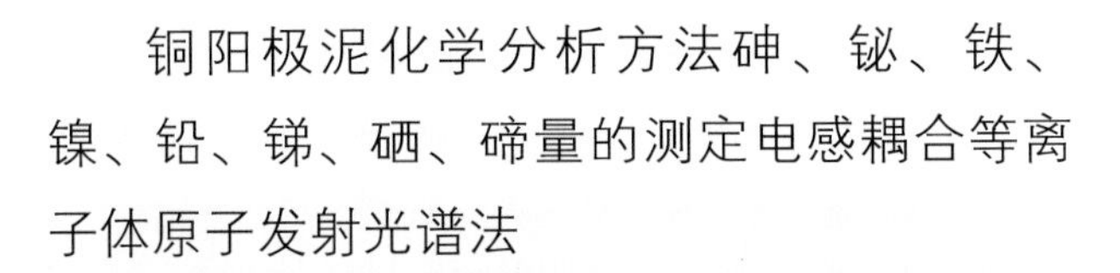

铜阳极泥化学分析方法砷、铋、铁、镍、铅、锑、硒、碲量的测定电感耦合等离子体原子发射光谱法

参研单位

■ 铜陵有色金属（集团）公司
■ 北方铜业股份有限公司侯马冶炼厂

获奖项目介绍

本项目是属有色金属产品分析方法，是研究铜阳极泥中砷、铋、铁、镍、铅、锑、硒、碲量的测定方法的标准。是由中国有色金属工业协会提出；由全国有色金属标准化技术委员会归口；由中华人民共和国国家质量监督检验检疫总局、国家标准化管理委员会联合发布。本标准的起草填补了国内空白，达到国际先进水平。

本项目通过对铜陵有色金属控股有限公司金昌冶炼厂和金隆冶炼厂、上海鑫冶铜业有限公司、江西铜业公司、湖北大冶有色金属公司、云南铜业股份有限公司近年阳极泥杂质含量的调查及对这六家铜冶炼厂进行取样分析研究结果，规定了铜阳极泥中电感耦合等离子测定砷、铋、铁、镍、铅、锑、硒、碲的范围。通过（1）20mL王水；（2）1mL溴+20mL王水；（3）0.2g氯酸钾+20mL王水；（4）0.5mL饱和氟化氢铵+20mL硝酸；（5）0.5mL饱和氟化氢铵+20mL逆王水；（6）0.5mL饱和氟化氢铵+20mL王水；（7）硝酸+盐酸+酒石酸七种方法试料分解试验研究，确定了试验分解方法。通过对信背比、荧光强度研究，确定了：泵速、功率、雾化器压力、辅助气流量、积分时间等仪器的参考工作条件。通过基体效应、介质、酸度试验确定标准工作溶液的基体浓度。通过对各元素多条谱线间精密度、准确度对比试验，推荐了分析谱线。通过对杂质干扰、精密度及加标回收等研究拟定了分析方法。经过北方铜业股份有限公司侯马冶炼厂、江西铜业集团公司、湖北大冶有色金属公司、云南铜业股份有限公司的验证，国家标准化管理委员会2008年9月在厦门组织召开了专家审定会，本标准已由中华人民共和国国家质量监督检验检疫总局、国家标准化管理委员会2009年4月联合发布，2010年2月1日实施。

特点：用电感耦合等离子体原子发射光谱法进行铜阳极泥中砷、铋、铁、镍、铅、锑、硒、碲量的测定，简单、快捷、准确可靠。

中南大学

国家技术发明奖二等奖（2001年度）

获奖项目名称

选择性沉淀法从钨酸盐溶液中除钼、砷、锡、锑新工艺

参研单位

■ 中南大学

主要完成人

■ 李洪桂 ■ 孙培梅 ■ 李运姣 ■ 赵中伟 ■ 苏鹏抟 ■ 霍广生

获奖项目介绍

高效的除钼及其它杂质的新工艺成为保证我国钨冶金可持续发展的重要课题。而钨和钼的性质极为相近，难以分离，钨钼分离成为半个世纪以来国内外亟待解决而未能解决的难题。

该发明从微观找出了水溶液中钨与钼、锡等化合物性质的差异，在此基础上发明了沉淀剂M115有效地从钨酸盐溶液中将钼、锡等杂质沉淀，而钨保留在溶液中，实现了钨与上述杂质的高效分离。

该发明的特点是：

（1）简单易行。以分离学科中最简单的工艺—沉淀工艺解决了最为复杂的钨钼分离的技术难题。

（2）多功能。能从多种不同的钨酸盐溶液一次性除去钼等多种杂质。

（3）高效率。对含钼2g/l的溶液而言，除钼率达99.5%以上，除锡、砷率均在95%以上，而主金属钨的损失少于0.2%。

（4）环境效益好，基本上无“三废”。

（5）经济效益好。

由于上述特点，在短短三年内，已在国内广泛（包括世界最大的钨冶金厂—厦门钨业股份有限公司）应用，生产能力占国内钨冶炼能力的96%以上。

该发明的推广与应用已给我国带来了明显的经济效益和社会效益。同时降低了钨冶金对原料的要求，相应地提高了选矿回收率和资源利用率，因而为我国优势产业钨冶金的可持续发展创造了有利条件。

该发明经湖南省科委组织的专家鉴定认为“属国内外首创，主要技术经济指标均优于国内外现有工艺，处于国际领先地位”。2001年，该发明被国家科技部列为国家科技成果重点推广项目，并被授予国家技术发明二等奖。

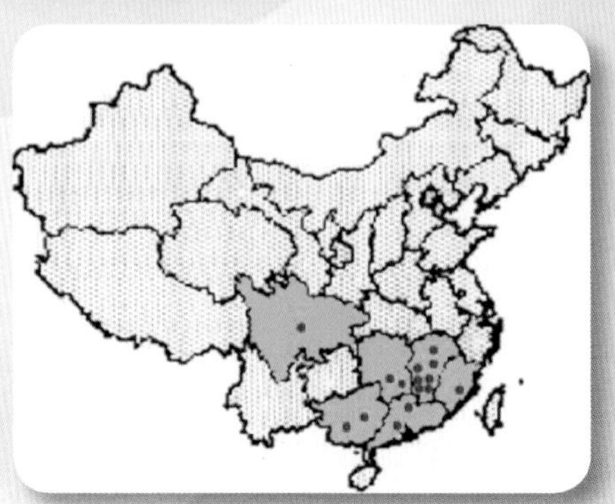

中南大学

国家科学技术进步奖二等奖（2001年度）

获奖项目名称

硬岩无间柱连续采矿技术研究

参研单位

■ 中南大学
■ 铜陵有色金属公司凤凰山铜矿

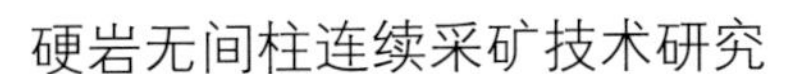

主要完成人

■ 古德生 ■ 吴爱祥 ■ 余佑林 ■ 王善元
■ 徐国元 ■ 张传舟 ■ 肖　雄 ■ 邵　武
■ 罗周全 ■ 阳雨平

获奖项目介绍

该成果是国家“九五”重点科技攻关项目。古德生院士带领项目组经过多年的探索和实践，研制成功新的高效的硬岩无间柱连续采矿技术。其关键技术是将矿体划分为阶段，再将阶段划分一个个矿段，以矿段为回采单元，矿段间不留间柱；矿段回采采用深孔变阻爆破与定向致裂技术破岩，采场底部无二次破碎水平的振动机组连续出矿、运矿，矿段回采结束后，采用速凝胶结材料跟随充填采空区，随机转入快速充填；采切、回采、充填三大工序，分别在相邻三个矿段中平行进行；互相衔接，使采矿工作在阶段上连续推进。该技术将二步骤回采变为一步骤连续回采，明显地简化回采工艺，革除了回采间柱的技术难题，从根本上解决了长期以来因回采间柱造成大量资源损失的问题；以弹塑性力学理论为基础，通过三维数值模拟，提示了无间柱连续回采过程地压活动的时空分布规律，为本项目提供了理论支撑；优化了采场结构参数，使采场长度尺寸增大一倍以上，相应地把生产的采场数目减少一半以上，大幅度降低了资源损失指标，使采矿总回收率由73.9%提高到90.5% 。振动机组连续出矿运矿使采场的出矿能力提高5倍以上，卡堵现象减少，机组的安装与维护工艺简化，其运行的可靠性和操作的自动化水平大大提高。创新了深孔变阻爆破崩矿与定向致裂破岩技术，成功地把大块的产出率，从8–10%降低到5%以下，同时解决了爆破作用对采场结构稳定产生损伤性破坏的预防问题。本地化的复合型速凝胶结充填材料，充分利用了尾砂及其它工业废弃物，保护了生态环境。实现了矿床集中强化回采，缩短了回采作业线，简化了井下压气、供风、供水及井巷工程维护工作量，大幅提高了井下集中开采强度和生产能力，降低了采矿成本。该成果推动了我国地下金属矿硬岩矿床开采作业机械化、工艺连续化、生产集中化和管理科学化的进程，使我国的金属矿地下采矿技术迈上一个新的台阶。

连续采矿技术已确定在铜陵有色金属公司新开拓的冬瓜山矿床和云锡集团松树脚矿缓倾斜多层矿体开采中推广应用；连续出矿设备已在凤凰山铜矿、狮子山铜矿、华锡集团的高峰矿推广应用；复合型速凝胶结材料已在铜陵公司的铜官山水泥厂定点生产。近三年来，工业应用已创直接经济效益1659万元。如在类似矿山推广应用，预计潜在经济效益在10亿元以上。

中南大学

国家技术发明奖二等奖（2002年度）

获奖项目名称

铝带坯电磁铸轧装备与技术

参研单位

■ 中南大学 ■ 西北铝加工厂

主要完成人

■钟 掘 ■毛大恒 ■肖立隆 ■丁道廉 ■郭仕安 ■赵啸林

获奖项目介绍

铝热带卷的主要生产方式为热轧和连续铸轧。热轧产品深拉性能好，但投资巨大。相比热轧，连续铸轧在建设投入、流程、能耗等方面有突出优势，80年代以来在我国迅速发展，成为我国主要的铝热板带卷生产方式。针对常规铸轧板表面存在成分偏析、深拉性能差、可铸轧合金品种少的局限性，该项目研究了铸轧铝材组织形成的能量规律，寻找常规铸轧技术缺陷的本质原因，首次在常规铸轧环境中输入多频组合电磁场能量，揭示了铝熔体[铸—轧]流变行为的新机制和规律，发明了铝带坯电磁场铸轧原理、装备与技术，获得性能优良的铝热带卷。主要创新点如下：

1.揭示了铸轧过程在电磁力场作用下，初晶、枝晶、临界变形晶体被冲击、切断，实现晶核增殖、晶粒细化的新机理。

2.发明了铝带坯电磁场铸轧新原理、新工艺，建立起电磁场连续铸轧的材料制备新方法。① 用变化的电磁场能量梯度，强化铸轧区传热传质过程，使温度场、浓度场趋于均匀，过冷度增加，在大范围内瞬间同步进行结晶，晶粒均匀细化，强度与成形性增加；② 无序扰动，晶体取向分散，晶界析出物弥散，深加工性能增强；③ 使铸轧区内压力增大，固溶效果增强。

3.发明一种产生瞬变复合磁场的电磁感应器。在铸轧前沿的辊缝中同时形成脉动磁场与行波磁场，主频率与行波频率分别进行随机切换，产生瞬态变化的复合磁场。

4.发明一种将电磁能高密度聚集的定向导引机构，将磁力线高密度约束于[凝固—轧制]连续流变区。该装置由强导磁体作成靴状结构，其前方紧楔于辊缝，同时用非导磁体做成耐高温、耐冲击的环境屏蔽结构，与铸轧机环境所有铁磁体零件屏蔽，以最小损耗将磁力线导入辊缝扁平[铸—轧]区。

5.发明一种复杂电磁场多参数多形态控制系统。该系统由电流波形控制、频率成分随机控制、磁序随机控制和接触电势差控制四部分组成，对磁场形态、频率、幅值产生多种调控，使感应电磁场具有瞬态变化的能量梯度，使温度场、浓度场均匀，晶粒均匀细化。

该成果使铸轧板带坯的质量显著提高。电磁场铸轧铝带坯晶粒微细、等轴、均匀分布，晶界上金属间化合物细小弥散，织构与成形性优于常规铸轧板带，成品板的深拉制耳率减小了100%，0.006mm铝箔成品率平均提高8.8%，产品性价比明显提升，仅此一项可降低生产成本900－1000元/吨。该成果使铸轧过程可取消Al–Ti–B晶粒细化剂，此项可降低生产成本60－65元/吨。

目前已在中铝瑞闽铝板带公司、兰州铝业公司建设了多条电磁铸轧生产线，并在国际上产生重要影响，世界著名的法国Pechiney公司和韩国Choil公司对此项技术评价为“国际首创”，并签订了购买该项技术的意向协议。

中南大学

国家科学技术进步奖二等奖（2003年度）

获奖项目名称

铁基、钨基复杂精细零部件注射成形技术

参研单位

■ 中南大学

主要完成人

■ 黄伯云 ■ 李益民 ■ 梁叔全 ■ 曲选辉 ■ 范景莲 ■ 李松林

获奖项目介绍

金属粉末注射成形（MIM）是将先进塑料注塑成形与粉末冶金结合而产生的一门全新的近净成形技术，是目前最先进的金属零部件成形技术。该项目经过多年的系统研究，解决了注射成形过程和形状的控制、高孔隙率脱脂坯的烧结与全致密化等难题，形成了优于机加工、精密铸造、压制/烧结等工艺的具有自主知识产权的粉末冶金近净成形技术。

主要科技创新体现在：通过高能球磨获得纳米晶高比重合金粉末原料；发明了用于制备铁基制品的石蜡-油-聚烯烃-聚乙二醇和用于制备大尺寸钨合金制品的新型多组元低分子—高分子共聚物—增塑剂—表面活性剂的环保型粘结剂体系；发展了流变学理论并用于指导喂料制备和优化注射成形工艺；开发了快速溶剂脱脂方法，设计制造了高均匀性一步脱脂烧结炉；开发了钨-钢集束箭弹注射成形技术；建立了MIM高比重合金固相+液相两步全致密化烧结及变形控制新技术；建立起了MIM工艺尺寸精度过程控制体系。该项目已建立了一条年生产能力20吨、产值5000万元的工业性示范生产线，生产和开发了五十多种MIM产品，具有比以压制/烧结为代表的粉末冶金工艺产品更好的力学性能、微观组织、尺寸精度，制备成本大幅度降低，并可制造用其他方法无法生产的特殊产品。

该项目的系列技术已成功应用于我国国防工业动能弹、新型火炮炮弹、驻港部队新式手枪关键零部件的批量生产。该技术生产的计算机外设、医疗器械、移动通讯等所需关键部件满足了国民经济建设的迫切需求，为航空航天、国防军工部门研制新型武器及民用支柱产业新产品的关键部件的制备提供了理论和技术保障。

铁基合金零件

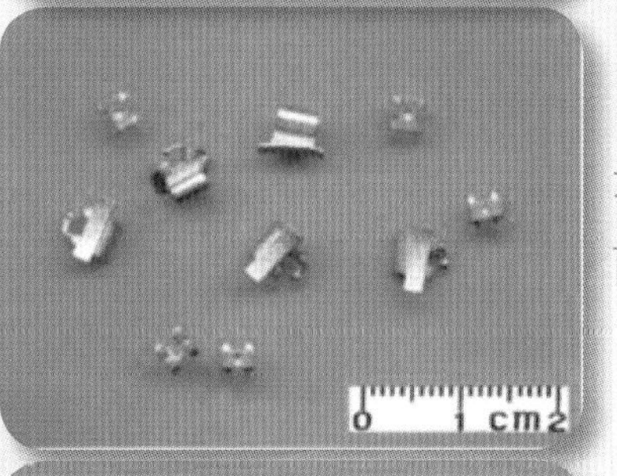

不锈钢托槽、颊面管

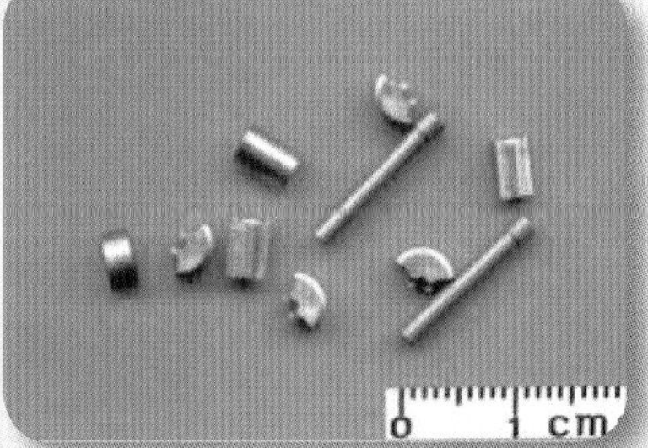

高比重合金零件振子

中南大学

国家技术发明奖一等奖（2004年度）

获奖项目名称

高性能炭/炭航空制动材料的制备技术

参研单位

■ 中南大学

主要完成人

■ 黄伯云 ■ 熊　翔 ■ 易茂中 ■ 黄启忠
■ 张红波 ■ 邹志强

获奖项目介绍

航空刹车副与发动机同属飞机最重要的关键部件，技术与质量均要求极高。飞机刹车片一般采用金属材料或炭/炭复合材料制造，作为新一代的高性能航空刹车材料，炭/炭复合材料重量轻、性能好、寿命长，代表了当今世界航空制动材料的发展方向。20世纪末，世界上仅有美、英、法三国掌握了航空刹车用炭/炭复合材料的制造技术，垄断国际市场并对我国实行严密的技术封锁，我国数百架大型民航客机全部依赖进口。为确保我国航空战略安全，我们必须依靠自有技术解决炭/炭刹车材料。

在原国家计委和民航总局的支持下，以黄伯云院士为首的创新团队，经过20年的不懈努力，攻克了炭/炭复合材料制备过程中的系列难题，在核心制备技术、关键工艺装备、试验规范和性能评价体系等方面取得了重大突破，走出了一条与国外完全不同的技术路线，在国内外首创了具有显著特色和自主知识产权的高性能炭/炭刹车材料制备技术：首创了“逆定向流—径向热梯度” CVI核心技术和工业装置，打破了美、英、法采用均热法CVI增密的传统，并在国际上首次采用该先进技术及装置实现了炭刹车副的工业化生产；首次设计并采用了全炭纤维准三维针刺整体毡预制体创新设计；发明了热解炭和树脂炭两相复合结构技术，大大提高了产品性能；发明了系统的高温热处理工艺技术；发明了抗氧化涂层配方及复合涂层技术。已申请国家发明专利11项，授权9项。研发了具有自主知识产权的6大类共30台成套关键工艺设备，建立了全新的、完整的高性能炭/炭复合材料制备技术体系，已建成一条炭/炭刹车片的工业化生产线。

采用该制备技术生产的高性能炭/炭复合材料航空刹车副，与国外同类产品相比，使用寿命提高9%；价格降低20%；生产效率提高100%；高能制动性能超过25%。在此基础上，成功地研究与开发出了波音757飞机用炭/炭刹车材料，2003年11月获得了中国民航总局颁发的第一个大型飞机炭/炭刹车副零部件制造人批准书，其产品已在国内大型民航客机上批量装机应用，使我国成为第四个能生产炭/炭航空制动材料的国家，打破了西方国家对中国炭刹车市场的垄断，其产品填补了国内空白。其制备技术还应用到航天及国防军事领域，为新型火箭发动机提供了多类关键零部件。

该项目的成功应用不仅开辟了我国高性能航空炭刹车制造新产业，其经济效益和社会显著，而且对航天、化学化工、交通运输等行业的技术进步产生重大的推动作用。

中南大学

国家科学技术进步奖二等奖（2004年度）

获奖项目名称

智能集成优化控制技术及其在锌电解和炼焦配煤过程中的应用

参研单位

■中南大学

主要完成人

■桂卫华 ■吴　敏 ■阳春华 ■申群太
■黄忠民 ■窦传龙 ■贺建军 ■唐朝晖
■陈晓方 ■张权度 ■肖功明 ■刘文德
■周哲云 ■贺百宁 ■李勇刚

获奖项目介绍

我国是世界有色金属工业大国，但有色冶炼企业普遍存在能源资源消耗高、环境污染严重等问题，基于现有工艺流程和生产设备，急需通过生产过程的优化运行来提高企业竞争力和可持续发展能力。本项目紧紧围绕制约冶炼生产过程优化运行的建模、控制与优化难题，开展智能集成建模与优化控制技术研究。主要创新性成果包括：

（1）针对冶炼工业过程特点，建立了智能集成建模体系结构与优化控制的技术框架，提出了具有先进性和实用性的基于改进模拟退火算法的混合罚函数目标优化方法和基于神经网络、数学模型和规则模型的专家优化控制方法。

（2）创造性地提出了锌电解分时供电优化模型，采用所提出的基于改进模拟退火算法的混合罚函数目标优化方法，确定优化的电解负荷；提出了具有神经网络自学习机制的专家优化算法，确定整流机组最优运行方案，提高了整流效率和功率因数，大幅度降低了锌电解电耗费用，有效地解决了锌电解分时供电优化控制难题。

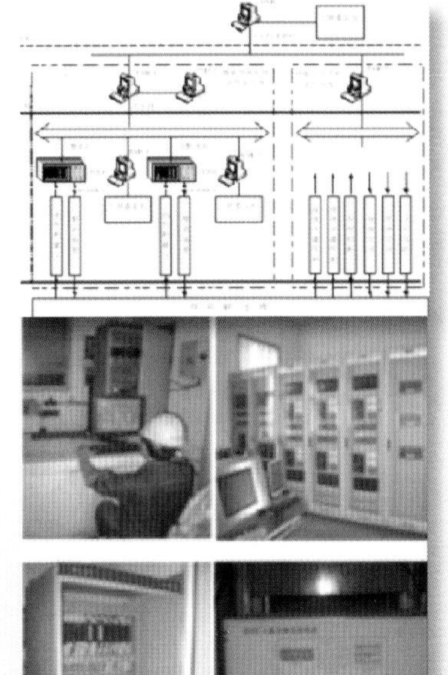

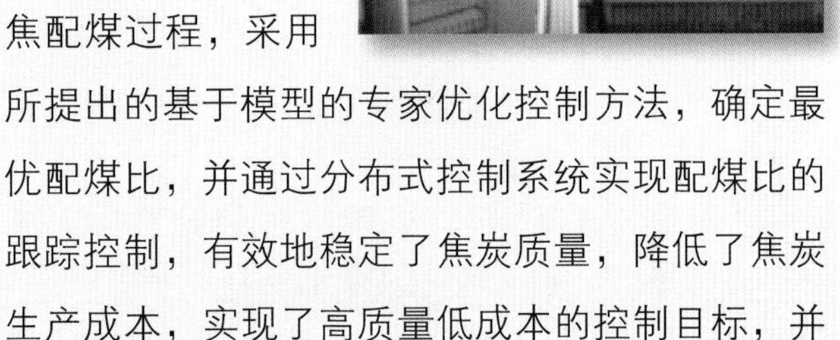

（3）针对炼焦配煤过程，采用所提出的基于模型的专家优化控制方法，确定最优配煤比，并通过分布式控制系统实现配煤比的跟踪控制，有效地稳定了焦炭质量，降低了焦炭生产成本，实现了高质量低成本的控制目标，并减轻了工人劳动强度、减少了环境污染。

该项目所提出的智能集成建模与优化控制技术已成功应用于锌电解供电和炼焦配煤过程，所开发的锌电解分时供电和炼焦配煤过程优化控制系统分别实现了锌电解负荷和炼焦配煤过程的实时在线优化控制，应用成效显著，为复杂工业过程的优化控制提供了成功范例，整体技术达到国际先进水平，对解决冶炼过程的模型化和面向生产目标的参数优化问题具有重要参考价值，在流程工业企业中具有广阔的应用前景，有效地促进了我国有色金属工业生产自动化技术水平的提升，为把我国由有色金属工业大国变成强国作出了积极贡献。

中南大学

国家科学技术进步奖二等奖（2005年度）

获奖项目名称

巨型精密模锻水压机高技术化与功能升级

参研单位

■ 中南大学

■ 西南铝业（集团）有限责任公司

主要完成人

■ 黄明辉 ■ 吴运新 ■ 谭建平 ■ 刘少军

■ 周俊峰 ■ 张友旺 ■ 张　材

获奖项目介绍

我国三万吨模锻水压机和一万吨多向模锻水压机是亚洲最大的模锻生产机组，原设计能力已不能满足国防和经济建设对特大高性能锻件的需要，该项目在国家计委和国防科工委立项支持下对其进行高技术化改造，以全面提升其工作能力和锻件的质量与性能。

三万吨模锻水压机的运行测试、系统建模与动能分析；主工作缸工况物理模拟、强度评估与强化承载技术；高精度同步与位置控制系统设计研制；水压机在线保护系统设计研制；一万吨多向模锻水压机运行操作系统与承载保护系统研制；特大锻件的精密模锻及工艺创新。重要技术创新：

1.发现水压机负荷的真实传递规律、超静定结构导致的载荷演变特点、附加载荷的产生与增加、减少机制，提出了功能升级的技术途径；2.发现大型组合结构中的多种力传递的非线性环节及其对局部应力畸变的影响，研发了多重非线性接触问题的分析算法，解决了大型复合结构复杂应力分析难题，找出其重要零件异常变形的原因；3.查明了水压机结构动态响应规律及其对锻件质量的影响，找到装备与工艺控制的关键耦合参数，提出了工艺设计与过程控制的基本准则；4.研制出基于现场总线网络通讯技术与横梁倾斜信号全行程测量的巨型水压机同步控制系统，实现了活动横梁高精度同步控制与欠压量监控；5.开发了快速响应液压操作系统与负载监控及保护系统，填补了大型模锻水压机计算机集成监控与逻辑操作的空白，提高了水压机安全操作性能；6.创新了三类高性能复杂锻件模锻工艺，将影响模锻过程材料流变场分布和抗力产生的各种机制与因素充分调控，实现了多种难变形金属复杂锻件的高质量精密模锻。所实现的技术指标：

1.锻件投影面积由原设计铝合金由1M^2增加到2.5 M^2、钛合金由0.6M^2增加到1 M^2、高温合金由0.67M^2增加到1.2 M^2，实际锻造的计算变形抗力由3万吨提高到5万吨；2.运动位置控制精度提高90%，动态响应灵敏度提高50%以上；3.活动横梁同步运行静精度由0.1‰提高到0.07‰、动精度由0.8‰提高到0.6‰。

推广应用情况

该项目在全面揭示与掌握水压机运行与模锻工艺和锻件质量的耦合规律基础上，对锻造全过程的精确实现研发和配置了多套技术与装备，全面提升了水压机的实际锻造能力和锻件质量，完成了东风41长征火箭Φ2.5M连接环等一系列国家重大工程大型锻件的制造，并为波音公司提供数千件大型锻件。在国防和经济建设中发挥了不可替代的作用。

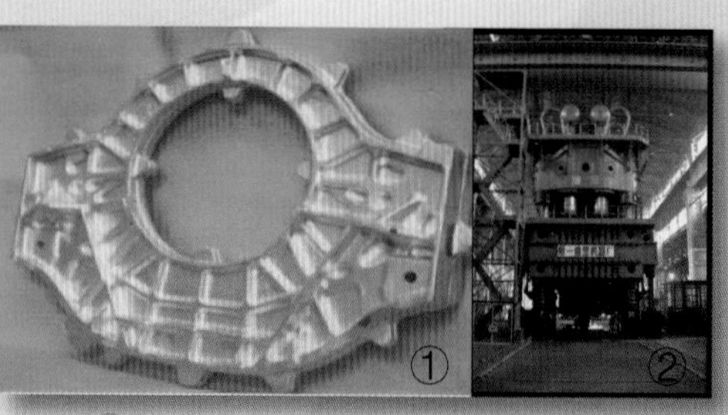

① 所研制开发的大型锻件
② 改造后的3万吨模锻水压机

中南大学

国家技术发明奖二等奖（2006年度）

获奖项目名称

强化烧结法氧化铝生产工艺

参研单位

■ 中南大学

主要完成人

■李小斌 ■刘祥民 ■程裕国 ■刘亚平
■彭志宏 ■赵东峰

获奖项目介绍

我国铝土矿资源的主要特点是高铝、高硅、低铁，并以中低品位一水硬铝石型矿为主。铝土矿资源特点决定了烧结法在我国氧化铝工业占有很重要的地位。我国烧结法技术是从前苏联引进的，虽经过50多年的理论研究和生产实践，改善了生产工艺和技术指标，但由于理论框架没有突破，依然存在流程长、能耗高、投资大、成本高、产品质量差等弊端。

针对传统烧结法氧化铝生产能耗高、成本高等问题，该发明确立了通过提高生产过程物料中氧化铝含量或浓度，系统强化生产过程的技术路线。在理论和技术研究上取得以下主要成果：

首先在理论上提出了3种热力学数据估算方法，解决了氧化铝生产工艺研究热力学数据缺乏的难题；揭示了烧成过程中低钙化合物形成规律，提出了熟料溶出过程二次反应的新机理；确定了碳、种分$Al(OH)_3$析出遵循相似机理。理论研究上取得的突破为本发明奠定了基础。

针对高铝炉料熔点高、烧成温度高，传统高钙配方炉料含铝量低的问题，发明了高铝低钙炉料配方及相应的强化烧成工艺，解决了火法系统高铝炉料制取和烧成技术难题，提高了熟料含铝量，降低了烧成温度增幅，保证了熟料窑稳定高产；浓度越高，熟料溶出时赤泥越难分离、越易发生二次反应，为此发明了较高苛性比、低碳酸钠调整液的高铝低钙熟料溶出技术，有效抑制了二次反应；针对高浓度溶液易形成更复杂铝硅酸根络合离子，脱硅困难的问题，发明了强化传质、硅渣晶种表面处理、近沸点作业脱硅技术，大幅度降低了该过程能耗和保证了溶液净化程度；发明了“分解率梯度控制、细粒子快速长大、粗糙粒子缓慢修饰”的高浓度铝酸钠溶液分解技术，解决了分解产品质量难以控制等问题，保证了产品的物理和化学品质；为了建立和优化强化烧结法系统水、碱平衡新体系，发明了加种子或表面活性剂蒸发工艺，解决了碳分母液超深度蒸发无法进行的难题。上述发明以及理论和技术的创新全面解决了提高火法系统熟料Al_2O_3含量和湿法系统溶液Al_2O_3浓度所涉及到的关键技术难题，构建了强化烧结法生产氧化铝的完整工艺。

该项目以理论创新为基础，发明了强化烧结法氧化铝生产工艺，并成功得以工业应用和推广，取得了显著的经济社会效益。中铝中州分公司应用该项技术，仅在2003~2005年间就累计新增效益25.6亿元。相关理论和技术成果，对我国氧化铝工业技术进步产生了重大推动作用，并相继推广应用至其它氧化铝厂。被业内权威人士认为是“烧结法氧化铝生产工艺的一场技术革命”。

项目研究过程中发表相关学术论文46篇，获国家发明专利9项，其中“强化烧结法氧化铝生产工艺”2003年获第八届中国专利金奖。

该项目在中国铝业中州分公司全面推广应用后，烧结法技术经济指标实现了质的飞跃。相对传统烧结法，熟料Al_2O_3含量提高40%，溶液Al_2O_3浓度提高33%，能耗降低40%，生产成本降低50%，窑产能提高56%，并首次实现了烧结法生产砂状氧化铝，相对于新建厂，节省投资¯18亿元。应用该项技术，仅在2003¯2005年间，中州分公司就累计新增效益25.6亿元。

中国铝业中州分公司强化烧结法氧化铝生产现场

中南大学

国家科学进步奖一等奖（2007年度）

获奖项目名称

铝资源高效利用与高性能铝材制备的理论与技术

参研单位

■ 中南大学 ■东北大学

■ 中国铝业公司 ■北京工业大学

主要完成人

■ 钟　掘 ■ 肖亚庆 ■ 胡岳华 ■ 张新明

■ 陈康华 ■ 陈启元 ■ 刘祥民 ■ 李小斌

■ 崔建忠 ■ 聂祚仁 ■ 李　劼 ■ 冯其明

■ 李旺兴 ■ 黄明辉 ■ 赵世庆

获奖项目介绍

铝作为军民两用的战略物资，近年来需求增长率约30%，我国铝的消费量已居世界第一。随着我国新型工业化的推进，铝材的需求结构发生了重大变化，由民用铝材为主发展到为国家大工业、大军工提供全面服务，例如，轨道车体70-80%，飞行器60-90%为铝材。铝材性能必须全面提高才能满足我国国民经济各个行业的不同需要。需求的巨大增长、材料性能要求的重大变化，使我国铝工业面临三个重大挑战：①我国优质铝土矿资源保证年限不到10年,已探明的20亿吨低品位铝土矿无法经济使用；②铝冶金耗能比国外高10%,难以持续发展；③高性能铝材70%进口，军用铝材90%进口,严重威胁国家安全。

面对挑战，该项目由产学研结合，通过基础研究和科技攻关，形成了4组重大的创新技术：

一、铝硅矿物浮选脱硅理论与技术

用浮选将铝土矿铝硅比由4-6提高到10以上，就可用现有的方法生产氧化铝。但是铝土矿中一水硬铝石与多种矿物共生，镶嵌结构复杂，表面性质十分相近，浮选分离非常困难，国际上没有成功先例。我们通过揭示铝土矿各矿物表面物化性质和分子轨道的差异，确定了铝土矿浮选原理，建立了铝土矿浮选脱硅方法。其核心是：)发明了多键合型硅酸盐矿物捕收剂、螯合型铝矿物浮选药剂，构建了浮选分离溶液化学体系，创建了铝土矿浮选分离成套技术与工艺。2003年在中州铝厂新建世界第一条浮选脱硅-拜尔法氧化铝生产线，后又扩建2条，产能共100万吨。铝土矿浮选技术为我国铝资源严重短缺问题找到了出路。

二、高效节能减排铝冶金新技术

我国铝冶金面临的难题是：溶液脱硅压力高、氧化铝活性低、电解槽电压高与电耗高。不解决铝冶金能耗高的问题，我国铝工业难以持续发展。

针对上述问题，该项目研究发明了四项核心技术：晶种诱导-晶型重构铝酸钠脱硅技术、聚集体诱导生产多孔结构高活性氧化铝技术、常温固化TiB2涂层可润湿性阴极制备技术和抗氧化低电阻炭素阳极制备技术。

上述技术成果已在行业中广泛应用，使脱硅作业由高压变常压，汽耗降低60%；生产的氧化铝粒度增大50%，比表面积提高 43%；电解槽延长寿命200天。全行业推广吨铝能耗可降低1400度，每年节电140亿度，约为三峡年发电量的1/5。

三、铝合金基体组织多场调控技术

我国重大工程用大规格、高合金化铝材成材率十分低，难题是铸锭开裂、成分偏析、晶粒粗大、变形不均匀、组织取向调控困难。该项目创新了以下三项技术：多场调控半连铸技术、复杂不对称截面大规格铝材等流量挤压成形技术、剪切驱动控制析出晶粒取向调控技术。应用上述技术，研制成功多种高合金大规格铸锭和大规格优质铝材，打破了国外技术的垄断。

四、高强铝合金多尺度多相强韧化技术

同时提高铝合金强度、韧性、耐蚀性和耐损伤性是我国铝工业急待解决的难题，也是国际性前沿问题，更是国防、军工重大工程装备的急需。该项目通过揭示多尺度第二相对合金性能的协同作用机理,确立了多尺度第二相和基体组织的最佳模式。在此基础上发明了四项代表性技术：逐步升温强化结晶相固溶技术、晶界析出相预析出韧化技术、新型共格铝化物强韧化技术、复合弥散相抑制再结晶技术，分别提高了铝材强度、韧性、耐蚀性10%，20%，30%，构建了多尺度多相强韧化技术平台。

应用上述铝材制备技术研制了系列多种高性能铝合金材料，解决了11号战机、火箭、战车、火炮、舰艇、轻轨车辆、电力电子等重要领域的用材问题。构成本项目的973项目、总装预研项目、国家攻关项目验收评价均为“优秀”。973项目验收专家组认为：“该项目有重要的创新内容，并处于国际先进的研究水平”。周光召院士、程津培副部长视察该项目实施的工业生产现场时指出：这个项目具有很重要的意义，我想这不仅对中国有着十分重要的意义，而且对中国走向世界也具有十分重要的意义……”。

该项目总计发明了67项专利、7项成套技术，研制了16种国防重点工程急需材料和构件，形成铝业技术创新平台。该项目技术成果的应用前3年累计创利税：116.75亿元。该项目对国家战略发展与支撑中国铝工业产业技术进步的贡献：（1）创建了中国的CHALCO-PROCESS成套技术，铝资源可经济利用量的保证年限由10年增加到60年,可使中低品位铝土矿生产氧化铝的能耗降低50%。（2）铝冶金新技术的推广可使行业节能10%，减排10%，每年可为国家节约三峡发电量的1/5；中国氧化铝、电解铝成套工艺技术出口国外建厂14家。（3）铝材制备系列新技术，使我国铝材性能与国际接轨，满足军民重大工程需求；“11号工程” 用铝材实现国产化，并批量供货，打破西方对我国高性能铝材的封锁。该项目成果获奖后，团队瞄准更高目标，继续发展和完善创新成果，其系列核心技术对行业发展的引领与支撑作用日益扩大和显著：（1）更低品位铝土矿高效利用选矿技术的研发与应用：针对我国不同类型的铝土矿矿种，深化了对铝土矿选矿的理论和工艺方面的研究。2009年，“一种铝土矿的梯度浮选方法”专利技术已成功应用于选别处理极低品位铝土矿（铝硅比A/S～4.0），实现了40万吨选精矿/年规模的产业化应用，工业生产指标良好，已通过省级鉴定。据测算，该项目可降低氧化铝生产综合能耗145.46 kg标煤/t-AO，降幅18.98%（相应减少相同工业产值CO_2排放19%），年增经济效益1.5亿元。同时，大幅增加铝土矿可用资源，具有良好推广应用前景。（2）溶液脱硅新技术已在我国氧化铝行业全面推广应用，并已从原来中低浓度溶液（Al_2O_3 –110g/L）体系逐渐发展到高浓度（Al_2O_3 >180g/L）溶液体系。同时在原有低浓度体系的基础上，成功地进行了高浓度溶液（Al_2O_3–180g/L）体系生产砂状氧化铝的工业试验；此外，还成功解决了我国铬盐行业中铝铬分离难、胶质含铬铝泥环境污染重的技术难题，并有望在全国铬盐行业推广应用。（3）基于“TiB2可湿润阴极材料”开发出具有低能耗特征的“网状阴极低电压铝电解槽”和“导流式新型结构铝电解槽”，使电解槽电压降低到3.7～3.9V，直流电耗降低到12000kWh/t-Al，目前正在建设低电压铝电解新技术的示范生产线。“基于惰性电极的铝电解新工艺”已建成惰性阳极与惰性阴极小批量试制线，完成20 kA惰性电极铝电解槽工程化电解试验，为实现铝电解工艺的彻底变革（阳极气体从目前排放CO_2等温室气体改为排放O_2、槽结构可望实现变革从而使电解节能20%以上）提供重要的阶段性成果。（4）在高性能铝合金研制及应用方面，通过高强耐蚀抗冲击铝合金特征微结构模型设计和低温、高强多级均匀化和固溶热处理技术，率先在我国研制了一种新型装甲铝合金材料，暂命名为2519A，其性能优于美国第三代装甲铝合金材料2519。该材料已列入军用车辆应用考核计划，并列入了原国防科工委的某种武器装备的工程应用计划。（5）在高强铝合金多尺度多相强韧化技术的应用方面，针对大飞机工程需要，优化了多级固溶热处理制度，有效提高7B50超强铝合金韧性和耐蚀性，支撑了大飞机用高性能铝材的研发。发明了系列超强高韧耐蚀铝合金，并成功研制出区电工程通信系统用的新型稀土微合金化超高强铝合金高精度薄壁天线管。自主研制的车用空调压缩机高强高韧铝合金叶片已实现批量生产，全面应用于系列长安微型车和福特轿车，打破了国外对新型空调压缩机核心技术的垄断。

中南大学

国家科学技术进步奖二等奖（2007年度）

获奖项目名称

隐患金属矿产资源安全开采与灾害控制技术研究

参研单位

- 中南大学
- 洛阳栾川钼业集团股份有限公司
- 柳州华锡集团有限公司
- 广东省大宝山矿业有限公司

主要完成人

■李夕兵 ■古德生 ■周科平 ■李发本
■赵国彦 ■周子龙 ■苏家红 ■秦豫辉
■马远传 ■段玉贤

获奖项目介绍

本项目属金属矿采矿工程技术领域。通过对隐患金属矿产资源特定受力环境的研究，构建了符合隐患金属矿产资源开采扰动状况的矿岩动静组合加载试验系统与失稳环境控制方法。在此基础上，提出并实施了复杂空区环境下隐患矿体千万吨级露天安全开采，和地下矿山隐患矿体诱导崩落连续开采技术，以及为保障隐患矿体安全开采的大爆破地震灾害控制技术。其主要技术创新点包括岩石组合加载试验装置与技术，拟多层位复杂采空区探测和安全隔离层厚度为基础的临界隔离层深孔崩落露天不间断采矿，基于顶板裂隙演化数字探测与精确描过的亚平衡微扰系统控制和实际微差延时的精确辨识等。本项目申请发明专利3项，授权2项，出版著作1本，发表SCI文章12篇，EI49篇。研究成果在栾川钼矿、铜坑锡矿、大宝山铁矿等多个矿山应用，并可推广到占我国金属资源30−35%的隐患矿床，保障隐患金属资源的规模化安全回收。

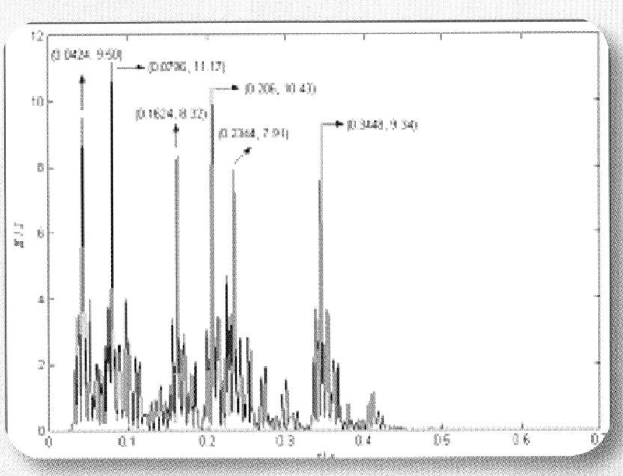

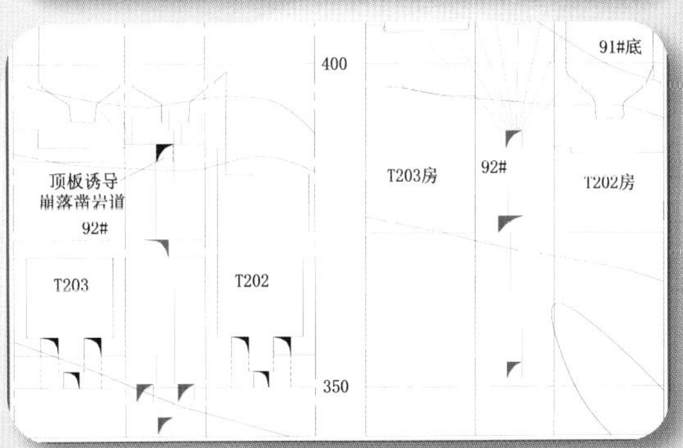

中南大学

国家科学技术进步奖二等奖（2007年度）

获奖项目名称

大型高强度铝合金构件制备重大装备智能控制技术与应用

参研单位

■ 中南大学

■ 西南铝业（集团）有限责任公司

主要完成人

■桂卫华 ■喻寿益 ■贺建军 ■李　迅 ■阳春华 ■周继能 ■王　华 ■谢永芳 ■王雅琳 ■周　璇

获奖项目介绍

大型高强度铝合金构件是飞机、火箭、导弹等航空航天器的重要组成部件，具有形状复杂、成型精度要求高、变形力大、热处理难的特点。本项目针对构件制备重大装备的自动化技术严重制约铝合金构件质量的难题，深入研究开发了大型模锻水压机和立式淬火炉等重大装备的智能控制技术。主要创新性成果包括：

（1）提出了多关联位置电液比例伺服系统智能控制定位方法，研究开发了大型模锻水压机分配器高精度快速定位智能控制技术和系统，攻克了分配器凸轮形状复杂严重影响控制精度的难题，使分配器跟踪误差由±9度减少到±2度，满足了大型高强度铝合金构件成型精度高的要求。

（2）提出了多区段高精度高均匀性温度智能控制技术，自主开发了基于大功率固态继电器的PWM调功装置和大型立式淬火炉智能控制系统，使淬火温度控制精度和均匀性由±6℃提高到±1℃，升温超调量由20℃减少到7℃，升温时间缩短 35%，解决了大型航空航天构件高精度淬火难题，显著提高了大型航空航天构件的淬火质量。

（3）提出了复杂过程操作模式智能优化控制方法，研制开发了基于压力原则的模锻过程智能优化控制技术、基于最优温度轨迹的淬火过程智能优化控制技术和自学习无人操作智能控制系统，保证了产品质量的稳定。

（4）提出了基于高精度定位技术的模锻欠压量在线智能检测方法，实现了模锻过程欠压量的在线检测，使模锻分配器跟踪误差由±9度减少到±2度，显著提高了模锻加工精度；提出了基于温度场分布模型的炉内锻件温度智能测量方法，攻克了高强度铝合金构件淬火温度不能直接测量的难题。

形成了具有自主知识产权的大型高强度铝合金构件制备重大装备智能控制技术，成功应用于西南铝业（集团）有限责任公司万吨多向模锻水压机、24m和31m大型立式淬火炉等重大装备中，提高了作业率和成品率，明显降低电能消耗，经济社会效益显著。打破了国外对相关技术的封锁，满足了航空航天工业急需的关键大型构件制备要求，使我国大型高强度铝合金构件制备重大装备自动化技术水平跨入世界先进行列。

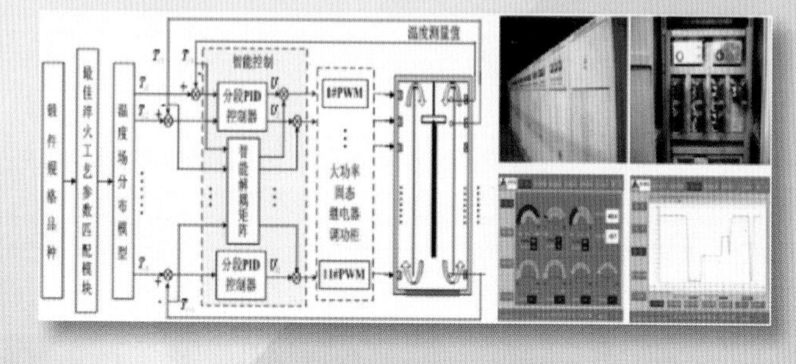

中南大学

国家技术发明奖二等奖（2008年度）

获奖项目名称

基于微生物基因功能与群落结构分析的硫化矿生物浸出法

主要完成人

■邱冠周 ■刘学端 ■柳建设 ■刘新星
■黎维中 ■王　军

获奖项目介绍

该发明在世界上首次获得生物冶金标准菌及其全部相关基因序列信息的基础上，发明了嗜酸氧化亚铁硫杆菌及其活性的基因芯片检测方法，形成了国家标准，实现了筛选高效浸矿菌株由表现型向基因型的根本性转变；发明了在基因水平分析浸矿微生物种群多样性的分子生物学方法，发展了多种细菌培养技术，建立了适于我国矿产资源特点的生物冶金微生物资源库；发明了浸矿微生物保藏方法和保护剂，解决了浸矿菌种不易保藏的难题，在国家典型菌种保藏中心成功保藏了6属12种151株浸矿微生物，其保藏存活率达94%；发明了浸矿微生物群落基因组芯片和功能基因芯片，实现了浸矿微生物种群的定量分析，探明了不同浸矿体系微生物群落结构与功能，确定了不同浸矿条件下的优势微生物种群，明确了影响浸矿微生物群落结构与演替规律的主要因素，解决了生物冶金工程条件、物理化学因素调控和微生物群落结构与功能分析相结合的难题，实现了生物冶金从宏观到微观、从理论到实践的跨越，使原生硫化铜矿浸出率从28%提高到75%，浸出时间从一年缩短到55天。制定国家标准1项，申请发明专利19项（授权8项），该发明技术已在江西、云南、广东三个矿山应用，近三年直接经济效益4.4亿元，并辐射到新疆、甘肃、湖北、福建等地8个矿山；可经济有效地利用贫矿、表外矿、尾矿，极大地提高了我国矿产资源的保障程度。

中南大学

国家技术发明奖二等奖（2008年度）

获奖项目名称

高能量密度、高安全性锂离子电池及其关键材料制造技术

参研单位

■ 中南大学

■ 上海杉杉科技有限公司

■ 东莞新能源电子科技有限公司

主要完成人

■ 李新海 ■ 王志兴 ■ 郭华军 ■ 彭文杰

■ 张殿浩 ■ 赵丰刚 ■ 胡启阳 ■ 曾毓群

■ 冯苏宁 ■ 张云河

获奖项目介绍

锂离子电池具有能量密度高、循环寿命长、无记忆效应、环境友好等优点。开发高性能锂离子电池可以极大缓解能源短缺，改善环境。但是我国高性能锂离子电池及其材料制造技术一直受到发达国家的封锁，进口的电池材料价格昂贵，性能参差不齐。并且小型锂离子电池的能量密度不能满足移动电子电器日益增长的要求，锂离子动力电池的高倍率放电与高安全性问题也迫切需要解决。

项目采用电池--材料一体化的研发思路，开发了锂离子电池及其关键材料的核心技术，并相继实现了产业化：①提出了过渡金属氧化物催化成球的中间相炭微球合成方法，收率提高50％以上；提出了高结晶度石墨微掺杂，并与中间相沥青聚合热解复合方法，开发出微掺杂的多核型核－壳结构复合炭制备技术；②发明了金属锰氧化焙烧与可控外场作用制备高温型锰酸锂技术，解决了锰酸锂高温循环性能差的难题；开发了铁原位氧化–共沉淀法合成导电性高的球型磷酸铁锂技术，显著提高了磷酸铁锂的加工性能与

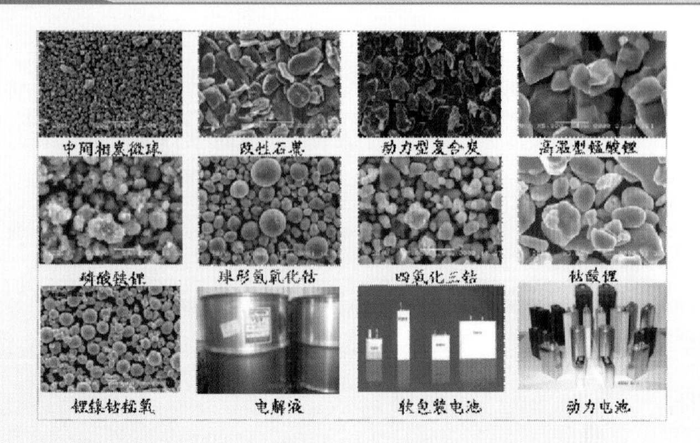

高倍率放电能力；③研制出防气胀电解液，提出了防止软包装电池电化学腐蚀方法，攻克了防气胀、内腐蚀的重大难题，开发出高比能量软包装锂离子电池；④发明了防止动力电池鼓胀方法，开发了阻燃电解液，解决了锂离子动力电池安全性问题；⑤开发了废弃锂离子电池循环利用新技术，解决了传统方法回收锂离子电池有价金属资源利用率低、能耗大、二次污染严重的问题。

项目共申请发明专利30项（授权8项）、获授权实用新型专利21项，出版专著1部，在Journal Power Sources，Electrochemistry Communications，Journal of the Electrochemical Society等期刊上发表论文160篇。项目已开发了高性能锂离子电池、负极材料、电解液、正极材料及其前驱体材料等12项高新技术产品，技术已成功应用于湖南杉杉新材料、东莞新能源、湖南海纳新材料等9家企业，产品被Apple、Motorola、Nokia、Sony–爱立信、三星、富士康、步步高，Moli，Saehan, Hitachi–Maxell，A123，Great batch，ATL，比亚迪, 力神，比克、中信国安等国内外企业大量使用。2005－2007年共实现产值71.8亿元，利税9.2亿元，创汇3.1亿美元。

该项目不仅推动了我国锂离子电池及其关键材料的产业化与国产化，带动了下游产业（如电子电器、电动工具、电动车工业）的发展，而且对节约能源、保护资源和环境，发展循环经济有着重大的意义。

长沙矿山研究院

中国有色金属工业科学技术二等奖（2001年度）

获奖项目名称

多层重复采动覆盖岩层活动监测预报与控制技术研究”金属矿山大范围开采微震灾害监控与地压演化规律研究

参研单位

- 长沙矿山研究院
- 柳州华锡集团有限责任公司
- 广西高峰矿业有限责任公司
- 昆明理工大学

主要完成人

■ 罗一忠 ■ 玉子庆 ■ 邓金灿 ■ 杨伟忠
■ 毛建华 ■ 蔡汉迁 ■ 蒋　进 ■ 黄应盟
■ 李雁翎 ■ 王　刚 ■ 李业辉 ■ 莫家贵

获奖项目介绍

（1）通过将DYF-2型智能声波监测多用仪与笔记本电脑配套联用，实施实时监控、波形分析、频谱分析及频率开窗等，找出真正的岩体声发射信号，排除噪音，解决了岩体声发射监测过程中通常无法排除噪音干扰的技术难题，从而实现了对岩体声发射信号的有效监测。这项技术是岩体声发射监测方面的一项新发展，属国内首创。（2）在水平应力场中，通过在水平来压方向的两端实施切割（或井采），将水平应力进行阻隔，使中央矿段卸压，从而实现了中央矿段的安全回采，这种减压技术是对地压控制技术在水平应力场条件下的完善和补充。（3）用数值模拟计算方法对开采区域的实空比作超前模拟计算，保障了矿产资源在安全的前提下实现最大限度的回收。这一技术富有创新性，它使数值模拟计算方法在矿业研究中的应用上了一个新台阶。（4）针对巷道和采场结构冒顶、片帮的特点，以岩体结构分析方法为手段，用Microsoft c/c++7.0 设计、开发了功能完善的“岩体结构分析计算机软件系统”，将各种危险块体的圈出、岩体破坏类型的判别及作图等功能溶为一体，使用更加方便、快捷。该专题研究解决了矿山地压工作中的多项关键技术，研究成果在整体上达到了国际先进水平。

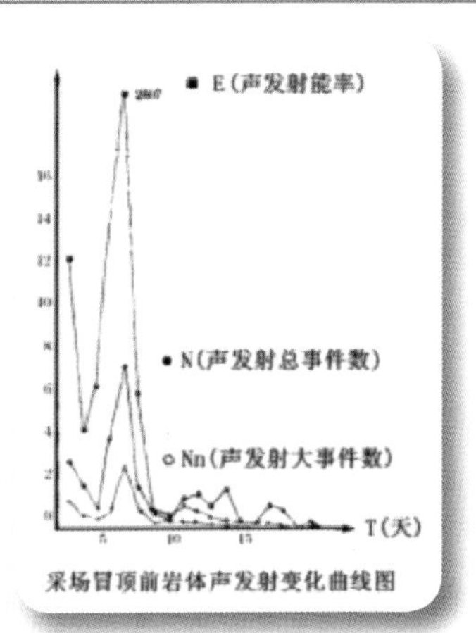

采场冒顶前岩体声发射变化曲线图

通过对地压活动进行及时、准确的预测预报，避免了矿井灾害性地压事故的发生，确保了矿区财产和井下作业人员的生命安全。利用地压监控技术充分回收地下矿产资源，有利于矿山持续稳定发展，指导了矿山安全生产，社会效益显著。

推广应用情况

该成果可应用于矿山安全开采、地下结构工程岩体稳定性监控和地质灾害防治等领域。通过使用多种地压监测手段和先进的数值模拟计算技术，对矿山地压动态和地质灾害作出及时的预测预报，以防止矿井灾害性地压事故的发生；通过运用有效的岩层控制技术（或压力控制技术），在失稳采场中安全地采出矿石，充分回收国家矿产资源，并为企业创造经济效益。

长沙矿山研究院

中国有色金属工业科学技术二等奖（2002年度）

获奖项目名称

坚韧矿床中深孔采矿工艺技术研究

参研单位

- 长沙矿山研究院
- 易门矿务局

主要完成人

■ 王洪武 ■ 姚志华 ■ 刘能国 ■ 赵高举
■ 舒为民 ■ 万　兵 ■ 吴东旭 ■ 王有斌
■ 刘　让 ■ 彭　钢 ■ 吕振江 ■ 张常青

获奖项目介绍

“坚韧矿床中深孔采矿工艺技术研究”为国家“九五”重点科技攻关计划项目，是地下金属矿山采矿新工艺、新技术研究开发项目。

主要技术内容及特点：

（1）采场结构参数优化。采用边界元法跟踪模拟和分析计算采矿过程，并结合对矿岩进行的节理、裂隙调查研究，对采场稳定性进行动态和静态相结合的研究，优化采场结构参数。

（2）系列爆破漏斗试验。综合应用球形药包爆破理论和柱状药包爆破理论，通过单孔漏斗爆破、宽孔距多孔同段漏斗爆破和斜面台阶漏斗爆破的联合试验，优化中深孔凿岩爆破参数和矿岩与炸药的匹配，提出并成功地采用了系列爆破漏斗试验新理论和新方法，使中深孔采矿凿岩爆破参数选择和设计科学化，填补了中深孔采矿技术的一项空白。

（3）工业生产试验。通过对比性的工业生产试验，检验和校正试验研究的成果，为试验研究成果的工业化推广应用奠定基础。"科技攻关试验研究的成果自1997年起，已经在大红山铜矿全面推广应用，完全替代了原设计的采矿工艺技术。推广应用达到的主要技术经济指标为：采场生产能力329吨/日、矿石损失率14.19%、采矿贫化率8.22%、大块产出率4.0%，1997年至2000年6月增加产值3720万元，增加利润244.6万元，2000年7月至2002年6月增加产值3485.5万元，增加利润611.8万元。

长沙矿山研究院

中国有色金属工业科学技术二等奖（2002年度）

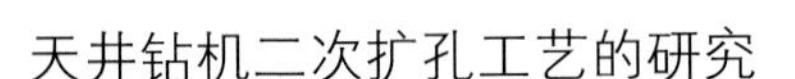

获奖项目名称

天井钻机二次扩孔工艺的研究

参研单位

- 长沙矿山研究院
- 凡口铅锌矿

主要完成人

■ 杨树杰 ■ 姚　曙 ■ 母燕凌 ■ 叶子强 ■ 廖志强 ■ 刘玮琳 ■ 张　碧 ■ 黄沛生 ■ 曹胜祥 ■ 袁汉生

获奖项目介绍

应用领域与技术原理：凡天井钻机用户都可应用天井钻机二次扩孔工艺，达到一种规格的天井钻机，完成两种断面的钻进效果，实现小钻机打大井而只小量增加设备投资的愿望。

该工艺的技术原理是利用一次扩孔所使用的扩孔刀头作为二次扩孔的定位器和稳定器，将一次扩孔后的天井断面再扩大。

性能指标：按合同要求，利用AT1200型天井钻机，在一次扩孔∮1.2米的基础上，在中硬（及其以下）岩层中，垂直二次扩孔成井直径不小于∮1.5米，组合刀头总高度不大于2.5米，总质量不大于4000千克；二次扩孔成井速度0.3米/小时以上；与一次扩孔具有同等稳定性。实验证实：不仅稳定性更好于一次扩孔，二次成井断面达∮1.6米，总的综合成井速度达到0.32米/小时以上。

该技术利用小规格的天井钻机实施二次扩孔就能在不添置大规格的天井钻机的情况下完成较大天井的钻凿。扩大了天井钻机的是使用范围。二次扩孔工艺及组合式刀头构思合理，可靠，操作方便。

该工艺可为天井钻机用户节省设备投资，具有显著的经济效益，特别适合我国的国情。属国内首创，具有国际同类技术的先进水平。

长沙矿山研究院

国家科学技术进步奖二等奖（2003年度）

获奖项目名称

金属矿床无废害开采技术

参研单位

- 长沙矿山研究院
- 大冶有色金属公司
- 中国有色工程设计研究总院
- 北京矿冶研究总院
- 柳州华锡集团有限责任公司

主要完成人

■ 周爱民 ■ 王保生 ■ 肖其仁 ■ 姚中亮
■ 刘育明 ■ 杨小聪 ■ 阮琼平 ■ 玉子庆
■ 谢本贤 ■ 何哲祥

获奖项目介绍

项目属国家九五科技攻关（重点）计划课题，属矿山科学技术和废物处理与综合利用领域。

传统的矿床开采技术在获取矿资源的同时大量排放废物和破坏地表，显著增加了地球环境的负荷。本项目针对金属矿床开采的三大固体废物源：废石、尾矿和赤泥，运用工业生态学原理和工程科学方法，研究开发出显著减少废石产出量的露天与地下联合开采技术，能够实现矿山废物资源化的高浓度全尾矿充填技术、赤泥胶结充填技术和自然级配废石胶结充填技术。通过开采技术的创新，最大限度地减少矿山废物的产生和最大限度地将废物资源化，从根本上解决矿床开采对环境的危害问题。

露天开采的废石排放是矿山的第一大固体废物源。露天与地下联合开采技术在一个矿体垂直面的上部与下部同时进行露天开采与地下开采，通过采矿系统的优化、内排土和露天坑底直接延深采矿创新工艺和技术，具有高强度、高效率开采和大量减少废石产出量的优优势，且剥离废石不再向地面排放，在露天坑内部消化。

尾矿是矿山的第二大废物源。高浓度全尾矿挤压输送充填技术通过浓密、沉降两段全尾矿脱水、以及借助料浆自然压头的无分配阀输送等重大原理性创新工艺和技术，显著提高了高浓度全尾矿输送系统的可靠性，大幅度降低了基建投资和生产成本，实现全部尾矿资源化和矿山尾矿零排放。

赤泥对地表的危害已成为铝工业的重大治理对象。本项目充分利用赤泥的活性和矿山充填的低标号特点，通过添加激活剂开发出高性能、低成本的矿山充填胶结剂。其赤泥全尾矿胶结料28天单轴抗压强度达2.5MPa，且充填料的性能明显优于硅酸盐水泥。

以自然级配的废石作为充填集料，通过充填料分流输送和自淋混合新工艺，实现高效率、低成本的自然级配废石胶结充填，其工艺与系统简单、可靠，为矿山废石资源化开辟了一条有效的技术途经。

本项目的开采新技术可以将金属矿山的三大废物充分利用起来，而且为矿山充填提供了新的充填材料，显著降低了开采成本，其开采强度达50t/m^{2}年，比国内最高水平提高50%以上，矿山充填效率达250m^3/h，是国内水平的4至7倍，尾矿利用率达94%，井下废石全部被利用，达到国际先进水平。

成果为铜录山古铜矿遗址的永久性原地保护了技术基础和工程条件，显著减少了矿山露天开采废石的产出量，充分地利用了矿山废石、尾矿等固体废物进行充填，大宗量减少了矿山固体废物的排放和对地表生态环境的破坏；充分回收了矿产资源，有利于可持续发展。

长沙矿山研究院

中国有色金属工业科学技术二等奖（2004年度）

获奖项目名称

现场总线式人造金刚石压机智能控制系统

参研单位

■ 长沙矿山研究院

主要完成人

■ 翟守忠 ■ 何万平 ■ 袁乐安

获奖项目介绍

现场总线式人造金刚石压机智能控制系统，从根本上解决了目前我国人造金刚石生产过程中合成工艺参数控制和设备管理中存在的一系列难以解决的问题，打破了其它国家或公司对我国的技术封锁，填补了国内空白，其技术水平处于国内领先，使我国的人造金刚石合成水平跨上一个新的台阶奠定了基础。

本项目的技术创新性主要体现在（1）首次将现场总线技术运用到压机控制系统设计并成功的实现了人造金刚石压机控制系统内部各模块、车间合成设备与监控计算机之间的CAN现场总线通讯网络，在线合成设备（压机）为50台时，网络通讯速率每秒对每一台设备发送/接收一组数据，为实现超硬材料生产企业的现代化管理、提高产品质量提供了技术支撑与保障。（2）研制的控制系统可以根据各种合成工艺的要求进行调节与组合，成功的实现了100个合成块特性参数、设定参数的存储记录。（3）研制的加热系统采用调节加热有效功率、提高电路响应速度、增加电路电源的稳定余量等技术措施，使加热控制系统的稳定度指标优于0.3%（380V±20%时），大大增强了加热系统的适应性。（4）解决了金刚石合成现场大电流环境下抗干扰问题。

现场总线式人造金刚石压机智能控制系统，包括现场总线车间实时监控软件、现场总线运用过程中抗干扰技术、高精度宽范围加热控制系统等技术。并在此基础上，针对用户的不同需求，开发了JC系列和HY系列的人造金刚石压机控制系统，形成了系列技术和产品。

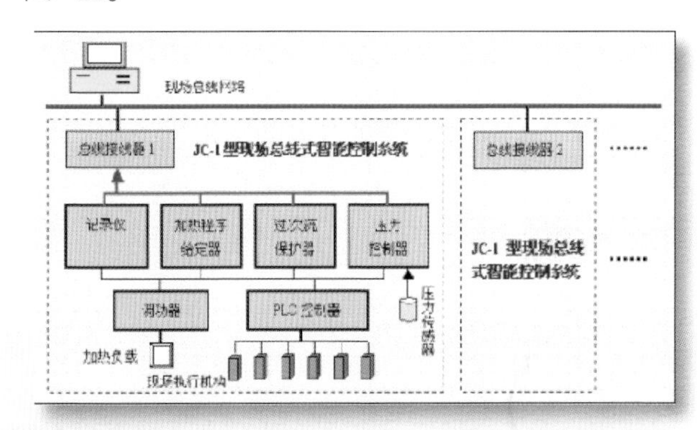

现场总线式人造金刚石压机智能控制系统构成图

推广应用情况

本项目针对我国超硬材料行业人造金刚石合成技术中自动化程度低、管理效能差、工艺技术水平低、劳动强度大、无法实时监控超硬材料合成过程，并无法对一个周期内的过程进行复现或高密度复现的严重缺陷和远远不能满足超硬材料行业合成工艺需要的现状，运用现场总线技术研究开发出了自动化程度和控制精度高、实时监控能力强的技术和系列产品。本技术和系列产品便于生产管理，适用于各种人造金刚石合成工艺，有助于提高工艺水平，降低生产成本，实现车间网络监控管理，是我国超硬材料行业人造金刚石合成控制系统和管理模式的重大突破。为我国大规模合成超硬材料的生产企业提供了进一步提高合成工艺水平、实现各种合成工艺、提高产品质量、实现现代化管理、提高管理效能的技术，促进了我国超硬材料合成技术的进步，推进了管理水平的提高。

长沙矿山研究院

中国有色金属工业科学技术一等奖（2005年度）

获奖项目名称

深部难采矿床安全高效开采综合技术

参研单位

- 长沙矿山研究院
- 凡口铅锌矿
- 中南大学

主要完成人

■ 周爱民 ■ 郑文达 ■ 李庶林 ■ 吴　超
■ 李向东 ■ 李宇辉 ■ 赵金三 ■ 胡汉华
■ 练伟春 ■ 尹贤刚 ■ 龙显日 ■ 周益龙
■ 李健雄 ■ 李孜军

获奖项目介绍

金属矿山深部开采处于高地应力和高井温的双高特殊环境中，属典型的难采矿床，国内无成熟技术。项目针对深井开采双高的特殊难采环境及其倾斜中厚矿体难采条件，研究开发出安全、经济、高效的综合开采技术。 主要研究内容和技术创新包括：开发出盘区卸荷高分层采矿工艺，在高地应力条件下有效的降低开采范围内的主应力，实现大采场安全高效开采；采用正态Fuzzy集的贴近度理论建立多因素综合评价岩爆倾向性的模糊评判模型及其评价指标体系，解决了其它评价方法在权重分配时过分依赖主观因素的严重缺陷；采用能量实验法研究发现了钢纤维混凝土良好的韧性和吸收变形能的能力，应用于深井开采条件下有岩爆倾向岩层的井巷支护；建立了国内矿山第一套16通道微震监测系统，开发出微震传感器空间优化设计的三维分析理论模型，解决了对传感器位置的合理布置问题；采用高桥法和单纯形法相结合对微震事件进行高精度空间定位，在传感器阵列内对震源的空间定位误差不大于5米，指标居国际领先水平；采用分形维方法和灰色系统理论建立了对微震事件时间序列进行预测分析的理论方法和地压灾害的实时预警方法；开发出基于空气与岩石热交换原理的通风系统网络优化控制技术和复杂通风系统网络模糊优化模型，充分发挥了上部巷道的调热机能，实现低能耗通风降温。

本项目成果已在凡口矿深部矿体全面推广应用，排热通风优化网络使井下温度合格率由50.86%提高到58.62%，盘区生产能力达840吨/天，试验盘区矿石损失0.32%、矿石贫化率为5.3%；新增产值7600万元，创利税3210万元。经济效益和社会效益显著。

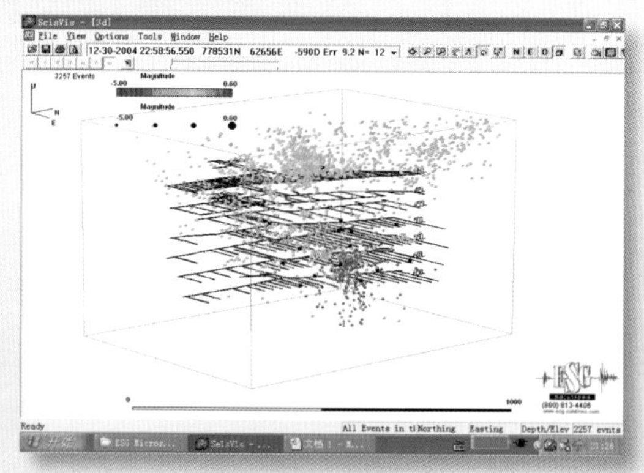

微震事件源空间定位图

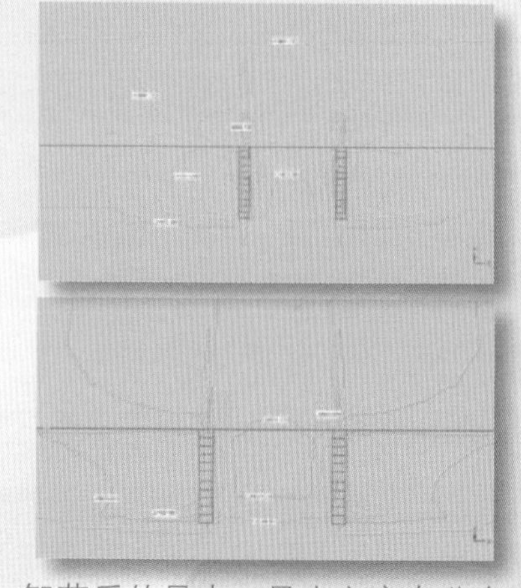

卸荷后的最大、最小主应力分布

长沙矿山研究院

中国有色金属工业科学技术一等奖（2005年度）

获奖项目名称

CS-100高气压环形潜孔钻机

参研单位

- 沙矿山研究院
- 铜陵有色精升矿冶设备制造公司
- 铜都铜业股份有限公司安庆铜矿

主要完成人

■ 王　毅 ■ 范湘生 ■ 高　云 ■ 阎立民
■ 贺泽军 ■ 汪正南 ■ 唐安平 ■ 姜　超
■ 张四清 ■ 罗　亮 ■ 苏先建

获奖项目介绍

CS-100(T-100)高气压环形潜孔钻机是由长沙矿山研究院、铜陵有色精升矿冶设备制造公司、铜都铜业股份有限公司安庆铜矿联合研制的一款地下采矿凿岩设备，本项目系2000年长沙矿山研究院向国家科技部申请列入国家“十·五”攻关计划，2001年国家技术部正式批准将其列入“大型紧缺金属矿产资源基地综合勘查与高效开发技术研究”项目之“大间距集中化无底柱采矿新工艺研究”课题。由李东明教授担任项目负责人，组织了最精干的设计人员（王毅、范湘生、高云、阎立民、贺泽军、汪正南、唐安平、姜超、张四清、罗亮、苏先建）和最强大的加工力量，圆满的完成了预期的各项性能指标，它的研制成功，填补了国内在中、小型高气压潜孔钻机领域的空白。

该机以三相异步电机为动力,采用全液压驱动；通过轮胎式底盘行走系统移机、移位，变位系统调整钻孔角度和方位；钻杆回转采用低速大扭矩马达驱动，推进采用液压油缸推进，并结合我国地下矿山采矿的工艺特点，将液压集成技术和PLC程控技术有机地结合，开发的一款功能模块清晰、性能先进可靠、人机关系和谐、操作环境优良的钻机。

本项目高度集成了机、电、液等多学科技术，应用了PLC控制、CANBUS总线、液压集成等技术，中心回转液压马达可360°旋转。其主要技术性能指标已达到90年代国际同类产品先进水平，可全面替代在我国已使用近30年的老式凿岩机和低风压潜孔钻机，成为我国地下采矿的主要凿岩设备。该项目于2006年获得由中国有色工业协会颁发的“有色行业科学技术一等奖”。

目前该机已进入批量化生产，广销国内外，由于其结构紧凑，离地间隙高，通过性好，液压轮胎自行，收机运输尺寸小，移机转向灵活。钻孔时四个支撑油缸、一个主顶油缸和两个侧顶油缸支承可靠，钻臂采用大行程补偿机构，确保钻机在坑洼和凸台地面上能正常工作，钻臂可在垂直面内俯仰-10°～+70°，并能360°回转，最小垂直钻孔高度3100mm，最大垂直钻孔高度3740mm，可钻任意角度、孔径为ϕ76～ϕ127mm、深度为60m的各类孔，故特别适用于地下采场环形孔的穿凿。

长沙矿山研究院

中国有色金属工业科学技术二等奖（2005年度）

获奖项目名称

滨海矿床残难矿体开采综合技术试验研究

参研单位

- 长沙矿山研究院
- 山东黄金集团有限公司三山岛金矿

主要完成人

■ 周爱民 ■ 李光兴 ■ 刘志君 ■ 张绍忠
■ 邓绍萍 ■ 龚浩源 ■ 赵　杰 ■ 刘文可
■ 韩　强 ■ 尹贤刚 ■ 高喜祥 ■ 夏登玺

获奖项目介绍

"三山岛金矿为一滨海大水矿床。目前矿量负变严重，地质储量减少了57%，矿体分枝复合，矿脉上盘为断裂破碎带，极易冒落。国内外对于这类难采矿体，尚无有效的成熟采矿工艺和技术支撑。

项目的工艺技术特点为：

（1）在断裂破碎带矿体中试验的“台阶式顶板水平分层尾砂充填采矿法”有效地控制了上盘冒落，降低了回采损火，又保障了高效机械化安全回采，这是分层充填采矿法的创新。主要技术经济指标：采场生产能力185吨/日；采切比134.7标准米/万吨；矿石贫化率7.92%，采矿车间成本107.40元/吨。

（2）针对分级尾砂覆盖下采场顶柱残矿回采的条件，研究开发了“斜壁分条后退式连续回采尾砂胶结充填采矿法”，它有效地控制了顶板沉降，成功地防止了上覆岩层的破坏，避免了海水涌入矿坑，确保了矿区安全和采场安全生产。主要技术经济指标：采场生产能力150吨日；采切比l32.6标准米/万吨；矿石回收率52.7%；矿石贫化率5.59%；采矿车间成本l10.41元/吨。

该项研究，采用独创的台阶式顶板采场结构和无轨机械化配套作业，在上盘不稳固和中厚倾斜矿体的复杂开采技术条下实现了较低成本机械化高效率回采；开发了斜壁分条后退式连续采矿法。项目研究的采矿方法具有创新性，试验研究的工艺和技术具有国际先进水平。" 该项目各项科研成果已在试验矿山全面推广应用，取得了巨大的经济和社会效益。仅项目科研成果推广应用近三年的数据分析，已获直接经济效益1193万元，其试验研究成果对条件类似的矿山具有推广应用价值。

长沙矿山研究院

中国有色金属工业科学技术二等奖（2006年度）

获奖项目名称

液压元件测试仪及交流传动测试系统改造升级与技术开发

参研单位

- 长沙矿山研究院
- 国家有色冶金机电产品质量监督检验中心

主要完成人

- 翟守忠 ■ 贺建国 ■ 何万平 ■ 邓　宇
- 雷小军 ■ 袁乐安

获奖项目介绍

本项目属于国家科学技术部科学仪器设备改造升级与技术开发项目，采用现代机械液压技术、测试技术、虚拟仪器技术（LabView）、和计算机测控技术等，对现有的液压元件测试仪及交流传动测试系统进行改造升级和技术开发，通过改造升级和技术开发，使2套设备的测试精度和测试效率得到明显提升，此外，还开发了新的检测检验功能，满足了产品的性能试验要求，对于提高我国产品质量的整体水平具有十分重要的意义，对国内正在使用的同类检验设备具有广阔的推广应用前景。

推广应用情况

液压元件测试仪是检测、判断液压元件质量必不可少的关键设备，也是提高与其配套设备制造和修理水平的重要检测设备。随着液压技术的飞速发展，采用液压技术的设备越来越多，对液压元件的要求也特别高，类似液压元件测试仪的检测设备应用越来越广泛。

目前国内正在使用的同类检测设备有300多套，大多数由使用单位定制，技术水平和测量精度都很低，难以满足检验和试验的要求。本项目研究成果可对同类检测设备进行升级改造，使改造后的测试仪能明显提高检验工作质量，严把液压元件质量关，减少或避免不合格产品，对于提高我国产品质量的整体水平具有十分重要的意义，具有广阔的推广应用前景。

交流传动测试系统是进行交流传动装置（设备）性能和参数检验、试验必不可少的测试设备，广泛用于我国有色、冶金、铁路、电动汽车、水污染治理、制药、农产品加工、食品、黄金等行业，对我国交流传动技术的发展起着重要的作用，目前国内正在使用的有200多套。近年来，随着交流传动技术的飞速发展，大多数交流传动测试系统已不能满足当今交流传动设备的检测和试验需要，迫切需要对其进行改造升级和技术开发，使之提高到一个新的水平，更好地为社会提供检测和试验服务。本项目研究成果可对同类传动测试设备进行升级改造，使改造后的测试系统能明显提高检验工作质量，严把传动设备质量关，减少或避免不合格产品，对于提高我国产品质量的整体水平具有十分重要的意义，具有广阔的推广应用前景。

长沙矿山研究院

中国有色金属工业科学技术一等奖（2006年度）

获奖项目名称

全尾砂结构流体胶结充填及无间柱分层充填采矿法

参研单位

- 长沙矿山研究院
- 南京栖霞山锌阳矿业有限责任公司
- 国家金属采矿工程技术研究中心

主要完成人

■ 姚中亮 ■ 王方汉 ■ 张美山 ■ 曹维勤
■ 刘祥安 ■ 唐绍辉 ■ 张文如 ■ 康瑞海
■ 于林洋 ■ 隆向阳 ■ 宋嘉栋 ■ 刘乾勇
■ 李爱兵 ■ 缪建成 ■ 蒋志明 ■ 孙俞年

获奖项目介绍

南京铅锌银矿地处南京市郊栖霞山风景区，为了确实保护矿区及周边环境并严格保护矿区地表，进行了全尾砂结构流体胶结充填及无间柱分层充填采矿方法试验研究并取得了以下研究成果：

（1）进行了系统试验研究，得出了全尾砂充填料浆的流变性能及管道输送参数。

（2）进行了充填系统施工设计及建设，采用卧式砂池全尾砂自然沉降脱水、阶梯式排水阀排水、压气造浆、管道放砂，双卧轴搅拌机+高速活化搅拌机两段搅拌及自流输送，技术经济指标为：充填料浆浓度70～72%，系统制备输送能力60～80 m3/h，综合胶结充填成本70.03元/m3。

（3）研究采用了阶梯式无间柱分层充填采矿法，在-425 m中段高品位矿段进行了回采工业试验，至2005年12月已累计采出矿石60638吨。

成果应用使南京铅锌银矿实现了严格意义上的全尾砂充填及尾废“零排放”，同时使矿石回收率从80%左右提高至86%，实现产值约14820万元，新增利税2964万元。

成果在以下几个方面具有创新：

（1）提出了全尾砂结构流体胶结充填理论并在生产中得到应用，在理论上有创新。

（2）采用卧式砂池全尾砂自然沉降脱水、阶梯式排水设施排水、压气造浆、管道放砂新工艺，节省了系统建设投资，降低了能耗及充填成本。

（3）充填料浆在采场中不脱水，不产生离析、分层，充填体整体性好，强度满足采矿方法要求。

（4）采场中不留点柱及间柱，避免了两步骤回采时矿柱回采困难的技术难题。

本项目在南京铅锌银矿推广应用可多回收矿石约40万吨，价值2.8亿元。取得了较好的经济效益和社会效益。

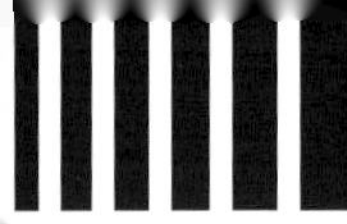

长沙矿山研究院

国家科学技术进步奖二等奖（2007年度）

获奖项目名称

深海浅地层岩芯取样钻机系列及其勘探工艺

参研单位

- 长沙矿山研究院
- 北京先驱高技术开发公司
- 国家海洋局第二海洋研究所
- 国家海洋局北海分局

主要完成人

■ 万步炎 ■ 钱鑫炎 ■ 刘敬彪 ■ 黄筱军

■ 夏建新 ■ 王和平 ■ 周爱民 ■ 高宇清

■ 杨俊毅 ■ 刘淑英

获奖项目介绍

本项目属海洋资源调查技术领域。

所研制的"深海浅地层岩芯取样钻机系列"是进行深海底矿产资源勘探所必需的装备。我国为维护应有的国际海洋权益，自1994年起开展大洋富钴结壳等资源的调查，由于只能采用拖网等原始调查手段，调查数据可信度极低，成为当时制约我国国际海底领域竞争能力的"瓶颈"。为解决该问题，本项目于2000年在中国大洋协会立项，2003年海试成功；2003年又由国家"863"计划立项，实现了世界首创的"一次下水多次取芯"功能，提高了实用性、拓展为系列产品并投入大规模应用。本项目填补了国内空白、解决了我国大洋勘探急需的重大装备问题、实现了该领域革命性的技术跨越。

本设备装备于我国大型远洋科学考察船上，利用铠装万米电缆吊放至海底，通过多个海底摄像头和传感器传送数据至船上进行可视遥控操作，在环境恶劣、地形复杂的海山上定点钻取岩芯样品；其适用水深4000米、岩芯直径60毫米、取芯长度为700毫米；全部关键技术为自主研发，包括一次下水多次取芯技术、万米电缆无中继高速数据通讯技术、海底地形自适应调平与钻具补偿、深海高能量密度锂电池供变电、特殊金刚石取芯钻进技术等，已获5项专利，具整机自主知识产权；经国家863计划及中国大洋协会验收评议，达到国际先进水平。目前只有少数发达国家有能力研制同类设备。

2003至2006年共研制本系列第一至四代产品6台，连续四年在我国大洋资源调查中应用，完成了14座海底矿山的普查勘探任务，已产生1.1亿元的直接经济效益和数百亿元的潜在经济效益。随着我国大洋资源调查力度的加大，其推广应用前景良好。自主研发的多项技术如深海大功率锂电池、深海逆变器、深海电池驱动液压技术、万米电缆无中继高速数字通讯技术、深海钻探技术、深海遥测遥控技术等均可直接应用至我国拟研发的海底深孔钻机、海底机器人、海底长期观测站等项目中，将对提高我国深海技术水平起到重要作用。

所获专利：

1.发明插拔更换内管式多次取芯机构（专利号ZL200420036285.6）。2.采用正方形对称及模块化整机设计（专利号ZL200420036287.5）。3.发明深海压力平衡式大功率高能量密度锂电池技术（专利申请号200620051706.1）。4.发明液压支腿整机调平技术（专利号ZL200420036286.0）。5.发明深海浸油式大功率DC/三相AC逆变器技术（专利申请号200620051705.7）。6.万米同轴电缆宽带无中继高速数据通讯技术。7.发明钻进机构整体滑移式微地形补偿设计。8.采用主油泵恒功率控制技术。9.特殊设计的护芯金刚石薄壁双管钻头钻具技术。

长沙矿山研究院

中国有色金属工业科学技术一等奖（2007年度）

获奖项目名称

金属矿地下采矿设计与管理数字技术研究

参研单位

■长沙矿山研究院

■国家金属采矿工程技术研究中心

主要完成人

■潘　冬■李向东■袁节平■谭若发

■刘淑英■黄卓宏■李　强■陈丙强

■周益龙■万　兵■姚中亮■盛　佳

■罗毅莎■姚振巩■米继武

获奖项目介绍

金属矿地下采矿设计与管理数字技术研究在详细分析矿山介质特征的基础上，把计算机的高速计算、海量存贮能力与设计管理人员的智慧有机结合起来，以计算机图形技术、可视化建模技术、优化方法和计算机信息技术为基础，通过对矿床开采环境与工程数字建模、地下采矿数据存储与管理以及地下采矿动态储量管理与品位控制等技术的研究，开发一套金属矿地下采矿数字技术平台，实现了矿山信息的高度可视化、数字化。系统主要技术性能及特点如下:

（1）在分析矿山建模对象介质特征的基础上，通过对可视化建模技术、采矿CAD技术、矿业数据存储以及动态储量管理和品位控制技术的研究，开发了一套适合我国地下矿山地质体可视化建模和采矿设计和管理的地下采矿设计与管理的数字技术平台。

（2）针对矿山生产对象的特殊性，提出了基于面元和自适应变块体元的矿山复杂介质体混合建模新技术，解决了以往单一的建模技术造成的不能同时兼顾地质体表面和内部或不能反应内部单元体拓扑关系的技术问题，同时实现了对复杂地质体模型边界的精确耦合。

（3）针对切面建模，采用基于图论的最优控制切面内插法，实现了切面建模的最优化，该技术解决了复杂地质体的三维建模切面间过渡问题，完美实现了多变形切面条件下的模型拟合。

（4）基于线框构图技术开发的采矿CAD 辅助设计参数图元库为采矿数字化设计提供了关键工具。

（5）地、测、采矿山通用数据库管理系统采用一个共享数据库，数据格式统一，减少数据冗余，避免了数据转换可能造成的问题。

（6）基于矿床三维可视化模型的矿床储量动态管理与品位控制技术，为矿山生产管理提供了高度可视化、数字化的工具及手段。

本项目研究成果已经在多个矿山得到推广与应用，并取得良好的经济和社会效益。其中，在柿竹园多金属矿的应用使该矿山的贫化指标降低了0.15%，损失指标降低了0.3%，技术管理人员工作效率提高一倍以上，年创造效益267.6万元。

长沙矿山研究院

中国有色金属工业科学技术一等奖（2007年度）

获奖项目名称

CY-400光电智能联合采盐机研制

参研单位

■长沙矿山研究院

■青海中信国安科技发展有限公司

主要完成人

■杨建元 ■王 毅 ■李东明 ■夏康明

■唐安平 ■方晓轩 ■姜 超 ■邹蔚勤

■孙达仑 ■陶照园 ■常 江 ■何漫江

■梁树人 ■张铁军 ■王建军

获奖项目介绍

CY-400光电智能联合采盐机是由长沙矿山研究院和青海中信国安科技发展有限公司联合研制的基于我国盐湖干式开采新工艺的高强度连续开采专用设备。本项目属于工程机械领域，系2005年国家科研院所技术开发研究专项资金项目，由邓和平院长担任项目负责人，组织了最精干的设计人员（杨建元、王毅、李东明、夏康明、唐安平、方晓轩、姜超、邹蔚勤、孙达仑、陶照园、常江、何漫江、梁树人、张铁军、王建军等）和最强大的加工力量，圆满的完成了预期的各项性能指标，它的研制成功填补了国内盐湖干式开采设备的空白。

该机由柴油机提供动力，全液压驱动，由置于机体前方的螺旋滚轮对盐层进行破碎并集中到前级皮带机上，再转送到后级皮带机，最后卸到载重汽车上。采用岸基激光为设备提供高程信号，由智能控制系统自动控制滚轮的采盐深度和工作参数。该机具有结构紧凑、性能先进、低耗高效、人机关系优良和操作维护方便等特点。

本项目高度集成了机、电、光、液等多学科技术，应用了PLC控制、CANBUS总线、激光传感、智能调节和液压比例控制等先进控制技术，在前置式全悬挂螺旋滚轮采盐机构、激光高程控制和采盐智能控制等技术进行了创新，开发出了一种高科技含量的创新型高效联合采盐设备，彻底解决了原干式采盐存在的采盐能力低、硬盐采不动、盐矿损失和贫化严重及盐田底板无法控制等严重缺陷，其技术性能达到国际领先水平。该项目于2007年获得由中国有色工业协会颁发的“有色行业科学技术一等奖”。并于2009年获得一项实用新型专利——用于干式采盐机的全悬浮螺旋滚轮采盐头（专利号:ZL200920299096）。

目前该机已进行小批量生产，在青海格尔木地区东台和西台等盐湖基地得到推广应用。实际应用表明，该机采盐能力大，干盐破碎能力强，采出的底板平整度极高，操作控制方便，整机可靠性高，并能针对不同成分的结晶盐实施精密分层开采，为盐湖中富含的锂、铷、铯、铀、钍等重要元素提炼提供了有利条件，可广泛应用于我国日晒时间长、气候干燥、地域辽阔、盐湖集中的西北地区。

长沙矿山研究院

中国有色金属工业科学技术一等奖（2007年度）

获奖项目名称

CS165E智能型整体式露天潜孔钻机研制

参研单位

- 长沙矿山研究院
- 攀枝花钢铁集团矿业公司

主要完成人

■ 王　毅 ■ 李东明 ■ 高文远 ■ 李平伟
■ 闫　杰 ■ 唐安平 ■ 范天明 ■ 段仁君
■ 高　云 ■ 姜　超 ■ 孙　凡 ■ 沈盛强
■ 李忠兴 ■ 伍绍泽 ■ 曾　嵘 ■ 常　江

获奖项目介绍

CS165E智能型整体式露天潜孔钻机是由长沙矿山研究院和攀枝花钢铁集团矿业公联合研制的一款机、电、液于一体化整体式露天采矿设备，本项目系国家科学技术部科研院所技术开发研究专项资金项目，由王毅教授担任项目负责人，组织了最精干的设计人员和最强大的加工力量，圆满的完成了预期的各项性能指标，它的研制成功，为露天矿山企业提供了高效率、人性化的先进的凿岩设备，使我国露天矿装备水平跻身国际先进行列。

该机采用柴电双动力驱动技术，在凿岩作业时采用低成本的电力驱动形式，而在长距离移动时采用柴油动力，在保证提高钻机安全性、灵活性的同时有效地降低钻机的运行成本。双动力的采用还可保证钻机在突发事件时的应急处理。采用多自由度钻臂结构，满足了露天采矿工艺对炮孔的不同要求，实现了一机多用；采用由单组油缸驱动的盘式钻杆库，钻杆库的送杆、取杆和储杆动作均由单组油缸的伸缩完成，其结构简单，运动轨迹易控制，具备较高的可靠性，并且通过增加该设备的钻杆储存能力达到增大钻孔深度的目的。采用外包不锈钢的导轨和低摩擦材料的滑动块，有效地减小了推进时的摩擦阻力，提高了自动凿岩参数的控制精度。同时避免了导轨本体因滑动摩损导致报废。采用独创的S.H.D液压系统，提高了设备的可靠性与可扩展性。采用PLC程控技术和Canbus总线技术，实现了全自动作业、故障自诊断、误动作保护和通过公用数据移动通讯网和GPS全球卫星定位系统对设备进行远程监控管理等功能。其各项技术指标达到和超过国外同类产品的技术水平，于2007年获中国有色金属工业协会“科学技术进步奖”一等奖和湖南省经济委员会“优秀技术创新项目”，并取得一项实用新型发明专利——盘式钻杆库(专利号：ZL 2009 2 0299097.5）

目前产品已进入批量生产阶段，产品广泛地用于大中型露天矿山、大中型水利工程、军事工程等采矿与工程施工中进行多方位露天边坡预裂孔、根底孔以及台阶前缘垮落孔作业。它的迅速推广，将会推动采矿工艺的完善和发展，有效提高我国矿山整体生产效率，极大地改善了工人的劳动环境，为我国数字矿山的建设奠定了基础。

长沙矿山研究院

中国有色金属工业科学技术二等奖（2007年度）

获奖项目名称

高陡边坡破碎带富矿体分层回采分段充填综合技术研究

参研单位

- 长沙矿山研究院
- 四川省会东铅锌矿

主要完成人

■ 宋嘉栋 ■ 王增平 ■ 潘方杰 ■ 肖木恩
■ 段恒建 ■ 褚洪涛 ■ 胡同军 ■ 赵洪文
■ 蒋丰清 ■ 张振国 ■ 杨泽坤 ■ 周青德

获奖项目介绍

由于边坡境界外矿体赋存条件特殊，同时开采会带来安全隐患，国内外通常在露采结束后开采。会东铅锌矿F5断层破碎带富矿体位于高达375m的露天西边坡境界外，边坡岩石破碎、民采老窿多、稳定性系数大多略大于1和局部区域小于1。该项目首创解决了金属矿山的高陡破碎边坡矿体与露天同时开采的技术难题，在国内外金属矿山具有广阔的推广应用前景。该项目以类比法提出采矿方法集，通过模糊数学综合评判优选采矿方法。采用分层回采分段无砂胶结充填采矿法，确保在不外扩露天境界和不影响露采条件下，安全、高效回采边坡境界外矿体；采用长、短锚网联合预控边坡，有效提高了边坡稳定系数；采用正交试验和三维有限元数值模拟，确定了合理的采场结构参数，提出了差别强度充填法；采用正交试验法确定的爆破参数，减小了粉矿损失，控制了边坡损害；电耙配前端式装载机出矿，解决了边坡上难建立出矿工程的难题，节省了工程投资，提高了效率；通过充填材料选择和配合比试验，确定全粒级露天表外矿无砂混凝土充填法；采用移动式搅拌溜槽输送充填工艺，解决了高陡边坡难以建立固定充填系统的难题，减少了充填系统的投资，简化了充填工艺，提高了充填效率。该研究成果已在矿山应用，采场综合生产能力108.83 t/d，千吨采切比9.92 m3/kt，矿石贫化率2.07%，矿石损失率2.44%。2004～2006年共新增利税1.23亿元，节约投资1281万元，经济效益显著。

该项成果的应用有效地抑制了民采对矿产资源的破坏，充分回收了矿产资源，延长了露天开采寿命，解决了边坡安全隐患，为矿山二期安全、低贫化开采创造了条件。

长沙矿山研究院

中国有色金属工业科学技术二等奖（2007年度）

获奖项目名称

CS100L高气压露天潜孔钻机研制

参研单位

- 长沙矿山研究院
- 铜陵矿业技术开发公司

主要完成人

■ 李东明 ■ 闫　杰 ■ 方晓轩 ■ 赵幼森
■ 刘海燕 ■ 宋菊峰 ■ 龙国强 ■ 周建庚
■ 郭　勇 ■ 周振华 ■ 喻开成 ■ 蒋晓娣
■ 何漫江 ■ 闫立民 ■ 杨　康 ■ 刘泱等

获奖项目介绍

CS100L高气压露天潜孔钻机是由长沙矿山研究院和铜陵矿业技术开发公司联合研制完成。本项目隶属于工程机械领域，属于湖南省2003年度湖南省企业重大技术创新专项计划。项目旨在开发一种适应我国中小型露天矿山、土石方工程等露天凿岩作业的高效率、人性化、质量可靠的钻机。该项目的主要参加人员有李东明、闫杰、方晓轩、赵幼森、刘海燕、宋菊峰、龙国强、周建庚、郭勇、周振华、喻开成、蒋晓娣、何漫江、闫立民、杨康、刘泱等。

该钻机应用了S.H.D液压系统、CANBUS总线结构的PLC控制等多项成熟先进技术，运用模块化设计理念、社会大生产的模式，利用计算机辅助设计和虚拟样机研究手段开发出的新一代凿岩产品。该钻机以挖掘机底盘为基础，安装多自由度定位系统，配以高效的推进回转结构，与自主开发的S.H.D液压系统、PLC智能控制系统、气水供给系统等功能模块有机的结合。运用“V”型导轨、快换式卡爪结构、多功能小型化操纵控制箱等技术创新，以及自动比例接卸杆、湿式捕尘、远程控制、设备运行自动检测、故障智能检测、预防、处理等先进技术的成功应用，造就了新一代具有国际先进技术水平的凿岩产品。该钻机的适用气压0.5～2.1MPa，用于露天Ø76～Ø165孔径，最深可达30m孔的穿凿。

钻机因采用高气压凿岩，且自动化程度高，辅助时间少，使钻机的工作效率高于国内其他同类型产品。高效率带来用户凿岩综合成本的降低。另外钻机采用挖掘机底盘，备件便宜，易于购买，减少了用户备件的库存成本。产品替代了进口，为国家节省大量的外汇。

该产品具有自主知识产权和其人性化的设计，顺应行业发展的趋势，符合国家政策的要求。产品的社会化生产的模式符合现代企业生产的发展方向，同时可以带动相关行业的发展。该项目于2007年获得由中国有色工业协会颁发的“有色行业科学技术进步二等奖”，并于2009年获得实用新型专利一项——露天潜孔钻机（专利号：ZL200920259866.9）。目前已进行了小规模批量化生产，在国内多家中小型露天矿山、土石方工程中得到应用，其中部分产品远销到巴基斯坦、印尼等国。

长沙矿山研究院

中国有色金属工业科学技术二等奖（2007年度）

获奖项目名称

矿山井下斜坡道交通信号控制及指挥系统

参研单位

■ 长沙矿山研究院

■ 深圳市中金岭南有色金属股份有限公司凡口铅锌矿

主要完成人

■ 张木毅 ■ 王　刚 ■ 姚　曙 ■ 肖伯才

■ 刘一江 ■ 颜克俊 ■ 舒　丹 ■ 朱礼君

■ 潘淼昌 ■ 黄沛生 ■ 练伟春 ■ 陈坤锐

获奖项目介绍

1.项目概述

我国大中型地下矿山都有把生产材料、设备、人员等运输到井下作业面的斜坡道，由于矿山井下斜坡道的特定环境及斜坡道的特殊性（车辆单道运行）以及交通运输繁忙、管理难度大，给井下车辆运行造成了许多安全隐患，例如撞车、追尾、让车难度的增大等，稍有疏忽，极易发生重大设备、人员安全事故，严重影响生产。

“矿山井下斜坡道交通信号控制及指挥系统”，是利用射频传感技术、计算机自动控制技术、无线及有线网络通讯技术，对矿山井下斜坡道各种运行的无轨车辆进行实时监测和定位指挥调度，自动控制红绿灯的开放，使车辆操作人员严格按照正常有序的行车规则及红绿灯的指示进行工作，真正有效地解决车辆避让问题，彻底排除由撞车或追尾所带来的人员伤亡及严重影响生产的安全隐患。同时使地面管理人员及时掌握井下车辆的动态分布及作业情况，让管理人员和生产人员有机地结合在一起，大大地加强了安全部门管理的科学化、制度化、信息化，为井下车辆高效安全作业发挥积极作用，大大提高整个矿山的管理水平。

2.项目技术原理

在下井作业的车辆上安装一个RFID射频ID发射卡，车辆的信息(包括驾驶人员个人信息、车辆信息)全部存储在卡中，该卡只有烟盒一样大小，可随意放在驾驶室任何位置。在井下斜坡道需要管制的各区段安装射频接收装置，射频接收装置之间通过网络（485网＋光纤）与后台（矿调度中心）建立联接，当带有射频ID卡的车辆通过射频接收装置所管制的区域时，接收装置与射频ID卡采取无线通讯的方式，读取射频ID卡的信息，经逻辑判断，自动控制该区域的红绿灯转换，从而控制和指挥车辆的行驶及避让等待。并通过网络将信息反馈到后台监控中心，后台监控中心通过访问接收装置，即可了解井下车辆的运行状态、位置状态等。

3.系统功能

系统在解决了井下通讯难题的前提下，实现自动跟踪车辆行驶，自动控制红绿灯，从而避免车辆相互堵塞和追尾，最大限度地提高井下通道的运行效益，系统各硬件装置具有防潮、防淹、防燃、防昭气、抗干扰等特点，通过级联通讯网络向对应点的控制器发出红绿灯控制命令指挥车辆的进、停、避，同时可充分利用井下已有矿井监控系统平台资源联网运行，有效节约投资。系统技术先进、设计合理、结构新颖、主要技术性能指标符合实际需要。

长沙矿山研究院

中国有色金属工业科学技术一等奖（2008年度）

获奖项目名称

岩溶大水矿山改性粘土帷幕注浆水害控制技术研究

参研单位

- 长沙矿山研究院
- 新桥矿业有限公司

主要完成人

■ 辛小毛 ■ 王　军 ■ 王泽群 ■ 潘常甲
■ 容玲聪 ■ 王　亮 ■ 陈　彬 ■ 黄炳仁
■ 胡国信 ■ 吴秀美 ■ 曾先贵 ■ 陈清林
■ 刘恒亮 ■ 陈幸福 ■ 顾玉成

获奖项目介绍

本项目是在以新桥矿业有限公司矿区东翼的栖霞灰岩含水层的主要过水通道建立截流帷幕为研究对象，通过全面的水文地质调查、钻探、物探、数值模拟和材料试验等方法，核实了帷幕边界位置，帷幕深度、探查帷幕线上含水层分布及其渗透参数、主过水通道的位置及规模，查明了东翼注浆帷幕的重点封堵地段，分析及预测了帷幕堵水效果。本项目开发了能大幅度降低注浆材料成本的改性粘土浆，并首次在矿区地面帷幕注浆截流防治水领域大规模应用，不但各项性能均能满足帷幕注浆截流工程的要求，而且每立方米浆液的材料费用不足水泥浆的40%，注浆材料费用降低81.02%。

粘土原浆制浆工艺比普通水泥浆复杂，且难度大，经多次优化改进后的高速高效输料粉碎制浆工艺，属国内首创。不但提高了粘土原浆质量，而且使制浆速度提高60%，劳动强度减少80%以上。

通过孔间声波物探结合地质分析，基本查明了帷幕线上低速异常带的分布范围、规模，对注浆孔的布置起到了指导作用。经采用分区不等距布孔，钻探工程量比传统的均匀布孔减少了36.1%。

首次采用数值模拟技术优化确定帷幕位置，并在帷幕实施过程中通过数值模型及时分析帷幕线上的主要过水段，并动态指导后续注浆孔及检查孔的施工。目前–100米堵水率高达77.96%，幕内外的最高水位差达40.6m，截流效果显著。

通过改进注浆材料、工艺和布孔，帷幕工程总投资降为1200万元以下。比原设计的2100万元降低42.85%。

帷幕形成后地面塌陷范围大幅缩小，塌陷活跃程度减轻，有利地保护了矿区地质环境；而且保护区域水资源，附近居民点和水、电、通讯、交通、农田等安全；缓和矿农矛盾。同时保证东翼露采15年，年利润9518万元，15年合计14.28亿元；每年节约排水电费942.5176万元，15年合计1.4138亿元。每年节约塌陷回填、治理费50万元左右，15年合计750万元。

推广应用情况

1.廉价改性粘土浆各项性能都较优良，可在各种注浆工程尤其是矿山帷幕上广泛推广运用，目前已运用在凡口铅锌矿帷幕上；

2.高速高效输料粉碎制浆系统，属国内首创，可广泛运用到各种使用粘土浆的工程；

3.采用物探、钻探、数值模拟相结合的方法，可运用在各种帷幕、大坝上，指导帷幕布孔、动态指导帷幕施工、预测帷幕截流效果。

长沙矿山研究院

中国有色金属工业科学技术二等奖（2008年度）

获奖项目名称

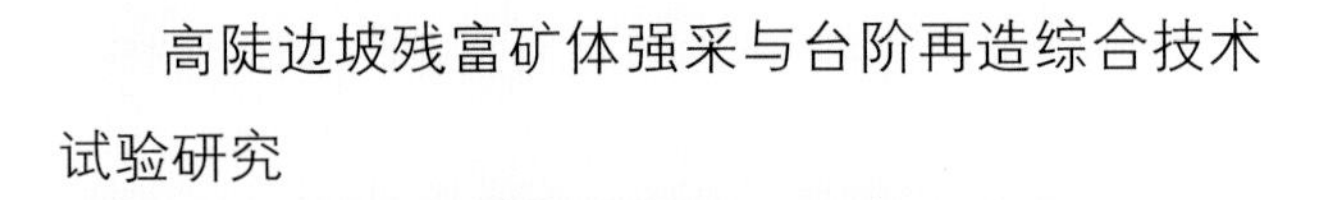

高陡边坡残富矿体强采与台阶再造综合技术试验研究

参研单位

- 长沙矿山研究院
- 四川省会东铅锌矿
- 国家金属采矿工程技术研究中心

主要完成人

■ 宋嘉栋 ■ 段恒建 ■ 肖木恩 ■ 郑文信
■ 李爱兵 ■ 王增平 ■ 褚洪涛 ■ 潘方杰
■ 唐昌华 ■ 童蔚黎 ■ 王福坤 ■ 陈钟文

获奖项目介绍

国内外露天台阶矿柱等边坡残矿一般采用露天开采结束后回收。会东铅锌矿2064台阶富矿位于高陡、稳固性差的边坡台阶上，要在露天开采的同时开采，技术难度很大。

本项目针对台阶富矿的赋存特点，创新开发了露天台阶分单元大直径中深孔采矿法，解决了在不外扩露天境界和不影响露天开采的条件下，高陡边坡台阶残矿体开采的技术难题；应用离散元数值模拟方法，对回采参数和回采前后边坡稳定性进行了研究，提出了对应强度加固法，消除了边坡大面积地压活动的安全隐患；首创采用长锚杆网、混凝土墙联合护帮、浆砌毛石护坡、剥离废石集料充填等综合技术再造台阶，成本低，效果好；研究开发并采用多功能控制爆破技术，获得了台阶采矿的最佳爆破效果，有效地保护了边坡的稳定性，使露天生产得以正常进行；采用全粒级露天剥离多孔集料无砂胶结充填工艺，降低了充填成本，减少了露天剥离废石运输费用和堆积场地，整体性好，满足采矿、边坡稳定性和再造台阶的要求。" "本项目研究成果已在会东铅锌矿成功应用，采场综合生产能力287.8 t/d，矿石贫化率1.87 %，矿石损失率2.19 %。近三年共采出台阶残富矿石125940t，锌金属量30448.4t，新增产值1.75亿元，新增利税1.38亿元，节约投资1185万元，经济效益显著。研究成果综合技术达到国际先进水平。

本项目的应用有效抑制了民采对矿产资料的破坏和浪费，解决了民采在边坡上形成的安全隐患，为露天矿正常开采和露天转地下过渡期开采提供了安全保障。在国内众多金属矿山具有广阔的推广应用前景，对我国矿业可持续发展具有重大意义。

长沙矿山研究院

中国有色金属工业科学技术一等奖（2009年度）

获奖项目名称

湖区厚大矿体高效开采技术

参研单位

■ 长沙矿山研究院

■ 湖北三鑫金铜股份有限公司

主要完成人

■ 李向东 ■ 孙连忠 ■ 万　兵 ■ 刘成平

■ 周益龙 ■ 梁中扬 ■ 李　强 ■ 佘昌亚

■ 潘　冬 ■ 朱志斌 ■ 盛　佳 ■ 孙德胜

■ 曾玉宝 ■ 刘党权 ■ 绕从云 ■ 罗毅莎

获奖项目介绍

随着我国经济的快速发展，对矿产品的需求量日益增加。但国内外很多矿山由于附近地表巨大水体等多种环境因素的影响而难以开采，致使大量矿产资源无法得到开发利用。本项目结合三鑫公司具体情况就这一难题开展了专题研究，开发出了湖区厚大矿体高效开采综合技术，该技术在现场工业试验中取得了良好效果经济效益和社会效益显著，已在矿山推广应用。

该研究在桃花咀矿区工程地质调查的基础上，通过方案比较和论证，提出了区域整体框架结构两步骤联合回采方法，该方法的主要技术特色和创新点为：①从全局出发，在对桃花咀全矿区可能采用的不同回采方式进行详细力学分析的前提下，提出留“#”字加“1”字形矿柱，形成整体框架的总体原则，在最大限限度提高回采率的前提下，从本质上保证区域稳定；②回采区域内的采场垂直矿体走向布置，采用阶段空场与盘区机械化上向分层联合采矿法分两步骤回采，一步骤阶段空场采场预留护顶矿壁，该矿壁作为二步骤盘区机械化上向分层采场的盘区通道，将两步骤采场有机结合，即保证了合理的回采强度又充分回收了上下盘矿石，减少了强塑性围岩造成的损失与贫化；③首次在回采区域内将中段底柱超前回采，形成高灰沙比尾砂胶结充填底柱，预制形成大三角形单侧平底堑沟底部结构的成套技术，从根本上避免了开采后期底柱回采安全条件差、生产效率低、贫化损失率大的弊端。

2004年6月至2008年10月，开展了现场工业试验，获得圆满成功，取得了良好的经济效益和社会效益，第一步骤回采损失率为2.5%，贫化率为2.1%，第二步骤损失率低于5%，贫化率低于5%，特别是采取其独特技术工艺的人工底部结构并配合人工垫层工艺，可以保证底部结构稳定和底柱回采回收率达100%。该技术为国内外首创，整体技术达到国际先进水平。试验期间共采出317177吨金铜矿石，创造工业总产值37047.15万元，利税25385万元，净利润14193万元。目前已在桃花咀矿区370m、320m中段推广应用，取得了显著效益。

图1 “#”字型加“1”字形整体框架

图2 2步骤回采的底部结构

长沙矿山研究院

中国有色金属工业科学技术二等奖（2009年度）

获奖项目名称

灾害性大型复杂群空区岩层控制与安全开采综合技术

参研单位

- 长沙矿山研究院
- 绍兴铜都矿业有限公司
- 广西大学
- 湖南铭生安全科技有限责任公司

主要完成人

■ 徐必根 ■ 郭　葵 ■ 唐绍辉 ■ 李学锋
■ 郑荣祥 ■ 孙业峰 ■ 李伟明 ■ 朱仁毅
■ 黄英华 ■ 孔繁成 ■ 范育青 ■ 唐海燕
■ 王　毅 ■ 王春来 ■ 王海峰

获奖项目介绍

绍兴铜都矿业有限公司由于长期采用空场法开采，-385m以上中段存在大小不一、形状各异、上下重叠与错位的采空区100多个，采空区总体积约52万m^3，自1977年10月开始出现地压活动以来，已造成地表塌陷、采场垮塌等严重的地压现象。最近发生的一次强烈地压活动造成了-335m中段以上的采空区直通地表，大量的废石、废渣填充井下，淹埋部分井巷，造成了严重的经济损失，对矿山安全生产构成了严重的威胁，而正在实施的三期工程将继续沿用空场采矿法回采，因而，因复杂空区诱发的地压已成为制约矿山安全、高效开采的首要问题。本项目针对绍兴铜都矿业有限公司在灾害性、大型复杂群空区条件下回采的技术难题，采用了现场调查、室内实验、理论分析、数值模拟和工程验证等技术手段，对岩体的结构进行了质量和稳定性评价，研究了塌陷区充填废料的各项性质，提出了充填废料局部加固方案以及塌陷区安全开采技术方案及措施；以开采前主动卸压、开采中强化岩层支护和嗣后采空区处理为指导思想，开发了具灾害性的大型复杂采空区群条件下应用分段空场法分区安全开采工艺技术和采场围岩控制技术。

该项目创造性的提出了适用于该矿的“Π”型区域性支撑矿柱、卸荷开采顺序的分段空场法分区安全开采工艺技术，开发了将崩矿炮孔兼作预加固锚固孔的岩层加固——矿石回采复合新技术，创造性的提出了充填1/3采场高度的围岩控制新技术。

该项目研究成果为矿山在复杂群空区条件下采矿提供了可靠的理论和技术支持，为矿山建立了科学、有效的地压管理和控制方法，为矿山安全高效地回收深部矿体资源提供了技术保障，保护了地表环境。

该项目研究成果是现有国内外矿山岩层控制技术的一种集成创新，其整体技术达到了国际先进水平，具有广阔的推广应用前景。

地表塌陷区域照片

长沙矿山研究院

中国有色金属工业科学技术一等奖（2010年度）

获奖项目名称

地下大规模立体分区中深孔控制爆破技术

参研单位

- 长沙矿山研究院
- 湖南柿竹园有色金属有限责任公司

主要完成人

- 宋嘉栋 ■ 刘澜明 ■ 褚洪涛 ■ 袁节平
- 欧任泽 ■ 陈际经 ■ 肖木恩 ■ 王初步
- 杨金生 ■ 黄预军 ■ 柳小胜 ■ 林卫星
- 曾伟民 ■ 曾慧明 ■ 刘子强 ■ 曹华锋

获奖项目介绍

柿竹园多金属矿床为一大型矿床，矿石储量达2.17亿吨，矿床经1987年至2002年的地下开采，留下占矿段约60%的矿柱和360万m^3的采空区。大量空区群的存在，严重威胁后续矿体的回采。且受经济、充填技术方面的限制，矿山无力对特大采空区进行充填再回采矿柱群。特大空区群与矿柱群互为集合，互相联系、互相制约，传统的采矿技术和方法无法进行特大空区矿柱群的开采，否则会破坏矿柱和空区构成的结构力学体系而产生“多咪嘞”效应地压灾害问题。矿山面临有矿不能采，无法继续生产经营的状况。

针对矿山生产技术难题，于2004年立项开展科技攻关，并于2006年以 “特大空区环境下安全开采技术研究”为专题，列入“十一五”国家科技支撑计划课题（2006BAB02B05），重点攻克特大空区矿柱群立体分区控制开采技术瓶颈。通过近6年的试验研究和回采实践，取得了如下技术成果：

1.建立了空区群与矿柱群结构力学体系分析模型，为空区群与矿柱群立体分区中深孔控制回采提供了理论依据。2.研究开发了等比错位立体分区控制回采技术，解决了特大空区环境下矿柱群回采与空区处理同步进行的技术难题，解决了进行单个矿柱回采与空区处理破坏空区群和矿柱群构成的结构力学体系而产生“多咪嘞”效应地压灾害问题。3.研究开发了多临空面自拉槽挤压大量崩矿技术，成功的解决了多临空面不能实施挤压爆破和由于岩体破坏而无法形成切割槽的技术难题，改善了爆破效果，降低了大块率，提高了生产效率，降低了采矿成本。4.研究开发出非线性等阻力自由面爆破技术，解决了不规则自由面、形状复杂、安全条件差矿体中深孔回采爆破的技术难题，优化了凿岩爆破参数，降低了大块率，提高了资源回收率。5.研究开发出多向组合双线同径微差起爆技术。该技术保证了起爆网络具有100%的可靠性，确保爆破网络安全可靠和大规模爆破的爆破效果，解决了大规模等比错位立体分区控制回采难以实施复式起爆的技术难题。

爆破网络

爆破块度均匀、大块率小

项目开发了特大空区矿柱群立体分区控制开采新技术，技术安全可靠，切实可行，成果具有开创性。技术成果应用于柿竹园多金属矿，先后实施了总装药量达308.8t、821.3t等世界级特大规模地下中深孔控制回采爆破10次，多次刷新世界纪录，其大于800mm×800mm大块产出率仅为3.63%，实测爆破振动结果均符合安全允许标准。2006年～2010年期间，回收难采矿808.8万吨，处理采空区197.61万m^3。项目已获销售收入258816.00万元，增创利润80119.73万元，经济效益和社会效益显著。项目技术成果已在多座矿山推广应用，应用前景广阔，对我国矿业可持续发展具有重要意义。

长沙矿山研究院

中国有色金属工业科学技术二等奖（2010年度）

获奖项目名称

金属矿山大范围开采微震灾害监控与地压演化规律研究

参研单位

- 长沙矿山研究院
- 广西华锡集团股份有限公司
- 中南大学

主要完成人

- 毛建华 ■ 苏家红 ■ 周科平 ■ 刘国清
- 罗周全 ■ 余阳先 ■ 刘小林 ■ 韦方景
- 徐运群 ■ 黄道钦 ■ 杨伟忠 ■ 孟中华

获奖项目介绍

我国金属矿山地下开采普遍存在由于开采范围不断扩大而引起地压危害的情况，在一定条件下可能诱发矿山微震灾害，针对大范围复杂条件下矿山地压与微震灾害监控，本项目获得“十一·五”国家科技支撑计划支持，取得主要技术成果如下：

（1）针对对我国金属矿山面临的大范围复杂条件下地压灾害预报与防治技术难题，首次研发并成功应用STL-24型多通道数字化微震监测系统，解决了适合我国金属矿山的微震定位监测和预报的关键性技术问题，为矿山安全提供了技术保障。

（2）首次提出金属矿山大范围矿柱群围岩格柱塞式塌落机制，形成金属矿山地下开采采空区探测与灾害防治的综合技术。

（3）开发了矿山微震监测和防治的成套技术，实现对多个采区以及对整个矿区地压和微震活动的远程实时监测，实行多区域联网同步监测，实现了井下井上在线实时监控，通过建立的预测模型和预警指标，实行金属矿山灾害预警智能化自动预警，填补了该技术领域国内空白。在多个矿山建立了可实现全天候监测的预警系统，解决了制约矿山产业发展的大型矿体开采关键技术难题，对减灾防灾具有十分重要的意义。监测系统见图1、监测网络模式见图2。

图1 监测系统地表监控室

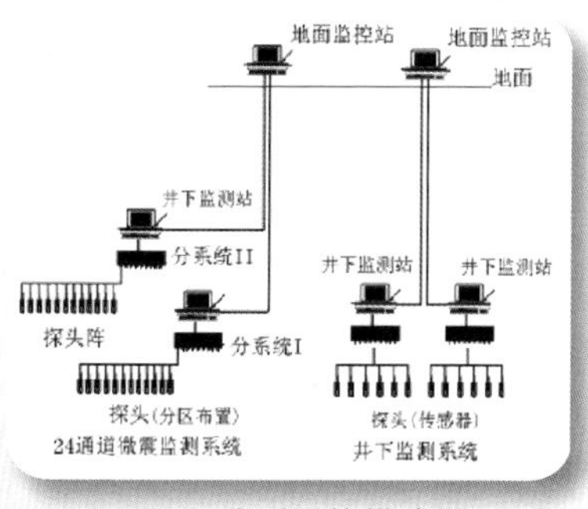

图2 监测网络模式图

推广应用情况

项目研究成果在广西大厂、北山等矿区已成功应用，在矿山采空区探测与监控、地压与微震灾害监控预警和防治等方面取得重大技术进步，主要推广应用技术：①开发应用STL-24型24通道数字化微震监测系统，成功解决我国金属矿山微震定位监测和预报的关键性难题，属国内首创。②研究开发的金属矿山地下开采采空区探测、安全监控和灾害防治的综合技术，为地表沉陷监测和预测提供理论依据。③开发应用的地压灾害的远程监测和预警系统及矿山微震监测和防治成套技术，解决了对矿山灾害监控预警的技术难题。通过自动连续采集数据分析，即时在网络系统显示提示分级预警，实行矿山大范围多区域地压监测智能化预警，具有良好的推广应用价值。

湖南柿竹园有色金属有限责任公司

国家科学技术进步奖二等奖（2001年度）

获奖项目名称

钨钼铋复杂多金属综合选矿技术——柿竹园法

获奖项目介绍

柿竹园多金属矿矿体集中，形态简单，有用矿物品种多，共生关系十分密切，矿石物质组分复杂，属难选矿石。主要体现在：矿石中含有钼、铋、铁的硫化矿物、氧化矿物和黑白钨矿物，矿物嵌布粒度粗细不均且偏细，很难确定合理的磨矿粒度和流程结构；原矿中钨、钼、铋、萤石的品位低，达到合格产品并获得较高回收率难度大；矿石中硫化物与钨矿物共生，白钨矿与黑钨矿共生且相互之间交代蚀变严重，黑白钨同步有效浮选难；矿石中含有与白钨矿可浮性极其相似的含钙矿物萤石、方解石和石榴石，含钙矿物的浮选分离难。柿竹园多金属选矿工艺最开始采用733法，但由于柿竹园多金属矿石中矿物组份复杂，有用矿物粒度细、含量低，各矿物之间共生密切，嵌镶关系复杂，733法不能有效浮选黑钨矿和微细粒白钨矿，并把黑、白钨有效分开，选矿回收低，资源浪费严重。由于矿石选矿难度大，长期以来柿竹园矿选矿指标低，选矿工艺技术成为制约着该柿竹园矿产资源开发利用的瓶颈。

国家为了解决柿竹园多金属选矿技术难题，“八五”“九五”期间，“柿竹园钨钼铋复杂多金属矿综合选矿新技术”列入国家科技支撑计划课题，经北京矿冶研究总院、广州有色金属研究院等单位的联合攻关，以企业名称命名的“钨钼铋复杂多金属矿综合选矿新技术—柿竹园法”，使柿竹园钨钼铋复杂多金属矿综合选矿技术取得了重大突破。

该技术采用全浮选主干流程，首创用高效螯合捕收剂混合浮选黑钨矿和白钨矿新工艺，传统的白钨矿捕收剂不能有效地同时浮选白钨矿和黑钨矿，而且会将大量的含钙矿物（方解石、萤石和石榴子石）浮选到泡沫产品中，给钨粗精矿精选造成困难。柿竹园法在国内外首次采用高效选择性螯合捕收剂CF和GYB的协同效应同时浮选黑白钨矿物。可在自然pH介质中实现黑白钨矿物混合浮选，粗精矿钨富集比大，粗精矿产率为733法的1/5至1/7，大大减少加温精选的粗精矿量，大幅度提高了精选效率。CF（亚硝基苯胲胺铵盐）和GYB（苯甲基羟肟酸）螯合捕收剂的应用是柿竹园法的技术核心，它解决了多年来黑钨矿和白钨矿必须用不同选矿方法分步回收以及白钨矿与含钙矿物难以浮选分离的世界上公认的两大难题，使主干全浮选流程得以实现，为开展钨、萤石常温浮选，产出高品质萤石精矿，进一步提高综合利用水平，创造了良好的条件，在世界钨选矿领域有重大的技术突破。

柿竹园法应用于柿竹园四个多金属选厂、4500吨/日多金属生产线，技术指标在原矿钨钼铋品位均低于旧工艺的情况下（其中，原矿WO3品位由0.56%降到0.48%，Mo品位由0.10%降到0.069%，Bi品位由0.17%降到0.163%），应用柿竹园法钼精矿品位提高1.77%，回收率提高2.85%，铋精矿品位提高9.02%，回收率提高12.64%，钨回收率提高22.33%，年创经济效益3032万元。

柿竹园法处理复杂多金属矿综合选矿新技术将正逐步推广应用于我国的多金属矿矿山。例如：湖南川口钨矿、江西大余钨矿、广东韶关钨多金属选厂、河南栾川从钼尾矿中回收白钨矿以及西部甘肃的一些有色金属矿等。此外CF、GYB螯合捕收剂可以大量推广应用于其它金属矿选矿领域。由于柿竹园法突破了行业共性难点技术，因此对国内外同类资源的综合开发利用将产生重大影响，也是对国内外钨选矿技术的重大突破。

湖南柿竹园有色金属有限责任公司

中国有色金属工业科学技术二等奖（2004年度）

获奖项目名称

三矿带高分段采矿技术研究

参研单位

- 湖南柿竹园有色金属有限责任公司
- 长沙矿山研究院

主要完成人

■ 褚洪涛 ■ 刘澜明 ■ 姜凡均 ■ 陈际经
■ 肖凤元 ■ 袁节平 ■ 潘　冬 ■ 王初步
■ 莫乐明 ■ 刘自强 ■ 胡东波 ■ 何国平

获奖项目介绍

柿竹园多金属矿床“三矿带高分段采矿技术研究”，是国家“九·五”重点科技攻关项目—“柿竹园多金属矿资源综合利用研究”采矿课题中的一个专题项目。该项目研究以国内先进水平为起点，世界先进水平为目标，根据柿竹园多金属矿矿岩赋存条件及国内外开采同类矿山的开采新技术，采用国产化的环形孔钻机，分段高度达到55 m的国际先进水平，提高了采场生产能力，大大减少了采准切割工程量，降低了开采成本，创造了良好的经济效益和社会效益。

该技术研究利用综合采矿方法方案的初选，技术经济分析比较，以及利用模糊数学综合评判选定最优采矿方法方案；极难爆矿体的深孔环形凿岩技术，高分段凿岩分段高度达55 m；极难爆矿体高分段崩矿爆破工艺技术，包括采用端部切割槽侧向深孔柱装药包爆破、低成本粘性铵油炸药、大孔距小抵抗线梯段微差爆破技术等先进独特的爆破回采工艺技术；底部平底V型堑沟铲运机出矿技术。取得了良好的技术经济指标：采场生产能力393 t/d，矿石损失率4%，矿石贫化率1%，大块率6%，炸药单耗比矿山近两年的平均指标降低12%以上，万吨采切比27.8 m/万t.

高分段采矿技术具有大直径平行深孔采矿的优点，切合柿竹园矿特大型、特难爆矿体的实际情况，解决了柿竹园矿存在的开采技术难题，采用国产环形深孔钻机，分段高达55m。该采矿方法的新工艺、新技术填补了我国井下回采工艺技术在该领域的空白，达到了国际先进水平。

该研究成果在柿竹园K1–4工业试验采场成功应用，具有采切工程量少、崩矿成本低和低的贫损指标等优点，产生了良好的技术经济效益和社会效益，K1–4试验采场成本降低成本15.7万元， 该项研究成果已在柿竹园全面推广应用，每年可创造经济效益580多万元。

该项目不仅在柿竹园推广运用后产生了良好的技术经济效益，而且在国内中厚以上矿体开采中具有广泛的推广应用前景。

①柿竹园3500t/d选厂磨矿车间
②柿竹园3500t/d选厂浮选车间
③科技专家在试验现场
④科技专家在试验现场

长沙有色冶金设计研究院

中国有色金属工业科学技术一等奖（2008年度）

获奖项目名称

高效节能选矿设备－CCF新型逆流接触充气式浮选柱

参研单位

- 长沙有色冶金设计研究院
- 洛阳栾川钼业集团股份有限公司
- 湖南华楚机械有限公司

主要完成人

■ 马士强 ■ 秦奇武 ■ 杨剑波 ■ 李建辉
■ 黄光洪 ■ 刘启生 ■ 高建军 ■ 刘放来
■ 王延峰 ■ 陈典助 ■ 余　刚 ■ 李晓健
■ 康国华 ■ 彭根南 ■ 熊　伟 ■ 司久荣

获奖项目介绍

CCF新型逆流接触充气式浮选柱是一种新型高效具有柱型槽体结构的无机械搅拌充气式浮选设备。其结构简单，自动化程度高，采用进口电器元件组成自动控制系统，对浆体输送量实现自动调节，具有流程精简、能耗低、操作维护简便、占地面积小、设备投资少、土建费用省、选矿效率高等特点。

与机械搅拌式浮选机比较，CCF新型逆流接触充气式浮选柱最大特点是采用矿粒与微细气泡逆流平稳接触的流动方式，提供大量补收矿粒的机会。矿粒与气泡逆向运动，绝对速度虽小，相对速度却高，紊流度低，流体力学条件比较理想。柱内气泡细小均匀，表面积大，在逆流条件下与矿粒接触机会更多，消除了有用矿物在浮选过程中的“短路”现象，有利于提高浮选速度和回收率。柱内泡沫层厚度大，可以调节，加上冲洗水的逆流清洗作用，因而富矿比大，可以显著提高精矿品位。

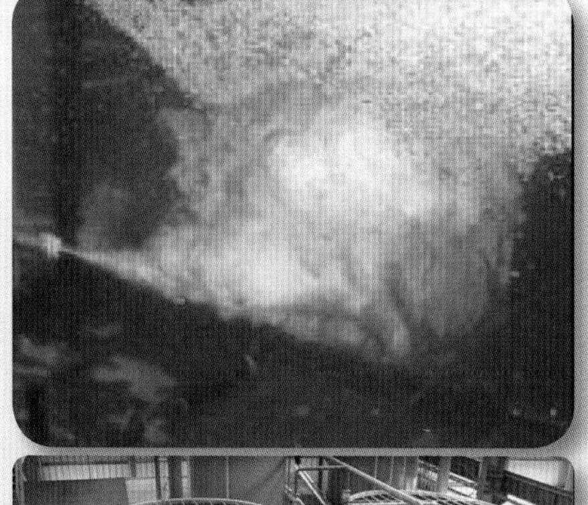

截止目前，CCF浮选柱已有逾300套产品投放市场，主要应用的矿种有钼、白钨、铋、镍、铜、硫、萤石等，主要使用企业包括洛钼集团下属各钼、钨选厂，洛阳钼都钨钼科技有限公司下属各钼、钨选厂，金堆城钼业公司，柿竹园有色金属有限公司，栾川钼城、巨丰、京鑫、大源、牛心垛矿业公司，栾川龙宇钼业有限公司，洛阳龙羽山川矿业公司，洛阳开拓者钼业公司，黄沙坪铁选矿有限公司，河北丰宁鑫源矿业公司，河北中凯矿业公司，方城聚奎鑫矿业有限公司，云锡集团卡房选厂，栾川长青钨钼有限公司等。

长沙矿冶研究院

中国有色金属工业科学技术二等奖（2002年度）

获奖项目名称

大厂高铟锌精矿锌铟冶炼新工艺及铟高新技术产品的开发

参研单位

- 长沙矿冶研究院
- 柳州华锡集团有限责任公司
- 柳州有色冶炼股份有限公司
- 长沙有色冶金设计研究院

主要完成人

■ 陈志飞 ■ 廖春图 ■ 姚吉升 ■ 胡林轩
■ 蒙在吉 ■ 梁杏初 ■ 宁顺明 ■ 张思难
■ 文丕忠 ■ 戴学瑜

获奖项目介绍

广西大厂是以锡为主的多金属矿床，铟的储量居世界第一，在选矿生产锡精矿时，产出含铟达0.1％左右的高铟高铁锌精矿。不能用现有工艺处理，只能作配矿使用。铟回收率仅30％-50％，严重流失了国家宝贵的铟资源。来宾冶炼厂作为使用大厂锌精矿的冶炼厂，列为国家重点建设项目，要求锌系统采用新的湿法工艺，以锌为主，锌铟并收。自六十年代以来，黄钾铁矾法等炼锌新工艺在国外已应用于生产，取得了较好的经济技术指标，但对于稀散金属的回收报导甚少。对大厂如此复杂的锌精矿，采用何种工艺，如何实现产业化，才能有效回收锌、铟，是一个非常棘手的问题。为此国家分别在“六五”和“九五”期间，将这一大型难处理矿的冶炼工艺铁矾法炼锌工业试验和提铟新工艺工业试验列为国家重点科技攻关项目。

1985年铁矾法炼锌工业试验是在柳州市有色冶炼总厂完成，经部级鉴定，该工艺填补了我国铁矾法炼锌生产的空白，使我国湿法炼锌技术提高到了一个新的水平。就地转产后，1985年增加经济效益100万元，几经扩产，年产电锌达3.2万吨，国内数十家炼锌厂相继采用该成果，推动了我国锌工业的快速发展。

1997年，提铟新工艺工业试验在来宾冶炼厂圆满完成，1998年元通过部级鉴定，这是我国锌铟冶炼中一项独有的新技术，处于国际先进水平。已转为工业生产，规模为46吨铟/年，是世界上原生铟最大的生产厂家，1998年，来宾冶炼厂的锌铟工程被国家计委列入第一批高新技术产业化示范工程，国家知识产权局列为促进专利技术产业化示范工程。来宾冶炼厂的锌铟二期工程，建成了铟80吨/年，锌5.5万吨/年。该铟生产的成功转产，标示着我国铟产业的新发展。

为了提升我国铟资源的价值，不只是卖精铟，需加工成附加值更高的铟产品，长沙矿冶研究院与柳州华锡集团有限责任公司共同开发了ITO靶材，并列为“九五”国家科技攻关项目。在克服了国外的技术封锁，国内的技术空白等困难后，于2000年建成了年产10吨ITO靶材生产线，生产出我国第一批ITO靶材，改变了我国卖精铟、进口ITO靶材的历史，促进了电子信息产业的发展。

项目共获发明专利4个，1078年获冶金工业部科技成果二等奖，1986后获有色总公司科技进步三等奖，2002年，获国家科学技术进步二等奖。

湖南稀土金属材料研究院

中国有色金属工业科学技术二等奖（2007年度）

获奖项目名称

激光晶体级高纯稀土氧化物(>5N lu_2O_3、Yb_2O_3、Tm_2O_3、Er_2O_3、Ho_2O_3)分离工艺

参研单位

- 湖南稀土金属材料研究院

主要完成人

■ 陈光辉 ■ 李勇明 ■ 刘育周 ■ 吴　宇
■ 李　曲 ■ 安文涛 ■ 余强国 ■ 翁国庆
■ 黄　蓉 ■ 张艳芬 ■ 张　苏 ■ 粟启文
■ 李孝良 ■ 蔡刚锋

获奖项目介绍

随着科学技术的不断发展，对高新技术的产品有了更高的要求。高纯单一稀土化合物在新材料的开发利用中有着重要的地位，应用稀土可以制成多种功能的新材料，广泛应用于国防等尖端领域中。因此，研究开发高质量的高纯单一稀土产品是一项迫切的任务。

用离子交换法分离性质相近的稀土元素及高纯物质的制备方面来说是一个非常合理的和不可缺少的方法，但采用这种常规的方式，要使分离产品的纯度达到或者大于5N，绝大部分的分离，还有相当的困难，而且常压离子交换方法的致命缺点是过程的流速慢、生产周期长、产率低。要想加快流速，必须引起交换柱的理论塔板高度的增加，导致稀土带的畸形，从而使得分离效果变坏。因此它在工业生产的运用方面受到一些限制。为了达到强化生产的目的，试图改变生产工艺和寻找新的方法，以提高对分离元素的选择性，增大其分离因素。

我院自行设计、自行设备选型，自行组装建成了高纯稀土加温加压离子交换设备。非常有效地分离出了5N¯6N的lu_2O_3、Yb_2O_3、Tm_2O_3、Er_2O_3、Ho_2O_3。

推广应用情况

高纯稀土氧化物(>5N lu_2O_3、Yb_2O_3、Tm_2O_3、Er_2O_3、Ho_2O_3)在激光晶体、闪烁晶体、稀土靶材、稀土高纯试剂等方面有着广泛的应用。

湖南有色冶金劳动保护研究院

中国有色金属工业科学技术二等奖（2010年度）

获奖项目名称

30m²大型铋熔炼炉设计的烟气净化成套装置

参研单位

- 湖南有色冶金劳动保护研究院
- 湖南柿竹园有色金属有限责任公司

主要完成人

- 熊跃辉
- 朱永贵
- 李晓东

获奖项目介绍

湖南有色冶金劳动保护研究院是全国有色金属行业唯一一家专职劳动保护事业的研究院，长年致力于工矿企业的安全生产和职业病防治技术研发，希望与全国有色金属工矿企业进行广泛深入的合作，共谋发展。

推广应用情况

针对目前全世界最大的30m²铋熔炼炉研究设计的烟气净化技术成套装置在除尘器清灰技术、预涂层、烟气脱硫、预回收及系统控制等方面运用了多项最新科技成果，烟尘回收率达到99%。经专家鉴定，一致认为该项目技术为国内首创，达到国际先进水平，在稀贵金属冶炼炉窑烟气净化回收方面具有极高的推广价值。

经测算，仅回收烟尘中金属铋一项，每年为企业创造价值过千万。

广州有色金属研究院

中国有色金属工业科学技术一等奖（2006年度）

获奖项目名称

采用热喷涂技术替代电镀硬铬的研究及其应用

参研单位

- 广州有色金属研究院
- 广州天河区金棠表面工程技术有限公司

主要完成人

■周克崧 ■刘　敏 ■朱晖朝 ■邓畅光
■张忠诚 ■李福海 ■宋进兵 ■李运初
■王　枫 ■邝子奇 ■代明江 ■涂小慧
■谢家浩 ■况　敏 ■刘自敬

获奖项目介绍

电镀铬工艺是一项能耗高、环境污染严重的技术。随着我国对环境保护的重视，环境保护法规会越来越严格，镀铬工艺的生存空间会越来越小。采用清洁的生产技术代替电镀铬技术是一种发展的必然趋势。本项目研究采用先进的热喷涂技术替代目前广泛应用的具有严重环境问题的电镀硬铬技术，通过研究、选择合适的热喷涂工艺和涂层材料，对涂层的组织结构、机械性能和力学性能、耐磨和耐蚀性能以及对基体组织、机械性能的影响以及涂层超精加工工艺进行深入的研究，并与电镀硬铬的性能进行比较，最后制备出综合性能比电镀硬铬更为优异的涂层，满足实际应用的需要。本项目建立相应的研究试验线，并在包装和印刷工业中选择有重大影响力的瓦楞辊和网纹辊作为应用对象，取得了重大成果，产品使用状况令人满意。现已建成两条涂层中试生产线，批量生产陶瓷涂层网纹辊和金属陶瓷涂层瓦楞辊，并制定了相应的工艺标准。在钢铁行业和航空工业，选取了具有重大影响的连铸结晶器铜板和飞机起落架作为典型的应用对象进行了大量的研究开发工作，涂层也已进行实质应用阶段。在此基础上，把热喷涂技术应用推广到钢铁、航天、航空、航海、能源、化工、卫生等领域的各个部门中，最后把热喷涂的成功应用向全社会推广，起到示范基地的作用。

本项目完成后，每年实现直接效益5000多万元，间接效益27000万元以上，新增利税4500万元以上。 实现了包装印刷行业核心部件的国产化，打破了国外对同类技术的垄断，降低了成本，提高了效率，避免了对环境的污染。同时为我国国防建设作出了贡献。

本项目获得专利4项，分别为：

一种瓦楞辊的热喷涂制造方法ZL 2005 1 0101302.9；一种超音速火焰喷涂结晶器铜板的方法ZL2005 1 0101301.4；一种低线数大载墨量陶瓷网纹辊的制造方法ZL 2006 1 0132429.1；一种用于喷涂造纸盘磨机磨片作业的保温装置ZL 2008 2 0049075.9。

其中，专利《一种瓦楞辊的热喷涂制造方法》获第六届国际展览会金奖，碳化钨涂层瓦楞辊获国家重点新产品称号，涂层瓦楞辊和网纹辊的推广应用获2008年广东省科技进步一等奖项。

广州有色金属研究院

中国有色金属工业科学技术一等奖（2009年度）

获奖项目名称

白钨矿成套工程化选矿新技术和新药剂

参研单位

- 广州有色金属研究院
- 甘肃新洲矿业有限公司

主要完成人

■ 张忠汉 ■ 林日孝 ■ 徐晓萍 ■ 管则皋
■ 王兴明 ■ 张先华 ■ 周晓彤 ■ 徐福德
■ 高玉德 ■ 邓丽红 ■ 周祯善 ■ 曾庆军
■ 张幸福 ■ 邹　霓 ■ 刘　进 ■ 李海林

获奖项目介绍

本项目主要针对新建白钨矿山的开发利用和老矿山的技术改造而采用与矿石性质相适应的成套工程化白钨选矿新技术和新药剂而进行，特别注重了GY白钨浮选系列新药剂的研发和推广应用。

本项目针对三十多家性质不同的白钨矿山矿石进行了不同规模的系统研究。项目的主要技术特点和技术创新点是开发出以GY新型白钨浮选药剂为代表并采用相应多种组合调整剂的先进的白钨粗选工艺流程；GY药剂安全、环保、高效合成生产工艺和适应不同白钨矿矿石的GY系列化药剂产品；对传统的“彼德洛夫”法进行重要改进的独具特色的白钨加温精选工艺流程(如添加组合药剂强化对含钙脉石矿物的选择性抑制和强化对白钨矿选择性捕收作用、不脱泥不脱药直接进行浮选等)；对部分矿山从白钨加温精选工艺流程经优化实现常温精选工艺流程和从采用单一浮选的精选工艺流程到采用浮选–重选联合工艺流程；选矿污水全部利用即实现零排放的清洁生产工艺以及对不同硫化矿的脱除及相应有用矿物分选工艺等。

甘肃新洲矿业有限公司选矿厂摇床车间一角

广州有色金属研究院生产车间一角

通过成套工程化白钨选矿新技术和新药剂的应用推广，使企业工艺技术水平得到进一步提升，回收率普遍提高3–10%，钨精矿品位和质量显著提高,取得了良好的经济效益、生态效益和社会效益，有力地促进了我国钨选矿技术的进步，促进了地方经济的发展和生态环境的改善。

目前该成套工程化白钨选矿新技术和新药剂已在国近二十家（黑）白钨选矿厂成功应用，也被十多家选矿厂设计或技术改造所采用。近三年该项目总体累计经济效益已达十多亿元。由于该成套工程化白钨选矿新技术和新药剂工艺先进、生产过程稳定、指标良好、适应性强、对环境友好、经济效益和社会效益显著，该项目研发的白钨矿选矿新工艺成套技术和新型高效白钨矿系列药剂具有强大的市场竞争力和进一步推广应用前景。

该项目属自主研发，总体开发研究达到国际领先水平，具有完全的自主知识产权。目前已申报国家发明专利5项，一项已获授权。另在国内外发表相关科技论文五十多篇。

广州有色金属研究院

中国有色金属工业科学技术二等奖（2010年度）

获奖项目名称

矽卡岩型极低品位难选多金属共伴生矿高效综合回收新技术

参研单位

- 广州有色金属研究院
- 云南锡业集团（控股）有限责任公司

主要完成人

- 邱显扬 ■ 高文翔 ■ 胡　真 ■ 许志安
- 邓伟东 ■ 汤玉和 ■ 姚建伟 ■ 陈学元
- 李汉文 ■ 张　富 ■ 陈志强 ■ 袁经中
- 王　俐 ■ 刘　进 ■ 张　慧 ■ 关　通
- 蒋荫林 ■ 董天颂

获奖项目介绍

我国共伴生矿分布广、储量大，但品位极低、矿物组成复杂，加工处理难度大，资源综合利用率仅为30~35%左右，造成了资源的巨大浪费，据统计，截止到2006年底累计约220亿吨的共伴生资源成为呆矿，并且以每年17亿吨的速度增加。因而，针对该类资源进行高效综合回收新技术研究意义重大。

本项目选择非常典型矽卡岩锡矿床中伴生的极低品位共伴生多金属难选矿为主要研究对象，在小试、中试、工业试验以及生产应用的全过程，取得了该类资源选矿方法上的重大突破，根据矿石物性，研发了“等浮同浮—粗精异浮—钨钙分离”的高效综合回收成套新技术，原始创新了自然铋全浮选、铜钼铋无氰分离新技术，合成了PZO、GYBi、GYH、GY-10等新型药剂，实现了钼、铜、铋、钨等金属的分离和富集，形成了极低品位复杂难选多金属矿分离整套技术，解决了极低品位难选多金属矿分离及综合利用关键技术，项目整体技术达到国际领先水平。项目的主要技术创新点如下：

[illegible]套全浮选新工艺生产车间现场

（1）采用自主研发的黄铜矿高选择性捕收剂PZO，先浮铜钼再浮铋硫，且铜与钼、铋与硫在无氰条件下进行高效分离，实现了矽卡岩型锡矿床中伴生低品位铜钼铋硫的有效富集与分离，该技术在低品位多金属矿分离技术中居世界领先。（2）在中碱介质条件下，采用自主研发的新型清洁活化剂GYBi和自然铋强力捕收剂GYH，实现了难选自然铋全浮工艺技术，属世界首创。（3）采用新型白钨矿捕收剂GY-10与组合抑制剂，实现了矽卡岩型锡矿床中与铁质辉石伴生的低品位白钨矿的有效富集。

本成套技术已经系统地完成了，并在云南和广东实现了较大规模的生产应用，工业生产全流程在原矿含铜0.067%、钼0.048%、铋0.051%、钨0.200%的情况下，获得了精矿含铜18.700%、钼46.080%、铋18.520%、钨72.517%，回收率为85.315%、82.225%、50.494%、76.525%的技术指标。矿山新增经济效益24亿多元。

本成套新技术的核心技术已申请国家发明专利二项（一种铜硫纤维锌矿的选矿方法，专利号200910038844.4，一种自然铋矿物的选矿方法，专利号201010057945.6），其中关键技术《矽卡岩型锡矿床伴生低品位难选多金属分离技术与应用》获2009年中国有色金属工业科学技术进步一等奖，本成套新技术由于出色的创新性、先进性和突出的节能降耗减排效果，不仅经济、社会效益俱佳，而且示范性强，对促进我国有色多金属共伴生矿的高效综合回收技术的进步作用巨大，对全国储量巨大的同类原矿及尾矿资源的高效开发和综合利用，前景十分广阔。

深圳市中金岭南有色金属股份有限公司韶关冶炼厂

中国有色金属工业科学技术一等奖（2002年度）

获奖项目名称

密闭鼓风炉炼铅锌技术应用与改进

参研单位

- 韶关冶炼厂
- 长沙有色冶金设计研究院

主要完成人

- 李夏林 - 张惠勋 - 曹玉祥 - 徐　毅
- 蔡军林 - 刘明海 - 谭日辉 - 王远文
- 刘吉殷 - 史惠盛 - 余　振 - 吴国法
- 余波年 - 姚君山 - 王身振 - 林运驯

获奖项目介绍

密闭鼓风炉炼铅锌技术既能处理分选的铅锌精矿，又能处理难选的混合精矿和含铅锌的物料，具有代替铅鼓风炉和湿法炼锌的功能。

韶关冶炼厂引进密闭鼓风炉炼铅锌技术（ISP），结合本厂生产实际，采取多项有效措施和创新，将密闭鼓风炉及其辅助设备实施改进，增大了炉身面积和风口区面积，经优化工艺技术条件，进一步改善炉内熔炼状况，炉况稳定，生产能力扩大，粗铅锌产量逐年增加，各项技术经济指标大幅度提高，1999年单炉年产粗铅锌11.64万吨，2000年单炉年产粗铅锌13万吨，送风日产粗铅锌380吨，送风率达93.3%，取得增产增效、节能降耗双重效益。

韶冶在推广应用该项技术的同时，又新建第二生产系统，于1996年5月一次试产成功，1997年产铅锌8.54万吨，各项技术经济指标达到设计指标。为提高二系统的生产能力，1998年年末大修期采用该项成果将二系统密闭鼓风炉、铅雨冷凝器和电热前床等设备实施改进，并优化工艺技术条件，设备运行安全可靠，炉况稳定，故障率降低，送风率提高，生产能力扩大，1999年二系统产粗铅锌10.28万吨，各项技术经济指标较大提高，经济和社会效益显著。与国际ISP厂家同类炉型（密闭鼓风炉炉身截面积19m^2）相比：年产量（13万吨粗铅锌）、日产量（380吨粗铅锌）和送风率（93.3%）等主要技术指标韶冶位居前列，已达到国际ISP厂家的先进水平。2006-2007年韶冶进行挖潜技术改造，二系统密闭鼓风炉炉身面积扩大至28m2，为各ISP厂家之最，2008年形成年产铅锌金属35万吨的生产能力。近年来，韶冶积极组织ISP工艺核心技术进行专利申请，共有1项发明专利、4项实用新型专利获得国家知识产权局授权。

目前全球共有6个国家10座铅锌密闭鼓风炉正在运行，韶冶为促进ISP技术进步及发展作出了突出贡献。

深圳市中金岭南有色金属股份有限公司 韶关冶炼厂

中国有色金属工业科学技术二等奖（2002年度）

获奖项目名称

冶炼低浓度SO_2烟气两转两吸制酸技术开发与应用

参研单位

- 韶关冶炼厂
- 长沙有色冶金设计研究院

主要完成人

- 谭日辉 ■ 李夏林 ■ 张伟健 ■ 朱秉彦
- 龙红卫 ■ 徐　毅 ■ 曾令成 ■ 魏世发
- 易杰夫 ■ 侯鸿斌 ■ 李　颖 ■ 袁爱武

获奖项目介绍

韶关冶炼厂一系统是六十年代初引进英国ISP专利技术建成的大型冶炼厂，于1975年建成投产。一系统硫酸采用一转一吸制酸工艺处理铅锌烧结机烟气，设计规模为年产硫酸13万吨。近年来，一系统硫酸主体设备由于腐蚀、泄漏严重，造成SO_2转化率大幅下降，环保压力增大。为此，韶关冶炼厂提出对一系统硫酸进行改造。针对烧结烟气制酸具有SO_2浓度低（3-5%）、波动大、开停机频繁的特点，采用（3+1）两次转化流程，为了解决低SO_2浓度（3-5%）下转化系统的自热平衡问题，通过在设计上采取了多项有效措施，使生产过程中SO_2总转化率达到99.50%以上，尾气SO_2排放浓度由改造前的400ppm下降到100ppm。

该项目通过采取一系列有效措施，创新性地将两转两吸工艺应用于低浓度SO_2（3-5%）制酸实践并取得成功。在借鉴一系统硫酸两转两吸改造成功经验的基础上，2007年底二系统硫酸工艺也由一转一吸改造为两转两吸。

该成果在韶关冶炼厂实施后，二氧化硫烟气得到有效治理，大幅度降低了厂区周边地区的环境污染，二氧化硫尾气排放达到国内领先、国际先进水平，取得了显著的社会效益和环境效益。同时硫酸产量得到提高，大大降低尾气含硫量，节省了处理尾气的氨水用量，大幅降低了生产成本，取得了良好的经济效益。

深圳市中金岭南有色金属股份有限公司 韶关冶炼厂

中国有色金属工业科学技术二等奖（2007年度）

获奖项目名称

锌精馏炉增产节能综合技术研究

参研单位

- 韶关冶炼厂
- 中南大学

主要完成人

刘明海 张 全 蔡军林 谢 铠 赖复兴 王宗亚 巫辉明 梅 炽 黄益泉 郭远海 吴斌秀 陈奕生

获奖项目介绍

韶关冶炼厂锌精馏二系统在系统结构、操作方式、监控手段等方面与国际水平接近。由于燃料热值低，因而产量低、能耗大、炉内温度均匀性差、泄漏事故多等问题。为此厂校合作，开展对锌精馏炉的增产节能应用理论与实践的研究。

通过全息数值仿真从机理和技术上，提出在使用低热值燃料和在扁平型大高度燃烧空间条件下、提高炉温均匀性的途径；通过仿真实验和优化设计，从结构与操作参数等方面，进行燃烧室内煤气与预热空气的相应参数的合理匹配，以保证均匀混合并完全燃烧；通过实验模拟、系统计算与综合测试，分析和改善锌精馏炉大系统内多环节能力的合理匹配，消除瓶颈，实现大系统产能的整体均衡强化。

该成果在韶关冶炼厂应用后，精馏炉上下温差从30℃以上降至5℃左右、个别情况下也不超过15℃；在同等精馏炉规模，采用低热值煤气条件下，单炉产量达到36t/d的国际先进产量；产品能耗降低到4416MJ/t的国际最先进水平。增产率44%，节能率57.4%。主要技术经济指标达到国际领先水平。

项目成果可使我国现有火法炼锌系统的单位能耗大幅降低，节能16.76万tce/年，CO_2减排效果53.89万吨/年，效益3.42亿元/年,增产效益1.68亿元/年,提升了火法炼锌工艺流程及产品的市场竞争能力；为我国大量的传统工艺流程和老设备进行小投入、大收益的挖潜增产和节能减排的“软改造”提供了一个典型案例，开创一条自主创新的有效技术路线。

深圳市中金岭南有色金属股份有限公司凡口铅锌矿

中国有色金属工业科学技术一等奖（2009年度）

获奖项目名称

凡口铅锌矿深、边部及外围成矿预测与找矿研究

参研单位

■ 深圳市中金岭南有色金属股份有限公司凡口铅锌矿

■ 中南大学

■ 广东省有色金属地质勘查局地质勘查研究院

主要完成人

■ 张术根 ■ 张木毅 ■ 李明高 ■ 刘慎波
■ 席振铢 ■ 汪礼明 ■ 杨汉壮 ■ 陈尚周
■ 罗永贵 ■ 于新业 ■ 张家书 ■ 颜克俊
■ 贾会业 ■ 刘武生 ■ 曹志明 ■ 罗文升
■ 江基伟 ■ 邓国鹏

获奖项目介绍

凡口铅锌矿一直是我国最大的铅锌生产基地，为国家做出了巨大贡献。其矿区及其外围是否仍然存在可供开发利用的隐伏矿体，既关系到矿山的长远规划和矿山的可持续发展，也关系到我国铅锌原材料的供给。但作为一个50多年来从没间断找矿工作、地质研究程度已很高的老矿山，发现新资源的难度相当大。

本项目通过实施“产、学、研”相结合科研模式，充分发挥三家地质队伍各自的优势，运用地质、地球物理、地球化学以及遥感技术相结合的办法，分层次、多阶段综合成矿预测信息的提取、筛析、量化、建模，开展矿区深、边部及外围综合信息定位成矿预测。经过四年的艰苦工作，最终对凡口矿床的成矿时间、成矿物质来源、成矿动力、矿床成因、成矿条件、成矿规律、成矿模式等在理论和认识上取得突破。并应用新技术、方法进行成矿定位预测，经部分靶区钻探工程验证，在东矿带发现了新的矿化区段和新的工业矿体，新增了62万吨的铅锌金属量，延长了矿山服务年限，直接经济效益达21亿元以上。对划出的6个找矿靶区，随着将来研究成果在矿区的继续应用，肯定还会取得更大的成绩。该研究成果还可应用于粤北曲仁盆地北缘寻找“凡口式”铅锌矿床。

推广应用情况

通过项目的实施所取得的成果不但有理论上的突破，还有实际利用价值。在所圈定的6个预测靶区，经部分靶区钻探工程验证，在东矿带发现了新的矿化区段和新的工业矿体，初步探获可开发利用的铅锌资源62.48万吨，仅铅锌的潜在经济价值约81.22亿元，随着后续勘查工作的推进，无疑将获得更大的应用效果。不仅为凡口矿资源增储寻找到了新的基地，也为目前正在展开的“凡口铅锌矿危机矿山接替资源勘查”项目提供了勘查设计与选区的依据，还为今后凡口矿区深、边部及找矿突破指明了方向为优选靶区提供了理论依据。同时该项目研究成果可以指导整个曲仁构造盆地的找矿工作。

深圳市中金岭南有色金属股份有限公司凡口铅锌矿

中国有色金属工业科学技术一等奖（2010年度）

获奖项目名称

金属矿山无底柱充填联合采矿综合技术研究与应用

参研单位

- 深圳市中金岭南有色金属股份有限公司凡口铅锌矿
- 中南大学
- 广州大学
- 广东盛瑞土建科技发展有限公司

主要完成人

■ 张木毅 ■ 史秀志 ■ 陈忠平 ■ 姚　曙
■ 曹胜祥 ■ 颜克俊 ■ 陈坤锐 ■ 汪建斌
■ 罗周全 ■ 黄沛生 ■ 田志刚 ■ 阮喜清
■ 赵金三 ■ 梁德义 ■ 孙肇淑 ■ 佘建煌
■ 王怀勇 ■ 董凯程

获奖项目介绍

凡口铅锌矿矿区断裂构造发育，矿体形态复杂、粘连离合频繁，矿井产能扩大至160万吨/年后，矿井通风压力大，采场生产管理困难，充填水泥用量大，导致现有采矿方法不再适用，亟需开发高效、安全的新型采矿方法。项目组针对凡口铅锌矿矿体赋存特征，以安全高效生产为目标，综合运用理论分析、室内实验和现场工业试验、数值模拟等方法，形成了金属矿山无底柱充填联合采矿技术体系：

（1）首次创建了间柱采场无底柱后退式开采新模式。

（2）创新了间柱采场精细化爆破技术。

（3）发展了基于CMS采场空区三维信息获取技术。

（4）优选了细粒级尾砂沉降絮凝剂。

（5）研制了泡沫砂浆充填采矿关键设备与工艺技术。

项目研究成果达到国际先进水平，对提升我国矿山生产能力和安全水平具有重要的推动作用，使我国矿山采矿设备落后局面有所改观，实现选矿尾砂的资源化利用，改善我国传统充填工艺中水泥和水消耗非常大的现状，该研究成果可在条件类似的金属和非金属矿山进行推广应用。

推广应用情况

研究成果已全部应用于凡口铅锌矿生产实际，并取得了良好的技术经济指标：单个采场综合生产能力大于230t/d，贫化率和损失率分别小于6%、2%，大块率小于1%，尾砂利用率在95%以上，水泥用量减少20%以上，水用量减少65%以上，充填效率提高20%以上，结实率由常规的65%提高到95%以上。通过近三年的现场工业实践，实现了凡口铅锌矿的安全高效开采，使采矿直接成本降低约21元/吨综合充填成本降低约20元/m^3，每年总经济效益可达1.351亿元，新增利税8517.86万元，节支总额4989.35万元。

项目的研究有效地提高了矿山的生产能力和安全水平，变废为宝，实现选矿尾砂资源化利用，改善我国传统充填工艺中水泥和水消耗非常大的现状，具有显著的节能效益，对条件类似的金属和非金属矿山具有借鉴意义。

广东坚美铝型材厂有限公司

中国有色金属工业科学技术三等奖（2007年度）

获奖项目名称

铝合金熔炼过程消烟除尘工程技术与装置

参研单位

■ 广东坚美铝型材厂有限公司

■ 佛山市禅城区林垠达环保工程设备厂

主要完成人

■ 何家金 ■ 卢继延 ■ 曹焯添 ■ 汤日生

■ 区社根

获奖项目介绍

本项目的技术原理与过程，是通过对铝合金熔炼过程产生的烟气、温度和压力、粉尘含量等技术参数进行测试和计算，然后研究设计和选择解决消烟除尘的工艺技术条件和设备。该设备主要有烟尘降温装置、大功率风机、脉冲阀、PLC脉冲控制系统，脉冲除尘器以及大型排风管道系统等构成，通过将铝合金熔炼炉排出的大量烟气、烟尘污染物，通过对热量回收后的烟尘经特殊的多级逆流列管冷却器快速降温、吸收、解吸与沉降分离、回收等步骤，将烟气中的污染物彻底富集消除。除尘效率达90%以上，经净化后的废气指标远低于国家标准《工业炉窑大气污染物排放标准》（GB9078-1996）中二级标准要求。本项目的工艺技术与设备与国内现有的其它消烟除尘工艺技术相比，具有更简单、更适合铝合金熔炼的实际条件、操作费用更节省等优点。

本项目经广东省科技厅组织，广东省环保局主持的科技成果技术鉴定结论中表明：本工艺技术与装置在铝合金熔炼的消烟除尘中使用，具有良好的除尘效果和使用价值。用户反映良好，具有显著的环境、经济和社会效益，填补了国内国内相关技术空白，工艺技术与设备达到国内同行先进技术水平。

广东坚美铝型材厂有限公司

中国有色金属工业科学技术二等奖（2009年度）

获奖项目名称

消光复合有色电泳铝合金型材新产品

参研单位

■ 广东坚美铝型材厂有限公司

主要完成人

■ 卢继延 ■ 陈志刚 ■ 何家金 ■ 熊建卿

■ 张怡发 ■ 戴悦星

获奖项目介绍

一般的铝合金电泳产品比较光亮，其反射光度较强，对用户的学习、工作和生活等带来一定的负面影响。随着生活水平的提高，人们对居家环境的要求也相对提升，在要求提高铝材产品耐用性能的同时，还要求其具备色彩艳丽和消光等特性。本项目就是主要研究一种新型的铝材表面处理技术，开发出一种新型的消光复合有色电泳铝合金型材新产品。本新产品与普通的电泳涂漆产品最大区别在于：普通的电泳涂漆产品表面比较光亮，其反射光度较强，接近镜面反射，产生光污染，而本消光复合有色电泳铝合金型材新产品则具有消光环保作用，能够吸收了一部分的入射光线，其余部分则以光线漫反射到周围而不产生强烈的反光。

本项目研发出了消光复合有色电泳铝合金型材的生产工艺技术流程，解决了新型电泳复合膜的色差技术关键，生产出了性能优良的消光有色电泳复合膜。本项新技术产品的工艺技术与产品质量接近国际上同类产品质量技术水平，专家组鉴定认为其性能处于国内领先水平。本项目的研发成功为铝型材加工业增添了一种性能优良、需求显著的绿色环保新产品，推动了铝型材消光有色电泳表面处理技术的进步。

消光复合有色电泳铝型材产品与其他类型表面处理的铝型材相比，因其具有消光环保、色彩丰富等优良特性，产品一投放国际、国内市场，均显示出很强的竞争力和较大的市场需求，随着人们对生活水平与生活质量要求的不断提高，环保、性能优良的中高档装饰材料市场广阔，产品推广前景乐观。本新技术新产品自研制成功推出市场以来，深受广大用户的喜爱，用户使用本产品后，均表示本项目推出的新产品性能优异，无论从外观还是质量都令人十分满意。产生经济效益和社会效益十分显著。

专利等知识产权和获奖情况：本项目知识产权归广东坚美铝型材厂有限公司所有，获评为2009年度有色行业科技奖二等奖。

广东坚美铝型材厂有限公司

中国有色金属工业科学技术二等奖（2010年度）

获奖项目名称

铝合金建筑型材标准

——（基材、电泳涂漆型材及阳极氧化与阳极氧化电泳涂漆工艺技术规范）

本项目的三项标准均是应用在铝合金建筑型材生产企业，规范了铝合金建筑型材的生产要求，促进和保障了我国铝合金建筑型材的产品质量，为提升我国铝合金建筑型材行业的国际地位和竞争力做出了较大的贡献。

一、GB 5237.1-2008 铝合金建筑型材 第1部分 基材

参研单位

- 广东坚美铝型材厂有限公司
- 福建省南平铝业有限公司
- 福建省闽发铝业股份有限公司
- 中国有色金属工业标准计量质量研究所
- 广东兴发铝业有限公司

GB

中华人民共和国国家标准

铝合金建筑型材 第1部分:基材

主要完成人

■ 卢继延 ■ 范顺科 ■ 戴悦星 ■ 朱玉华 ■ 何则济

■ 黄长远 ■ 陈文泗 ■ 何耀祖 ■ 张中兴

获奖项目介绍

本标准不仅参照了美国ANSI H35.2、ASTM B221和日本JIS H4100的规定，同时，还结合了对于在国际贸易中有重要影响的欧盟标准EN755-9和EN12020的内容。

与GB 5237.1-2004比较，本标准的主要技术创新点有：

1.增加了6005、6060、6463、6463A合金及 6005-T5、6005-T6、6060-T5、6060-T6、6463-T5、6463-T6、6463A-T5和6463A-T6的力学性能要求；

2.规定“除压条、压盖、扣板等需要弹性装配的型材之外，型材最小公称壁厚应不小于1.20mm。”

3.非壁厚尺寸允许偏差根据外接圆直径进行定义；

4.角度允许偏差采用角度来定义，规定普通级为±1.5°、高精级为±1°、超高精级为±0.5°，此要求严于日本标准和美国标准要求；

5.弯曲度超高精级严于原GB 5237.1-2004的超高精级指标，且稍严于欧盟EN12020-2的要求；

6.本标准超高精级的扭拧度，其指标高于原GB 5237.1-2004的超高精级的指标。

二、GB 5237.3-2008 铝合金建筑型材 第3部分 电泳涂漆型材

参研单位

- 广东坚美铝型材厂有限公司
- 广东兴发铝业有限公司
- 中国有色金属工业标准计量质量研究所
- 福建省闽发铝业股份有限公司
- 福建省南平铝业有限公司

主要完成人

■ 卢继延 ■ 葛立新 ■ 戴悦星 ■ 朱祖芳 ■ 夏秀群 ■ 黄赐为

■ 谢志军 ■ 詹　浩 ■ 马存真

获奖项目介绍

本标准不仅参照了日本JIS H8602规定的内容，同时，还结合了美国AAMA612-02《推荐性规范，建筑铝阳极氧化复合膜的性能要求及检验程序》及配合《铝及铝合金阳极氧化复合膜总规范》ISO提案内容。

与GB 5237.3-2004比较，本标准的技术创新点有：

1.删除了阳极氧化膜平均膜厚的要求，并将A级和B级阳极氧化膜的局部膜厚提高到"≥9μm"。

2.将A级、B级和S级落砂试验耐磨性指标分别提高到3300g、3000g和2400g。

3.参照AAMA612的规定，增加了耐盐酸性、耐灰浆性和耐湿热性要求。

4.增加了耐洗涤剂、耐溶剂性要求。

三、GB/T 23612-2009 铝合金建筑型材阳极氧化与阳极氧化电泳涂漆工艺技术规范

参研单位

- 广东坚美铝型材厂有限公司
- 中国有色金属工业标准计量质量研究所

主要完成人

■ 卢继延 ■ 葛立新 ■ 戴悦星

获奖项目介绍

本标准是根据《铝合金建筑型材生产企业生产许可证实施细则》中企业必备的生产设备和检测设备、欧盟Qualanod:2004《铝硫酸阳极氧化质量标志技术规范》和Qualicoat第11版《建筑用铝表面喷漆、喷粉质量标志技术规范》中有关内容规定标准中的设备要求制定的。

本标准的发布实施，规范了我国铝合金建筑型材阳极氧化与阳极氧化电泳涂漆处理工艺，提升和保障了我国铝合金建筑型材阳极氧化产品和阳极氧化电泳涂漆产品的质量，具有国内先进水平。

佛山市三水凤铝铝业有限公司

中国有色金属工业科学技术一等奖（2008年度）

获奖项目名称

环保无铅易切削6XXX铝合金及其加工工艺技术

参研单位

■ 佛山市三水凤铝铝业有限公司

主要完成人

■ 吴小源 ■ 刘志铭 ■ 黄志其 ■ 陈 慧

获奖项目介绍

为打破欧盟ROHS指令关于电子产品中禁止含镉、铅、汞有害物质的技术壁垒，2005年公司就组织相关人员，投入大量财力物力，开展环保无铅易切削铝合金产品的技术攻关工作，从研究、开发、试制、优化到产业化实施，公司各部门均严格按照质量管理体系的条款要求进行立项、研发、工艺设计、质量控制。2006年底，经过大量的试验研究和试生产后，通过取消元素铅（Pb），改添加铋（Bi）和锡（Sn）或单独添加Sn，成功开发出了6020A和6020B两种无铅易切削合金，合金的主要性能指标均达到传统6262合金的水平，其中6020A合金还成功注册为国际变形铝及铝合金牌号，国际牌号定为6043合金，这是建国以来中国首个变形铝及铝合金国际牌号。

推广应用情况

环保无铅易切削6020A和6020B铝合金成分稳定，切削性能、力学性能和耐腐蚀性能达到或超过传统6262铝合金。合金不含对人体有害元素Pb，是绿色环保的铝合金，合金产品主要用于电子元器件、机械部件、辅料等原材料和零部件产品，在发动机主缸制动活塞、连接器传送阀门、汽车、液压设备和电子产业的压力部件以及仪器仪表工业等需要高表面光洁度和高精密结构件方面获得了广泛应用。自2006年投产至今，公司已开发出多款环保无铅易切削铝合金棒材、型材产品，主要包括FU4068系列32个品种、FU1272系列17个品种、FL831系列22个品种等14个系列217个品种，其中FL831系列产品获得了挪威船级社产品质量认证（DNV认证）。产品质量稳定，性能优异，价格仅约为国外进口材料的一半，获得了用户广泛的好评。

13.5米超长卧式氧化着色电泳生产线

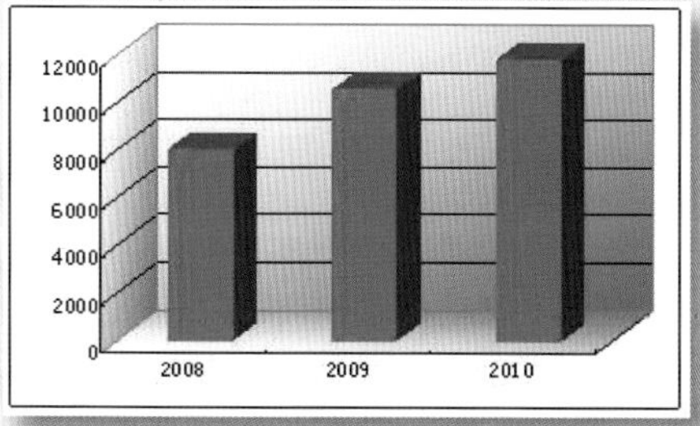

近年来中心研发投入增长情况

项目专利

目前，环保无铅易切削系列产品及其加工工艺已获一项国际变形铝合金牌号和两项国家发明专利授权。国际变成铝合金牌号命名为6043，国家发明专利分别为：一种无铅易切削铝合金材料的制造方法（专利号：ZL200610124278.5）和一种无铅易切削铝合金材料及其制造工艺（专利号：ZL200710029874.X）。同时，“环保型无铅易切削铝合金材料及加工工艺技术”获得了“有色行业科技奖一等奖”、“佛山市科技进步二等奖”；并通过了“佛山市科学技术局”成果鉴定（佛科鉴字（2006）69号）。

发明专利证书

发明专利证书

广东豪美铝业有限公司

中国有色金属工业科学技术二等奖（2010年度）

获奖项目名称

高效全自动带飞锯双牵引机的研发

参研单位

■ 广东豪美铝业有限公司

主要完成人

■ 项胜前 ■ 梁伙友 ■ 周春荣 ■ 孙晓波

■ 蔡月华 ■ 郭加林 ■ 李　林 ■ 周明君

获奖项目介绍

广东豪美铝业有限公司承担的“高效全自动带飞锯双牵引机的研发”项目，通过自主研发突破多项关键技术瓶颈。一、研发先进的工作和控制系统，利用该伺服系统优秀的速度和距离控制能力实现速度、牵引力的精密控制和测量。采用无接触MOXA无线通信系统，实现数据传输的稳定、高密度要求。二、通过组织计算模型，将涉及的相关数据，实际速度反馈、驱动脉冲数量、电压、电流等变量在运算模型中实时运算即时输出力矩，并在程序中根据实际运转效果进行修正，以自反馈形式提供伺服系统控制对速度、驱动脉冲数量、电压、电流等的控制，达到即时控制驱动力矩，实现驱动系统的驱动力精确控制。三、采用上下轨道固定的方式，下部采用六面导轨，从多个方向确保了牵引机头在轨运行的稳定性，大大降低了产生间隙抖动的可能性，同时在立柱上采用交叉加强筋的辅助设计，避免了轨道的变形和整体的稳定性。使该牵引机的1#牵引头与2#牵引头在两机交接时产生抖动降到最低，使其平稳地完成该技术上难点，避免了因交接时产生抖动影响模具工作带挤出压痕。四、采用自主研发的恒力气油泵后，解决了长链条运行时，不同位置的牵引力恒定的难题，同时可根据牵引力的大小，自动调节施力大小，保证牵引力恒定的前提下，还可确保链条下垂概率大大减少。同时采用强度高的链条，链条材料的屈服强度大大提高，在相同长度的环境下，下垂高度可下降60%以上。五、开发一种集所有设置和手动操作功能远程控制台的终端界面（触摸屏）。该远程终端界面位于操作员控制台处。终端界面拥有各类可自定义窗口，允许操作员设置运行参数并可实现手动运行控制。点击选择屏幕中相应的栏可以输入对应的操作指令。

经过两年多的艰苦研制，已于2009年初研发出带飞锯双牵引机样机两台，并在我司挤压生产线试用，效果良好，各项性能均达到国外先进水平。目前，该设备已批量生产，在国内兴发、伟业等大型铝加工企业使用，并销往土耳其、埃及、印度尼西亚等国家，深受国内外用户好评，产生了良好的经济效益。

课题执行期间申请了1项国家专利，在国内学术期刊上发表论文3篇。

中国铝业股份有限公司广西分公司

中国有色金属工业科学技术二等奖（2005年度）

获奖项目名称

赤泥堆场外坝外边坡植被护坡技术研究

参研单位

- 中国铝业股份有限公司广西分公司
- 北京矿冶研究总院

主要完成人

■ 刘永刚 ■ 李小平 ■ 刘时光 ■ 冷杰彬
■ 张桂梅 ■ 马彦卿 ■ 吴　缨 ■ 吴亚君
■ 彭海峰 ■ 阮昀睿 ■ 兰　艺 ■ 李仁连

获奖项目介绍

赤泥是氧化铝生产过程中排出的高碱性废物，国内各大氧化铝生产企业均采用露天方式堆存，寸草不生，是重大的污染源。本项目针对中铝广西分公司赤泥堆场边坡碱性高、坡度陡等难题，试验研究并推广应用了赤泥坝边坡植被防护技术，边坡植被覆盖度达90%以上。与传统的护坡方法相比，植被技术不仅大大地节约了护坡成本，而且有效地控制了赤泥堆场水土流失，净化了坝区空气，恢复了坝区生态景观，同时对促进坝区生产工人及社区群众的身心健康，控制坡面的水土流失和扬尘污染对环境造成的负面影响，保护赤泥堆场的安全稳定，对企业的可持续发展具有重要意义。

项目创新点：

1.对堆场赤泥进行了无土改良试验研究，成功地使其转化为可直接生长植物的基质。

2.试验选择了适宜的、抗逆性好且速生的植被品种，实现了对赤泥坝坡的快速植被覆盖。

3.研究并实施了符合赤泥堆场自身条件的植被工艺，在高碱性的赤泥坝体上实现了较高的坡面植被覆盖度，制止了坡面侵蚀对坝体带来的安全隐患。

4.解决了护坡植物生长介质来源问题，为赤泥堆场今后的植被护坡和生态恢复提供了保障。

中国铝业股份有限公司广西分公司

中国有色金属工业科学技术一等奖（2006年度）

获奖项目名称

一水硬铝石强化拜耳法生产技术的研究应用

参研单位

■ 中国铝业股份有限公司广西分公司

主要完成人

■ 刘保伟 ■ 甘国耀 ■ 瞿向东 ■ 刘孟端
■ 胡玉波 ■ 陈广展 ■ 刘永刚 ■ 甘　霖
■ 吴海文 ■ 龙　旭 ■ 覃　剑 ■ 张永光
■ 许晓莲 ■ 李　波 ■ 娄战荒 ■ 郭大华

获奖项目介绍

该项目根据平果矿的溶出性能和氧化铝生产工艺的特点，对一水硬铝石强化拜耳法氧化铝生产技术进行了研究，通过重点强化溶出和分解，完善生产工艺流程和装备，充分挖掘生产潜力，在资金投入很少的情况下，使氧化铝产量大幅度提高，能耗下降，主要技术指标进一步改善。

项目实施后广西分公司氧化铝产量由1997年的33.82万吨(一条生产线)提高到2005年的92.48万吨(两条生产线)，吨氧化铝蒸汽单耗由3.78吨下降到2.57吨，吨氧化铝综合能耗574.58kg标煤下降到444.27kg标煤，工厂运转率从91.91%提高到96.85%，精液产出率从84.90kg/m^{3}提高到93.66 kg/m^3。并获得13项专利，该项工艺先进，技术新颖，技术处于国际领先水平。

项目创新点：

1.在强化溶出方面：

① 针对平果矿难磨难溶的特点，开发了铝土矿两段磨矿技术，降低矿浆粒度提高溶出效果；

② 开发溶出新型闪蒸孔板、结疤防治及清理技术，提高传热效率，提高溶出温度；

③ 开发了不凝性气体连排技术，提高机组满罐率，延长溶出反应时间；

④ 实现溶出机组的计划检修，在保证换热效果的前提下，延长检修周期，采用网络技术、各类易磨损件预制技术，缩短检修时间，以提高溶出机组运转率；

2.在强化分解方面：

① 采用适合高固含氢氧化铝料浆的宽流道板式热交换器，开发了分解中间降温技术，提高了分解动力；

② 开发了分解槽搅拌综合改造技术，减少了槽内结疤，延长槽清理周期，提高了单位产能；

③ 首次在国内采用了CGM添加技术，控制次持成核，加强附聚，提高精液产出率；

④ 采用分解成核、氧化铝粒度控制技术：减小分解氢氧化铝粒度的波动范围，稳定砂状氧化铝产品质量。

中国铝业股份有限公司广西分公司

中国有色金属工业科学技术二等奖（2007年度）

获奖项目名称

那豆矿区低品位矿的开采利用研究

参研单位

- 中国铝业股份有限公司广西分公司

主要完成人

■ 程运材 ■ 廖江南 ■ 杨海洋 ■ 吴秀琼
■ 何　伟 ■ 肖跃民 ■ 黄华勇 ■ 韦立凡
■ 蔡若斌 ■ 王太海 ■ 黎乾汉 ■ 陈建双

获奖项目介绍

本项目通过充分利用堆积型铝土矿品位变化幅度大的特点，对高品位铝土矿、低品位铝土矿进行科学规划、合理开采利用研究，使铝硅比值低于7的低品位铝土矿也能用于现有的纯拜尔法生产工艺，同时由于充分有效的利用了矿产资源，最大限度的避免矿产资源损失，延长了矿山服务年限，对实现企业的可持续发展有重要意义。该项研究成果于2005年3月开始已得到实施应用，根据研究成果指导雅朗62-3低品位矿的回采，2006年8月开始了62-1低品位矿的回采；至2007年6月，已成功开采利用雅朗低品位矿共 76.10万吨（干矿），其平均AL2O3为45.33%,A/S为5.13。各项目生产技术指标稳定，应用效果很好。该工艺技术属国内首创，总体技术达到国际先进水平，该研究成果可运用于铝土矿低品位矿的开采及利用领域，特别适合堆积型铝土矿的开采利用研究。

项目创新点：

1.首创了国内高低品位铝土矿合理配矿工艺技术；

2.通过科学规划，研究开发出高低品位铝土矿合理配矿工艺，使那豆矿区大量的铝硅比为5～7的中低品位铝土矿成功地、经济有效地运用于拜耳法生产工艺，增加了中铝广西分公司氧化铝生产资源量，保证了企业的可持续发展。

中国铝业股份有限公司广西分公司

中国有色金属工业科学技术二等奖（2008年度）

获奖项目名称

铝液铸造免打渣生产工艺的技术开发应用

参研单位

■ 中国铝业股份有限公司广西分公司

主要完成人

■ 赵光利 ■ 张汝懋 ■ 张哲新 ■ 钱记泽
■ 贾海龙 ■ 姜　磊 ■ 徐林君 ■ 满永国
■ 王庆娜 ■ 高增文 ■ 王强中 ■ 王显军

获奖项目介绍

该项目是中铝广西分公司自主开发的，拥有完全自主知识产权，开发出动态配铝连续铸造的工艺技术、开发出免打渣工艺技术、开发出免打渣铝水分配器。推广应用后取得产品质量稳定、减少2台保持炉的运行、降低铝煤气消耗、降低铸造火耗、消除滴水铝的效果。已成功申请3项专利。

项目解决的关键技术难点：

1.动态配铝连续铸造的技术开发

2.单炉双机生产铝锭的技术开发，实现只用一台保持炉完成全厂铝液的浇铸任务；

3.实施免打渣后铝液表面浮渣的处理；

4.新型铝水分配器的研制，铝水分配器的结构、形状、材料、配方的选择；

5.大溜槽的结构、尺寸的确定；

6.DT管最佳长度的选择；

7.沉降池形状、材质、安装位置的选择；

8.过滤网材质选择；

9.添加精炼剂的最佳方案。

中国铝业股份有限公司广西分公司

中国有色金属工业科学技术一等奖（2009年度）

获奖项目名称

喀斯特石漠化地区矿山生态重建技术与应用研究

参研单位

- 中国铝业股份公司广西分公司
- 中南大学
- 北京矿冶研究总院
- 长沙有色冶金设计研究院

主要完成人

■ 刘祥民 ■ 瞿向东 ■ 刘永刚 ■ 程运材
■ 杨海洋 ■ 陈建宏 ■ 马彦卿 ■ 廖江南
■ 冷正旭 ■ 冯道永 ■ 何　伟 ■ 罗桂民
■ 曾向农 ■ 黄华勇 ■ 李小平 ■ 冯　杰
■ 王太海

获奖项目介绍

该项目经过十多年对喀斯特石漠化地区铝土矿开采复垦和生态重建的系统深入研究，突破了喀斯特石漠化地区矿山工程复垦、生物复垦、水土保持、赤泥基质改良和采矿用地模式改革等一系列重大关键技术难题。

该项目实施后，累计完成高效复垦地6000余亩，建立不同类型的复垦示范区6个，采空地复垦率高达96.6%。复垦示范区土地生产能力和土壤肥力超过当地同类型农田地力水平；缓坡地建成的草–灌群落植被覆盖度达到75～95%，超过当地坡地自然植被水平。该成果成功地解决了喀斯特石漠化地区矿山生态复垦重大技术难题，经济效益、社会效益和环境效益显著，对同类型喀斯特石漠化地区的生态重建具有重大意义，推广应用前景广阔。项目成果填补了国内外喀斯特石漠化地区矿山生态重建领域的空白，综合技术达到国际领先水平。项目创新点：

1.通过工程复垦技术、生物复垦技术、微生物技术综合研究应用，加速土壤熟化及植被重建，成功实现复垦还地（耕地）和生态重建，提出了最佳配土方案，解决了缺少覆土的难题，初步实现了矿区废弃物的减量化、资源化和无害化；2.首次成功开发了絮凝浓缩—高压分离—滤饼复垦—滤液回用的尾矿干法处理复合型新工艺，解决了复垦土源少的问题，又可避免排泥的环境污染，还可显著节约水资源；3.发明了拜尔法赤泥堆场边坡基质改良技术，解决了植物生长基质问题，获得赤泥堆场边坡植被护坡的良好效果，实现了赤泥堆场边坡的快速绿化；4.形成了企业的系统管理与技术规范，并完成了喀斯特矿区采空区复垦技术标准的研究与制订；5.成功实施采矿临时用地新模式试点，建立了一套较为完善的矿山临时用地管理办法，创造性解决了矿山采矿用地难题，为我国矿业用地探索出了一种新的土地供应模式；6.形成了完整的喀斯特石漠化地区矿山生态重建技术体系，为喀斯特石漠化地区矿山实现矿产开发与生态重建提供了理论和技术支撑。

中国铝业股份有限公司广西分公司

中国有色金属工业科学技术二等奖（2010年度）

获奖项目名称

60米浓密机技术改造及其应用

参研单位

■ 中国铝业股份有限公司广西分公司

主要完成人

■ 刘永刚 ■ 杨海洋 ■ 向瑞群 ■ 王太海
■ 陈占钢 ■ 秦汉忠 ■ 黄振艺 ■ 唐建国
■ 王　康 ■ 余十伟 ■ 唐自立 ■ 邹思华

获奖项目介绍

本项目是自主独立完成的综合性技术改造项目，目的在于降低洗矿新水消耗、提高洗矿生产效率，在节水减排、降本降耗方面取得成功经验。已申请专利2件。

为了摸清系统存在的问题，提出针对性的改进、完善措施，消除三期浓缩沉降效果差、回水率低、新水消耗大、供水能力有限等工艺技术瓶颈难题，确保三期洗矿系统连续、高效生产，同时为将来矿山增产挖潜提供技术依据，对三期洗矿系统进行了一系列的技术改造工作。项目实施后，在保证洗矿质量的前提下，三期洗矿系统处理能力及60米浓密机处理能力明显增加，与实施技术改造前相比，洗矿系统处理能力增长了20.25%，浓密机处理能力增长了23.83%，回水利用率增长了46.25%，洗矿新水单耗降低了20.18%，絮凝剂单耗降低了12.26%，每班有效生产时间多了17.4分钟，有力确保了三期洗矿的连续、高效生产。该成果在中铝广西分公司三期矿山生产应用，年直接经济效益306.18万元，每年可新增产值2219.62万元。本成果解决了60米周边传动浓密机处理能力低、絮凝沉降效果差的技术瓶颈难题，经济效益、社会效益和环境效益可观，项目成果已在矿山一期、二期推广。

项目创新点：

1.开发了浓密机中心筒内、外多点添加絮凝剂的给药方式，明显提高了絮凝效果；

2.研发了中心筒液面下沉入式给料技术，加快了沉降速度。

3.洗矿系统处理能力比原来提高了20.25%，洗矿新水单耗降低了20.18%；浓密机处理能力比改造前增加了23.83%，絮凝剂单耗下降了12.26%。

柳州华锡集团有限责任公司

国家科学技术进步奖二等奖（2001年度）

获奖项目名称

提高大厂难选锡石多金属硫化矿选矿技术经济指标的研究

参研单位

- 柳州华锡集团有限责任公司
- 广州有色金属研究院
- 北京有色金属研究总院

主要完成人

■ 张友宝 ■ 董天颂 ■ 吴伯增 ■ 宋永胜
■ 管则皋 ■ 王　熙 ■ 张兴琼 ■ 周泰来
■ 陈建明 ■ 阮仁满 ■ 黎君欢 ■ 黄承波
■ 梁增永 ■ 邹　霓 ■ 邬武进 ■ 韦　懿
■ 王万忠 ■ 邓大松 ■ 苏思平 ■ 李汉文

获奖项目介绍

本项目为国家“九五”重点科技攻关项目之一。主要是针针对大厂矿石性质特点：有用矿物种类多、互含复杂、原矿嵌布粒度不均匀、不同矿物可磨性和可选性差别大及企业生产成本高，资源利用率低，产品含杂高等一系列技术难题而设立的国家科技攻关项目。多年来，通过科研院所、生产单位联合攻关，先后研究开发了多项选矿关键技术。利用不同硫化矿物表面电位差，解决了可浮性相近的多金属硫化矿物之间分离的重大技术难题，在锌--硫分离浮选工艺中，创造性地提出了“中矿外循环”和“选洗”富集铟锌的新技术，使铟锌精矿质量和回收率大幅度提高；在锡中矿磨矿回路中采用具有自主知识产权的三相复合螺旋溜槽，使锡总回收率提高了三个百分点：在国内外首次研制采用新型高效组合药剂BY-5+BY-9+P86,实现不脱泥全粒级浮选，浮锡精矿品位和回收率成倍提高，在难处理低品位含锡矿泥浮选技术上有了突破性进展；研制应用高频振动细筛、园锥选矿机、数控加药机等新组合设备及工艺，大大简化了选矿工艺流程，解决了大厂选矿成本多年居高不下的生产难题。

上述一系列研究成果从1998年至2000年先后在车河选厂转化为生产后取得了巨大的经济效益，三年共累计增利税12585万元，三年累计节支总额13878万元。

2006年12月获广西壮族自治区科技进步特别贡献奖

2010年5月获广西华锡集团科技奖 一等奖

柳州华锡集团有限责任公司

中国有色金属工业科学技术一等奖（2007年度）

获奖项目名称

难选火烧锡多金属贫矿选矿关键技术研究与应用

参研单位

- 河池华锡长坡矿业有限责任公司长坡矿
- 江西理工大学
- 柳州华锡有色设计研究院

主要完成人

■ 陈锦全 ■ 叶雪均 ■ 邬清平 ■ 周德炎
■ 陈志文 ■ 张兴琼 ■ 苏思苹 ■ 梁炳玉
■ 张凤生 ■ 杨奕旗 ■ 谭月珍 ■ 王美娇
■ 唐旭贵 ■ 黄汉波 ■ 黄　青 ■ 覃　雄

获奖项目介绍

本项目属于选矿技术领域。随着富矿资源的枯竭，贫矿资源的开发利用变得日益重要。火烧锡多金属贫矿是广西大厂贫矿的重要部分，矿石储量丰，潜在价值大，但复杂难选，成功利用这种资源的关键在于发展新的选矿关键技术，提高该类资源的选矿效率和综合经济效益。本项目正是针对这个问题开展一系列研究，系统地研究了火烧锡多金属贫矿矿石的基本性质，以差动形跳汰曲线选别机理、有色金属氧化矿活化机理、粉体工程学、DLVO理论为技术依托，针对火烧锡多金属贫矿石品位低、细泥量大、锡石易过粉碎、铅锑锌氧化率高等特点，探索了重选丢废、磨矿分级、絮凝沉降、选择性活化剂捕收剂等多项新设备新工艺，结合选矿厂原有生产条件，对原有工艺流程进行了优化和创新，研究开发成功了难选火烧锡多金属贫矿选矿新技术。其主要技术特点和创新点如下：

（1）改进创新了双室双传动锯齿波跳汰机，并应用于中细粒矿石联合丢废，使前重丢废率由原来的39%提高到50%以上，锡、铅锑、锌金属损失率分别由11%、13.5%、17.5%降低到7%、9%、12%左右；（2）采用高效分级设备---德瑞克细筛，减少锡石过粉碎，优化了磨矿工艺；（3）开发了分支分步浓缩脱水新工艺，降低了有用矿物在细泥中的损失，提高了硫化矿混浮给矿浓度，降低了药剂成本，提高了金属回收率和回水利用率；（4）优选了适合火烧锡多金属矿中铅锑浮选的活化剂和捕收剂，提高了浮选精矿品位和回收率。

该项目开发的相关技术已于2005年逐步在长坡矿成功应用于生产。在原矿品位降低的情况下，生产应用指标为：锡、铅锑、锌回收率分别提高了2.83、8.36、5.77个百分点，日处理能力由2004年的1700吨/日提高到2000吨/日，选矿成本由83.33元/吨降低到66.44元/吨。2005年至2007年6月累计创经济效益5015.68万元。该项目具有明显的创新性，新体技术达到国际先进水平。生产应用取得了明显的经济效益和社会效益，具有在其它钨锑硫化矿、氧化矿和硫化-氧化混合矿矿山推广的前景。

推广应用情况

难选火烧锡多金属贫矿选矿关键技术从2002年10月开始在河池华锡长坡矿业有限责任公司长坡矿进行研究，并于2005年元月开始分别实施应用于工业生产。由于大厂地区富矿资源日渐减少，如何处理贫矿迫在眉睫，而火烧锡多金属贫矿是大厂贫矿的重要部分，矿石储量丰，潜在价值大，但该类型矿石性质复杂，含硫高，容易起火燃烧，选别难度大，国内外尚无现成的技术可供借鉴。二十世纪八十年代，车河选厂曾处理过这类矿石，但指标并不理想，锡、铅锑、锌原矿品位0.42%、0.60%、1.39%回收率分别只有52.41%、55.21%、50.03%。

长坡矿通过近五年的研究开发、技术改造和技术升级，到目前已形成完成的、针对大厂火烧锡多金属贫矿资源特点的选矿技术。采用本技术后，长坡矿的技术经济指标得到很大的提高，锡、铅锑、锌原矿品位0.38%、0.51%、1.64%，回收率达到55.35%、63.57%、65.58%；经济效益和社会效益十分显著，据财务统计，2005年至2007年6月累计创经济效益5015.68万元。

长坡矿处理大厂不同矿点的矿石，尽管矿石性质完全不同、性质复杂多样，但本项目开发的整体技术表现出了良好的适应性，提高了资源的综合利用水平和分选指标，降低了成本。具有流程合理、药剂用量少、分选指标高、适应性强、稳定性高的特点，在国内外具有推广应用前景。

桂林矿产地质研究院

中国有色金属工业科学技术一等奖（2003年度）

获奖项目名称

我国特殊景观区油气综合化探技术研究及应用效果

参研单位

■ 桂林矿产地质研究院 ■ 胜利石油管理局
■ 四川石油管理局 ■ 大港石油管理局
■ 青海石油管理局 ■ 滇黔桂石油勘探局

主要完成人

■ 贾国相 ■ 栾继深 ■ 陈远荣 ■ 陈更生
■ 李丕龙 ■ 姚锦琪 ■ 吴永平 ■ 党玉琪
■ 李水明 ■ 麻建民 ■ 赵有方 ■ 黎绍杰
■ 阳　翔 ■ 周奇明 ■ 徐庆鸿 ■ 颜自给
■ 张茂忠 ■ 张有志 ■ 黎　武 ■ 李大德
■ 何政才 ■ 吴开华 ■ 黄书俊 ■ 朱其胜
■ 曾永超 ■ 卢宗柳 ■ 陈远胜 ■ 张美娣

获奖项目介绍

该项目是我院近20年油气化探工作的总结。项目系统研究了我国南方湿热红土景观区，东部厚层运积覆盖区，大西北戈壁、沙漠、盐碱滩干旱区和滩涂、浅海冲积区土壤中吸附烃、荧光、后生碳酸盐、吸附相态汞等指标的背景含量特征，总结了多套不同景观区行之有效的野外测网布设、取样深度、样品加工粒度、室内测试最佳条件选择、数据处理、评价标志组合、综合评价标准等一系列野外、室内工作方法和消除不同景观区干扰因素的有效办法，开拓性把无机和有机地球化学勘查技术相结合，提出了以土壤吸附烃、吸附相态汞、后生碳酸盐、电导率、土壤二价铁等5种方法9项指标的“油气综合地球化学勘查技术”新思路，指出了吸附烃是反映油气物质来源和油气活动的主要指标，吸附相态汞是反映油气藏富集中心的重要指标，后生碳酸盐是反映油气藏保存条件的有效指标，二价铁是反映油气藏氧化还原环境的有用指标，应用地表指纹指标法成功预测了油气藏埋深，建立了油藏上吸附相态汞为顶部晕、吸附烃和后生碳酸盐等指标为环带晕，两者呈镶嵌结构和气藏上吸附相态汞为环带晕、其他指标为环中顶晕的油气化探异常模式，并从油气生成→二次运移→聚集成藏等石油地质理论上进行论述，丰富了油气地球化学勘查理论。

科研人员在野外工作中

该项目不仅出版论文集1本、专著2部取得了很好的理论效果，而且推广应用于全国10个省区30多个含油气盆地，提交科研成果60多份，圈定油气综合化探异常远景区80多处，部分经钻探验证，已发现油气田（藏）8个，探明石油储量400多万吨，天然气储量600多亿立方米，取得了巨大的经济效益和社会效益。

科研人员出野外

桂林矿产地质研究院

中国有色金属工业科学技术一等奖（2005年度）

获奖项目名称

高档金刚石工具的开发及应用

参研单位

■ 桂林矿产地质研究院

主要完成人

■ 吕 智 ■ 郭 桦 ■ 莫时雄 ■ 谢志刚

■ 宋京新 ■ 王智慧 ■ 唐振兴 ■ 周 斌

■ 林 峰 ■ 李坊明 ■ 冯 跃 ■ 周卫宁

获奖项目介绍

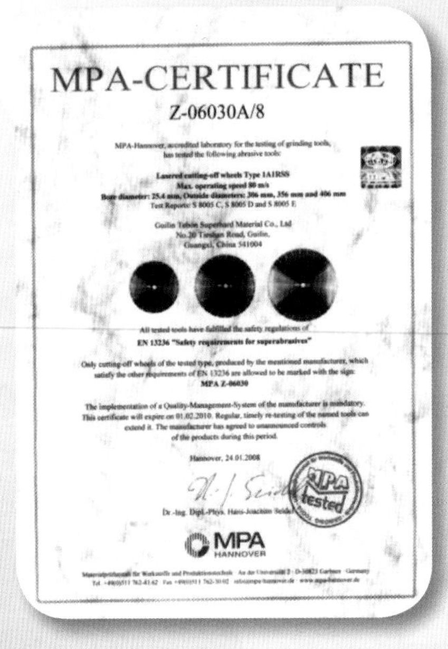

MPA-CERTIFICATE

Z-06030A/8

MPA-Hannover, accredited laboratory for the testing of grinding tools, has tested the following abrasive tools:

Lasered cutting-off wheels Type 1A1RSS
Max. operating speed 80 m/s
Bore diameter: 25.4 mm, Outside diameters: 306 mm, 356 mm and 406 mm
Test Reports: S 8005 C, S 8005 D and S 8005 E

Guilin Tebon Superhard Material Co., Ltd
Guangxi, China 541004

All tested tools have fulfilled the safety regulations of
EN 13236 "Safety requirements for superabrasives"

Only cutting-off wheels of the tested type, produced by the mentioned manufacturer, which satisfy the other requirements of EN 13236 are allowed to be marked with the sign:
MPA Z-06030

The implementation of a Quality-Management-System of the manufacturer is mandatory. This certificate will expire on 01.02.2010. Regular, timely re-testing of the named tools can extend it. The manufacturer has agreed to unannounced controls of the products during this period.

Hannover, 24.01.2008

Dr.-Ing. Dipl.-Phys. Hans-Joachim Seidel

MPA HANNOVER

德国MPA认证证书(锯片)

项目选择在建筑行业应用广泛的钻进、切割、磨削等金刚石工具进行研究开发，解决了多项行业共性、关键技术难题，取得了一系列相关成果，提升了国内金刚石工具制造的技术水平：解决了金刚石工具效率与寿命这一长期困扰行业的关键技术问题；应用基础理论指导金刚石工具设计研究的方法跳出了传统“凭经验”设计的束缚；用国产金刚石制作出高档金刚石工具，为行业技术创新、技术进步起到示范和指导作用；所建立的钻进、切削、磨削模拟试验系统，可对产品性能进行快速综合评价，在行业中推广使用可有效控制稳定国产金刚石工具的质量水平。该成果有力地推动了行业的技术进步，为我国从金刚石生产大国走向强国的进程，提高我国高档金刚石工具在国际上的地位作出了重大贡献。

激光焊接金刚石工具生产线

项目产品“激光焊接超薄金刚石钻头”、“高性能金刚石绳锯”、“玻璃加工用金刚石磨轮”、“中高档激光焊接金刚石圆锯片”等，已拥有18项国家专利，建立了产品质量标准，技术整体居国内领先水平，部分达到国际先进水平。

项目成果已在国家特种矿物材料工程技术研究中心工程化，并在桂林特邦新材料有限公司和桂林创源金刚石有限公司成功应用。建成了绳锯、磨轮、激光焊接工具等多条金刚石工具生产线，形成了12500万元/年的生产能力。项目技术也已在国内全面推广使用，使我国金刚石绳锯市场已由90%以上依靠进口变为95%以上国产化，并实现批量出口，经济、社会效益显著。

项目产品性价比高于国际同类产品，市场反映良好，正在逐步替代进口并进入美国、德国、西班牙、加拿大、澳大利亚等发达国家的高端用户。

桂林矿产地质研究院

中国有色金属工业科学技术一等奖（2010年度）

获奖项目名称

湘黔桂三角区铅锌金矿产三维精细勘查技术及深部找矿应用研究

参研单位

- 桂林矿产地质研究院
- 湖南省地质矿产开发局405队
- 贵州省有色地质勘查局
- 黔南州黔山资源开发有限责任公司
- 中南大学

主要完成人

莫江平 黄　杰 冯国玉 武国辉 陈兴隆 刘健清 余佩然 陈小平 杨绍先 曾渊良 曾永灵 李　琳 刘亮明 万昌林 赵义来 何　方 冼诗盛 张有志 周奇明 杨立功 赵延鹏 张志庆 胡云鹤 曹　军 何建毅 何建树 王建超 王　晔 裴　超

获奖项目介绍

该项目为“十一五”国家科技部科技支撑计划项目《危机矿山接替资源勘查技术与示范研究》之“湘黔桂三角区铅锌金矿产三维精细勘查技术及深部找矿应用研究”课题，课题编号2006BAB01B04，工作起止年限2006－2010年。课题系统总结了区域成矿控制条件和矿床富集规律，对铅锌矿、金矿的矿床类型进行了划分，提出层控型铅锌矿床和蚀变岩型金矿床是研究区内铅锌矿、金矿的主要类型，是今后该区主要找矿主攻类型。建立了本区层控铅锌矿床成矿模式，提出区内层控铅锌矿床总体上属于MTV型铅锌矿的新认识，丰富了研究区铅锌矿成矿理论，对该区铅锌矿找矿有重要指导意义。在桂北地区首次发现龙喉构造蚀变岩型金矿床，建立该区金矿成矿模式和找矿模式，为突破单一石英脉型金矿找矿提供新的找矿思路，促进该区金矿找矿突破，有重要找矿意义和示范作用。

通过对典型矿床进行了面积性和剖面性的地质专项测量，化探土壤次生晕、吸附相态汞、吸附烃、电吸附，物探激电、瞬变电磁法（TEM）和天然场源连续电导率法（EH-4）等地物化勘查技术综合示范研究，建立了一套层控铅锌矿和构造蚀变岩金矿的勘本技术组合，实践应用证明已取得良好找矿效果，可供矿山深边部和外围找矿靶区推广应用。根据区域成矿条件研究，建立的成矿预测准则，进行了成矿预测，提出13个铅锌金矿找矿远景区，对矿区深边部找矿有很好的实用性和指导示范作用，取得较好的找矿效果。

通过产学研密切配合，科研找矿取得重大进展，找矿效益显著。提交了湘西李梅—渔塘、黔南牛角塘2个大型铅锌矿接替资源基地和桂北龙喉中大型金矿勘查基地，新增333+334铅锌金属资源量86万吨、3341金金属资源量21吨。

该成果在成矿理论研究、勘查技术和找矿效果等方面取得重大进展，建立的一套勘本技术组合对该区今后找矿勘查具有创造性和实用性的示范效果，并成功地将科研成果转化为地质勘查，产生了重大的经济效益和社会效益。

广西银亿科技矿冶有限公司

中国有色金属工业科学技术二等奖（2010年度）

获奖项目名称

红土镍矿浸出液沉淀氢氧化镍钴—全萃精炼新工艺

参研单位

- 广西银亿科技矿冶有限公司
- 中国恩菲工程技术有限公司

主要完成人

陆业大 肖万林 王多冬 崔宏志 王国九 王瑞梅 姚亨桃 王亚秦 和润秀 郑明臻 高保军 周科辉 张彦生 刘诚 温剑建 郑伟 容仕甲 王泽强

获奖项目介绍

广西银亿科技矿冶有限公司以来自于国外的红土镍矿为原料，生产出氢氧化镍钴中间产品，再以红土镍矿氢氧化镍为原料成功开发出氢氧化镍钴全萃净化–电积工艺生产高品质电解镍，为国内外首家采用全萃流程的，以红土镍矿氢氧化镍生产电解镍的镍精炼厂。该项目应用于红土镍矿浸出液沉淀氢氧化镍钴精炼生产电解镍。

项目主要内容：

1.红土镍矿浸出液采用中和沉淀法，加氢氧化钠溶液沉淀出中间产品氢氧化镍钴，实现镍、镁、锰的初步分离；

2.阳极液溶解氢氧化镍制取电解液，实现了阳极液中硫酸的循环利用；

3.红土镍矿氢氧化镍溶解后液采用全萃流程净化除杂工艺，研制开发出超大型萃取箱，满足稳定生产高品质电解镍要求；

4.采用CNO树脂除油技术脱除萃余液中的有机相，保证有机物含量达到生产高品质电解镍要求；

5.开发出适用于红土镍矿氢氧化镍阳极液溶解后液中除铅、铬、铝、硅的工艺技术；

6.开发出蒸发浓缩平衡体积、P507萃取平衡镁的技术，摒弃了传统的阳极液沉镍平衡体积、平衡钠、平衡镁的工艺，降低成本；

7.首次采用P507萃取工艺实现镍、镁、钴的分离，实现了钴的直接回收；

8.研制开发出组合式负压密闭阳极盒工艺，解决了镍电积的酸雾问题。

国内外首家采用红土镍矿浸出液沉淀氢氧化镍钴—全萃精炼工艺生产电解镍的镍精炼厂，而且实现了达产达标，经济技术指标先进，质量优良，为我国经济有效地开发利用国外红土镍矿资源，开辟了新的工艺。

推广应用情况

该项目成果已成功应用于公司处理红土镍矿的8kt/a电镍精炼厂，具有工艺流程短，操作简单，能耗低、环保好、质量稳定、成本低等特点；电解镍质量达到NI9999标准；镍回收率达到99.5%。

首次开发了红土镍矿镍精炼的新工艺，为我国经济有效地开发利用国外红土镍矿资源，开辟了新的工艺路线；提升了红土镍矿冶金技术水平，推进了红土镍矿冶金技术的发展；降低了广西银亿的能源及试剂消耗，减少了废水处理压力，大幅度减少了环境保护的压力；培养一批优秀的技术人才，为我国红土镍矿的发展储备了技术力量。

广西银亿–电解镍

柳州百韧特先进材料有限公司

中国有色金属工业科学技术二等奖（2010年度）

获奖项目名称

硫酸亚锡规模化生产的研究

参研单位

■ 柳州百韧特先进材料有限公司

■ 广西华锡集团股份有限公司金属材料分公司

主要完成人

■ 叶有明 ■ 廖春图 ■ 阮　桦 ■ 陈进中

■ 陈良武 ■ 农永萍 ■ 吴云远 ■ 林家伟

■ 凌宏光 ■ 黄献勇

获奖项目介绍

该项目是对广西华锡集团股份有限公司（以下简称华锡集团或华锡）硫酸亚锡进行规模化生产研究。硫酸亚锡主要用于铝合金、马口铁、汽缸活塞、钢丝等酸性电镀，印染工业、化学试剂及环保水泥中的添加剂。

该项目主要是针对华锡集团金属材料分公司硫酸亚锡的生产现状，在进行规模化生产研究的同时，对硫酸亚锡生产工艺条件进行优化研究：改进了电解离子隔膜材料及隔膜结构设计；优化了电解工艺中的槽电压、起始酸度、终点电解液浓度，浓缩工艺中的真空度、母液酸度，烘干工艺的真空度、烘干时间工艺参数；完成了硫酸亚锡生产过程产生的中间物料阳极泥、氧化渣脱硫酸根的研究工作。

荣誉证书

广西华锡集团股份有限公司

科学技术奖

证书

为表彰广西华锡集团股份有限公司科学技术奖获得者，特颁发此证书。

项目名称：年产300吨锡酸钠的研发

奖励等级：三等奖

获奖者：广西华锡集团股份有限公司金属材料分公司

广西华锡集团股份有限公司

2011年5月23日

证书号：桂华行[2011]28号

项目完成后，硫酸亚锡生产各项工艺技术指标和生产经济指标都得到了有效提高，并成功把阳极泥、氧化渣脱硫酸根后作为锡酸钠的生产原料，做到物料循环利用，在实现规模化生产同时，降低了生产成本、提高了产品质量，为华锡硫酸亚锡打开市场奠定了良好的基础。

推广应用情况

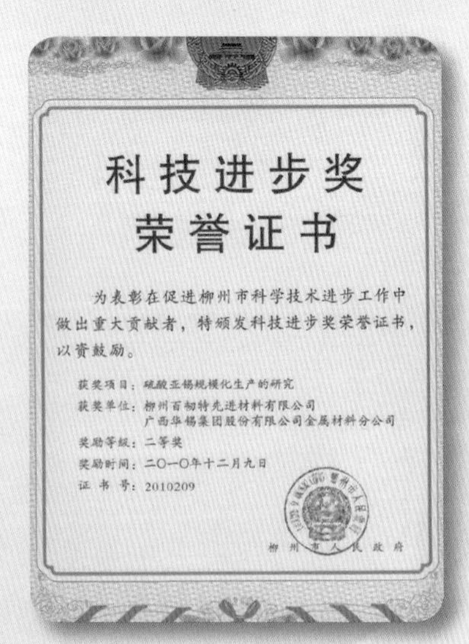

科技进步奖

荣誉证书

为表彰在促进柳州市科学技术进步工作中做出重大贡献者，特颁发科技进步奖荣誉证书，以资鼓励。

获奖项目：硫酸亚锡规模化生产的研究

获奖单位：柳州百韧特先进材料有限公司

广西华锡集团股份有限公司金属材料分公司

奖励等级：二等奖

奖励时间：二〇一〇年十二月九日

证书号：2010209

柳州市人民政府

本项目自实施以来，已生产产品1648.38吨，实现销售收入13644.61万元，创利税686.44万元，出口创汇774.37万美元，节约金属外加工成本及折价费130.544万元。创造新的就业岗位98个，员工工资215.6万元。产品60%出口到欧盟等国，被广泛欧盟应用到了新型环保水泥领域。产品在国内市场也非常畅销，被国内广泛应用于酸性电镀、铝型材电解着色、电子元件光亮镀锡、印染工业媒染剂等领域，其质量受到了国内外用户的一致好评，产生了显著的经济效益和社会效益。

东方电气集团峨嵋半导体材料有限公司

中国有色金属工业科学技术二等奖（2010年度）

获奖项目名称

高纯磷、碲化镉制备技术

参研单位

- 东方电气集团峨嵋半导体材料有限公司
- 峨嵋半导体材料研究所

主要完成人

熊先林 李晓铭 刘益军 王志全 赵怀新 管迎博 宋成国 杨卫东 刘勇 张建才 雷鸿 杜宇

获奖项目介绍

《高纯磷、碲化镉制备技术》，该项获奖成果涉及高纯磷的常压转化规模化技术研究和高纯碲化镉的制备技术二个方面的内容。峨半的高（超）纯元素及其化合物的制备技术水平可以说几十年在行业内独占鳌头，各项成果凝聚了峨半几代人的智慧，很多成果在国内具有领先水平，部分成果可达到国际先进水平。这两项目成果也是在已有技术储备的基础上取得的，具有完全自主知识产权。下面将针对两方面的内容分别展开介绍：

高纯磷的常压转化制备技术：近年来，随着光电材料的广泛应用，化合物半导体磷化铟、磷化镓以及半导体硅、锗掺杂剂等对高纯磷的需求越来越大。目前国内外市场需求还难以得到满足。在磷的制备技术中，经常需要将不稳定的白磷转化成理化性相对稳定的红磷。主要面临的技术难题是磷转化时易爆，转化率低等问题。

峨半该项目成果是利用自主研发的石英常压转化炉，采用逐渐加料的方式和分段升温、恒温、冷却、泻压、尾气排压的方法，实现白磷在常压下转化为红磷，避免了蒸气压大和蒸气遇空气易燃易爆的危险。该项工艺技术已用于生产，6N高纯块状红磷产品单炉产量约7kg，转化率稳定在90%以上，质量稳定。

与国际上利用高压炉作反应容器的转化方式，该技术既解决了设备造价高、对设备材料要求高的成本问题，又实现了常压转化安全性高、规模化生产的目标。该项目的产品技术指标经鉴定达到国内领先水平。

高纯碲化镉制备技术：碲化镉可用于制作红外调制器、HgxCd1-xTe衬底、红外窗场致发光器件、红外探测、核放射性探测器等。近年来碲化镉的需求随着碲化镉薄膜太阳能电池产业的发展而增加。目前，国内碲化镉以粉料居多，单炉合成量低，且用粉末原料制备产品过程中，存在设备成本高，原料易沾污、合成时镉蒸汽难以控制的缺点。

峨半通过自主研究设计了利用真空熔融法生产高纯碲化镉的工艺和设备，采用粒状碲和镉原料交替投料、原料脱氧处理、装料前石英管内壁涂层、石英管封泡密封和缓慢升温等技术措施，保证了合成率和纯度。该项技术已用于生产，工艺稳定可靠，产品纯度≥5N,合成率≥99%，单炉产量达2.6Kg，易实现规模化生产。该项日产品的技术指标达到国内先进水平。该成果于2009年申报了名为《一种高纯碲化镉的制备方法》的发明专利。

东方电气集团峨嵋半导体材料有限公司

中国有色金属工业科学技术二等奖（2010年度）

获奖项目名称

硅多晶产品及其基磷、基硼检测方法标准

参研单位

■ 东方电气集团峨嵋半导体材料有限公司

■ 峨嵋半导体材料研究所

主要完成人

■ 王　炎 ■ 王向东 ■ 梁　洪 ■ 覃锐兵

■ 张辉坚 ■ 杨　旭 ■ 张　瑛 ■ 罗莉萍

获奖项目介绍

GB/T 12963-2009《硅多晶》、GB/T 4059-2007《硅多晶气氛区熔基磷检测方法》以及GB/T 4060-2007《硅多晶真空区熔基硼检测方法》是东方电气集团峨嵋半导体材料有限公司根据根据国标委计划修订完成的。

现就这三个标准做一下简单介绍：

1.GB/T 12963-2009《硅多晶》

本标准是在原GB/T 12963-1996的基础上进行的修订，修订中采用了SEMI M16-1103，针对原标准没有具体性能指标，并结合我国多晶硅生产的实际技术水平，增加了一些技术参数，如根据近几年科研成果，对基磷电阻率、基硼电阻率、碳浓度、n型少数载流子寿命的等级以及硅多晶尺寸范围等进行了提高。同时也增加了多晶中的金属杂质含量要求（作为参考项），使之更能符合半导体行业的发展趋势。并将“硅多晶纯度”修改为“硅多晶电学参数”，增加可将基磷电阻率、基硼电阻率换算成基磷、基硼含量作为定级的依据；将检验项目中“n型电阻率、p型电阻率”更改为“基磷电阻率、基硼电阻率”，使这一重要参数表述地更科学、准确。

本标准适应我国半导体材料的发展现状，并能有利于促进我国半导体行业与国际先进标准接轨，本标准代表国内先进水平，满足我国当前的半导体行业现状，是多晶硅产品定级的重要依据，具有很强的适用性。

2.GB/T 4059-2007《硅多晶气氛区熔基磷检测方法》和GB/T 4060-2007《硅多晶真空区熔基硼检测方法》

这两个用于多晶硅检测的标准原版本皆为83年制定，近几年光伏产业的兴起对多晶硅的检测手段提出了更高的要求。本次修订中修改采用了ASTM F1723-1996，在广泛征询有关单位意见的基础上，结合我国多晶硅行业的实际生产和使用情况进行了修订。

修订中将多晶硅中磷/硼杂质含量的检测范围由0.02ppba～20ppba扩大到0.002ppba～100ppba，并提供了在检验过程中出现检验误差的原因分析。增加了用低温红外或荧光光谱分析法测量样品中的磷/硼杂质含量的方法，提高了本标准与国际先进标准的一致性程度。基磷、基硼检测分别推荐了两种方法，供多晶硅生产厂家自行选择检测方法，减少了方法差异带来的数据争议。

这两个检测标准属于国际先进水平，满足我国当前的半导体行业现状，能促进我国半导体行业与国际先进标准的接轨，是多晶硅产品定级的重要检验方法，具有很强的适用性。

贵阳铝镁设计研究院

中国有色金属工业科学技术二等奖（2007年度）

获奖项目名称

石墨化阴极炭块生产技术

参研单位

- 贵阳铝镁设计研究院
- 河南万基铝业股份有限公司
- 成都三键博慧新材料技术有限公司

主要完成人

■ 安德军 ■ 姚世焕 ■ 包崇爱 ■ 谢斌兰

获奖项目介绍

全球可用能源严重短缺，世界铝行业都把铝电解节能作为技术发展的主攻方向，采用高性能的石墨化阴极作为节能技术发展的主要手段之一。同时使用石墨化阴极也是中国铝行业的渴望，但石墨化阴极生产技术掌握在少数发达国家手中，进口石墨化阴极价格昂贵，多次引进石墨化阴极生产技术遭到不同方式的拒绝。使用石墨化阴极成了中国铝生产者的奢望，近十几年来，造成中国电解铝技术电流密度偏低，电耗高的相对落后现象。该项目是贵阳铝镁设计研究院走产学研结合道路，突破国际技术封锁自主创新项目，它的成功宣告了这种落后现象的结束，标志着中国人已拥有自己独立知识产权的石墨化阴极生产技术。

石墨化阴极的使用促进中国电解铝工业长足进步。从2006年1月16台300KA试验槽启动以来，到目前我国使用石墨化阴极的电解槽已超过1000台。万基铝业最先投产的204台新型石墨化阴极电解槽于2007年9月通过有色工业协会鉴定，2008年下半年，万基铝业已把直流电耗降低到12500kwh/t.Al,是我国系列电解槽生产最低直流电耗，也低于世界最低12700kwh/t.Al。将铝电解电耗降低1000kwh/t.Al，由此可见对中国铝工业具有震撼作用。

近年来，石墨化阴极技术得到迅速推广，世界各大铝业公司纷纷到中国市场购买石墨化阴极。目前我国已建成投产40kt/a石墨化阴极生产系统，还有多家企业石墨化阴极项目正在设计中。必将支撑我们这个世界原铝生产第一大国变成真正的原铝生产强国。

随着我国电价的的提升，石墨化阴极生产技术必将得到普遍推广应用。

推广应用情况

（1）河南万基铝业股份有限公司20kt/a石墨化阴极项目（2）青鑫方圆炭素有限责任公司20kt/a石墨化阴极项目。

建设中的万基石墨化阴极项目全貌照片

贵阳铝镁设计研究院

中国有色金属工业科学技术二等奖（2007年度）

获奖项目名称

阴极串接石墨化炉研发

参研单位

- 贵阳铝镁设计研究院
- 河南万基铝业股份有限公司
- 成都三键博慧新材料技术有限公司

主要完成人

■ 安德军 ■ 包崇爱 ■ 谢志群 ■ 龚石开

■ 谢斌兰 ■ 朱正坤 ■ 黄　俊

获奖项目介绍

石墨化阴极生产的关键设备是石墨化炉，为此我们开发了串接石墨化炉，阴极串接石墨化炉的成功研发解决了石墨化阴极生产的核心技术，填补了我国该技术的空白，使我国生产石墨化阴极得以实现，对我国铝电解技术的转型具有划时代意义，它的成功开发为我国铝电解生产强化电流和采用400kA以上大型电解槽创造了必要的支撑条件。它的成功提升了我国炭素技术的国际地位。其产品为我国高新技术产品。该串接石墨化炉性能如下，装炉量20–45吨；加热温度¯3000℃；加热时间11–30小时；电耗2800–3200Kwh/t–石墨；成品率≥90%；生产能力7000kt/a。

河南万基采用该项发明专利建成我国首条石墨化阴极生产线，2006年通过中国有色金属工业协会组织的专家鉴定。目前，我国使用石墨化阴极的电解槽已超过1000台，电流密度提高到$0.82A/cm^2$，直流电耗降低到12500kwh/t–Al，低于发达国家的电耗12700kWh/t–Al。

该技术的开发实施成功奠定了石墨化阴极生产的基础，推动了铝电解工业的发展，达到了节能降耗的目的。该串接石墨化炉运行安全可靠，产品合格，质量稳定。社会效益经济效益显著，技术达到国际先进水平。推广应用前景广阔。

在世界发生经济危机、铝行业出现全面亏损的情况下，由于设计院拥有此项技术，仍然签订了4000多万元石墨化阴极项目设计合同，其中仅石墨化炉发明专利许可费达到1300万元，这是我院第一个以专利实施许可费获得的收益，充分说明此技术获得了铝行业各界人士的高度重视。

推广应用情况

（1）河南万基铝业股份有限公司二组16台串接石墨化炉；（2）青鑫方圆炭素有限责任公司二组16台串接石墨化炉。

贵阳铝镁设计研究院

中国有色金属工业科学技术一等奖（2009年度）

获奖项目名称

GAMI铝电解槽系列不停电开停槽装置

参研单位

- 中铝国际贵阳分公司
- 中铝遵义分公司
- 中铝贵州分公司
- 乌江机电设备有限责任公司

主要完成人

曹　斌　李　猛　杨　涛　陈才荣　韩笑天　严　彪　田维红　郑　莆

获奖项目介绍

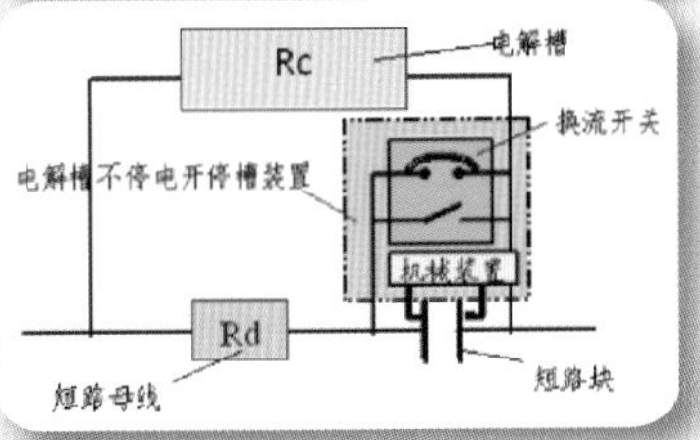

"GAMI铝电解槽系列不停电开停槽装置"是用来启动或者停运在线生产电解系列中任一台或多台电解槽的专门产品。使用该产品可以在不停电、不降电流的情况下，将任意选定的目标槽有计划、安全可靠的接入电解系列或从电解系列中断开，而不影响整个系列的生产和管理，实现节能、增产、减排、稳定电网和提高生产设备寿命的目的。

本产品由换流开关和短路块电液驱动机构组成，与电解槽短路块集成一体形成开关系统。电解槽停槽时由换流开关实现铝电解槽的一次换流(短时)，电液驱动机构驱动短路块快速闭合实现二

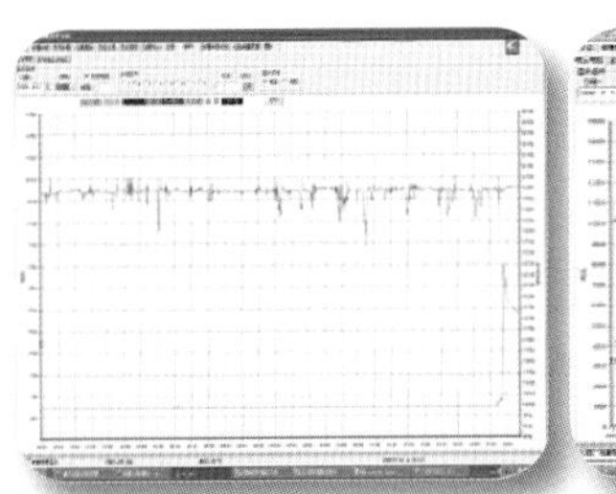

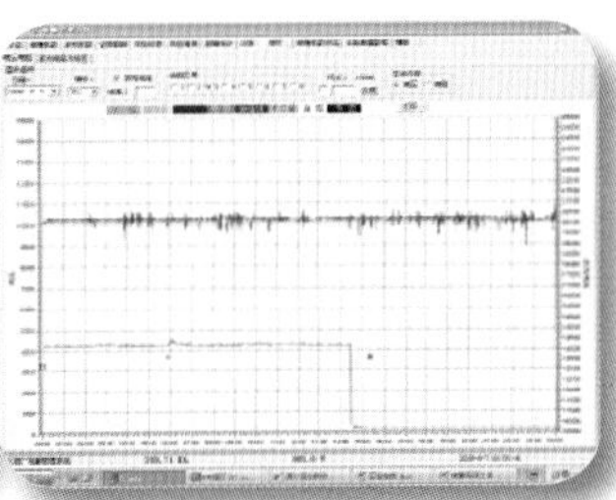

次换流(长期)；开槽时则反之。本产品具有以下特点。

基于二次换流技术的分布式开关系统，使得产品小型化，降低了重量、体积和成本。

短时工作制、低压降、自励双稳态快速换流开关，能有效降低短路口电弧能量，确保设备和人员安全。快速同步控制系统，减少了开关和短路口分断或闭合时瞬间通流过载的损害。

超短行程液压动力机构，使机构小型化，产品能在不同类型电解槽间的有限空间中配置。短路口电液驱动机构及控制系统，使短路口非人工开闭，避免了操作不安全。

本产品各项指标优良，使用时短路口不打火花或火星，人员操作和设备安全。

产品由贵阳铝镁设计研究院有限公司、中铝贵州分公司、中铝遵义公司等单位联合开发，已申报专利41件（其中发明专利17件），产品被中国有色金属协会成果鉴定达到国际领先水平，并获中国有色金属科技进步一等奖。

产品投入市场近二年来，已在国内大多数电解铝厂推广，并出口印度、马来西亚等国，签订合同近亿元。企业使用本产品有效降低了能耗，仅中国铝业公司，每年就可直接节电超过1亿度/年；同时也有效降低了效应系数，减少了当量CO_2排放，提高了电网负荷的稳定性。经济效益和社会效益显著。

中国铝业股份有限公司贵州分公司

国家科学技术进步奖二等奖（2006年度）

获奖项目名称

管—板式降膜蒸发器装备及工艺技术研究开发应用

参研单位

■ 中国铝业股份有限公司贵州分公司

主要完成人

■ 李恩怀 ■ 王月清 ■ 柳健康 ■ 刘建钢 ■ 王　奎 ■ 冷正旭 ■ 蒋贵书 ■ 罗　勇 ■ 李国翔 ■ 刘　毅

管—板式降膜蒸发器侧影

获奖项目介绍

项目研究开发了管–板式降膜蒸发器装备及工艺技术，大幅降低氧化铝生产能耗。其主要创新点及解决的技术难题包括：

（1）在国内外首次成功开发管–板式加热器技术，解决了高温、应力和强碱交互作用而造成加热板片严重腐蚀破坏的重大技术难题；

（2）通过流动场和热力场的优化设计，实现了间接加热和二次蒸汽直接加热的双重蒸发，提高了蒸发效率；

（3）发明了适应铝酸钠溶液特点的均化免清理布膜器，解决了氧化铝生产铝酸钠溶液蒸发易结疤堵塞及汽、液争流现象而导致布膜不均的世界性技术难题，提高蒸发强度；

（4）解决了多级蒸发装置各效间流体阻力和温度损失重大技术难题，在国内外首创了六效蒸发加四级自蒸发工艺技术。

（5）发明了避免碳酸钠结晶在蒸发器中析出的新工艺，显著提高了蒸发产能与运转率；

（6）板片的独特设计，具有垢体自动脱落的自洁功能，提高传热系数，延长运行周期，铝酸钠溶液蒸发的传热系数可达1500W/(m²×℃*以上，蒸发每吨水消耗蒸汽0.23吨，每吨蒸汽蒸发产生锅炉用合格回水4.35吨，达到了国际领先水平。项目取得两项发明专利，三项实用新型专利。与过去的蒸发器相比，四组蒸发器每年减少蒸汽消耗创利润5000余万元。该技术可用于改造或新建氧化铝厂蒸发系统，具有广泛的推广应用价值，将大幅提升我国氧化铝生产蒸发工序装备技术水平，亦可在造纸、制糖等化工行业推广应用。

中国铝业股份有限公司贵州分公司

中国有色金属工业科学技术一等奖（2006年度）

获奖项目名称

GS-1、GS-5、GS-10铝用高石墨质系列阴极炭块开发

参研单位

■ 中国铝业股份有限公司贵州分公司

主要完成人

■ 路增进 ■ 张　衡 ■ 赵伟荣 ■ 吴安静
■ 白　强 ■ 陈爱民 ■ 谢　军 ■ 杨玉春
■ 张　晖 ■ 滕宝坤 ■ 李兴钢 ■ 刘跃昆
■ 门三泉 ■ 梁寿喜

获奖项目介绍

高石墨质系列阴极碳块，包含了人造石墨含量为30%、50%和100%三种不同类型的阴极碳块（简称GS-1、GS-5和 GS-10）。它们是一种全新的铝电解槽用的新型阴极材料。GS-1高石墨质阴极碳块适应于80～160KA铝电解槽上应用；GS-5高石墨质阴极碳块适应于160KA以上铝电解槽上应用；GS-10全石墨质阴极碳块适应于180KA以上铝电解槽上应用。

本项目的研究主要是以超高温煅烧无烟煤为主要原料，根据产品品质和用途的不同，分别配入30～100%的人造石墨，形成GS-1、GS-5、GS-10铝用高石墨质系列产品。在不进行石墨化工艺处理的情况下，通过研制新的配方并对煅烧工艺、混捏成型工艺、沥青调质工艺和焙烧工艺重新进行研究和优化后，对GS系列产品进行开发、试验和在铝电解槽上进行应用。生产后的数据表明该系列产品的理化性能均能达到预期目标，并优于法国沙瓦公司同类产品—CH系列产品的指标，达到了国际先进水平。在电解槽上进行产业化应用后的结果说明，

GS系列产品具有导电性能好、抗热震性能高和抗钠浸蚀能力强的特点，与半石墨质阴极碳块相比，GS-1高石墨质阴极碳块平均能降低炉底压降20～30mv，平均提高电流效率0.13百分点；GS-10全石墨质阴极碳块平均能降低炉底压降50mv左右，平均提高电流效率0.39百分点。

项目研发之前，国内可供电解槽选择和使用的阴极碳块种类比较单一，主要还是以半石墨质阴极碳块为主，该种阴极碳块的缺陷在于电阻率和灰份较高，而抗热震性和抗钠浸蚀性能力又相对较差，不能有效解决铝电解行业较为关注的提高电解槽寿命、降低电耗和增大电解槽单位面积产能的问题，成为了制约铝电解槽向前发展的瓶颈。因此，寻找和使用高品质阴极碳块成为了铝电解行业急需解决的共性问题。自本项目系列产品开发成功和投放市场后，使大型铝电解槽内衬材料发生了革命性变化。目前已有众多的大型电解槽正在进行更新换代，向使用高石墨质系列阴极碳块的方向发展。

中国铝业股份有限公司贵州分公司

中国有色金属工业科学技术一等奖（2007年度）

获奖项目名称

铝工业废水治理与资源化技术开发研究及应用

参研单位

■ 中国铝业股份有限公司贵州分公司

主要完成人

■ 常顺清 ■ 柳健康 ■ 刘建钢 ■ 刘德福
■ 邓邦庆 ■ 狄贵华 ■ 于先萍 ■ 任　剑
■ 杨世奇 ■ 王　奎 ■ 陈　阳 ■ 尹　健
■ 侯　云 ■ 高云山 ■ 李桂贤 ■ 路增进

获奖项目介绍

项目根据铝工业废水含碱、含氟、含油、含酸以及生活污水的特点，紧密结合、充分利用生产工艺及废水处理与回用等多学科技术，系统的解决了复杂生产工艺下系统水量和水质平衡的技术难题，在铝行业率先实现废水"零排放"。通过对废水处理工艺的集成创新，污泥无害化处理、资源化利用技术及生活污水简化处理工艺自主创新，实现了废水经济处理；进行了再生水水质安全分析研究与控制、碳素焙烧烟气净化系统含氟废水处理工艺研究和应用，对废水进行分类处理、分质利用，实现了水量互补、水质互换，有效控制了污染物富集；开发了再生水用于洗涤氢氧化铝的工艺技术，优化溶出和蒸发回水深度处理制取除盐水工艺，开发再生水用于生产、设备冷却、环保设施及杂用水等回用技术，实现了废水资源化利用。

技术经济指标：系统废水处理能力6.42 万m^3/d；再生水水质指标(mg/l)：SS≤30、CODcr≤60、Cl－ ≤250、氨氮≤10、氟化物≤10、石油类≤2、PH 6～9(电解碳素系统)；再生水回用率100%；废水处理成本≤ 0.50 元/m^3；项目投资3600万元，年创效益12309万元。

2007年与1997年相比，氧化铝、电解、碳素产量分别增加72万吨、26.8万吨、17.9万吨，工业新水用量却降低1557万m^3。按单位产品水耗计算节约新水5700多万m^3/a；减排废水1883万m^3/a，污染物减排量：碱4250(t/a)、COD 1122(t/a)、油13.61(t/a)，环境、社会和经济效益十分显著。

整体综合治理技术在国际铝行业处于领先水平。已获三项国家发明专利授权,已获受理两项国家发明专利。该项目技术经中国铝业公司召开专题会议,在全公司推广使用,促进了我国铝工业废水"资源化"发展,对其他行业也有良好示范作用。

遵义钛业股份有限公司

中国有色金属工业科学技术一等奖（2009年度）

获奖项目名称

12吨还原蒸馏联合炉关键技术开发

参研单位

■ 遵义钛业股份有限公司

主要完成人

■ 祝永红 ■ 张履国 ■ 翁启钢 ■ 郭晓光
■ 余家华 ■ 王忠朝 ■ 袁继维 ■ 李斗良
■ 金　航 ■ 陈百均 ■ 赵明全 ■ 陈绍波
■ 李　青 ■ 张淑红

获奖项目介绍

本项目实现了全球最大还原蒸馏联合炉的工业化生产，提高了我国海绵钛生产的装备水平，为新建海绵钛厂提供技术支撑，取得了重大的经济效益，开发了4项关键技术：① 实现了单产能达到12吨的大型联合炉生产工艺，大幅提高了还原蒸馏炉的生产能力和劳动生产效率，显著降低了海绵钛规模化生产的建设成本和人工成本，该技术已通过了由国家有色工业协会钛业分会组织的技术鉴定。并在此技术基础上进一步研发了下述3项关键技术。② 实现了大型联合炉的喷嘴加料和多点加料技术，有效解决了采用单管加料时中心区域温度过高导致烧结产品的问题。③ 采用了中心通道散热技术，解决了大型联合炉中心区域的反应热释放难的世界性难题，攻克了大型

遵义钛业股份有限公司12吨炉生产控制室

联合炉生产工艺中残留的镁和氯化镁难以彻底排除的问题，为联合炉的进一步大型化奠定了基础；④ 对反应器的制造材质进行了全新研究，新材质反应器的使用寿命已达到原有反应器的3倍，巧妙地解决了国内反应器寿命短和国外反应器污染产品的矛盾，在降低海绵钛制造成本方面成效显著。

12吨还原蒸馏联合炉关键技术的开发，标志着我国在还原蒸馏联合炉大型化的研究上处于世界前列。本项目研究成功后，解决了炉型大型化后的一系列关键技术，目前已获得国家专利7项，发表论文1篇。2006年以来，本项目已经逐步推广应用于海绵钛生产线的建设，并在遵义钛业股份有限公司形成14000吨的生产规模。到2010年12月，已累计生产海绵钛约13220吨，实创工业产值近8.5亿元，新增净利润13000万元，税收8000万元。

贵州省有色金属和核工业地质勘查局地质矿产勘查院

中国有色金属工业科学技术二等奖（2005年度）

获奖项目名称

《黔西北地区铅锌银矿床地质特征、成矿规律、找矿方向及资源评价研究》

参研单位

■ 贵州省有色地质矿产勘查院（现更名为贵州省有色金属和核工业地质勘查局地质矿产勘查院）

■ 桂林矿产地质研究院

主要完成人

■ 武国辉 ■ 董家龙 ■ 陈兴龙 ■ 张伦尉
■ 刘幼平 ■ 金中国 ■ 董光贵 ■ 黄永平
■ 曾道国 ■ 肖宪国 ■ 杨明德 ■ 余未来
■ 陈　大

获奖项目介绍

《黔西北地区铅锌银矿床地质特征、成矿规律、找矿方向及资源评价研究》是贵州省有色金属和核工业地质勘查局地质矿产勘查院与桂林矿产地质研究院利用2000年--2005年开展的国土资源大调查项目“贵州水城—织金—纳雍地区铅锌银矿资源评价”成果，深化地质找矿理论认识，生产与科研相结合的结晶。

《黔西北地区铅锌银矿床地质特征、成矿规律、找矿方向及资源评价研究》项目在全面收集、整理前人资料的基础上，优选成矿有利区段，实施大量的中-大比例尺地质填图,物探TEM、EH4及大功率激电测量，区域遥感和GIS综合成矿信息预测与解译，地表轻型山地工程追索构造、矿化信息和解剖异常，深部钻探和坑道验证等工作，在赫章猫猫厂—榨子厂

铅锌矿区和筲箕湾矿区共圈定铅锌矿体7个，估算（$333+334_1$）铅锌资源量141.61万吨，伴生银284.80吨，镓179.99吨，锗254.03吨，镉1266.08吨，取得较好的找矿效果。在水城青山矿区、赫章垭都-蟒洞断裂带圈定了多个成矿有利地段，近年经深部工程验证，均见富厚的氧化矿和硫化矿，资源量远景有望达大型规模，使黔西北地区铅锌找矿取得重大进展。同时，该项目较为系统的研究了区域地层、构造、岩浆岩、地球物理和地球化学异常、遥感影像异常特征与铅锌成矿的关系，总结了区域成矿地质背景，成矿规律，铅锌矿带（区）、矿床、矿体的主要控矿因素。通过区域典型矿床大量数据对比分析研究认为，黔西北地区铅锌矿床属中低温热液成因矿床，并建立了该类型矿床的找矿模式，对找矿远景区进行了预测，提出了今后地质找矿方向和找矿靶区。研究成果经中国有色金属工业协会2005年6月组织专家鉴定达到国际先进水平。

图1 黔西北地区区域地质及研究区范围图

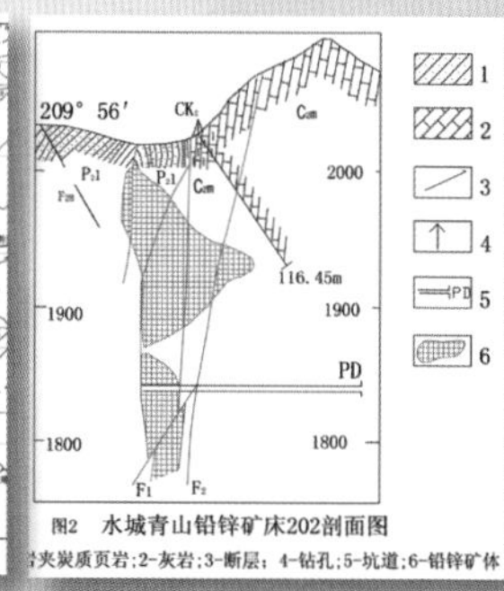

图2 水城青山铅锌矿床202剖面图
1-夹炭质页岩;2-灰岩;3-断层;4-钻孔;5-坑道;6-铅锌矿体

贵州省有色金属和核工业地质勘查局地质矿产勘查院

中国有色金属工业科学技术二等奖（2006年度）

获奖项目名称

《贵州省丹寨县排庭地区金矿评价》

参研单位

■ 贵州省有色地质矿产勘查院（现更名为贵州省有色金属和核工业地质勘查局地质矿产勘查院）

■ 桂林矿产地质研究院

主要完成人

■ 董家龙 ■ 刘幼平 ■ 武国辉 ■ 陈兴龙
■ 金中国 ■ 唐红松 ■ 张克学 ■ 廖登志
■ 张伦尉 ■ 邓红前 ■ 肖宪国 ■ 董光贵

获奖项目介绍

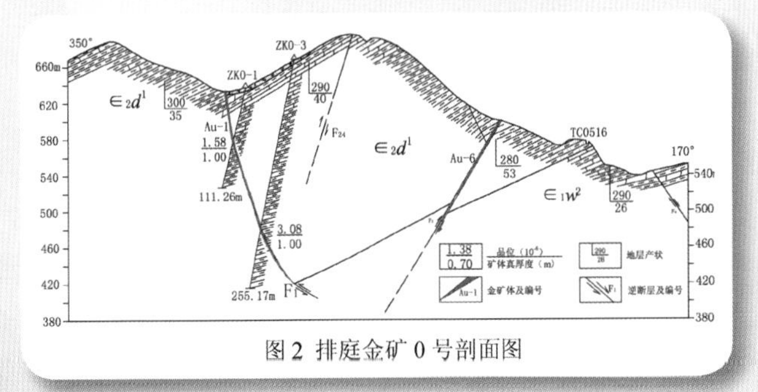

图2 排庭金矿0号剖面图

《贵州省丹寨县排庭地区金矿评价》依托贵州省有色地质勘查局一总队（现更名为贵州省有色金属和核工业地质勘查局一总队）于2002—2003年承担的国家矿产资源勘查补偿费项目“贵州省丹寨县排庭金矿普查及外围预查”工作成果，贵州省有色金属和核工业地质勘查局地质矿产勘查院与桂林矿产地质研究院合作，系统全面地开展了贵州省丹寨县排庭地区及外围的金矿资源远景评价研究工作。

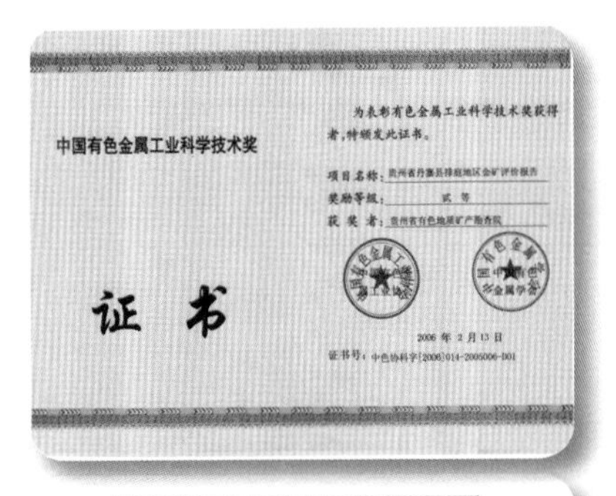

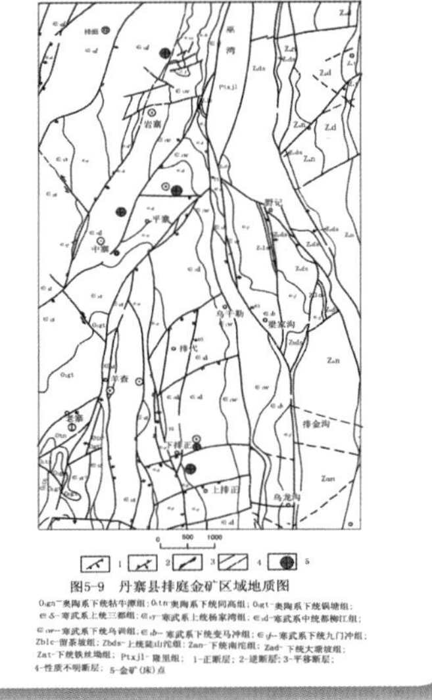

图5-9 丹寨县排庭金矿区域地质图

通过大量的地表地质、化探工作及深部钻探验证工程，大致查明了研究区地层岩性、构造特征及成矿远景、金矿体的分布尤其是重要矿体深部的变化情况，大致查明了矿体的形态、规模、产状、矿石品位及有益有害组份含量。较为系统地分析研究了金矿的成矿规律及找矿标志，认为排庭金矿是典型的浅成中低温热液（渗流热卤水）成因的微细浸染型金矿，受地层岩性、构造和岩相控制。全区共圈定大小矿体23个，其中排庭矿区22个，矿区外围排正1个，探获资源量（333+334）金资源量15264.99kg，其中333资源量856.99kg，334资源量14408kg。

贵州省有色金属和核工业地质勘查局地质矿产勘查院

中国有色金属工业科学技术一等奖（2010年度）

获奖项目名称

贵州省务（川）–正（安）–道（真）地区铝土矿成矿规律与成矿预测研究

参研单位

■ 贵州省有色地质矿产勘查院（现更名为贵州省有色金属和核工业地质勘查局地质矿产勘查院）

■ 中国科学院地球化学研究所

■ 贵州省有色地质勘查局三总队

■ 贵州财经学院

主要完成人

■ 武国辉 ■ 金中国 ■ 毛佐林 ■ 苏之良

■ 武音茜 ■ 赵远由 ■ 董家龙 ■ 龚和强

■ 陈厚义 ■ 苏书灿

获奖项目介绍

2007年贵州省有色地质勘查局（现更名为贵州省有色金属和核工业地质勘查局）向国土资源厅申请并获得了“贵州省务(川)–正(安)–道(真)地区铝土矿成矿规律与成矿预测研究”项目。该项目实施取得的主要技术成果和创新点如下：

（1）通过地质调查和工程控制等工作，总结了了各向斜区成矿地质特征，含矿岩系及矿层沿走向和倾向的变化特征，务川瓦厂坪、道真新民、正安新木–晏溪等典型铝土矿床的矿体产出特征；论证了区域地层、岩性、构造、古地理沉积环境、古气候、古地貌等成矿地质条件等与铝土矿形成的时空关系。

中国有色金属工业科学技术奖

证　书

为表彰有色金属工业科学技术奖获得者，特颁发此证书。

项目名称：黔北务正道地区铝土矿成矿规律与成矿预测研究

奖励等级：壹　等

获 奖 者：贵州省有色地质矿产勘查院

2010 年 1 月 12 日

证书号：中色协科字[2010]008-2009023-001

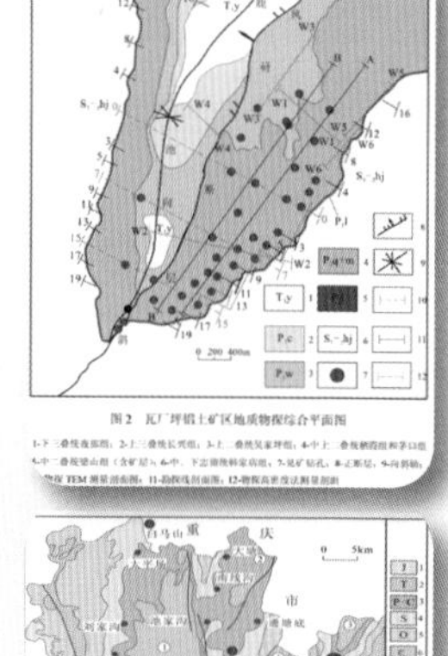
图2　瓦厂坪铝土矿区地质物探综合平面图

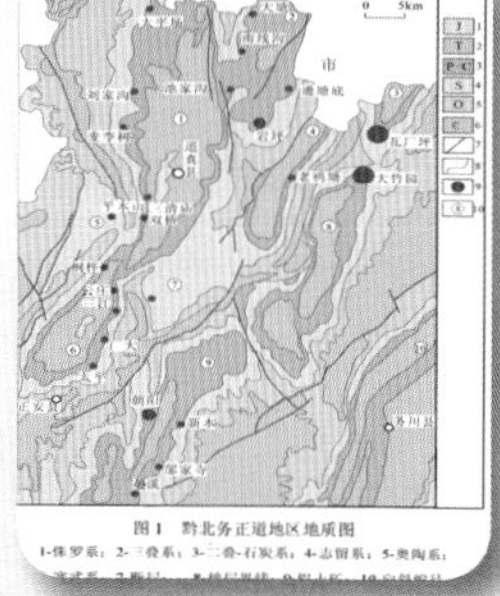
图1　黔北务正道地区地质图

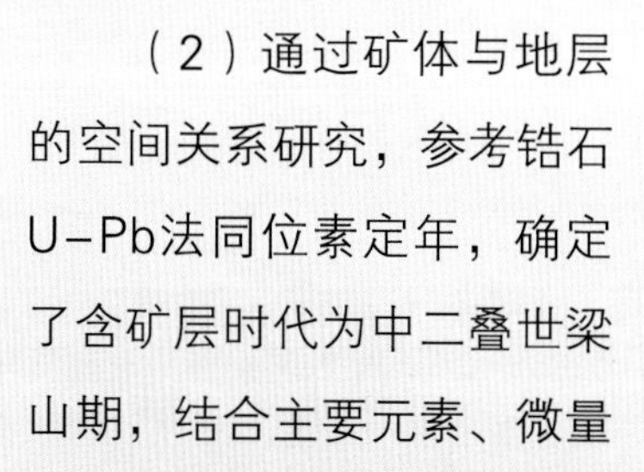

（2）通过矿体与地层的空间关系研究，参考锆石U–Pb法同位素定年，确定了含矿层时代为中二叠世梁山期，结合主要元素、微量元素含量及比值特征分析，揭示了铝土矿床铝质来源与基底有关。

（3）通过黔北务–正–道地区主要矿床X–衍射和电子探针微观矿物学、微量元素、同位素地球化学研究，系统总结了矿床成矿规律；通过模拟计算，揭示了主元素和伴生元素的迁移富集、贫化（亏损）规律；提出了矿床的风化成矿机制；建立了该类铝土矿矿床成矿模式与找矿模式。

（4）采用地质、遥感、地球物理综合评价方法技术，圈定了多个找矿靶区，初步评价了务川瓦厂坪、正安新木–晏溪、道真新民3个大型铝土矿矿床，新增资源量（332+333）约1亿吨。

（5）预测黔北务–正–道地区铝土矿远景资源量2～3亿吨；新增资源量能满足大中型铝工业基地建设的需要，促进区域经济持续发展，预期经济和社会效益显著。

云南冶金集团股份有限公司

中国有色金属工业科学技术二等奖（2007年度）

获奖项目名称

锌精矿加压浸出、长周期电解关键技术研究及产业化

参研单位

- 云南冶金集团股份有限公司
- 云南永昌铅锌股份有限公司
- 云南驰宏锌锗股份有限公司

主要完成人

■ 王吉坤 ■ 董　英 ■ 周廷熙 ■ 陈　智 ■ 杨洪枝 ■ 张安福 ■ 王洪江 ■ 杨大锦 ■ 陈　进 ■ 吴锦梅

获奖项目介绍

项目属于重有色金属湿法冶炼技术领域，包括两部分：硫化锌精矿直接加压浸出技术(150℃，1.2MPa)；锌浸出液长周期电解关键技术。硫化锌精矿的传统湿法冶炼流程复杂，并受到硫酸市场的制约。而以铁闪锌矿为主的锌资源分布广泛，传统湿炼锌工艺不能经济有效处理这类资源。另外目前湿法冶炼过程中的电解周期全部为24h，影响了我国锌生产的整体技术水平。

该项目率先进行硫化锌精矿的加压浸出技术工程化研究，在国内实现工业化生产。自主开发成功高铁硫化锌精矿的加压浸出技术，在国内首次实现产业化生产。率先开发成功锌浸出液的48h电解关键技术研究，并首次在国内实现了机械剥锌的产业化。

以铁闪锌矿为主的加压浸出技术：当含铁14.4%时，锌浸出率98%，比传统湿法炼锌工艺的锌浸出率80%高23%，铁浸出率29%。以闪锌矿为主的加压浸出技术：锌浸出率99.36%，锌的总回收率96%。硫转化率90%，氧利用率90%。该项目研制了压力釜、加压计量泵、闪蒸槽的全自动控制，实现加压浸出技术的安全、稳定运行，有效开工率90%。采用该技术首次于2004年底建成年产1万吨电锌冶炼厂，目前已建成4个企业，正在建设3个企业。该项技术使中国成为世界上第二个通过自主研究实现锌加压浸出技术产业化应用的国家。

对含锗锌浸出液进行深度净化处理，杂质含量比新液质量标准低1～2个数量级。结合永久性绝缘包边和沉积锌片上边沿平整专有技术，实现了电解周期为48h的锌电解，锌片厚度大于3mm，电解电流效率88%，直流电耗3030kW·h/t，机械剥锌率90%以上。达到同类技术的领先水平。采用该技术于2005年建成年产10万吨电锌冶炼厂，为国内同行业提供了技术示范。

该项目获国家专利授权6项，其中发明专利3项。出版了我国第一部锌的加压酸浸专著，发表论文11篇。

云南冶金集团股份有限公司

中国有色金属工业科学技术二等奖（2009年度）

获奖项目名称

富氧顶吹-鼓风炉强化还原-大极板、长周期电解炼铅新工艺及产业化

参研单位

- 云南冶金集团股份有限公司
- 云南驰宏锌锗股份有限公司
- 云南新立有色金属有限公司
- 昆明理工大学
- 云南澜沧铅矿有限公司

主要完成人

■ 王吉坤 ■ 董　英 ■ 周廷熙 ■ 贾著红 ■ 沈立俊 ■ 王洪江 ■ 陈　进 ■ 马　翔 ■ 袁子荣 ■ 马雁鸿

获奖项目介绍

项目属于重有色金属冶炼技术领域。长期以来，粗铅冶炼皆采用传统烧结焙烧--鼓风炉还原熔炼技术；粗铅采用小极板(≤1.12m^2)、短周期(阴极≤3d、阳极≤4d)电解精炼技术，粗铅冶炼存在能耗高、劳动强度大、产生大量低浓度SO_2烟气，严重污染环境，为国家限期淘汰的落后工艺；电铅生产存在工艺装备落后、规模小、机械化、自动化程度低，与国外铅精炼技术差距很大。

该项目自主创新研究解决了保证低残硫高氧势情况下直接生产粗铅控制技术、硫化铅精矿富氧顶吹熔炼的泡沫渣抑制、易挥发铅精矿的烟尘率控制技术、安全-长寿命组合式排铅铜水套、富氧工艺空气的自动平衡伺服技术，开发了鼓风炉喷粉煤强化还原发明专利技术，自主开发了大极板(2.08m^2)、长周期(阴、阳极7d)工艺技术，研制了超长耐腐蚀电解槽、阴阳极整体吊装的自动旋转吊具、铅残阳极的单片连续洗涤机、铅阴极导电棒的自动拔棒机，完成了铅阳极立模的国产化和铜-钢导电棒技术的开发。在国内外率先实现铅精矿富氧顶吹熔炼、鼓风炉强化还原和国内大极板-长周期铅精炼工艺的高效、安全、连续稳定运行，形成了“铅精矿的富氧顶吹熔炼-鼓风炉强化还原-大极板-长周期铅电解精炼”新工艺，开辟了直接炼铅的新途径，实现了铅冶炼技术的重大突破。60kt/a粗铅、100kt/a电铅冶炼新工艺于2005年投产运行以来，粗铅综合能耗比传统工艺低47%，硫捕集率达99%，经济效益和社会效益显著。

该工艺环境友好、节能减排、占地面积少，技术经济指标先进，对炼铅行业发展有很好的示范效应，提升我国有色金属冶炼的整体技术装备水平，国内推广的2个工厂正在建设。国家发改委等9部委(发改运行[2006]1898号)推荐该工艺作为粗铅冶炼改造的替代技术。国外已向哈萨克斯坦的Kazzinc JSC公司推广应用该技术。

该项目获授权发明专利1项，实用新型专利8项。发表论文12篇。

云南锡业集团（控股）有限责任公司

中国有色金属工业科学技术二等奖（2009年度）

获奖项目名称

锡精矿顶吹沉没熔炼炉富氧熔炼工艺技术的开发与应用

参研单位

■ 铜陵有色金属集团（控股）有限公司

主要完成人

■ 宋兴诚 ■ 陈　平 ■ 王彦坤 ■ 唐都作 ■ 樊家剑 ■ 徐胜利 ■ 范丽霞 ■ 杨建中 ■ 曹　华 ■ 陶　明 ■ 黄荣生

获奖项目介绍

在锡冶炼行业，云锡与世界同行相比有着较强的优势，特别是在技术和操作方面一直处于前列。2002年4月，云南锡业股份有限公司引进澳斯麦特技术建成了澳斯麦特炼锡炉，用一座澳斯麦特炼锡炉取代所有的锡精矿还原熔炼反射炉，并对锡精矿还原熔炼车间及其配套工序和设施进行全面改造，使云南锡业股份有限公司的整体锡冶炼技术达到世界领先水平。

为进一步提高澳斯麦特炉还原熔炼锡精矿的效率，节约能源，减少排放，提高产量，2007年通过集成创新、研究，开发了锡精矿顶吹沉没熔炼炉富氧熔炼工艺技术，成功地实现了锡精矿顶吹沉没富氧熔炼，使年处理量提高了30%。自实施锡精矿顶吹沉没熔炼炉富氧熔炼工艺技术以来，取得了良好的节能效果、环保效果和资源综合利用效果，创造了良好的经济效益和社会效益。主要体现在：

(1)在锡精矿喷枪顶吹沉没熔炼炉中采用富氧熔炼，在喷枪风中混入氧气，在单位时间内投入炉内的总气量不变的情况下，使得单位时间内加入熔池的氧量增加，随之单位时间内投入炉内的燃料量、能量和处理的物料量同步增加，锡产量也随之增加。与富氧前相比，锡精矿顶吹沉没富氧熔炼后处理量和产量均增加了30%以上，单位作业成本降低，锡直收率、锡金属平衡率分别提高了0.27%、0.07%。(2)此种工艺方法使得熔炼速度和效率进一步提高，处理单位物料量的烟气量减少，烟尘率也随之降低，锡冶炼回收率进一步提高。富氧熔炼后带来的冶炼综合回收率提高0.43个百分点，为国家有限的矿产资源的充分利用和有效的节约做出了积极的贡献。(3) 锡精矿顶吹沉没富氧熔炼后处理量和产量均增加，而尾气排放量却基本保持不变，也就是相当于生产每吨锡的尾气排放量与富氧熔炼前相比减少了30%以上。取得了明显的减排效果。(4) 充分利用了烟气余热，增加了余热发电量。(5) 在增加产量的同时，使三废实现达标排放，取得了明显的减排效果，改善了生产区域的环境质量，有益于员工身心健康。(6) 自动化水平的提高，降低了劳动强度，提高了生产效率。

云锡使用的顶吹炉，开发并在生产实践中应用了："顶吹沉没熔炼炉炼锡工艺中的高铁渣型配料方法"、"顶吹沉没熔炼炉炼锡工艺中的二次燃烧方法与装置"、"顶吹沉没熔炼炉喷枪口密封方法与装置"、"顶吹沉没熔炼炉喷枪校正装置"等一系列创新技术，集成形成了具有自主知识产权、代表世界先进水平的"锡精矿顶吹沉没熔炼炉富氧熔炼工艺技术"。项目已经获得国家发明专利授权2项目，实用新型专利授权2项。该项目曾获有色金属工业科学技术奖二等奖，云南省红河州科技进步奖一等奖。

云锡采用富氧还原熔炼锡精矿属国内首创，技术达到国际先进、国内领先水平，具有良好的推广应用前景。

云南铜业股份有限公司

国家科学进步奖二等奖（2006年度）

获奖项目名称

富氧顶吹铜熔池熔炼技术

参研单位

- 云南铜业股份有限公司
- 中国有色工程设计研究总院

获奖项目介绍

富氧顶吹铜熔池熔炼技术是自主创新结合引进技术发展的富氧顶吹铜熔池熔炼技术。由于原电炉工艺已不适应发展，经方案比较后，决定部分引进国外先进技术，部分立足自主创新技术，实现对富氧顶吹铜熔池熔炼技术的的完善和重大技术跨越。项目实施后全面提升了云铜冶炼技术水平，粗铜煤耗等技术经济指标达到国际领先水平，彻底解决砷、镉的污染，并综合回收多种有价金属，三废全部达标排放，跻身世界先进行列。

两个炉期38个月的生产共处理干精矿和冷锍216.88万吨，最高小时干料量140吨。形成一套完整的操控制参数，取得了显著的经济效益（年可节约12222万元/年），该技术已能完全掌握，越来越好。先进技术指标和第一炉期28个月的炉寿取得，和下列创新是分不开的：

（1）对顶吹熔炼的核心技术－－喷枪，进行了重大改进：降低了供风压力、降低了能耗、实现了以煤代油、降低了烟尘率。（2）成功研发了贫化电炉浸没式喷吹强化Fe_3O_4还原技术，提高了铜的回收率，属国内首创。（3）根据原料繁杂的特点，成功开发了精确配料和均衡进料技术，为精确控制熔体温度，降低炉温，提高炉体寿命创造了有利条件。

（4）成功研发了高砷烟尘综合利用新技术，拓展了该技术对原料的适应性。

基于以上技术创新，使粗铜年产能由原设计的12.5万吨提高到20.8万吨。项目的实施，创造了富氧顶吹铜熔池熔炼首个炉期的世界最长寿命，粗铜工艺能耗达到0.43t标煤／t.Cu(新标准为0.18t标煤／t.Cu)；总硫利用率达到96.83%，三废达标排放，解决了砷、镉的污染，并综合回收多种有价金属。

云铜富氧顶吹炼铜技术已大规模应用于生产实践，主要经济技术指标达到同类企业的世界领先水平，经济效益显著，资源综合利用率高，环保和社会效益突出，具有广阔的推广应用前景。

获奖项目推广

项目实施后，全厂总硫利用率由87.1%提高到96.8%，超过95%的设计指标；尾气排放SO_2浓度为450 mg/Nm^3，优于国家排放标准960 mg/Nm3，外排SO_2削减42%，三废全部达标排放；能耗的下降，年减少向大气排放温室气体CO_2、NO_x、SO_2排放约35万吨。

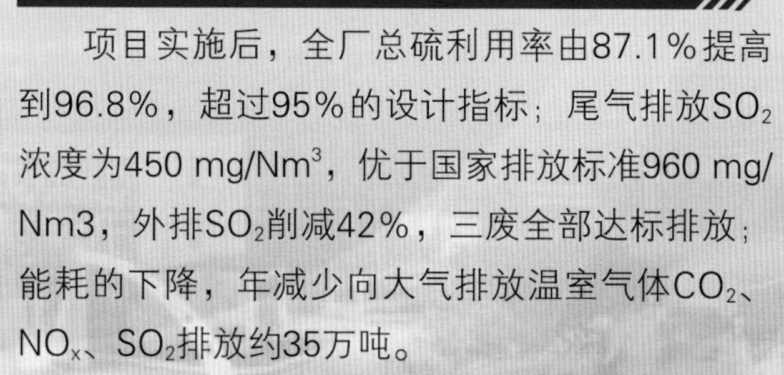

公司在引进、消化、吸收基础上开展的创新与研发，是对富氧顶吹炼铜技术的发展，使该工艺及配套技术更趋成熟。创造了多项该技术工业应用的最佳记录，国内外对上述成果给予了高度评价。

昆明理工大学

中国有色金属工业科学技术二等奖（2008年度）

获奖项目名称

铜电解精炼或电积用新型不锈钢阴极板制备技术及产业化

参研单位

- 昆明理工大学
- 云南铜业股份有限公司
- 昆明理工恒达科技有限公司

主要完成人

■ 郭忠诚 ■ 黄善富 ■ 黄太祥 ■ 华宏全

■ 王　敏 ■ 解祥生

获奖项目介绍

课题来源于云南省科技攻关计划和国家863计划。1979年，澳大利PERRY ISN JAMES发明了用不锈钢阴极板代替传统的始极板的方法（又称ISA法），此技术一闻世就以极大的技术优势得到了国际上同行的认同和推广应用。它代表当今最先进的电解铜精炼技术，成为电解铜技术的发展趋势。为了打破国外技术的垄断，推动我国电解铜精炼技术的进步，提高我国电解铜企业在国际上的竞争能力，我们开展了这方面的研发工作。

ISA电解法的核心技术之一就是不锈钢阴极板，它由不锈钢极板、导电棒和绝缘包边三部分组成。其技术原理是对极板表面进行精加工和表面处理，获得电解铜与阴极板之间的最佳的结合力，既保证了电解铜与极板之间有足够的附着力，又要使电解铜易于从极板表面剥离。不锈钢表面经钝化处理，提高其耐蚀性，保证电解铜的纯度。采用特有的技术设计制作导电棒与极板之间的连接方式，以降低槽电压，提高电流效率，达到节约能耗的目的。

研发的不锈钢阴极板制备技术有别于澳大利亚ISA极板和加拿大EPCM极板，具有自己的知识产权，已申请国家专利4项，其中已授权国家专利3项，在阴极板和导电棒的材料选择，不锈钢极板表面处理以及导电棒的结构设计等方面具有创新性。

项目实施以来，所生产的80000多片阴极板经多家电解铜厂使用（云南铜业股份有限公司、福建紫金矿业集团股份有限公司、浙江盈联科技有限公司、上海鹏欣矿业投资有限公司等），实践证明，产品完全满足工业生产的要求。现场测试结果表明，产品质量达到了国外同类产品的先进水平。

本项技术成熟，工艺稳定，产品质量可靠，制定了企业标准，已实现成果向产业化的转化，建立了年产5万片不锈钢阴极板生产线，已累计生产80000多片不锈钢阴极片，实现产值2亿多。产品主要用于电解铜行业。该成果2008年获中国有色金属工业科学技术奖二等奖。

昆明理工大学

中国有色金属工业科学技术一等奖（2009年度）

获奖项目名称

电磁屏蔽及电子浆料用功能粉体材料制备的关键技术与产业化

参研单位

■ 昆明理工大学

■ 昆明理工恒达科技有限公司

■ 昆明亘宏源科技有限公司

主要完成人

■ 郭忠诚 ■ 朱晓云 ■ 黄　峰 ■ 樊爱民

■ 龙晋明 ■ 王　敏

获奖项目介绍

本项目结合云南有色金属的资源优势，研究铜、银、锌等金属粉体的深加工技术，重点开发电磁屏蔽及电子浆料用的功能粉体材料及其制备技术，实现了成果向产业化转化，有助于将资源优势变为经济优势，对促进云南乃至全国经济发展有重大意义。

项目主要技术内容及解决的关键技术如下：（1）研制了片状银粉、片状铜粉、超细铜粉、片状锌粉及银包铜粉、银包铝粉和银包玻璃粉的制备技术。（2）开发了银包铜粉和片状银粉在电磁屏蔽涂料和电子浆料，以及片状锌粉在防腐涂料中的应用。（3）研究了球磨工艺对粉体片状化的影响，镀银工艺对银包铜粉表观和性能的影响，优化了球磨工艺参数和镀银工艺条件，确定了较佳的技术路线。（4）开展了应用基础理论研究，探明了金属片状化形成机理，建立了银包铜镀层形成机制模型，为工业生产提供了理论依据。（5）解决了粉体的分散性、粒度分布均匀性、铜粉氧化和银包铜粉色泽暗淡、生产工艺稳定性、以及批量生产各批次产品性能重现性等关键技术问题，为成果推广应用提供了技术支撑。

本项目的创新点主要体现在：（1）研制成功松装密度国内外公知最小的片状银粉；采用湿法球磨工艺制备片状银粉和锌粉，表面采用二次改性，涂覆分散膜和漂浮膜两层保护膜。（2）在片状铜粉的表面上沉积银或银合金；复合铜粉浆料中加入特殊还原剂实现了空气中烧成；开发出适用于铜粉和银包铜粉防氧化处理液，提高了铜粉的抗氧化性，开发出一种新型分散剂，选用了一种特殊的络合剂，得到镀层均匀、结合力良好的银包铜粉。（3）发明了一种微孔片状银粉的制备方法。（4）在核心发明基础上，又丰富和发展了新的创新内容：研制成功银盐和络合剂自动供给装置，实现了银包铜反应在线控制；开发了新一代环保型电磁屏蔽涂料；在达克罗涂料中添加硬质纳米颗粒以提高涂层的耐磨性；采用两步化学还原法制备超细铜粉。

本成果达到的技术指标：片状银粉PA-1D松装密度为0.45g·cm^{-2}，是国内外公知最小的；银包铜粉T-4松装密度0.62g·cm^{-2}，比表面积0.7m^{2}·g^{-1}，平均粒径22.8μm，粒度分布均匀，用T- 4制备的电磁屏蔽涂料的屏蔽效能72-79SEdb，产品的技术指标均达到国外同类产品的先进水平。功能粉体材料的整体制备技术达到国内领先、国际先进水平。

实现了成果向产业化转化。2005年以来相继建立了年产400吨片状铜粉、400吨银包铜粉、50吨片状银粉及500吨片状锌粉4条生产线。生产工艺稳定，技术指标先进，产品已销往华东、华南、华北等地，市场份额已占到国产产品的80%，近三年累计新增产值5.99亿元，新增利税1.8亿元，经济效益与社会效益显著。项目已获得4项发明专利及1项实用专利授权，制订了1项国家标准。

功能粉体材料在电子、信息、军工、航空航天等领域有广泛的应用前景。本项目作为功能粉体示范工程，对促进有色金属行业技术进步和产业结构调整、拓宽有色金属粉体应用领域、创造更大的经济和社会效益起到重大的作用。

昆明理工大学

中国有色金属工业科学技术二等奖（2009年度）

获奖项目名称

铜火法精炼清洁生产用高效还原剂生产新技术新设备

参研单位

■ 昆明理工大学

■ 昆明理工精诚科技有限责任公司

主要完成人

■ 陈　雯 ■ 沈强华 ■ 刘中华 ■ 王卫东

■ 陈吉龙 ■ 冯丽辉

获奖项目介绍

为解决粗铜火法精炼采用青木或木炭粉作还原剂造成的生态破坏、采用石油制品或烷类产品还原逸冒黑烟造成环境污染等问题，本项目开发了煤基清洁高效还原剂，替代前述还原剂产品。

项目以褐煤为原料，采用自主创新设计的外热式连续快速炭化炉，使高水分褐煤的半焦化速率提高。半焦经复配制备出反应活性强、化学成分和物理规格均合格的煤基还原剂；同时开发出适应不同粗铜精炼炉型（反射炉及回转炉）和装备水平的煤基还原剂喷吹设备，保证固体还原剂的气动稀相输送能够准确控制。

创新性体现在：(1)还原剂产品 (2)还原剂制备工艺 (3)还原剂输送设备。关键技术：还原剂制备方法及还原剂应用时与冶炼工艺的匹配。

产品应用技术指标：(1) 还原剂单耗：在150t固定式反射炉上：平均12 kg/t.Cu；在350t回转式阳极炉上：平均10 kg/t.Cu。(2) 还原时间：在150t固定式反射炉上：30～70min；在350t回转式阳极炉上：45～80min。(3) 烟气黑度：烟气黑度小于林格曼级1度。

产品先进性体现在：(1) 降低还原成本：与木炭粉还原相比，还原成本降低率＞40%；与重油、柴油、液化石油气还原相比，还原成本降低率＞50%；（2）提高还原效率：与木炭粉还原相比；还原时间缩短15%以上。与重油、柴油、液化石油气还原相比，还原时间缩短20%以上。带来精炼效率高、炉时缩短、节能的优点。（3）替代稀缺资源，保护环境。（4）提升铜火法精炼技术、装备水平。

项目成果2001年在云南铜业股份有限公司首次成功应用，继而在江西铜业集团贵溪冶炼厂、金川集团有限公司、广州珠江铜厂有限公司、越南矿产总公司等二十余家大中型炼铜企业得到推广。开创了国内铜火法精炼用煤基复合还原剂的先例。

项目获得授权国家发明专利3项，实用新型专利授权1项,获中国国际专利与名牌博览会金奖，中国发明协会第十五届展览会银奖。

项目于2006年通过科技部中小企业创新基金中心验收。其子课题：“第Ⅱ代冶金用煤基炭质还原剂的研发与扩试”、“褐煤多用途还原剂制备及综合利用技术开发”通过专家鉴定，获得昆明市科技进步奖和云南省科技进步奖。项目获2005年国家火炬计划项目证书。项目产品以其优良的性价比及成功替代木炭粉、重油、液化气等国家稀缺资源的优势而具有良好的市场前景。

昆明理工大学

国家科学技术发明奖二等奖（2009年度）

获奖项目名称

难处理氧化铜矿资源高效选冶新技术

参研单位

- 昆明理工大学
- 北京矿冶研究总院
- 云南铜业（集团）有限公司

主要完成人

■ 张文彬 ■ 蒋开喜 ■ 方建军 ■ 刘殿文
■ 顾晓春 ■ 文书明

获奖项目介绍

高钙镁、高氧化率的氧化铜矿是极难处理的一类铜矿资源，其储量在我国铜矿资源中占有相当大的比重。云南东川汤丹氧化铜矿便是其典型代表，其特点是储量大、品位低、钙镁高、氧化率高、结合率高，因此极难处理。国内外曾经有多家科研院所先后对其加工处理技术进行过近半个世纪的科技攻关，都未能取得突破。

本项目历经二十多年的艰苦研究，逐渐形成了独创性的技术思路，顺应并利用了氧化铜矿中不同铜矿物的物性，采用了独特的先冶炼后选矿的联合工艺，综合性地解决了该类资源高效利用的技术难题。其主要特色是针对高氧化率、高结合率的难处理氧化铜矿，发明了“常温常压氨浸－萃取－电积－浸渣浮选”的选冶联合新技术；针对中低氧化率、中低结合率相对易选的氧化铜矿石，发明了“细磨矿－共活化－强捕收”全浮选新技术。

该成果的主要创新点不仅在于其独特的技术思路和技术方案，而且还从理论上提出了“结合氧化铜”可浮选回收的学术观点、创建了系统的氧化铜矿浮选活化理论、解决了由高温高压转变为常温常压时氧化铜的氨浸出动力学问题、突破了从铜氨溶液中萃取铜的技术瓶颈，实现了大规模的产业化应用。与常规浮选或加温加压氨浸等技术方案相比，具有突出的技术优势和经济优势。

本成套技术已申报国家发明专利8项，包括核心技术在内的4项发明专利已获授权。出版专著1部，发表论文100余篇。由中国有色金属工业协会组织全国知名专家组成的专家委员会鉴定认为：“该技术属国内外难处理高钙镁氧化铜矿选冶技术的重大突破，创新性突出，先进性强，整体技术达到国际领先水平”。

本成套技术已经系统地完成了小试、中试、工业试验以及生产应用的全过程，并在云南铜业（集团）有限公司实现了大规模生产，整体技术已连续平稳运行近五年，工业生产全流程铜的总回收率达75.20%，对同类矿石，回收率比现有技术提高了15个百分点。

本成果由于其出色的创新性、先进性和实用性以及良好的经济效益、社会效益和环境效益，具有广阔的推广应用前景，对促进我国氧化铜矿加工技术进步，对全国金属储量达上千万吨的氧化铜矿资源的开发和利用，将起到积极的作用。

昆明理工大学

国家科学技术发明奖二等奖（2009年度）

获奖项目名称

从含铟粗锌中高效提炼金属铟的技术

参研单位

■ 昆明理工大学

主要完成人

■ 杨　斌 ■ 刘大春 ■ 戴永年 ■ 杨部正
■ 马文会 ■ 徐宝强

获奖项目介绍

铟是一种重要的稀散金属，主要应用于国防、能源、电子信息、航空航天、核工业和现代信息产业等高科技领域，是国家最重要的战略资源物质之一。铟主要伴生于锌、铅、锡等复杂硫化矿中，含量低且分散，锌、铅、锡冶炼的副产物是提取铟最主要的原料。我国是世界上铟储量最大的国家,目前探明储量为1万多吨，占世界总储量的1/2以上，主要分布在云南、广西等地区。同时我国是世界第一大铟生产国，占据了全球铟年产量的60%以上。

根据国家对金属铟的战略需求，课题组经过多年坚持不懈的努力，以真空冶金技术为核心，集成湿法冶金、电冶金等技术，发明了高效提取金属铟的清洁冶金新技术及与新技术配套的新装备，完成了基础研究、工艺技术研究和关键设备开发，实现了从含铟0.1%的粗锌中提炼99.993%以上的金属铟的产业化生产，铟的回收率大于90%，直收率大于80%，远远高于传统铟生产工艺，主要技术经济指标达到国际先进水平，是高新技术改造传统产业的成功典范，具有原始创新和集成创新的特点。2003年整体技术开始工业应用，是有色金属行业的一项重大发明，推进了有色金属领域的资源综合利用，增强了行业核心竞争力。

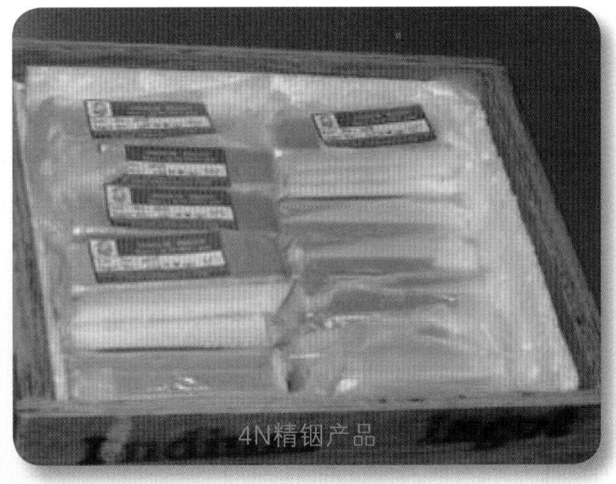

4N精铟产品

含铟锌物料的真空蒸馏卧式真空炉

与传统铟生产工艺相比，本技术具有鲜明的特色：①铟的回收率高：铟的回收率由50%提高到90%；②节能效果明显：综合能耗降低15%；③环境负荷小：避免了铁矾渣危险废弃物的排放，解决了重金属铅、镉、铊的污染问题；④原料适应性强：可用于各种含铟物料的处理，尤其为高铟高铁闪锌矿资源的综合利用，提供了不可替代的新技术。

本项目在全国5家主要相关企业应用，取得了显著的经济、社会和环境效益，新增产值约10.4亿元人民币。其整套工艺获得国家发明专利3项，创新性强，拥有自主知识产权，改变了传统的提铟流程，具有集成度高、工艺连贯性好等特点。项目的实施使有限的矿产资源得到了综合高效合理的利用，实现金属铟低能耗少污染的绿色冶金和清洁生产，属国内外首创，达到了国际先进水平。

昆明理工大学

国家科学技术发明奖二等奖（2010年度）

获奖项目名称

新型微波冶金反应器及其应用的关键技术

参研单位

■ 昆明理工大学

主要完成人

■ 彭金辉 ■ 张利波 ■ 郭胜惠 ■ 华一新
■ 黄　铭 ■ 刘纯鹏

获奖项目介绍

微波冶金作为一种新型绿色冶金方法，通过微波在物料内部的介电损耗直接将冶金反应所需能量选择性地传递给反应的分子或原子，在足够强度的微波能量密度下，其原位能量转换方式使物料微区得到快速的能量累积，从而表现出速度快、效率高、反应温度低等特点，然而大型化、连续化、自动化微波冶金反应器的缺乏，制约了其应用技术的拓展，因此解决新型微波冶金反应器及其应用的关键技术难题，实现装备的大型化和技术的产业化，可充分发挥微波冶金的优势，取代部分高能耗、高污染的冶金工艺，促进冶金工业的节能减排降耗。

该技术成果以解决微波冶金反应器的大型化、连续化、自动化等关键技术为突破点，围绕冶金典型反应单元以及冶金专用吸附剂的制备，在多个国家自然科学基金、国际合作项目和省部级项目的支持下，以产学研相结合的方式，历经多年的研究和推广，推动了微波冶金的产业化进程。发明了微波冶金物料专用承载体制备新技术，提出了分布耦合技术，突破微波冶金反应器的瓶颈，首次建立了大型化、连续化和自动化的微波冶金反应器，开发了干燥、浸出、煅烧、还原等微波冶金新技术，对冶金工业提升装备水平、改造部分高能耗高污染工艺，实现清洁化生产作用巨大。

回转式微波反应器

多功能微波高温反应器

以该成果为核心的成套装备和技术成熟度高，可靠性强，先后向西班牙国家碳材料研究所等国内外单位转让高水平的反应器、生产线及相关技术25项，获得了先进技术指标，有效降低了能源、资源消耗和环境污染，新增产值9.72亿元，新增利润2.42亿元，经济效益和社会效益显著。

该技术成果示范性强，还推广到核工业、能源、化工和烟草等多个行业，促进产业结构的优化升级，推动我国经济和社会的发展，并向国外进行技术转移，提升本技术在国际上的科技竞争力，应用前景非常广阔。

该技术成果已获授权发明专利6项，出版专著1部，培养硕博士70余名，发表的论文于2007年被《nature CHINA》摘要和评述。技术成果被鉴定为“在国内外尚属首创，处于领先水平”；美国工程院院士Jan D. Miller教授给予了高度评价，认为本技术成果是“冶金工业的一大突破”。

云南铝业股份有限公司

中国有色金属工业科学技术二等奖（2005年度）

获奖项目名称

大型整流设备新技术的开发应用

参研单位

- 云南铝业股份有限公司
- 贵阳铝镁设计研究院

主要完成人

■ 董仕毅 ■ 代祖让 ■ 田　永 ■ 贺志辉 ■ 江朝洋 ■ 冯德金 ■ 万多稳 ■ 徐宏亮 ■ 晏　金 ■ 唐　波

获奖项目介绍

发展大容量铝电解槽是铝行业技术发展的一个重要方向，这对其关键设备——供电整流设备提出了更高、更新的要求：（1）高可靠性；（2）高节能型；（3）高智能控制。“九五”以前国内各大铝厂的整流设备都依靠国外进口，1996年，云南铝业股份有限公司与贵阳铝镁设计研究院首次研发国产大型整流设备成功，并在云铝“九五”技改工程中投入使用。该大型整流设备采用电压等级220千伏、70500千伏安整流变压器，应用于电流强度为186kA，年产10万吨电解铝的大型电解生产系列，已在全国推广应用。2000年，云南铝业股份有限公司和贵阳铝镁设计研究院针对云铝电流强度为300kA、年产20万吨电解铝系列开发出了电压等级220千伏、113MVA直降式有载调压整流设备技术方案，并委托西安变压器厂制造，投入使用后整流效率达到98%以上。

该项目开发了（1）220kV整流变压器线端自耦调压方式，中性点不接地技术达到了国际先进水平；（2）整流器桥臂同相逆并联，并采用卧式自撑式结构，双层布置，达到了国际领先水平。桥臂之间的配置距离为1230mm，彻底解决了高电压整流设备的耐压问题，同时减少了桥臂之间的电磁感应及噪音，提高了整流效率。（3）整流桥臂与整流变压器阀侧采用柔性母排连接器连接技术达到了国际领先水平。

云南铝业股份有限公司特大型变电整流新设备技术的开发应用成功，使我国的大型铝企业建设在供电整流设备的选择方面摆脱依赖国外的局面，创造了良好的经济效益和社会效益，使我国在供电整流装置制造方面上了新的台阶，标志着我国的大型铝电解工厂设计、施工、生产等方面具有了走出国门，参与国际竞争的实力。

云南驰宏锌锗股份有限公司

中国有色金属工业科学技术二等奖（2007年度）

获奖项目名称

锌精矿加压浸出、长周期电解关键技术研究及产业化

参研单位

■ 云南冶金集团股份有限公司
■ 云南永昌铅锌股份有限公司
■ 云南驰宏锌锗股份有限公司

主要完成人

■王吉坤 ■董　英 ■周廷熙 ■陈　智 ■杨洪枝 ■张安福 ■王洪江 ■杨大锦 ■陈　进 ■吴锦梅

获奖项目介绍

项目属于重有色金属湿法冶炼技术领域，包括两部分：硫化锌精矿直接加压浸出技术(150℃，1.2MPa)；锌浸出液长周期电解关键技术。硫化锌精矿的传统湿法冶炼流程复杂，并受到硫酸市场的制约。而以铁闪锌矿为主的锌资源分布广泛，传统湿炼锌工艺不能经济有效处理这类资源。另外目前湿法冶炼过程中的电解周期全部为24h，影响了我国锌生产的整体技术水平。

该项目率先进行硫化锌精矿的加压浸出技术工程化研究，在国内实现工业化生产。自主开发成功高铁硫化锌精矿的加压浸出技术，在国内首次实现产业化生产。率先开发成功锌浸出液的48h电解关键技术研究，并首次在国内实现了机械剥锌的产业化。

以铁闪锌矿为主的加压浸出技术：当含铁14.4%时，锌浸出率98%，比传统湿法炼锌工艺的锌浸出率80%高23%，铁浸出率29%。以闪锌矿为主的加压浸出技术：锌浸出率99.36%，锌的总回收率96%。硫转化率90%，氧利用率90%。该项目研制了压力釜、加压计量泵、闪蒸槽的全自动控制，实现加压浸出技术的安全、稳定运行，有效开工率90%。采用该技术首次于2004年底建成年产1万吨电锌冶炼厂，目前已建成4个企业，正在建设3个企业。该项技术使中国成为世界上第二个通过自主研究实现锌加压浸出技术产业化应用的国家。

对含锗锌浸出液进行深度净化处理，杂质含量比新液质量标准低1～2个数量级。结合永久性绝缘包边和沉积锌片上边沿平整专有技术，实现了电解周期为48h的锌电解，锌片厚度大于3mm，电解电流效率88%，直流电耗3030kW·h/t，机械剥锌率90%以上。达到同类技术的领先水平。采用该技术于2005年建成年产10万吨电锌冶炼厂，为国内同行业提供了技术示范。

该项目获国家专利授权6项，其中发明专利3项。出版了我国第一部锌的加压酸浸专著，发表论文11篇。

云南驰宏锌锗股份有限公司

中国有色金属工业科学技术一等奖（2008年度）

获奖项目名称

深井矿山清洁生产成套技术及装备研究

参研单位

- 云南驰宏锌锗股份有限公司
- 中国恩菲工程技术有限公司

主要完成人

■陈　进 ■刘育明 ■王洪江 ■袁群地
■吉学文 ■马　平 ■严庆文 ■郭　然
■崔茂金 ■谢　良 ■郑勤龙 ■李国政
■杨胜高 ■丁　涛 ■贺昌友 ■马文利

获奖项目介绍

1.膏体废石充填采矿法

全尾砂—炼铅炉渣膏体物料泵送充填技术。选矿排出的全尾砂浆体，不进入尾矿库，通过采用“全尾砂深度可控匀质浓缩技术”浓缩后，全尾砂、水淬渣、水泥三种固体物料加水强力反切活化搅拌后，制备成浓度80%～82%膏状浆体，浆体在自重的推动下，经过充填钻孔、中段平巷、斜井、充填天井进入井下采空区。充填管道长度2450～4050m。采场膏体废石充填工艺。会泽矿区深部资源开发，采用上向水平分层充填采矿法，机械化盘区上向进路充填法。采准废石全部倒入采空区，作为充填料。

2.废水循环利用

坑内涌水的净化回收利用。坑内各中段涌水，经过各中段水沟集中排放到1号、2号竖井底部中段的水仓内。采用高压泵扬送到地表净化站，净化处理后，泵送到高位生产水池，进入生产系统。选矿废水循环处理利用。排出废水尾矿水、浓密脱水、精矿过滤机脱水混合后，集中进入选矿回水处理站，处理后，泵送到高位回水池，进入生产系统。

3.矿山自动化控制技术

充填系统工艺采用全尾砂－炼铅炉渣膏体物料泵送充填技术，充填系统实现了长距离膏体充填管路膏体输送远程控制、充填系统全自动配比给料的控制和膏体料浆流变特性通过搅拌系统转矩、料位自动控制。井下通讯系统应用集群系统漏泄移动通信技术，将井下工作面、运输大巷及主提升系统的“移动用户”连接起来，实现井下、地面联网。实现选矿工业生产过程自动化，主要包括破碎作业、磨矿分级作业、选别作业、浓缩过滤作业、尾矿输送作业等全套选矿生产过程的自动控制。

在国际上首次成功研究开发了千米深井、管道输送超过4000m、浓度达80～82%的全尾砂－冶炼炉渣膏体充填工艺技术；自主研究开发了“位控反切膏体搅拌装置”、“高速浆体减磨装置”、“深锥浓密机循环”等充填专用设备，保证了充填工艺的实现；成功地将冶炼炉渣、选厂尾砂和采场废石用于井下充填，解决了地表尾矿库和废石堆场问题，矿山选矿废水循环利用、坑内涌水回用、废气综合治理，实现了矿山“清洁化生产”；实现了各系统的远程自动化控制和矿山信息化管理。膏体充填属国际领先。已在会泽矿区应用，本项目首创了多项新工艺、理论和技术，创新矿山深井矿山清洁化生产成套技术及装备，对国内外矿业发展具有重要意义。

云南驰宏锌锗股份有限公司

中国有色金属工业科学技术一等奖（2009年度）

获奖项目名称

云南会泽铅锌矿区深部及外围隐伏矿定位预测及增储研究

参研单位

- 云南驰宏锌锗股份有限公司
- 昆明理工大学
- 中国科学院地球化学研究所

主要完成人

■ 韩润生 ■ 陈　进 ■ 黄智龙 ■ 王洪江
■ 高德荣 ■ 马德云 ■ 罗大锋 ■ 李文博
■ 李　勃 ■ 李　元 ■ 吴代城 ■ 吉学文
■ 浦绍俊 ■ 王　峰 ■ 李晓彪 ■ 李　波

获奖项目介绍

寻找隐伏矿是地质领域的世界性难题，尤其是随着地质科研工作的不断深入和找矿勘探程度的不断提高，找矿工作由地表矿、浅部矿、易识别矿向隐伏矿、深部矿、难识别矿的逐渐转变，而目前作为指导矿找工作的成矿理论也越来越不能满足要求，这就需要地学工作者进一步完善现有成矿模式、建立新的成矿理论，用新的概念、理论、模式、观点、思路和技术方法，勘查发现深部的大型、超大型隐伏矿床，实现地质找矿的重大突破。

会泽铅锌矿是我国著名的川滇黔铅锌成矿区的大型富铅锌（银锗）矿床的典型矿床之一，经过五十多年的开发利用，与众多老矿山一样，也面临资源枯竭的威胁，面对这一严酷的现实。通过三单位的共同努力，项目的“产-学-研”联合攻关，取得了老矿山隐伏矿定位预测的重大突破。累计新增B+C+D+E级（111b+122+122b+334）铅锌金属资源储量221.3万吨 (B级36274t，C级1195959 t，D级738288 t，E级242586 t)，在矿区深部预测潜在铅锌金属资源量193.5万吨；矿石伴生银资源量790.49t，锗391.9t，镉4115.75t，硫217.06万t。从而使该矿床进入世界级超大型铅锌矿床的行列。新发现矿体的资源储量，使企业获得了巨大的经济效益和社会效益。按现生产能力计算，可延长矿山服务年限12年；仅新增的铅、锌资源储量的经济价值达384亿元（未计算伴生组分的价值）。其中新增销售收入226.93亿元，新增利润58.67亿元，新增国家利税13.77亿元。

课题研究所取得的理论、方法技术成果对滇东北地区、川－滇－黔铅锌多金属成矿域同类矿床深部及外围寻找新的接替资源，推动隐伏矿的定位预测与寻找工作，具有十分重要的指导作用和推广意义。

云南驰宏锌锗股份有限公司

中国有色金属工业科学技术二等奖（2009年度）

获奖项目名称

富氧顶吹-鼓风炉强化还原-大极板、长周期电解炼铅新工艺及产业化

参研单位

- 云南冶金集团股份有限公司
- 云南驰宏锌锗股份有限公司
- 云南新立有色金属有限公司
- 昆明理工大学
- 云南澜沧铅矿有限公司

主要完成人

■王吉坤 ■董　英 ■周廷熙 ■贾著红
■沈立俊 ■王洪江 ■陈　进 ■马　翔
■袁子荣 ■马雁鸿

获奖项目介绍

项目属于重有色金属冶炼技术领域。长期以来，粗铅冶炼皆采用传统烧结焙烧--鼓风炉还原熔炼技术；粗铅采用小极板(≤1.12m^2)、短周期(阴极≤3d、阳极≤4d)电解精炼技术，粗铅冶炼存在能耗高、劳动强度大、产生大量低浓度SO_2烟气，严重污染环境，为国家限期淘汰的落后工艺；电铅生产存在工艺装备落后、规模小、机械化、自动化程度低，与国外铅精炼技术差距很大。

该项目自主创新研究解决了保证低残硫高氧势情况下直接生产粗铅控制技术、硫化铅精矿富氧顶吹熔炼的泡沫渣抑制、易挥发铅精矿的烟尘率控制技术、安全-长寿命组合式排铅铜水套、富氧工艺空气的自动平衡伺服技术，开发了鼓风炉喷粉煤强化还原发明专利技术，自主开发了大极板(2.08m^2)、长周期(阴、阳极7d)工艺技术，研制了超长耐腐蚀电解槽、阴阳极整体吊装的自动旋转吊具、铅残阳极的单片连续洗涤机、铅阴极导电棒的自动拔棒机，完成了铅阳极立模的国产化和铜-钢导电棒技术的开发。在国内外率先实现铅精矿富氧顶吹熔炼、鼓风炉强化还原和国内大极板-长周期铅精炼工艺的高效、安全、连续稳定运行，形成了“铅精矿的富氧顶吹熔炼-鼓风炉强化还原-大极板-长周期铅电解精炼”新工艺，开辟了直接炼铅的新途径，实现了铅冶炼技术的重大突破。60kt/a粗铅、100kt/a电铅冶炼新工艺于2005年投产运行以来，粗铅综合能耗比传统工艺低47%，硫捕集率达99%，经济效益和社会效益显著。

该工艺环境友好、节能减排、占地面积少，技术经济指标先进，对炼铅行业发展有很好的示范效应，提升我国有色金属冶炼的整体技术装备水平，国内推广的2个工厂正在建设。国家发改委等9部委(发改运行[2006]1898号)推荐该工艺作为粗铅冶炼改造的替代技术。国外已向哈萨克斯坦的Kazzinc JSC公司推广应用该技术。

云南祥云飞龙有色金属股份有限公司

中国有色金属工业科学技术一等奖（2008年度）

获奖项目名称

氧化锌矿高效清洁冶金新技术

参研单位

■ 云南祥云飞龙有色金属股份有限公司（原名：祥云县飞龙实业有限责任公司）

■ 昆明理工大学

主要完成人

■ 舒毓璋 ■ 杨显万 ■ 沈庆峰 ■ 杨　龙
■ 童晓忠 ■ 张　琦 ■ 曹传飞 ■ 杨桂芬
■ 刘荣祥 ■ 孙保华 ■ 雷洪云

获奖项目介绍

本项目属冶金科学技术领域，应用于从氧化锌矿、含锌烟尘以及氧化锌矿酸浸渣中回收锌，达到资源高效利用和节能减排目的。获2008年度中国有色金属工业科学技术一等奖。

本成果包括一项核心技术——锌的有机溶剂萃取与氧化锌矿湿法炼锌相结合技术，三项新工艺。其主要内容和创新点如下：①采用两段浸出－净化－电积工艺直接处理氧化锌矿并实现了产业化；②发明了溶剂萃取与上述湿法炼锌相结合的新技术并实现了产业化；③发明了一项从复杂氧化锌矿（高氟氯含量）中回收锌的新工艺并实现了产业化；④发明了一项从氧化锌矿酸浸渣中回收锌的新工艺并实现了产业化；⑤通过反萃槽的结构改进与材质选择，成功解决了在反萃过程中产生硫酸钙结疤的技术难题，国内首家实现了锌溶剂萃取的产业化；⑥发明了氟化氨溶液脱除有机相中铁使其再生的方法，比其它方法更为有效；⑦建立了D2EHPA萃取锌的萃取平衡模型，其准确度高于国外文献报道的模型。

主要技术经济指标：氧化矿锌浸出率≥95%，浸出回收率（对含锌20%的物料）约80%，两段浸出＋浸出渣中回收锌的锌回收率≥93%，到电锌综合能耗1.56t标煤/t，吨锌加工成本（不含原料费）为5358元。

本成果已申报发明专利4项，其中3项已获授权。分别是：氧化锌矿的浸出工艺（ZL02133663.6）、有机溶剂萃锌与湿法炼锌的联合工艺（ZL200610010938.7）、回收锌浸出渣中夹带锌的湿法工艺（200610010819.1）、一种提高二（2-乙基已基）磷酸萃取金属效率的方法（ZL200610010690.4）。其复杂氧化锌矿和氧化锌矿浸出渣中回收锌部分通过了中国有色金属工业协会组织专家进行的鉴定，鉴定结论为：总体技术达到了国内领先、国际先进水平。本技术生产成本低，实现了废水零排放，是一项清洁冶金技术，提高了资源利用率，不仅可获得很好的经济效益，同时还具有显著的节能减排效果，对锌冶金行业的技术进步有重要的促进作用，为非硫化物锌资源的高效利用开创了一条可靠途径，拓展了电锌生产的原料，有广阔的推广前景。

从2001年—2007年底，采用本项目成果共建成了七条生产线，共生产电锌374547吨，累计产值62.89亿元。2005～2007年生产电锌195738吨，其中从氧化锌矿浸出渣中回收锌27935吨，从高氟氯氧化锌矿中回收锌7154吨。三年累计产值46.51亿元，新增利税11.99亿元，利润7.8亿元。

红河锌联工贸有限公司

中国有色金属工业科学技术二等奖（2010年度）

获奖项目名称

高炉炼铁烟尘综合利用新技术

参研单位

■ 红河锌联工贸有限公司

主要完成人

■ 王树楷 ■ 王浩洋

获奖项目介绍

（1）项目所属科学技术领域：根据《国家中长期科学和技术发展规划纲要（2006–2020年）》将"开发非常规污染物控制技术，废弃物等资源化利用技术，重污染行业清洁生产集成技术，建立发展循环经济的技术示范模式"列为优先发展主题；《有色金属工业中长期科技发展规划（2006–2020）》将开发"钢铁烟尘回收锌技术"列为重要研究课题，确定了本项目。项目属循环经济与资源综合利用领域科学技术，从技术手段而言亦可归为有色金属冶金。

（2）主要技术内容是采用火法富集和湿法分离提取的多段集成技术对高炉炼铁尘（固废物）进行无害化处理，并从中综合回收产出锌、铟、铋、铅、锡、镉等多种有色金属和铁、炭精矿，做到固废物再资源化。

（3）技术经济指标：

从含锌（3～15%）、铟（～0.01%）、铅（1～2%）、锡（0.1～0.3%）、铋（0.1～0.3%）、镉（0.05%）、铁（20～32%）的高炉炼铁尘中，综合回收产出精锌锭（回收率85～90%）、精铟锭（回收率65%）、精铅锭（回收率80～85%）、富锡渣（回收率75～80%）、铋锭（回收率75～80%）、镉渣（回收率80%）、铁精矿（回收率80%）；回转窑烟化挥发燃料单耗：～200kgce/t高炉尘；湿法提锌综合能耗：650kgce/t.Zn；不新产生废渣、废水，废烟气达标排放，达清洁生产企业标准。

（4）获5项发明专利授权，形成"专利群"支持项目。

（5）促进行业科技进步作用：通过项目的实施，可对我国产量巨大的高炉炼铁尘进行资源化、无害化处理，实现固体废弃物的综合利用，对推进发展循环经济、建立清洁生产模式具有重要的示范作用；同时为有色金属冶炼提供新的再生原料来源，对可持续发展有重要的现实意义；通过系统研究，使生产线达到国家"十一五"规定的能耗要求和环保标准，有效促进我国有色金属工业节能减排。

（6）应用推广情况：整体技术2005年开始在红河锌联公司应用，2008年成规模；单项技术推广应用至昆钢、江苏永钢、台湾原广公司等单位。

（7）效益：2007～2009年实现税利总额2700.37万元，节支5964万元，解决了云南全省高炉尘的堆放污染问题，节能减排，提供了每年万余吨再生有色金属产品，保护原生矿产资源，350人就业。

推广应用情况

王树楷和王浩洋研对炼铁烟尘无害化处理，资源化综合利用所研发的“专利群”在工业生产上成功应用，有的单项技术在其它公司推广应用，所取得专利如下：

1.项目名称：从低品位含锌物料制备纳米活性氧化锌的方法；专利号：ZL02127937.3；授权日：2005.3.16；发明人：王树楷；备注：我公司应用。

2.项目名称：从高炉瓦斯灰中提取金属铟、锌、铋的方法；专利号：ZL200710066003.5；授权日：2009.11.4；发明人：王树楷 王浩洋；备注：我公司应用。

3.项目名称：酸浸–硫化沉淀联合工艺回ITO废料中铟锡的方法；专利号：ZL200710066024.7；授权日：2009.9.2；发明人：王树楷 王浩洋；备注：向台湾转让。

4.项目名称：从钢铁厂固废物中综合回收铁和有色金属的方法；专利号：ZL200710066004.X ；授权日：2010.4.21；发明人：王树楷 王浩洋；备注：我公司应用。

5.项目名称：硫酸铅物料电解碱浸生产铅的方法；专利号：200910218313.3；发明人：王树楷；备注：我公司应用。

6.项目名称：《铟冶金》专著；专利号：著作权；授权日：2006年、2007年两次出版；发明人：王树楷；备注：冶金出版社出版–国内首部。

西北有色地质勘查局

中国有色金属工业科学技术二等奖（2009年度）

获奖项目名称

全球铜矿资源的分布及找矿方向研究

参研单位

- 西北有色地质勘查局
- 中国地质科学院矿产资源研究所

主要完成人

■ 谢桂青 ■ 王瑞廷 ■ 代军治 ■ 李瑞玲 ■ 程彦博 ■ 杨宗喜 ■ 杨国强 ■ 向君峰 ■ 章　伟

获奖项目介绍

该项目通过系统的资料收集，全面总结分析全球铜矿资源的矿床类型、分布与成矿规律、勘查标志等问题，在此基础上，提出了找矿方向。其主要技术特点及创新点如下：

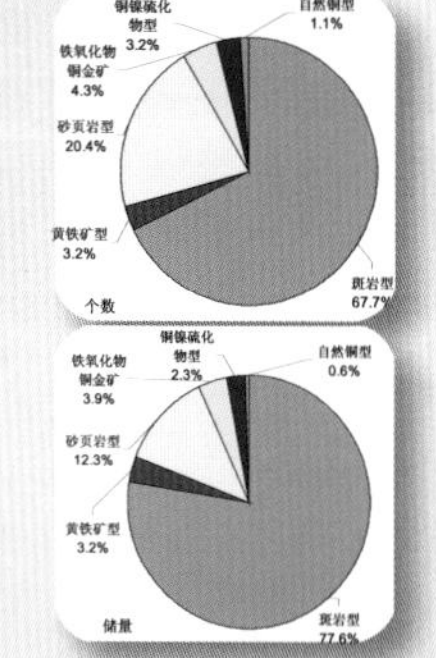

图1 不同类型储量大于500万吨的铜矿床个数和储量百分比

1.系统收集了全球1886个铜矿床地质资料，总结了全球铜矿的主要类型及其特征，指出了国内外铜矿资源潜力区和找矿方向。

2.提出区域地质系统调查是发现铜矿的基础，地–物–化–遥资料相结合是取得找矿突破的关键，在已知矿床外围和深部开展勘查工作是寻找铜矿的最有效途径。

3.研究总结分析认为全球铜矿主要有五种成因类型：斑岩型、砂页岩型、黄铁矿型、铜镍硫化物型和铁氧化物铜金（铀稀土）型，全球铜矿储量大于500万吨的铜矿床中，斑岩型占77.6%、砂页岩型占12.3%、黄铁矿型占3.2%、铜镍硫化物型占2.3%、铁氧化物铜金型占3.9%（图1）。

4.系统研究和分析了中国铜矿床的地质特征、成矿背景和成矿条件，归纳了中国15个主要成矿（区）带和4种主要成矿类型。提出中国铜矿床勘查最有利的铜成矿带为冈底斯成矿带、三江成矿带、班公错–怒江成矿带、天山成矿带、大兴安岭东西两侧成矿带、怀玉山–武夷山成矿带。研究认为与中酸性浅成侵入岩有关的斑岩–矽卡岩型铜矿是我国铜矿找矿的主攻类型。

5.综合已有的地质矿产资料，指出全球存在14条重要铜矿成矿（区）带（图2），并分析了这些成矿（区）带的主攻找矿类型和成矿潜力，认为在已有的成矿区带开展找矿工作往往会取得事半功倍的效果。

6.在综合考虑成矿地质背景和找矿潜力分析基础上，提出全球铜矿找矿勘查优先靶区为冈底斯铜成矿带西段、安第斯成矿带的智利和非洲成矿带南非段，主要找矿类型为斑岩–矽卡岩型铜矿床和铁氧化物铜金（铀稀土）型铜矿床，这些区段通过工作有望取得找矿大突破。

该项目先后获得陕西有色集团公司科技进步一等奖（2008年）、中国有色金属工业科学技术二等奖（2009年）和陕西省地质学会第三届优秀地质成果二等奖（2010年）。该项目成果已经成功应用于西北有色地质勘查局七一三总队在陕西“山阳县池沟铜钼矿床普查”、“柞水县穆家庄铜矿普查”、“柞水县冷水沟铜矿普查”等项目及西北有色地质勘查局七一一总队在“略阳徐家沟铜矿勘查”和境外“阿根廷拉斯乔伊卡斯铜矿勘查”等项目中，获得10万吨以上的铜矿远景资源量，取得了较大经济和社会效益。此外，该项目成果受到国土资源部门高度重视，2009年初被中国地质调查局国际合作调查项目引用。

西北有色金属研究院

中国有色金属工业科学技术二等奖（2007年度）

获奖项目名称

金属纤维及其制品的制备技术与产业化

参研单位

■ 西北有色金属研究院

获奖项目介绍

金属纤维及其制品是近30年发展起来的高技术、高附加值的新型材料。70年代末美国MEMTEC首先研制成功，比利时BEKAECRT公司采用美国技术开始了工业化生产，80年代成为全球最大的生产供应商，占全球80%以上的市场份额，美、日、德等占20%。

为打破BEKAERT公司的垄断，满足我国化工、能源、冶金等行业对金属纤维及纤维毡材料的迫切需求，西北有色金属研究院从金属纤维、高精度纤维毡的基础研究、制备技术、产业化技术集成到规模生产与工业化应用，历时十年，解决的主要技术问题与创新点如下：

采用连续电镀、密排六方排列的集束拉拔技术，获得长度达2千米，丝径均匀的连续金属纤维束；成功解决了丝径2μm的超细纤维在拉拔过程中的扩散反应与变形均匀性问题；针对高精度金属纤维毡所采用的超细金属纤维强度低，表面摩擦系数大，难以成网等问题，首次利用不锈钢奥氏体－马氏体相变原理提高超细纤维的强度，并发明了专用的金属纤维表面改性剂，提高了其可纺性，制备出过滤精度达5μm的纤维毡；提出了加压低温烧结技术制备波折性能好的柔性纤维毡，提高了滤芯的可靠性和使用寿命；首次采用膨胀系数匹配的烧结隔离材料制备复网毡，解决了复网毡表面起皱，复网不牢固等难题；采用本项目纤维毡代替进口纤维毡制备滤芯，并在20万吨聚酯工业装置上进行了在线验证；开展了超细纤维及高精度毡的中试及规模生产技术研究，规模生产成品率达90%以上；建立了金属纤维及制品基本性能的检测方法，创建了纤维毡在线无损检测技术，制订了"不锈钢纤维烧结滤毡"国家标准。获发明专利3项，实用新型专利2项。

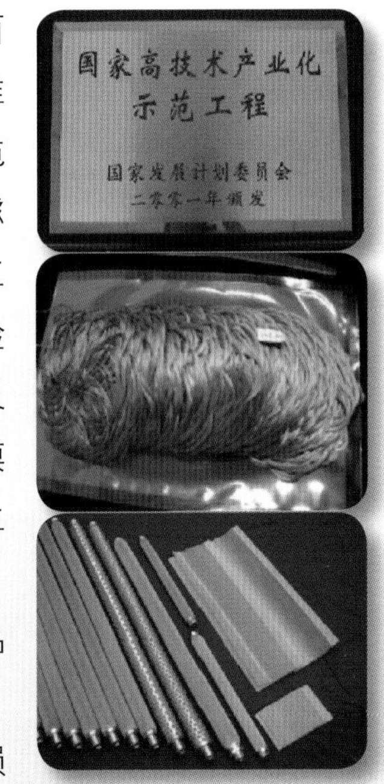

以上述技术为依托，建成了全球第二大金属纤维及纤维毡生产线，实现了技术的集成与转化，产品经济技术指标达到国际先进水平。其中不锈钢纤维及不锈钢纤维毡产品被评为国家重点新产品。纤维返销比利时BEKAERT公司，纤维毡已应用于国内大型聚酯生产线，打破了BEKAERT公司在全球的垄断局面，约占国内市场的50%。同时出口到韩、美、比利时等国。

研发成功的金属纤维及纤维毡制品附加值高，从原料到成品增值30倍。产品已实现销售收入4.1亿元，实现利润1亿元，缴纳税收3096万元，为用户降低成本近亿元。年节约外汇2000万美金。该产品还可推广到国防军工、医疗环保等领域，具有广阔的应用前景。得了很好的社会经济效益，推进了秦岭黑色岩系成矿与找矿的研究。

西北有色金属研究院

中国有色金属工业科学技术二等奖（2010年度）

获奖项目名称

稀有金属材料技术创新工程

参研单位

■ 西北有色金属研究院

获奖项目介绍

稀有金属材料是战略性金属材料。自2000年以来，西北有色金属研究院以转制为契机，以增强自主创新能力，促进科技成果转化，实现可持续发展为主线，实施"稀有金属材料技术创新工程"。

总体目标：建设先进的稀有金属材料技术创新基地、高层次人才培养基地和促进稀有金属材料产业发展基地。

系统性：战略思想是"瞄准国际前沿，抢占技术制高点；面向国家重大需求，发展高新材料"和"科技兴院、人才兴院、兴院富民、和谐发展"；围绕目标制定了"技术平台建设，在重点领域开展技术创新"，"打造高素质创新团队"，"孵化产业公司，建设产业园"的实施方案，制定了体制、机制、人才、文化、技术等方面的创新保障措施。

创新性：在体制上，构建三类创新平台（基础型技术创新平台、实用型技术创新平台、技术-经济复合型平台），培育"研究-中试-产业化"一体的完整技术创新体系；在机制上，创造以激励机制和科技成果转化机制为核心的运行机制；建立"诚信科技"机制，推动科技与资本、市场、资源的"三结合"；完善"产学研用"四结合机制和开展高层次国际合作，打造宽广的创新战略联盟；打破国外技术壁垒，自主开发大批"高精尖特"新产品，突破行业系列共性关键技术，抢占国际技术制高点；新材料研究基本实现了由跟踪仿制到自主创新的重大转变。

有效性：年度授权专利数增长10倍，人均专利数达108件/千人，专利指标居行业前列；承担国家重大项目180多项，获部省级奖励50余项，其中国家发明奖1项、国家科技进步奖2项；创制了50多种新合金，创造了50余个国际先进和国内领先，起草标准38项。培养了众多优秀人才，大幅提升了技术创新能力，孵化出一批产业化公司；开发稀有金属产品品种及规格万余种，满足了国家重大工程需求；综合收入增长16倍，人均效率增长10倍。产生良好社会经济效益。

带动性：开发50多种新合金和10类行业共性技术，辐射全国近1000家企业，新合金研制发挥引领和"种子基地"作用，推动我国成为钛工业"世界四强之一"；通过行业学会、学术会议、专业刊物，发挥行业学术引领作用；公共创新平台为全国500多家企业提供技术服务；通过百亿发展规划带动西安、宝鸡、商洛3市高技术产业发展；新材料用于化工、冶金、新能源等行业，促进1000家企业的节能环保；创新工程的绩效得到胡锦涛总书记等领导人的肯定，体制机制创新产生广泛示范效应。

西部金属材料股份有限公司

中国有色金属工业科学技术一等奖（2007年度）

获奖项目名称

抗射线用超高精度钨片成型技术

参研单位

■ 西部金属材料股份有限公司

■ 西北有色金属研究院

主要完成人

■ 巨建辉 ■ 冯宝奇 ■ 汤慧萍 ■ 赵鸿磊
■ 杨明杰 ■ 郭让民 ■ 武　宇 ■王国栋
■ 刘宁平 ■ 李来平 ■ 高广瑞 ■ 任吉文
■ 段海清 ■ 邓自南 ■ 肖松涛

获奖项目介绍

本项目采用优质钨板坯制备技术、板材加工及轧制润滑技术、校平热处理技术、钨片零件精加工等四项创新技术，成功制备了杂质含量低、厚度公差±10微米，轧制面粗糙度小于0.2微米、平面度偏差15微米以内的高精度钨片。项目研究从钨粉纯度控制开始，采用还原—净化和六面加热氢气烧结，制备了优质钨板坯；采用热塑性模拟技术建立了钨板坯轧制变形抗力模型，对轧制工艺起到了指导作用；再结合轧制过程润滑、电解抛光、校平热处理技术，建立了高精度钨片制备工艺，并应用于0.2mm厚度钨片的批量生产。同时对CT机用高精度钨片零件加工技术进行了全面研究，获得了精确的工艺控制参数，可以批量制备CT机用抗射线钨片零件。

本项目的研究获得了拥有自主知识产权的优质钨板坯的制备技术、板材轧制及板材表面粗糙度改善技术、钨片校平热处理技术、CT机用高精度钨片零件精加工技术。创新点体现在：（1）合理的优质板坯生产控制工艺；（2）点对点火焰加热厚度控制技术；（3）独特的润滑剂及涂敷方式提高钨片表面质量；（4）钼板夹持校平热处理技术；（5）合理的精加工程序。项目申请专利12项，其中7项已经获得授权。

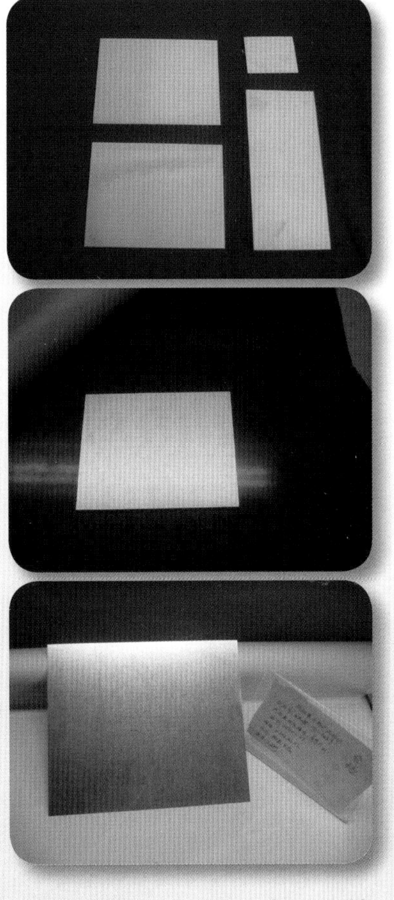

应用本项目技术已建成国内规模最大的医用CT机领域抗射线用高精度钨片及其器件生产和检测线，具备了年产CT机用高精度钨片30吨及高精度钨器件150万片的能力，产品质量达到了代表国际先进水平的奥地利PLANSE公司和美国H.C.Starck公司水平，截止2010年，生产高精度钨片60吨，钨器件300万片，实现销售收入19376万元，利润5134万元，创汇2151万美元。

西部金属材料股份有限公司

中国专利优秀奖（2010年度）

获奖项目名称

一种高精度钨片的制备方法

参研单位

■ 西部金属材料股份有限公司

主要完成人

■ 巨建辉 ■ 杨明杰 ■ 冯宝奇 ■ 赵鸿磊
■ 段庆新 ■ 任吉文 ■ 邓自南 ■ 刘宁平
■ 武 宇

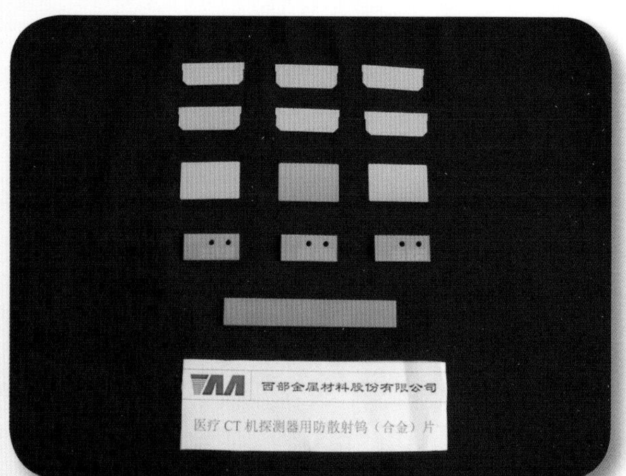

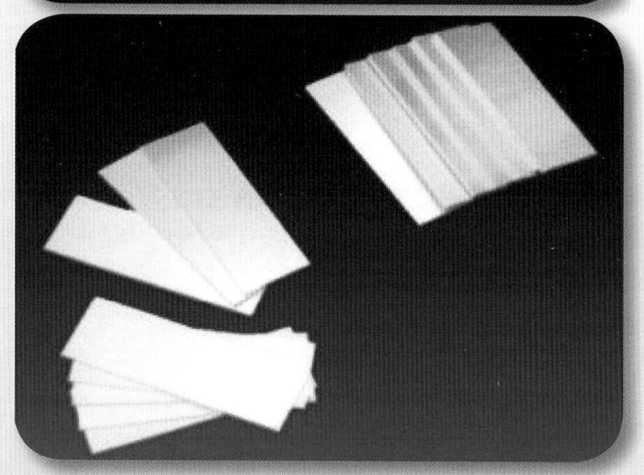

获奖项目介绍

一种高精度钨片制备方法，涉及一种金属钨板的制备方法，特备是用于医用CT机的高精度遮光板钨片的制备方法。其特征在于是将钨坯料采用重量浓度为15%～20%的石墨乳进行涂层后，再将坯料进行均匀加热进行轧制，再经过电解抛光、加压校平。本发明的方法能批量生产出厚度偏差为±0.01mm，平直度为0.005mm，表面粗糙度较好的0.203×146.05×257.05mm高精度钨片。

由于其制备技术复杂，工序烦琐，长期以来该项产品绝大部分的国际市场份额被奥地利PLANSEE、美国H.C.STarck及日本东京钨所占据。西部金属股份有限公司专业从事CT机准直用高精度钨片及器件的生产，拥有的技术、产品质量等处于国内绝对领先地位，产品性能达到国际先进水平，成为我国CT机准直用高精度钨片及器件研发及生产的核心单位。可规模生产0.254mm以下高难度CT机准直用高精度钨片及器件。顺利通过了美国GE、ANALOGIC 、TOMO,德国SIEMENS等国际知名大公司严格的第二方认证，成为其合格供应商，已大批量供货，成为国内唯一的CT机准直用高精度钨片及器件生产线，并在国际上的影响力迅速提高，打破了奥地利PLANSEE、美国H.STACK等公司在该领域的垄断地位。随着国家钨材出口政策的调整，国家鼓励具有高附加值的高精度钨器件的出口，它可以加速中国钨行业从提供初级产品向提供深加工产品高端市场过渡，有利于提升中国钨行业的技术水平，缩短与国际先进水平的差距，增强中国钨行业高端产品的市场竞争力。同时也会对中国先进医疗设备制造技术的发展起到积极作用。

西北有色地质勘查局七一三总队

中国有色金属工业科学技术二等奖（2009年度）

获奖项目名称

陕西南部黑色岩系金属矿床成矿规律与找矿预测研究

参研单位

- 西北有色地质勘查局七一三总队
- 西北大学
- 西北有色地质勘查局七一二总队

主要完成人

■ 任　涛 ■ 张复新 ■ 侯俊富 ■ 王瑞廷 ■ 郑　炜 ■ 李剑斌 ■ 原莲肖 ■ 王力群 ■ 樊忠平

获奖项目介绍

《陕西南部黑色岩系金属矿床成矿规律及找矿预测研究》为西北有色地质勘查局2006年和2007年下达的地质科研项目，由西北有色地质勘查局七一三总队和西北大学承担，西北有色地质勘查局七一二总队参加，工作时间为2006年4月—2008年4月。

其主要技术特点和创新点：深入系统地研究了陕西南部黑色岩系中金属矿床地质与地球化学特征，结合典型矿床研究，总结了成矿规律，建立了成矿模式；在找矿标志及成矿规律研究基础上，开展了成矿预测，指出武当、平利、牛山古隆起周缘是找钒矿床的有利远景区、夏家店–甘沟东西一线为找金矿床的有利远景区、黑龙口–大荆–三要–栾川一带是找镍–钼矿床的有利远景区；首次确定清岩沟矿床为镍–钼共生矿床，发现该矿床中镍是以独立矿物存在。

推广应用情况

《陕西南部黑色岩系金属矿床成矿规律及找矿预测研究》报告成果已同步应用于2006–2008年“夏家店金钒矿床详查”、“商州黑龙口清岩沟镍–钼矿床普查”、“宁陕县冷水沟钒矿床普详查”设计、工作部署和综合研究，获得钒矿24万吨，金8吨，并扩大了镍–钼矿床规模，获得了很好的社会经济效益，推进了秦岭黑色岩系成矿与找矿的研究。

项目人员在野外调研黑色岩系中带

项目人员在野外调研黑色岩系南带

项目人员在野外调研黑色岩系北带

金川集团有限公司

金川集团有限公司是由甘肃省人民政府控股的大型国有采、选、冶配套的有色冶金和化工联合企业，是全球同类企业中生产规模大、产品种类全、产品质量优良的公司之一。主要生产镍、铜、钴、铂族贵金属、有色金属压延加工产品、化工产品、有色金属化学品等。镍产量居全球第五位、钴产量居全球第二位。公司已形成年产镍13万吨、铜40万吨、钴1万吨、铂族金属3500公斤、金8吨、银150吨、硒50吨及150万吨无机化工产品的综合生产能力。目前，公司拥有资产总额398亿元，资产负债率为48%。

公司位列2006年度中国大企业集团第84名、中国大企业集团竞争力500强第16名、国有及国有控股大企业集团竞争力第7名；被列为国家“十一五”循环经济示范企业、国家首批创新型企业和全国知识产权保护试点单位；位列2007中国企业500强第107位、中国制造业企业500强第44位、有色冶金及压延加工业第2位。

公司拥有的金川镍铜矿是世界著名的大型多金属共生的硫化矿。探明资源量5.2亿吨。目前保有矿石资源量4.3亿吨，其中镍金属保有资源量430万吨，铜金属保有资源量近300万吨，钴金属保有资源量13万吨，金、银等其他贵金属的资源量也在国内居重要地位。根据国内外成矿理论和近年来地质找矿取得的成果，揭示金川矿床的深、边部及外围具有良好的找矿前景。专家推测，金川镍铜金属矿山的探明资源量加推测资源量超过7.5亿吨。

公司现有职工34800余人。拥有各类专业技术人员6000余人，涵盖264个专业；高技能技术工人7900余人，为公司发展提供了可靠的人力资源保障。公司拥有国家级企业技术中心和国家镍钴新材料工程技术研究中心，国家认可实验室、博士后工作站，与兰州大学、南京大学、中南大学分别建立了联合实验室，以企业为主体、市场为导向、产学研相结合的技术创新体系基本形成。三个联合实验室、九家企校（所）合作单位，公司所属一院六所、两个国家级中心，各单位的群众性技术创新群体呈宝塔型构成了覆盖情报信息、基础及应用研究、工程化研究及设计综合配套完整的技术创新体系，为公司富有成效地开展产学研合作构建了了坚实的基础平台。

2000年以来，围绕金川资源综合利用共开展了507项公司级科研攻关课题，取得重大成果114项，35项获得省部级以上奖励，60%以上的成果已应用于生产实践。

金川公司坚持抓项目，促发展，使公司经济规模不断扩大，经济质量不断提高。在项目建设过程中，按照科学发展观的要求，大力发展循环经济，坚持走科技含量高、资源消耗低、环境污染少、经济效益好的新型工业化道路。瞄准国际先进水平，按照技术起点高、生产规模大、比较优势明显、有长期市场竞争力的原则，自2000年以来，围绕提高矿产资源综合利用水平、节能降耗、污染物减排与治理、延伸产业链、提高产品附加值等，投资125亿元进行了300多项技术改造和大修项目。以项目为先进技术的载体，不仅在采、选、冶生产领域产生了一大批具有国际先进水平的工艺技术和生产装备，同时也为进一步提高金川资源综合利用水平奠定了坚实的基础。

在地质找矿方面，采用先进的成矿理论作为指导，加大了在金川矿区深部、外围及周边的地质找矿力度，2000年以来，公司新增矿石储量2070万吨，其中镍金属量34.7万吨，铜金属量27.5万吨，有效的弥补了公司自有资源的消耗。

通过消化、吸收、技术再创新建成的世界首座铜合成熔炼炉，形成了具有自主知识产权的炼铜新工艺，在铜冶金工艺技术和设备上的集成创新，使公司拥有了设备国产化程度最高、技术经济指标、能耗和环保进入国内先进行列的大型高纯阴极铜生产线。

国家“十五”重点攻关项目羰化冶金技术的研发与产业化，打破了国外同行对该技术的封锁和垄断，标志着我国已经掌握了这一世界镍冶金的尖端技术；在此基础上，10000吨/年羰基镍项目和5000吨/年羰基铁项目已经开始建设，金川集团有限公司即将成为国内气化冶金研究和产业化的基地。

采用先进的不溶阳极电积技术改造了传统落后的电解钴工艺，建成了代表世界领先水平的钴冶金生产线，产品可满足高端电子、电池及超级合金等行业的需求，提高了我国在这一领域的国际竞争力，使公司电钴的生产技术、产品质量均跨入了世界先进行列；

在新材料领域，公司相继开发了羰基镍粉、四氧化三钴、高纯阴极铜、精硒等几十种新产品，并实现了金属粉体材料、有色金属压延加工和有色金属精细化工三大系列产品的产业化。金川已成为我国新型电池中间材料的重要生产商，对新型动力电池工业的发展产生了重要的促进作用。

通过烟气网络化配置和制酸技术的集成化创新，打破了冶炼和制酸系统之间单一对应的格局，实现烟气跨系统调配，形成了130万吨硫酸生产系统，二氧化硫日减排量达到600余吨，有效缓解了低浓度烟气的污染，使金川地区空气质量得到明显改观。

通过消化吸收多项先进技术，并结合公司污水的特点加以完善，研究开发了适合公司污水水质特点的处理工艺，具有工艺简单，处理成本较低等优点，处理后的中水水质达到了国家标准，并全部应用于生产。经过一年多的运行证明该处理工艺适合公司污水水质特点，运行稳定，净化效果好，具有明显的社会效益和经济效益。2006年，中水利用量达808万吨，工业水的重复利用率为86%；

以先进技术为载体的项目建设促进了公司产品结构的优化和升级，使镍产品销售收入占总销售收入的比重由“九五”期末的82.9%下降到“十五”期末的47.5%；铜产品比重由1.9%上升到21.6%；其他产品的比重由15.6%上升到30.9%。镍钴等主要产品质量达到国际先进水平。同时，形成了一批具有自主知识产权，达到世界先进水平或国内领先水平的核心技术。如高地应力矿岩破碎条件下高强度、高回采率机械化坑采技术，抑镁提镍高回收率选矿技术，高氧化镁镍精矿闪速熔炼技术，高镍铜精矿自热熔炼—电解铜技术，高品质电解镍生产控制技术，国内规模最大的全氯化—电积钴生产技术，非金属化高镍硫加压浸出、溶剂萃取电积镍技术，从低品位原料中提取、制备高纯铂族金属和羰基镍生产技术，红土矿提取冶金技术，低品位镍铜硫化资源生物冶金技术等。

位居世界前列的综合技术实力，使金川公司成为世界上极少数能够将多种有价金属在同一工厂内实现分离提纯的企业。主要技术经济指标居国际先进水平。

金川公司现有11个系列的90余种产品，其中有21种产品获得省部级以上优质产品称号，注册的“金驼”牌商标于1997年被国家工商总局认定为“中国驰名商标”，成为当时西北五省区及有色金属工业系统惟一的“中国驰名商标”。“金驼”牌电解镍荣获中国名牌产品称号，并获国家免检资格。电钴产品质量达到国际先进水平，受到国内外客户的青睐。

公司确定的“十一五”发展目标和远景规划是：到2010年，有色金属年产量60万吨，其中镍15万吨、铜40万吨、钴1万吨、金10吨、银260吨、硒120吨、铂族金属8000公斤，其他金属3万吨，化工产品280万吨，有色金属压延加工材15万吨；营业收入过800亿元，利税总额过100亿元。再用5年的时间，有色金属及加工材年产量达到100万吨，化工产品350万吨，营业收入过1000亿元，把公司建设成为具有较强国际竞争力的大企业集团。

面向未来，金川公司将继续抓好以公司治理、提高效率为重点的改革，坚持抓好以重点项目建设为载体的发展，坚持把公司的发展建立在扩大资源拥有量和有效利用资源的基础上，瞄准世界先进水平，大力推进技术进步，全面提升管理水平，为社会提供品种更为齐全、质量更为优异、用途更为广阔的产品，为我国国民经济的发展做出更大贡献！

环保工程

选矿厂

三镍车间

15万吨铜电解车间

金川节约用水综合污水处理站工程

53万吨硫酸环保工程

金川集团有限公司

序号	项目名称	获奖类别和等级	获奖时间
1	99.95%电积钴生产技术开发	有色行业科技奖一等奖	2004年
2	镍闪速炉以煤代油	有色行业科技奖二等奖	2004年
3	锂离子电池用四氧化三钴的研制及产业化	有色行业科技奖二等奖	2004年
4	金川镍闪速熔炼技术创新与扩产研究	有色行业科技奖一等奖	2005年
5	冶炼烟气制酸技术的集成创新及推广应用	有色行业科技奖一等奖	2006年
6	铜镍合金加压氧化选择性浸出工艺的研发及产业化	有色行业科技奖二等奖	2006年
7	高品质草酸钴的研发及生产	有色行业科技奖二等奖	2006年
8	YS/T472.1～.5-2005《镍精矿、钴硫精矿化学分析方法》	有色行业科技奖二等奖	2006年
9	金川铜合成炉熔炼系统技术及装备的开发与应用	有色行业科技奖一等奖	2007年
10	镍冶炼烟气制酸酸性废水的减排再利用技术	有色行业科技奖一等奖	2007年
11	复杂地质条件下充填开采金属矿山岩体移动规律及采动影响研究	有色行业科技奖二等奖	2007年
12	溶剂萃取生产硫酸镍技术的集成创新与应用	有色行业科技奖二等奖	2007年
13	镍及镍相关产品和物料系列技术标准与化学分析方法标准研究	有色行业科技奖一等奖	2008年
14	铜镍硫化物矿床时空演化规律及找矿研究	有色行业科技奖二等奖	2008年
15	氧气顶吹熔炼系统技术及装备的创新与应用	有色行业科技奖二等奖	2008年
16	特大型坑采矿山大面积连续开采工艺综合技术研究及实践	有色行业科技奖一等奖	2009年
17	金川富氧顶吹浸没喷枪镍精矿熔池熔炼JAE技术开发与应用	有色行业科技奖一等奖	2009年
18	选择性磨矿新技术在金川高镁铜镍矿中降镁增效的应用研究	有色行业科技奖二等奖	2009年
19	干旱地区镍铜尾矿库生态修复技术研发及应用	有色行业科技奖二等奖	2009年
20	综合回收铜转炉白烟灰中有价金属技术的集成创新与应用	有色行业科技奖二等奖	2010年
21	接触法硫酸装备的超大型化研究与应用	有色行业科技奖二等奖	2010年
22	草酸钴化学分析方法标准研究	有色行业科技奖二等奖	2010年

白银有色集团股份有限公司

中国有色金属工业科学技术二等奖（2008年度）

获奖项目名称

《大范围隐患矿体露天转地下安全开采综合技术研究》

参研单位

- 白银有色集团股份有限公司
- 西北矿冶研究院
- 北京科技大学
- 中南大学

主要完成人

■ 王炎明 ■ 袁积余 ■ 陈小平 ■ 杜　明
■ 马冀青 ■ 张永亮 ■ 雷思维 ■ 李兴德
■ 郭生茂 ■ 高　谦 ■ 李宗白 ■ 徐国元

获奖项目介绍

2006年，由甘肃省科技厅组织专家对项目进行了成果鉴定，一致认为该项目的集成创新成果达到了国际先进水平，为我国同类矿山的安全生产提供了成功范例，在国内同类矿山中具有重要的推广应用价值。并于2008年获得了中国有色金属工业科学技术二等奖等奖励。

安全、平稳、经济和高效地回采受群采破坏的隐患矿体是一个复杂的研究课题。大范围隐患矿体露天转地下安全开采综合技术研究是针对我国矿山开采的实际情况，综合应用技术经济比较、盲空区探测技术、多种崩矿技术与回采工艺、适合矿石贫化损失控制技术及空区处理方法、边坡与井下地压监控理论与技术研究、安全回采管理措施研究，取得了具有自主知识产权的大范围隐患矿体环境下露天转地下安全开采综合技术开创了先例。

该项目创造性地应用了空区探测处理和边坡监控及预测技术，成功试验了隐患矿体露天安全开采综合技术，并应用于1253强采方案，实现了隐患矿体露天安全开采；创造性地应用了空区探测与定位技术，独创了“分段凿岩（穿孔）连续崩矿的联合回采方案”和“多面临空矿块强制与诱导联合崩矿技术”，成功试验了隐患矿体地下安全高效开采综合技术，并应用于隐患矿体地下安全开采。在矿山边坡采用了GPS监测技术进行高陡岩质边坡的变形监测，采用国际上著名的边坡极限平衡分析软件SLOPE/W进行高陡露天高陡边坡稳定性极限平衡分析，研究影响高陡矿山边坡的稳定性因素，采用摄影调查、探地雷达（GPR）和瑞波综合探测技术对群采空区层位进行系统探测与较高精度定位取得成功。

该项研究成果辅以相应的地压活动监控和采场稳定性预报技术，基本能系统解决国内类似群采破坏隐患矿体矿山露天、井下安全生产面临的有代表性的主要技术难题,可实现类似隐患矿体的安全高效开采。方案实施近八年来为企业新增矿石量209万吨(铅锌金属量13.8万吨),矿石损失率5.32～12.58%,矿石贫化率11.31～13.4%,创直接经济效益共计67390万元。该技术应用在厂坝铅锌矿露天转地下开采后，境界内共计1556万吨保有储量矿石可得到有效开采。研究成果大大缓解了白银有色集团股份有限公司自产原料供应紧张的压力,对开发和合理利用厂坝铅锌矿资源具有十分重要的意义,并能推广应用于解决国内类似大范围隐患矿体露天转地下安全、高效开采这一技术难题,具有广泛的应用前景。

①露天采场“7.11”塌陷范围图
②露天采场“7.11”塌陷掉铲埋钻事故图

白银有色集团股份有限公司

中国有色金属工业科学技术二等奖（2010年度）

获奖项目名称

《基于条码技术的白银有色集团股份有限公司产成品管理信息系统的开发》

参研单位

■白银有色集团股份有限公司信息管理（研究）中心

主要完成人

■杨勤文 ■雷思维 ■梁启雄 ■高亚萍
■黄志娟 ■王建斌 ■黄仁宏 ■张金成
■刘艳彬 ■杨 楠 ■李晓艳 ■禄晓刚

获奖项目介绍

2009年，由甘肃省科技厅组织专家对项目进行了成果鉴定，一致认为该项目研究技术路线合理、系统功能实用，在多品种有色金属产品信息化管理方面有一定的创新性，达到国内同类研究的领先水平，并获中国有色金属工业协会科技进步二等奖。

以条码技术为依托，实现产品计量、库存、销售一体化管理的白银有色集团股份有限公司产成品管理信息系统是结合白银公司所有产品（铜、铅、锌、金、银等）的检验、计量、出入库及销售实际业务流程，经过详细的需求分析，采用功能强大的Delphi和Asp.net作为开发工具，并运用oracle作为后台中央数据库、SqlServer做为现场数据库，形成B/S与C/S共存的程序架构模式而开发出来的白银公司产成品管理信息系统。系统从符合操作简便、界面友好、灵活、实用、安全的要求出发，完成产品条码、成品出入库、销售等的全过程管理，包括产品品位的录入、查询、化验单的打印以及产品检斤计量管理，还包括成品发货信息录入、查询、修改、打印、统计报表打印等成品库管理工作和销售信息管理工作以及条码打印、扫描管理等。

白银有色集团股份有限公司产成品管理信息系统主要创新点：

1.通过功能强大的系统接口配置界面和智能分析程序段，和多家厂家生产的多种型号称重显示仪进行通讯并解析出正确的称重数据，有较高的推广价值。

2.通过对智能条码扫描仪进行程序设计和固化，使之能够独立完成货位配置业务，即配货前输入预定货位重量，扫描过程中能销售累计重量，超出货位重量报警。从而大大减轻成品库房工作人员的劳动强度，提高工作效率。

3.通过功能齐全的称重界面，将自动读取的产品重量和产品牌号、生产批号等信息集成在一起，并快速实时生成打印产品标签，做到边称重、边打印，进一步堵塞了管理漏洞、简化了业务流程、提高了工作效率。

4.通过产品回溯模块，根据产品销售中反映的产品质量信息，反馈到生产环节，和生产工艺改造挂钩，和员工收入挂钩，更好地优化了工艺流程，提高了员工积极性。

5.根据用户性质和网络环境的不同，对不同的子模块使用Delphi和Asp.net两种开发语言实现，采用B/S和C/S共存的模式，使系统更具有较强的针对性和适用性。

①铜业公司阴极铜标签
②西北铅锌冶炼厂成品库检斤工作台
③西北铅锌冶炼厂锌合金锭产品标签

经过现场测试以及近三年实际使用证明，该系统完全满足了白银有色集团股份有限公司产成品管理方面的需要，同时在铜铅锌有色行业也极具推广价值。

中国铝业股份有限公司兰州分公司

中国有色金属工业科学技术二等奖（2007年度）

获奖项目名称

200kA预焙铝电解槽电流强化工业试验及工业化应用

参研单位

■ 中国铝业股份有限公司兰州分公司

主要完成人

■ 冯诗伟 ■ 李　宁 ■ 肖伟峰 ■ 马志成
■ 杜立中 ■ 肇玉卿 ■ 张得教 ■ 王　洪
■ 王江敏 ■ 马建文 ■ 谷文明 ■ 靳丛功

获奖项目介绍

本项目针对200kA大型预焙铝电解槽，在保持电解槽原设计结构总体不变的前提下，成功开展了电流强化综合技术改造，突破了设计的阳极电流密度指标，实现了电解系列产能和降低能耗的目的。

附加移动式有载直流整流变压器

在不改变电解槽原有内部整体结构，在不停产和保持阳极尺寸不变的情况下，使电解槽系列电流强化10～15%（附加一个3000KVA的移动式有载直流整流变压器或使用其它电源，使任意电解槽形成闭合的电流回路，采用电流叠加原理，将预焙铝电解槽的系列电流强度提升10～15%），使阳极电流密度由设计的0.72 A/cm2提升到0.83 A/cm^{2}左右。电解槽在优化工艺技术条件和改进阴阳极的同时建立新的优化生产平衡条件。在保证预焙阳极质量的基础上，通过开发和使用开槽阳极、降低槽电压、提高铝水平、使用侧部散热较好的氮化硅结合炭化硅侧部新型材料等措施，保持合理的电解工艺参数和电解槽的电、热平衡，阶梯式提升大型预焙阳极铝电解槽系列的电流强度，从而达到提高阳极电流密度，增加电解系列产能和降低能耗的目的。

在不改变电解槽结构和内衬的条件下，对电解槽进行系列电流的强化，投资省，增产降耗效果显著。通过优化电解工艺技术条件，电流效率将会有适当提高，直流电单耗也会有所降低，铝电解技术经济指标得到改善，带来的经济效益也十分显著，同时也有利于提高电解铝生产管理和控制水平。

推广应用情况

该项科技成果成果已在我公司200kA电解系列成功应用。应用表明，在电流效率不降低的基础上，系列电流强度提高了10～15%，由设计的200kA提高到220～230kA，阳极电流密度由设计的0.72 A/cm2提升到0.83 A/cm^{2}左右，铝电解的生产能力也相应大幅增加，经济效益显著。

200kA预焙阳极炭块开槽

该项科技成果具有较高的技术水平，在不建新厂，基本不改变电解槽结构和相应生产工艺情况下，用少量改造投资就可以增加10～15%以上的铝产量。具有在全国电解铝行业同类型大型预焙槽推广的价值。该项科技成果达到国际先进水平。

中国铝业股份有限公司兰州分公司

中国有色金属工业科学技术一等奖（2008年度）

获奖项目名称

400kA大型预焙阳极铝电解槽及湿法焙烧启动技术研制

参研单位

- 中国铝业股份有限公司兰州分公司
- 沈阳铝镁设计研究院

主要完成人

■ 杨晓东 ■ 李　宁 ■ 李金鹏 ■ 王　洪
■ 刘雅锋 ■ 肖伟峰 ■ 朱佳明 ■ 陈　军
■ 孙康建 ■ 张　君 ■ 周东方 ■ 肇玉卿
■ 杨昕东 ■ 邱金山 ■ 邱　阳 ■ 马志成
■ 班　辉 ■ 郭兰江 ■ 孙建国 ■ 谷文明

获奖项目介绍

为了满足中铝公司铝电解技术达到世界领先水平的需要，中国铝业股份有限公司兰州分公司与中铝国际沈阳铝镁设计研究院共同开发了400kA大型预焙阳极铝电解槽及湿法焙烧启动技术。

400kA大型预焙阳极铝电解槽及湿法焙烧启动技术优化设计了合理的母线配置，提高了大型槽磁流体稳定性；采用5段上烟道结构设计，有利于提高集气效率和改善环境；采用电解厂房通风和电解槽整体热平衡相结合、电解槽槽壳和内衬整体位于操作面下等技术，保证了大型电解槽的热稳定性，改善了劳动环境；采用阴极炭块与阳极炭块投影相对应的技术，有利于阳极和阴极的电流分布均匀。采用了电解槽全面控制和标准化操作体系，有效控制电解槽热平衡与物料平衡，开发了适应大型槽稳定、安全的湿法焙烧启动技术，首次采用启动前槽膛内无液体电解质，启动时一次灌入足够量液体电解质的纯湿法焙烧启动技术；电解槽焙烧时，中缝不装料，形成空腔，有利于槽膛内热空气循环，避免了电解槽阴极局部过热，缩短了焙烧时间，节省了能量，有利于电解槽顺利启动；电解槽启动时，合理调整极距，控制电解质温度在980～1000℃，降低了对槽下部结构的热负荷影响；成功研发了电解槽启动后快速降电压的技术，有利于节能，提高电流效率和槽寿命。

400kA大型预焙阳极铝电解槽设计先进，运行平稳，经济效益和社会效益显著；应用新型湿法无效应焙烧启动技术焙烧启动电解槽，对电解槽的热冲击小，整个焙烧启动期间，无槽壳发红现象，槽壳及炉底变形小，恢复快，电解槽可快速转入正常期，提高了产铝量。

400kA大型预焙阳极铝电解槽湿法焙烧启动

推广应用情况

目前，大部分铝厂使用的均是大型预焙阳极铝电解槽技术，400kA大型预焙阳极铝电解槽及湿法焙烧启动技术无论对于新设计、上马项目或大修电解槽启动，如采用该技术，都将给企业带来巨大的收益.该项成果达到国际先进水平，已在国内新设计使用的同类槽型中得到广泛的推广应用。

400kA大型预焙阳极铝电解槽

中国铝业股份有限公司兰州分公司

中国有色金属工业科学技术二等奖（2008年度）

获奖项目名称

新一代大规模电解铝系列供电整流装置设计研究

参研单位

- 中国铝业股份有限公司兰州分公司
- 沈阳铝镁设计研究院

主要完成人

■ 王江敏 ■ 徐　煜 ■ 张海平 ■ 魏春爱
■ 梁　冶 ■ 刘春昊 ■ 饶德福 ■ 赵　韧
■ 李际平 ■ 刘　义 ■ 朱海安 ■ 陆　青
■ 秦志国 ■ 戈广金 ■ 覃开平 ■ 王同砚

获奖项目介绍

为了满足兰州分公司电解铝系列供电整流设备选型及配置达到400kA电解生产系列供电整流的需要，在项目建设中，研发人员从设计到设备、装置招标投标过程，对整流供电主要设备提出要求，与制造厂家、中标单位多次调研、协商、讨论，开展了大规模电解铝行业整流供电系统的配置方案，大容量整流变压器设计参数及方案，高电压二极管整流装置设计参数及结构方案的研究及应用。保证了400kA电解生产系列供电整流系统设备达到运行安全、技术先进、配置合理、运行经济的要求。

该项目首次选用整流变压器容量超过12万kVA，在电解铝行业中乃至电力行业属超大型的特种变压器。调压变压器采用自藕降压线端连续95级调压方式，有效提高了变压器的运行效率。整流器采用了多种绝缘措施和过电压保护措施，包括使用的绝缘材料、元器件配置方法及参数选择等均为国内以二极管为整流元件的整流器中首次使用。IEC61850国际标准数字化变电站保护监控系统首次应用于电解铝行业。其整流供电系统的配置方案经济合理；整流变压器容量大于120MVA，效率大于99.2%，自藕降压线端连续95级调压方式；整流装置输出额定直流电压1350V，效率大于99.8%，装置内部配置满足1500VDC以上绝缘要求。

该项目通过优化设计，在国内首次实现了同一建筑物内供配电和整流设备合理的配置，占地面积少；采用220kV组合电器配电装置和电缆进出线方式，保证了大型整流机组的供电可靠性，改善了施工和检修环境；采用了水风冷却分层布置形式，设立专用进出风道，有效控制整流柜和整流器室内的发热量，保证了350kA以上电解系列整流机组的安全运行。

推广应用情况

该项科技成果为电解铝行业系列化、标准化提供借鉴作用；为在建和拟建电解铝项目中整流供电系统的设备选型和配置形式提供较好的借鉴推广作用。

该项目经过长时间运行证明，直流输出电流强度达到电解工艺生产要求，系统配置合理，运行稳定，整流效率高。该项科技成果达到国际先进水平。

220KV GIS组合开关

硅整流柜

中国铝业股份有限公司兰州分公司

中国有色金属工业科学技术一等奖（2009年度）

获奖项目名称

350KA槽铝电解车间厂房自然通风技术

参研单位

- 中国铝业股份有限公司兰州分公司
- 沈阳铝镁设计研究院

主要完成人

■ 佘海波 ■ 李　宁 ■ 杨晓东 ■ 王江敏
■ 王印夫 ■ 肖伟峰 ■ 赵加宁 ■ 邱金山
■ 万　沐 ■ 杨延鹏 ■ 陈　军 ■ 刘　宏
■ 陆惠国 ■ 谷现良 ■ 魏慧民 ■ 刘海男

获奖项目介绍

铝电解厂房是典型的热厂房，其通风的目的是消除厂房余热及排除电解槽散发到厂房内的有害气体(主要是氟化物)。对于现代中间点式下料预焙槽，槽集气罩的集气效率可达到98%，排放到厂房的有害物较少，氟化物烟气在流通空气的携带下可排到室外，单从这一目的而言，目前的厂房通风能够满足。但目前的通风形式难以提供排除余热的风量，尤其是电解槽四周的散热风量。受电解槽结构的制约，相邻电解槽的距离是有限的，通过槽间的风量较少，引发产生的问题是：影响了电解槽的热平衡，进而影响了电解槽的槽帮结壳的形成、规整槽膛内形的形成，最终会影响到产品质量与电解槽寿命；电解槽之间区域的环境比较恶劣。

我国工业通风设计方法是沿袭原苏联50年代通风设计方法，其建立的模型是二维的，在该计算方法中，排风温度tp与有效热量系数m值的计算方法有一定的误差。另外，这套方法的假设条件之一是整个厂房内空气均匀，温度取一个值[3~5]，而电解槽的电解温度通常在955℃左右，槽外壳表面温度有的高达300～400℃[6,7]，槽子周围的气温很高，所以厂房的气温很不均匀；其次，目前尚没有针对铝电解厂房二层结构形式通风的计算方法，使用的设计方法是套用单层结构形式的方法，因此，应用现行的计算方法解决电解厂房的通风问题时会有较大的误差。

电解槽的大型化、电流强度和电流密度增大对厂房通风散热提出了更高的要求。改善电解生产指标、控制电解槽的热平衡、保证工艺生产正常进行，车间良好的通风排热是必不可少的条件。旧式的厂房结构形式不能满足大型槽的通风要求。

为解决铝电解厂房的通风问题，首先必须在形式和设计方法上有所突破。最主要是寻找出针对现代铝电解厂房通风的实用设计方法。本课题的目的就是得到能满足新型、先进水平铝电解厂房的通风设计方法，以新的设计方法设计出满足电解车间自然通风要求的车间通风新形式。

中铝兰州分公司350KA槽型电解厂房2005年设计，2005年施工，2006年投入使用。2009年7月21日—7月25日期间由国家空调设备质量监督检验中心对电解厂房通风效果进行了测定。检测结果表明新型电解厂房通风方式具有大通风量的优点。特别是新型厂房下部进风窗会进入更多的室外低温空气，使电解槽散热良好，通风效果较为理想。经测试，新型厂房总的进风量为158745 kg/h，新型厂房总的通风风量远大于旧式厂房通风风量，大约增加22.1%。电解厂房内环境温度明显得到了改善。

推广应用情况

该项目的主要技术特点和创新点如下：

1.在国内首次以先进的CFD模拟技术对电解车间厂房通风进行研究，结合电解槽的整体热平衡和工作区域温度，形成了与电解槽技术配套的电解车间厂房通风技术。2. 采用新型带有内隔墙式的车间结构，电解车间操作面提高，电解槽周围采用布有通风格子板的结构形式，使电解车间进风量不受风压影响，消除室外风向、风速对自然通风的影响，使电解车间自然通风量增大，车间两侧进风量均衡，便于带走电解槽侧部热量，有利于解决大型电解槽的热平衡难题。3.该项目经过连续3年运行证明，车间自然通风效果平稳，良好的自然通风结构，使工作环境温度明显降低，改善了工人操作条件。4.该项目通风环境效益显著，整体技术达到国际先进水平。

中国铝业股份有限公司兰州分公司

中国有色金属工业科学技术二等奖（2010年度）

获奖项目名称

电解铝车间耐热耐磨彩色混凝土试验研究

参研单位

- 中国铝业股份有限公司兰州分公司
- 甘肃土木工程科学研究院

主要完成人

徐文胜 焦述国 何忠茂 孙建志 赖广兴 李向阳 王 辉 彭 勇 王廷魁 杨国江 张 晋 张 慢

获奖项目介绍

过去我国电解铝车间的厂房结构设计一般都采用普通混凝土，其中电解车间地坪材料也全部采用普通混凝土，由于生产环境的影响，往往达不到设计年限就已经损坏，严重影响生产。实践证明，经过几年的运行后，电解车间楼地面混凝土的破坏现象相当严重，有的甚至整体脱落，露出结构楼面的钢筋，极易造成安全事故。另外电解车间的工艺车运行频繁，地面被当作设备使用现象较为突出，一旦破坏，必须进行停产修复施工，铝厂的工艺条件又不允许停产，这就造成了一个两难的问题。

国内一些电解厂房相继出现不同程度的地坪破坏没有得到足够的重视，几乎每个月都要进行一次大修。在1996年，国内某铝厂电解车间的地坪整体脱落，破坏严重。造成这种破坏的原因，主要是由于采用普通混凝土的铝电解车间楼地面，在生产过程中不可避免的有铝渣和热残极放置在地坪表面，而这些铝渣和热残极的温度高达800—960℃，久而久之就造成普通混凝土地坪表面发生裂缝、疏松、脱皮、掉渣等现象，最后造成地坪表面高低凹凸不平。时间不长就得返修，即影响生产又造成经济损失。由于不能停产检修，因此各铝厂地坪表层材料经常做临时修补。

该项目开发的耐热耐磨彩色混凝土与普通混凝土对比，抗折强度大于4.0MPa；抗压强度达到30MPa以上。耐热性在800℃,残余强度达到28天强度的50%；抗热震次数大于4次；800℃色差≤0.5%，使用寿命提高一倍以上。已在中国铝业股份有限公司兰州分公司铝电解车间试用，效果明显，经济及社会效益显著。

耐热耐磨彩色混凝土地坪情况

普通耐热混凝土地坪情况

推广应用情况

该项目的主要技术特点和创新点如下：

1.通过开展水泥、普通砂、石英砂、破碎卵石、高强陶粒、高铝骨料、石英石、改性剂、矿物掺合料、减缩剂、彩色耐磨剂等物料的性能研究，并优化配比，开发出高性能、长寿命、墨绿色的铝电解车间用耐热耐磨彩色混凝土。

2.该项目所用原材料适用范围广，并可利用废弃的耐火材料，有利于降低成本和推广利用。

3.该项目整体技术达到国际先进水平。

中国铝业股份有限公司兰州分公司

中国有色金属工业科学技术二等奖（2010年度）

获奖项目名称

预焙铝电解槽夹持式阳极导电装置研发与应用

参研单位

■ 中国铝业股份有限公司兰州分公司
■ 北京鑫建节能技术有限公司

主要完成人

■ 李　宁 ■ 高德金 ■ 王江敏 ■ 朱永松
■ 谷文明 ■ 肖伟峰 ■ 邱金山 ■ 陆惠国
■ 董建雄 ■ 周建宝 ■ 高　伟 ■ 郭兰江

获奖项目介绍

现通用的铝电解槽阳极导电装置主要由铝导杆、爆炸焊片、阳极钢爪和阳极碳块以及磷铁环所组成，阳极钢爪和阳极碳块之间采用浇铸磷铁环的方式进行阳极碳块与钢爪头的连接。主要有以下缺点：一是阳极钢爪和阳极碳块之间其连接导电用的磷铁环铁碳接触电阻较大，电压降平均在150mV左右；二是铁碳之间的磷铁环采用熔铸铁热态浇铸工艺成本较高；三是阳极残极与磷铁环的分离、磷铁环和阳极钢爪头的分离采用机械压脱或锤击工艺，成本较高。一般电解铝厂都设置有庞大的阳极组装车间；四是由于阳极钢爪的变形和磷铁环的偏浇致使阳极碳块电流密度分布不均匀；五是阳极残极需清理，耗费大量的人力，且污染环境，损害人体健康。

预焙铝电解槽夹持式阳极导电装置项目主要是创新性的研发一种新型铝电解槽阳极导电装置。本项目在现通用的预焙铝电解槽结构的基础上，采用夹持式阳极导电装置与阳极碳块进行组装连接，用铜碳结合过度连接的方式，将铝导杆的电流通过阳极导电卡具传导给阳极碳块，减少铝电解槽阳极导电结构的电耗，用降低阳极导电装置电压降的方法，实现降低电解铝电耗的目的；　在进行阳极组装作业时，用夹持式阳极导电卡具与阳极碳块凸台进行机械夹持冷态组装连接的方式，替代现有的阳极钢爪与阳极碳块浇注磷铁环热态熔铸组装连接方式，以便取消现有组装工艺、阳极残极清理工序。采用改变阳极组装方式，降低组装工艺成本方法，实现减少电解铝生产工艺成本目的。采用在夹持式阳极导电装置上设计构造固定保温的方式，减少或取消阳极残极覆盖料清理成本的方法，降低环境污染和人工清理残极的成本。同时，为在现通用的预焙烧铝电解槽结构上，实现连续加高阳极碳块，无残极退出铝电解槽的生产工艺奠定技术基础。

该夹持式阳极导电卡具的研究成功，简化了阳极组装工艺流程，保证了铝导杆与炭块的垂直度。该创新装置经中国铝业股份有限公司兰州分公司试用，与原磷生铁生产工艺相比，接触电压降降低了50mV，吨铝可节电160kWh，还可节约磷生铁的熔化电耗和阳极组装的生产成本，经济效益和社会效益显著

夹持式阳极夹具　　夹具在电解槽内使用情况

推广应用情况

该项目成功的设计了一套预焙铝电解槽夹持式阳极导电装置代替了传统的阳极钢爪浇注组装方式，其主要技术特点和创新点如下：

1.在现通用的预焙铝电解槽结构上，采用阳极导电夹持卡具与阳极炭块进行导电连接，设计新颖，结构简单，使用可靠；

2.采用铰接支撑和夹紧连接机构，保证了夹持力，降低了接触压降。

3.采用可调节侧夹板开合的夹紧支撑机构，阳极组装方便灵活。

西北矿冶研究院

中国有色金属工业科学技术二等奖（2005年度）

获奖项目名称

锡铁山铅锌矿深部矿石及各采点矿石配比试验研究

参研单位

- 西部矿业股份有限公司
- 西北矿冶研究院
- 青海西部矿业工程技术研究有限公司

主要完成人

■ 林大泽 ■ 李跃林 ■ 胡保栓 ■ 张忠平
■ 张永德 ■ 李福兰 ■ 何海涛 ■ 肖　云
■ 严海军 ■ 孙远礼 ■ 吴　敏 ■ 刘栓旺

获奖项目介绍

锡铁山铅锌矿随着采矿深度的延伸，原矿中金银品位逐渐上升，但金银的选矿指标一直较低。提高铅锌矿石中伴生金银的综合回收水平，对充分利用矿产资源，进一步提高经济效益，将是十分有意义的，加之目前现场难以保证分类处理和均匀配矿，使选矿生产指标受到影响。因此，项目对各矿体的出矿点及深部矿石进行深入、细致的试验研究，提出稳定、可操作性强、适应原矿性质多变的最佳工艺方案，以确保技术经济指标的提高。

项目的关键技术是针对锡铁山铅锌矿的矿石特点，通过强化铅回路的浮选，选择适宜的矿浆调整剂和选择性好的捕收剂等相应措施，放宽铅回路的浮选条件，降低铅中的含锌，重点研制出了提高金银的回收率的新型药剂，锌回路的适应性更稳定。创新点是采用高效、价廉、选择性好、适应性强的新型捕收剂和调整剂。

项目的特点：在现场磨矿细度基础上，参照以前在选矿药剂方面的研究成果，对捕收剂、调整剂两大类药剂进行全面、深入的研究，确定适宜的药剂制度，以便克服原矿性质变化、利用回水等对选矿工艺指标产生的不利影响；从强化操作和监控手段、提高选矿指标和回水利用率、降低生产成本、减少污染等方面，提高锡铁山铅锌矿的整体经济效益和参与市场的竞争能力。经工业试验同期对比，在铅锌精矿质量相当的情况下，铅回收率提高1.01个百分点，金回收率提高14.93个百分点，银回收率提高6.47个百分点，锌回收率提高1.06个百分点。每年可增加经济效益两千七百万元以上，经济社会效益显著。

西北矿冶研究院

中国有色金属工业科学技术二等奖（2005年度）

获奖项目名称

新型聚合物耐磨涂层材料

参研单位

■ 西北矿冶研究院

主要完成人

■ 符嵩涛 ■ 吴国振 ■ 余江鸿 ■ 吴　斌
■ 王金龙

获奖项目介绍

新型聚合物耐磨涂层材料其特点是采用互穿网络技术，使环氧树脂与其它柔性聚合物相互贯穿成链锁结构，形成交织网络聚合物，由于互穿网络结构中存在着永久性不能解脱的缠结,交联密度较高，使材料某些力学性能较单一组分大为提高，产生协同效应。因此在具有较高的抗拉、抗剪切强度的同时，聚合物有较高的剥离强度和良好的柔韧性，聚合物体分子链的柔顺性，可吸收固体颗粒反复冲击涂层材料表面引起的疲劳破坏，使涂层具有优异的耐磨耐气蚀性。

新型聚合物耐磨涂层材料主要性能测试结果如下:

平均剪切强度3.15 KN/cm2 = 31.5 MPa

平均抗拉强度5.008 KN/cm2 = 50.08 Mpa

磨耗值　　　　0.015～0.030 mm^3/h

新型聚合物耐磨涂层材料主要针对有色、冶金行业中高速固体硬质颗粒对设备的冲击磨损。其不仅适用于新设备的保护，更适用于磨穿报废设备的修复，适用的设备主要有：渣浆泵、胶泵、旋流器、旋风除尘器、浮选机、矿浆管道、球磨机端盖、榴槽、搅拌浆等，修复后的备件其寿命与新备件相同甚至超过原寿命的1～5倍，而修复的成本只占新备件成本的50%左右。

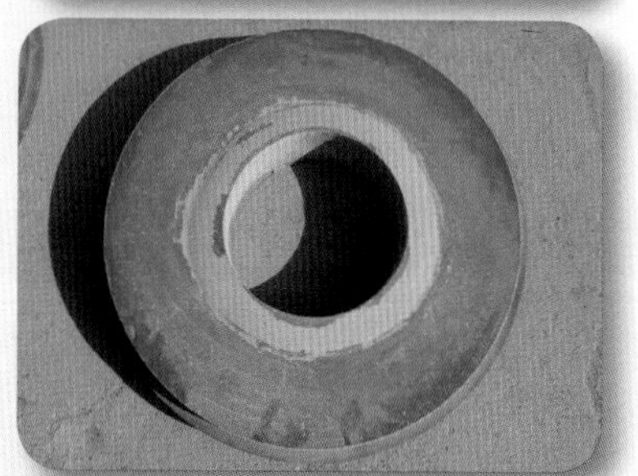

目前该材料已在全国近二十个省、市、自治区应用，主要应用企业有：紫金矿业、西部矿业、云南铜业、楚雄矿业、栾川钼业集团、金堆城钼业集团等。该材料的推广应用前景广阔，对有色行业内增加设备的使用寿命有很大的现实意义，可节约大量设备备件费及维修费，使企业增收节支。

近期主要应用单位和设备有：

白银有色集团公司250渣浆泵、750旋流器，使用寿命为原件的1～1.5倍，4PNJ胶泵使用寿命为原件的2～3倍；金川公司200渣浆泵、150渣浆泵使用寿命为原件的1～1.5倍；塔中矿业（塔吉克斯坦）浮选机槽体耐磨处理1400平米，寿命为8～10年；新疆阿舍勒铜矿二期扩建项目浮选机施工处理面积1800平米，寿命为8～10年。

2010年以“一种聚合物耐磨涂层材料”为发明创造名称，申请国家专利，获专利申请号：2010543698.3。

西北矿冶研究院

中国有色金属工业科学技术二等奖（2006年度）

获奖项目名称

锡铁山铅锌矿浮选新工艺新药剂的研究

参研单位

- 西部矿业股份有限公司
- 西北矿冶研究院
- 青海西部矿业工程技术研究有限公司

主要完成人

■ 林大泽 ■ 李跃林 ■ 张永德 ■ 胡保栓
■ 张忠平 ■ 肖　云 ■ 李福兰 ■ 黄秋香
■ 严海军 ■ 孙远礼 ■ 刘栓旺 ■ 吴　敏

获奖项目介绍

本项目开展了锡铁山铅锌矿浮选新工艺新药剂的研究。在对生产矿石进行工艺矿物学研究的基础上，生产工艺采用顺序优先的原则流程，铅回路采用高pH值电位调控、添加乙硫氮及2#油的工艺基础上，研究开发新工艺新药剂，经过选矿试验研究，无需改变现生产流程结构，而对其浮选回路的药剂制度作了重要的改变，即在原生产只添加25#黑药的基础上，增加了新药剂A66和T106，可以大幅度地提高选矿指标。另外，对锌、硫回路工艺条件进行了完善，提出了提高指标和稳定生产的技术措施。该科研成果实现了在不改变原生产流程的条件下，大幅度提高选矿综合指标的目的。

工业试验针对目前锡铁山选矿厂生产工艺现状，在不改变生产工艺流程条件下，添加新药剂A66和T106，达到提高回收率的试验目的。工业试验连续164个班次所获得的累计试验指标为：共处理矿石352403.30吨，原矿：铅品位4.86%，锌品位5.85%，硫品位12.85%，金品位0.42克/吨，银品位57.35克/吨。铅精矿：铅品位76.12%。铅回收率94.40%，金实际回收率36.69%（理论回收率38.65 %），银实际回收率79.91%（理论回收率83.52%）。锌精矿：锌品位48.86%，锌回收率90.82%。工业试验与2005年1月至10月14日指标相比，在铅锌精矿质量相当的情况下，铅回收率提高了1.14%，金实际回收率提高了18.31%，银实际回收率提高了15.34%，锌精矿含铅降低0.26 %、锌回收率提高了1.40%。

工业试验结果可靠，新的技术方案使现场采用的优先—混合浮选的原则流程及顺序优先的原则流程趋于完善，工艺制度更趋合理，新工艺技术可靠，生产易于控制和实施，技术指标先进，处于国际先进水平。铅、锌、金、银回收率提高可观，达到了预期的目的。按此推算每年可增加经济效益五千两百万元。为使科技成果迅速转化为生产力，建议尽快在选厂长期应用该项成果。

浮选车间

西北矿冶研究院

中国有色金属工业科学技术三等奖（2006年度）

获奖项目名称

电池级氧化钴的制取技术研究

参研单位

■ 西北矿冶研究院

主要完成人

■ 王同敏 ■ 吉鸿安 ■ 胡　平 ■ 刘　力
■ 孙晓凤 ■ 雷思维 ■ 黄国平 ■ 李宗白
■ 王开群 ■ 赵海军 ■ 俞建明 ■ 刘秀庆

获奖项目介绍

电池级氧化钴产品主要用于锂离子电池行业制作安全型、高比容量锂离子电池正极材料----钴酸锂、镍钴酸锂等的主原料。“电池级氧化钴的制取技术”是采用“络合沉淀制备，高温煅烧制取电池级氧化钴”的新工艺技术，具有：（1）络合沉淀法制取高密度前驱体新型生产工艺；（2）用连续生产工艺制取粒度均匀的前驱体的特点。应用本“电池级氧化钴的制取技术”工艺技术生产的电池级氧化钴产品粒度分布均匀，且质密（振实密度达2.9–3.4），经X射线衍射分析、扫描电镜、粒度分布、化学成份等多种物理化学测试，其结果已达到国内外同类产品先进水平。

推广应用情况

我院自主研发的“电池级氧化钴的制取技术”已在白银高技术产业园得到产业化推广应用，生产的产品质量高且稳定；以此生产的锂电池电化学性能优良，得到国内大中性企业的认可，具有较好地推广价值。

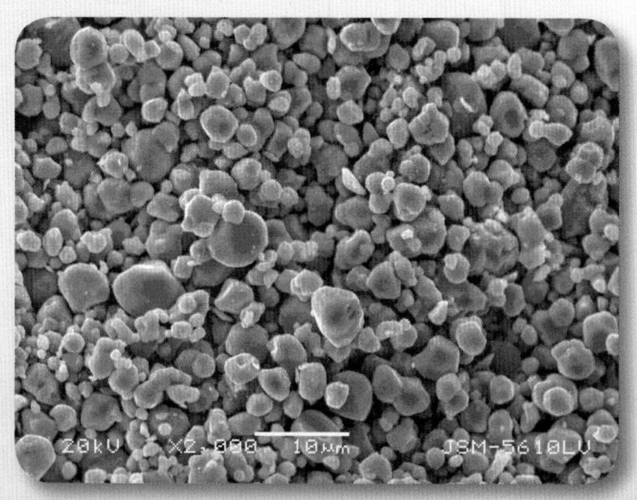

产品电镜图

西北矿冶研究院

中国有色金属工业科学技术二等奖（2008年度）

获奖项目名称

大范围隐患矿体环境下露天转地下安全开采综合技术研究

参研单位

■ 白银有色集团股份有限公司
■ 西北矿冶研究院
■ 北京科技大学
■ 中南大学

主要完成人

■ 王粪明 ■ 袁积余 ■ 陈小平 ■ 杜　明
■ 马冀青 ■ 张永亮 ■ 雷思维 ■ 李兴德
■ 郭生茂 ■ 高　谦 ■ 李宗白 ■ 徐国元

获奖项目介绍

安全、平稳、经济和高效地回采受群采破坏的隐患矿体是一个复杂的研究课题。大范围隐患矿体露天转地下安全开采综合技术研究是针对我国矿山开采的实际情况，综合应用技术经济比较、盲空区探测技术、多种崩矿技术与回采工艺、适合矿石贫化损失控制技术及空区处理方法、边坡与井下地压监控理论与技术研究、安全回采管理措施研究，取得了具有自主知识产权的大范围隐患矿体环境下露天转地下安全开采综合技术开创了先例。

该项目创造性地应用了空区探测处理和边坡监控及预测技术，成功试验了隐患矿体露天安全开采综合技术，并应用于1253强采方案，实现了隐患矿体露天安全开采；创造性地应用了空区探测与定位技术，独创了“分段凿岩（穿孔）连续崩矿的联合回采方案”和“多面临空矿块强制与诱导联合崩矿技术”，成功试验了隐患矿体地下安全高效开采综合技术，并应用于隐患矿体地下安全开采。在矿山边坡采用了GPS监测技术进行高陡岩质边坡的变形监测，采用国际上著名的边坡极限平衡分析软件SLOPE/W进行高陡露天高陡边坡稳定性极限平衡分析，研究影响高陡矿山边坡的稳定性因素，采用摄影调查、探地雷达（GPR）和瑞波综合探测技术对群采空区层位进行系统探测与较高精度定位取得成功。

该项研究成果辅以相应的地压活动监控和采场稳定性预报技术，基本能系统解决国内类似群采破坏隐患矿体矿山露天、井下安全生产面临的有代表性的主要技术难题,可实现类似隐患矿体的安全高效开采。

方案实施近八年来为企业新增矿石量209万吨(铅锌金属量13.8万吨),矿石损失率5.32～12.58%,矿石贫化率11.31～13.4%,创直接经济效益共计67390万元。该技术应用在厂坝铅锌矿露天转地下开采后，境界内共计1556万吨保有储量矿石可得到有效开采。研究成果大大缓解了白银有色集团股份有限公司自产原料供应紧张的压力,对开发和合理利用厂坝铅锌矿资源具有十分重要的意义,并能推广应用于解决国内类似大范围隐患矿体露天转地下安全、高效开采这一技术难题,具有广泛的应用前景。

西北矿冶研究院

中国有色金属工业科学技术三等奖（2009年度）

获奖项目名称

新型高炉出铁口钻具的研制与推广应用

参研单位

■ 西北矿冶研究院

主要完成人

■ 温　涛 ■ 李　杰 ■ 王　晨 ■ 李　琦
■ 梁友乾 ■ 李宗白 ■ 周矿兵

获奖项目介绍

西北矿冶研究院研制开发的新型高炉出铁口钻头是钢铁企业炼铁厂在出铁作业时，钻透开铁口孔，放出铁水时所用的专用钻具。钻头在钻透高炉开铁口孔的过程中要受到高温环境中的扭压、弯曲、磨擦等交变应力的作用。当钻头临近高炉中铁水时碰到更硬的“炮泥”层，此时温度更高，交变应力增加，使钻具的前端损坏加大，故新型高炉出铁口钻头是易损易耗件。本项目直接来源于市场对适合高温作业条件的高炉开铁口钻头的迫切需求，由我院依据市场定位自主开发研究的。

通过市场调研，国内目前生产冶金炉用系列钎具的企业不少，但对其进行系统研究开发的并不多。据调查，国内外大部分钢铁企业使用的冶金炉钻头有沿用矿用钻头的，有电焊合金片的，有堆焊高速钢刀头的等等五花八门。国内外大部分钢铁企业使用的冶金炉钻杆、钎尾、套管有沿用矿用凿岩钎具的，有材质为45#钢、不进行热处理的。这些产品中大部分采用劣质材料，工艺粗躁，产品质量差，寿命短，均不适合高炉出铁时高温作业的特点，而且企业的生产成本高。

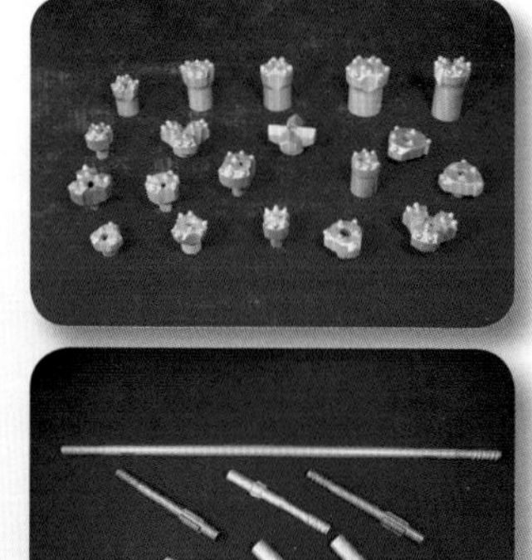

西北矿冶研究院在2004年研究开发专用于钢铁企业的高炉出铁口钻头，经过两年多的开发研制，开发出了新型高炉出铁口钻头，并完成了与高炉出铁口钻头配套使用的专用钎杆、钎尾、套管的产品试验研究工作，使产品的系列化得到了完善。新型高炉出铁口钻头与钢铁企业原用产品在产品设计、材质、工艺上均有重大突破，可广泛用于钢铁企业各种高炉、各种作业方式。产品寿命是原产品的2—5倍，其主要性能指标达到国际先进水平。该产品的成功投放市场，填补了我国钢铁企业高炉冶炼中无专用开铁口钻具的空白。2005年获国家重点新产品证书。

推广应用情况

新型系列冶金炉钻具是我院针对钢铁企业高炉作业过程中钻头早期出现脱碎片，钎杆、钎尾、套管早期磨损严重，易断裂等技术问题，结合钢铁企业出铁作业时高温作业特点，选用适宜材质和先进的焊接、热处理工艺研制开发而成的，专用性强，属国内首创。与国内外钢铁冶金行业目前使用的产品相比，产品质量高，使用寿命长，作业效率高，能大大改善炉前操作工作环境，降低劳动强度。同时为使用单位大幅度降低生产成本。

西北矿冶研究院

中国有色金属工业科学技术二等奖（2010年度）

获奖项目名称

多功能低毒环保型捕收剂研制及生产

参研单位

■ 西北矿冶研究院

主要完成人

■ 王永斌 ■ 余江鸿 ■ 吴　斌 ■ 黄建芬
■ 周　涛 ■ 李冠军 ■ 王进龙 ■ 顾小玲
■ 刘守信 ■ 符嵩涛 ■ 李　曦 ■ 张　析

获奖项目介绍

该项目运用分子设计理论，成功研制出螯合型烷基硫代磷酸酯及硫氨酯两种新型捕收剂，新药剂具有捕收和起泡双重性能，可代替松醇油，一般与黄药共用，也可单独使用，在水中能快速分散，可直接添加于矿浆中，在低pH值条件下对于硫化矿石的浮选也能保持很高的浮选选择性。主要用于硫化镍、硫化铜镍矿、多金属硫化矿石及伴生金银浮选。

该项目以研制的新药剂为主捕收剂，通过合理复配其他高效选矿药剂得到的A-6和A-9两种新型组合药剂，在西北矿冶研究院中试生产车间实现技术转化和产业化生产。截止2009年12月，共生产销售A-6、A-9两种药剂163.4吨，药剂产品累计销售收入343.14万元,净利润154.4万元，上缴税金58.3万元。

推广应用情况

该项目研制的A-6和A-9两种新型组合药剂通过选矿试验和推广，已成功应用于青海赛什塘、内蒙白乃庙、新疆亚克斯等选矿厂。青海赛什塘铜矿原矿含铜0.98%，以A-6选矿药剂代替原来的M2药剂，铜精矿回收率在原有选矿指标基础上提高4.01个百分点，每年可为该厂新增效益1060万元左右。内蒙乌兰察布市白乃庙铜选厂原矿含铜0.8～1.0%，共伴生有硫、银、钼、金等， A-6高效捕收剂自2009年5月在白乃庙铜选矿厂应用的生产实际表明，铜回收率在原有基础上提高2.50个百分点，每年可为该厂新增效益260万元左右。新疆亚克斯的低品位铜镍选矿厂原矿含铜0.35%，含镍0.60%，品位较低，该选厂以选矿工艺流程不做较大的改造为前提，通过对多家单位的浮选药剂筛选和经济指标评估，最终选用浮选性能较好的选矿药剂A-9，替代2#油和丁胺，生产表明，铜镍精矿中镍的回收率在原有选矿指标基础上提高2.50个百分点，铜回收率提高1.20个百分点，每年可为该厂新增效益550万元左右。

专利等知识产权及获奖情况

发明专利：氨基乙基黄原酸氰乙酯化合物和制备方法及其捕收剂；申请号201010554889.x；（已受理）

发明专利：氨基甲基黄原酸氰乙酯化合物和制备方法及其捕收剂；申请号2010105548896.6；（已受理）

发明专利：一种高硫铜矿捕收剂；申请号201010543699.8；（已受理）

《多功能低毒环保型捕收剂研制及生产》荣获中国有色金属工业科学技术奖二等奖；证书号：中色协科字[2010]271-20100032

兰州理工大学

中国有色金属工业科学技术二等奖（2008年度）

获奖项目名称

22吨/小时铝锭连铸自动化生产线的开发研制

参研单位

■ 兰州理工大学

主要完成人

■ 芮执元 ■ 赵俊天 ■ 李鄂民 ■ 王　鹏 ■ 刘　军 ■ 刘满强
■ 冯瑞成 ■ 雷春丽 ■ 任丽娜 ■ 陈　博 ■ 强明辉 ■ 罗德春

获奖项目介绍

2007年3月，由兰州理工大学副校长芮执元教授负责的课题组成功研制开发出22t/h铝锭连铸自动化生产线，首家掌握了22t/h铝锭连铸生产线核心技术，将国产铝锭连铸生产装备的技术水平提升到一个新的层次，缩小了与国际领先水平的差距。2007年6月，该项目产品通过了以中国有色金属协会副会长钮因健为组长的专家组的出厂验收，并出口海外，实现了国内同类设备出口零的突破。

推广应用情况

铝锭连续铸造机组是电解铝生产中的主要关键装备，国内技术水平与发达国家相比还存在着较大的差距，有可能出现国内电解铝厂不得不引进国外先进铸造生产线来替代国产铸造生产线不利局面。为此，兰州理工大学“新型高效铝锭连铸生产线的研制”项目被列为甘肃省重大技术创新项目和重大科技攻关项目，对关键技术进行了攻关，取得了突破性进展。2006年7月，中国有色金属建设股份公司哈萨克斯坦电解铝厂项目部与兰州理工大学高新技术成果推广转化中心签定了3台22t/h铝锭连铸生产线合同出口哈萨克斯坦，2007年3月，成功开发了国内首台22t/h铝锭连铸生产线，受到了哈萨克斯坦巴布洛达尔电解铝厂的高度评价。此后通过兰州理工大学科技孵化企业—兰州爱赛特机电科技有限公司成功推广到河南中孚实业股份有限公司林丰铝电公司、广钢集团广州金邦有色金属公司、东方希望包头铝业公司、新疆众和股份有限责任公司、甘肃东兴铝业公司、青海鑫恒水电开发公司、河南三门峡天元铝业渑池分公司、东方希望新疆铝业公司等国内大型电解铝厂（共25台）。2009年以来，又先后开发出了25t/h铝锭连铸自动化生产线和以机器人码垛为代表的28t/h铝锭连铸自动化生产线，其技术性能达到了国际先进水平。先后取得了“用于有色金属连续铸造机组的废锭排除装置”（发明专利号：ZL200720031875.3），“用于有色金属锭连铸生产线的铸锭翻转推进装置”（专利号：200910117277.1），“用于有色金属铸锭码垛的高效专用夹具”，“用于有色金属连续铸造机的高效接锭装置”的发明专利，“用于有色金属连续铸造机组的液压马达翻转装置”（专利号：200920144126.0）“用于有色金属码垛机的高效整锭装置”等多项具有自主知识产权的创新型技术成果。目前，铝锭连续铸造生产线高端市场占有率已达60%以上，深受广大用户好评。通过10年的研发和积累，特别是近几年22t/h铝锭连铸生产线的大批量推广使用，该设备已经成为国内大型电解铝厂的主流成品设备，奠定了兰州理工大学、兰州爱赛特机电科技有限公司在国内同行业的技术领先优势。

22t/h铝锭连续铸造自动化生产线

28t/h铝锭连续铸造自动化生产线

25t/h铝锭连续铸造自动化生产线

中电投宁夏青铜峡能源铝业集团有限公司

中国有色金属工业科学技术一等奖（2005年度）

获奖项目名称

350kA特大型铝电解槽的技术开发及系列应用

参研单位

■ 青铜峡铝业集团有限公司

获奖项目介绍

“十五”期间，青铜峡铝业集团有限公司与贵阳铝镁设计研究院等国内科研院所合作，按照“高起点、新工艺、大产能”的战略思路，率先研发与实施了“350kA特大型预焙阳极铝电解槽技术”。该项技术通过集成国内外现代铝电解工业的先进技术，研究和攻克了特大型铝电解槽“物理场”的仿真技术等关键技术难题，使我国的大型预焙槽设计水平处于国际领先地位。主要创新技术有以下几个方面：①电解槽“磁场”设计采用槽周围强补偿、槽底弱补偿以及槽端头母线局部补偿等方式，内衬设计采用了炭化硅+炭块复合块、干防渗料、高石墨质阴极等新型材料；②电解槽周围母线设计采用大面6点均匀进电、槽周围母线对称配置及槽周围母线截面优化设计技术；③铝电解槽首创6点AL_2O_3点式下料与2点AlF_3点式下料方式和石墨粒+焦粒焙烧启动方法；④首次开发出85kt/a电解产能的特大单套电解烟气净化装置,其净化率达到F≤0.7kg/t-Al。该项技术研究成果的开发成功引领了世界和中国电解铝的技术先河，是当时国际上电流容量最大的电解铝生产线之一，具有大容量、高电流效率、低投资、低能耗、低污染等创新特点，其整流容量和综合自动化技术位居世界同行业前列。该项技术提升了中国铝工业在国际同行业中的地位，缩小了中国铝工业与世界领先水平的差距，促进了中国铝工业的发展。其核心技术达到了国内领先、国际先进水平。该项技术的研究与开发，是院企合作的成功典范，体现了公司的科技创新实力，进一步带动和培养了公司的科技创新队伍。2005年，该项成果被中国企业联合会、中国企业家协会评为中国企业新记录技术创新奖，并获中国有色金属工业协会科技进步一等奖，2006年度荣获国家科技进步二等奖。

中国企业新纪录
青铜峡铝业集团有限公司2005年建成并投产的350kA大型预焙阳极铝电解工程，产能为250千吨/年电解铝，创国内铝电解行业新纪录。
中国企业联合会
中国企业家协会

创新人物篇（按行政区划排列）

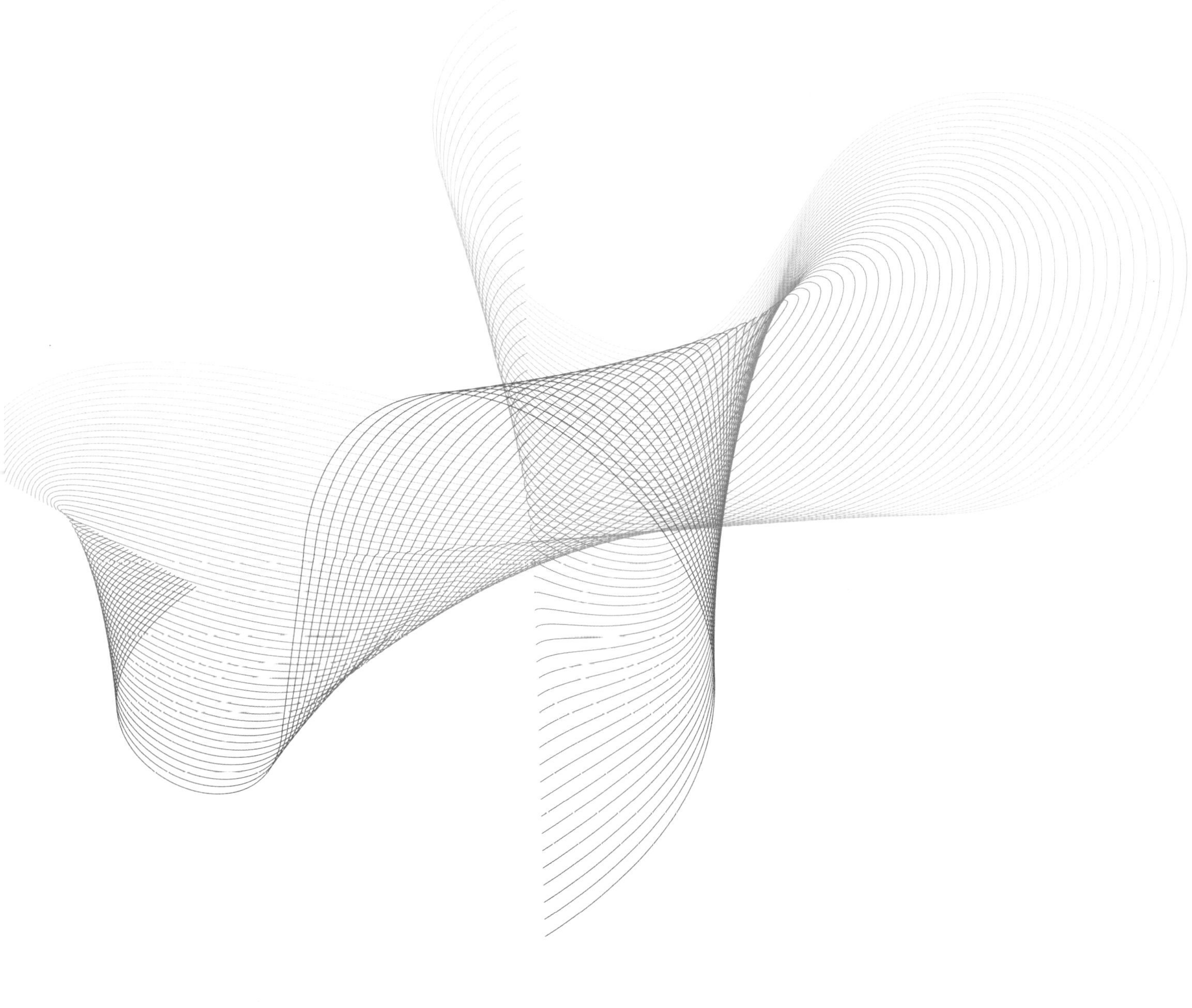

汪旭光　同志

汪旭光，1995年当选中国工程院院士。俄罗斯圣彼得堡工程科学院院士。工业炸药与工程爆破专家。1939年12 月31 日出生于安徽省枞阳县。1963 年毕业于安徽大学化学系。曾任北京矿冶研究总院副院长。现任中国工程爆破协会理事长，中国有色金属工业协会副会长等职务。北京科技大学、北京理工大学、中南大学、等十余所高校兼职教授、博士生导师。

汪旭光院士长期从事工业炸药与爆破领域的技术研究工作。在工业炸药领域，汪旭光成功地将表面活性剂和乳化技术引入含水炸药体系，率先研制成功EL等9个系列乳化炸药，逐步形成了完整的以“北京矿冶研究总院（BGRIMM）”命名的乳化炸药技术。该炸药技术多次向国内外转让，并已在国内外建厂，使我国工业炸药技术进入世界先进行列并成功地走向世界；在国内外第一次系统全面地观测研究了多排同段爆破技术的实质、特点和破岩机理，为完善和发展多排同段爆破技术提供了理论依据。他突破高粘度乳胶雾化等一系列关键技术，开发出一种流散性好、炸药抗水能力强的ML型粉状乳化炸药，经济效益显著。同时研究了粒径等因素对乳化炸药及粉状乳化炸药燃烧转爆轰敏感性的影响规律，该成果具有原创性。先后获得国际金奖1项，国家发明奖2项，国家科技进步奖3项，国家优秀设计奖1项，全国科学大会奖1项，省部级科技进步奖20多项，2000年获中国工程科技奖。出版《乳化炸药》、《浆状炸药理论与实践》、《工程爆破名词术语》等专著7部，《EMULSION EXPLOSIVES》一书已销售到世界九十多个国家，其中《乳化炸药》（第1版）2009年入选《新中国出版60 年・科技出版卷・珍藏版》。编写《工程爆破理论与技术》等全国工程爆破培训教材5本，编写《爆破安全规程》国家标准1本，发表论文320多篇；培养博士研究生、硕士研究生数十名。1982 年当选第六届全国人大代表，1984 年荣获首批国家级有突出贡献中青年科技专家称号，1991 年被批准享受政府特殊津贴，2004 年获中央企业劳动模范荣誉称号，2005年获全国劳动模范荣誉称号。2008 年入选“改革开放30 年中国有色金属工业30 位有影响力人物”。

孙传尧 同志

孙传尧，2003年当选为中国工程院院士。俄罗斯圣彼得堡工程科学院院士。矿物加工工程专家。1941年出生，生于黑龙江省饶河县，山东省东平县人。1968年本科毕业于东北大学，1981年毕业于北京矿冶研究总院，获硕士学位。曾任新疆可可托海选矿厂副厂长，北京矿冶研究总院副院长、院长。现任矿物加工科学与技术国家重点实验室主任，东北大学、北京科技大学等高校兼职教授、博士生导师。

孙传尧院士长期从事选矿科研及工程技术工作。曾在14座选矿厂亲自领导和参加现场选矿工业试验或转产。特别在锂铍钽铌、铜铅锌、铜镍、钨铋钼复杂多金属矿选矿领域造诣深、贡献突出。1991-2001年，他领导并参加柿竹园矿十年国家科技攻关全过程，采用主干全浮流程和自主工业开发的高效螯合捕收剂使我国独创的钨铋钼复杂选矿新技术柿竹园法获得成功，攻克黑白钨和硫化物及多种含钙矿物浮选分离的难题，是世界钨选矿技术的重大突破，获国家科技进步二等奖；1983-1994年间，他利用矿物等可浮及分流分速原理首创异步混选法工业应用成功，并使铅锌浮选分离技术接连多项创新，带动了我国铅锌选矿技术进步；电化学控制浮选综合技术开发及工程化研究成绩显著。孙传尧领导研究团队从事浮选工艺、电位调控、专用电极传感器和过程控制等研究并主攻当今浮选领域前沿技术的工业应用。在西林铅锌矿通过控制矿浆电位和应用集散型控制系统取得成功，获国家科技进步二等奖。电位调控用于阿舍勒铜锌分离优先流程、乌拉嘎金矿硫化与氧化矿石类型识别及药剂自动切换均获成功；2001-2005年间，他领导和参加了云南会泽难选硫化—氧化铅锌混合矿的选矿研究。应用该项研究成果新建成的选矿厂已顺利投产。70-80年代，低锂矿石浮选新工艺的创新使生产指标国内外居首；率先工业浮选铍精矿获得成功；领导研制成功BK301捕收剂填补国内空白并在国内外选厂应用。他以矿物晶体化学的观点系统研究五类结构硅酸盐矿物浮选，研究水平居国内外领先，出版高水平学术专著《硅酸盐矿物浮选原理》。主编了《矿产资源综合利用手册》等专业书籍。获国家科技二等奖3项，省部级奖9项，发明专利4项，发表论文70余篇，指导博士生33人。

邱定蕃　同志

邱定蕃，1999年当选为中国工程院院士，有色金属冶金专家。1941年出生，江西省广昌县人。1962年毕业于南昌大学。原任北京矿冶研究总院党委书记兼副院长，现任中国工程院化工、冶金与材料学部副主任，中国有色金属学会副理事长，清华大学、北京大学、北京科技大学等校兼职教授。

邱定蕃院士长期从事有色金属冶金研究与开发工作。发明矿浆电解新工艺，实现了金属一步提取代替原有的复杂工序，降低了能耗，特别是在冶炼过程中不产出二氧化硫，对有色金属工业可持续发展意义重大。在长达20年的时间里完成了大量的应用基础研究并解决了许多工程化难题，在1997年建成世界上第一座矿浆电解工厂，效益显著，消除污染，同行专家评定达到世界领先水平。该项成果获1997年中国有色金属工业总公司发明一等奖和1998 年国家发明二等奖；主持“两段逆流选择性浸出”分离铜镍的研究，为我国独创，1993年建成我国第一座重金属加压精炼厂，使我国镍精炼从上世纪50年代水平跨入世界先进行列，该项成果获1995年国家科技进步一等奖。80年代初，主持研究成功的P204萃取分离重金属在国内首次实现了工业化，这是钴冶炼的重大进展，为弥补当时国内钴的短缺作出了贡献；在复杂矿资源综合利用方面取得重大成果。承担的云南复杂金矿资源综合利用项目获2002年国家科技进步二等奖。综合回收了金、铜、铅、硫等，有价元素回收率高，属清洁工艺。此外，他在处理含镍钴红土矿、低品位锰矿及资源循环和低碳技术研究方面也做出了重要贡献，共获国家或省部级科研成果奖17项，荣获2004年光华工程奖和2006年何梁何利科技进步奖。培养了大批硕士和博士研究生，在国内外发表论文100多篇，出版学术专著“湿法冶金”和“矿浆电解”“有色金属循环利用”等6部。

于润沧　同志

于润沧，山西浑源人，1930年生。1949年考入哈尔滨工业大学学习，1952年国家进行院系调整转入东北工学院，1954年毕业分配到北京有色工程设计研究总院工作。历任技术员、工程师、高级工程师、教授级高级工程师、主任工程师、院副总工程师，总工室主任。1999年当选为中国工程院院士。曾经担任世界采矿大会国际组委会委员、有色金属工业学会理事，中国国际工程咨询公司和国家开发银行特聘专家。目前担任北京科技大学博士生导师，中国矿业联合会理事。参与主编专著3部，撰写发表有代表性的论文30多篇。

于润沧同志是我国著名的有色金属采矿专家，在矿山设计方面有很深的造诣。50多年来承担、指导、审定工程和科研项目60多项，创造性地解决了许多矿山开发的技术难题，在矿山新工艺、新技术的开发、推广应用中，完成了大量具有开拓性的工作，成绩卓著。主要研究方向：金属矿山工程设计优化、胶结充填技术、无废开采、矿业经济等。上世纪60年代初，在锡矿山锑矿组织试验成功杆柱房柱法，首次将杆柱用于采场取代护顶矿，使矿石损失率降低40%。上世纪70、80年代，在我国最大的有色金属地下矿山铜矿峪铜矿的设计和科研中，任“七五”攻关顾问专家组组长，促使引进矿块崩落法技术取代有底柱分段崩落法，使每年亏损800～1000万元的矿山扭亏为盈。在金川二矿区的设计中，开发成功了高浓度胶结充填技术，解决了"采富保贫"的技术难题；在"富、大、深、碎"的矿体中开创了

1998年在里斯本世界采矿大会国际组委会的会场上

1990年赴智利特尼恩特铜矿考察乘人车下井

中外尚无先例的10万平方米以上大面积下向胶结充填采矿法，并采用6m3铲运机、全液压双机凿岩台车等大型设备，将盘区生产能力从60~100t/d提高到800～1000t/d，矿区的生产规模扩大到8000t/d，开始缩小类似开采条件下我国地下金属矿山生产能力低于国外30～40%的综合差距。继之又在金川二矿区和铜绿山铜矿试验成功了全尾砂泵送膏体充填技术，探索实现无废开采。20世纪90年代末在千米深井的冬瓜山铜矿提出了综合规划、“探采结合”和争取基建期提前出矿的理念，提高了项目的经济效益。近年在中国工程院组织的中长期科技发展战略研究中，他力推无废开采、建设生态矿业工程和智能矿山等。由于这些贡献他和团队荣获了国家科技进步奖特等奖、一等奖各一项、二等奖二项，全国最佳工程设计特奖一项，部级科技进步一等奖二项。1986年8月被授予国家级有突出贡献专家称号。1991年开始享受国务院政府特殊津贴。

蒋继穆　同志

男，1939年10月13日出生，汉族，所学专业：有色金属冶金；职务：高级顾问专家

个人简历：

1957.08–1962.08，中南大学冶金系 学生

1962.09–1982.12，北京有色冶金设计研究总院 专业组长/工程师

1983.01–1983.06，新加坡金必得公司 专家组长/工程师

1984.04–1984.11，北京有色冶金设计研究总院 冶炼室副主任/工程师

1984.12–1985.09，北京有色冶金设计研究总院 院办主任/工程师

1985.10–1990.06，在北京有色冶金设计研究总院 副院长/高级工程师

1990.07–1994.01，在北京有色冶金设计研究总院 副院长/教授级高工

1994.02–1997.10，北京有色冶金设计研究总院 副院长兼总工程师/教授级高工

1997.11–至今，北京有色冶金设计研究总院（中国有色工程设计研究总院，

中国恩菲工程技术有限公司） 高级顾问专家、中国工程设计大师/教授级高工

研究领域：

1.主持开发成功氧气底吹熔炼–鼓风炉还原炼铅新工艺，实现了大规模产业化，改变了我国铅冶炼的落后面貌

该成果有效根治了铅冶炼SO2和铅尘污染难题，实现清洁生产，将吨铅能耗由630kgce降至360kgce，有价金属回收率提高2%，具有投资省、生产成本低等特点，技术水平达到国际

陪同外宾参观我国某厂

先进。目前为止，国内已有16条生产线建成投产，产能达128万t粗铅/a；在建的还有16条生产线，产能140万t粗铅/a。采用该工艺的印度10万吨/a工程已经于2009年开始建设，预计今年8月投产。该技术正式走向世界。该技术获国家科技进步二等奖。作为该技术的主要发明人，以及在推广过程中发挥的作用，他获得2006年“中国有色金属工业科学技术突出贡献奖”。

2.主持开发成功液态铅渣直接还原新工艺

氧气底吹熔炼–鼓风炉还原炼铅新工艺开发成功后，针对鼓风炉能耗偏高的问题，组织开发成功了液态铅渣直接还原新工艺。该工艺于2009年研发成功，将吨铅能耗降至240kgce。具有环保好、有价元素回收率高、作业率高、操作简单、自动化水平高、设备投资省等特点，在经济技术指标上达到或超过目前世界领先炼铅技术。该技术目前已经推广应用4家。

3.主持开发成功达到国际领先水平的富氧底吹高效铜熔炼新工艺

该成果是于2008年12月研究成功，具有原料适应面广、有价金属回收率高、环保好的特点，尤其将炼铜能耗降至世界最低（<200kgce/t粗铜），技术水平达到国际领先。采用该工艺已投产3家，在建的5家，有意向选用的9家。

针对铜锍吹炼仍采用转炉，存在吹炼车间SO2的低空污染难以根治的问题，该同志正在主持开发连续吹炼工艺（已列入国家863计划）。

4.主持白银公司锌冶炼工程设计，使我国湿法炼锌技术达世界先进水平；主持金川大型镍

闪速熔炼厂设计，建成亚洲第一座大型镍闪速炉，使我国镍冶金跻身世界先进行列；引进与

创新铜、锡富氧熔池熔炼技术，使老冶炼厂跻身世界先进行列。

陈登文 同志

陈登文，男，1938年8月生，广东普宁人，1964年8月毕业于中南矿冶学院（今中南大学）选矿专业。大学毕业分配到中国有色工程设计研究总院（原北京有色冶金设计研究总院）工作至今。1985年以后任高级工程师、教授级高级工程师、所主任工程师、院副总工程师，并兼任过中国有色选矿学会副主任委员、北京金属学会理事、中国黄金选冶学术委员会委员。1991年起享受政府特殊津贴，1994年被批准为中华人民共和国设计大师，1996年被评为中央国家机关文明职工，曾任中国人民政治协商会议北京市第九届委员会委员。现任中国恩菲工程技术有限公司高级顾问专家，1994年被授予“全国工程勘察设计大师”称号。

主要业绩：

在20世纪60年代，陈登文坚持东川落雪选矿厂现场设计和施工服务工作，为该大型氧化铜矿的顺利投产起了很大作用。其后任栾川钼矿选矿专业设计负责人，八下栾川钼矿，为该大型钼矿的规划设计、采样研究及工业试验基地的设计和建设作出了较大的贡献。

在20世纪70年代，陈登文任张家口金矿设计全过程的选矿专业负责人，选厂一次投产成功后，他又针对该矿的矿石性质，成功地主持了含炭泥质氧化金矿石无毒硫脲提金新工艺的实验室和半工业试验研究，使我国该项工艺研究达到当时国际先进水平，他撰文出席了1979年我国第二届和1982年第十四届国际选矿学术会议，并在国际上首先提倡以硫脲炭浆法处理含砷金矿石。1979年，他负责金堆城钼矿二选厂的技术攻关任务，成功地提出采用强化粗选，粗精矿浓缩、擦洗脱药，多段再磨，选冶联合新工艺设计500万吨级的三选厂，从而使我国的选钼技术赶上国际先进水平。

20世纪80年代是陈登文业绩较为突出的时期。80年代初以他为主参加的金川镍矿中性介质选矿工艺研究，使我国选镍技术跨入国际先进水平。于1986年获国家科委和有色总公司科技进步一等奖。

自1987年起，陈登文参加国家特大型重点工程，德兴铜矿6万t/a三选厂的基本设计和详细设计，先后任该工程的选矿专业负责人和主任工程师，由于工作出色被江西铜基地总指挥部评为国家重点工程建设立功竞赛先进个人，1989年他担任院副总工程师之后，继续主管该厂的设计工作，德兴铜矿三选厂是目前亚洲规模最大的现代化选矿厂，其工艺与设备、厂房布置和设备设置，以及自动化水平都达到20世纪80年代国际先进水平。该工程于1995年全面投产，获国家科技进步一等奖和国家优秀工程设计金奖。

20世纪90年代初，陈登文是我院最大涉外工程巴基斯坦山达克1.25万t/d采选冶联合企业设计的主管副总工程师,协助主管院长有效地组织院内专家开展优化设计和限额设计，圆满完成了任务，实现了质量、进度和投资三控制，为中国冶金建设公司在工程建设承包中获得丰厚利润和工程建设一次投产成功作出了重要的贡献。山达克铜金工程设计建设的成功，有助于提高ENFI在国际设计市场的竞争能力。

陈登文于2000年12月退休，在新世纪的头五年中他主持完成设计的主要工程项目有：

1.越南生权铜矿采选工程可研设计，规模为120万t/a，投资1.2亿美元；2.巴基斯坦杜达铅锌矿采选工程可研设计，规模为60万t/a，投资0.8亿美元；3.富家坞铜矿采选工程可研设计，规模为1000万t/a，投资8亿人民币；4.巴布亚新几内亚Ramu红土矿采选冶工程可研设计，规模为500万t/a，投资6.5亿美元；5.金川镍选矿扩建技术改造工程可研设计及初步设计，规模为462万t/a，投资8.3亿人民币；6.大尹格金矿改扩建黄金采选工程初步设计，规模为132万t/a，投资3亿人民币。

目前，陈登文还在为我国选矿技术全面赶超世界先进水平，为中国有色工程设计研究总院的设计和工程承包走向世界而继续奉献。

于长顺　同志

于长顺，辽宁新民人，1959年生。1978年考入鞍山钢铁学院采矿系学习。1982年毕业分配到北京有色工程设计研究总院工作至今。期间1985年考入中南工业大学采矿系研究生班学习，1987年毕业。2000年考入北京大学光华管理学院MBA，2002年毕业。1989年晋升为工程师，1995年晋升为高级工程师，1998年破格晋升为教授级高级工程师。历任专业负责人、专业组长、矿山分院院长、项目部副主任，项目部主任。2008年被授予全国工程勘察设计大师荣誉称号。参与编写专著一本，发表有代表性论文多篇。

于长顺是矿山工程咨询业的专家，露天矿设计领域的学科带头人。近30年来，承担、主持工程和科研项目20多项，主持及为主完成了9项国内外大型及特大型矿山重大工程建设项目的设计，技术水平达到了同类项目的国际先进水平或国内领先水平，效益显著。在技术创新及解决重大工程建设技术难题方面有重要贡献。在负责设计的年采选2970万t/a、采剥总量8019万t/a的我国世界级特大型露天铜矿德兴铜矿Ⅲ期工程项目中，他和团队制定了分区、分期陡帮开采工艺，以及高效节能的大型铲、装、运设备，长距离胶带运输机半连续运输系统，GPS汽车调度系统等，废石高台阶排土工艺，解决了大规模复杂条件下的露天采矿场高效经济合理开采的问题，社会和经济效益突出。20世纪90年代，他负责巴基斯坦山达克铜金工程的矿山设计，仅境界优化和设备选型优化两项就节省投资240万美元，使我国刚起步的设备出口贷款援建国外矿山的装备和工艺达到国际先进水平。在越南生权铜联合企业、大连华能-小野田水泥有限公司等工程设计中，经过设计优化提高初期出矿品位，解决了经济效益差还贷难等重大技术问题。2007年作为项目经理主持、承担编制技术和商务标书，并为主参与了阿富汗世界千万吨级铜矿艾娜克矿的国际投标，在9家全球著名跨国公司的激烈竞争中一举中标，大大提升了中国企业在国际资源业中的知名度和影响力。在他的技术负责、多方沟通和协调努力下，使处于复杂政治环境中的项目设计体现了高效、节能、环保、社会和谐和保证企业安全等特点。通过设计优化中标设计“呆矿”多宝山铜矿，使沉睡40年的低品位资源得以利用，现项目即将投产。在某海防建设项目中，他创新理念，进行高强度开采的设计，保证了国防工程的进度要求，并为国家节省投资约6000万元。多年来他和团队获全国优秀工程设计金质奖1项，国家科技进步一等奖1项，部级一等奖3项等。

1995年巴基斯坦山达克铜矿投产时总统视察现场

2008年阿富汗艾娜克铜矿合同谈判

尉克俭　同志

尉克俭，男，汉族，1960.08出生，籍贯，山西，文化程度，大学本科，所学专业：重金属冶金，职务：总工程师，专业技术职称，教高

1978.10–1982.07，东北工学院有色冶金系重金属冶炼专业学习；

1982.08–1987.09，北京有色冶金设计研究总院冶炼一室，助理工程师；

1987.09–1992.05，北京有色冶金设计研究总院冶炼一室，工程师；

1992.05–1997.11，北京有色冶金设计研究总院冶炼一室，高级工程师；

1997.11–2000.08，北京有色冶金设计研究总院冶金一所，副总工程师，成绩优异的高级工程师（即教授级高工）；

2000.08–2007.12，北京有色冶金设计研究总院（中国恩菲工程技术有限公司）副总工程师；

2008.01–至今，　中国恩菲工程技术有限公司总工程师。

主要研究领域和取得的重大科技成果

1. 主持铜合成炉熔炼工艺技术和工程技术的开发和应用，获得成功。作为院技术主管兼总设计师，组织我院相关专业技术专家与金川公司密切合作，共同开发了世界上首座铜合成炉熔炼工艺技术和大型工业化主体设备（合成式闪速熔炼炉），在20万t规模的硫化铜精矿熔炼项目上应用获得成功。该技术成功的实现了在高熔炼强度下生产高品位铜锍的同时，直接产出熔炼弃渣的目标。与传统的闪速熔炼相比，具有流程短、能耗低、建设与运行费用低等明显优势。与此同时，结合该项目在以下几个方面实现了技术突破和创新：吊车换位装置的开发与应用。阳极精炼技术的集成创新。立式磨煤技术的应用。大型蒸汽干燥机的开发与应用。单系列大型烟气制酸系统的设计开发。

2. 技术引进与自主开发相结合，因地制宜，实现突破。在云铜铜系统改造工程的工程咨询和工程设计中，针对场地狭小、项目施工不得影响现有系统正常生产的要求，从工艺选择和设计优化两方面出发最终妥善解决了这一大的难题：通过多方案的综合技术经济研究与比较，选择了最适合本项目的先进工艺技术，使得项目改造要求的实现成为可能；在工程设计中，对外方的基本设计进行优化，将主喷枪、保温烧嘴两个供风系统合并，不仅降低了投资与运行费用，而且实现了就地配置；采用了膜式壁炉顶结构和新型余热锅炉，在保证熔炼过程安全稳定运行的同时大大提高了余热利用率。同时，因地制宜，采用桩基方案妥善解决了软地基条件下大负荷顶吹炉和高层厂房基础问题；设计了新型结构的大跨度皮带廊；设计了完善的艾萨熔炼保安系统；国内首次设计开发了硫酸系统塔槽一体的干吸系统和装置。投产以来的实践证明，这些问题的解决均达到了预期效果。在工艺技术方面，配合支持云铜公司开发了复合式配料技术、改进了圆盘制粒技术、开发了电炉贫化技术、改进了外方提供的喷枪结构、完善了熔炼恒温控制与过程控制技术等。这些技术的开发与改进，将浸没式富氧顶吹熔炼技术提高到一个新的水平。

3.立足自我，借鉴合作，成功设计了世界上首条镍富氧顶吹熔炼生产线。在金川镍熔炼项目中，立足国内在镍冶炼方面的工程技术与生产实践的经验，借鉴浸没喷枪技术在铜冶炼方面的成功应用，与金川公司、澳大利亚奥斯迈特公司两国三方合作，成功开发了镍熔池熔炼JAE技术。该技术满足了金川公司处埋低品位高镁矿的要求，具有原料适应性强、熔炼强度大、节能环保等优势。特别是在该工程中自主开发成功的特殊结构的顶吹熔炼炉，适应了高温、高强度、高冲刷镍熔炼过程的特殊作业条件，寿命长，环境条件好，从而实现了国内镍冶炼技术从技术引进到合作开发的重大跨越，将国内硫化镍熔池熔炼技术提升到了国际领先水平。

严大洲 同志

严大洲，男，汉族，1963年4月生，中共党员。1988年毕业于中南大学有色冶金专业，获硕士学位，同年到北京有色冶金设计研究总院[更名：中国有色工程有限公司]工作，2000年被破格晋升为教授级高级工程师，2007年获国务院特殊津贴。现任中国恩菲工程技术有限公司副总工程师、硅材料事业部主任，兼任多晶硅制备技术国家工程实验室主任、洛阳中硅高科技有限公司副总经理，中国多晶硅创新产业联盟专家委员，中国光伏产业联盟副秘书长，2010年国务院授予的全国劳动模范，全国有色行业设计大师。

主要研究领域和取得的重大科技成果

严大洲工作积极主动，理论基础扎实，具备很强的适应能力和学习能力，先后承担了水泥、电解铝、锆、钛、稀土冶炼、稀土应用、半导体材料单晶硅、多晶硅等项目的科研和工程设计，在多个项目的设计、研究和试车投产过程中担任过专业负责人、总设计师或项目经理。近年来主要从事多晶硅产业化科研、工程设计和生产管理工作。

在洛阳中硅建设多晶硅项目的过程中，严大洲作为研发团队技术带头人，立足改良西门子工艺，产学研结合，自主研发、集成创新以国家863课题、十一五支撑计划课题为基础，技术与产业化交替升级，进行“研发—产业化—再创新”，运用研究成果实施产业化，产能从300吨/年到1000吨、5000吨、10000吨稳步提升，形成“多晶硅高效节能环保生产新技术”体系，达到国内领先水平，形成了“物料闭路循环、能量综合利用”多晶硅清洁生产原创技术体系，拥有自主知识产权，率先打破了美、日、德等国在多晶硅领域的技术封锁和市场垄断，为推动我国多晶硅技术与产业发展作出了重要贡献。

他带领的团队成功完成国家863项目1项，国家十一五支撑计划项目3项，工信部电子基金项目1项和国家发改委支持的产业化项目3项，正在实施国家863重点项目1项。主要成果如下：

大型节能还原炉成套装置：耐高温特殊结构，高效低耗生长工艺，供电技术设备，启动工艺设备等，成果应用显著降低多晶硅还原电耗，提高产能，为我国建设节约型社会、实现可持续发展做贡献。

大型低温加压四氯化硅氢化技术研究内容包括反应器结构、物料分部、控制系统、反应机理等。本项科研成果解决了制约多晶硅大规模产业化的瓶颈之一副产物四氯化硅综合利用的问题，实现了多晶硅生产中物料的闭路循环，突破了多晶硅清洁生产的关键技术，同时了大大降低了多晶硅的生产成本。

原料加压提纯技术包括合成炉结构、控制系统、提纯系统技术等；还原尾气干法回收系统：回收还原炉尾气，返回系统循环利用，实现闭路循环、节能降耗。

以上成果直接应用于1000t/a、2000t/a、5000t/a多晶硅项目建设，形成规模化生产，为我国在多晶硅产业化领域取得自主知识产权、打破国际封锁做出重要贡献。荣获国家优秀工程设计银奖一项，国家优秀工程咨询一等奖1项，国家优秀工程总承包金钥匙奖1项，省级科技进步一等奖1项，部级优秀工程设计一等奖4项、二等奖3项。作为核心专利人之一，申报技术专利28项，已获授权9项，其中发明专利8项。严大洲已发表具备较高理论水平和实际应用意义论文9篇，应全国性行业协会、学会邀请报告6篇，其中《我国多晶硅现状和发展》被转载。

刘育明　同志

公司副总工程师，教授级高工。1984年大学本科毕业于中南矿冶学院。1987年硕士研究生毕业于中南工业大学（现中南大学）。自参加工作以来，一直从事矿山的咨询设计和科研工作，先后参加了三十多个国内外特大型、大中型矿山的咨询设计和科研。作为项目总设计师，先后主持承担了铜矿峪矿二期工程、越南生权铜矿采选冶联合企业、新疆阿舍勒铜矿、金川Ⅲ矿区开发利用等项目的咨询设计工作。作为课题负责人，主持完成了国家“九五”科技攻关项目《铜绿山陡帮开采及加固监测》等研究项目。先后发表了多篇有价值的学术论文，其中有四篇在国际会议上发表。参与了国标《金属非金属矿山安全规程》等规程的起草工作。作为副主编之一，参与了《采矿工程师手册》的编写工作。

2008年获得国际咨询工程师联合会主席颁发的“首届FIDIC中国优秀青年咨询工程师”荣誉称号。2009年成为国务院授予的政府特殊津贴获得者。2010年被授予全国有色金属行业设计大师的称号。

研究方向和取得的重大科技成果

自1987年参加工作以来，一直从事矿山的咨询设计和科研工作，先后参加了三十多个国内外特大型、大中型矿山的咨询设计和科研。作为项目总设计师，先后主持承担了铜绿山二期和三期深部开采工程项目、越南生权铜矿采选冶联合企业、中条山铜矿峪矿二期工程、新疆阿舍勒铜矿、金川Ⅲ矿区开发利用、东沟钼矿、白象山铁矿、思山岭铁矿等项目的咨询设计工作，并先后担任多项工程的采矿专业负责人，许多项目已建成投产，正在创造巨大的经济和社会效益。作为技术总监，指导和参与了老挝东泰钾盐矿、

墨西哥巴霍拉齐铜矿等多个国内外工程的咨询设计工作。作为课题负责人，主持完成了国家“九五”科技攻关项目《铜绿山陡帮开采及加固监测》、《深井矿山清洁化生产成套技术及装备研究》、《高应力破碎矿岩井巷工程支护技术研究》等研究项目，取得了较大的研究成果。

在深井开采工艺、露天地下联合开采工艺、自然崩落法开采技术和充填采矿工艺等方面有深入的研究，先后发表了多篇有价值的学术论文，其中有四篇在国际会议上发表。

作为主要编写者，参与了国标《金属非金属矿山安全规程》、《有色金属采矿设计规范》等的起草工作。作为副主编之一，参与了《采矿工程师手册》的编写工作。

获得国家科技进步二等奖一项，全国优秀咨询一等奖一项，全国优秀工程勘察设计铜奖两项，部级科研、咨询设计一等奖11项及其他多个奖项。

2008年获得国际咨询工程师联合会主席颁发的“首届FIDIC中国优秀青年咨询工程师”荣誉称号。2009年成为国务院授予的政府特殊津贴获得者。2010年被授予全国有色金属行业“设计大师”的称号。

邓朝安　同志

邓朝安，男，汉族，1965年8月出生。1988年毕业于东北大学选矿专业，硕士学位，同年1月到北京有色冶金设计研究总院工作，2005年晋升为教授级高级工程师。现任中国恩菲工程技术有限公司副总工程师，中国有色金属学会选矿学术委员会副主任委员，全国有色金属行业设计大师，注册矿物工程师。主要从事有色金属矿设计咨询工作，特别是在铜、钼和铅锌矿等有色金属矿；承担的项目除国内大中型选矿厂项目外，还包括越南、巴基斯坦、赞比亚等多个国外工程项目；在选矿厂多金属物料平衡、破碎筛分系统离散型粒度模拟计算、贮矿设施有效容积计算及优化等选矿工艺设计计算方面建立了计算数学模型，并研发了选矿工艺设计优化程序包。

谦比西铜矿于上世纪60年代建成投产，由于缺乏更新改造资金、经营管理不善、企业效益不佳等原因，1986年1月矿山宣布关闭。中色建设集团于1998年9月28日全面接管谦比西铜矿，并进行了矿山的恢复生产可研性研究、工程设计、施工建设等，于2003年7月23日建成投产。该铜矿是我国在境外投资建成的第一个有色金属矿山，日采选生产能力为6500t。作为该项目选矿专业负责人，通过对谦比西铜矿矿石性质、原选矿厂选矿工艺流程和主要设备、实际生产指标的认真分析，在对主要工艺进行多方案技术经济比较的基础上，提出了选矿厂恢复生产采用中碎前强化预先筛分的新三段一闭路碎矿，磨矿采用一段闭路磨矿，磨矿合格产品直接进入开路粗扫选－强化中矿选别的选矿工艺路线，并辅助大型充气式浮选机、高富集比浮选柱等设备，为选矿厂取得最佳生产指标奠定了基础。项目投产以来，选矿厂铜精矿品位≥44%，铜回收率≥95.8%，与赞比亚当地类似选矿厂相比技术指标处于领先水平，企业也取得了良好的投资回报。

2001年至2008年承担了越南生权铜矿项目工程设计，担任该项目设计经理和选矿专业负责人。该项目是集采、选、冶、硫酸为一体的综合项目，包括生权铜矿采选厂和大龙冶炼厂，是越南第一个生产铜的联合企业，采选规模为年处理矿石量110万t，年产电铜1万t，并综合回收金、铁、硫等伴生有用元素。该项目为中方提供设备、技术，采用工程总承包方式。设计中通过选用先进合理的工艺流程、大型高效的工艺设备，主要生产车间根据当地气候条件采用了无维护结构的厂房，在设计及施工过程中还十分注重优化设计方案以节省建设投资，最终竣工决算低于工程概算约1000万美元，取得了非常好的经济效益。矿山部分于2006年4月建成投产，冶炼厂于2008年1月建成投产。生权铜选自投产以来，各生产系统（设备）运转正常，处理能力、铜精矿品位、铜回收率等主要生产指标均达到或超过设计指标，并通过了越南煤炭集团的验收。该项目的建成为越南带来了经济效益，也成为我国对外工程及东南亚开发工程的典范。

在选矿厂设计咨询方面，还承担了巴基斯坦山达克铜金工程、巴基斯坦杜达铅锌矿、巴布亚新几内亚瑞木红土矿、老挝东泰钾石盐矿、德兴铜矿、多宝山铜矿、普朗铜矿、金堆城钼矿技术改造等十余项目国内外大中型项目的工程设计。设计项目获得了全国优秀工程设计奖、中国工程咨询协会优秀工程咨询奖、有色行业工程咨询奖及科技奖等共7项，在学术期刊发表学术论文5篇。

王忠实　同志

1957年－1962年：中南矿冶学院（现中南大学）冶金系重有色冶金专业学习

1962年－1975年：毕业后分配北京有色冶金设计总院冶炼科任技术员

1975年－1978年：北京有色冶金设计研究总院冶炼处任工程师

1978年－1987年：北京有色冶金设计研究总院冶炼室高级工程师专业组组长

1987年－2004年：北京有色冶金设计研究总院教授级高工，院副总工程师，总工程师室副主任、主任等职

2004年－至今：中国有色工程设计研究总院（现为中国恩菲工程技术有限公司）技术发展部，退休后返聘高级顾问专家

王忠实从事有色冶炼的设计和科研工作近49年，特别在铅锌冶炼技术和装备的发展和开拓方面卓有成效。作为铅锌冶炼专家，先后为主参与了30余项大中型项目的科研、设计工作，是我国自主开发的“SKS”炼铅法的研发和工业化运用推进者之一，液态高铅渣侧吹还原技术发明人，主持并开发了新型烟化炉处理大比例锌浸出渣和热铅渣混合半连续吹炼工艺；实现了第一座109m2大型焙烧炉及相关高效配套技术在我国的工业化运用，主持了第一座焙烧炉浆式进料技术在黄金冶炼厂的运用。对我国有色金属冶炼技术的发展做出了突出贡献，曾获得“SKS”炼铅法高铅渣侧吹还原等5项专利技术，国家科技进步二等奖一项，省部级科技进步一等奖5项，省部级科技进步二等奖、建设部设计金奖、银奖多项，2000年被国务院授予全国劳模。

研究方向和取得的重大科技成果

1.努力推进了我国铅冶炼新技术的开发和运用

“SKS”炼铅法是国家科委的重点科研项目，先后参与了小型试验，工业性试验厂的建设、试验，曾任验证试验技术决策组组长，通过工程化技术研发、设计，解决了我国铅冶炼长期存在的污染和能耗高等问题，为取代传统炼铅工艺开创了途径。

为进一步完善我国自主开发的“KSK”炼铅技术，提出了采用侧吹还原炉直接处理熔融高铅渣的技术，取代熔渣的铸块和鼓风炉还原熔炼方法。经金利公司合作，于2009年完成工业性试验，2010年转入正式炉生产，实现了短流程的炼铅工艺，环保优势更加明显。目前已有六家铅厂在建设中。

2.复杂低品位锌精矿高效回收铟、银工艺实践

在担任蒙自矿冶公司主管副总设计师期间，针对原料的特点，采用了不同于常规法的浸出等工艺，实现了高效回收锌、银、铟的生产，是我公司第一座铟生产线的设计，为今后设计积累了经验。

3.铅锌厂渣无害处理及综合回收技术开发成果

率先在烟化炉中实现了大量处理炼锌厂浸出渣的工程化设计和技术开发工作。在曲靖有色基地的设计中采用了迄今我国最大型的（13.4m2）新型的膜式壁一体化烟化炉同时处理锌浸出渣和热铅渣，其冷热料比高达1.6－1.7:1。并实现了半连续的流渣法作业，该项技术的成功与传统的锌浸出渣回转窑法相比，具有粉煤取代了昂贵的焦炭、能耗低，且铅、锌、银、稀散金属回收率高等优点。

徐建炎 同志

徐建炎，男，1961年1月生，1983年7月毕业于东北大学热能系，现为中国恩菲工程技术有限公司副总工程师，教授级高级工程师，享受国务院有特殊贡献专家待遇。

自83年进入中国恩菲工程技术有限公司以来，一直从事有色冶金余热锅炉的开发和应用，在引进和消化国外先进技术的基础上，开创性地解决了长期困扰我国有色余热锅炉普遍存在的积灰大，腐蚀严重，作业率低等弊端。使中国恩菲工程技术有限公司在有色余热锅炉设计技术上达到有色行业第一，国内一流，国际领先水平。

研究方向和取得的重大科技成果

作为中国恩菲工程技术有限公司副总工程师和首席专家，长期致力于有色冶金余热锅炉的开发和应用，带领设计团队经过28年的努力取得骄人业绩，多次获得国家部级科学技术一等奖和部级设计咨询一等奖。 先后主持白银、金川、云南铜业、巴基斯坦山达克、贵溪工程等20余个国内外大型有色余热锅炉国产化工作。替代进口余热锅炉设备，有色余热锅炉技术达到有色行业第一，国内一流，国际领先水平。多次获得国家和部级科学技术奖和设计咨询奖：如氧气底吹熔炼–鼓风炉还原铅新工艺工业化成套装置等2个项目获全国勘察设计协会和建设部金、银奖；富氧顶吹镍熔炼炉余热锅炉的研发等4个项目获中国有色金属协会科学技术一等奖；云南冶金集团曲靖有色基地（冶炼厂）建设工程等8项工程获有色金属建设协会设计咨询一等奖；还取得国家实用新型专利10项。

余热锅炉在满足冶炼炉烟气降温的同时，还回收烟气余热生产蒸汽，产生良好的经济效益。我主持设计的几十台余热锅炉由于可以替代进口可节约投资达2亿元以上，这些余热锅炉每年可回收蒸汽约260万吨，每年为企业创造经济效益超过2亿元。

李东波 同志

李东波，男，生于1965年6月，河南省济源市人。1984年毕业于西安冶金建筑学院有色冶金专业，学士学位。

1980—1984在西安冶金建筑学院学习；

1984—1991在北京有色冶金设计研究总院工作，任技术员、助理工程师，其间1985年参加中央讲师团，在郴州师范任教1年；

1991—1997在北京有色冶金设计研究总院工作，任工程师；

1997—2003在北京有色冶金设计研究总院工作，任高级工程师、室副主任、总设计师；

2003—2008 在中国恩菲工程技术有限公司（中国有色工程设计研究总院）工作，任教授级高工、总设计师、氧气底吹熔炼技术首席专家；

2008—2009 在中国恩菲工作，任冶金项目部副主任、项目经理、氧气底吹首席专家；

2010—2011 在中国恩菲工作，任冶金项目部主任、项目经理、氧气底吹首席专家。

研究方向和取得的重大科技成果

李东波参与发明了第一、二代氧气底吹炼铅技术并主持推广应用工作，他主导发明了第三代氧气底吹炼铅技术，在铅冶金技术创新、发展和推广中做出重要贡献。

李东波作为副总设计师兼冶炼专业负责人，和老专家共同主持完成了我国第一套氧气底吹炼铅工艺工业化装置的开发设计工作，并全过程参加了项目施工建设和投产指导工作。

氧气底吹炼铅技术的发明使得我国铅冶炼技术一举迈入国际先进水平，为我国有色冶炼行业完成“十一五”节能减排目标提供了坚实可靠的技术保障。

第一套氧气底吹炼铅装置2002年成功投产后，李东波带领项目团队迅速将该技术推广应用到国内铅冶炼行业中。到目前为止，国内已投产的氧气底吹炼铅生产线18条，在建的生产线有10余条。该技术并已应用到印度；目前，澳大利亚皮里港铅厂正在云南做底吹验证试验。

李东波参加开发的第二代侧吹熔融还原工艺于2009年应用于工业生产并获得成功。

李东波主导发明的第三代氧气底吹技术，即氧气底吹熔炼—底吹电热熔融还原工艺，已在若干项目中应用，第一套工业化生产装置预计2011年9月投产。新工艺的环保和能耗指标远远优于国家现行标准，将使我国铅冶炼技术水平达到国际领先。

获得的荣誉

2003年李东波获中国有色金属工业科学技术一等奖；

2004年李东波获国家科技进步二等奖；

2009年李东波担任项目经理的氧气底吹炼铅总承包项目获中国勘察协会银钥匙奖；

2010年李东波获中国专利优秀奖；

2010年李东波担任组长的氧气底吹技术开发和推广项目组获中央企业红旗班组标杆称号。

何学秋　同志

何学秋　中国安全生产科学研究院书记兼副院长，中国矿业大学（北京、徐州）、清华大学、北京理工大学等大学兼职教授（博导），煤炭科学研究总院兼职研究员。1961年8月生，1990年毕业于中国矿业大学获得安全技术及工程专业博士学位。主持国家“九五”、“十五”攻关计划，“973”课题等多项课题，曾获国家杰出青年科学基金、教育部优秀跨世纪人才计划基金。获得国家自然科学四等奖1项、国家科技进步二等奖2项、省部级一、二等奖4项，国家发明专利2项，实用新型专利5项。入选国家七部委“百千万人才工程”第一、二层次等，是国家有突出贡献中青年专家、国家安全生产专家、国家反恐工作协调小组专家组专家。出版10部专著，发表190多篇论文，被SCI、EI、ISTP收录130余篇。

主要研究方向：煤矿安全、矿山动力灾害预防、安全科学与公共安全理论与技术。

重大科技成果介绍：

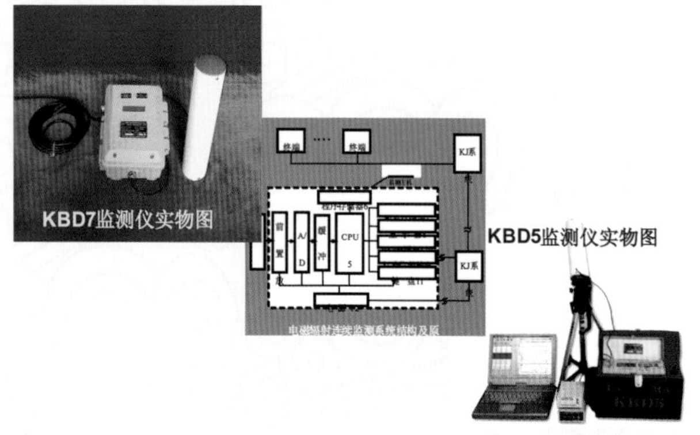

一、提出了煤与瓦斯的流变–突变机理

研究了含瓦斯煤岩流变破坏动态演化过程，揭示了含瓦斯煤岩的流变破坏规律，建立了含瓦斯煤的三维流变本构方程，提出了突出过程时间上具有四阶段、空间上具有三区域特征的流变机理，阐明了突出和延期突出的内在机制。获国家自然科学四等奖。

二、创建了煤岩流变破坏电磁辐射理论

在研究含瓦斯煤岩流变破坏规律的过程中，发现了伴随产生的电磁辐射现象。研究揭示了不同加载条件下煤岩或含瓦斯煤岩流变破坏的电磁辐射效应规律及其影响因素，提出了煤岩电磁辐射的产生机理，建立了煤岩力电耦合模型。

三、发明了煤岩动力灾害监测预警技术与装备

针对突出、冲击矿压机理复杂、事故频发、预测难度大的现状，基于煤岩流变破坏过程的电磁辐射效应规律，开拓了用电磁辐射法预测突出、冲击矿压的新途径。通过800多块煤岩试样的实验、11个煤矿现场的工程测试研究，提出了突出、冲击矿压电磁辐射监测预警技术体系，确定了预警准则、分级预警方法和井下监测方式，发明了非接触、连续监测预警技术及装备。首次实现了对突出、冲击矿压预测从接触式、静态点信息预测到非接触式、动态连续、区域性信息预测的转变，提高了预测过程的安全性和准确可靠性。获国家发明专利2项，获国家科技进步二等奖。

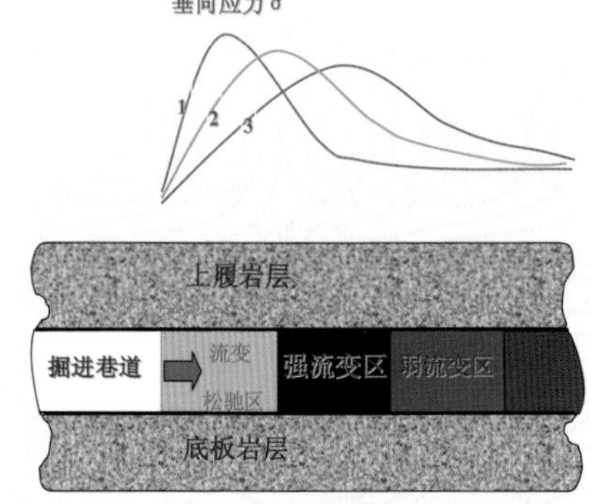

安东 同志

安东（1965年4月10日生）男，工程师，籍贯山西平遥。1984年—1987年就读于中国解放军军需工业学院机械制造专业；1987年—1994年在中国人民解放军6411工厂工作，1990-1993年在河北大学继续深造，主修计算机及其应用专业。早在1987年就参加了被列为国家“七五”计划期间的科技攻关项目——我国第一台铝熔炉用平板式电磁搅拌装置的研发，参与了该项目的生产、调试、现场安装及产品鉴定工作。1994年—1997年，任河北优利科电气有限公司（原石家庄优利科电气公司）计算机部经理，1997年至今，任公司副总经理，主要负责产品的研发、销售及前期市场调研。2007年由其领导研发的“大吨位铝熔炉用电磁搅拌装置”获得“河北省科技成果奖”，同年“铝熔炉用电磁搅拌装置”获得我国有色金属工业协会和我国有色金属学会颁发的“中国有色金属工业科学技术”二等奖。

研究方向及重大成果介绍

为了推广铝熔炉用电磁搅拌技术，多次在专业技术论坛作关于电磁搅拌技术的报告，多次参加国际性铝工业展会进行推广，并在有关技术刊物上发表关于电磁搅拌技术的论文，发表的论文有《电磁搅拌在铝熔铸行业中的应用》、《电磁搅拌技术在铝加工业中的应用》、《电磁搅拌技术在废铝回收中的应用》、《“十五”期间 电磁搅拌装置的发展概况》等，发表的技术期刊有《世界有色金属》、《LW2004铝型材技术（国际）论坛》、《LW2007铝型材技术（国际）论坛》、《中国有色金属工业“十五”发展概览》、《资源再生》等等，为电磁搅拌技术的推广做出了积极的贡献。目前河北优利科电气有限公司生产的电磁搅拌装置在国内市场占有率达到70%以上，约占全球铝行业电磁搅拌器应用总数的一半，成为国际上最大供应商。

随着电磁搅拌技术的进一步普及，利用电磁场影响和控制金属熔铸过程的电磁冶金技术如电磁泵、在结晶过程中改善偏析质量的结晶过程用电磁搅拌装置、电磁辅助成形、电磁铸造技术等也将会在有色金属工业领域得到快速发展。目前由其领导研制成功的再生铝回收行业用的以电磁泵和投料侧井为核心的废铝回收系统已正式投入市场，应用该系统后可大大提高金属实收率，并可明显改善再生铝回收的质量，该系统将成为再生铝行业的必要设备。用于大规格、特种铝合金铸锭结晶过程中，为改善结晶质量的结晶器用电磁搅拌装置，也已完成试制，即将投入市场，此种与结晶器配套使用的电磁搅拌装置可明显改善结晶过程中的偏析问题，从而提高产品质量。

修德荣　同志

修德荣，男，汉族，1973年4月出生于承德市双滦区。本科学历。电气自动化助理工程师。

工作简历

1994年7月毕业于河北机电学校（现河北机电职业技术学院）工业企业电气化专业。2004年9月¯2008年7月于河北工商学院计算机信息工程专业在职学习，本科毕业，学士学位;1994年9月¯1999年12月于承德市试验机总厂工作，任总厂市场部项目主办、项目经理、副部长;2000年1月¯2005年1月于承德通业输送设备厂（华通公司前身）工作，任市场经营部部长、厂长助理;2005年2月¯2007年5月，于承德华通自动化工程有限责任公司工作，任市场部部长、总经理助理;2007年6月调入华勘局514地质大队至现在，任华通公司副总经理，全面负责华通公司市场经营及人力资源管理工作。

主要研究方向和取得的重大科技成果介绍

修德荣同志在对企业定位、产业延续、经营定位、产品升级、项目保障、盈利预计全面分析的基础上，确定了“科技引领经营，技术提升产品，专利打造核心，品牌塑造实力”的发展思路。2011年围绕这一思路将“技术上水平，产品上层次，经营上品位，企业上台阶”，以及坚定“大营销战略，大科技战略和塑造品牌战略”作倭悯发搬”哼僧×儆…喝彩栾嘎。

在技术设计方面，他注重提升技术人员个人技能；提高设计效率，掌握基本生产工艺，开阔设计思路。在保证产品质量（性能和外观）的前提下，尽可能优化设计，最终实现降低成本的目的。对新毕业的大中专生进行专业技术技能培训，同时采用以老带新的方式，使他们尽快达到能独立设计的水平。

在科技创新方面，发挥“专利”技术潜力，重点通过申请“实用新型专利”和技改项目立项，争取局内专项资金，优化设计，提高企业整体技术水平，实现品牌塑造战略。

为了尽快和国际市场接轨，寻求新的经济增长点，加快产业产品结构转型和调整的步伐。在科技创新方面，修德荣同志与技术人员们一起潜心钻研，刻苦攻关，由他们研发的“双排顶置板式链条”、“顶置滚轮链”双双被授予国家“实用新型专利”。这为企业进一步拓展市场，提升水平奠定了坚实的基础。

公司已拥有实用新型专利四项，分别是柔性举升装置、顶置滚轮链、双排顶罩板式链条和固定套钢丝绳输送机。2009年申报的“积放式滚轮输送机及移载设备系统研究与开发”是华通公司近年研究和攻关的项目，已被成功地应用到汽车变速器装配和试验生产线中，取得了良好的经济和社会效益，荣获中国有色金属工业科学技术二等奖（省部级），并被中国有色金属科技成果鉴定专家结论为“整体技术达到该领域国内领先水平”。

目前，产品正在向其他汽车零部件企业、家电企业、食品企业进行推广。专家建议“围绕成果继续开发系列产品”。不仅如此，各项目成果以及专利证明，也为企业投标新项目，展示企业能力，突出创新水平，获取评标分值起到十分重要的作用。近年来，对千万元以上项目的获取，一定程度得益于修德荣同志对公司创新科技成果的展现和影响，同时也为华通公司经济效益的增长的作出了突出的贡献!

杨晓东 同志

杨晓东，男，汉族，1959年出生于陕西省高陵县，民盟盟员，教授级高级工程师，享受国务院政府特殊津贴专家，辽宁省人大代表。1982年本科毕业于东北工学院有色金属冶金专业，1985年研究生毕业于东北工学院，获有色金属冶金硕士学位，1991至1993年在英国利兹大学作访问学者。1985年参加工作至今，先后任公司副总工程师、院长助理、副院长兼总工程师。现任中铝国际工程有限责任公司沈阳分公司副总经理，沈阳铝镁设计研究院有限公司副总经理、总工程师，中铝公司首席电解铝工程师，中国有色金属学会轻金属冶金学术委员会委员，美国矿物、金属及材料学会（TMS）会员。主持了中铝公司重大科技专项、国家863计划重点项目等众多科研课题，取得了多项科研成果。先后获得“沈阳市劳动模范”、“辽宁省优秀专家”、“首批辽宁省工程勘察设计大师”、“中国有色金属工业科学技术突出贡献奖”、“中央企业优秀归国留学人员”等荣誉称号。

研究领域和成果

长期致力于铝电解理论与工艺、电解槽及其配套技术领域的研究。作为学术带头人，率领科研团队以解决大容量电解槽磁场、热场、力场等问题为突破口，建立三维仿真数字模型，模拟分析生产状况下大容量电解槽电、磁、热、力等各物理量的耦合和演变规律，寻找到了设计、操作和控制最佳参数，相继研发出我国SY系列190/200kA、230/240kA、300kA、350kA、400kA、500kA等现代大容量预焙铝电解槽，其各项技术经济指标达到国内领先和国际先进水平。

主持完成了氧化铝超浓相输送技术的研制和开发，使我国成为继法国之后第二个拥有该项技术知识产权的国家。主持完成了新型石墨化阴极工业化试验及应用，我国首个350kA电解槽系列化应用，首个400kA大型预焙阳极铝电解槽工业试验，首个500kA电解槽系列化应用，湿法焙烧启动技术，大型铝电解槽“全息”操作及控制技术，铝电解槽铝液流态（阻流）优化节能技术，新型阴极钢棒节能技术。最新研发的500kA电解槽已经运行投产，承担研发的863计划课题“600kA超大容量铝电解槽技术研发”进入工业化试验准备阶段。

主持设计了国内第一个投产的190kA槽系列—鲁西铝厂，第一个230kA系列—邹平铝厂，第一个300kA系列—伊川铝厂和新安铝厂，第一个350kA系列—河南神火铝厂，第一个400kA铝电解系列—兰州铝厂，第一个500kA铝电解系列—连城铝厂，所主管的工程技术含量高、装备水平先进，投资水平低，投产后各种技术经济指标达到或超过世界领先水平。

获得国家科技进步奖二等奖1项，省部级科学技术一等奖4项，省部级科学技术二等奖2项。获得国家优秀设计银奖1项，省部级优秀设计一等奖4项，省部级优秀设计二等奖1项，省部级优秀咨询二等奖1项。获得国家专利40余项，其中发明专利10余项；在国内外著名期刊、会议上发表学术论文10余篇。

廖新勤　同志

廖新勤，男，汉族，1955年10月生于江西省新余市，中共党员，教授级高级工程师，享受国务院政府特殊津贴专家。1982年8月毕业于鞍山钢铁学院，分配至沈阳铝镁设计研究院后一直从事氧化铝工艺设计与研究工作，历任氧化铝室副主任、主任、院副总工程师。现任中国铝业公司氧化铝首席工程师、沈阳铝镁设计研究院有限公司副总工程师、全国有色金属行业工程勘察设计大师、辽宁省工程勘察设计大师、全国勘察设计注册工程师冶金专业委员会专家组成员、中国有色金属学会冶金设备学术委员会副主任委员、中国有色金属学会轻金属冶金学术委员会委员、湿法冶金清洁生产技术国家工程实验室理事会理事。

研究领域和成果

廖新勤同志参加工作以来一直从事轻金属冶炼（氧化铝工艺）工程设计与研发工作。先后获得省部级科学技术一等奖3项、二等奖4项，国家优秀工程设计银奖2项、铜奖一项，省部级优秀工程设计一等奖4项、二等奖1项，4项发明专利和9项实用新型专利获得授权。

1997年完成国家“八五”重点科技攻关课题“串联法生产氧化铝新工艺全流程试验”，获省部级科学技术二等奖；1999年完成“铝土矿浮选脱硅拜耳法溶出新工艺”，获省部级科技进步二等奖；2000年完成国家“九五”重点科技攻关课题“铝土矿选矿拜耳法生产氧化铝新工艺”，获省部级科技进步一等奖；2000年完成“山西铝厂3#气体悬浮焙烧工程”，获国家优秀工程设计银奖；2002 年完成“山西铝厂1200kt/a 氧化铝工程”，获国家优秀工程设计银奖；2003 年完成“强化预脱硅加套管预热间接加热脱硅工艺流程及设备研制开发”，获省部级科技进步二等奖；2004 年完成“中州铝厂应用强化烧结法改扩建传统烧结法工程”，获国家优秀工程设计铜奖；

荣誉证书

廖新勤 同志：

你参加设计的 山西铝厂1200kt/a氧化铝工程

在全国第十届优秀工程设计项目评选中获得银质奖。

特发此证，以资鼓励。

2005 年完成“中国长城铝业中州铝厂300kt/a选矿拜耳法新技术产业化示范工程”，获省部级优秀工程设计一等奖；2007 年完成“一水硬铝石型铝土矿高压溶出后加矿增浓溶出技术研究及产业化”，获省部级科学技术一等奖；2008 年完成“硅渣直接烧结回收氧化铝和碱工业试验”，获省部级科技进步一等奖。目前，正在主持中铝公司重大专项项目“创新串联法生产氧化铝工艺技术及装备研究”。

冯乃祥 同志

冯乃祥，男，博士，东北大学教授，博士生导师。1969毕业于东北工学院（现东北大学）有色金属冶金系。1969～1978在抚顺铝厂研究所工作。1980年硕士毕业留校至今，从师于已故的我国铝冶金著名专家邱竹贤院士，1988年获博士学位。1984年6月至1986年12月、1993年8月至1994年5月分别在挪威奥斯陆大学和特隆赫姆工业大学从事科研工作，从师于国际知名铝冶金专家H Фye教授和已故的K Grjotheim教授。

冯乃祥教授长期从事铝电解、熔盐电化学、锂镁轻金属冶金和铝用炭素研究工作，在国内外学术刊物上发表学术论文近300篇，著有《铝电解》（2006年，化学工业出版社）和《铝电解槽热场、磁场和流场及其数值计算》（2001年，东北大学出版社），获得国家发明专利授权10项。与已故邱竹贤院士合作的《铝电解中金属溶解损失机理及提高电流效率研究》获国家教委科技进步奖二等奖（1989年），《铝电解过程中若干物理化学问题的研究》获国家自然科学奖三等奖（1991年）。与青海铝厂、沈阳铝镁设计院合作完成青海铝厂160kA大型铝电解槽电流强化项目，成果《160kA预焙铝电解扩容试验》获中国有色金属工业科学技术二等奖（2003年）。

冯乃祥教授所发明的新型阴极结构电解槽铝电解技术在全国铝厂得到广泛应用，使工业铝电解生产吨铝直流电耗从13000 kWh以上首次降至12000kWh左右，实现了单项技术降低吨铝电耗1000kWh以上的重大突破。该技术获得中国有色金属工业科学技术奖一等奖（2010年）。此发明技术解决了铝工业吨铝直流电耗长期不能突破13000kWh的技术瓶颈，引领了当代铝电解生产实现大幅度节能降耗的一次技术革命，国际铝工业界给予高度评价，并获得美国矿业、金属与材料协会（TMS）授予轻金属学科领域科学技术奖（LIGHT METALS SUBJECT AWARD, 2010年）。中国有色金属工业协会将新型阴极结构电解槽技术列为十二五重点研发及推广技术，并推荐为“十二五”国家鼓励发展的重大清洁生产技术。国家发改委将该技术列入《国家重点节能技术推广目录》（第二批），工信部与财政部列为2011年国家重大科技成果转化重点项目，目前该技术已推广应用到国外。

宋建波 同志

宋建波，男，1970年生，汉族，中共党员，大专学历，现任南山集团公司副董事长，系烟台市人大代表、山东省“富民兴鲁”劳动奖章和烟台市“五一”劳动奖章获得者、烟台市劳动模范、龙口市优秀企业家。多次被龙口市评为“优秀共产党员”、“先进个人”等荣誉称号。

1993年，由南山集团控股的山东南山铝业股份有限公司成立，并于1999年在上海证券交易所成功上市，宋建波被集团公司任命为山东南山铝业股份有限公司董事长。作为山东南山铝业股份有限公司的带头人，宋建波同志始终坚持全面贯彻和落实科学发展观，以发展为第一要务，以实现南山人的共同致富为已任，实行“链式运作”，使南山铝业实现了又好又快发展。其主导产品“南山牌”系列铝制品被中国保护消费者基金会授予“全国消费者信得过优质产品”，“南山”牌铝合金门窗商标被审定为“中国驰名商标”。

多年来，宋建波带领南山铝业人倾力打造了一条具有国际优势的“煤--电--炭素--氧化铝--电解铝--铝合金结构型材以及高精度铝板带箔制品”产业链，目前公司下属的铝型材厂位列中国型材企业前茅，轻合金项目则是亚洲第一、世界一流的铝板带箔生产基地。为了提高企业的核心竞争力，使企业在风云变幻的国际市场中立于不败之地，思想敏锐的宋建波把发展的眼光定位在“科技强企”这个高度上。多年来，他始终坚持把提高自主创新能力作为企业发展的原动力，依靠科技进步优化产品结构，转变经济增长方式，发挥科技对集团经济发展的支撑和引领作用，取得了很大的成效。工作中，他按照“自主创新、重点跨越、支撑发展、引领未来”的方针，加大科技投入，专门成立了“南山集团科技工作委员会”，主要负责集团公司科技政策的制定，科技项目、新产品开发及成果鉴定的审定、技术中心工作的监督管理等工作，并成立“南山集团学术委员会”，负责南山集团公司科技工作的指导，科技项目、新产品开发及成果等的预评审，人才评价等工作。同时还制定了《南山集团‘十一五’科技发展规划》，明确了集团公司‘十一五’期间的科技工作目标。目前，以山东南山铝业股份有限公司为主导产业的南山集团公司技术中心被认定为国家级企业技术中心，同时，还在已有的山东省功能毛纺织品工程技术研究中心和山东省铝及铝合金加工工程技术研究中心的基础上申请成立了山东省南山科学技术研究院，同时为之建设了总建筑面积达19000平方米的专职研发大楼，设立了电解研究室、碳素研究室、合金研究室、氧化铝工艺研究室、型模具研究室、特种型材研究室、金属材料研究室、材料物理研究室、自动化研究室、环保研究室、机械研究所、电气研究所、政策研究所和信息研究所等十四个专职研究室（所），配备了实验设备价值达5000万元的试验检测中心。

在抓好硬件建设的同时，宋建波还大力实施人才战略，培养和造就了一支优秀的科技人才队伍。目前，公司拥有研究与试验发展人员1932人，其中具有享受国家级政府津贴、山东省突出贡献奖的技师等高级专家7名，博士13名，硕士86名，高中级技术职称人员758人，形成了一支业务水平高、知识层次合理、不同学科综合、专业基础扎实的精干技术研发团队。

宋建波在开展科技创新工作中，建立了以企业和烟台南山学院为主体，以科技发展为导向，由技术中心统筹、协调的新型的科技创新体系。建立健全了科技管理、知识产权保护、科技成果奖励等系列规章制度，搭建了科研技术平台，优化了科技发展环境，目前已与东北大学、清华大学、中科院金属研究所、北京交通大学、中南大学、山东大学、洛阳有色金属加工设计研究院等多家知名院校及科研院所建立了长期稳定的产学研合作关系，形成了一个投入、产出、转化和受益的绿色通道。几年来，公司积极开展科技创新活动，建立激励机制，充分调动广大科技人员的积极性，做好项目的储备、管理和申报工作。他主持研发“高精宽幅超薄铝箔的研制”、“高质量大规格铝合金扁锭熔炼与铸造技术研究开发”等6个项目通过了专家鉴定，其中2个项目达到了国际领先水平，2个项目达到国际先进水平，2个项目达到国内领先水平。其中“高性能高精度大卷重宽幅铝合金板带加工技术及产品开发”获得第三届中国技术市场协会金桥奖优秀项目，“南山铝型材生产管理优化创新研究”及“推行5S管理，提高企业效益”两项目获得山东省企业管理现代化创新成果二等奖，“南山铝型材生产管理优化创新研究”还荣获山东省冶金工业协会颁发的冶金企业管理现代化创新成果三等奖。2007年，“高性能高精度大卷重宽幅铝合金板带加工技术及产品开发—易拉罐罐体料”被列入山东省自主创新成果转化重大专项，“高精度铝合金板带热连轧工程化技术研究——PS版”项目被国家科技部列入国家科技支撑计划，“高精度宽幅超薄双零铝箔的研制”被列入国家科技兴贸计划。进入08年以来，宋建波带领公司科研团队加大了科技创新力度，取得了多项科研成果，其中“高质量大规格铝合金扁锭熔烁于铸造技术研究开发”项目荣获山东省科技进步一等奖。《高性能高精度大卷重宽幅铝合金板带加工技术及产品开发》项目申报了山东省2008年重点企业技术中心建设项目；《大型预焙铝电解槽短周期资源节约型焙烧启动技术开发》项目申报了国家政府间科技合作项目；《高质量大规格铝合金扁锭》项目申报了2008年度国家重点新产品计划；《高精宽幅超薄铝箔》项目申报了2008年火炬计划项目；《电解铝生产资源节约技术集成与示范》项目申报了“2008年山东省资源节约型社会科技支撑体系建设”专项；《高精度铝合金板带热连轧工程化技术研究与高档PS版的开发》项目申报了2008年度“山东省经济强县参与国家重大科技计划行动”科技专项预研项目。

宋建波同志在发展企业的过程中还注重加强节能减排工作，公司成立了环保监测站，全面负责公司的环保监测达标工作。铝业公司加入了“中国节能环保型导流式铝电解技术创新战略联盟”，致力于解决铝冶炼节能降耗关键技术的创新。在东海氧化铝项目建设中，公司通过对工艺和水道的水平衡计算，采用设备冷却水全部循环使用流程，提出了一套全新的水系统流程方案，在国内首家实现了生产用水量同行业最低、工业废水零排放的目标。

在宋建波同志的带领下，公司在稳固国内市场份额的同时，积极实施国际化战略，努力拓展国际市场，他身先士卒，每年都要多次出国洽谈业务。经过几年的努力工作，产品很快便打入国际市场，远销美国、日本等20个国家和地区，出口量也逐年攀升，南山品牌被国际市场所认可，已获得了良好的国际口碑。南山企业规模不断扩大，为社会提供了大量的就业岗位，农民工、大学毕业生、技术、管理各类人才汇聚南山，目前有员工4万余人，年新增加就业岗位3000余个。宋建波同志提倡以人为本的理念，及时改善员工工作及生活环境，建立有激励性的薪酬福利体系，为员工在南山发展解决了后顾之忧，激发了广大员工的工作热情。

宋建波同志在发展企业的同时，心里始终装着老百姓，近几年，在他的领导下，企业连续拆巨资用于村容村貌改善，目前南山被授予“全国小城镇建设示范区”、“全国水土保持生态环境建设示范小流域”等荣誉称号。宋建波同志还非常关心村里老年人的生活，他积极组织筹划，建成了集吃、住、娱为一体的多功能老年人公寓，全村60岁以上的老年人都可以入住老年公寓，享受星级宾馆的服务，让他们感受到社会主义大家庭的温暖。5.12四川汶川大地震发生后，宋建波 以公司的名义先后两次共向灾区捐款800万元，以实际行动表达了他关心社会、关爱他人的良好愿望，为灾区重建提供了经济援助，受到了社会各界的赞誉。

许传凯　同志

许传凯，男，汉族，籍贯福建厦门，1970年10月出生，高级工程师，1992年毕业于西安电子科技大学电子精密机械专业，工学学士学位 。

1992年9月参加工作，现就职于路达（厦门）工业有限公司任总经理，并兼任中国建筑卫生陶瓷协会卫浴副会长及福建省水暖卫浴阀门行业协会副会长，首届厦门市卫厨行业协会会长。2003年10月当选为第五届集美区政协委员,第六届集美区政协常委。2007年当选为第十一届厦门市政协委员。

在环保高性能合金材料研发项目，特别是无铅铜合金及其工艺技术研发工作，已申请了国内外发明专利三十多项，其中已获得授权中国7项、美国1项、加拿大2项；已获得福建省优秀新产品一等奖一项、中国有色金属科学技术二等奖一项、厦门市科学技术二等奖一项、厦门市优秀新产品二等奖一项、福建省专利奖三等奖一项和全国有色金属标准化技术委员会技术标准优秀奖三等奖一项。

刘风琴　同志

刘风琴，女，1963年出生，河南省孟州市人，工学博士，教授级高工。1983年毕业于中南矿业学院（现中南大学）有色冶金专业。国家新世纪百千万人才工程人选，享受政府特殊津贴。中国有色金属学会轻金属学术委员会委员，铝用炭素专业委员会主任委员，国家自然科学基金委员会评审专家，中国铝业公司首席工程师，河南省冶金建材行业专家，现任中国铝业股份有限公司郑州研究院副院长。

刘风琴同志自参加工作以来，始终奋战在铝电解及铝用炭素领域新技术、新材料、新产品研发的第一线，先后主持多项国家和省部级重点科技计划项目，以其系统扎实的基础理论和专业知识，组织研究开发并成功转化了多项铝电解工业节能减排效果显著、明显提升企业经济效益的重大关键共性技术，为铝工业节能减排、优化产业结构，加快产业转型升级，提高核心竞争力做出了突出贡献。开发的优质炭阳极生产关键技术，使我国铝用炭素技术水平和产品质量处于世界领先水平，大大提升了我国铝用炭素工业的核心竞争力，获得2010年度国家科学技术二等奖。开发的新型结构电解槽技术，比普通铝电解槽吨铝直流电耗降低1000kWh以上，超过世界最先进水平600–800度，抢占了世界铝电解技术制高点，获中国有色金属工业科学技术一等奖。开发的提高铝电解槽寿命综合技术，使我国电解槽寿命由原来的1300天提高到现在的2500天，取得了巨大的经济效益和社会效益，获中国有色金属工业科学技术一等奖。开发的石墨化阴极、高石墨质阴极、可湿润阴极生产新技术，提高了我国铝用炭素工业整体技术和装备水平，获中国有色金属工业科学技术二等奖一项，三等奖两项。

刘风琴学风求实、严谨，对技术和理论刻苦钻研，勤奋好学，开拓创新，在国内外铝电解及铝用炭素领域具有较高的知名度和影响力。至今负责或为主承担了国家“863”、“973”、“科技支撑计划”在内的一大批重大、关键、共性和战略技术研发和产业化项目30余项，共获得省部级以上科技成果11项，其中国家科技进步二等奖1项，省部级一等奖三项；申报专利28项，授权15项，撰写出版了关于炭阳极生产技术与理论的《Chinese Raw Materials for Anode Manufacturing》英文专著1本，主编了《铝用炭素生产技术》、《铝电解生产技术》两本书，是《冶金百科全书–炭素卷》、《铝冶炼生产技术手册》、《中国铝工业技术发展》的主要编写作者之一；在国内外共发表专业学术论文40余篇。

李旺兴　同志

李旺兴，男，1962年出生，湖南邵东县人，工学博士，教授，有色金属冶金专家。1982年毕业于中南矿业学院（现中南大学）。原任中国长城铝业公司总工程师，现任中国铝业研发中心总经理，中国铝业郑州研究院院长，国家铝冶炼工程技术研究中心主任，中国铝业公司首席工程师，中国有色金属学会轻金属冶金学术委员会副主任；国际铝土矿与铝业学术委员会高级副主席（Senior Vice President,International Committee for Study of Bauxite and Aluminium），中南大学博士导师。

李旺兴同志长期在一线从事铝冶炼工艺和工程技术研发工作，先后主持多项国家重点科技计划课题，开发和转化了一批铝工业重大技术成果，提高了整体技术和装备水平，取得了很好的经济社会效益，为铝工业科技进步做出了突出贡献。开发的一水硬铝石低碱高温管道化强化溶出成套工艺技术和装备，成为我国氧化铝行业主导技术，氧化铝年产量已达1600万吨，占我国总产量50％以上，获国家科技进步二等奖。组织参与完成的选矿拜耳法生产氧化铝新工艺，解决了产业化过程中工程技术问题，为低品位铝土矿资源高效利用提供了可靠技术，获国家科技进步二等奖。首创了无效应低电压铝电解新工艺，成为我国铝电解行业节能减排主导技术，使我国电耗指标达到世界领先水平，取得了巨大的经济社会效益，获国家科技进步二等奖。参与完成的铝资源高效利用与铝材制备技术，获国家科技进步一等奖。参与开发了的“一水硬铝石生产砂状氧化铝技术”，获2005年国家科技进步二等奖。

他学风求实，治学严谨，善于创新，为人坦诚。具有较高学术造诣，在国内外铝冶炼领域具有较高知名度和影响力。获省部级以上科技进步奖34项，其中国家科技进步奖一等奖1项，二等奖4项，省部级一等奖10项，获专利授权21项，专利金奖1项，全国杰出专利工程技术奖1项。在国内外期刊和学术会议发表论文60余篇，其编著的《氧化铝生产理论与工艺》一书列为有色金属理论与技术前沿丛书，获国家出版基金项目支持。获中国青年科技奖、中国工程科技光华青年奖，全国五一劳动奖章，是政府特殊津贴专家、百千万人才工程国家级人才，“863”计划“基于惰性阳极的铝电解技术研究”首席科学家。

余铭皋 同志

余铭皋，男，1962年8月出生，中共党员，1983年7月年毕业于马鞍山钢铁学院(现安徽工业大学)机械工程专业，本科学历，工学学士，2000年12月经国家有色金属工业局评审为成绩优异高级工程师。现任洛阳有色金属加工设计研究院副院长、中色科技股份有限公司副总经理，总工程师，兼任苏州有色金属研究院院长。中国有色金属学会冶金设备学术委员会委员、副主任委员，注册冶金工程师执业资格考试专家组成员，国家首批注册设备监理工程师，河南省洛阳市优秀专家，专业技术带头人，享受国务院政府特殊津贴专家。

该同志参加工作二十多年来，一直从事有色金属加工机械设备的工程设计、科研开发和研究工作，具有扎实的理论基础和丰富的实践经验，精通国内外有色金属加工机械的发展趋势和先进技术，是洛阳有色金属加工设计研究院的专业技术带头人，在本行业具有较高的知名度。该同志勤于钻研，善于创新，能够解决有色金属加工领域内的重大装备研发的技术难题，在该领域内有很深的造诣和独到的见解，为国内有色金属加工专业同行专家所公认，主持完成的多项开发成果填补了国内空白。该同志英语水平高，理论造诣颇深，在国际性学术会议上和国家级刊物上发表专业论文4篇。工作以来，取得的成就主要有：

作为项目负责人主持的全液压铝带箔不可逆冷轧机2000年获得河南省科技进步一等奖,该项目列入2001年国家火炬计划, 2000年获得“工业新产品新技术开发项目先进带头人”称号。

作为项目负责人主持完成的单机架双卷取四辊可逆铝带坯热轧机组，为第一完成人，该项目为国家经贸委重大设备国产化项目,通过河南省科技厅的鉴定,填补了国内空白,具有国内领先水平,可替代进口产品。

主持并参与设计了国家大型二级企业广州铜材厂的旧线铜板带生产系统升级改造项目实施的全过程，该项目2001年12月获得中国有色金属建设协会工程设计创新奖一等奖；2002年12月全国第十届优秀工程设计项目银质奖。

主持完成的铝带拉弯矫直机组，通过了河南省科技厅组织的技术鉴定，作为第一完成人，2006年获得中国有色金属工业协会科学技术二等奖。

主持完成的安徽鑫科新材料公司铜板带生产线项目，2004年获得国家优秀工程设计铜奖、中国有色金属工业协会优秀工程设计一等奖。

2003年以来作为主管科技创新、技术质量管理的负责人，策划并组织实施了各类科研项目和技术专利的立项、申报、鉴定和评审工作，累计组织完成可研课题100余项、组织申报专利500余项。参与组织实施了国家高技术研究发展计划（863计划）“全数字智能化2050mm六辊宽辐铝带冷轧机”课题全过程。该课题成果获得2006年中国铝业公司第二次科技大会科技成果二等奖、中国有色金属学会科学技术一等奖、中国有色金属建设协会优秀工程设计一等奖。

作为公司质量、环境、职业健康安全管理体系的管理者代表，负责建立、实施和保持管理体系的有效运行和持续改进的领导工作，2003年获中国有色金属工业企业管理现代化成果二等奖。

兼任苏州有色金属研究院院长，组织并参与了科研项目的立项和组织策划工作，累计完成中铝公司内部、国防合作等有色金属新材料、新工艺项目50余项。2009年作为项目负责人，正在主持中铝公司2009年科技发展基金重大专项《等温熔炼技术开发》的研发工作。

该同志一直从事科研、工程设计、技术开发工作，热爱祖国，遵纪守法，有良好的职业道德，模范履行了岗位职责，业绩突出。在科技攻关、技术改造和消化引进高科技产品技术项目中，创造性解决了重大技术难题，推动了本行业领域内的专业技术进步，促进了国民经济发展，产生了显著的经济和社会效益。

梁学民　同志

梁学民,1962年9月生，山西新绛人，大学文化，中共党员，河南中孚实业股份有限公司副总经理兼总工程师,教授级高级工程师，河南省优秀专家,郑州市第十二届人民代表大会代表。

1983—2002年间，该同志在贵阳铝镁设计研究院从事铝冶炼科研、设计和设计管理工作。期间，承担过10余个工程的总设计师，完成多项国家级科研成果，共获国家科技进步一等奖1项，二等奖2项，部级科技进步奖4项，获得国家和部级优秀工程设计奖3项。

2002年12月，该同志到河南中孚实业股份有限公司工作，担任公司副总经理兼总工程师。任职以来，积极从企业发展需要出发，在铝电解技术领域不断探索，积极进取，为我国铝电解技术的发展做出了突出贡献，成为我国著名的新一代铝电解专家。任职期间，共获得中国有色金属工业科学技术一等奖2项，二等奖3项。2009年，被评为全国有色金属行业劳动模范。

主要研究方向：针对我国铝电解新技术开发及设计领域进行研究和探索。

主要科研成果：

承担过多余个工程的总设计师，完成多项国家级科研成果。主持完成的“铝电解槽物理场数学模型研究”（俗称“三场”研究）项目，获得国家科技进步二等奖；主持完成的“贵铝180kA级铝电解槽开发试验”项目，获得国家科技进步二等奖；完成国家计委、中国有色总公司重大科研项目“280kA特大型铝电解槽工业试验”，达到国际领先水平，获得国家科技进步一等奖；主持完成的“中孚320kA电解槽系列化生产技术”、“新型阳极焙烧炉及燃烧控制技术”、“320kA铝电解直供式供电整流技术”三项科技成果，达到国际先进和国内领先水平，这三个项目分别被评为中国有色金属工业科学技术奖二等奖和三等奖。主持完成的国家重大产业技术开发专项“320kA铝电解槽不停电（全电流）停开槽技术及成套装置开发”项目，解决了长期困绕电解铝生产的世界性难题，达到国际领先水平，该项目获得中国有色金属工业科学技术奖一等奖。主持完成的《国家重大产业技术开发专项》“300kA级铝电解槽综合节能技术开发项目”成功通过鉴定验收。与会专家委员会一致认为该项目技术先进，经济和社会效益显著，应用前景广阔，建议在行业内推广应用。主持完成的“400kA级高能效铝电解槽技术开发及产业化”项目获得2010年中国有色金属工业科学技术一等奖。主持承担的国家科技支撑计划项目“低温低电压铝电解新技术”是2009年铝行业唯一列入国家支持的创新计划项目；目前，该项目已进入结题验收阶段。与中国科学院电工所联合承担了国家（863计划）“高温超导电缆工程示范项目”，项目完成后，将大幅度减少电能输送过程中的损失，节电效果明显。

周爱民　同志

周爱民，男，汉族，1957年生，籍贯湖南，毕业于中南大学采矿专业，工学博士、教授级高级工程师，国家有突出贡献中青年专家、新世纪百千万人才工程国家级人选、湖南省科技领军人才，享受国务院政府特殊津贴。现任长沙矿山研究院副院长、国家金属采矿工程技术研究中心主任，兼任国际充填委员会委员、中国有色金属采矿学术委员会主任、中国有色金属采矿信息网理事长、湖南省科协常委、湖南省有色金属学会副理事长。取得重大科技成就，18项成果已获国家和省部级科技进步奖，其中国家科技进步奖3项、省部级科技进步奖一等奖5项；主编出版专著2部，参编出版专著2部，发表学术论文83篇。已获全国“五一”劳动奖章、中国有色金属工业科学技术突出贡献奖、十五期间全国黄金行业科技突出贡献者、湖南省优秀专家、湖南省先进工作者、国家科技攻关先进个人等荣誉。

周爱民主要研究方向介绍

长期从事金属矿山工程科学技术研究开发，主持完成国家与省部重点科技项目40多项，主持国家金属采矿工程技术研究中心、金属矿山安全技术国家重点实验室、金属非金属矿山安全工程技术研究中心、金属采矿工程技术创新战略联盟的立项与组建，组织举办20余次国际或全国性矿山工程技术学术会议，为我国金属采矿行业科技进步做出了突出贡献。在金属矿床无废开采、复杂难采金属矿床开采、深部矿床开采、露天与地下联合开采、充填采矿法、崩落采矿法与矿山安全等技术方向有深入研究，取得20多项重大科技成果，其中18项已获国家或省部科技成果奖。创新研发出金属矿山无排放或少排放开采技术系统，建成国内外首座无尾砂库、无废场金属矿山；开发出全尾砂充填料集中制备工艺及结构流全尾砂自流充填工艺技术、井下废石短流充填工艺与技术，有效解决了矿山固体废物胶结充填的科学技术问题，在国内矿山广泛应用；针对传统充填采矿法效率低、成本高和劳动强度大等瓶颈问题，根据难采矿体的不同特征，创新研发出高分层胶结充填法、分段充填法和脉内采准分层充填法等系列高效率充填采矿方法，为难采矿床实现安全高开采提供了技术支撑；针对深部金属矿床高应力与高井温特殊开采环境，研发出安全高效的卸荷开采理论与关键技术；针对露天转地下过渡期开采安全条件差、工程衔接困难和产量变化大的技术难题，研发出露天与地下联合开采新技术；针对高危矿柱群的开采技术难度及其安全隐患，研究开发出矿柱高效回采与空区治理协同技术；针对覆岩下放矿及非厚大矿体条件下矿体自然崩落受限的技术难点，研究建立了高阶段放矿控制理论，开发出非厚大矿体自然崩落采矿技术。

王 毅 同志

王毅，男，1963年9月出生，中共党员，高级工程师（研究员级），硕士生导师，享受国务院特殊津贴专家。1984年毕业于北京科技大学矿山机械专业，1986年取得中南大学工学硕士学位。曾任长沙矿山研究院机械所副所长，长沙矿山研究院机械厂厂长，现任湖南有色重型机器有限责任公司总经理，中国有色金属协会矿山机械学会主任委员,国家金属采矿工程技术研究中心工程技术委员会委员。

王毅同志自1986年研究生毕业分配到长沙矿山研究院以来,一直战斗在矿山机械的研究开发和生产制造的最前沿，勇于创新，爱岗敬业，无私奉献，忘我工作，承担主持多项国家重点技术攻关项目和国家“863”项目，成功开发出了十多项矿山机械产品。多项科研项目获得国家和省部级科技进步奖，其中，获国家科技进步二等奖2项、省部级科技进步一等奖5项、二等奖2项、四等奖1项、市级科技进步二等奖1项。尤其是他主持或为主研制开发的一系列矿山机械产品达到了世界先进水平，为提高我国矿山装备的机械化水平，促进矿山技术进步，提高资源开采综合经济效益做出了卓越的贡献。

在学术方面，该同志于2001年提出了国内钻孔设备的发展应注重全液压化、高气压化、高智能化以及水力化的学术思想；于2010年又提出了国内矿山采、装、运装备的发展应注重大、全、专、新即大型化、品种功能全、专业化和运用新技术的学术思想；在1987年，提出了气动凿岩机的最优轴推力的计算方法，并以实验对计算方法进行了验证，证实了计算方法的正确。该论文对提高我国矿山凿岩机使用寿命，降低生产成本意义深远。该计算方法目前已被许多高等学校列入教科书。

在矿山机械装备的研发方面，该同志先后研究开发了CS-100井下高气压环形潜孔钻机、CS-165智能型整体式露天潜孔钻机、CS-225大孔径露天潜孔钻机等，这些装备的研发完成，改善了国内矿山采矿设备的落后状况，提升了我国矿山采矿装备技术水平，替代了同类产品的进口。

在产业化方面，该同志根据国内矿山企业对先进采矿设备迅猛增长的需求，以原机械厂为基础筹划创建了湖南有色重型机器有限责任公司。该公司坐落于长沙市麓谷开发区，是一家致力于各类矿山和冶金机械生产的现代化高新技术企业，也是“国家金属采矿工程技术研究中心”的产业化基地，是湖南省机械制造板块中自工程机械和建筑机械之后升起的又一颗机械制造新星，是科技成果产业化的典型范例。

王毅同志的创新技术成果的应用，已成为长矿院有色重机的企业支柱，不仅取得了显著的社会效益，而且已累计创造了超过10亿元的经济效益。他具有良好的职业操守，在工作中秉承老一辈科技工作者的优良传统，兢兢业业，不屈不挠，做到科技报国，科技兴业，把自己的聪明才智毫无保留地奉献给祖国矿山事业，为我国矿山事业发展作出了突出贡献。

席灿明　同志

席灿明，男，1963年3月生于贵州省赫章县，籍贯云南，中共党员。1984年毕业于中南大学（原中南矿业学院）有色冶金专业，分配到贵阳铝镁设计研究院至今，先后在冶金工艺室工作，任技术部副部长、总设计师、项目经理。1989年评为工程师，1996年评为高级工程师，2002年评为成绩优异高级工程师，2003年评为工程技术应用研究员，2005年评为院主管副总工程师，2008年评为中国铝业公司电解首席工程师。席灿明热爱祖国、团结互助、学风正派、善于创新、勇于实践，专业理论扎实、业务精通、富有求真务实的科学精神。曾先后主持过8项省部级以上重大科研攻关项目与9项国内外重大工程设计项目，获得了1项国家级科技进步二等奖、6项省部级科技进步一等奖、2项省部级科技进步二等奖和2项工程咨询成果与工程设计一等奖。已获授权专利20多件，发表学术论文十余篇。其成果突出、业绩显著，行业知名度较高。

主要研究方向和取得的重大科技成果

主要研究方向是电解铝、高纯铝工程设计、科研及计算机应用技术。

席灿明主持完成的《贵州铝厂186kA级铝电解槽试验》首次开发了186kA国产化预焙槽成套新技术，缩短我国铝电解工业与国外差距，彻底改变国内铝电解槽工艺装备技术长期依赖引进技术的落后状况，曾获“八五”国家技术创新优秀项目奖；主持的《铝电解槽过程智能控制系统及推广应用》为模拟铝电解全过程及实现生产操作管理知识软件化打下了坚实基础，曾获“九五”国家技术创新优秀项目奖。在《平果铝320kA大型铝电解槽技术开发》中主持开发的8项专有新技术被评为国内首创，达到国际先进水平。2002年入选贵州省优秀青年科技人才第三批培养对象后，完成了《70kA大型精铝槽设计技术开发》；随着国际经融危机和能源紧张，我国电解铝行业面临能耗居高的生存难题，2007年主持了《新型结构铝电解槽技术开发及产业化应用》深度节能重大研发项目，技术成果于2009鉴定评为国际首创，吨铝节电1220kWh和直流电耗11912kWh指标达到国际领先水平，项目产业化推广已得到国家发改委和工信部的大力支持。

曹 斌 同志

曹斌，男，工学博士，工程技术应用研究员，国家注册电气工程师。

该同志1991年毕业于中国科学院自动化研究所，获硕士学位；2002年毕业于北京科技大学信息学院，获工学博士；2002年被贵州省人事厅评定为工程技术应用研究员；2003年被评定为国家注册电气工程师。该同志现任职中铝国际贵阳铝镁设计研究院副总工程师，技术研发中心主任。系中国有色金属建设协会电算研究会主任、贵州省制造业信息化专家组组长、中国人工智能学会理事及产品委员会副主任，是北京科技大学、贵州大学、华中科技大学兼职研究生导师。

主要研究方向和取得的重大科技成果

该同志主要研究方向是铝电解装备及控制技术、铝电解工艺和制造业信息化。近十年来，主持研究国家支撑计划项目1项、中铝公司重大科技项目1项，贵州省重大科技专项1项；为主参加国家863计划项目研究1项、贵州省重大科技专项1项；主持或参与国家级工程项目设计和研发12项，为主申报专利17件，为主编制省部级规划4个、专著2本，发表各类论文30多篇。其中，2009年主持研发的“铝电解系列不停电开停槽装置”获中国有色金属科技进步一等奖，2007年为主参与的“石墨化阴极生产技术研究” 获中国有色金属科技进步二等奖，2008年为主参与的“洛阳万基石墨化阴极工程” 获中国有色建设协会优秀设计一等奖。

李 宁 同志

李宁，汉族，1962年1月出生；黑龙江人；中共党员，大学文化程度，教授级高级工程师。1982年7月自太原重型机械学院铸造设备与工艺专业毕业分配到兰州军区后勤部7452厂参加工作；1985年5月调兰州低压阀门厂工作；1989年2月调至中国铝业股份有限公司兰州分公司（原兰州铝厂，以下简称中国铝业兰州分公司）工作；期间先后在炭素分厂、兰州连海铝业有限公司、建设指挥部从事技术管理及工程设计、施工工作，历任车间技术员、车间主任、分厂厂长职务。1997年4月任兰州铝厂厂长助理；1999年4月任兰州铝业股份有限公司董事、总经理。2007年4月至今任中国铝业兰州分公司总经理、党委副书记。多次受到上级组织的表彰奖励，先后被评为“2007年度甘肃经济十大最具创新力人物”、“2008年度中国甘肃十大杰出品牌人物”、“2008年度中央企业劳动模范”。2009年荣获“甘肃省工业领域领军人才（第一层次）”。

实施重大科技创新项目，增强企业核心竞争力

十年来，中国铝业兰州分公司科技工作在李宁总经理的带动下，坚持开展产学研合作，始终围绕企业生产实际，开展了以节能降耗、增产增效、优化技术条件、污水零排放、绿色照明为核心的重大技术创新、技术引进及科技成果转化工作，先后主持或参与完成了多项技术创新项目。

其中，“400KA大型预焙阳极铝电解槽及湿法焙烧启动技术研制开发”项目，研制出国内首批400kA大型铝电解槽和大型预焙阳极铝电解槽湿法焙烧启动技术，整体技术达到国际先进水平。分别获得2008年度中国有色金属工业协会和中国铝业公司科技进步一等奖。“中铝兰州分公司350KA槽铝电解车间厂房自然通风技术”项目，在国内首次以先进的CFD模拟技术对电解车间厂房通风进行研究，整体技术达到国际先进水平。2009年荣获中国有色工业协会科技进步一等奖。2010年，中国铝业兰州分公司作为项目实施单位之一，重点组织实施了“‘201’项目扩大推广试验”项目。节能效果显著，该技术达到国

内外先进水平。分别获得2010年度中国有色金属工业协会和中国铝业公司科技进步一等奖。

此外，“200KA预焙铝电解槽电流强化工业试验及工业化应用”、“新一代大规模电解铝系列供电整流装置设计研究”、“预焙铝电解槽夹持式阳极导电装置研发与应用”、“电解铝车间耐热耐磨彩色混凝土试验研究”四项获中国有色金属工业协会科技进步二等奖。“一种铝电解槽强化电流的方法”和“一种预焙铝电解槽工艺参数测量方法及其装置”两项获国家职务发明专利。这些科技项目的实施和推广应用，一方面提升了企业技术装备水平，增加了科技含量，从根本上解决了环境污染问题，另一方面还使企业的技术水平、生产能力和核心竞争能力得到了较大幅度的提高。

创新平台篇（按行政区划排列）

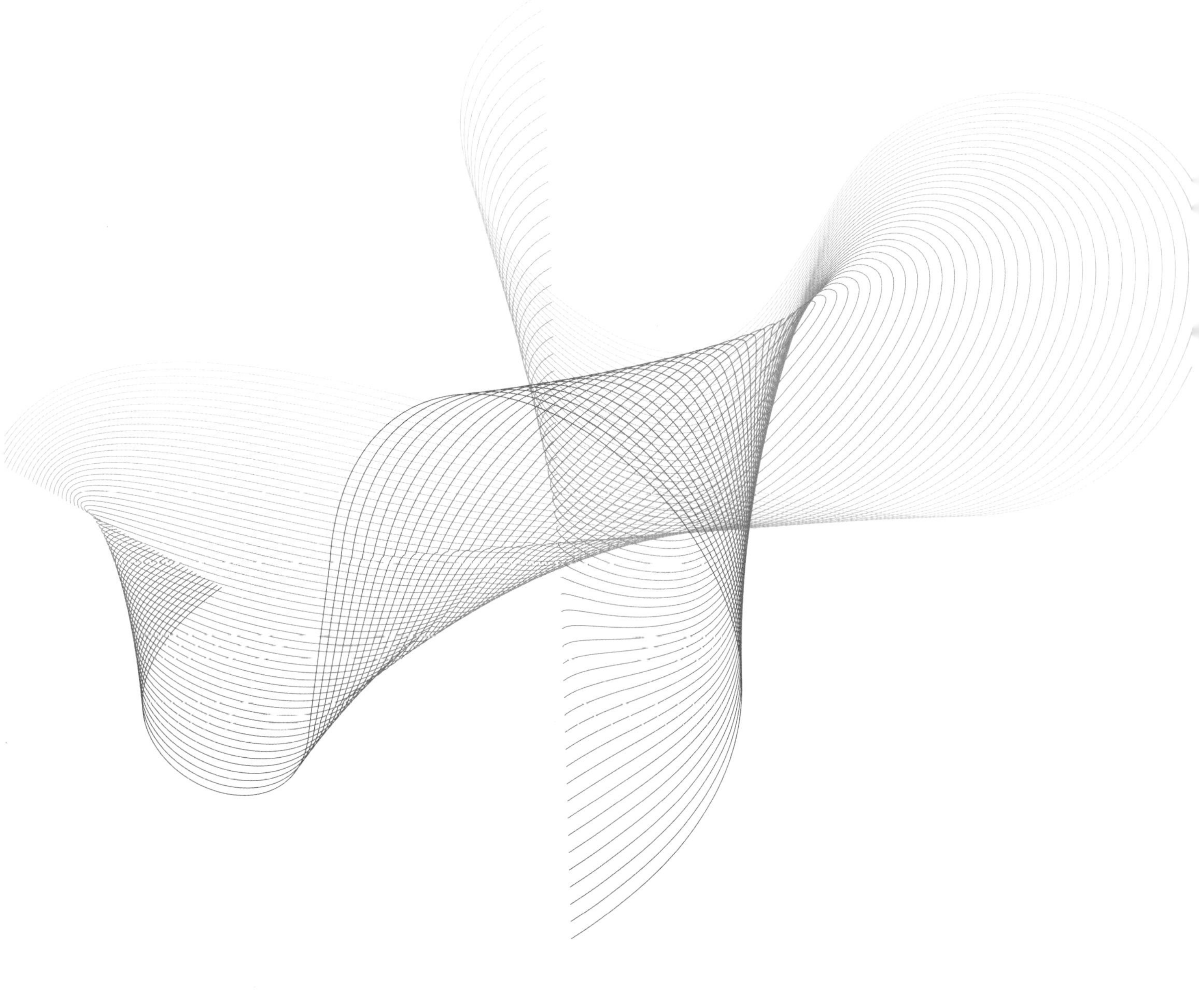

国家金属矿产资源综合利用工程技术研究中心（北京）

国家金属矿产资源综合利用工程技术研究中心（北京）于1993年12月23日由国家科委（现为国家科技部）批准依托于北京矿冶研究总院建设，中心1998年3月通过科技部的验收。

中心主要研究方向是：

承担国家重大金属矿产资源综合利用科技攻关任务；

为新建或改建的金属矿山和冶炼厂提供工程化配套技术；

开发与金属矿产资源综合利用相配套的新工艺、新设备、新药剂、新产品；

为国家制定金属矿产资源综合利用的方针、政策、法规和发展战略提供必要的技术资料。

中心拥有国内外先进的装备，设有八个实验室和八条中试线：工艺矿物学实验室、选矿实验室、高效粉碎（示范）实验室、电化学控制浮选实验室、冶金实验室、矿物材料实验室以及信息检索中心等；选矿工艺中试线、选矿设备中试线、药剂合成中试线、湿法冶金中试线、超细矿物材料及深加工中试线、火法冶金中试线、超细金属氧化物中试线以及二次资源利用中试线。中心在承担四川呷村银铜铅锌多金属矿、德兴铜矿、柿竹园多金属矿、南京银茂复杂多金属铅锌矿、会泽铅锌矿等大型有色金属资源开发和大洋多金属结核等国家及行业重大科技攻关项目中取得了许多突破性进展，推动了我国金属矿产资源综合利用的技术进步。中心拥有一流的科技力量和设计实力，专业配套，人才层次高，与世界许多国家有良好的科技合作关系和业务往来，是国家从事金属矿产资源综合利用新技术的开发源和扩散源。

中心现在拥有职工220人，其中工程院院士3人，拥有高级职称的科技人员107人。占地面积4500平方米，固定资产5200万元。

选矿扩大试验车间

湿法冶金连续实验室

无污染有色金属提取及节能技术国家工程研究中心

无污染有色金属提取及节能技术国家工程研究中心（以下简称“中心”）是根据1995年9月国家计委（现为国家发改委）《关于无污染NERC可行性研究报告的批复》，依托单位北京矿冶研究总院于1995年12月开始项目建设。经过5年的建设，在主管部门的领导和支持下，在依托单位的努力下于2003年全部完成项目建设任务，并于同年11月通过了项目验收。

重点充实和建设了用于工程化验证试验的5条中试线：超细粉碎中试线、高效熔炼及SO2净化回收扩试线、湿法冶金中试线、高效粉碎及节能设备制造中试线，以及与之相配套的5个实验室：矿山复垦模拟实验场（室）、溶浸实验室、废渣综合利用实验室、废水处理实验室等。完善和新建了高效粉碎（示范）实验室、冶金电化学实验室和高效熔炼深加工真空雾化中试线。通过5室、5线及相关设施的建设，使“工程中心”的实验室和中试线布局更合理，提高了 “工程中心”在无污染有色金属提取及节能技术领域的工程化和系统集成能力，大大提高该领域共性关键成套技术的工程化应用。

“工程中心”拥有一支素质高、人才结构合理的科技队伍，现有研发人员220余人，其中中国工程院院士3人，学术带头人70多人。

无污染有色金属提取及节能技术国家工程研究中心旨在为有色金属工业的扩改建和新建企业提供无污染工艺和节能技术，为企业节能、减排和提高资源综合利用率提供技术支持，为从根本上改变我国有色金属生产落后的局面贡献力量。“中心”的主要任务是针对有色金属生产环境污染严重、综合利用率低、能耗高的突出问题开展研究工作，使本领域的技术成果经过工程化开发和系统集成后，成为成熟可靠，经济适用的成套或配套技术与装备。不断将成熟的新技术、新工艺、新设备和新产品转移到国内有色金属企业和相关行业，解决行业污染问题，降低生产能耗，提高资源利用率和生产效率。使我国有色金属行业的生产技术逐步达到国际先进水平，促进有色金属行业的可持续发展。

“中心”发展目标是根据有色行业企业的需求，对“中心”和依托单位以及国内外已取得的无污染有色金属提取工艺及节能技术领域的技术成果择优进行工程化研究，把适用技术或装备向行业企业推广应用，为行业企业节能减排和高效开发资源提供技术支持，使有色金属工业生产的环境质量和能耗指标达到或接近同期世界先进水平，促进我国有色金属工业的可持续发展。

超细粉碎中试线

复垦植被栽培温室试验场

矿物加工科学与技术国家重点实验室

矿物加工科学与技术国家重点实验室于2007年11月经国家科技部批准立项，依托于北京矿冶研究总院进行建设。实验室拥有一批经验丰富、承担并攻克过国内外重大科技攻关课题和选矿难题的高水平科技队伍，固定人员中有中国工程院院士1人，研究人员50多人，其中具有博士学位的17人，现任实验室主任为孙传尧院士。

实验室主要研究方向为矿物加工科学与技术的应用基础和工程化技术研发，研发领域涉及各种金属矿物的分选、非金属矿的分选和提纯、二次资源综合利用和节能减排技术、矿物材料的研发等。

实验室将矿物加工领域的应用研究与国民经济建设有机结合作为科研指导思想，用国际矿物加工前沿技术解决国家资源开发利用的技术难题，重点研究矿物加工过程中所涉及的矿石准备、矿物分选和产品深加工等阶段的单元技术和整体技术，包括矿石工艺矿物学、矿石的粉磨、分级、复杂矿物分选理论和工艺技术、新型高效绿色药剂、大型节能装备、自动检测和控制系统、功能性矿物材料的制备、矿物加工过程中废水及废渣的综合处理、综合回收技术、二次资源的循环利用技术等。已开发出多项技术成果，如钨钼铋复杂多金属矿综合选矿新技术－柿竹园法、铝土矿选矿–拜尔法、电化学控制浮选技术、复杂高硫铅锌矿石中有价元素的高效整体综合利用新技术等，研发的320m3大型浮选机和世界同步，所研发的成果均已应用于生产实践，为有限的矿产资源综合利用和节能减排提供了有力支撑。

实验室科研条件良好，拥有先进设备、良好硬件设施及美好工作环境的各种小型专业实验室、扩大试验生产线、应用基础研究实验室等，配备有系统的矿物加工科学技术研究用的专用仪器设备和配套设施。矿物加工科学与技术国家重点实验室必将成为从事矿物加工高层次科研、培养高级人才、开展国内外交流合作的综合基地。

① 选矿实验室

② 电化学控制浮选计算机分析系统

国家重有色金属质量监督检验中心

国家重有色金属质量监督检验中心（国家有色金属商检实验室）是我国首批获得授权的国家级质检中心之一，隶属于北京矿冶研究总院，成立于1985年，同时为国家进出口商品检验有色金属认可实验室、中国有色金属工业重金属质检中心、北京中关村开放实验室、北京材料测试服务联盟副理事长单位、全国有色金属标准化技术委员会委员单位、全国钢标准化技术委员会委员单位、全国国土资源标准化技术委员会地质矿产实验测试分技术委员会委员单位，为《中国无机分析化学》期刊主办单位，具有国土资源部地质实验测试甲级资质。质检中心还被国家科技部和国家质量监督检验检疫总局授予科技成果鉴定国家级检测机构。

质检中心（实验室）具有ISO/IEC17025实验室认可、国家级实验室资质认定、国家质检中心授权“三合一”资质，业务涵盖矿石及矿产品分析、冶炼产品分析、选冶药剂分析、环境样品分析（土壤、固体废弃物、水质）、食品中重金属分析、再生金属资源分析、金属材料成分及性能测试、测试技术研发及标准化、测试技术推广与培训、实验室设计与设备成套等领域。

质检中心拥有员工49名，其中研究员10名，高工4名，工程师9名，技师1名，具有硕士以上学历人员14名，其中1名研究人员为联合国工业发展组织（UNIDO）分析化学顾问，1人被授予跨世纪学术与技术带头人；拥有73台套现代先进的大中型仪器设备，原值2000万元以上，包括ICP-MS、ICP-AES、AAS仪、AFS仪、红外碳硫分析仪、HPLC、GC-MS、红外与拉曼光谱等精密仪器。

质检中心拥有国家发明专利9项，制修订的国家、行业及国际标准200余项，取得的各类科研成果近百项，编撰出版了《有色金属及矿石分析手册》、《现代有色金属分析丛书-重金属冶金分析》、《有色冶金分析手册》、《现代金银分析》、《有色金属产品检验》、《实用化学手册》、《简明溶剂手册》等著作近20部。质检中心在所从事的领域具有雄厚的技术沉淀和很高的国内知名度、是我国重有色金属分析领域的国内最高权威机构，为我国第一台商业化原子吸收光谱仪的研制单位之一。质检中心2002年度获国家质量监督检验检疫总局授予的“全国质量监督先进集体”荣誉称号。

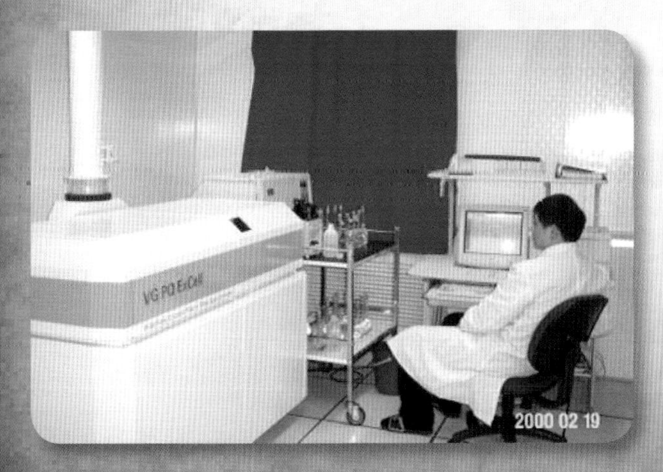

GC-MS

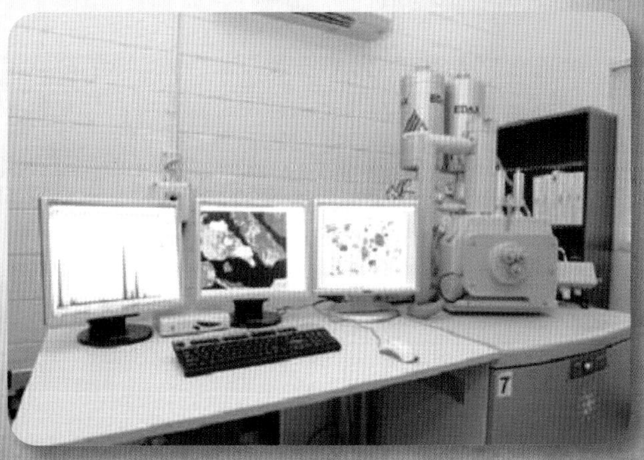

MLA全自动扫描电镜

国家磁性材料工程技术研究中心

国家磁性材料工程技术研究中心（以下简称磁材中心），是1993年被国家科委选优组建的全国唯一的磁性材料工程技术研究中心，中心依托于北京矿冶研究总院下属的北矿磁材科技股份有限公司。磁材中心是以高品质、创新型磁性材料的规模化生产技术及规模化生产装备的研究为研究方向，是推动我国磁性材料新技术的开发源、推广扩散源及科技成果大规模工程化的中间通道，目前磁材中心的研发重点为：

(1)高性能注射铁氧体磁粉的开发及应用；(2)高性能轧制铁氧体磁粉的开发；(3)高性能干压烧结铁氧体磁粉的开发；(4)磁记录磁粉的开发；(5)柔性稀土磁体的研制与产业化；(6)各向异性钕铁硼、钐钴稀土磁粉及粒料的开发及产业化；(7)电磁波吸收材料的研制及产业化；(8)墨粉用四氧化三铁磁粉的研制；(9)产品中与环境有关的有害物质的检测技术。

作为科技成果大规模工程化的通道，磁材中心着重于产业化的发展，目前拥有：铁氧体预烧料生产线9条；铁氧体磁粉生产基地；注射磁器件生产线；注射粒料生产线；柔性磁材连轧生产线；新开发成功的电磁波吸收材料中试线、静电显像材料生产线；以及年产10000吨的锌粉生产线等。

目前磁材中心拥有员工447人，正式员工167人；博士1人，研究生20人，本科生54人；公司有职称人员为89人，其中高级职称49人，中级职称36人，初级职称24人。

作为工程化研究的平台，为了推动行业技术的进步，吸引外界优秀创新项目进行产业化开发。磁材中心积极响应国家推荐的产学研相结合的模式，已与三所大学合作，采取合作开发，以及项目引进再开发等多种研发方式，实现优势互补、资源共享。

中心通过自主研发的方式推动科技发展，经过多年的技术积累，目前已承担多项国家级及市级课题。中心已建成开放性实验室，配备了激光粒度分步仪、比表面积测试仪、图像仪、松装密度测试仪、磁性能测试仪、振动样品磁强计、X荧光分析仪、万能力学性能测试仪等测试设备，为铁氧体材料制造厂家提供相应的测试服务。

磁材中心将加强国内外资源的利用，以及基础研究试验基地的建设，进一步推动磁性材料行业技术的发展，在解决行业共性、关键性技术问题发挥作用的同时，在技术上成为好的扩散源。

10kg HDDR气氛处理转炉

生产注射磁器件与粒料生产线

多晶硅材料制备技术国家工程实验室

多晶硅是一种超高纯材料，它的纯度可以达到9个九到11个九，是生产集成电路、电子器件和太阳能电池的基础材料，日常用的手机、电脑、电视等都离不开它，美日德等发达国家一直将其作为战略资源加以控制，实施技术封锁、市场垄断。2003年开始，洛阳中硅高科技有限公司[简称：中硅高科]通过科技投入、自主研发，相继攻克了“大型节能还原炉技术、氢化技术、高效提纯技术和副产物综合回收利用技术”，达到国内领先、国际先进水平，率先建成国内第一条多晶硅产业化示范线，实现规模化生产，使我国多晶硅年产量从2005年的80吨提高到2010年的4万吨以上，为信息产业和太阳能光伏发电产业战略发展提供了强有力保障。

以此为背景，2008年12月18日，国家发改委批准在中硅高科设立“多晶硅材料制备技术国家工程实验室”，联合中国恩菲工程技术有限公司、清华大学、天津大学和行业内知名专家形成“产学研”结合的工程实验室技术团队，建设“硅烷分离提纯平台、多晶硅还原平台、四氯化硅氢化平台、还原尾气干法回收平台、氯硅烷综合利用制备气相白炭黑、多晶硅洁净后处理和测试分析中心”等6个平台和1个中心，结合国家对多晶硅行业新的产业政策，重点研究大型节能还原炉、氢化和副产物综合利用技术，形成具有自主知识产权的大规模高纯多晶硅的清洁生产技术体系，在行业内推广，提升产业核心竞争力，实现国家多晶硅产业化战略发展目标。

2009年11月16日，深圳高交会上，国家发改委将国内唯一的“多晶硅材料制备技术国家工程实验室”授牌洛阳中硅高科技有限公司。

以多晶硅制备技术国家工程实验室为基础，主持/参与国家标准制定，正在主持制定的国家标准包括：《太阳能用多晶硅产品质量标准》、《多晶硅企业能源消耗限额国家标准》、《多晶硅工程建设国家标准》、《多晶硅企业排放标准》、《多晶硅安全操作规范》等。

目前，以多晶硅制备技术国家工程实验室为基础，联合徐州中能、重庆大全共同承担国家“十二五”科技支撑计划课题“36对棒多晶硅还原炉及工艺技术研发”；联合中科院沈阳金属所、天津大学共同承担“新型高效节能提纯技术及装备研究”；将来采用开放式研究平台，开展多晶硅产业战略性、前瞻性的新理论、新技术、新工艺、新装备等技术研发，为多晶硅产业化和技术进步提供有力支撑，大力培养技术创新人才，促进重大科技成果应用，使我国多晶硅产业化技术逐渐达到国际先进和领先水平。

中硅高科总部暨多晶硅材料制备技术国家工程实验室

洛阳生产基地

偃师生产基地

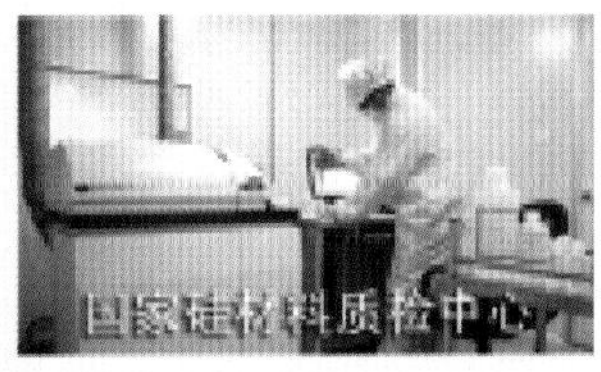

国家硅材料质检中心

多晶硅产品

国内自主研发最大多晶硅还原炉

国家钨材料工程技术研究中心

国家钨材料工程技术研究中心，是在厦门市人民政府、厦门市科技局领导下组建的大型工程技术研究和开发平台，依托单位为厦门钨业，2007年4月经国家科技部批准立项。

国家钨材料工程技术研究中心已建成了较好的研究试验平台，中心的钨选矿、冶炼、粉末制造、硬质合金以及丝材加工技术水平和开发能力国内领先、国际先进。中心在本项目相关领域建立了较完备的研发试验平台，主要研发、中试、分析检测设备80%以上达国际先进水平，可用于研究和试验、检测的设备价值6000万元以上。刀具研发试验设备仪器水平高、并日渐完善。

中心拥有一批在国内外同行中有较高影响力的技术带头人，能带领和团结广大技术人员开展创新研究，实行了一系列吸引高级技术和管理人才的有效措施。中心现有开展本课题研究的研究人员168人，其中专职研究人员102人、流动人员66人。博士6人、硕士14人、90%以上均具有本科以上学历。中心曾承担和开展了包括国家科技支撑计划、国家科技重大专项、国家863计划、国家重点新产品计划在内的20多项国家级科技项目，完成省、市及企业级科技项目攻关课题300多项，研制和开发了一批具有自主知识产权的先进设备、工艺技术和产品,科技成果90%以上得以工程化转化，年实现新产品销售额占主营业务总销售额均在20%以上。依托单位厦门钨业被确定为全国首批创新型企业。

国家铝冶炼工程技术研究中心

国家铝冶炼工程技术研究中心（以下简称“中心”）2003年12 月经国家科学技术部批准，以中国铝业公司为主管部门，依托中国铝业郑州研究院组建，定位为“打造我国铝镁冶炼工业前沿技术和重大共性关键技术研究开发基地”和“基础研究成果及原创性技术孵化转化基地”，发展目标是“成为创新型、开放式、综合性铝工业一流研发基地”。经过三年多的筹建，2007年9月顺利通过国家科技部组织的专家现场评估验收，并被评为优秀，2008年3月正式挂牌运行。

中心成立以来，面向铝工业的资源利用、节能降耗、环境保护和产品结构调整四大主题，不断完善和建设了氧化铝、铝电解、炭素、选矿和绿色冶金等具有国内外先进水平的重点实验室十余个，形成了可满足我国铝冶炼工业科技长远发展要求的10个技术领域33个发展方向的研究开发体系，与多个跨国公司及研发机构进行着频繁学术与技术交流，工程技术研究开发水平达到国际先进水平，在推动铝工业的科技进步中取得了显著的成绩。

2004-2010年，中心先后承担了各类科技项目120项，其中国家级项目14项；获授权专利121项，9项国际专利受理；获得省部级以上科技奖励77项，国家科技进步二等奖3项；选拔和培养了高端人才二十余人，其中1人入选国家“千人计划”，2人成为“新世纪百千万人才工程”国家级人选，4人成为中铝公司首席工程师，4人获得国务院政府特殊津贴；成功开发应用了以无效应低电压、优质阳极生产、新型结构电解槽和三水铝石后加矿技术为代表二十余项重大技术成果，经济、社会和环保效益显著，有力地支撑了国内铝行业的技术进步和结构优化升级，使中心在引领行业技术发展方向，带动行业技术进步方面发挥了重要作用，在轻金属领域拥有较强的技术优势、较高的学术水平和知名度。

“十二五”期间，中心力争取得更大成绩，为我国铝工业实现由大到强的转变提供强有力的技术支撑。

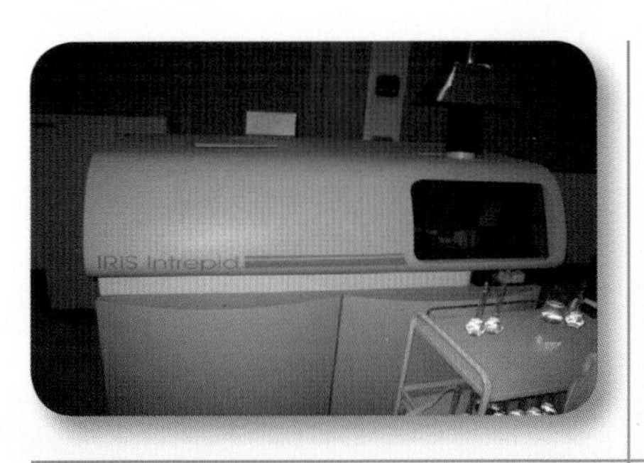

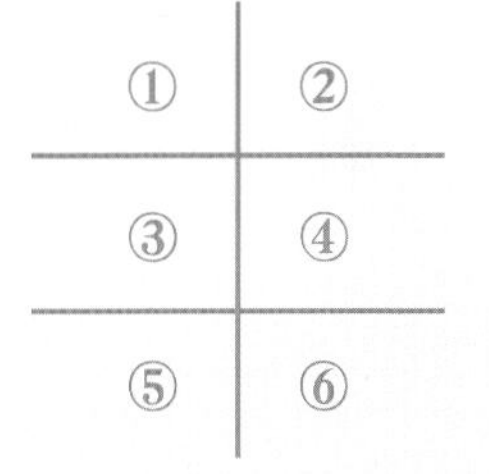

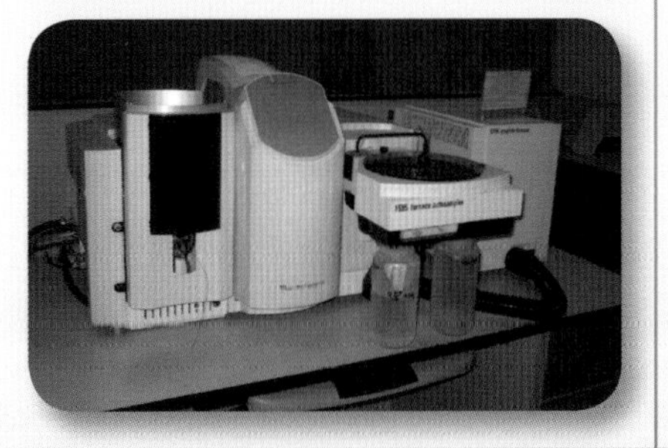

①高频耦合等离子发射光谱仪（ICP-AES)

②扫描电子显微镜（SEM）

③原子吸收（AAS）

④X-射线衍射仪（XRD）

⑤国家铝冶炼工程技术研究中心实验室

⑥进军世界，掌握了海外铝土矿资源加工技术

国家轻金属质量监督检验中心

国家轻金属质量监督检验中心是中国合格评定国家认可委员会（CNAS）审查认可、中国国家认证认可监督管理委员会授权的实验室，是国际标准化组织ISO/TC226、ISO/TC79、ISO/TC129在国内的技术支持单位，是中国有色金属分析情报网轻金属分网的网长单位，又是国家科学技术部认定的科技成果国家级检测鉴定单位、国家工业和信息化部确定的有色金属标准样品定点研制单位。

中心成立于1988年，1991年5月通过了国家质量技术监督局的审查认可和计量认证；1996年10月通过了国家质量监督检验检疫总局的复查认可和计量认证；2001年9月以“郑州轻金属研究院轻金属检测实验室”的名义通过了中国实验室国家认可委员会（CNACL）组织的“实验室三合一评审”，2003、2004年通过中国实验室国家认可委员会（CNAL）的监督评审；2006年9月再次通过了中国合格评定国家认可委员会（CNAS）组织的“实验室三合一评审”复评审。国家认证认可监督管理委员会授权证书编号为：（2010）国认监认字（132）号；计量认证合格证书编号：2010000176Z；实验室认可证书编号为：CNAS（No.L0775)。

中心现人员35人，大学本科以上学历28人，高级职称以上人员13人，拥有透射电子显微镜、扫描电子显微镜等大型分析仪器设备50多台套，固定资产原值2100多万元，实验室面积1600m2。授权承担包括铝及铝合金、镁及镁合金、工业硅及其合金、钢铁和铜锌、非金属矿石、铝用炭素材料、化工等75个产品的280个参数的检测，承担了20余次国家产品质量监督抽查，为铝用炭素材料、氟化盐等的出口提供了大量的验货工作。

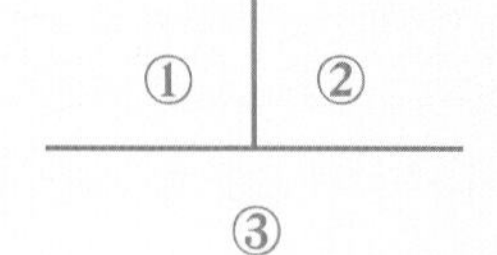

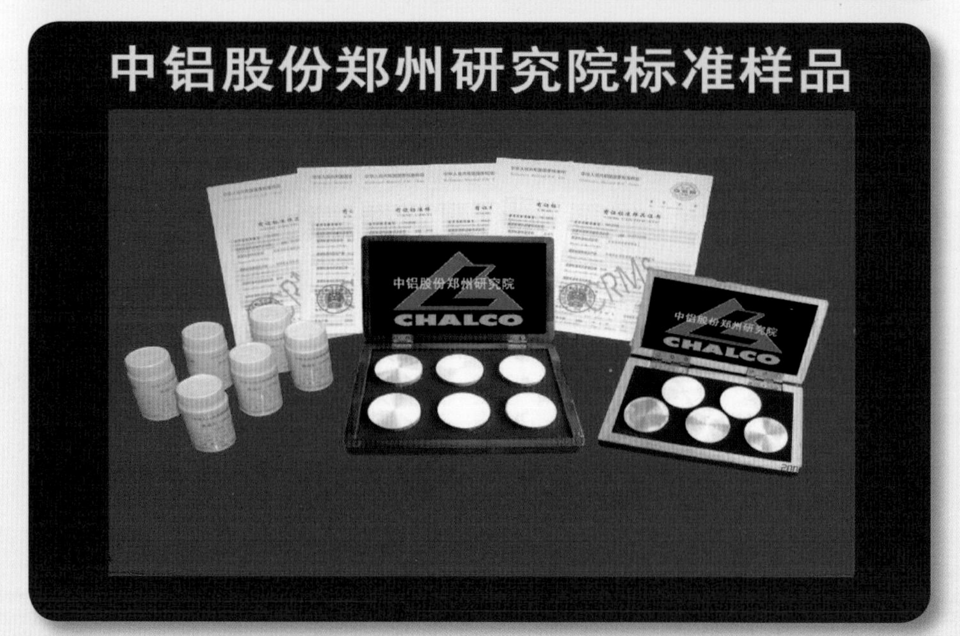

①X-射线荧光光谱仪（XRF）

②透射电子显微镜（TEM）

③标准样品（CRMs)

铜陵有色金属集团控股有限公司技术中心

TNMG

铜陵有色金属集团控股有限公司技术中心1999年经安徽省政府批准成立，2000年被安徽省经贸委等部门认定为省级企业技术中心，2006年被国家发展改革委员会等六部门认定为国家级企业技术中心。2008年，根据控股公司产业链发展和技术支持的需要，将控股公司科技管理部、技术中心和铜陵有色设计研究院合并重组，实行“一个整体、分类核算、统一财务、分级管理”的集科技管理、科技研发、科技经营“三位一体”的实体化运作模式。控股公司董事长亲自担任技术中心主任，成立了控股公司专家委员会和13个科技开发专家组，负责控股公司科技发展规划及项目的技术指导和决策。

技术中心近三年连续荣获安徽省优秀企业技术中心。2009年国家技术中心评估排名234位。

创新体系：铜陵有色优化了科技资源配置，构筑以技术中心为核心、成员企业技术研发力量为基础、重大项目组为纽带、产学研相结合的技术创新体系，形成了以科技项目为主线，科技项目协同管理、分级管理及科技项目经费统筹与分类管理相结合的科技管理工作机制。

技术中心拥有采矿研究所、选矿研究所、冶金研究所、地质研究所、化工研究所、矿冶装备研究所、有色金属加工研究所（安徽省铜加工工程技术研究中心）、粉体材料研究所和工业控制与信息技术研究所等9个研究所，以及国家认可委认可的检测研究中心、信息情报中心、企业博士后工作站。

装备水平：技术中心拥有开发仪器设备达400余台套，原值达26998万元.开发及试验研究关键技术装备、测试手段达到国内同行业领先水平。

研发人员：技术中心拥有各类专业技术人员4770人，其中：高级职称718人，中级职称2117人，初级职称1935人，高级技师42人，技师817人，高级工3815人。

积极探索产业技术创新战略联盟模式

---先后加入了有色行业“金属矿采矿工程及装备”、“有色重金属短流程节能冶金”、“金属矿产资源综合与循环利用”和“有色金属工业环境保护产业”等技术创新战略联盟。

---与中南大学、东北大学、江西理工大学、北京矿冶研究总院、长沙矿山研究院等高等校院所建立了全面（战略）合作关系。

积极探索建立股份合作制产学研联合模式

---与长沙矿山研究院组建了铜冠机械集团有限公司合作研发、生产井下各种无轨重型机械装备和环保设备，开发高新技术产品；

---与马鞍山矿山研究院、安徽工业大学等联合组建了“华唯金属矿产资源高效循环利用国家工程研究中心有限公司”，开展循环经济关键技术研究；

---与中南大学等共建“安徽省铜加工工程技术研究中心”。

十年主要成就

--- 拥有省部级以上的科技成果奖60项

国家科技进步奖 3项（一等奖1项、二等奖2项）

国家技术创新优秀奖 2 项

省部级科技进步奖 55项

--- 授权、受理各类专利 96件

发明专利 39件

实用新型 54 件

外观设计 3 件

--- 主持制（修）定各类技术标准 29 项

国际标准 2 项

国家标准 12 项

行业标准 12 项

地方标准 3 项

--- 获得驰名商标1个，中国名牌产品 1 项，省级以上名牌产品 15 个，高新技术产品10余项

难冶有色金属资源高效利用国家工程实验室

根据国家发改委发改办高技[2008]2638号文件精神，中南大学作为法人建设单位，联合中国铝业公司、金川集团有限公司和湖南有色金属控股集团有限公司共同组建难冶有色金属资源高效利用国家工程实验室。

实验室以我国铝、铜、铅、锌、镍、钛、锑、铋、钨等占有色金属总产量90%以上的大宗和战略有色金属的重大需求为导向，重点针对一水硬铝石、低品位氧化锌矿和复杂钨矿等低品位氧化矿，复杂铜铅锌硫化矿、铜镍硫化矿、脆硫铅锑矿和钼铋硫化矿等多金属复杂硫化矿，赤泥、冶金粉尘、重金属冶炼渣以及褐铁矿型镍红土矿、攀西钒钛磁铁矿等伴生铁含量大的难冶资源高效利用工程技术瓶颈问题，建设难冶低品位氧化矿碱法冶金、多金属复杂硫化矿直接熔炼、冶金废弃物及伴生铁资源直接还原、高效冶金反应器四个研发平台并完善公共检测中心，开展难冶有色金属资源高效利用关键技术及装备的创新研究，建设一支集难冶有色金属资源高效利用技术与装备研发、设计及工程应用于一体的国家创新团队，提升我国难冶有色金属资源高效利用技术的自主创新能力。

粉末冶金国家重点实验室

粉末冶金国家重点实验室于1989年经国家计委批准依托于中南大学(原中南工业大学)进行建设，1995年通过国家验收并正式对外开放运行。先后有42名固定人员在实验室工作，其中院士2人，博士生导师15人，教授及研究员28人。现任实验室主任为黄伯云院士,实验室学术委员会主任为左铁镛院士，学术委员会顾问为黄培云院士。实验室主要研究方向为：相图计算与材料设计；粉末冶金过程理论与模拟；制粉、成形、烧结与全致密化新技术应用基础研究；粉末冶金新材料制备原理与性能；先进航空刹车副用复合材料；纳米粉末及纳米晶块状材料等。

实验室在将粉末冶金学科前沿领域的研究与国防建设和国民经济建设有机结合的明确科研思想指导下，着眼于粉末冶金基础理论研究与粉末冶金新技术和新材料的应用基础研究，承担并完成了一大批以国家级项目为主体的科研任务，并取得了具有显示力的重大标志性成果。自1997年以来，实验室共承担各类科研项目约150项，其中国家“973”基础研究项目5项，国家"863"高技术基金项目17项，国家自然科学基金项目14项（其中重大项目和重点项目各1项），国家攻关项目42项，国际合作项目2项， 共获科研经费约8000万元；获国家级奖励4项，获省部级奖 25项，获国家授权发明专利14项；在国内外重要刊物上发表论文667篇，其中国际会议特邀报告40余篇，出版专著12本。

新型航空摩擦材料的研制是实验室的重要研究方向之一，实验室根据学科发展、国民经济与国防建设的需要，开辟了航空摩擦材料及摩擦磨损机理的研究，其研究成果已成功应用于航空制动材料的研制。实验室研制的苏制飞机金属基刹车副，获得了俄罗斯颁发的生产许可证，并通过了加载试验，此举相当于增加了一个新机种，上述科研成果获国家科技进步三等奖；实验室研制出了 型进口飞机刹车副，率先完成了该机零部件的国产化，并拥有了自己的知识产权，为国家重大工程作出了重要贡献，此科研成果获国家发明二等奖。在上述基础研究的基础上，实验室通过对C/C复合材料一系列基础与应用基础研究，成功研制的波音757飞机C/C复合材料刹车副，已成功通过地面惯性台试验和装机试飞等各项试验，并已进入领先使用，使我国成为继美、英、法之后，世界上第四个掌握C/C复合材料刹车副制造技术的国家。目前多种机型碳刹车盘的研制已取得实质性进展，刹车盘具有较良好的刹车制动性能，材料性能已达到国际著名的法国SEP公司和英国Dunlop公司同类产品性能水平。

实验室针对粉末冶金技术的特点和该领域国际发展的趋势，选取了粉末注射成形、粉末增塑挤压成形和热等静压三个当前最热门的粉末冶金近净成形技术，系统、深入地开展了与上述技术相关的粉末流变、塑变科学问题研究，取得了一系列创新性成果。该领域的国家自然科学基金重点项?quot;粉末冶金近净成形与全致密化过程流变与塑变问题的研究"通过国家验收，被评审专家一致评为“A级”。项目实施期间，在国内外知名刊物上共发表学术论文83篇，其中被《SCI》收录15篇，被《EI》收录35篇，在国际学术会议上作特邀报告4次。出版了《粉末注射成形流变学》、《TiAl金属间化合物》两部专著。此外，实验室的博士论文"金属注射成形石蜡基粘结剂和油基粘结剂性质的研究"获国家优秀博士论文奖。其相关成果获省部级科技进步奖2项，申请发明专利4项，基于上述研究成果，开发出8种新产品。形成了具有自主知识产权的国际先进水平的金属粉末流变与塑变新技术，对国民经济和国防现代化建设具有重大意义。

实验室进一步加强基础研究工作，6年来，实验室共承担国家“973”项目5项。材料设计、相图预测作为物理冶金、热化学和计算机应用的交叉领域，近年来发展十分迅速。实验室在国际上率先提出和发展了合金相的热力学模型和相图优化的计算方法，发展了扩散偶技术，建立了在特殊条件材料组织演化过程中模拟的理论框架，这一研究成果在国际上占有重要的学术地位。

此外，实验室在TiAl高温结构材料、高密度重合金、特种陶瓷、温压成形技术、电工材料、高性能汽车摩擦材料的研制方面均取得重大成果，其中许多科技成果已转化为生产力，实验室已成为不断为中试生产和产业化提供科技成果的源头，为国民经济和国防建设作出重要贡献。

实验室坚持进行国内外合作研究与广泛的学术交流，及时把握国内外本学科领域先进的学术思想和最新科研动态。实验室自1997年开放以来，实验室共派人出国访问、考察、讲学约17人次，邀请国外专家来室讲学、合作研究约34人次。共主办或协办国际会议8次，参加国际学术会议67次，实验室在2001年成功地主办了“第一届中瑞粉末冶金研讨会”和“第四届国际金属间化合物及先进材料研讨会”国际会议，主办或协办国内会议“第四届中国功能材料及其应用学术会议”、“海峡两岸粉末冶金研讨会”。此外，实验室现有国内外访问学者12人，已资助的在研实验室开放课题15个。实验室通过访问学者及开放课题的合作研究，已在知名刊物上发表论文30余篇。实验室努力创造条件，培养了一大批高水平的粉末冶金专业人才，实验室现有在读硕士生81人，博士生56人，博士后6人，他们已成为实验室的科研骨干力量。

实验室总投资5000余万元，拥有建筑面积4500平方米的现代化主体实验大楼，并具有先进的设备，较好的硬件设施及良好的工作环境，已成为我国从事粉末冶金高层次科研、培养高级人才、进行国内外合作科研的综合基地。

粉末冶金国家工程研究中心

工程中心主楼

1995年，原国家计委利用世界银行科技贷款，依托中南大学建设粉末冶金国家工程研究中心。十几年来，粉末冶金国家工程研究中心实现了人力资源、金属资源和货币资源的有效供给和集成，出色地完成了粉末冶金国家工程研究中心的建设任务，于2003年12月顺利通过国家验收，初步建成了具有综合性开发功能的工程化研究试验基地，构建了粉末冶金领域“基础理论研究-应用研究-工程化试验开发-产业化”的高效高水平创新研发平台，打造出了我国新材料领域高科技成果转化和创新的高效孵化器。在国家发改委组织的两次全国评价中，粉末冶金国家工程研究中心连续两次取得90分的优秀成绩，获得评价两连冠。

借助世界银行贷款470万美元和国内配套2155万元人民币的资产，以及中南大学粉末冶金研究院近2000万元人民币的资产，经中南大学上报教育部批准，于2001年组建了注册资金8000万元人民币的具有独立法人的国有全资孵化器企业---中南大学粉末冶金工程研究中心。2007年11月教育部（教技中心函(2007)198号文）批准中南大学粉末冶金工程研究中心整体改制为中南大学粉末冶金工程研究中心有限公司，属中南大学资产经营有限公司的全资企业。中南大学粉末冶金国家工程研究中心有限公司与粉末冶金国家工程研究中心为同一实体，实现了国家工程研究中心的高新技术产业化、运行机制企业化、发展方向市场化，制度创新与科技创新并重的战略方针，取得了一系列重大的创新成果。

现代化中试生产线

一直以来，工程中心坚持走产、学、研三结合的道路，在创新团队、创新平台和创新成果建设方面取得了令人

博云新材料工业园

瞩目的成就。中心凭借高水平的创新孵化平台和创新运行机制，以国家重大战略需求为己任，积极承担国家重大科技项目，取得了一批重要成果，其中包括国家技术发明一、二、三等奖各1项，国家科技进步二等奖2项、三等奖1项，省部级奖励32项；获得国家授权发明专利49项，申请国家发明专利89项，在国内外学术刊物上发表学术论文1600余篇。同时，集聚和培养了一大批高水平创新创业人才，目前，创新团队中拥有中国工程院院士3人，中国科学院院士1人，“长江学者”3人，国家杰出青年基金获得者2人。中心还建起了4000平方米的科技成果孵化基地和5条中试生产线、9万平方米的示范性产业化基地，形成了炭/炭复合材料航空刹车副、金属基航空刹车副、注射成形技术及产品、挤压成形技术及产品、新型无石棉汽车制动材料等5大技术创新平台；特别是高性能炭/炭航空制动材料的制备技术，于近期获重大突破，取得了以逆定向流-径向热梯度CVI热解炭沉积技术等11项专利技术为标志的一系列发明和创新，形成了完整的自主知识产权工程化技术体系。该技术已推广应用于波音757飞机和歼7E等军用飞机，使我国成为继美、英、法之后第四个能生产大型飞机炭/炭复合材料航空刹车副的国家，打破了国外对该产品的高技术保密封锁，填补连续6年的空白获国家技术发明一等奖。目前，由中心孵化的上市企业有湖南博云新材料股份有限公司，控股的非上市公司有长沙中南凯大粉末冶金有限公司、湖南英捷高科技有限责任公司、湖南金博复合材料科技有限公司、长沙鑫航机轮刹车有限公司四家公司。截止2010年，工程中心总资产（市值）已逾10亿元，实现利润近2000万元。

未来，工程中心将继续强化其粉末冶金科技成果孵化器的功能，解决一系列制约我国航空航天、交通运输和相关制造业中关键新材料及零部件的产业技术瓶颈，为我国的战略安全、为我国高速成长的制造业产业核心竞争力的增强，奠定材料基础。

国家金属采矿工程技术研究中心

国家金属采矿工程技术研究中心（National Engineering Research Center For Metal Mining），由国家科技部于2003年批准依托长沙矿山研究院组建，2007年通过国家科技部组织的验收，被评为优秀。“中心”的总体目标是致力于提高我国金属矿山采矿技术水平，推进高效采矿、安全采矿、无废采矿和智能采矿技术的发展；其主要任务是针对我国金属矿床开采技术条件复杂多变，开采难度大、技术要求高的特点，以及国内采矿工艺技术、采矿装备技术、采矿安全技术难以满足采矿工业高速发展的现状，跟踪国际先进技术和前沿技术，开展金属矿山采矿工艺技术、采矿装备技术和采矿安全技术的研究开发、工程化研究和成果推广辐射工作，为矿山企业提供成熟配套的工艺技术与装备，促进采矿行业的技术进步，推动金属采矿工业整体技术水平的发展。“中心”设有装备先进的、岩石力学实验室、机电实验室、数字矿山实验室、溶浸采矿实验室和海洋采矿实验室；其重点研究方向有无废开采技术、复杂难采矿床开采技术、矿山数字技术、高效采矿工艺与装备技术、深井采矿技术、深海探采技术和矿山安全技术等国内采矿工程技术的主要发展方向。“中心”现有员工131人，其中博士5人，硕士18人；高级职称69人，拥有一支年龄与职称结构合理、团队意识强的高素质人才队伍。自 2004年组建以来已完成82项重大科技项目的研究开发、辐射转化与推广应用，组织举办国际与全国性采矿学术会议20次，在无废开采技术、难采矿床开采技术、高效采矿及装备技术和矿山安全技术等方向取得突出成就，取得获奖科技成果50项，其中国家科技进步奖二等奖2项，省部级科技进步奖一等奖19项，二等奖17项，取得国家专利37项，其中发明专利6项，有力推动了我国金属矿山行业的技术进步，提升了整体技术水平；显著提高了矿山企业的经济效和市场竞争力，改善了矿区生态环境和矿山安全生产条件，创造了巨大的社会环境效益。

国家金属采矿
工程技术研究中心
宋健
二〇〇三年元月

宋健为国家金属采矿工程技术研究中心题词

矿山充填试验室

金属矿山安全技术国家重点实验室

金属矿山安全技术国家重点实验室由国家科技部于2010年批准依托长沙矿山研究院建设。实验室建设的总体目标是提高我国金属矿山安全生产、安全保障技术水平和本质安全程度，增强金属矿山安全生产的保障能力，促进我国金属矿山安全技术的进步，为我国金属矿山安全生产提供全面系统的理论和技术支持。实验室设有露天边坡尾矿坝稳定性监测技术专项实验室、岩石力学专项实验室、数字矿山专项实验室、充填技术专项实验室、矿山机电设备安全检测检验专项实验室等5个专项实验室，研究与发展方向为“金属矿山安全监测预警与信息技术、金属矿山岩层控制技术、金属矿山水害防治技术、金属矿山机电设备安全检测检验技术”。

实验室人员60人，其中：固定人员45人，流动人员15人。其中：硕士研究生导师20名，教授级高级工程师29人，高级工程师11人，工程师17人，助理工程师3人；具有博士学位的12人，硕士学位的15人；国家跨世纪学术带头人（百千万人才工程）第二层次人才1人；第三层次人才3人；国家安全生产专家2人；国家注册安全工程师9人；国家注册安全评价师7人；注册科技咨询师4人；在读博士研究生5人，硕士研究生10人。

重点实验室实验室面积近6000㎡，科研实验仪器设备550多台（套），可以为金属矿山安全应用基础和应用技术研究提供准确、详实的数据。2010年，实验室已承担51项科研课题，其中，国家973计划课题1项，国家863计划课题1项，国家科技支撑计划课题8项，省部级科技计划课题3项，地厅级计划课题1项，国际合作课题1项，其它方面的课题2项，矿山企业研究课题17项。解决了我国金属矿山企业生产中存在的技术难题，为矿山企业安全生产、提高生产能力提供技术支撑。

MTS刚性试验机近景

机电产品检测检验设备及500T拉力试验机

凤铝铝业省级企业技术中心

2009年，凤铝铝业省级企业技术中心被国家发展改革委员会等六部委联合认定为“国家企业技术中心”。依托中心的不断加大的研发投入力度、完善的创新环境、健全的管理制度和创新机制，中心已成长为一个研发水平一流、试验装备先进、人才队伍实力雄厚、自主创新能力突出的国际化研究与应用平台，在为企业探索可持续发展的道路，制定长期技术发展规划、提升自主创新能力和推动技术进步等方面发挥了至关重要的作用。

人才队伍实力雄厚、人才高地效应突出

经过多年的建设和运营，中心集聚和培养了一支技术力量雄厚、工程经验丰富、既懂技术又懂管理的创新型人才队伍。中心专职从事研究与试验发展人员436人，其中高级工程师15人，中级工程师56人，博、硕士学历人员11人，大学本科以上人员165人，涵盖了材料科学与工程、金属压力加工、电气与自动化、机械设计、热能与动力工程、金属腐蚀与防护等专业技术领域。

研发投入逐年递增、投入机制不断完善

企业每年投入到中心的研发经费不低于企业当年销售收入的3%，研发经费投入额年增长幅度不低于10%，近三年研发经费投入累计达到30406万元。研发经费投入机制不断完善，逐渐建立起以企业为主体，多渠道、全方位的融资投资体系，完成由“输血式”向“造血式”升华。

创新环境不断完善、创新制度日益健全

中心从软、硬环境两方面为员工营造一个良好的创新环境，先后搭建了多个创新平台，建立和不断完善创新激励机制，创新结果评价体系，努力培养员工自发的创新意识和自我创新能力，激发员工源源不断的创新动力。积极探索自主创新和产学研合作创新的新模式、新机制，逐渐形成了以企业为主体、以政府为引导、以项目为纽带、以院校为技术依托的产学研合作创新模式。

创新成果硕果累累、创新效益逐渐凸显

近年来，中心承担了包括国家重点产业振兴和技术改造项目、国家火炬计划项目、广东省产学研结合项目、广东省重大科技计划项等省部级以上项目14项。在多项铝加工行业关键共性技术取得了重大突破，自主开发的等温挤压技术、快速挤压技术、13.5米超长铝型材氧化、电泳、着色技术等技术达到世界先进水平，极大地提升了企业的自主创新能力的技术竞争能力。创新成果转化效率和质量不断提高，创新效益逐渐凸显，近三年创新成果转化累计实现新增产值3亿余元。

在未来的发展中，中心将进一步以市场为导向，促进技术成果向产业化转化，积极开拓国外市场，以创新为核心，深化制度创新、管理创新和技术创新，使中心成长为有机统一、高效管理、具有很强的自我发展能力的产学研合作基地和高科技研发基地。

贵州省轻金属工艺装备工程技术中心

贵州省轻金属工艺装备工程技术中心简介

贵州省轻金属装备工程技术中心成立于2009年，是经贵州省科技厅批准，依托贵阳铝镁设计研究院有限公司组建的省级工程技术中心，主要从事铝、镁、钛等轻金属工艺及其装备的研发。中心以增强产业核心竞争力为己任，以前沿的铝镁电解装备技术和国际一流的铝镁电解研发机构的先进水平为目标，通过整合和强化资源配置，形成了轻金属工艺装备技术开发与中试平台，成为引领我国轻金属产业发展的重要技术研发基地。目前中心已形成了近百人的研发团队，其中博士5名，硕士21名，教授级高工10人，高级工程师21人；建成计算机仿真实验室、环保实验室和电气控制实验室，装备了Ansys、Fluent、dupuis等分析软件和三维建模软件，建设了烟气流态分析和检测实验系统和DCS管控一体化系统实验平台等；与中铝贵州分公司、华中科技大学、中船重工712所、云南冶金集团、攀枝花钛业集团、贵州大学等企业和高校合作建立了轻金属冶炼产业联盟。

中心自成立以来，已承担了国家、省部级课题和中铝重大课题十余项，突破数十项关键技术，研发完成了铝电解异型阴极电解槽关键技术、石墨化阴极生产技术、新型烟气净化系统、不停电开停槽装置等项目的研发，申报专利128件（发明专利35件），在国内核心期刊发表学术论文35篇，开发出电解装备新产品7项，并且相关研究成果已在数十家企业推广，获得了良好的经济和社会效益，其中，不停电开停槽装置获得中国有色金属协会科技进步一等奖，在国内获得广泛推广的同时，也出口印度、马来西亚等国，累计签订合同近亿元；发明专利《串接石墨化炉的构造》于2009年12月获中国专利优秀奖，发明专利《电解铝烟气净化方法及其除尘器》于2011年1月荣获贵州省专利优秀奖。

云南冶金集团股份有限公司技术中心

云南冶金集团股份有限公司技术中心（以下简称云冶技术中心），是2006年10月经国家认定的第十三批企业技术中心。云冶技术中心是集团内部高层次、高水平的技术研究开发机构，是集团技术创新体系的核心和重要机构。云冶技术中心由集团公司领导担任主任，以云南冶金集团股份有限公司科技进步委员会的决策为工作方针，立足于云冶集团的做强做大，为促进云南省有色金属支柱产业的发展，针对重大技术难题攻关、引进技术的消化吸收再创新、研究开发具有自主知识产权的核心技术等方面开展工作，通过自身的完善和发展，已成为西部地区铝、铅、锌、锰、钛等有色金属资源型产业实现跨越式发展的重要技术辐射源。云冶集团博士后科研工作站、云南省选冶新技术重点实验室、云南省有色金属及其制品质量监督检验站、云南省湿法冶金、铅冶金、铝电解节能减排和锰系列产品工程技术研究中心挂靠技术中心，云冶技术中心同时也是云冶集团与东北大学、昆明理工大学等高等院校联合办学、共同培养研究生的基地，是国家科技部国际合作基地。

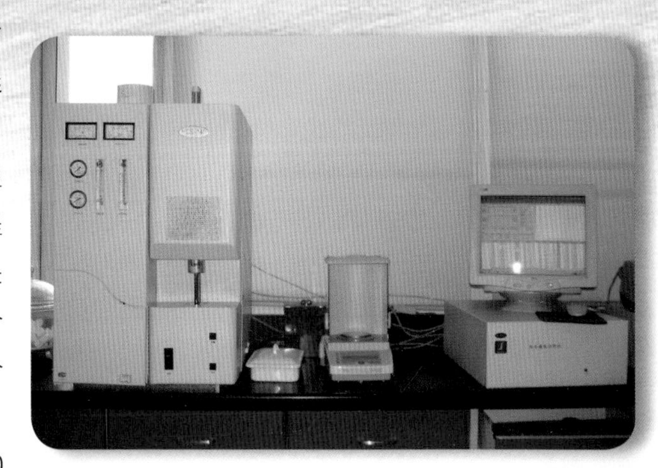

云冶技术中心现有固定人员406人，外聘专家20余人，其中正高级工程师31人，高级工程师129人，博士生导师3人，有博士15人，云南省学术学科带头人10人，技术创新人才13人，省创新团队2个(云南省锗钛系列高新技术产品的技术开发和云南省铝电解冶金新技术创新团队)，昆明市科技创新团队2个（昆明市低成本多晶硅、钛及钛产品开发科技创新团队）。

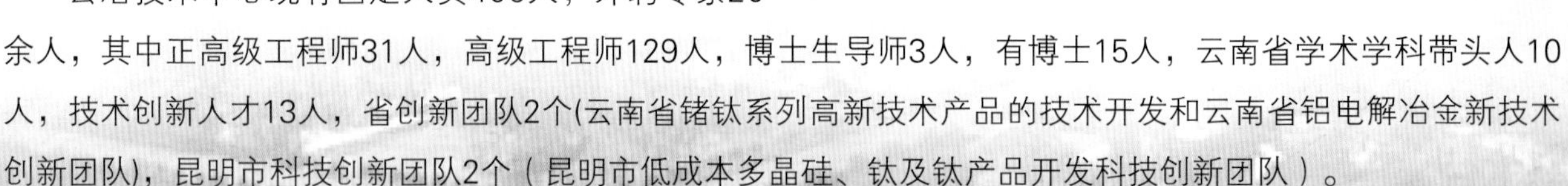

云冶技术中心现有试验室4000m2，拥有离子光谱仪、ICP-MS，ICP，LS100Q粒度分析仪、EPMA-1600扫描电子探针、X-射线衍射仪、TMA热机械分析仪、STA同步热分析仪、MLA、小型连续浮选等技术开发和分析检测设备。依据“功能完善、技术先进、手段齐全、装备高精”原则投资3亿元即将建成和投入使用的马金铺实验研究基地将进一步补充、完善和提升云冶技术中心研发平台。云冶技术中心设有选矿、冶炼、材料、化工、装备与自控、分析测试、环保研究、工程设计等部门，可进行有色金属的选矿、湿法冶金、火法冶金、细菌冶金、真空冶金、等离子冶金、炉渣结构研究、环保、工艺矿物学、选矿工艺学、金属材料的研究、开发与设计。

中电投宁夏青铜峡能源铝业集团有限公司技术中心

国家认定企业技术中心

中电投宁夏青铜峡能源铝业集团有限公司技术中心于2000年1月成立，同年被认定为宁夏自治区级企业技术中心。多年来，公司十分重视技术中心的发展和建设，不断整合创新资源，建立了完善的组织机构和管理制度，创造了良好的科技创新氛围。目前，该中心已成为企业技术创新体系的核心和支撑公司健康发展的非盈利性研发机构，是公司技术创新的组织者和实施者，2010年11月，被国家发改委等五部委认定为国家级企业技术中心。

技术中心共有专职研究开发、管理人员179人，服务于中心属各管理、研究开发所（室）、技术委员会等机构。其中：教授级高级工程师5人，高级工程师52人，博士及博士后11人，在职硕士研究生15人。享受国务院政府津贴 5人，享受省（市）级政府津贴10人，有国家突出贡献中青年专家1人，省部以上政府优秀科技人才3人。

2009年公司重组以来，技术中心坚持把产业结构调整作为工作重心，并根据企业发展和技术创新战略需要，重新对组织机构进行了调整，新增加了电力、煤化工等研发机构，并把新能源、煤化工等做为重点技术攻关领域。同时，进一步加强和完善了与高等院校、科研院所共建的《铝电解技术及产品研发实验室》、《电解铝生产智能实验室》、《废耐火材料无害化利用研究实验室（超细部分）》实验室（基地）的设施、人才等方面的建设，为组织开展基础研究和具有前瞻性的技术、重大科技项目攻关提供和发挥更大的技术支撑作用。

“十一五”期间，技术中心通过加强与外部的技术交流与合作，特别是与科研院所、高等院校的良好合作，建立起了完善的科技创新体系。通过下属研究所（室）、博士后科研工作站和分支研究机构，共承担国家重大科技创新产业化项目2项、宁夏自治区（地、市）重大科技计划项目15项，企业自选科技项目153项。完成科技、技术改造投资10.87亿元。通过不断的技术创新，使公司主体工艺到达世界先进水平；主要技术装备达到国内领先水平，部分关键技术达到国际先进水平，科技创新成为公司的核心竞争力。

获奖企业篇（按行政区划排列）

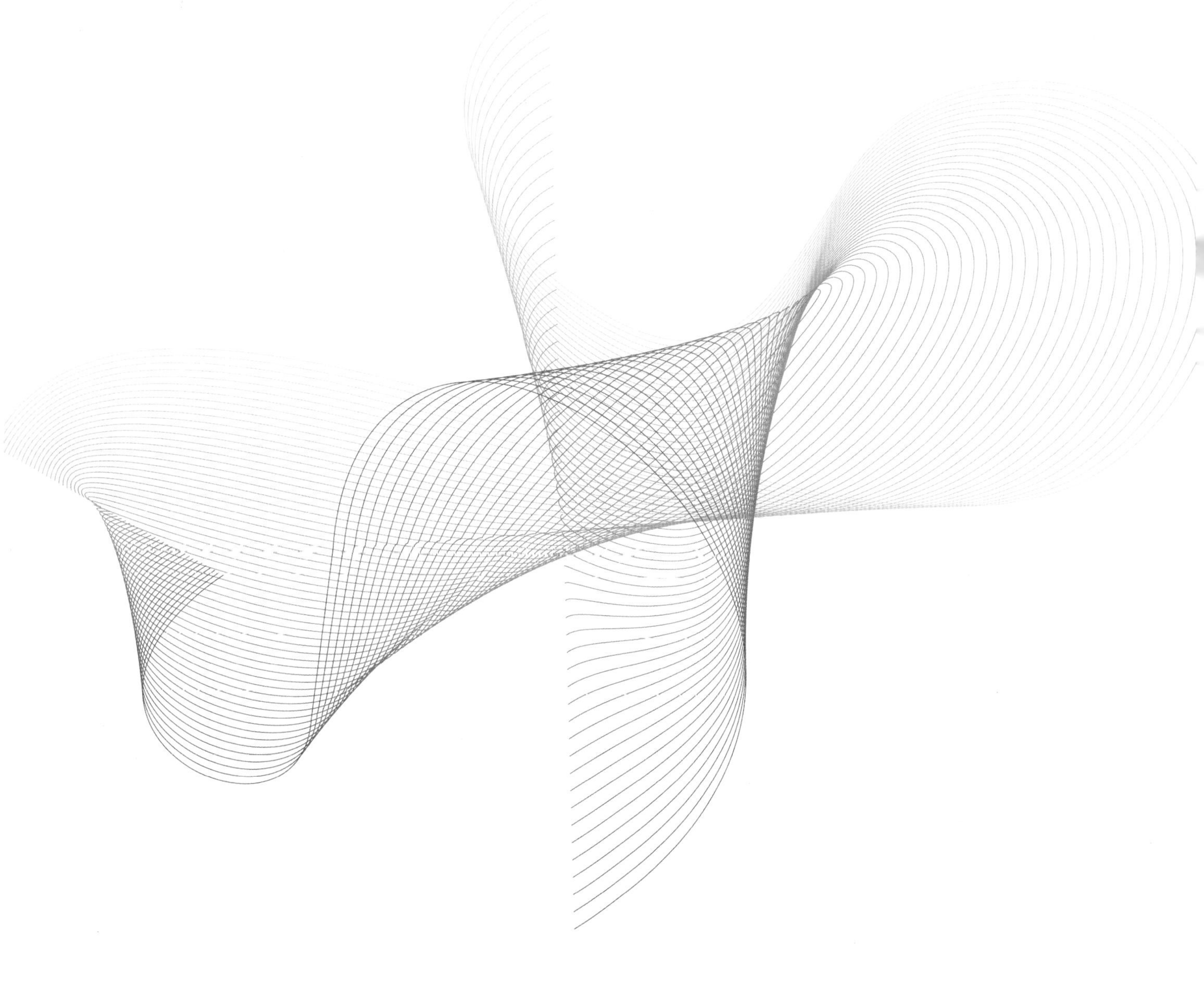

北京矿冶研究总院

Beijing General Research Institute of Mining and Metallurgy

北京矿冶研究总院1956年建院，是我国以矿冶科学与工程技术为主的规模最大的综合性研究与设计机构，1999年转制为中央直属大型科技企业，现隶属于国务院国有资产监督管理委员会，核心主业为与矿产资源开发利用相关的工程与技术服务、先进材料技术与产品以及金属采选冶与循环利用。

业务领域包括矿山工程、工业炸药与爆破工程、矿物工程、冶金工程、材料工程、环境工程、矿冶装备、矿冶过程测控技术与装备、资源评价与检测。主要开展新技术新装备及系统工程的科学研究、技术咨询、论证评价、产品开发、工程设计、工程承包和项目管理等。

拥有工程设计、工程咨询、环境影响评价和安全评价甲级证书，通过ISO质量体系认证。

在矿物加工工程、采矿工程、有色金属冶金、材料学、机械设计及理论专业有硕士学位授予权。

依托设有矿物加工科学与技术国家重点实验室、国家金属矿产资源综合利用工程技术研究中心、国家磁性材料工程技术研究中心、无污染有色金属提取及节能技术国家工程研究中心、国家重有色金属质量监督检验中心、国家进出口商品检验有色金属认可实验室。

设有中国矿业联合会选矿委员会、中国有色金属学会选矿学术委员会、中国有色金属学会环境保护学术委员会、中国工程爆破协会、北京金属学会采选分会和全国热喷涂协作组等学术组织。

主办出版的学术期刊有8种，包括《有色金属（矿山部分）》、《有色金属(选矿部分)》、《有色金属(冶炼部分)》、《有色金属》、《矿冶》、《中国无机分析化学》、《热喷涂技术》、《中国资源综合利用》，是有色行业矿冶领域的信息中心。

全院下设11个专业研究设计所、1个工程公司、10个科技产业公司、2个上市公司。现有职工3100余名，有中国工程院院士3人，具有高级职称以上技术人员700余人。建院至今，获国家级科技和工程设计奖励90余项，省部级科技和工程设计奖励900余项，国家授权专利200多项。

2005年7月，首批被批准成为国家级创新型试点企业，2008年12月，首批入选国家高新技术企业。

中国恩菲工程技术有限公司

中国恩菲工程技术有限公司（简称恩菲）是原中国有色工程设计研究总院转制设立的有限公司。中国有色工程设计研究总院成立于1953年，是新中国成立后，为恢复和发展我国有色金属工业而设立的一家专业设计机构。其先后隶属于重工业部、冶金工业部、中国有色金属工业总公司、国资委等，现为中国冶金科工集团公司的全资子公司。

中国恩菲工程技术有限公司成立于2006年1月，业务涉及矿山、冶金、环境及市政等领域的工程一体化及新材料产业，具有较强的技术优势和成果产业化能力，多项技术达到国际先进水平。

恩菲业务板块包括工程一体化、新能源、资源开发业务。

2010年，恩菲总资产72.7亿元，营业收入43.9亿元，利润总额8.28亿元。截至2010年底，企业各类在岗从业人员1353人。拥有工程院院士1名，全国设计大师3名，国家各类注册人员近200名。

研发人员情况

研究人员学历高，专利对口，业绩突出；技术人员具有本科以上学历，经验丰富。拥有中国工程院院士一名，全国工程设计大师3名，各类资质专业技术人员126名。科技人员621人，其中高级职称432人；常年开发项目30项左右，直接参与研究开发人员150人左右，其中：硕士40人，博士4人。19位公司级首席专家均为相关专业带头人，专业对口，科研能力突出。

科技成果转化情况

研究成果用于主营业务。近三年共计完成科技成果转化147项，年均73.5项。产业应用：利用具有自主知识产权的多晶硅技术实施产业化，2007年生产506吨，达到国内的总产量的50%以上。工程一体化业务应用：自然崩落法、无废开采、氧气底吹熔炼、红土矿冶炼等技术。

当前，恩菲以科学发展观为指导，以“固本强基抓创新，走向国际谋发展”为基本战略，在改革发展上又掀开了新的一页。主营业务由咨询设计拓展到工程一体化，承担了国内最大有色对外投资项目——巴新瑞木项目的工程承包工作，建成了国内最大规模的硅材料生产基地，BOT/BOO环境工程业务快速发展。

2003年，恩菲在全国工程勘查设计收入排名第56名，2010年，跃居第12名，同年，在有色行业设计单位营业收入排名第2名。

多晶硅改良西门子工艺的发展与挑战

中国恩菲工程技术有限公司 严大洲

一、多晶硅改良西门子工艺的演进历程

多晶硅是当今信息社会的基石，是集成电路、电子器件和太阳能电池的主要原材料。多晶硅是将工业硅通过一些列的化学物理过程提纯后的高纯材料，硅含量为99.9999999~99.9999999999%（9N~13N），全球多晶硅产业化生产工艺有三氯氢硅氢还原法（或称：改良西门子工艺）和硅烷法两种工艺，前者占世界总产能的86%，是多晶硅生产的主流工艺，后者占14%。冶金法仍在研究过程中。五年前，先进技术主要集中在美、日、德三个国家7个公司10家工厂中，一直实行技术封锁，市场垄断。

我国多晶硅始于1964年，由北京有色冶金设计研究总院设计，在峨嵋半导体材料厂和洛阳单晶硅厂开始从事小装置多晶硅工程建设与生产；1968年，在周恩来总理亲自批示下，洛阳单晶硅厂引进年产3吨多晶硅生产线；70年代初曾盲目发展，70年代中、后期，小型生产厂家多达30余家，形成冶金、化工、电子、轻工、酿酒、建材等多行业齐干多晶硅的局面。改革开放后，受市场经济冲击，我国绝大部分多晶硅生产企业因亏损而相继停产或转产。1983年减少为18家；1987年缩减为7家；1993年只有原峨嵋半导体材料厂、洛阳单晶硅厂、上海棱光股份有限公司、重庆天源化工厂4家企业；1996年只剩下原峨嵋半导体材料厂和洛阳单晶硅厂2家。这些生产厂几乎全部采用传统西门子工艺，生产规模小，工艺技术落后，消耗大，成本高，全国的多晶硅总产能始终在年产数十吨规模上徘徊。

上世纪80年代，中国企业意识到多晶硅实现规模化生产必须解决关键技术、能耗、综合回收利用和环保等问题。中国企业多批次组团走出国门，加大技术引进力度，力求实现多晶硅大规模化生产，但由于多晶硅及相关材料产业在国民经济中的特殊战略意义，发达国家对中国实行技术封锁和市场垄断，多年引进努力收获甚微。多晶硅日益成为下游产业发展的瓶颈。为打破这种局面，在原国家计委、有色总公司的大力支持下，中国企业开始自主开发，进行关键技术攻关。自1997年开始，以原北京有色冶金设计研究总院为技术依托，在峨嵋半导体材料厂实施100t/a多晶硅产业化关键技术研究，2000年初，通过了国家鉴定，同年原国家计委批准了年产1000吨多晶硅产业化项目的立项，2001年批准了项目可行性研究，并给予资金支持，受各种因素的影响，项目进展未按原计划实施。到2005年，我国年产多晶硅产量仅80吨，占世界年总产量的0.5%，且技术水平低，生产规模小、产品单耗高、生产成本高，市场需求严重依赖进口。

在此背景下，国家科技部组织实施了863攻关计划、“十一五”支撑计划和863重点攻关计划，围绕多晶硅生产各环节的重大技术难题，实施重点攻关，取得了包括“24对棒节能还原炉、大型低温加压氢化、还原尾气干法回收”等一系列攻关成果，以洛阳中硅高科技有限公司为代表，形成了拥有了自主知识产权技术体系，为多晶硅产业化发展赢得主动权，2005年洛阳中硅高科技有限公司率先建成我国第一条年产300吨多晶硅产业化示范线，打破了国外的技术封锁和市场垄断，促使国外的单项技术和设备低价进入中国，拉开了中国建设多晶硅序幕。

在国家发改委组织实施的《高纯硅材料高技术产业化重大专项》支持下，我国多晶硅产量突飞猛进，2006年产量287吨，2007年1156吨，2008年达到4300吨，2009年达到20230吨，2010年达到45000吨。多晶硅作为光伏产业的基础材料，在短短的5年内，从打破技术封锁和市场垄断，到产业规模仅次于美国，完成了过去计划经济时代几十年要做而一直都未实现的事情，使我国已经成为世界多晶硅生产大国之一，创世界产业的奇迹！

二、国外巨头和国内新生力量的竞争力分析

2.1 国外巨头竞争力分析

2008年前，国际多晶硅有美、日、德3个国家7大公司10家工厂，2008年后，增加韩国OCI公司和日本相马等公司，2009年的总产量达到84500吨，较2008年57400吨增长47.2%。其中，黑姆洛克公司多晶硅产量27500t/a，位列世界首位；瓦克化学电子公司的产量16000t/a，位列世界次席；先进硅材料公司的产量11000t/a，列第三；MEMC的多晶硅产量9000t/a，德山曹达的多晶硅产量7500t/a，五家公司2009年总产量达到71000t/a，占世界总产量的68%。目前，各大厂仍在加速扩产，根据其对外报道的扩产计划，2010年，多晶硅总产量达到114300t/a，2011年达到149400t/a，进一步垄断技术和市场。这些公司中，以传统的7家公司为代表，技术基础好，综合利用好，产业链完善，投资成本低，电价低，运行成本低，产能扩展快，处在竞争的有利地位。

2.2 国内新生多晶硅企业竞争力分析

近年内，我国多晶硅材料产业快速发展，据统计，截止到2010年12月，全国有28家企业先后从事多晶硅生产，投产规模达到6万吨/年。目前还有近18家企业正在建设多晶硅项目或扩建2期、3期、4期工程，在建能力5万吨/年。包括已投产规模和规划能力，到2011年底，我国多晶硅行业总产能将超过10万吨/年。当然，金融危机让许多新进多晶硅计划受到影响，部分新建多晶硅企业的资本募集与扩厂计划受到严重挑战，预期停工与进度延缓等问题开始显现，少数实力强大的企业仍依计划进行。新进的多晶硅企业将直接面对激烈竞争的多晶硅市场，其量产状况、产品质量与生产成本将面临严酷的考验。新生的多晶硅企业，面临激烈竞争局面。

2009年9月，国务院出台38号文，把多晶硅列为产能存在过剩可能的产业，对防止多晶硅投资过热和重复建设，引导产业有序发展，起到了良好作用。

多晶硅行业产能情况包含四种状态，实际产量、已建产能、在建产能和规划产能。截至到2010年12月底，中国实际产量4500吨，已建产能8万吨，在建产能6万吨，规划产能18万吨。

受金融危机影响，多晶硅价格回归正常，在目前的条件下，那些不具备技术和资金实力、没有环保措施的企业，所宣称的产能实际难以真正实现。已投产的部分企业，因为副产物回收困难，生产系统问题等，多晶硅成本高于市场价格，被迫停产或勉强维持生产。在市场竞争激烈的条件下，生产系统不完善、质量措施、检测系统不齐全的企业，多晶硅产品难以得到市场认同，产品销售困难，处在生存边缘。2009年已有多家多晶硅企业出现巨额亏损，生产经营困难，2010年几个技术占优的企业有丰厚的盈利外，多数多晶硅企业收益甚微。

2009年，国内市场需求4万吨，进口2万吨，50%依赖进口。预计2010年需求9万吨，产量4.5万吨，进口4.75万吨，仍有50%以上依赖进口。截止到2011年4月底，国内市场基本处在供不应求状态，价格稳中有升，中硅高科产品供不应求，无库存。

2.3 硅烷法和冶金法进展情况与竞争能力分析

（1）硅烷法产业化实践

国内已有硅烷法产业化技术在实施，采用铝、钠、氢、硅石和硫酸为原料生产多晶硅。先用铝、钠、氢合成反应生产氢化铝钠化合物，用硅石与硫酸反应生产四氟化硅（STF），再用四氟化硅（STF）与氢化铝钠（$NaAlH_4$）反应，生产硅烷，副产物四氟化铝钠，循环使用，副产硫酸铝、硫酸钠外售。硅烷经提纯后，在多晶硅还原炉分解，生产棒状多晶硅，实际生产成本和产品质量有待运行考核。

由于硅烷在空气中极易燃烧和爆炸，所以硅烷法生产最大问题是安全问题，另外，此法在生产过程中有氟参与循环与反应，系统设备腐蚀和环保将面临严峻考验。

（2）冶金法技术研究进展

本方法以纯度较高的冶金硅为原料，采用真空冶炼、气体吹炼、多次定向凝固等办法组合，获得高纯度硅。据报道，有些公司中试产品纯度已达到5N，年产300吨规模化生产的自主开发定向凝固设备正在不断改进过程中。但此法仍存在规模化生产困难，产品质量稳定性有待进一步提高，成本需进一步降低，配套的太阳能电池生产技术需进一步研究。

三、改良西门子工艺面临的挑战与改进

多晶硅作为太阳能和信息产业的基础原材料，支撑着两大产业，在国民经济和社会发展中将有重大带动作用，但我国多晶硅规模化生产刚刚开始，是一个新型产业，功底还不深厚，基础还很薄弱。

3.1 多晶硅制备技术国家工程实验室平台

2008年12月，国家发改委批准了在中硅高科设立“多晶硅制备技术国家工程实验室”，联合清华大学、天津大学、中国恩菲工程公司和国内多晶硅同行，共同研究解决制约多晶硅材料大规模、低单耗、高品质、清洁生产的技术瓶颈，培养、凝聚研发人才。在中硅高科建设氯硅烷分离提纯、多晶硅还原、四氯化硅氢化、还原尾气干法回收、氯硅烷生产白碳黑、多晶硅高纯后处理等6个研发平台和一个测试分析中心，以实验室平台为基础，建设国家多晶硅检测中心，服务全行业，形成持续研发能力。

3.2 研究内容，提升行业竞争力

（1）研究大型加压还原炉（36对棒、48对棒）系统技术，使还原直接电耗由120¯180kWh/kg-Si低到50¯60kWh/kg，单炉产量7000kg以上；综合电耗120kWh/kg-Si；

（2）研究提纯高效提纯技术，稳定多晶硅产品质量；综合利用副产热能，降低多晶硅生产综合能耗；

（3）研究完善高温、低温加压氢化技术，研究进一步提高转化率技术，实现稳定生产，转化利用副产物；

（4）研究多晶硅副产物含B、P杂质的氯硅烷回收制备气相白碳黑技术，全回收氯硅烷，实现清洁生产；

（5）研究多晶硅及生产过程的检测分析标准、设备和规范，加快国家多晶硅检测中心建设，提供测试分析能力，提供权威、公正检测结果，服务全行业。

（6）研究太阳能用多晶硅低成本制备技术和新型材料；

（7）修订多晶硅产品标准，制定多晶硅生产节能、排放国家标准，制定多晶硅产业化建设标准和《多晶硅生产企业能耗限额》国家标准，规范多晶硅产业。

3.3政府提供产业支持，促进多晶硅产业健康发展

（1）落实上网电价法：参照德国、日本等国的成熟经验，加快国内光伏发电项目实施。

（2）支持科技研发：国家进一步支持、加大科技投入，提升技术水平，提高质量、稳定质量，降低消耗，提高综合利用能力。

（3）牵头鼓励多晶硅企业兼并、重组，利用具备良好基础的企业，帮助新上企业或处于困境的企业，提

升技术，尽快实现达产达标，减少行业损失。

（4）电力直购，电价优惠。美国多晶硅电价2~3美分/kWh，日本德山曹达、德国瓦克拥有自备电站。为多晶硅企业参与国际竞争创造平等条件。

（5）税收、融资政策支持。

中硅高科总部暨多晶硅材料制备技术国家工程实验室

洛阳生产基地

偃师生产基地

国家硅材料质检中心

多晶硅产品

国内自主研发最大多晶硅还原炉

有色金属冶炼底吹熔炼技术发展思路

中国恩菲工程技术有限公司 蒋继穆

摘 要：本文通过近年来开发研究底吹熔炼技术，系统介绍了目前底吹熔炼技术经济指标与其他工艺技术经济指标的对比，其优势、特点及市场前景，并分析了该工艺有待研发的薄弱环节。

关键词：底吹熔炼 铜 铅 技术 发展

1.历史沿革

随着制氧技术的进展，富氧熔炼在钢铁及有色金属冶炼的应用日益普及，取得了很好的节能减排效果。富氧冶炼发展至今，已有侧吹、顶吹、底吹、顶底复吹技术之分。底吹技术最先用于炼钢，上世纪八十年代中期，我国与德国差不多同期开展了硫化铅精矿的氧气底吹熔炼试验。我国在1984年，经科委立项在湖南水口山开展了硫化铅精矿氧气底吹熔炼、高铅渣电热喷粉煤还原半工业试验。同期德国在杜伊斯堡冶炼厂进行3万t粗铅/a规模的QSL一步炼铅试验。由于水口山试验资金不足，电热还原装置过份简陋，没能获得合格终渣而终止试验。1986年，有色金属工业总公司决定引进QSL技术，用于白银有色金属公司兴建年产精铅5万t/a的铅冶炼生产线，以图逐步替代烧结——鼓风炉炼铅工艺，解决铅冶炼行业的严重环境污染问题。

2.为何走自己的路

QSL技术，初看是一个十分理想的炼铅工艺，精矿入炉经氧化与还原一步得到粗铅、炉渣、烟气，粗铅经火法精炼得精铅、炉渣烟化回收锌，烟气净化制酸。熔炼炉密闭负压操作、环保条件非常好，加之高富氧气体熔炼，能耗低，一个炉子操作，劳动定员少，生产率高。但白银公司投产，除碰到不少工程问题外，工艺上也遇到有待改进的三大问题：一是氧化与还原于一炉，从三相平衡理论看，气氛相互干扰，影响铅的深度还原，渣含铅偏高，一般在5～7%；二是氧化区温度约1050℃，还原区温度1250℃，两区温度不等，还原区寿命短，影响了整体作业率；三是两区烟气合并送制酸，不但增大酸厂投资，且烟气从氧化区外排，提高了氧化区烟气温度。铅、氧化铅、硫化铅均属低沸点金属（见图1）。烟气温度提高增大了铅料的蒸发量，提高了烟尘率。白银公司正常生产的烟尘率高达35%，铅的直收率远小于65%。如果烟气从还原区外排，为维持还原区温度与烟气等浓度的还原气氛，需增加燃料与还原剂消耗量，这就增大了氧耗与还原烟气量，烟气量增大导至烟尘率增加，至使QSL在白银投产后，烟尘率居高不下，熔炼返料量高，补充燃料率提高，又影响氧耗增加。渣含铅高、烟尘率高、氧耗高，造成炼铅成本无法与当时的烧结——鼓风炉工艺竞争，正赶上当时铅价低迷（约4000元/t），熔炼赔本，白银公司被迫将QSL一步炼铅生产线关闭。

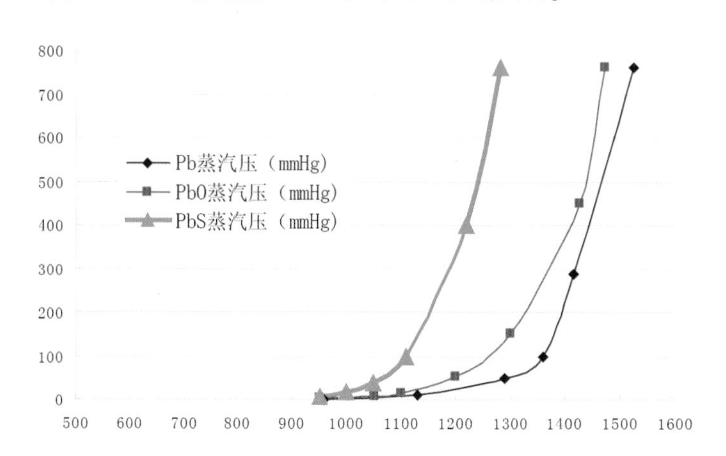

随着我国环保要求日益严格，解决铅烧结的环保问题迫在眉睫。与此同时，世界上其他国家也抓紧了对炼铅新工艺的开发。上世纪末除QSL外，Kivcet、Kaldo、Ausmelt、ISA等新的炼铅工艺相继问世。“ENFI”通过考察和查阅相关资料，了解到国外开发的炼铅新工艺全都是用一个炉子完成铅的氧化与还原作业，认定QSL法存在的前述三大问题，在其他新的炼铅工艺中也难以避免。有的一个炉子分阶段氧化、还原，间断操作，导致制酸困难、炉寿很短。

根据铅冶炼的特点，“ENFI”总结水口山底吹试验与QSL法投产的经验与教训，认定必须走自己的路，将氧化与还原分炉进行，才能解决一个炉子造成的各类问题。为有利于老厂改造，利用原有设置，确定以底吹替代烧结，保留鼓风炉还原的工艺路线，并在水口山进行了半工业试验，结果很理想，硫捕集率＞99%，其回收率＞95%，有效根治了铅烧结对环境的污染，尤其是鼓风炉处理量将近减半，粗铅综合能耗由630kgbm/t，降至350kgbm/t，烟尘率较QSL法降低了40%多，粗铅成本低于传统工艺，因此在全国得到普遍采用。

鼓风炉还原，高铅渣要铸块，不单浪费了其显热，铸渣机增大工厂占地面积和投资，尤其在铸渣过程有铅蒸汽扩散，不利于环保。为此，“ENFI”通过国家发展与改革委员会立项，开展了高铅渣直接侧吹还原与电热底吹还原试验，并获成功，将粗铅能耗由350kgbm/t降低至220至240kgbm/t，进一步改善了环境。该技术已被多家企业采用，有些已投产，推广应用速度很快。图2为运行中的河南金利冶炼有限公司液态高铅渣侧吹还原炉。

图2 液态高铅渣侧吹还原炉

底吹熔炼原料应用范围也日趋广泛，如豫光在铅精矿中加入近50%的废蓄电池铅泥，不单回收铅，被分解的SO_3通过气相平衡可还原为SO_2予以回收。祥云和岷山铅厂加入大量锌厂的浸出渣和铅银渣，入炉料含铅可降至±35%，甚至熔炉无铅相，以高铅渣和气相两相熔炼，照样取得很好的经济效益，氧枪寿命相对延长。山东恒邦冶炼厂则加入一定量的金银精矿，通过铅捕集，从阳极泥中回收金银，较现有的金银冶炼工艺，可大幅度提高金银回收率，降低了冶炼成本。这些是近几年底吹炼铅的重大技术进展，已将我国的铅冶炼技术在单位能耗、硫及金属回收率、综合利用程度、环保与生产成本等多方面处于世界领先水平，但在总体装备水平与劳动生产率方面与发达国家仍有较大差距。尽管如此，由于我们的工艺先进、投资省、操控简单容易，已引起世界同行的极大关注。印度第一个引进我们的底吹——鼓风炉炼铅工艺，即将投产。澳大利亚某厂已在祥云进行大规模工业试验，准备用底吹技术替代其烧结机。秘鲁已就底吹熔炼——电热底吹炼铅工艺要“ENFI”作了报价。美国某铅厂改造也邀“ENFI”作报价。我们的铅冶炼技术走向世界已见端倪。

3.底吹技术在铜冶炼的开发与应用

水口山底吹炼铅试验装置在铅冶炼试验告一段落后，开展了炼铜试验，取得了217天无事故的良好结果，尤其处理高砷铜金矿，砷的挥发率达95～98%，金的捕集＞98%。国内四川、山西、江西有三家个体企业由“ENFI”作过可研，规模均在3万t粗铜/a以下，后因国家出台行业准入条件，限定规模在5万t铜/a以上而作罢。第一个底吹炼铜企业建于越南大龙，年产电铜1万t。国内第一家建于山东东营，以铜锍捕集黄金为主，设计规模为37t炉料/h，2008年底投产顺行至今，实际产能已提高到85t炉料/h，实现全自热熔炼，粗铜能耗＜200kgbm/t，处理含铜20%左右的精矿，铜回收率97.98%，金98%，银97%，硫96%。主要技术经济指标处世界领先水平。具有技术成熟，运行可靠，投资省，生产成本低等优点。

底吹炼铜技术的主要特点：

（1）高氧浓（70～80%）、高熔炼强度（15t/m3・d）炉体无水冷元件，烟气带走热与热损失小，热效率高。各种熔池熔炼的氧浓与熔炼强度列于表1。

表1 各种熔池熔炼氧浓与熔炼强度对比表

工艺 / 项目	Isa	BaHЮB	Ausmelt	三菱	底吹
富氧浓度%	45~52	55~80	40~50	42~48	70~80
熔炼强度$t/m^3 \times e$	13.4	8.3~11.7	5.5~6.0	4.8~5.5	14~15

（2）氧从炉底送入，通过铜锍传递完成造渣反应，造渣氧势低，Fe_3O_4生成量少（8~12%）可以采用高铁渣熔炼（Fe/SiO_2=1.8~2.2），熔剂加入量少。熔炼同种精矿，底吹处理总物料量最少，渣率最低。处理高硫铜精矿尚可配一定量的废杂铜、金物料。

上述两项特点使该工艺成为炼铜史上，物料不经干燥、不外供任何燃料能维持自热熔炼的工艺。也是单位物料耗氧最低的（120~130m^3/t）。

（3）氧枪在底部，处于低温位，寿命长，圆形炉体，有利于炉衬热胀冷缩。东营底吹熔炼自2008年投产至今，尚未大修。炉寿可在三年以上。冶炼故障率低，年开工时率>95%。

"ENFI"为改造云南易门铜冶炼厂，对国内近年新开发最具推广潜力的底吹与类似瓦纽柯夫的侧吹两种炼铜工艺，认真客观地进行了技术经济比较。设计规模均为电铜10万t/a。原始条件相同，精矿含铜22%，氧浓均为75%。可比部分如下：

1）底吹工艺选用高铁渣（Fe/SiO_2=1.8）渣量23.66万t/a，渣选矿回收铜，弃渣含铜0.34%。侧吹工艺因易形成Fe3O4隔膜层，只能采用低铁渣型（Fe/SiO_2=1.2），采用电炉贫化炉渣，渣量29.16万t/a，弃渣含铜0.5%。

2）底吹无水套，不需补热。侧吹有大量水套，需添加3.37%的燃煤。

3）底吹氧压高为0.6MPa，侧吹氧压低为0.15MPa。

比较结果如下：

a）侧吹较底吹年多耗：煤1.5万t，石英石4.4万t，石灰石1.1万t，氧气1701万m3。

计：1.5×580元+4.4×68元+1.1×48元+1700×0.5元=2072万元/a

b）底吹较侧吹年多耗：电力348万度，余热少发电292万度（烟气量少），选矿较电炉贫化多占地约4公顷，投资多约3800万元，选矿吨渣处理费70元，电热贫化吨渣40元。底吹渣铜积压量大，多占用流动资金约1500万元，则底吹比侧吹年多耗：

（348+292）×0.5+3800/17+23.66×70−29.16×40+1500×6.5%

=1130.8万元/a

C）以精矿铜价5.25万t/t金属计，底吹较侧吹多回收的铜价为：

（29.16×0.5%−23.66×0.34%）×10000×5.25=3431.2万元

按上述计算结果，采用底吹工艺较侧吹工艺年多获利2072−1131+3431=4372万元。

易门铜厂对这两种工艺也作过技术经济比较，底吹工艺年多获利达5000多万元。

在两种情况下采用侧吹电炉贫化工艺是可取的：一是老企改造，没有扩建场地；二是当精矿铜价低于1.25万元/金属吨时。

由于精矿铜价难以回归1.25万元/金属吨，新建铜冶炼厂，选用底吹熔炼，高铁渣选矿工艺无疑更为经济合理，因此底吹炼铜工艺推广迅速，目前已有三家投产运行，在建或正在设计的还有六家。

4. 底吹技术的发展思路

底吹冶炼技术优点突出，有必要扩大应用范围。

在铅冶炼方面已成功扩展到回收废杂铅，附带处理锌浸渣、铅银渣，附带处理含金物料等。下一步可开展铅锌精矿的脱氧熔炼，替代烧结，以铸渣热块入ISF炼铅锌，解决燃眉之急的铅锌矿烧结过程的严重污染难题；进而可以考虑取消铸渣，以侧吹还原炉替代ISF，实现液态铅锌渣直接还原。侧吹炉下部产铅，上部炉气出口接铅雨冷凝器收锌，烟气经太申式洗涤器净化后为高热值煤气，供锌精馏用。ISP工艺中的烧结机、鼓风炉、热风炉、焦炭预热炉、热焦料仓、热烧结块料仓等设施，由底吹熔炼炉与侧吹还原炉两个设备全部替代，工艺流程大为简化，并实现以煤代焦，降低冶炼成本。

在铜冶炼方面，重点应放在铜锍的连续吹炼开发，用以替代当前广泛采用的P-S转炉，见图3，以克服铜锍倒运过程SO_2无组织排放带来的低空污染，实现铜的绿色冶炼。同时，开发熔炼能力达到160-200t矿/h的大型底吹熔炼设备，提高自控程度，争取在劳动生产率上赶超世界先进水平。

底吹熔炼技术，还可通过试验逐步向镍、锑、锡等金属冶炼行业推广。在规模大的冶炼企业，还可考虑用于处理阳极泥、铜渣等中间物料的综合回收工艺。

底吹熔炼技术也还有些薄弱环节有待研发改进提高。

如铅冶炼氧枪寿命偏短，一般只有30～60天，如何提高氧枪砖的耐磨能力，是提高氧枪寿命的关键环节，理应研发出高温下耐铅液磨损的氧枪砖。所有底吹熔炼炉的加料口粘结，人工清理劳动强度偏大，应开发一种简易的机械清理装置，减轻加料工人的劳动强度，保证炉子加料口料流通畅。

铜冶炼采用高铁渣，虽可降低渣率，通过渣选矿可获得铜及贵金属的高回收率，但渣选矿占地面积大，缓冷渣包多，投资加大。应探讨电热渣贫化新途径，既采用高铁渣，低渣率冶炼，又能通过电热还原或硫化等措施，将终渣含铜降至0.35%以下，为进一步降低渣处理投资与成本开创新局。

如能按上述思路有效完成相关工作，则底吹熔炼技术将为我国的有色金属冶炼工业发展作出更大贡献。

中国安全生产科学研究院

中国安全生产科学研究院（简称安科院）是国家安全生产监督管理总局直属事业单位，是安全科学领域中的国家级科研机构。

安科院的前身是1980年成立的劳动部劳动保护科学研究所。在1998年的机构调整中，原劳动部劳动保护科学研究所（劳动部事故调查分析中心）等6个相关机构划归国家经贸委，并经中央机构编制委员会办公室批准，于1999年4月更名组建为国家经贸委安全科学技术研究中心（国家经贸委事故调查分析中心）。2001年，随国家安全生产监督管理机构的变更，安全科学技术研究中心划归国家安全生产监督管理局管理。2005年1月18日经中央机构编制委员会批准，我单位更名为中国安全生产科学研究院。

安科院现设有6个综合管理部门、12个业务处室。

经过二十余年的开拓奋斗，中国安全生产科学研究院已经发展成为在安全领域具有重要影响的科研机构之一，拥有一支国内一流的高素质科技队伍。在目前一百余名人员中，有高级研究人员60余名，博士50余人，是一支充满朝气、锐意创新、积极进取的团队。

历史沿革　1980年 劳动部劳动保护科学研究所（1996年加挂劳动部事故调查分析技术中心牌子）1999年 国家经贸委安全科学技术研究中心（事故调查分析技术中心）2002年 国家安全生产监督管理局安全科学技术研究中心（事故调查分析技术中心）2005年 中国安全生产科学研究院。

基本定位　安科院是面向全国的安全生产领域综合性和社会公益型科研事业单位，是国家安全生产监督管理的主要科技支撑。

重点科研方向　以开展安全生产领域基础性、综合性、前瞻性科学研究和解决重大事故预防、监控、预警与应急响应重大技术关键为主要方向。

主要工作任务　承担国家下达的各类重大科研任务；以科研为先导，为总局宏观决策提供技术支持，承担与监管工作密切相关的技术服务性工作；在研发基础上，完善科技成果转化机制，整合优秀科技成果，促进安全科技产业化；引领安全科学技术学科建设，成为联系和协调我国安全生产领域中行业或地方科研单位的桥梁与纽带。

天津华北地质勘查局地质研究所

Company profile

企业简介

天津华北地质勘查局地质研究所，为天津华北地质勘查局唯一地质研究机构，具有独立事业单位法人资格。拥有国土资源部颁发的“固体矿产勘查；液体矿产勘查；水文地质、工程地质、环境地质调查和地质灾害危险性评估等四项甲级勘查单位证书”以及地质灾害治理工程、地质灾害治理工程两项乙级勘查单位证书”，并通过了ISO9001和UKAS认证。

近五年完成的地质成果中，已有十多项成果获得省部级科技进步奖，其中在中国有色金属工业科学协会获奖5项，包括天津市静海县综合地质调查研究项目。

华北有色工程勘察院有限公司

Company profile 企业简介

华北有色工程勘察院有限公司，于1953年组建，与中国有色水文地质中心为同一机构，是一个以水文地质核心技术立业，集水、工、环、地质勘探等专业为一体的国际化科技型企业。主要从事水文水资源调查与评价、矿区水文地质勘探、供水水源地勘探与凿井、矿山帷幕止水设计与施工、岩土工程勘察与施工、地质勘探与找矿、地质灾害环境治理、工程测量及相关专业的咨询与服务。

华勘院近六十年拼搏进取，诚信服务，凭借水文地质核心技术屡创奇迹，回报社会，“中国水神”蜚声海内外。

华勘院拥有建设部颁发的勘察类综合甲级、地基与基础工程施工一级、土工实验室一级；水利部颁发的水文水资源调查与评价甲级；国土资源部颁发的水工环调查甲级、液体矿产勘查甲级、固体矿产勘查甲级、地质钻探施工甲级、地质灾害危险性评估甲级、地质灾害防治工程设计甲级、地质灾害防治工程勘查甲级、地质灾害防治工程施工甲级等高端从业资质。华勘院还持有商务部颁发的对外承包经营资格证书、对外援助成套项目施工任务资格证书和对外贸易证书。

华勘院拥有由享受国务院特贴的知名专家、教授级高级工程师和专业博士、硕士组成的技术骨干队伍，与国家级科研单位及中国地质大学、中国矿业大学、天津大学、成都理工大学、东华理工大学等国内知名学府建立了紧密的合作关系，拥有一支由科学院院士、工程院院士、勘察大师、博士生导师、教授组成的社会专家顾问团队，具有同时实施多个大型、特大型高技术难度工程项目的能力。

华勘院严格执行ISO9001国际质量标准和OHSAS18001职业健康安全标准，其管理成果获得了国际认证联盟授予的“管理优秀奖”，成为了全国地勘行业先进集体、全国守合同重信用单位、全国企业文化建设先进单位、中国对外工程AA级信用企业。

华勘院雄踞国内，拥抱全球，市场占有率不断扩大，国际影响力不断提升，在苏丹、刚果（金）、喀麦隆、多哥、南非等国家，设立了独资、合资公司或项目部。

河北优利科电气有限公司

河北优利科电气有限公司（原石家庄优利科电气公司）成立于1994年初，坐落于石家庄高新技术产业开发区，是一家经河北省科委认定的高新技术企业。公司成立以来一直致力于铝熔炉用电磁搅拌技术的推广，目前生产的铝熔炉用电磁搅拌装置已经形成了完整的产品系列，包括炉底感应式、侧壁感应式系列电磁搅拌装置，废铝回收双室炉用系列电磁搅拌装置，压铸过程，半固态铸造（成型）、金属提纯用电磁搅拌装置等，可以满足有色金属行业不同的生产需要。已先后为全球有色金属行业特别是铝工业的百余家企业提供了超过240多套电磁搅拌装置，在国内的市场占有率高达70%以上，约占全球铝行业电磁搅拌器应用总数的一半，已经成为全世界铝熔炉用电磁搅拌装置最大的供应商之一。

近几年来，为促进公司更快发展，更大的开拓市场，又相继研制开发了用于铝屑回收和提升铝液的电磁泵和电磁流槽；用于改善铝结晶质量的结晶器电磁搅拌装置以及用于钢厂改善钢板内在质量和表面质量的电磁旋流装置等新型电磁类产品。公司以优质的产品及良好的服务受到了用户的广泛赞誉。

为适应公司不断发展的需要，2008年初在北京成立了“核心技术研发中心”，并于2009年6月发展成为独立法人：北京金圣达电气科技有限公司。已开发了“车载智能终端”、“隔爆变频器”、“太阳能、风能并网发电用逆变电源”等系列新产品，为了配合这些新产品的生产，公司引进了战略投资，于2009年10月在河北大厂回族自治县潮白河工业区购置了百余亩土地，组建了“河北三方电气设备有限公司”，目前一期工程已经建设完毕，全部工程完工后，公司将拥有总建筑面积为6万余平方米的生产基地，预计年产值将达三亿元以上。

回顾公司发展历程，我们在我国有色金属行业成功推广了铝熔炉用电磁搅拌技术，为铝熔铸行业的技术进步做出了我们的贡献，同时有色金属市场也培育了我们，使我们有能力为社会做出更多的贡献；展望未来，我们满怀希望，充满信心，积极努力，开拓进取，争取为我国装备制造业的技术发展和国家的现代化建设做出更大贡献。

承德华通自动化工程有限公司

Company profile
企业简介

承德华通自动化工程有限公司隶属天津华北地质勘查局承德五一四队集团公司，是生产输送设备和涂装设备的专业厂家。公司座落在承德市开发东区舜达科技工业园内，厂区占地面积3万余平方米。企业先后通过了GB/T19001-2008/ISO9001:2008质量管理体系认证和安全生产标准化认证。

公司设有输送机和涂装两个技术中心，并与国内多家设计院(所)有长期稳定的合作关系。主要生产设备120台(套),其中金切设备35台，包括车床、立铣、卧铣、刨床、等；热处理及表面处理设备15台(套)；较大型钣金结构类设备21台(套)；专用设备15台(套)等。

公司技术先进，设备齐全，资金雄厚，具备承揽大型项目工程的能力，可承接以下项目的设计、制造、安装、调试一条龙工程：

★ 输送设备：轻、普型悬挂输送机，积放式输送机和地面输送机等。

★ 涂装设备：如各种前处理、电泳、喷漆、喷粉、烘干设备等。

★ 非标输送涂装设备：根据用户要求设计制作。

★ 远程测控系统：远程状态检测、信息反馈、执行控制网络系统。

公司以优良的产品质量、合理的价格、可靠完善的售后服务赢得了广大用户的好评，产品遍布全国各地，如：日本大福公司一汽轿车能增改造项目、上海大众南京公司、一汽通用哈轻汽车、一汽二铸、北京奔驰、江铃汽车、奇瑞汽车、吉利汽车、山推股份、北汽福田、恒天集团湖北新楚风汽车股份有限公司长城汽车、凯马汽车、哈飞汽车股份有限公司、唐山爱信齿轮有限公司、一汽四环汽车厂、济宁小松山推有限公司、德国荣森海姆公司、北京海登赛思涂装设备中心、泰安国际、中非华勘投资有限公司、山东东方曼商用车有限公司、承德新新钒钛股份有限公司、森德（中国)暖通设备有限公司、大连德欣新技术工程有限公司、大连信威技术工程有限公司、大连豪森瑞德设备制造有限公司（潍坊柴油机厂）、济南铸锻所、长春科迪、襄樊嘉博自动化设备有限公司、珠海格力电器股份有限公司、青岛双星铸造机械有限公司、青岛爱德维精密设备科技有限公司、吉林省安通自动化工程有限公司、沈阳盛达因机电设备有限公司、青岛金工五金制品有限公司、江西康杰自动化有限公司、机械工业第五设计研究院等上百个厂家。

承德是一座历史文化名城，是我国最大的皇家园林－避暑山庄和外八庙的所在地。承德风景秀丽，气候宜人，欢迎您来承洽谈业务！我们愿以“追求完美、超越自我、创新未来”的企业精神和“做精品工程,创华通品牌”的经营理念，同社会各界朋友，携手共创美好明天！（http://www.cdhuat.com）

中条山有色金属集团有限公司

企业简介　Company profile

中条山有色金属集团有限公司（以下简称中条山集团）位于山西省运城市境内，是山西省人民政府授权资产经营的企业，是我国重要产铜基地之一，在全国铜行业中综合排名第六位。中条山集团是一个以铜为主，多业并举，集采矿、选矿、冶炼、加工贸易、发电运输、建筑建材、机械制造、科研设计为一体的大型企业集团。现已形成了年采矿510万吨、选矿580万吨、阴极铜10万吨、硫酸25万吨、水泥150万吨的综合生产能力。2008年底，中条山集团荣列中国最大1000家企业第625位，大企业竞争力500强第358位，山西工业30强第15位；2009年荣列全国有色行业50强第35位；并多次荣获“山西省模范企业”、“山西省优秀企业”荣誉称号。

中条山集团建立了现代企业制度，实施了主辅分离、辅业改制、政策性关闭破产等深化改革工作。通过资本运作，构建了以产权为纽带，以控股或参股分（子）公司为架构的集团资产经营管理运作模式，实现了投资主体多元化和产业结构的调整。

中条山集团按照“依托铜业，做优做强，拓展非铜，加速发展”的战略宗旨，通过技术改造将产能由3万吨粗铜扩产延伸到10万吨阴极铜，产品品种由单一的铜精矿、粗铜、硫酸增加到阴极铜、金锭、银锭、硫酸镍、试剂酸、耐磨材料、建筑建材等数十个品种，“中条山”牌阴极铜为“国家免检产品”，并获“山西省著名商标”、“山西省名牌产品”称号，被中国产品质量协会评为“质量信誉AAA 级企业”。2010年，高纯阴极铜产品质量达到国际水平，获国家有色金属产品实物认定“金杯奖”。

中条山集团先后承担了国家“六五”、“七五”、“九五”、“十五”等重点攻关项目和多项省部级重点科研项目，取得科研成果200多项，形成了多项自主知识产权和核心技术。其中，取得国家级成果6项，省部级成果30项。多次荣获中国有色金属工业科技工作先进集体和山西省科技奉献特等奖，为山西省创新型试点企业之一。

“自强不息，追求卓越”的企业精神和“诚信、和谐、创新、发展”的企业核心理念形成了具有中条山集团个性特质的企业文化氛围。中条山集团将以党的十七大精神为指针，深入贯彻落实科学发展观，开拓创新，奋发图强，做优做精做强，打造百年铜企，和谐的中条将在三晋大地上熠熠闪光。

沈阳铝镁设计研究院有限公司

Company profile

企业简介

沈阳铝镁设计研究院有限公司坐落于辽宁省沈阳市和平区和平北大街184号，注册资金40374万元。是我国最早建立的大型综合性甲级设计研究单位之一，是全国勘察设计综合实力百强单位、国家级“守合同、重信用”单位。1997年率先通过质量管理体系认证，2005年通过环境、职业健康安全管理体系认证。经营范围主要为有色冶金、建筑工程、市政公用、建材（水泥）、矿山、电力、化工、机械、轻工、环保等工程的规划、技术咨询、可行性研究、设计与科研、工程总承包与监理。

公司现有员工738人，拥有国家级工程设计大师2人，中国有色金属协会工程设计大师、辽宁省勘察设计大师和中铝公司首席工程师2人；有轻金属冶炼、碳素制品、水泥、矿山、工业硅、铝合金、冶金化工、通用设备、冶金炉及工业窑炉、机械修造、电力电讯、自动控制、建筑、结构、总图运输与水土保持、给排水、空调净化、采暖通风、热电、环境保护与评价、技术经济、工程经济等36个专业。具有现代化设计与科研的手段和设备，拥有自己的研发中心和产业化基地。

公司长期致力于氧化铝、电解铝工程设计和工艺技术的研究与开发。设计了国内第一个氧化铝厂山东铝厂，第一个电解铝厂抚顺铝厂，以及亚洲当时最大的氧化铝厂山西铝厂。公司与国外30多个著名公司、院所保持友好的合作关系，探索出串联法、烧结法、混联法、选矿拜耳法等一系列适合国情的氧化铝生产工艺技术，使我国氧化铝生产工艺和设备进入国际先进水平。开创了中国预焙电解槽设计和应用的先河，开发设计出SY系列大容量预焙槽SY160~SY500，广泛应用在70多个电解系列中，SY500是国际上容量最大的电解槽之一，能耗指标国际领先水平，并且开发设计了国际上首条500kA电解系列。公司承担了兰州电解铝、重庆氧化铝、越南林同氧化铝等11个工程总承包项目。

在当今世界铝冶炼技术的快速发展中，公司正跻身同行业前列。多年来通过观念转变和技术创新，成果斐然。公司获得国家授权专利近五百项，包括数十项国际授权专利；获得省部级以上科学技术奖三百余项及优秀设计奖近两百项，包括二十余项国家级奖项；完成工程设计、工程咨询 4000余项。公司的多项技术已达到了国际领先水平，主体技术处于国际先进水平。

沈阳有色金属研究院

Company profile
企业简介

沈阳有色金属研究院始建于1958年6月，是中国有色矿业集团有限公司全资管理的从事有色金属资源开发和综合利用研究及相关产品生产的科研机构。1997年11月获得科研院所类自营进出口权，2001年9月通过ISO:9001：2000质量管理体系认证，2006年12月通过沈阳市高新技术企业认证。现有职工117人，科技人员人占60%以上，其中教授级高工6人，高级工程师32人，博士3人，硕士14人。

沈阳有色金属研究院设有选矿研究所、冶金研究所、分析测试研究所、湿法冶金中试车间、合金材料中试车间等研究开发机构和贵金属研究所、金属材料研究所等产业实体，以及博士后科研工作站、辽宁省矿物材料工程技术研究中心、辽宁省镍资源开发利用工程技术研究中心和中国有色集团RKEF镍铁中间试验基地等科技创新平台，获国家科学大会奖1项，国家科学技术进步奖1项，省部级奖励47项。主要研究领域：

1.工艺矿物学研究
2.有色金属、黑色金属、非金属矿的选矿工艺研究
3.高效浮选药剂开发及生产
4.硫化铅精矿低温熔炼技术
5.红土镍矿高效利用技术
6.稀贵金属冶金技术及工艺研究
7.废水处理和综合利用
8.选冶固体废渣、粉煤灰资源化利用
9.废铅蓄电池回收与综合利用
10.锌基耐磨合金和蓄电池板栅合金
11.光亮银粉、超细银粉、微细镍粉等粉体材料
12.金、银、铂、铑、钯、钌等贵金属无机盐类
13.矿石矿物及矿产品中各种有色金属分析
14.冶金原料、中间产品及渣中有色金属分析
15.贵金属及其废料的分析检测

镍铁车间回转窑还原窑

博士后工作站挂牌仪式

地址：沈阳经济技术开发区七号路7甲6号
邮编：110141
电话：024-25812356
传真：024-25375511
E-mail：snfri@snfri.com
网址：Http://www.snfri.com

南山集团有限公司

南山集团有限公司始创于1978年，在改革开放政策的指引下，在各级领导的大力支持下，南山人经过三十余年的团结拼搏、艰苦创业，现已发展为辖属三大园区，20余个居民生活区，近60家企业，多家上市公司，多个金融机构的大型民营股份制企业集团，拥有铝业、纺织服饰、金融、房地产、旅游、教育等主导产业，并在澳大利亚、美国、加拿大、意大利等多个国家和地区设立分公司，位列中国企业500强前列，2010年南山集团荣获省政府设立的最高荣誉奖项——省长质量奖；2010年南山集团博士后科研工作站、省院士工作站、中国专利明星企业、国家创新型企业已正式获批。

南山集团有限公司
博士后科研工作站
POSTDOCTORAL PROGRAMME
二〇一〇年八月

南山纺织服饰是全球规模最大的精纺紧密纺面料和国内最具现代化的高档西服生产基地，并推出保罗·贝塔尼、博飒·玛吉尼、曼斯·布莱顿等跻身国际顶级服装领域的自主品牌。

南山金融涵盖财务公司、村镇银行、小额贷款公司、担保公司等多家金融机构，并投资入股全国性股份制商业银行——恒丰银行，已成为南山集团重点打造的战略性产业。南山房地产经过近几年的快速发展，已具备旅游开发、商贸会展、星级酒店、休闲度假、养老养生等综合开发实力，业务覆盖龙口、烟台、青岛等地区，目前正积极进军海南、上海等市场。其中，龙口锦绣南山—佛光养生谷项目成为中国新兴的老年休闲、养生、度假胜地。

南山旅游现已形成集景区观光、休闲度假、星级酒店群、高端商务、会展服务、高尔夫等于一体的综合性休闲度假产业体系。南山教育先后投巨资建立了从幼儿园、小学、中学、职业学校直至大学的完整教育培训体系，烟台南山学院是教育部批准的山东省首批民办本科院校，为地方经济和社会发展输送了大批专业人才。

山东南山铝业股份有限公司是南山集团有限公司所属大型企业，公司创建于1993年，1999年12月23日成功在上海证券交易所上市。作为国内以铝材为主业的上市公司，始终坚持“立足高起点、利用高科技、创造高品质”的可持续发展思路，逐渐形成了一条从能源、电力、氧化铝、电解铝到铝型材、轻合金熔铸、热轧、冷轧、箔轧的完整铝加工产业链。

山东南山铝业股份有限公司是南山集团有限公司的支柱企业，是国家建设部铝合金建筑型材定点生产厂家。公司自投产以来，秉承“今天的质量就是明天的市场”的经营理念，以创建一流企业为目标，以先进的设备、严格的管理为先导，配之雄厚的设计力量、良好的生产环境、高新尖技术，企业先后通过ISO9001、ISO14001、OHSAS18001体系认证，先后获得“中国名牌产品”、“中国驰名商标”等一系列殊荣。

山东南山铝业股份有限公司拥有国际先进的挤压生产线和轧制生产线，配有德国、美国、意大利、日本、瑞士等国际顶级设备。高起点、高性能、高精度、高品质的设备配置，使南山铝业在技术装备方面处于国际领先水平，产品已成功涉及航空航天、船舶、高速列车、集装箱、军工型材、工业型材、精品民用型材等几十个领域，与国内南车、北车、康美、皇冠、可口可乐等国际知名公司建立起长期稳定的合作关系，并远销北美洲、欧洲、非洲、澳洲及东南亚等国家。作为有色金属板块中的一支强势股，公司规模和产量稳居铝产业前列。南山铝业将充分利用产业链优势、便捷的交通运输、得天独后的区域条件，以更优的质量、更新的产品、更好的服务与社会各界携手并进、共创未来。

2009年10月，山东南山铝业股份有限公司正式被国家认定为高新技术企业，该企业的高品质铝合金罐体料、高速列车车体专用铝合金型材两大高端产品的国内市场占有率位居榜首。作为南山的支柱企业，正在发挥着自己独特的作用。

南山集团已与清华大学、中南大学、东北大学、山东大学、北京工业大学、中科院金属研究所、北京有色金属研究总院、洛阳有色金属加工设计研究院、山东省科学技术研究院等多家知名院校及科研院所建立了长期、稳定的产学研合作关系，攻克了一批技术难题，提升了生产技术水平和产品质量，联合培养了一大批企业急需的高层次技术人才。

以南山集团国家级企业技术中心为平台，重视引进先进技术、设备的消化吸收与再创新，努力提高产品档次和附加值。“十一五”期间企业先后承担承担省部级以上科研项目20余项，主要有山东省信息产业发展专项“铝合金熔铸专家系统开发”、企业技术中心创新能力建设项目“南山集团有限公司技术中心创新能力平台建设”、山东省自主创新成果转化重大专项“高性能高精度大卷重宽幅铝合金板带加工技术及产品开发----易拉罐罐体料”和“时速350公里高速列车专用型材的开发”、国家科技支撑计划“高精度铝合金板带热连轧工程化技术研究----PS版”和“电解铝业直接合金化技术开发”、国家科技兴贸计划“优质超薄超宽双零铝箔”、国家重点新产品计划“180S/2高支超薄面料”和“高质量大规格铝合金扁锭”、国家火炬计划“高精宽幅超薄铝箔”、国际科技合作计划“大型预焙铝电解槽短周期资源节约型焙烧启动技术开发”等项目；先后组织研究开发30多个重点产品，主要有34t大规格铝合金扁锭、大直径7075圆铸锭、高精宽幅超薄铝箔、高档次铝合金PS版板基、铝合金罐料、350Km/h高速列车用高强超薄大型铝合金型材、航空航天用无缝铝合金管材、全毛350S/2超薄面料等实施技术革新项目；这些项目的成功实施，极大的提升企业自主创新和科技创新的能力，并且“十二五”将上马“铝合金复合铸造项目”、“铝合金中厚板项目”等重大项目这将对全面提升我国铝加工业整体技术水平起到极大的推动作用。

集团公司在注重科技成果转化的同时，也非常注重知识产权的保护和项目的管理工作，截止目前，公司共申请专利160余项，其中申请发明30余项，其中“铝合金扁锭铸造工艺”、“一种氢氧化铝微粉的制备方法”、“铝电解用异形棱台阳极炭块模盖的制备方法”、“一种生产铝钛合金的电解共析法”、“高支超薄全毛面料”、“铝电解车间残极氟化物、粉尘收集净化装置”、“铝电解槽废旧阴极炭块应用于电解槽焙烧两极导电材料及方法”、“一种铝电解槽全电解质焙烧方法”8个发明专利、15项实用新型专利、112项外观设计专利已被国家知识产权局授权。并且公司还参与国家、行业标准制（修）订50余项，其中3项获技术标准优秀奖；获省级以上科技进步奖6项，其中省一等奖2项，省二等奖4项。

集团公司凭借优化合理的产业结构，科学严格的管理体系，实力雄厚的技术力量，向全球客户提供最优质的产品和最全面周到的服务。

企业注册地：山东省龙口市南山工业园　　网址：www.nanshan.com.cn

电话：(0535)8666973　传真：(0535)8606925　　邮编：265706

冷连轧机板形控制CVC+技术

南山集团 吕正风

（南山轻合金有限公司，山东龙口，265706）

【摘 要】本文介绍了德国西马克公司板形控制CVC技术的发展，分析了CVC、CVC+辊型曲线及现有CVC技术存在的不足，重点介绍CVC、CVC+板形控制技术的原理、功能及特点。最后对其数学模型和cvc使用中的问题进行了分析。

【关键词】冷连轧 CVC CVC+ 数学模型

中图分类号：TF80 文献标识码：B

CVC+ flatness control technology on colding rolling tandem mill

Lv Zhengfeng

（Nanshan Light Alloy Co. Ltd.，Longkou,Shandong,265706）

Abstract: The devolopment of CVC, one strip flatness control technology of SMS Group Germany is introduced in his paper, especially the principle,function and features of CVC and CVC+ flatness control technology are presented, by analyzing both CVC and CVC+ roll profile curves and verifying the defeciencies of traditional CVC technology. Moreover, the mathematical model and equation used in CVC curve are demonstrated.

Key Words: colding rolling tandem mill; CVC; CVC+; mathematical model

1.德国西马克公司CVC技术简介

CVC技术是德国西马克公司于1982年研制成功的一种新型板形控制技术。CVC轧辊的含义是连续可变凸度轧辊，其辊身呈S型（如图1），两个外形相同的S形轧辊相互倒置180° 布置，通过两辊沿轴向相反方面的对称移动，得到连续变化的不同凸度辊缝形状，其效果相当于配置了一系列不同凸度的轧辊。

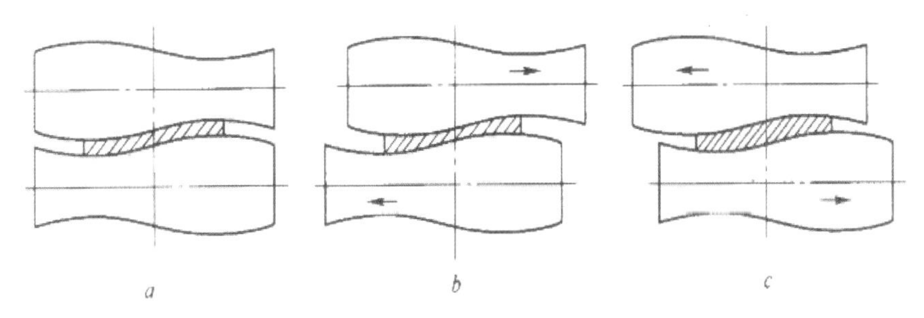

图1 CVC轧辊辊系布置及其工作原理

（a、轧辊零凸度 b、轧辊正凸度 c、轧辊负凸度）

如图1–a 所示，轧辊零凸度时的轧辊横移距离定为0；如图1–b所示，当上辊向右，下辊向左对称等距离移动时，相当于轧辊凸度增加（即轧辊正凸度）；如图1–C所示，当上辊向左、下辊向右对称等距离移动时，相当于轧辊凸度减少（即轧辊负凸度）。CVC轧辊辊型及对称横移距离的大小，直接决定其辊缝形状。为保证CVC辊横移控制板形的效果，必须选择最佳参数，合理地优化CVC原始辊型及对称横移距离。

2.传统CVC辊型曲线数学模型

通过CVC辊的对称横移，可获得从中凹到中凸连续变化的辊缝形状，将此辊缝形状假设为二次曲线，则根据数学分析所采用的CVC辊型为一个三次曲线。图2为CVC辊型分析图，CVC辊的半径坐标Y（x）可用式①和式②传统三次多项式表示。

上辊：$Y_1(x)=A_0+A_1x+A_2x^2+A_3x^3$ ①

下辊：$Y_2(x)=A_0+A_1(2L-x)+A_2(2L-x)^2+A_3(2L-x)^3$ ②

式中:$Y_1(x)$、$Y_2(x)$分别表示上、下辊x点处半径；

A_0、A_1、A_2、A_3：多项式系数；

2L:轧辊辊身长度.

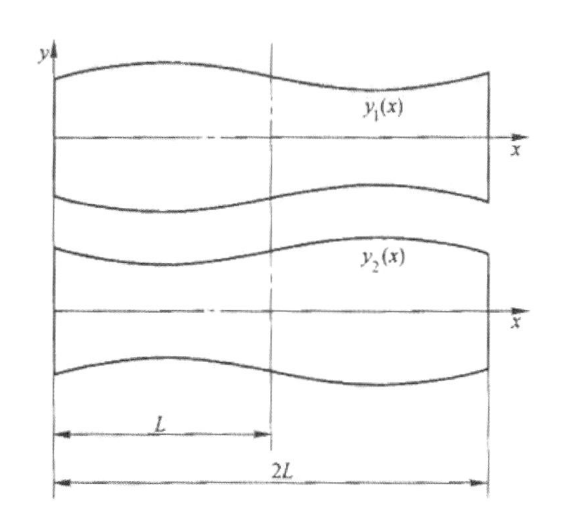

图2　CVC辊型分析图

当上辊向右、下辊向左相对移动S距离时，所形成的等效轧辊凸度Cw(x)为

$Cw(x)=Y_1(L-S)-Y_1(-S)+Y_2(L+S)-Y_2(S)$ ③

式中S为 CVC辊横移量。

将式①、②代入式③整理得:

$Cw(x)=-2L^2[A_2+3(L-S)A_3]$ ④

当CVC辊横移到最大位置Smax时，则有最大等效凸度为Cwmax，

$Cwmax=-2L^2[A_2+3(L-Smax)A_3]$ ⑤

当CVC辊横移最小位置Smin时，则有最小系数凸度Cwmin，

$Cwmin=-2L^2[A_2+3(L-Smin)A_3]$ ⑥

由⑤、⑥式联合求解可得系数A_2、A_3值:

$A_2=-\frac{CW\max}{2L^2}+3A_3(Smax-L)$ ⑦

$A_3=\frac{CW\max-CW\min}{6L^2(S\max-S\min)}$ ⑧

两个系数A_0、A_1可以根据边界条件确定，若已知CVC辊的最大、最小直径Dmax、Dmin及所在位置Xmax、Xmin则有

$$D_{max}/2= A_0 + A_1X_{max} + A_2X^2_{max}+ A_3X^3_{max} \quad ⑨$$

$$D_{min}/2= A_0 + A_1X_{min} + A_2X^2_{min}+ A_3X^3_{min} \quad ⑩$$

联解式⑨、⑩可得出系数A_0、A_1值。

从以上分析可以看出，CVC辊型设计的关键是确定横移量及相应的等效凸度。

3.传统CVC技术存在的不足

传统CVC轧辊在使用中存在以下问题：

(1)CVC曲线凸度调整范围比较小，尤其对于轧制窄带材，板形控制效果并不理想；

(2)对于板带轧制过程中产生的高次复合浪控制能力不佳；

(3) 轧制过程中轧辊接触应力不均匀，加速了轧辊的磨损。

由于CVC轧辊本身具有辊径差，对于不同的轴向窜动位置，轧辊间的接触不均匀，导致接触应力不均匀，增加了轧辊的磨损，根据赫兹（Hertz）理论，两个圆柱在接触区域产生局部弹性变形，接触应力呈圆形分布，在半径方向产生的法向正应力在接触面的中部最大，主切应力在距辊面深度为0.78b(b为接触区长度)处达到最大，此切应力是轧辊产生破损的主要原因。

最大接触应力为：

式中：q------接触表面单位长度方向的负荷；

di-----中间辊辊径；dw-----工作辊辊径；

k1、k2-----与轧辊材质有关的系数。

由上式可知，轧辊间的接触应力主要与轧辊的辊径和材质有关。沿辊身方向如果存在辊径关，对于不同的窜动位置，使接触应力amax和切应力T45（max）分布不均匀，引起轧辊间接触应力不均，加速轧辊的磨损，增加轧辊损耗。

4.冷连轧CVC+技术开发

针对CVC技术轧机存在的问题，SMSD技术人员开发了CVC+技术。在CVC原理的基础上，对辊型曲线模型进行改进，优化CVC曲线工作区段，使S形辊型区域平缓化，从而降低轧制过程中的轴向力，使辊系更加稳定；增加CVC 辊型曲线的高次方项，使CVC曲线更实用，扩大了轧机的板型控制能力及板形设定范围；CVC曲线由三次方曲线改为五次方曲线，使辊身更平滑，增大了凸度设定范围，强化了对窄带板形的控制能力。同时，减小了辊径差，使中间辊与工作辊、支撑辊的接触更均匀，更吻合，减小了赫兹应力的不均匀性，降低了轧制中的轴向力，减少了轧辊的破损，增加了轧辊的使用寿命。

CVC+的辊型曲线模型为：

$$Y(x)=A_0 + A_1x + A_2x^2 + A_3x^3 + A_4x^4 + A_5x^5$$

CVC三次辊型的轧辊可以满足对一般辊缝形状进行控制的要求。但是为消除高次复合浪必须用高次辊型曲线进行凸度调节，轧辊需要选择高次辊型（如5次、7次辊型）。

5.结束语

决定辊型曲线函数变量的有轧辊的直径差、轧辊窜动量和轧辊的偏心值，需要通过实践摸索找到最佳的负载辊型曲线来确定最佳的原始辊型曲线。冷轧生产中，带材的断面比例凸度将被传递给下一机架（保持比例凸度不变），这是保持板形良好的基本条件，同时断面控制装置的作用也将传递给下一机架。由于板带的厚度较薄，要求辊缝的形状和板带的断面形状相适应、相匹配。每个机架的正负弯辊都会对其他机架的辊缝产生影响，都会或多或少的影响到板形。一般来说，前几个机架弯辊力的调节范围要远远小于后面的机架，对于带有轴向窜辊CVC+ 轧机而言，随着中间辊轴向窜动距离的增大，工作辊和中间辊弯辊装置的影响系数也将增大。工作辊的正负弯辊可补偿四次板形偏差；中间辊的正负弯辊可补偿二次抛物线板形偏差。因此存在辊型的曲线选择与弯辊力的最佳配合。最终能否得到良好的板形还要看目标板型曲线设定的是否合理，没有合理的目标板形，将无法轧出良好的板形。

参考文献

镰田正诚.板带连续轧制.北京.冶金工业出版社，2002

赵志业.金属性变形与轧制理论. 北京.冶金工业出版社，1994

菏泽广源铜带股份有限公司

菏泽广源铜带股份有限公司创建于1985年5月。主要产销厚度0.010mm以上、宽度500mm以内的散热器精密铜带箔、电子电器精密铜带箔、高精压延电子铜箔三大系列产品，年产能力30000吨，其中散热器精密铜带箔产销量连年超过10000吨，国内高端市场占有率达60%。

20多年来，尤其是近10年来，公司瞄准国内、国际快速发展的汽车工业和电子信息产业，大力实施技术创新和名牌战略，不断进行高强、高导、高精、超薄、耐蚀、环保新材料的研发，持续推进产品质量优化和产业技术升级。公司先后起草了3项散热器铜带箔国家标准和1项行业试验标准，拥有多项发明专利，完成了多项国家和省部级科技攻关项目，开发了多个填补国内空白的新产品，获得过多项科学技术奖和产品实物质量金杯奖，成长为亚洲规模最大、产品质量领先、装备水平先进的散热器精密铜带箔行业龙头企业。产品畅销全国并远销亚洲、非洲、南美洲等20多个国家和地区，产品产销量年均递增20%以上。公司先后被认定为“国家重点高新技术企业”、“全国守合同重信用企业”、“全国用户满意企业”、“省级企业技术中心”。

公司年产60000吨高精电子电器铜带项目和年产5000吨高精压延电子铜箔项目现已开工建设。“十二五”末，公司将形成10万吨高精铜及铜合金带箔的综合生产能力，为我国的铜加工行业的技术进步和产业升级做出积极的贡献!

烟台鹏晖铜业有限公司

烟台鹏晖铜业有限公司（以下简称鹏晖公司）是烟台市“8515”工程培强做大50户重点企业之一，现属内资企业，地处烟台市芝罘区化工路，主营有色金属冶炼加工，拥有阴极铜、铜材加工、金银、硫酸四条生产线，注册资本2.41亿元，职工1400余人，总资产28亿元，年产阴极铜12万吨。2010年度，鹏晖公司实现销售收入85.76亿元，利税2.8亿元，进出口贸易总额15.43亿美元，企业综合实力在中国铜冶炼行业排名第九位。

多年以来，鹏晖公司依托胶东半岛优越的发展环境和企业雄厚的技术实力，科学提升工艺装备水平，创新打造核心竞争力。2007年，鹏晖公司淘汰了落后的密闭鼓风炉工艺，按照国家标准自主研发、成功实施了富氧侧吹熔池熔炼工艺技术改造，一举获得两项国家发明专利并荣获2009年度中国有色金属工业科学技术二等奖。发展壮大的同时，企业也高度重视履行自身的社会责任。2008年，鹏晖公司投资数千万元在全国同行业率先实施了污水零排放改造，为打造安全、节能、高效的环境友好型冶炼企业树立了典范。

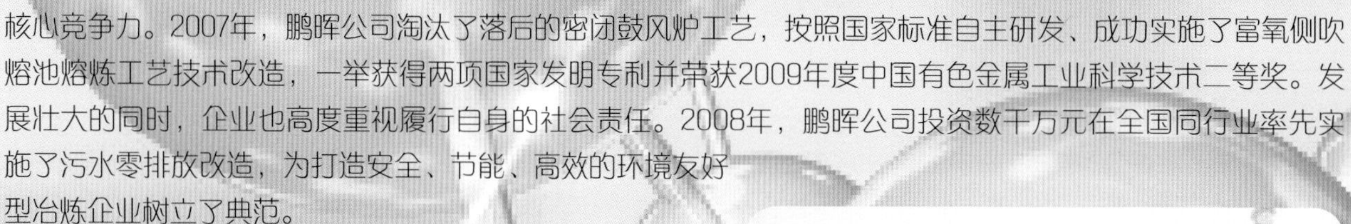

鹏晖公司始终将产品质量和市场服务视为企业的“第二生命”，不断努力促进提升。2001年，企业通过ISO9001质量管理体系认证。2007年，公司检验中心获得ISO/IEC17025实验室认可。鹏晖公司主营产品“三尖牌”阴极铜在沪、深两市金属交易所注册，质量达国内先进水平，市场占有率稳步提升。目前，鹏晖公司已建立了覆盖我国东北、华北、华东等重要工业区的产销网络，产品广泛应用于国防、电子、机械制造、能源交通等工业领域，并与美国、英国、瑞士、秘鲁、智利等多国铜冶炼企业和矿业公司建立了密切的贸易往来，进出口贸易总额在烟台海关年度统计中排名市属企业第一位。

企业宗旨

以人为本，开拓创新，严细管理，追求卓越

核心价值观

兴业之本，关键在人

企业使命

推动企业的稳健发展，促进员工的全面提高，把鹏晖公司建设成为负责、节能、环保的百年企业。

中国矿业大学

Company profile

· 企业简介 ·

中国矿业大学是教育部直属的全国重点大学，是国家“211工程”和“985工程”“优势学科创新平台项目”重点建设的高校之一。学校设有研究生院，是教育部与江苏省人民政府、国家安全生产监督管理总局共建高校。

中国矿业大学的前身是创办于1909年的焦作路矿学堂，后改称焦作工学院。1950年，以焦作工学院为基础在天津建立了新中国第一所矿业高等学府——中国矿业学院。1952年，全国高等学校院系调整，清华大学、天津大学、唐山铁道学院采矿科系并入中国矿业学院。1953年，迁至北京，改称北京矿业学院，1960年被确定为全国重点高校。“文革”期间，迁至四川，更名为四川矿业学院。1978年，经党中央、国务院批准，在江苏省徐州市重新建校，恢复中国矿业学院校名，并再次被确定为全国88所重点高校之一。1988年，更名为中国矿业大学。1997年，经教育部批准设立中国矿业大学北京校区。2000年，划转教育部直属管理。

中国矿业大学的建设与发展，得到了党和国家领导人的亲切关怀。1988年5月，邓小平同志亲笔为学校题写校名。2009年1月29日，在国务院总理温家宝和德国默克尔总理的共同见证下，江苏省与德国北威州共建徐州生态示范区合作协议正式签署，使我校“中德能源与矿区生态环境研究中心”成为这方面国际合作的重要平台。2009年6月21日，国务院总理温家宝给我校30名奔赴西部艰苦行业基层一线工作的毕业生回信：“同学们：基层艰苦地方需要你们，那里大有可为，希望同学们努力奋斗！”2009年10月12日，正在德国进行国事访问的国家副主席习近平出席了中德经贸与教育合作项目签约仪式，我校与德国杜伊斯堡-埃森大学签署了两校教育与科技合作协议。2009年10月18日，学校迎来了百年校庆，胡锦涛同志发来贺信，刘延东同志到校视察并出席校庆庆典大会。

中国矿业大学致力于科学研究，取得了一大批高水平的研究成果。进入新世纪以来，学校先后承担各类科研项目9391项，其中国家级科技项目387项，包括“863”项目22项、“973”项目34项、国家杰出青年基金项目8项、国家自然科学基金项目240项等；先后获得国家级科学技术奖30项，省部级科学技术奖270项；申请专利978项，授权625项，出版各类著作818部，编写教材334部。近年来，学校积极实施国际化教育制度，全方位加强对外交流与合作，同德国杜伊斯堡大学、英国诺丁汉大学、澳大利亚斯运伯恩科技大学、美国肯塔基大学等近50所高校和科研机构建立了学术交流和合作关系，成功举办了多次国际性学术会议，学术交流日益活跃。2008年，学校与德国Bochum工业大学、DMT、DBT等知名企业联合成立“中德能源与矿区生态环境研究中心”，德国前总理施罗德先生出任该中心名誉主任。百年校庆期间，中德中心首届理事会正式成立，我校与国外10所知名大学发起成立了国际矿业、能源与环境高等教育联盟，与澳大利亚8所著名高校合作成立中澳学院。2009年12月，我校与西澳大学、昆士兰大学签署了共建中澳矿业研究中心的合作协议。

2009年3月至8月，经过为期近半年的深入学习实践科学发展观活动，学校确立用10年左右的时间，把中国矿业大学建设成为国内一流、在能源和资源领域具有重要国际影响、特色鲜明的多科性研究型高水平大学。目前，学校正朝着建设“特色鲜明、国际一流的高水平矿业大学”的奋斗目标阔步前行，努力发展成为能源资源领域科教事业的重要基地，成为国家创新体系的重要节点。

浙江海亮股份有限公司

Company profile 企业简介

浙江海亮股份有限公司坐落在风光秀美的西施故里浙江诸暨，公司已在深圳证券交易所上市(股票代码：002203)，是国家火炬计划高新技术企业、国家级博士后科研工作站设立单位、国家级专利试点企业、浙江省创新型企业、浙江省首批标准创新型企业，拥有浙江省企业研究院、浙江省企业技术中心、浙江省高新技术研究开发中心、教育部重点实验室“海亮铜加工技术开发实验室”。公司现有员工4000余人，总资产60.66亿元，2010年公司实现营业收入90.53亿元，利润总额2.58亿元，分别比上年同期增长49.57%、30.38%。

海亮股份是全国最大的铜管、铜棒研发、生产和供应基地之一，全球最大的铜合金管生产企业、国际知名铜加工企业。公司的核心业务包括铜管、铜棒和铜管件等三大系列，分为铜合金管、制冷用空调管、无缝铜水（气）管、精密铜棒和管件等五大主导产品，囊括了近百个牌号、数千种规格，广泛用于军工核电、航空航天、舰船及海洋工程、海水淡化、空调和冰箱制冷、建筑水管、装备制造、汽车工业、电子信息等行业。

海亮股份一贯坚持“高起点、高投入、高标准”的原则，瞄准国际先进铜加工技术和方法，潜心研究，在铜及铜合金高效低耗连续化制造、海水淡化装置用铜管等方面取得了重大突破，科技成果丰硕。

公司承担并完成国家级火炬计划项目5项，国家星火计划项目1项，国家创新基金项目3项，浙江省重大技术专项3项，以及其他省部级科技计划40余项；荣获中国有色金属工业科学技术奖12项，浙江省科学技术奖6项，有4项产品被评为国家重点新产品，9项被评为浙江省高新技术产品。

公司已提交国家专利申请121项，其中国际专利申请1项，发明专利36项，实用新型84项，拥有专利权的91项，其中发明专利12项；公司负责或参与起草国家行业标准26项，已完成起草任务的23项，其中14项已经颁布实施，完成的标准中有1项被评为中国标准创新贡献奖，7项被评为全国有色金属标准化技术标准优秀奖。

创业二十多年来，海亮股份以其一贯稳健、务实的风格，在激烈的市场竞争中站稳脚跟，以高市场占有率、高价值品牌、高技术含量、高品质质量奠定了企业在铜加工行业中的领军地位，为中国民族铜加工产业的发展壮大和提升自主创新能力做出了应有的贡献。

宁波金田铜业（集团）股份有限公司

宁波金田铜业（集团）股份有限公司始建于1986年10月。二十多年来，在党的改革开放政策指引和各级政府、社会各界的关心支持下，通过全体员工的共同努力，目前已发展成为占地2000多亩、拥有员工5000多人、总资产50多亿元的大型企业集团。公司产业涉足铜加工冶炼、高新材料、加工贸易、房地产等领域，主要产品有标准阴极铜、无氧铜线、各类铜丝、铜棒、铜板、铜带、铜管、漆包线、阀门、水表、磁性材料等，产品产量均居行业前列，并畅销国内20多个省市，远销30多个国家和地区。金田注册商标和“杰克龙”注册商标被评为“中国驰名商标”。2010年实现销售收入300多亿元，利税7亿元。

公司建立了国家级企业技术中心和博士后工作站，拥有各类科技人员900多名，通过了SGS机构的ISO9001：2008质量体系认证，各种产品质量均达到国家标准，阴极铜、铜管、铜棒、铜线为浙江省名牌产品，其它产品为宁波市名牌产品。公司以“清洁生产，绿色金田”为环境理念，投入大量资金用于环境保护和生态建设，通过了浙江省清洁生产审核和SGS机构的ISO14001：2004环境体系认证，并多次被评为省绿色企业（清洁生产先进企业）、市节能减排标兵企业，荣获“宁波市环境友好特别奖”，被列为全国首批7个“城市矿产”示范基地、“全国循环经济”试点单位和“全国工业旅游示范点”。

公司倡导“家庭式的人际关系，军队式的组织纪律，学校式的教育培训”，确立了“企业发展、职工富裕” 的发展理念，通过实施人性化管理，推行OHSAS18001职业健康安全体系，营造花园式的厂区及舒适的生活、工作环境，大胆选拔任用德才兼备的年青干部，努力创建和谐的劳动关系。在取得良好经济效益的同时，不忘回报社会，向周边和国内老、少、边、贫等地区捐赠款物，尽企业最大努力安排残疾人就业，积极资助周边学校、敬老院、饮水工程、光彩事业等社会公益事业，关爱残疾弱势群体，设立“金田慈善助残基金”，荣获“浙商社会责任大奖”和“全国模范劳动关系和谐企业”。

公司还先后获得中国优秀民营企业、浙江省最受尊敬企业、全国“守合同，重信用”单位、全国外经贸质量效益型先进企业、浙江省百强企业、省管理示范企业、省诚信示范企业、资信AAA级企业、首届宁波市市长质量奖、全国实施卓越绩效模式先进企业、纳税50强企业等荣誉。面对新的机遇和挑战，公司将继续贯彻落实科学发展观，不断优化产业布局和产品结构，不断创新经营模式，加大科技创新力度，加快转型提升步伐，为实现“迈向国际，品牌一流”的宏伟目标而努力奋斗。

路达（厦门）工业有限公司

XIAMEN LOTA INTERNATIONAL CO.,LTD.

Company profile 企业简介

路达（厦门）工业有限公司(XIAMEN LOTA INTERNATIONAL CO.,LTD.)系由台商吴材攀先生于1990年投资成立，二十年来立足海西发展，不断增资扩大，公司投资总额为一亿一千万美元，主营高档水龙头、卫浴配件、阀门配件、锁具等各类卫浴家居产品，是一家集产品研发、生产和市场营销三位一体的企业。

路达在厦门拥有六个生产基地，已建成30万平方米，在建45万平方米，员工7000余人；并在福州、珠海、越南胡志明市建设生产基地。作为全球卫生洁具业的领先制造商，公司凭借着凭借着稳健的财务经营能力、国际化的销售渠道和团队、垂直整合的生产体系、一流的工艺流程、强大的研发团队、先进的实验设备和严格的品管系统，将环保理念和措施贯穿于生产的每一环节和产品的设计之中，与全球最大的国际知名品牌合作，产品销往北美、欧洲最大的家装连锁店及专业批发市场，年销售各类高档水龙头2000万套以上，年销售额达30多亿人民币，是亚洲最大的卫浴五金专业制造商，在同行业中享有很高的声誉。

近几年来，通过一系列的产业部署，路达集团的“国内外市场并举，产业链上下游有效整合”的格局已初见雏形。

2008年底，路达集团与和成集团合资成立优达（中国）有限公司，主要运营和成卫浴品牌的中国南方市场。优达（中国）以路达集团雄厚的综合实力为依托，以国际品牌同步的产品设计、技术研发和先进管理，为国人提供高品质的整合卫浴解决方案，分享予国人“轻松拥有的国际品牌”，缔造优质生活的典范。

2009年，路达集团举行百路达项目开工典礼，与国际知名有色金属集团中铝集团合作成立厦门中铝洛铜百路达高新材料有限公司，结合世界环保节能大势研发生产环保高科技合金和高新节能建材，为人与社会、自然的和谐发展贡献一份力量。

2010年年底，中国最高级别的工业设计中心——“中国卫浴工业设计中心”落户路达，为厦门争取了“卫浴工业设计”的国家级名片，奠定了厦门卫浴产业在全国及世界市场的领先地位，并推动中国制造向中国创造迈进。

中国铝业股份有限公司郑州研究院

中国铝业郑州研究院是中国轻金属专业领域唯一的大型科研机构，是我国铝镁工业新技术、新工艺、新材料和新装备的重大、关键和前瞻技术的研发基地，基础研究及原创性技术成果的孵化与转化基地。通过了中国质量认证中心(CQC)质量、健康安全、环境三大体系认证。国家轻金属质量监督检验中心挂靠在该院，主要负责我国铝镁及其合金12类77种产品的质量监督检验、产品质量评价仲裁等工作，是国际标准化组织（ISO）在中国的技术归口单位之一。

研究院在创新和发展中造就了一批梯度合理、素质优良、作风务实、高创新力的人才群体。现有博士和硕士研究生115人，具有工程师以上职称的232人。其中，国家“千人计划”特聘专家1人，“新世纪百千万人才工程”国家级人选2人，国务院政府特殊津贴4人，中铝公司首席工程师4人。

研究院建有世界上最大的氧化铝试验基地、具有世界先进水平的国家大型铝电解工业试验基地、世界上唯一的铝土矿综合利用试验基地，拥有国家铝冶炼工程技术研究中心、中国铝业博士后科研工作站。形成了从铝土矿资源综合利用、氧化铝、铝冶炼到铝镁合金完整的研发系统，建立了基础研究、技术开发、扩大试验、工业试验、工程化、产业化完整的铝工业研发体系。

建院以来先后完成了国家“863”、“973”、“科技支撑计划”在内一大批重大、关键、共性和战略技术研发和产业化，共获国家科技进步奖13项，省部级科技进步奖198项，获专利授权166项。成功研发的“280KA大型铝电解槽成套技术和装备”、“一水硬铝石低碱高温管道化强化溶出成套工艺技术和装备”、“选矿拜耳法生产氧化铝新工艺”、“一水硬铝石生产砂状氧化铝工艺技术”、“可湿润阴极生产新技术”、“铝土矿反浮选脱硅生产氧化铝新工艺技术”、“无效应低电压铝电解综合节能减排技术”、“废槽内衬无害化处理技术”、“新型结构铝电解槽技术”等一批意义重大，影响深远的自主创新技术与成果，为铝工业持续、健康、和谐发展提供了强力支撑，多种高新技术产品在国防、军工、航天、航空和国家重点工程中得到了广泛应用。

研究院始终面向铝工业科学发展和战略性领域，以高度负责的态度，致力于自主创新，为实现资源、环境、经济、社会和谐与科学发展提供技术支撑，正在向成为世界一流矿业研发中心的目标迈进，以科技报国的生动实践和丰硕成果引领铝工业的发展。

中色科技股份有限公司

中色科技股份有限公司（以下简称“中色科技”）成立于2002年1月，由洛阳有色金属加工设计研究院（以下简称“洛阳有色院”）为主发起组建，承接了洛阳有色院主要的业务和资源，是国内唯一一家集有色金属加工行业规划、工程设计、设备研制、科研开发及工程总承包为一体的综合性科研机构。

中色科技科研力量雄厚，专业配套齐全，拥有具备国内领先水平的试验研发仪器及设备，拥有有色金属加工工艺、冶金机械、工业炉、自动化等30多个专业的技术专家和获得国家注册资质的技术人才队伍。至2010年底，中色科技从业人员达1800余人，70%的人员分布在技术和生产岗位，具有中级及以上职称者占人员总数的50%以上，其中国家级设计大师2人，有色金属行业设计大师2人，享受政府津贴专家23人。业务领域涉及工程设计、智能建筑、消防工程、工程监理、环境工程、工程概预算等技术服务类业务，以及有色金属压延、精整、铸造、管棒、工业炉等装备设计和制造业务，通过GB/T19001-2000、GB/T28001-2001、GB/T24001-2004认证，持有十三个国家甲级资质证书，具备工程总承包的技术集成优势。

多年来, 中色科技完成了一大批有色加工企业建设的工程设计，在全国大中型有色金属加工工程设计市场的占有率达到90%以上。为国内外客户研制有色金属加工设备700多台套，陆续承担并完成了国家863项目、国家火炬计划项目、国家重大装备国产化项目、河南省高新技术产业化重点项目等20多项有色金属加工设备的研制开发,多数项目填补了国内空白,关键技术和主要指标达到了国际先进水平，业务范围遍及全国30个省、市、自治区，自主开发的主要产品热轧机、冷轧机、拉弯矫直机、熔炼炉、保温炉等远销世界各地。

在新的有色工业发展机遇促进下，中色科技将以洛阳、苏州两个基地为依托，积极做精设计、科研、产业化三项业务，不断提升创新能力和技术水平，使其成为有色金属加工工业的新材料、新工艺、新装备的研发基地、工程技术研究基地和重大装备技术集成与产业化基地，以自己强大的技术和完善的服务，实现与客户的长期合作与共赢，推动着我国有色金属加工行业的技术进步和重大装备国产化水平的提高。

河南中孚实业股份有限公司

河南中孚实业股份有限公司是以铝及铝深加工为核心产业的大型现代化企业，2002年6月在上海证券交易所挂牌上市，公司注册资本11.83亿元，2010年底总资产137.33亿元，员工6000余人，是沪深300综合指数成份股和上证治理板块成份股之一。2010年，公司实现销售收入108亿元，比上年同期增长了69.04%，产业规模、装备水平、科技研发等整体实力稳居中国铝行业第一方阵。　　自2002年上市至今，中孚实业始终坚持可持续发展，形成了“以产业为基础、以资本运营和科技创新为双翼”的发展模式，并为之进行了不懈努力：公司按照产业政策的要求，不断进行结构调整和产业升级，企业规模迅速扩大。通过战略重组，公司先后收购河南省银湖铝业有限责任公司、林州市林丰铝电有限责任公司，与中铝合作成立河南中孚特种铝材有限公司，大步跨进铝深加工行业。随着Vimetco集团入主母公司豫联集团，公司内部管理及市场逐步向国际化接轨。公司大力实施科技创新战略，一举攻克铝电解系列不停电停开槽世界性难题，牵头成立“铝行业技术创新战略联盟”，与中科院合作开发的“高温超导电缆示范工程”申报国家“863”计划顺利通过国家评审，申报的国家科技支撑计划“低温低电压铝电解新技术”项目获得国家科技部正式批复，“400KA级高能效铝电解槽技术开发及产业化”等十三项科技成果于2010年顺利通过国家技术鉴定，其中3项成果达到国际领先水平，其余达到国际先进水平和国内领先水平。通过多年的创新发展，中孚实业闯出了一条“节能、环保、低成本”的发展新路，以良好的发展业绩给广大投资者以丰厚的回报。

展望未来，中孚实业将秉承“诚信为本”的核心理念，以“调结构、促转变、开发新领域、创造新优势”为战略方向，充分利用母公司豫联集团实现多元化发展的有利契机，全面开拓铝深加工高端市场，不断充实、完善“一体双翼”的发展模式，努力打造国际一流铝电企业，为中国铝工业的持续、健康发展做出积极的贡献。

公司办公楼

铜陵有色金属集团控股有限公司

Company profile 企业简介

铜陵有色金属集团控股有限公司（以下简称铜陵有色）坐落在我国青铜文化发祥地之一、素有“中国古铜都”之誉的安徽省铜陵市。公司前身为铜官山铜矿。1949年12月，中央决定恢复建设铜陵有色，1952年6月正式投产，铜陵有色以振兴民族工业为己任，创造了多项共和国第一：建成了新中国的第一座铜矿,自行设计建造了新中国的第一座铜冶炼厂,自行设计建设了新中国的第一座机械化露天铜矿,建成了新中国第一座工业性转炉渣选厂等,是新中国最早建设起来的铜工业基地，中国铜工业之摇篮。铜陵有色于1996年11月20日在深圳证券交易所上市，成为中国铜工业板块第一股（股票代码000630）。2000年，铜陵有色由中央移交安徽省政府管理。

经过六十年的建设，铜陵有色已发展成为以有色金属（地质、采矿、选矿、铜铅锌冶炼、铜金银及合金深加工）、化工、装备制造三大产业为主业，集建设安装、井巷施工、科研设计、物流运输、房地产开发为相关产业多元化发展的国有大型企业集团。

铜陵有色现为全国300家重点扶持和安徽省重点培育的大型企业集团之一，拥有全资、控股、参股子公司49个，主产业拥有11家矿山、6家冶炼厂和4家铜加工企业，是省国资委控股、安徽兴铜投资公司参股的有限责任公司。2010年，铜陵有色实现工业增加值50.29亿元；销售收入665亿元；利税总额52亿元；进出口贸易总额32.8亿美元，有望连续13年保持全国铜行业首位。员工达2.6万人，科技人员6000余人，全员劳动生产率18.5万元/人。铜陵有色名列世界铜精炼企业前六强，中国企业500强第158位、中国制造业500强第73位，中国有色金属企业第4位和安徽省企业100强第2位。

铜陵有色拥有国家级技术中心、冶金行业甲级工程设计（咨询）设计研究院和国家级检测研究中心，为安徽省高新技术企业、安徽省首批创新型企业、第二批国家创新型企业、国家首批循环经济试点企业、全国实施卓越绩效模式先进企业和AAAA级标准化良好行为企业，荣获全国“五一”劳动奖状荣誉称号、安徽省优秀创新型企业奖。

长沙矿山研究院

Company profile 企业简介

长沙矿山研究院始建于1956年，是我国专门从事矿产资源开采新方法、新工艺、新设备和新材料研究的重点专业技术研究机构，是“国家金属采矿工程技术研究中心”、“金属矿山安全技术国家重点实验室”、“国家有色冶金机械质量监督检验中心”、“金属非金属矿山安全工程技术研究中心”、“国家安全生产长沙矿山机电检测检验中心”等国家及部委级技术中心的依托单位，享有硕士研究生学位授予权，主办有“矿业研究与开发”、“采矿技术”核心中文专业期刊，科研实力雄厚，专业配套齐全，设施装备完善，科研成果丰硕，在我国金属矿床开采技术领域处于领先地位。

主要业务涉及金属矿产开采、海洋采矿、矿山装备、矿山安全、矿山设备检测检验、新能源、民用爆破等领域技术的研究开发；矿山机械、冶金机械、建筑机械 、石油机械、新能源设备等高科技产品的产业化；以及机电产品质量检测检验，信息与自动化控制工程，爆破工程，矿山工程设计与工程总承包，地质灾害治理工程的设计、施工和评估，工业废弃物综合利用等业务。科研及产品业务范围已覆盖有色、黑色、黄金、化工、建材、煤炭和石化等行业。

本院拥有一支有较高专业基础理论和业务水平、实践经验丰富、能承担国家科技攻关、国际合作任务和解决企业生产建设中关键技术问题的研究队伍。全院现有员工1000多人，其中，研究员级高级工程师50多人，高级工程师110余人，工程师200余人，硕士学位以上的专业技术人员70多人，还有一批国家级和省部级的专家级人才，享受国务院政府特殊津贴专家共11人。

建院以来，取得了一大批高水准的技术成果。迄今已取得789项科研成果，获奖科技成果524项，其中：国家科技成果奖励62项（国家科技进步特等奖2项，国家发明奖4项，国家科技进步一等奖4项、二等奖12项、三等奖16项），省部级科技成果奖励464项。国家授权专利87项。这些科技成果对推动我国采矿科技进步和矿山企业经济发展起到了重要作用。

中国铝业股份有限公司广西分公司

Company profile

企业简介

中国铝业股份有限公司广西分公司十年来在上级政府部门和中铝公司的正确领导和支持下，深入贯彻“科学技术是第一生产力”的重要思想，始终坚持科学发展观，积极实施科技兴企战略，坚持科技立项优先实行见效快、推广回报率高和优先推广短、平、快成熟技术的原则；坚持科技项目的实施要与生产、技改和大修结合的原则；创新方式坚持以自主创新为主，产学研相结合的原则，多年来围绕生产中需要解决的技术、工艺、设备、质量和环保指标优化等方面的技术环节开展科研试验、技术攻关，加强科技资源的优化配置，努力构建与公司发展相适应的技术创新体系，加大重点关键技术的创新力度，不断增强自主创新能力，注重知识产权保护和管理以及技术创新人才的培养，有效地促进了公司的科技进步和创新工作，以创新、集成和转化为显著特点的公司科技工作，为公司深化改革、加快发展和保持稳定，为公司创造条件、积蓄力量做强做大，都做出了重要贡献。公司广大科技人员积极投身于科研攻关、科技革新、强化工艺技术管理的活动中，将日常工作与创新技术和创新管理有机地结合起来。

十年来公司共承担国家科技攻关、国家重点技术创新计划项目3项；承担地方科技计划项目2项；中铝公司科技项目153多项；至今共完成了133项研发项目，投入的研发经费1.2亿元，产生的经济效益达到4亿多元(含社会效益)。几年来开发新产品3项，获得国家优秀专利奖1项；省部级科技进步奖59项，省部级管理成果7项；中铝科技进步奖5项。申报国家专利110件，获得授权专利87件。这些成果和专利大部分已在生产经营建设中转化为生产力，在提产提质、降本增效中，发挥了重要作用，取得了较好的经济效益。公司依靠科技进步和管理创新，氧化铝四条生产线到今年实际产量均突破设计产能15％左右；电解铝产量通过160kA提升电流的产业化，电流从171.5kA强化至176.5kA，年产能也增加了3500吨左右。铝矿石A/S从2004年的16.4逐年下降的情况下，单位氧化铝产品综合能耗由2004年的359.91公斤标准煤降低至2009年342.12公斤标准煤，产品氧化铝质量AO98.6以上率保持了100%。其中蒸汽单耗2.673t/t-AO下降到2.352t/t-AO，新水单耗8.82t/t-AO下降到2.86t/t-AO，产出率从92kg/m3提高到98kg/m3；电解铝平均直流电耗下降到13160kWh/t-Al,电流效率从91%提高到95%。阳极体积密度由1.52g/cm3提高到1.54 g/cm3以上,电解中阳极净耗较2004年下降了23.8kg/t-Al，达到了395.3kg/t-Al；组装块综合能耗降低368.42kgce/t-c，达909.55kgce/t-c。铝锭Al99.7以上品级率和氧化铝二级以上品级率持续保持100%，获得了用户的一致好评。

增强自主创新能力
为提升企业核心竞争力提供强有力的科技支撑

桂林矿产地质研究院

Company profile
企业简介

桂林矿产地质研究院1955年创建于北京，1970年迁至桂林，现坐落于桂林国家高新技术产业开发区内。原为中央部属正厅级科研事业单位，1999年转制为科技型企业并归属广西壮族自治区人民政府管理，2008年进入广西有色金属集团有限公司。现有在岗正式职工350人，其中:工程师92人，高级工程师48人，教授级高级工程师26人。具有博士学位人员15人（含在读），硕士(研究生)52人。柔性引进高级人才18人（其中院士8人、教授10人）。

2004年5月28日上午，时任广西自治区党委副书记、自治区副主席郭声琨亲临该院高新技术产品生产线视察、指导工作。

该院主要从事地质找矿研究与矿产勘查、特种矿物新材料及其制品研发、环境污染综合治理及环境保护技术研发、地质灾害防治等科研与开发工作。设有：国家特种矿物材料工程技术研究中心、有色金属矿产地质测试中心、广西特种新材料研发人才小高地、广西环境保护技术开发中心等国家级或自治区级研发中心；矿产地质研究所、资源环境研究所、地质灾害防治研究所、油气勘查研究所、工程勘察院和桂林矿产地质研究院西藏分院等研究机构。拥有地质勘查、工程勘查、工程咨询，地质灾害治理工程勘查、设计、施工，地质灾害危险性评估、防治工程勘查等甲、乙级资质证书以及先进的测试仪器、设备。承担国家科技攻关项目、省部级重点项目、技术开发与技术服务等任务。五十多年来，共完成科研成果2600项，获国家科技进步奖23项，其中特等奖1项，一等奖1项，二等奖6项；获省部级科研成果奖294项。是一个研究领域广泛、科技英才聚集、设备手段齐全、科技成果丰硕、科技产业兴盛的大型综合研究院。

新材料产业化示范基地鸟瞰效果图及生产线和高新产品展示

桂林矿产地质研究院外景一瞥

桂林特邦新材料有限公司、桂林创源金刚石有限公司为该院的高新技术产业企业，建成了激光焊接金刚石锯片、金刚石绳锯、金刚石玻璃磨轮、金刚石钻头、立方氮化硼聚合体材料等现代化生产线。产品性能、质量达国内领先或国际先进水平，“特邦”牌、“创源”牌金刚石制品已远销到美国、德国、澳大利亚及东南亚等国家和地区，年出口创汇400多万美元。随着该院在桂林国家高新技术产业开发区铁山工业园区新材料产业化基地的建设落成，必将使该院高新技术产业实现跨越式腾飞。

单位地址:广西桂林市七星区辅星路2号　电话:0773—5839305
传真:0773—5813316　邮政编码:541004
电子信箱:dkybgs@rigm.ac.cn　网址:www.rigm.ac.cn

广西银亿科技矿冶有限公司

企业简介　Company profile

广西银亿科技矿冶公司隶属于银亿集团，是国家高新技术企业。公司位于广西北部湾经济开发区铁山港——龙潭功能组团所在地玉林龙潭产业园，湛渝高速和玉北高速公路毗邻而过，紧邻钦州港、北海港、铁山港和湛江港。公司注册资金2.5亿元，总投资已超过10亿元，占地1322亩。公司董事会、经营领导班子、党委班子成员和管理、技术队伍，凝聚了国内优秀管理和镍冶炼技术人才；工会、团委、妇委会等组织机构和组织体系齐全，现有员工1500余人。

公司采用具有自主知识产权的、国际先进的“常压酸浸湿法冶炼技术”生产电解镍、电解钴，年产10000吨电解镍，年销售收入20亿元，为国内第二大镍冶炼企业。目前公司正在进行的“低品位含镍红土矿高效利用绿色工艺产业化技术开发”被国家发改委列入“2008年国家重大产业技术开发项目”；项目还被国家发改委列入“2009年中央新增投资重点产业振兴和技术改造项目”。现已获得专利1项、公示3项、申报15项。2010年，公司采用的“红土镍矿浸出液沉淀氢氧化镍钴—全萃精炼新工艺”荣获“有色行业科技奖二等奖”；银亿企业技术中心被列为“自治区级企业技术中心”；硫磺和石膏制酸副产水泥项目荣获“自治区工业清洁生产示范项目”称号,2010年荣获“国家高新技术企业”称号。

未来5年即到2016年，广西银亿科技矿冶公司将继续发扬“心怀高远的宏大志向，勇于开拓的创新精神，百折不挠的坚强意志，勤奋务实的工作作风”的银亿精神，坚持走实现绿色工艺、发展循环经济、扩大镍产量、进行深加工、延长产业链的良性发展道路。从2012年开始再新建　个更大规模的镍冶炼企业，打造中国南方的镍都。同时开展镍深加工项目：生产球镍、超细镍粉、镍丝、镍带等产品；延长产业链：生产二次电池、四氧化三钴、超细合金、硬质合金粘结剂等产品，增加附加值。为银亿集团加快实现产业结构战略性调整，打造第二支柱产业建功立业。

广西壮族自治区冶金产品质量监督检验站

广西壮族自治区冶金产品质量监督检验站（简称广西冶金质检站）成立于1981年8月，位于南宁市长岗路40号。广西冶金质检站为事业单位，隶属于广西工业与信息化委员会，是广西质量技术监督局依法授权的省级冶金（含有色金属）行业产品质量监督检验技术机构，也是广西科学技术厅授权的广西科技成果检测鉴定单位、广西出入境检验检疫局社会分包实验室、广西交通厅船舶检验局授权的合格检验单位，具备广西国土资源厅授予的地质勘查乙级实验测试（岩矿测试）资质。

广西冶金质检站于1989年11月首次通过广西质量技术监督局组织的计量认证/审查认可评审，之后又连续4次通过广西质量技术监督局组织的实验室资质认定计量认证/授权复查评审，具有化学、机械、无损检测等3类、164个产品、586个参数的省级实验室资质认定计量认证证书和授权证书。2009年2月，广西冶金质检站通过中国合格评定国家认可委员会（CNAS)检测实验室认可评审，成为国际互认检验机构，获得认可证书及岩石与矿物、金属与合金等7个检测领域、111类产品的检测项目授权。主要检验领域：金属矿、非金属矿、金属材料、冶炼及压延产品、冶金辅料、耐火材料、化工产品等。

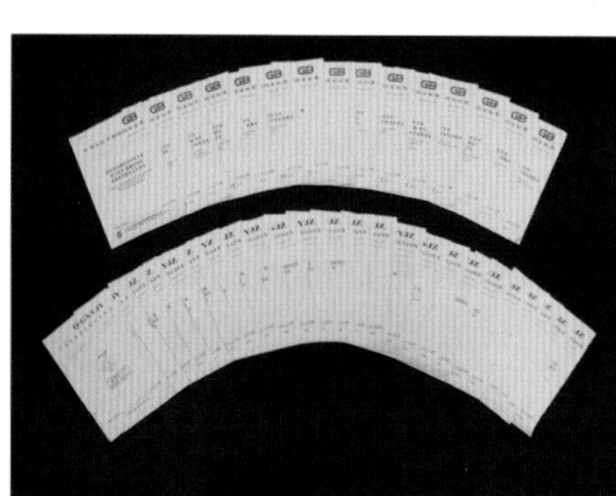

目前，广西冶金质检站拥有检验人员50名，其中高级工程师13名，工程师15名。设有黑色产品检验室、有色产品检验室、贵金属检验室、快速分析检验室、大型仪器检验室、物理性能检验室六个检验部门，试验工作场所2412平方米。主要仪器设备有:美国热电公司IRIS Intrepid Ⅱ XSP全谱直读电感藕合等离子体发射光谱仪、美国热电公司ICAP6300 Radial全谱直读电感藕合等离子体发射光谱仪、美国热电公司ICE 3500原子吸收光谱仪、荷兰帕纳科公司Axios X射线荧光光谱仪、日本岛津公司AG-25TA万能材料试验机、德国埃尔特公司ELTRA CS 800高频红外碳硫仪、日本岛津公司电子探针显微分析仪、x射线衍射仪等。

广西冶金质检站仪器设备齐全，技术力量较强，曾主持起草锰矿石、锡矿石、高纯氧化铟、高纯氢氧化铟、废铟料等10多项国家标准，参与起草铝土矿、锑矿石、高纯氧化钪等国家（或行业）标准，起草企业标准30多个，荣获广西科技进步二等奖1项（2010年），广西科技进步三等奖3项（1990年、1993年、1994年）、中国有色金属工业科技进步二等奖1项（2010年）。

电话：0771-5626560、0771-5653360

网址：www.gxyjzjz.cn

贵阳铝镁设计研究院

Company profile
企业简介

贵阳铝镁设计研究院（下称贵阳院）隶属于中国铝业公司，是国家有色冶炼、建筑设计、工程建设总承包甲级单位，通过实施国际化专利战略，形成了具有企业特色的专利运作机制，以优秀成绩通过了“贵州省知识产权示范单位”和“全国知识产权试点单位”的验收。

贵阳院先后承担了国内外各类工程设计和工程总承包1000余项，国家重点科技攻关项目52项，获国家级科技进步奖、优秀设计金银等奖43项，省部级奖194项。贵阳院注重行业技术的创新，并在走向国际市场中积极实施专利战略。

2005年以来，贵阳院大力挖掘企业“专利群”，截止目前，已完成2433件专利申报、获得专利授权1603件，其中，2件专利分别获得“第九届全国优秀专利奖”和“第十一届全国优秀专利奖”。

贵阳院拥有的大型预焙槽工艺及装备、“三度寻优”控制技术、石墨化阴极、铝电解不停电开停槽装置等达到国际先进水平的专有技术。实施专利战略给贵阳院带来了效益和技术的突飞猛进，有效推动了国际一流工程公司品牌的建设。

2003年，贵阳院与印度BHARAT公司签订Balco电解铝项目，开创了中国铝工业技术和装备出口的先河，打破了西方发达国家对铝工业技术长期垄断的格局。BARHAT项目的成功，为贵阳院赢得了良好的口碑和声誉。以此为开端，贵阳院多次在国际竞标中胜出。

迄今，贵阳院承担了全球一次性建设规模最大的印度JHARSUGUDA年产125万吨电解铝、LANJIGARH年产300万吨氧化铝以及与哈萨克斯坦、马来西亚、阿塞拜疆等国家和地区签订了20多项工程合同。2003年至今，仅技术出口收入就达3亿美元，并带动了国内20多家关联企业走出国门，总创汇额超过亿美元。

在创新机制的推动下，贵阳院创新工作获得了长足发展，逐步形成了核心竞争力。2010年，贵阳院被贵州省认定为“高新技术企业”，获“第二批全国知识产权示范创建企业”、“贵州省创新型企业（试点）”和“贵州省知识产权优势培育企业”。

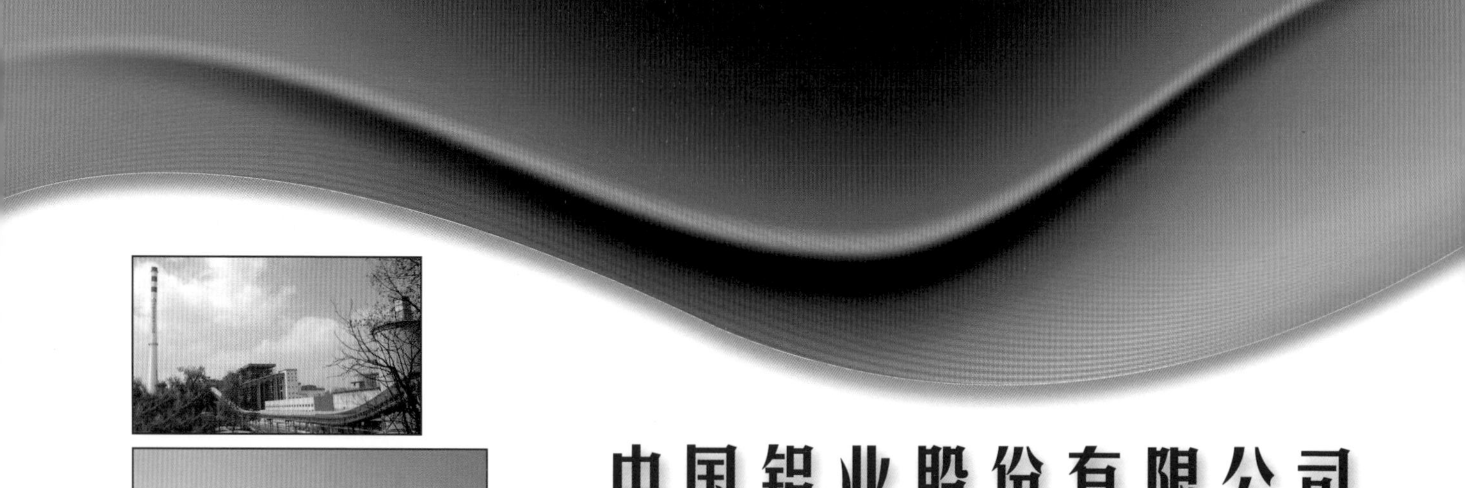

中国铝业股份有限公司贵州分公司

中国铝业贵州分公司是遵循国家关于股份制改造的重大决策，按照中国铝业公司总部重组改制部署，集中原贵州铝厂的优良资产，于2002年2月成立的大型铝联合企业，是上市公司中国铝业股份有限公司在贵州的分支机构。

中国铝业贵州分公司现拥有资产104亿元，员工14000余人,已形成了氧化铝120万吨，铝锭40万吨，碳素制品27万吨设计产能。现有氧化铝、铝及铝制品、碳素制品为主的五大产品系列40多个品种。

2002年贵州分公司成立后，积极履行社会责任，深入落实科学发展观，着力建设资源节约型和环境友好型企业，产品产量大幅提升，经营业绩逐年递增，社会贡献不断增长。“十一五”期间，贵州分公司氧化铝产能从50万吨增长到了120万吨，电解铝产能从23万吨增长到43万吨，碳素产能从17万吨增长到27万吨，资产总额从57亿元增长到106亿元。2002～2007年的6年间，贵州分公司累计实现营业收入（不含税）448.05亿元，实现利润总额62.29亿元。同时，分公司坚持不懈推进节能减排和科技创新工作，实现了快速发展和科学发展。“十一五”期间有35项科技成果通过省部级鉴定，其中2项成果达国际领先水平，26项成果达国际先进水平。获得国家科技进步二等奖1项；省部级以上科技奖38项，其中获中国有色金属工业科技一等奖3项、二等奖17项；获得国家授权专利174件，主持制、修订国家和行业标准40 项。

2008年以来，贵州分公司接连遭受冰雪凝冻灾害的重创和全球金融危机的强烈冲击，加之产能严重过剩等行业内部结构性矛盾的暴露和加剧，贵州分公司的生产经营遭遇巨大困难。

目前，贵州分公司正以贵州省“十二五”实施工业强省为战略机遇，遵照中国铝业公司全方位深度结构调整的工作部署，加强与地方各级党委政府及有关部门的沟通联系，积极推动中国铝业公司与贵州省人民政府签订的战略合作框架协议的落实和执行，并通过推动结构调整和管理改革等一系列措施，降低成本，提高产品竞争力，尽快走出困境，实现中国铝业公司在贵州省的发展战略，推动地企双方优势互补，共同发展。

贵州省有色金属和核工业地质勘查局地质矿产勘查院

Company profile

企业简介

贵州省有色金属和核工业地质勘查局地质矿产勘查院（原贵州省有色地质矿产勘查院）是贵州有色金属和核工业地质勘查局的直属事业单位，是一支专业从事地质找矿与研究及水工环勘查服务的综合性地质勘查队伍，具有独立的法人资格。

本院现持有国土资源部颁发的固体矿产勘查甲级、区域地质调查甲级、水文地质、工程地质、环境地质调查甲级、钻探施工甲级、地质灾害危险性评估甲级五个甲级资质证书及液体矿产勘查乙级、地球物理勘查丙级资质证书；中国地调局颁发的ISO9001—2008质量管理体系认证证书。主要从事：固体矿产勘查、设计、施工、压覆矿产评估、储量核实、地质灾害危险性评估、规划编录、水文地质、工程地质、环境地质的勘查、设计、施工、地球物理勘查、地球化学勘查、专业地质技术咨询及研究开发等业务。

自1995年成立以来，我院先后在国内的贵州、云南、新疆、西藏等省、区承担和完成了对贵州铝土矿、铜矿、铅锌矿、锰矿、锑矿、金矿以及铁、煤等矿种的地质普查勘探工作。近年来，积极承担和实施国土资源大调查项目、国家资源补偿费地质勘查项目、中央财政补助地方地质勘查项目及省级勘查基金项目多项；积极投入社会地质服务领域，完成地质矿产勘查、地质灾害评估、储量核实、压覆矿产评估、规划设计等项目报告近2000份，质量优秀及合格率达100%，得到了广泛好评，社会信誉良好，取得了较好的经济效益和社会效益。同时，响应国家“走出去”的战略思想，在省政府及局党委、行政的统一指挥下，先后到老挝、安哥拉、印度尼西亚等国家从事地质找矿工作，为国家寻找Fe、Mn、Cu等急缺资源。通过工作，在安哥拉北宽扎省卢卡拉、曾扎一蒙巴沙矿区初步圈定铁矿石量超2亿吨，富锰及铁锰矿超千万吨，尚有多个较有前景的找矿远景区。

下设综合管理办公室、质量管理办公室、计划财务部、勘查技术部、市场经营部、数字化成图中心。现有职工80人，其中中高级技术人员30人，教高3人、博士2人、高级工程师8人、工程师15人。

目前正在承担务正道地区铝土矿整装勘查，有望提交1—2个中大型矿床，资源量3000—5000万吨。

云南锡业集团（控股）有限责任公司

Company profile

企业简介

云南锡业集团（控股）有限责任公司（以下简称云锡）是世界著名的锡生产、加工基地，是世界锡生产企业中产业链最长、最完整的企业，在世界锡行业中排名第一。是国家520户重点企业之一、云南省重点培育的十大企业集团之一。经过120多年的发展，云锡已发展成为集地质勘探、采矿、选矿、冶炼、锡化工、砷化工、锡材深加工、有色金属新材料、贵金属材料、建筑建材、房地产开发、机械制造、仓储运输、国际物流、科研设计和产业化开发等为一体的国有特大型有色金属联合企业，成为世界最大的锡生产、加工基地和世界最大的锡化工中心、世界最大的锡材加工中心，以及世界级的稀贵金属研发中心。

云锡现有40多个全资、控股子公司，有云南锡业股份有限公司、贵研铂业股份有限公司两个上市公司和一个海外上市公司。在北京、上海、湖南、深圳、武汉、成都、昆明以及香港、美国、德国、印度尼西亚、新加坡均有下属公司及机构。公司现有总资产100多亿元，占地近200平方公里。有职工3万人，离退休人员3万人，全部管辖人口近15万。

云锡主体生产系统现有锡冶炼7万吨、锡化工及锡材4万吨、砷及砷化工2000吨的生产能力。产品以精锡、焊锡及锡材、锡化工系列为主，同时生产铜、铅、锌、镍、铟、银、铋、金、铂、钯、铑、铱、钌、锇、贵金属高纯材料、特种功能材料、信息功能材料、环境、催化功能材料及有色化工产品等共25个系列1474多个品种。有41种产品和设备出口56个国家和地区，企业自营出口创汇连续多年居云南省第一。公司拥有的"云锡牌YT"商标是 "中国驰名商标"，云锡牌精锡是国家质量免检产品，国内市场占有率为49.30%，国际市场占有率达17.98%，在伦敦金属交易所注册"YT"商标，是国际知名品牌；锡铅焊料在国内同类产品中唯一获国家质量金奖。公司通过了ISO10012.1计量检测体系认证、ISO9001质量管理体系认证、ISO14001环境管理体系认证和OHSAS18001职业健康安全管理体系认证。

云锡拥有国家级的企业技术中心和全国最大的锡业研究开发机构，拥有世界著名的昆明贵金属研究所。云锡在锡矿采、选、冶、锡化工、锡材深加工、砷化工和贵金属研究等方面具有全国乃至世界领先的技术开发能力，拥有自主知识产权，有先进的采、选、冶生产装备，锡选冶技术和设备居世界领先水平。

通过上百年的积累，云锡形成了具有鲜明自身特色的管理优势和优良的企业文化，有很好的社会形象、企业信誉和融资渠道，有一支经过困难长期磨练的素质较高的干部队伍和职工队伍。公司先后荣获全国"五一"劳动奖状以及全国"守合同、重信用"企业，"全国用户满意企业"、"全国最具影响力企业"、"中国最具创造力企业"、"中国名牌产品"等荣誉称号。

云南冶金集团股份有限公司

云南冶金集团股份有限公司是以铝、铅锌、锰、钛、硅五大产业为主，集采选冶、加工、勘探、科研、设计、工程施工、装备制造、内外贸、物流以及冶金高等教育为一体的大型企业集团。集团有控股企业62户，其中云铝公司和驰宏公司为A股上市公司；在职职工超过3万人；目前已形成采矿225万吨、选矿281万吨、冶炼124万吨、深加工42万吨的年生产能力。集团连续9年入围中国企业500强，综合实力位居全国有色金属行业和云南省属企业前列。

多年来，集团一直秉持“履践先行、勇者无疆”的创业精神，以“改革、创新、责任、诚信、和谐”的发展理念，以“行业领先、世界一流”的目标定位，依靠科技进步，走出了一条“资源节约、环境友好、循环可持续”的新型工业化发展道路。集团主体企业生产工艺、技术装备和环保、节能减排指标处于国内领先、国际先进水平，其中云铝公司和驰宏公司已分别成为电解铝和铅锌生产的标杆企业；云铝公司是全国有色行业、中西部地区工业企业中唯一被评定的“国家环境友好企业”，荣获“中华环境优秀奖”；驰宏公司是国家第一批循环经济试点企业，荣获全国矿产资源合理开发利用先进矿山企业称号。集团拥有1个国家级技术中心、1个博士后科研工作站、1个国家甲级大型综合设计院、1个国家级国际科技合作基地、1个国家示范性建设高职院校。“十一五”期间共获省部级以上科技奖57项，其中国家科技进步二等奖2项，中国有色金属工业科学技术一等奖5项；获授权专利186项，其中发明专利52项，1项发明专利获国家专利优秀奖。集团先后荣获全国五一劳动奖状、全国模范劳动关系和谐企业、中国诚信典型示范企业、中华慈善奖、中国企业社会责任联盟优秀企业、全国有色金属行业AAA级信用企业、全国有色金属行业科技工作先进单位和云南省省属企业管理创新和科技创新优秀企业等荣誉称号。

在“十二五”及今后，集团将认真学习贯彻党的十七届五中全会精神，牢牢把握科学发展这个主题和加快转变经济发展方式这个主线，紧紧抓住转方式调结构、新一轮西部大开发和桥头堡建设三大战略机遇，充分利用云南资源、能源、气候、区位等独特优势，继续加快发展铝、铅锌、锰三大优势产业，大力发展钛、硅两大战略性新兴产业，积极发展技术服务、金融服务、装备制造、贸易物流、房地产等相关多元产业，不断完善产业链和提升价值链，提高发展质量和效益，努力把集团建设成为“行业领先、世界一流”代表行业发展方向的领军企业，成为具有较高社会美誉度、较强市场竞争力和较大行业影响力的国际知名矿业公司。

云南铝业股份有限公司

云南铝业股份有限公司始建于1970年，1998年改制上市，经过40年的发展，目前已形成氧化铝80万吨、电解铝50万吨、铝加工28万吨、炭素制品18万吨，总资产120亿元，员工7000余人，集铝土矿开采、氧化铝、铝冶炼、铝用炭素、铝加工为一体的综合性大型铝企业，拥有云南云铝涌鑫铝业有限公司、云南云铝润鑫铝业有限公司、云南文山铝业有限公司三个控股子公司。公司主要产品 “YL—YL”牌和“云海”牌重熔用铝锭分别在伦敦金属交易所和上海金属交易所注册，重熔用铝锭、铝合金、电工圆铝杆、铝铸轧卷分别获得行业和省级名牌产品称号。

作为国家高新技术企业，云南省首批创新型企业，公司始终坚持“依靠科技进步、定位世界一流”的发展思路，实施了环境治理、节能技术改造工程和铝加工产业项目，实现了产品产量、经济效益等主要指标大幅增长，主要生产技术指标国内领先、国际先进。公司全面推行以标准化管理为主要特征的科学管理模式，先后通过ISO9001、ISO14001 、OHSAS18001 、ISO10012 、ISO/TS16949 等标准管理体系认证，成为了国内电解铝行业技术创新、产业升级换代的排头兵和节能减排的先行者，得到了业界和社会的赞誉，先后荣获“国家环境友好企业”、“全国文明单位”、全国“五一”劳动奖状、全国百佳环保高新技术企业、全国绿化模范单位、全国200户重点授信企业、中国最具发展潜力上市公司50强、2006年中国成长百强、中华环境奖等荣誉称号。

“十二五”期间，云铝将迎来一个新的跨越式发展时期，云铝将进一步深入贯彻落实科学发展观，充分依托云南特有的铝资源优势和清洁能源优势，依靠公司科技和管理优势，持续提高产业竞争力，把云铝打造成“科技领先、资源节约、环境友好、管理科学”的责任型和谐企业，实现企业又好又快发展。

云南祥云飞龙有色金属股份有限公司

Company profile

企业简介

云南祥云飞龙有色金属股份有限公司始创于1995年，注册资本6亿元，厂区占地1500多亩，经过不断技术改造，现已发展成集铅锌采、选、冶、深加工为一体的现代化冶金化工企业，公司现已达到年产电锌18万吨、电铅8万吨、硫酸18万吨、电炉锌粉0.5万吨、精镉1500吨、锌合金3万吨、铟15吨、白银116吨的生产能力。

公司是国家工业和信息化部公布的全国第一批铅锌行业准入8家企业之一，并被云南省委、省人民政府列为全省重点扶持的10户非公工业企业，以及云南省第一批循环经济试点企业。2010年先后被云南省科技厅认定为云南省创新型试点企业和云南省高新技术企业。

公司拥有一个省级企业技术中心，通过不断自主创新，在国内炼锌企业不能使用的氧化锌矿和二次资源上下功夫，近十年来不断开发新工艺、新技术，使公司的锌冶炼原料全部使用低品位氧化锌矿、高杂质氧化锌原料和锌二次资源，形成了具有独特工艺技术的湿法炼锌企业，在处理这类物料炼锌方面在国内外处于领先地位。先后研发出“有机溶剂萃锌与湿法炼锌的联合工艺”等10项发明专利技术，其中4项已授权，形成了一套拥有自主知识产权的生产技术和工艺流程，并应用于生产。其中，“难处理复杂氧化锌矿和氧化锌矿浸出渣提锌新工艺”获2008年度云南省科学技术奖技术发明类一等奖；“氧化锌矿高效清洁冶金新技术”获2008年度中国有色金属工业科学技术一等奖；2010年4月公司通过“锌氧化矿及二次资源高效清洁冶金新技术”进行技术成果鉴定，专家们一致认为该技术总体达到国际领先水平，具有十分广阔的推广前景。

西北有色金属研究院

Company profile

企业简介

西北有色金属研究院始建于1965年，是我国重要的稀有金属材料研究基地和行业技术开发中心，是稀有金属材料加工国家工程研究中心、金属多孔材料国家重点实验室、超导材料制备国家工程实验室、中国有色金属工业西北质量监督检验中心的依托单位，承担着行业共性技术的研究开发任务，先后为我国两弹一星、载人飞船、探月工程等重大项目提供关键材料。曾荣获“全国五一劳动奖状”、“高新武器武器装备发展建设工程突出贡献状”、“全国先进基层党组织”、“国防科技工业协作配套先进单位”等荣誉。

经过40多年的发展，我院已发展为地处西安、宝鸡、商洛三地七区，集科研、中试和高新技术产业于一体的大型科技集团，形成了产学研紧密结合的发展模式。形成一批在国际上有相当影响的材料研究领域，建成了由5个国家级创新平台和10多个研究所、中心组成的完整科研体系，共获得1100余项科研成果奖和180多项专有和专利技术，开发试制新产品10000多种；先后发起组建以上市公司西部材料公司为代表的10多个控股参股的高新技术企业，形成了国内最大的稀有金属新材料科研、生产基地。现有总资产47.68亿元，正式职工2400多人，科技人员约占60%，拥有一支包括1名工程院院士、1名全国杰出专业技术人才、2名“全国先进工作者”、2名“何梁何利”基金获得者、1名“973”首席科学家、4名“国家新世纪百千万人才”、35名享受政府特殊津贴的突贡专家、200多名教授、高工和200余名博士、硕士在内的高素质专业科技人才队伍。2008年初，被陕西省委省政府确定为省内未来几年重点支持的百亿企业之一。

多年来，西北有色金属研究院探索践行“诚信科技”理念和“科技与资本、资源、市场三结合”发展思路，制定“科技兴院，人才兴院、兴院富民，和谐发展”的战略，加强自主创新，深化改制改革，以年均40%以上的增速实现又好又快发展。2010年，我院综合收入达到35.2亿元，其中，生产产值32.5亿元，科技收入2.7亿元，人均年产值133万元，资产总47.68亿元。

西部金属材料股份有限公司

西部金属材料股份有限公司是以西北有色金属研究院优势产业为主导，联合浙江省创业投资集团有限公司、深圳市创新投资集团有限公司、株洲硬质合金集团有限公司、中国有色金属工业技术开发交流中心、九江有色金属冶炼厂等5家单位,于2000年12月28日在西安高新技术产业开发区注册成立的高新技术企业。产品通过中国船级社ISO9001：2008质量体系及ISO14001：2004环境体系认证，取得了三类压力容器制造许可证。经过多年的发展，已于2007年8月10日在深圳交易所挂牌上市，股票名称“西部材料”，股票代码“002149”。现有总股本17463万股。2008年通过了省级技术中心的认定。2009年通过高新技术企业认定。获得全国有色金属行业先进集体、国家高新技术产业标准化示范区先进单位等荣誉称号。

公司现有员工1215人，其中中国工程院院士1名，博士、硕士学历的107人。公司现地跨西安和宝鸡两地三区,占地1000多亩，截至2009年底，拥有总资产24.33亿元，净资产10.44亿元。2010年实现销售收入12.53亿元，净利润4002万元。

公司拥有一支科技人员占41%的高素质专业人才队伍，拥有包括35项专利、12项国家标准、17项行业标准和一大批成果奖励在内的自主知识产权、拥有科学先进的管理经验、在稀有难熔金属材料、金属复合材料、稀有金属装备制造、贵金属材料、金属纤维及制品、稀有金属管道管件等领域，具有雄厚的研发和产业优势，先后承担国家、部委高新技术研发和重点产业化项目40余项，多项产品获得国家重点新产品称号。产品已广泛应用于冶金、石化、化工、化纤、电力、电子、通讯及能源等国民经济主要部门和国家重大工程项目，并跻身国际市场，与国际多家知名公司有长期合作关系，充分展示了公司的科工贸整体竞争实力，在国内外稀有金属材料加工领域已成为具有一定影响和地位的高新技术企业。

中国铝业股份有限公司兰州分公司

CHALCO

中国铝业股份有限公司兰州分公司（以下简称兰州分公司）的前身是兰州铝厂，始建于1958年，是新中国成立后国家"二五"期间在祖国大西北建设的第一家电解铝厂。1999年，改制为兰州铝业股份有限公司。2004年，经过资产重组，成为中国铝业股份有限公司的控股子公司。2007年，实施股权分置改革，换股吸收合并，成为在纽约、香港、上海三地上市公司——中国铝业股份有限公司旗下分公司。

兰州分公司生产厂区建在兰州市红古区平安镇河湾村，南北两个厂区占地面积为221.66万m2。截至2010年12月末，公司总资产91亿元，净资产34亿元，共有在岗员工4202人。

近十多年来，兰州分公司抢抓机遇，加快发展，以做强做优电解铝、实现铝电一体化、增强核心竞争力为目标，通过资产重组、技术改造，实现了跨越式发展。兰州分公司拥有400kA大型预焙电解槽、200kA大型预焙电解槽、300MW发电机组及铝铸轧带材生产线、预焙阳极炭块生产线等各类设备9000多台(套)，年综合生产能力为电解铝43万吨、预焙阳极炭块25万吨、发电65亿kWh(按年平均发电7200小时计算)。公司技术装备水平全面提升，是中铝公司产业链较完善的铝电一体化企业。

兰州分公司通过了ISO9001：2000质量管理体系认证和HSE体系认证，其中重熔用铝锭被评为甘肃省优质产品、中国有色金属工业优质产品、获国家优质产品银质奖，甘肃省免检产品、用户满意产品、甘肃名牌产品称号；电工铝被评为甘肃省优质产品、中国有色金属工业优质产品；稀土铝合金锭被评为甘肃省优质产品；ZLD-102铸造铝合金锭被评为中国有色金属工业优质产品。建厂以来，累计生产铝产品393万吨，实现销售收入470亿元，实现利税45亿元，其中实现利润26亿元，为发展我国有色金属工业、振兴甘肃经济做出了重要贡献。

兰州分公司将紧紧抓住新的历史机遇，在中国铝业公司的正确领导下，在甘肃省委、省政府，兰州市委、市政府，红古区委、区政府的大力支持下，坚持以科学发展观为指导，发扬"励精图治、创新求强"的企业精神，秉承"诚信为本、回报至上"的经营理念，加快推进全方位深度结构调整，力争淘汰80kA电解铝系列技改工程早日建成投产。在新的历史起点上，深化改革，加快转型，为建设最具成长性的世界一流矿业公司、为促进所在地经济社会又好又快发展做出新的更大的贡献。

西北矿冶研究院

西北矿冶研究院是原冶金工业部、中国有色金属工业总公司直属重点科研院所之一，始建于1972年7月，是西北地区唯一的综合性矿冶研究院。2001年3月，承担白银有色集团公司技术中心职能。2002年9月，甘肃省以西北矿冶研究院为依托单位，组建成立了“西北有色矿产资源综合利用工程技术研究中心”。2006年被甘肃省科技厅认定为高新技术企业。2008年9月通过国家五部委国家级企业技术中心认证。

本企业于2003年通过了ISO9001：2000国际质量管理体系认证。

全院在册职工人数290人。其中专业技术干部172人，占职工总数的59%；具有高级技术职称的(含教授级高工)43人；具有中级技术职称的51人，具有初级技术职称的78人。

总资产为14088万元，占地面积183230平方米。

持有国家环保部颁发的环境影响评价甲级资质，安全评价咨询甲级资质；甘肃省建设厅颁发的工程设计专业乙级资质（冶金矿山、金属冶炼）和建设工程质量检测乙级资质；国家发改委颁发的工程咨询丙级资质（有色冶金、生态建设和环境工程）和甘肃省建设厅颁发的建筑工程丙级设计资质；甘肃省经委和甘肃省环保厅共同颁发的清洁生产审核资质，甘肃省环保厅颁发的危险废物经营许可证和辐射安全许可证、中国质量认证中心颁发的ISO9000质量管理体系认证证书、中国合格评定国家认可委员会颁发的实验室认可证书（CNAS），甘肃省安监局颁发的安全生产许可证。

主要承担采矿工艺、机械、矿用钎具、炸药；选矿工艺、设备、新药剂、过程自动化；冶金工艺、新材料，环境监测、评价和“三废”治理、水土保持；化学物理分析和测试、冶金行业的各类工程技术、新产品开发及工程设计、咨询服务等领域的任务。在重有色金属采、选、冶的综合利用和新工艺研究方面形成了自己的特色，具有解决复杂技术问题和攻关能力。近年来已向有色金属新材料和资源回收领域延伸，且初见成效。

先后开发科技产品百余种，主要有凿岩钎具、加药剂、卷扬信号仪、特种选矿药剂及化工产品系列，其中10余种产品获国家级新产品称号。

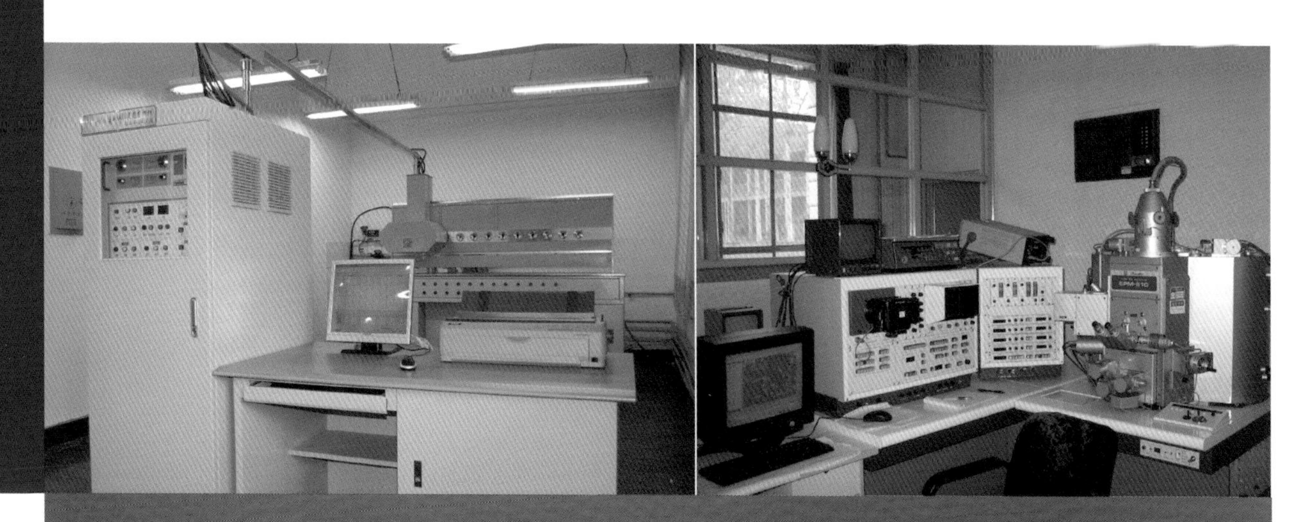

金川集团有限公司是由甘肃省人民政府控股的大型国有采、选、冶配套的有色冶金和化工联合企业，是全球同类企业中生产规模大、产品种类全、产品质量优良的公司之一。主要生产镍、铜、钴、铂族贵金属、有色金属压延加工产品、化工产品、有色金属化学品等。镍产量居全球第五位、钴产量居全球第二位。公司已形成年产镍13万吨、铜40万吨、钴1万吨、铂族金属3500公斤、金8吨、银150吨、硒50吨及150万吨无机化工产品的综合生产能力。目前，公司拥有资产总额398亿元，资产负债率为48%。

公司位列2006年度中国大企业集团第84名、中国大企业集团竞争力500强第16名、国有及国有控股大企业集团竞争力第7名；被列为国家“十一五”循环经济示范企业、国家首批创新型企业和全国知识产权保护试点单位；位列2007中国企业500强第107位、中国制造业企业500强第44位、有色冶金及压延加工业第2位。

公司拥有的金川镍铜矿是世界著名的大型多金属共生的硫化矿。探明资源量5.2亿吨。目前保有矿石资源量4.3亿吨，其中镍金属保有资源量430万吨，铜金属保有资源量近300万吨，钴金属保有资源量13万吨，金、银等其他贵金属的资源量也在国内居重要地位。根据国内外成矿理论和近年来地质找矿取得的成果，揭示金川矿床的深、边部及外围具有良好的找矿前景。专家推测，金川镍铜金属矿山的探明资源量加推测资源量超过7.5亿吨。

公司现有职工34800余人。拥有各类专业技术人员6000余人，涵盖264个专业；高技能技术工人7900余人，为公司发展提供了可靠的人力资源保障。公司拥有国家级企业技术中心和国家镍钴新材料工程技术研究中心，国家认可实验室、博士后工作站，与兰州大学、南京大学、中南大学分别建立了联合实验室，以企业为主体、市场为导向、产学研相结合的技术创新体系基本形成。三个联合实验室、九家企校（所）合作单位，公司所属一院六所、两个国家级中心，各单位的群众性技术创新群体呈宝塔型构成了覆盖情报信息、基础及应用研究、工程化研究及设计综合配套完整的技术创新体系，为公司富有成效地开展产学研合作构建了了坚实的基础平台。

2000年以来，围绕金川资源综合利用共开展了507项公司级科研攻关课题，取得重大成果114项，35项获得省部级以上奖励，60%以上的成果已应用于生产实践。

金川公司坚持抓项目，促发展，使公司经济规模不断扩大，经济质量不断提高。在项目建设过程中，按照科学发展观的要求，大力发展循环经济，坚持走科技含量高、资源消耗低、环境污染少、经济效益好的新型工业化道路。瞄准国际先进水平，按照技术起点高、生产规模大、比较优势明显、有长期市场竞争力的原则，自2000年以来，围绕提高矿产资源综合利用水平、节能降耗、污染物减排与治理、延伸产业链、提高产品附加值等，投资125亿元进行了300多项技术改造和大修项目。以项目为先进技术的载体，不仅在采、选、冶生产领域产生了一大批具有国际先进水平的工艺技术和生产装备，同时也为进一步提高金川资源综合利用水平奠定了坚实的基础。

在地质找矿方面，采用先进的成矿理论作为指导，加大了在金川矿区深部、外围及周边的地质找矿力度，2000年以来，公司新增矿石储量2070万吨，其中镍金属量34.7万吨，铜金属量27.5万吨，有效的弥补了公司自有资源的消耗。

通过消化、吸收、技术再创新建成的世界首座铜合成熔炼炉，形成了具有自主知识产权的炼铜新工艺，在铜冶金工艺技术和设备上的集成创新，使公司拥有了设备国产化程度最高、技术经济指标、能耗和环保进入国内先进行列的大型高纯阴极铜生产线。

国家“十五”重点攻关项目羰化冶金技术的研发与产业化，打破了国外同行对该技术的封锁和垄断，标志着我国已经掌握了这一世界镍冶金的尖端技术；在此基础上，10000吨/年羰基镍项目和5000吨/年羰基铁项目已经开始建设，金川集团有限公司即将成为国内气化冶金研究和产业化的基地。
采用先进的不溶阳极电积技术改造了传统落后的电解钴工艺，建成了代表世界领先水平的钴冶金生产线，产品可满足高端电子、电池及超级合金等行业的需求，提高了我国在这一领域的国际竞争力，使公司电钴的生产技术、产品质量均跨入了世界先进行列；

在新材料领域，公司相继开发了羰基镍粉、四氧化三钴、高纯阴极铜、精硒等几十种新产品，并实现了金属粉体材料、有色金属压延加工和有色金属精细化工三大系列产品的产业化。金川已成为我国新型电池中间材料的重要生产商，对新型动力电池工业的发展产生了重要的促进作用。

通过烟气网络化配置和制酸技术的集成化创新，打破了冶炼和制酸系统之间单一对应的格局，实现烟气跨系统调配，形成了130万吨硫酸生产系统，二氧化硫日减排量达到600余吨，有效缓解了低浓度烟气的污染，使金川地区空气质量得到明显改观。通过消化吸收多项先进技术，并结合公司污水的特点加以完善，研究开发了适合公司污水水质特点的处理工艺，具有工艺简单，处理成本较低等优点，处理后的中水水质达到了国家标准，并全部应用于生产。经过一年多的运行证明该处理工艺适合公司污水水质特点，运行稳定，净化效果好，具有明显的社会效益和经济效益。2006年，中水利用量达808万吨，工业水的重复利用率为86%；

以先进技术为载体的项目建设促进了公司产品结构的优化和升级，使镍产品销售收入占总销售收入的比重由“九五”期末的82.9%下降到“十五”期末的47.5%；铜产品比重由1.9%上升到21.6%；其他产品的比重由15.6%上升到30.9%。镍钴等主要产品质量达到国际先进水平。同时，形成了一批具有自主知识产权，达到世界先进水平或国内领先水平的核心技术。如高地应力矿岩破碎条件下高强度、高回采率机械化坑采技术，抑镁提镍高回收率选矿技术，高氧化镁镍精矿闪速熔炼技术，高镍铜精矿自热熔炼—电解铜技术，高品质电解镍生产控制技术，国内规模最大的全氯化—电积钴生产技术，非金属化高镍硫加压浸出、溶剂萃取电积镍技术，从低品位原料中提取、制备高纯铂族金属和羰基镍生产技术，红土矿提取冶金技术，低品位镍铜硫化资源生物冶金技术等。

位居世界前列的综合技术实力，使金川公司成为世界上极少数能够将多种有价金属在同一工厂内实现分离提纯的企业。主要技术经济指标居国际先进水平。

金川公司现有11个系列的90余种产品，其中有21种产品获得省部级以上优质产品称号，注册的“金驼”牌商标于1997年被国家工商总局认定为“中国驰名商标”，成为当时西北五省区及有色金属工业系统惟一的“中国驰名商标”。“金驼”牌电解镍荣获中国名牌产品称号，并获国家免检资格。电钴产品质量达到国际先进水平，受到国内外客户的青睐。

公司确定的“十一五”发展目标和远景规划是：到2010年，有色金属年产量60万吨，其中镍15万吨、铜40万吨、钴1万吨、金10吨、银260吨、硒120吨、铂族金属8000公斤，其他金属3万吨，化工产品280万吨，有色金属压延加工材15万吨；营业收入过800亿元，利税总额过100亿元。再用5年的时间，有色金属及加工材年产量达到100万吨，化工产品350万吨，营业收入过1000亿元，把公司建设成为具有较强国际竞争力的大企业集团。

面向未来，金川公司将继续抓好以公司治理、提高效率为重点的改革，坚持抓好以重点项目建设为载体的发展，坚持把公司的发展建立在扩大资源拥有量和有效利用资源的基础上，瞄准世界先进水平，大力推进技术进步，全面提升管理水平，为社会提供品种更为齐全、质量更为优异、用途更为广阔的产品，为我国国民经济的发展做出更大贡献！

地址：甘肃省金昌市金川公司科技部
电话：（0935）8811111
传真：（0935）8811612
Email:jnmcadmin@jnmc.com

环保工程

选矿厂

三镍车间

15万吨铜电解车间

金川节约用水综合污水处理站工程

53万吨硫酸环保工程

新疆阿舍勒铜业股份有限公司

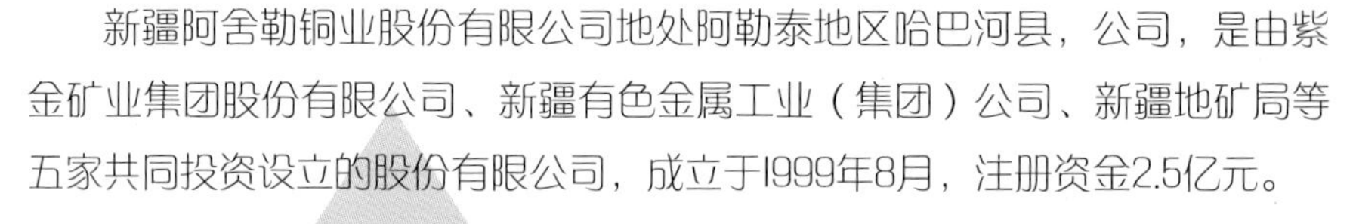

新疆阿舍勒铜业股份有限公司地处阿勒泰地区哈巴河县，公司，是由紫金矿业集团股份有限公司、新疆有色金属工业（集团）公司、新疆地矿局等五家共同投资设立的股份有限公司，成立于1999年8月，注册资金2.5亿元。

阿舍勒铜矿总投资5亿元，已经累计实现产值超75亿元，上缴税费超16亿元，公司已成为阿勒泰地区矿业开发的龙头企业和新疆有色金属矿山的排头兵。

阿舍勒铜业股份有限公司是阿勒泰地区最大的矿业企业、自治区级节能减排先进企业、全国工业旅游示范点、中国铜矿采选行业的排头兵，采选规模及铜产量居全国同类矿山第二位。

公司先后被评为“国家AAA级旅游景区”、“全国工业旅游示范点”、“全国有色金属行业先进集体”，“自治区文明单位”、“模范纳税企业”、“节能减排先进企业”、“银行业信贷诚信企业”、“劳动关系和谐企业”、“青年就业创业见习基地”等多项荣誉称号。

阿舍勒铜矿以合作创新作为技术创新的重点,与大专院校、科研院所合作,运用各种手段优化采选工艺,解决关键技术难题,使矿山得已可持续发展。

技术的进步是合理开采和综合利用矿产资源的前提和保证。阿舍勒铜矿的选矿工艺流程采用自动控制系统，利用先进的工艺技术和设备，对整个流程进行优化，做到矿石中有用金属的最大利用。在新流程中有灵活性为选矿工艺发展留有技术上的余地和空间，确保不降低金属回收率，在资源综合利用和工艺流程的先进性方面阿舍勒铜矿达到国内领先水平。

阿舍勒铜矿自2004开始试生产，采用新的技术工艺至今，顺利地实现了从试生产到达产和超过设计的目标，各种先进采矿、选矿技术已得到全面推广应用。主要技术经济指标逐年稳定和提高。阿舍勒铜矿应用多种先进采矿、选矿技术，为企业带来巨大的经济效益，为当地的经济发展起了重大作用，其社会效益巨大。

2009年初获得中国有色金属工业协会、中国有色金属学会《有色工业科学技术奖》三项，其中《阿舍勒铜矿资源高效开采综合技术研究》获二等奖；《阿舍勒铜矿全尾矿-戈壁集料结构流体胶结充填试验研究》；《阿舍勒铜矿开采地压控制研究》获三等奖；使阿舍勒铜矿在资源综合利用和工艺流程的先进性方面达到国内领先水平。

Company profile

企业简介

中电投宁夏青铜峡能源铝业集团有限公司

中电投宁夏能源铝业青鑫炭素有限公司（简称青鑫炭素有限公司）是中电投宁夏青铜峡能源铝业集团有限公司的二级公司。具备4万吨铝用阴极炭素制品产能，是国内生产规模最大、品种最全的专业生产和研发铝电解用阴极炭素制品的企业，产品主要有铝电解槽用HC35、HC50、HC80高石墨质阴极炭块、HC100全石墨阴极炭块、石墨化阴极炭块，以及配套的阴极糊和侧角块等。

公司所生产的产品主要销往中铝公司、青铜峡铝业股份有限公司等国内大型电解铝厂，包括青铜峡铝业股份有限公司、霍林河、抚顺、通顺、江苏大屯、山东魏桥、新疆信发、广西信发、邹平、连城、包头、白银、兰州、山西、四川启明星、湖南创元等国内铝厂，同时出口到美国、德国、澳大利亚、新西兰、瑞典、巴西、印度等国家。

公司经过11年的发展，依托优质的产品质量，已在电解铝行业树立起“青鑫”的品牌效应。公司是中国炭素协会会员，2004年通过质量、环境、职业健康安全“三标一体”认证，并获得英国NQA公司认证证书。2009年9月，公司被评为国内铝用阴极炭素行业的第一家高新技术企业。公司拥有国家专利8项，其中发明专利3项，实用新型专利5项。“高石墨优质阴极炭块开发与应用”获得中国专利优秀奖和宁夏回族自治区科技进步二等奖。“铝电解用大规格高石墨质阴极炭块”被列为科技部2007年度国家火炬计划重点项目。

多年来公司坚持以科技创新引领企业发展，企业竞争力不断提升，科技实力不断增强，科技成果不断增加。2010年，公司被确定为宁夏回族自治区创新型企业试点单位。“铝电解用石墨化阴极炭块项目”是宁夏自治区2007年度科技攻关项目，被列为科技部2008年度国家火炬计划项目证书，该产品已经申报2011年度国家重点新产品计划项目。

作为国内铝用阴极炭素行业主导企业，全国有色金属标准化技术委员会委托我公司制定3项行业标准，参与6项行业标准和1项国家标准的制定，逐步树立在国际炭素行业的权威地位。

公司的总体发展战略是，瞄准当前高技术阴极炭素产品在国际市场的强劲需求趋势，通过持续的新技术开发，实现产品的进一步升级，以满足国内外铝冶炼工业技术在高效节能和装备更新等方面的技术要求——在材料技术方面，支撑我国铝冶炼工业的技术更新和飞速发展。使企业成为行业内内最具竞争力和一定国际知名度的铝用阴极炭素制造商。